Springer-Lehrbuch

Hans Dieter Baehr

Thermodynamik

Eine Einführung in die Grundlagen
und ihre technischen Anwendungen

Achte Auflage

Mit 262 Abbildungen und zahlreichen Tabellen
sowie 57 Beispielen

Springer-Verlag
Berlin Heidelberg New York
London Paris Tokyo HongKong Barcelona
Budapest 1992

Dr.-Ing. Dr.-Ing. E. h. Hans Dieter Baehr
Professor für Thermodynamik an der Universität Hannover

Sonderauflage für Weltbild Verlag GmbH, Augsburg

Dieses Werk ist urheberrechtlich geschützt. Die dadurch begründeten Rechte, insbesondere die der Übersetzung, des Nachdrucks, des Vortrags, der Entnahme von Abbildungen und Tabellen, der Funksendung, der Mikroverfilmung oder der Vervielfältigung auf anderen Wegen und der Speicherung in Datenverarbeitungsanlagen, bleiben, auch bei nur auszugsweiser Verwertung, vorbehalten. Eine Vervielfältigung dieses Werkes oder von Teilen dieses Werkes ist auch im Einzelfall nur in den Grenzen der gesetzlichen Bestimmungen des Urheberrechtsgesetzes der Bundesrepublik Deutschland vom 9. September 1965 in der Fassung vom 24. Juni 1985 zulässig. Sie ist grundsätzlich vergütungspflichtig. Zuwiderhandlungen unterliegen den Strafbestimmungen des Urheberrechtsgesetzes.

Sollte in diesem Werk direkt oder indirekt auf Gesetze, Vorschriften oder Richtlinien (z. B. DIN, VDI, VDE) Bezug genommen oder aus ihnen zitiert worden sein, so kann der Verlag keine Gewähr für Richtigkeit, Vollständigkeit oder Aktualität übernehmen. Es empfiehlt sich, gegebenenfalls für die eigenen Arbeiten die vollständigen Vorschriften oder Richtlinien in der jeweils gültigen Fassung hinzuzuziehen.

© by Springer-Verlag Berlin/Heidelberg 1962, 1966, 1973, 1978, 1981, 1984, 1988, 1989, and 1992. Printed in Germany

Die Wiedergabe von Gebrauchsnamen, Handelsnamen, Warenbezeichnungen usw. in diesem Buch berechtigt auch ohne besondere Kennzeichnung nicht zu der Annahme, daß solche Namen im Sinne der Warenzeichen- und Markenschutz-Gesetzgebung als frei zu betrachten wären und daher von jedermann benutzt werden dürfen.

Einbandentwurf: Erich Kirchner, Heidelberg
Druck: Saladruck, Berlin. Einband: Konrad Triltsch, Würzburg
60/3120 – Gedruckt auf säurefreiem Papier

Vorwort zur achten Auflage

Gegenüber der siebenten Auflage habe ich kleinere Änderungen sowie mehrere Ergänzungen vorgenommen. Diese sollen insbesondere auf die Probleme hinweisen, die der Energietechnik durch den CO_2-bedingten Treibhauseffekt und der Kältetechnik durch den FCKW-bedingten stratosphärischen Ozonabbau entstehen. Außerdem wurden einige wenige Druckfehler korrigiert. Das Buch erscheint nun in der Reihe der Springer-Lehrbücher. Ich hoffe, daß es dadurch das Interesse eines noch größeren Leserkreises findet.

Hannover, im Frühjahr 1992 H. D. Baehr

Aus dem Vorwort zur sechsten Auflage

Alles ist vielleicht nicht klar,
nichts vielleicht erklärlich
und somit, was ist, wird, war,
schlimmstenfalls entbehrlich.

Chr. Morgenstern (1871—1914)

Seit dem Erscheinen der dritten Auflage vor 15 Jahren ist dieses Lehrbuch in fast unveränderter Form verbreitet und in mehrere Sprachen übersetzt worden. Während dieser Zeit habe ich jedoch die Darstellung der Thermodynamik in meinen Vorlesungen weiterentwickelt und erheblich geändert. Ich entschloß mich daher zu einer gründlichen Bearbeitung meines Buches. Dabei wollte ich auch die stürmische Entwicklung der Energietechnik berücksichtigen, deren wachsende Bedeutung im letzten Jahrzehnt auch der Öffentlichkeit bewußt geworden ist. Da ich nur wenige Teile des alten Textes übernehmen konnte, wurden die meisten Kapitel neu geschrieben. So ist ein neues Buch mit erweitertem Umfang und veränderter Gliederung entstanden mit dem Ziel, eine gründliche, hinreichend strenge, aber verständliche Einführung in die Thermodynamik zu bieten und ihre Anwendung auf technische Probleme, besonders aus dem Bereich der Energietechnik, umfassend zu zeigen.

Wie in den früheren Auflagen liegt der Schwerpunkt bei der ausführlichen Darstellung der Grundlagen. Besonders den zweiten Hauptsatz mit seinen vielfältigen Aussagen über Richtung und Ausführbarkeit von Prozessen, über die Einschränkung von Energieumwandlungen und über die ordnenden Beziehungen zwischen den thermodynamischen Eigenschaften der Materie habe ich eingehend behandelt. Die Thermodynamik der energiewandelnden Prozesse und Anlagen wird ausführlicher und umfassender als früher dargestellt. Sie soll, auch als Basis einer rationalen Diskussion energiepolitischer Fragen, solide Kenntnisse der naturgesetzlichen und technischen Zusammenhänge vermitteln. Ich halte dies für eine wichtige Aufgabe der Lehre an den Hochschulen und der Weiterbildung des in der Praxis stehenden Ingenieurs. Daher bilden die thermodynamischen Grundlagen der Energietechnik einen zweiten, neuen Schwerpunkt dieses Buches.

Von den zahlreichen Änderungen und Ergänzungen möchte ich die folgenden nennen. Der für die klassische Thermodynamik grundlegende Begriff der *Phase* wird deutlicher hervorgehoben. Dieses Modell des homogenen, meistens fluiden Systems vereinfacht die Beschreibung von Zuständen und Zustandsänderungen, führt aber zu Schwierigkeiten bei der Behandlung irreversibler Prozesse, worauf ausführlich eingegangen wird. Die der quantitativen Formulierung der beiden Hauptsätze dienenden Zustandsgrößen *Energie* und *Entropie* werden durch Postulate eingeführt und nicht aufgrund bestimmter Sätze konstruiert. Diese Methode hat sich in meinen Vorlesungen bewährt; sie führt den Lernenden schneller zu den grundlegenden *Bilanzgleichungen*, die den Kern der quantitativen Aussagen der beiden Hauptsätze bilden und für ihre Anwendung unentbehrlich sind. Die Bilanzgleichungen werden möglichst allgemeingültig formuliert; sie erfassen auch instationäre Prozesse offener Systeme und enthalten die stationären Fließprozesse als Sonderfälle.

Die aus dem zweiten Hauptsatz folgende Existenz *kanonischer Zustandsgleichungen* (Fundamentalgleichungen) wird in dieser Auflage erstmals behandelt und auch auf Gemische ausgedehnt, wobei das *chemische Potential* einer Gemischkomponente über das Membrangleichgewicht eingeführt wird. Hierdurch ist die systematische Behandlung idealer Gasgemische möglich, und die allgemeine Thermodynamik der Gemische wird bereits in einem einführenden Lehrbuch vorbereitet. Neu aufgenommen habe ich auch die *kubischen Zustandsgleichungen* und das verallgemeinerte Korrespondenzprinzip sowie eine thermodynamisch korrekte Herleitung der Eigenschaften *inkompressibler Fluide*. Dieses Stoffmodell wird ja in der Praxis häufig verwendet, so daß seine Behandlung in einem Lehrbuch nicht fehlen sollte.

Im Kapitel über die stationären Fließprozesse werden die *polytropen Zustandsänderungen* und die polytropen Wirkungsgrade ausführlicher als bisher dargestellt. Abschnitte über *Wärmeübertrager* habe ich neu aufgenommen. Völlig neu bearbeitet ist das Kapitel über Verbrennungsprozesse und Verbrennungskraftanlagen; es enthält nun auch einen Abschnitt über die *Gasturbine als Flugzeugantrieb* und eine Einführung in die Thermodynamik der *Verbrennungsmotoren*. Angesichts der seit Jahren anhaltenden Energiediskussion habe ich das Kapitel über Wärmekraftanlagen umgearbeitet und erweitert. Es vermittelt einen Überblick über Methoden und Wege der Umwandlung von Primärenergie in elektrische Energie und bietet eine umfassende *Thermodynamik der thermischen Kraftwerke* unter Berücksichtigung der Kernkraftwerke und der kombinierten Gas-Dampf-Kraftwerke. Außerdem habe ich erstmals eine thermodynamische Analyse verschiedener *Heizsysteme* gegeben, deren Primärenergieverbrauch einheitlich mit der Heizzahl beurteilt wird. Auch die Theorie der *Wärmetransformation* wird kurz behandelt; sie bildet die Grundlage der Absorptionswärmepumpen, Absorptionskältemaschinen und der Wärmetransformatoren. Schließlich wurden die Tabellen des Anhangs neu berechnet und erweitert, so daß dem Leser die neuesten Werte der Naturkonstanten und zuverlässige Stoffdaten zur Verfügung stehen.

Hannover, im Frühjahr 1988   H. D. Baehr

Inhaltsverzeichnis

Formelzeichen XIII

1 Allgemeine Grundlagen 1

   1.1 Thermodynamik 1
      1.1.1 Von der historischen Entwicklung der Thermodynamik 1
      1.1.2 Was ist Thermodynamik? 7

   1.2 System und Zustand 9
      1.2.1 System und Systemgrenze 9
      1.2.2 Zustand und Zustandsgrößen 10
      1.2.3 Extensive, intensive, spezifische und molare Zustandsgrößen 13
      1.2.4 Fluide Phasen. Zustandsgleichungen 15

   1.3 Prozesse 17
      1.3.1 Prozeß und Zustandsänderung 17
      1.3.2 Reversible und irreversible Prozesse 18
      1.3.3 Der 2. Hauptsatz der Thermodynamik als Prinzip der Irreversibilität 20
      1.3.4 Quasistatische Zustandsänderungen und irreversible Prozesse 21
      1.3.5 Stationäre Prozesse 22

   1.4 Temperatur 23
      1.4.1 Thermisches Gleichgewicht und Temperatur 23
      1.4.2 Thermometer und empirische Temperatur 26
      1.4.3 Die Temperatur des idealen Gasthermometers 28
      1.4.4 Celsius-Temperatur. Internationale Praktische Temperaturskala . . . 31
      1.4.5 Die thermische Zustandsgleichung idealer Gase 33

2 Der 1. Hauptsatz der Thermodynamik 35

   2.1 Der 1. Hauptsatz für geschlossene Systeme 35
      2.1.1 Mechanische Energien 35
      2.1.2 Der 1. Hauptsatz. Innere Energie 38
      2.1.3 Die kalorische Zustandsgleichung der Fluide 41
      2.1.4 Die Energiebilanzgleichung 44

   2.2 Arbeit und Wärme 46
      2.2.1 Mechanische Arbeit und Leistung 46
      2.2.2 Volumenänderungsarbeit 47
      2.2.3 Wellenarbeit 51
      2.2.4 Elektrische Arbeit und Arbeit bei nichtfluiden Systemen 53
      2.2.5 Wärme und Wärmestrom 56

   2.3 Energiebilanzgleichungen 58
      2.3.1 Energiebilanzgleichungen für geschlossene Systeme 58
      2.3.2 Massenbilanz und Energiebilanz für einen Kontrollraum 63

		2.3.3	Instationäre Prozesse offener Systeme	69
		2.3.4	Der 1. Hauptsatz für stationäre Fließprozesse	72
		2.3.5	Enthalpie	74

3 Der 2. Hauptsatz der Thermodynamik . . . 79

3.1 Der 2. Hauptsatz für geschlossene Systeme . . . 79
    Einführende Überlegungen . . . 79
    3.1.2 Die Formulierung des 2. Hauptsatzes durch Entropie und thermodynamische Temperatur . . . 82
    3.1.3 Adiabate Systeme . . . 86
    3.1.4 Die Irreversibilität des Wärmeübergangs . . . 88
    3.1.5 Stationäre Prozesse. Perpetuum mobile 2. Art . . . 94
    3.1.6 Die Umwandlung von Wärme in Nutzarbeit. Wärmekraftmaschine . . . 96

3.2 Die Entropie als Zustandsgröße . . . 100
    3.2.1 Die Entropie reiner Stoffe . . . 100
    3.2.2 Kanonische Zustandsgleichungen . . . 105
    3.2.3 Die Messung thermodynamischer Temperaturen . . . 107
    3.2.4 Entropie und Gibbs-Funktion einer Mischphase. Chemische Potentiale 111

3.3 Ergänzungen . . . 117
    3.3.1 Das T,s-Diagramm . . . 117
    3.3.2 Dissipationsenergie . . . 120
    3.3.3 Die Entropiebilanzgleichung für einen Kontrollraum . . . 122
    3.3.4 Die Entropiebilanzgleichung für stationäre Fließprozesse . . . 124

3.4 Die Anwendung des 2. Hauptsatzes auf Energieumwandlungen: Exergie und Anergie . . . 129
    3.4.1 Die beschränkte Umwandelbarkeit der Energie . . . 129
    3.4.2 Der Einfluß der Umgebung auf die Energieumwandlungen . . . 131
    3.4.3 Exergie und Anergie . . . 133
    3.4.4 Exergie und Anergie der Wärme . . . 137
    3.4.5 Exergie und Anergie eines stationär strömenden Fluids . . . 141
    3.4.6 Die Berechnung von Exergieverlusten . . . 144
    3.4.7 Exergie-Anergie-Flußbilder. Exergetische Wirkungsgrade . . . 147

4 Thermodynamische Eigenschaften reiner Fluide . . . 153

4.1 Die thermischen Zustandsgrößen . . . 153
    4.1.1 Die p,v,T-Fläche . . . 153
    4.1.2 Das p,T-Diagramm . . . 156
    4.1.3 Die Zweiphasengebiete . . . 157
    4.1.4 Die thermische Zustandsgleichung für Fluide . . . 160
    4.1.5 Das Theorem der korrespondierenden Zustände. Generalisierte Zustandsgleichungen . . . 162

4.2 Das Naßdampfgebiet . . . 168
    4.2.1 Nasser Dampf . . . 168
    4.2.2 Dampfdruck und Siedetemperatur . . . 169
    4.2.3 Die spezifischen Zustandsgrößen im Naßdampfgebiet . . . 171

4.3 Zustandsgleichungen, Tafeln und Diagramme . . . 177
    4.3.1 Die Bestimmung von Enthalpie und Entropie mit Hilfe der thermischen Zustandsgleichung . . . 178

	4.3.2 Enthalpie und Entropie eines inkompressiblen Fluids	181
	4.3.3 Tafeln der Zustandsgrößen	183
	4.3.4 Zustandsdiagramme	185
	4.3.5 Die Bestimmung isentroper Enthalpiedifferenzen	189

5 Ideale Gase, Gas- und Gas-Dampf-Gemische ... 193

    5.1 Ideale Gase ... 193
        5.1.1 Thermische und kalorische Zustandsgleichung ... 193
        5.1.2 Die spezifische Wärmekapazität ... 195
        5.1.3 Entropie und isentrope Zustandsänderungen idealer Gase ... 197
    5.2 Ideale Gasgemische ... 200
        5.2.1 Massen- und Molanteile. Partialdrücke ... 200
        5.2.2 Die Gibbs-Funktion des idealen Gasgemisches ... 202
        5.2.3 Thermische, kalorische und Entropie-Zustandsgleichung ... 204
    5.3 Gas-Dampf-Gemische. Feuchte Luft ... 208
        5.3.1 Der Sättigungsdruck des Dampfes ... 208
        5.3.2 Der Taupunkt ... 210
        5.3.3 Feuchte Luft ... 211
        5.3.4 Absolute und relative Feuchte ... 212
        5.3.5 Die Wasserbeladung ... 215
        5.3.6 Das spez. Volumen feuchter Luft ... 216
        5.3.7 Die spez. Enthalpie feuchter Luft ... 217
        5.3.8 Das h,x-Diagramm für feuchte Luft ... 220

6 Stationäre Fließprozesse ... 223

    6.1 Technische Arbeit, Dissipationsenergie und die Zustandsänderung des strömenden Fluids ... 223
        6.1.1 Dissipationsenergie und technische Arbeit. Eindimensionale Theorie 223
        6.1.2 Statische Arbeit und statischer Wirkungsgrad ... 227
        6.1.3 Polytrope. Polytroper Wirkungsgrad ... 230
    6.2 Strömungsprozesse ... 235
        6.2.1 Strömungsprozesse mit Wärmezufuhr ... 235
        6.2.2 Die Schallgeschwindigkeit ... 236
        6.2.3 Adiabate Strömungsprozesse ... 239
        6.2.4 Adiabate Düsen- und Diffusorströmung ... 242
        6.2.5 Querschnittsflächen und Massenstromdichte bei isentroper Düsen- und Diffusorströmung ... 246
        6.2.6 Strömungszustand in einer Laval-Düse bei verändertem Gegendruck 250
    6.3 Wärmeübertrager ... 252
        6.3.1 Allgemeines ... 253
        6.3.2 Anwendung des 1. Hauptsatzes ... 254
        6.3.3 Die Temperaturen der beiden Fluidströme ... 256
        6.3.4 Der Exergieverlust des Wärmeübertragers ... 260
    6.4 Mischungsprozesse ... 262
        6.4.1 Massen-, Energie- und Entropiebilanzen ... 262
        6.4.2 Isobar-isotherme Mischung idealer Gase ... 265
        6.4.3 Mischungsprozesse mit feuchter Luft ... 267

6.5   Arbeitsprozesse 272
         6.5.1   Adiabate Expansion in Turbinen 272
         6.5.2   Adiabate Verdichtung 276
         6.5.3   Dissipationsenergie, Arbeitsverlust und Exergieverlust
                 bei der adiabaten Expansion und Kompression 278
         6.5.4   Nichtadiabate Verdichtung 281

7 Verbrennungsprozesse, Verbrennungskraftanlagen 284

   7.1   Allgemeines 284
   7.2   Mengenberechnung bei vollständiger Verbrennung 285
         7.2.1   Brennstoffe und Verbrennungsgleichungen 285
         7.2.2   Die Berechnung der Verbrennungsluftmenge 287
         7.2.3   Menge und Zusammensetzung des Verbrennungsgases 291
   7.3   Energetik der Verbrennungsprozesse 294
         7.3.1   Die Anwendung des 1. Hauptsatzes 294
         7.3.2   Heizwert und Brennwert 296
         7.3.3   Die Enthalpie des Verbrennungsgases und das h,t-Diagramm 298
         7.3.4   Kesselwirkungsgrad und adiabate Verbrennungstemperatur 302
         7.3.5   Reaktions- und Bildungsenthalpien 306
   7.4   Die Anwendung des 2. Hauptsatzes auf Verbrennungsprozesse 309
         7.4.1   Die reversible chemische Reaktion 309
         7.4.2   Absolute Entropien. Nernstsches Wärmetheorem 310
         7.4.3   Die Brennstoffzelle 312
         7.4.4   Die Exergie der Brennstoffe 316
         7.4.5   Der Exergieverlust der adiabaten Verbrennung 320
   7.5   Verbrennungskraftanlagen 322
         7.5.1   Leistungsbilanz und Wirkungsgrad 323
         7.5.2   Die einfache Gasturbinenanlage 324
         7.5.3   Die genauere Berechnung des Gasturbinenprozesses 329
         7.5.4   Die Gasturbine als Flugzeugantrieb 333
         7.5.5   Verbrennungsmotoren 339

8 Wärmekraftanlagen 344

   8.1   Die Umwandlung von Primärenergie in elektrische Energie 344
         8.1.1   Übersicht über die Umwandlungsverfahren 344
         8.1.2   Thermische Kraftwerke 348
         8.1.3   Kraftwerkswirkungsgrade 350
         8.1.4   Kreisprozesse für Wärmekraftmaschinen 355
   8.2   Dampfkraftwerke 361
         8.2.1   Die einfache Dampfkraftanlage 361
         8.2.2   Zwischenüberhitzung 368
         8.2.3   Regenerative Speisewasservorwärmung 368
         8.2.4   Das moderne Dampfkraftwerk 373
         8.2.5   Kombinierte Gas-Dampf-Kraftwerke 375
         8.2.6   Kernkraftwerke 378

9 Thermodynamik des Heizens und Kühlens 382

9.1 Heizen und Kühlen als thermodynamische Grundaufgaben 382
- 9.1.1 Die Grundaufgabe der Heiztechnik und der Kältetechnik 382
- 9.1.2 Gebäudeheizung. Wärmepumpe 385
- 9.1.3 Die Kältemaschine 389
- 9.1.4 Wärmetransformation 391

9.2 Heizsysteme 393
- 9.2.1 Heizzahl und exergetischer Wirkungsgrad 393
- 9.2.2 Konventionelle Heizsysteme 395
- 9.2.3 Wärmepumpen-Heizsysteme 397
- 9.2.4 Heizkraftwerke 400

9.3 Einige Verfahren zur Kälteerzeugung 403
- 9.3.1 Die Kaltdampf-Kompressionskältemaschine 403
- 9.3.2 Mehrstufige Kompressionskältemaschinen 408
- 9.3.3 Das Linde-Verfahren zur Luftverflüssigung 410

10 Mengenmaße, Einheiten, Tabellen 414

10.1 Mengenmaße 414
- 10.1.1 Masse und Gewicht 414
- 10.1.2 Teilchenzahl und Stoffmenge 414
- 10.1.3 Das Normvolumen 416

10.2 Einheiten 417
- 10.2.1 Die Einheiten des Internationalen Einheitensystems 418
- 10.2.2 Einheiten anderer Einheitensysteme. Umrechnungsfaktoren . . . 420

10.3 Tabellen 422

Literatur 434

Sachverzeichnis 445

Formelzeichen

a) Lateinische Formelbuchstaben

A	Fläche
a	Schallgeschwindigkeit
B	zweiter Virialkoeffizient
$\dot{B}_Q$	Anergie eines Wärmestroms
b	spez. Anergie der Enthalpie; Kovolumen
C	Kapazität eines Kondensators; dritter Virialkoeffizient
C_{pm}	molare isobare Wärmekapazität
c	Geschwindigkeit; spez. Wärmekapazität
c_p, c_v	spez. isobare bzw. isochore Wärmekapazität
c_p^0, c_v^0	spez. isobare bzw. isochore Wärmekapazität idealer Gase
$\bar{c}_p^0, \bar{c}_v^0$	mittlere spez. Wärmekapazitäten idealer Gase
E	Energieinhalt, Gesamtenergie eines Systems
$\dot{E}_Q$	Exergie eines Wärmestroms
$\dot{E}_v$	Exergieverluststrom, Leistungsverlust
e	spez. Exergie der Enthalpie; elektrische Elementarladung
e_v	spez. Exergieverlust
F	Kraft; Helmholtz-Funktion oder freie Energie; Faraday-Konstante
f	spez. Helmholtz-Funktion
G	Gibbs-Funktion oder freie Enthalpie; Gewichtskraft
g	spez. Gibbs-Funktion; Fallbeschleunigung
H	Enthalpie
H^f	molare Bildungsenthalpie
H_0	spez. Brennwert
H_u	spez. Heizwert
h	spez. Enthalpie; Planck-Konstante
h^+	spez. Totalenthalpie
h_{1+x}	spez. Enthalpie feuchter Luft
I_{el}	elektrische Stromstärke
j	spez. Dissipationsenergie
k	Isentropenexponent; Boltzmann-Konstante; Wärmedurchgangskoeffizient
L	molare Luftmenge
l	spez. Luftmenge
M	Molmasse
M_d	Drehmoment
m	Masse
$\dot{m}$	Massenstrom
N	Teilchenzahl
N_A	Avogadro-Konstante
n	Stoffmenge; Polytropenexponent
n_d	Drehzahl

O_{min}	molare Mindestsauerstoffmenge
o_{min}	spez. Mindestsauerstoffmenge
P	Leistung
p	Druck
Q	Wärme
$\dot{Q}$	Wärmestrom
Q_{el}	elektr. Ladung, Elektrizitätsmenge
q	auf die Masse bezogene Wärme
$\dot{q}$	Wärmestromdichte
R	Gaskonstante
R_{el}	elektr. Widerstand
R_m	molare (universelle) Gaskonstante
r	spez. Verdampfungsenthalpie
S	Entropie
S^0	molare Standardentropie
$\dot{S}$	Entropiestrom
$\dot{S}_Q$	Entropietransportstrom
$\dot{S}_{irr}$	Entropieproduktionsstrom
s	spez. Entropie
s_{irr}	spez. Entropieerzeugung
T	thermodynamische Temperatur
T_m	thermodynamische Mitteltemperatur der Wärmeaufnahme
t	Celsius-Temperatur
U	innere Energie
U_{el}	elektr. Spannung
u	spez. innere Energie
V	Volumen
$\dot{V}$	Volumenstrom
v	spez. Volumen
v_{1+x}	spez. Volumen feuchter Luft
W	Arbeit
w	spez. Arbeit
w_t	spez. technische Arbeit
w_v	spez. Arbeitsverlust
X	Arbeitskoordinate
x	Dampfgehalt; Wasserbeladung feuchter Luft
y	Strömungsarbeit; Arbeitskoeffizient
y_i	Molanteil der Komponente i
Z	Realgasfaktor
z	Höhenkoordinate

b) Griechische Formelbuchstaben

β	Wärmeverhältnis
γ_i	Massenanteil der Komponente i in der Elementaranalyse
ε	Leistungszahl einer Wärmepumpe
ε_K	Leistungszahl einer Kältemaschine
ζ	exergetischer Wirkungsgrad
η	(energetischer) Wirkungsgrad
η_C	Carnot-Faktor
η_{th}	thermischer Wirkungsgrad einer Wärmekraftmaschine
η_s	isentroper Wirkungsgrad

η_v	polytroper Wirkungsgrad
Θ	Temperatur des idealen Gasthermometers
ϑ	empirische Temperatur
$\varkappa$	Isentropenexponent idealer Gase
λ	Luftverhältnis
μ	auf die Brennstoffmasse bezogene Masse (Massenverhältnis)
μ_i	chemisches Potential der Komponente i
ν	auf die Stoffmenge des Brennstoffs bezogene Stoffmenge (Stoffmengenverhältnis); Polytropenverhältnis
π	Druckverhältnis
ϱ	Dichte
σ	Salinität des Meerwassers; Oberflächenspannung
ξ	Massenanteil; Heizzahl
τ	Zeit
φ	relative Feuchte
Ω	Oberfläche
ω	Winkelgeschwindigkeit; Nutzungsfaktor

c) Indizes

0	Bezugszustand
1, 2, 3, ...	Zustände 1, 2, 3, ...
12	Doppelindex: Prozeßgröße eines Prozesses, der vom Zustand 1 in den Zustand 2 führt
A, B, ...	Systeme A, B, ...
a	Austrittsquerschnitt
ad	adiabat
B	Brennstoff
DE	Dampferzeuger
E	Eis
e	Eintrittsquerschnitt
el	elektrisch
ex	Expansion
G	Gas
i	Komponente i eines Gemisches
irr	irreversibel
K	Kessel
k	kritisch
ko	Kompression
L	Luft
m	molar, stoffmengenbezogen
max	maximal
min	minimal
n	Normzustand
opt	optimal
r	reduziert, d. h. auf den Wert im kritischen Zustand bezogen
rev	reversibel
s	isentrop; Sättigung
st	statisch
T	Taupunkt; Turbine
tr	Tripelpunkt
u	Umgebung
V	Verdichter; Verbrennungsgas; Volumenänderung

v	Verlust
W	Wasser; Welle
′	Siedelinie; Brennstoff und Luft
″	Taulinie; Verbrennungsgas
*	hervorgehobener Zustand; stöchiometrisches Verbrennungsgas

d) Besondere Zeichen

:=	definiert durch
(1.1)	Zahlen in runden Klammern bedeuten Gleichungsnummern. Die erste Zahl gibt die Kapitelnummer an.
[1.1]	Zahlen in eckigen Klammern verweisen auf das Literaturverzeichnis am Schluß des Buches.

1 Allgemeine Grundlagen

1.1 Thermodynamik

1.1.1 Von der historischen Entwicklung der Thermodynamik[1]

Als der französische Ingenieur-Offizier N. L. S. Carnot[2] (Abb. 1.1) im Jahre 1824 seine einzige, später berühmt gewordene Schrift „Réflexions sur la puissance motrice de feu et sur les machines propres à développer cette puissance" veröffentlichte [1.4], begründete er eine neue Wissenschaft: die Thermodynamik. Schon lange Zeit zuvor hatte man sich mit den Wärmeerscheinungen beschäftigt, und man hatte auch praktische Erfahrungen im Bau von Wärmekraft-

Abb. 1.1. N. L. S. Carnot im Alter von 17 Jahren

Abb. 1.2. J. R. Mayer

---

[1] Man vgl. hierzu die Darstellungen von C. Truesdell [1.1], D. S. L. Cardwell [1.2] und R. Plank [1.3].

[2] Nicolas Léonard Sadi Carnot (1796—1832) schloß mit siebzehneinhalb Jahren sein Studium an der Ecole Polytechnique in Paris ab; er diente dann einige Jahre als Ingenieur-Offizier, ließ sich aber bald zur Disposition stellen. Als Privatmann lebte er in Paris und widmete sich wissenschaftlichen Studien. Am 24. August 1832 starb er während einer großen Choleraepidemie.

maschinen, insbesondere von Dampfmaschinen gewonnen; Carnot jedoch behandelte das Problem der Gewinnung von Nutzarbeit aus Wärme erstmals in allgemeiner Weise. Als gedankliche Hilfsmittel schuf er die Begriffe der vollkommenen Maschine und des reversiblen (umkehrbaren) Kreisprozesses. Seine von bestimmten Maschinenkonstruktionen und von bestimmten Arbeitsmedien abstrahierenden Überlegungen führten ihn zur Entdeckung eines allgemein gültigen Naturgesetzes, das wir heute als den 2. Hauptsatz der Thermodynamik bezeichnen.

Carnot legte 1824 seinen „Réflexions" die damals vorherrschende Stofftheorie der Wärme zugrunde, wonach Wärme eine unzerstörbare Substanz (caloricum) ist, deren Menge bei allen Prozessen unverändert bleibt. In seinen hinterlassenen, erst 40 Jahre nach seinem frühen Tode veröffentlichten Notizen finden wir aber schon eine erste Formulierung des Prinzips von der Äquivalenz von Wärme und Arbeit, wonach Arbeit in Wärme und auch Wärme in Arbeit umwandelbar sind. Dieses Prinzip wurde öffentlich erst 1842 von J. R. Mayer[3] (Abb. 1.2) ausgesprochen, der es später (1845) zum allgemeinen Satz von der Erhaltung der Energie erweiterte. J. R. Mayer wurde damit zum Entdecker des 1. Hauptsatzes der Thermodynamik und des Energieerhaltungssatzes, der heute als eines der wichtigsten Grundgesetze der ganzen Physik anerkannt ist, während Mayer zuerst auf das Unverständnis seiner Zeitgenossen stieß.

Unabhängig von Mayers theoretischen Überlegungen lieferte zwischen 1843 und 1848 J. P. Joule[4] die experimentellen Grundlagen für den 1. Hauptsatz durch zahlreiche geschickt ausgeführte Versuche. Er bestimmte das sogenannte mechanische Wärmeäquivalent, eine heute unnötige Größe, die aber damals wegen des Fehlens einer einwandfreien Definition des Begriffs „Wärme" eine große Rolle spielte, vgl. auch [1.5]. Diese Experimente bildeten mehr als 60 Jahre später die Grundlage für eine klare Definition der inneren Energie als der für den 1. Hauptsatz charakteristischen Zustandsgröße.

Aufbauend auf den Gedanken von Carnot, Mayer und Joule gelang es 1850 R. Clausius[5] (Abb. 1.3), die beiden Hauptsätze der Thermodynamik klar zu formulieren. Er gab die erste quantitative Formulierung des 1. Hauptsatzes durch

---

[3] Julius Robert Mayer (1814—1878) war praktischer Arzt in Heilbronn, der sich in seinen wenigen freien Stunden mit naturwissenschaftlichen Problemen beschäftigte. Seine in den Jahren 1842—1848 veröffentlichten Arbeiten über den Energieerhaltungssatz fanden bei den Physikern lange Zeit nicht die ihnen gebührende Beachtung. Erst spät und nach einem Prioritätsstreit mit J. P. Joule wurde J. R. Mayer volle Anerkennung zuteil. Er starb hochgeehrt in seiner Vaterstadt Heilbronn im Alter von 63 Jahren.

[4] James Prescott Joule (1818—1889) lebte als finanziell unabhängiger Privatgelehrter in Manchester, England. Neben den Experimenten zur Bestimmung des „mechanischen Wärmeäquivalents" sind seine Untersuchungen über die Erwärmung stromdurchflossener elektrischer Leiter (Joulesche „Wärme") und die gemeinsam mit W. Thomson ausgeführten Versuche über die Drosselung von Gasen (Joule-Thomson-Effekt) zu nennen.

[5] Rudolf Julius Emanuel Clausius (1822—1888) studierte in Berlin. Er war „Werkstudent", um die Ausbildung seiner jüngeren Geschwister zu finanzieren. 1850 wurde er Privatdozent und 1855 als Professor an die ETH Zürich berufen. 1867 ging er nach Würzburg, von 1869 bis zu seinem Tode lehrte er in Bonn. Clausius gehörte zu den hervorragenden Physikern seiner Zeit; er war ein ausgesprochener Theoretiker mit hoher mathematischer Begabung. Neben seinen berühmten thermodynamischen Untersuchungen sind besonders seine Arbeiten zur kinetischen Gastheorie hervorzuheben.

Gleichungen zwischen den Größen Wärme, Arbeit und innere Energie; zur Formulierung des 2. Hauptsatzes führte er eine neue Größe ein, die er zuerst als „Äquivalenzwert einer Verwandlung", später (1865) als *Entropie* bezeichnete. Der von Clausius geschaffene Entropiebegriff nimmt eine Schlüsselstellung im Gebäude der Thermodynamik ein. Im Prinzip von der Vermehrung der Entropie finden die Aussagen des 2. Hauptsatzes über die Richtung aller natürlichen Vorgänge ihren prägnanten Ausdruck. In neuerer Zeit hat der Entropiebegriff auch in anderen Wissenschaften, z. B. in der Informationstheorie, Bedeutung erlangt.

Abb. 1.3. R. Clausius

Abb. 1.4. W. Thomson im Jahre 1846

Unabhängig von Clausius gelangte fast zur gleichen Zeit (1851) W. Thomson[6] (Lord Kelvin) (Abb. 1.4) zu anderen Formulierungen des 2. Hauptsatzes. Bekannt ist der von ihm aufgestellte Satz von der Zerstreuung oder Entwertung der Energie (dissipation of energy), daß sich nämlich bei allen natürlichen Prozessen der Vorrat an umwandelbarer oder arbeitsfähiger Energie vermindert. Schon früh (1848) erkannte Thomson, daß aus den Carnotschen Überlegungen, also aus dem 2. Hauptsatz, die Existenz einer universellen Temperaturskala folgt, die von den Eigenschaften spezieller Thermometer unabhängig ist. Sie wird ihm zu Ehren heute Kelvin-Skala genannt. Thomson wandte die Thermodynamik auch auf elektrische Erscheinungen an und schuf 1856 die erste Theorie der Thermoelektrizität.

---

[6] William Thomson (1824—1907), seit 1892 Lord Kelvin, war von 1846 bis 1899 Professor für Naturphilosophie und theoretische Physik an der Universität Glasgow. Neben seinen grundlegenden thermodynamischen Untersuchungen widmete er sich seit 1854 elektrotechnischen Problemen und hatte entscheidenden Anteil an der Verlegung des ersten transatlantischen Kabels (1856—1865). Er konstruierte eine große Anzahl von Apparaten für physikalische Messungen, unter ihnen das Spiegelgalvanometer und das Quadrantelektrometer. Er verbesserte den Schiffskompaß, die Methoden zur Tiefenmessung und Positionsbestimmung auf See und baute eine Rechenmaschine zur Vorhersage von Ebbe und Flut.

Mit den klassischen Arbeiten von Clausius und Thomson hatte die Thermodynamik im zweiten Drittel des 19. Jahrhunderts einen gewissen Abschluß ihrer Entwicklung erreicht. Es ist bemerkenswert, wie eng dabei reine und angewandte Forschung zusammenwirkten. Ein technisches Problem, nämlich die Gewinnung von Nutzarbeit aus Wärme in den Dampfmaschinen, hatte ein neues Gebiet der Physik entstehen lassen, an dessen Ausbau Ingenieure, Ärzte und Physiker in gleicher Weise beteiligt waren. Von den Ingenieuren, die Wesentliches zur Entwicklung der Thermodynamik beitrugen, sei besonders W. Rankine[7], ein Zeitgenosse von Clausius und Thomson, genannt. Wie diese erforschte er die Grundlagen der Thermodynamik; seine wissenschaftlichen Veröffentlichungen standen, vielleicht zu Unrecht, im Schatten seiner beiden bedeutenden Zeitgenossen.

Mit dem von Clausius geschaffenen Entropiebegriff war eine physikalische Größe entstanden, die es gestattete, aus den Hauptsätzen der Thermodynamik zahlreiche neue und allgemeingültige Gesetze für das Verhalten der Materie in ihren Aggregatzuständen herzuleiten. Diese auch auf Gemische, auf chemische Reaktionen und auf elektrochemische Prozesse ausgedehnten Untersuchungen ließen gegen Ende des 19. Jahrhunderts eine neue Wissenschaft entstehen: die *physikalische Chemie*. Ihre Grundlagen wurden vor allem von J. W. Gibbs[8] gelegt, der allgemein gültige Kriterien für das thermodynamische Gleichgewicht von Systemen aus mehreren Phasen aufstellte. Er entdeckte die Phasenregel und führte die chemischen Potentiale zur Beschreibung des Verhaltens von Gemischen ein. Die Thermodynamik der Gemische hat auch ein anderer amerikanischer Forscher, G. N. Lewis[9], erheblich gefördert. Mit den von ihm 1907 geschaffenen Größen Fugazität und Aktivität lassen sich die thermodynamischen Eigenschaften realer Gemische meist einfacher und übersichtlicher darstellen als mit den chemischen Potentialen.

Wendet man die Hauptsätze der Thermodynamik auf chemische Reaktionen an, so kann man das sich am Ende der Reaktion einstellende chemische Gleichgewicht zwischen den reagierenden Stoffen bestimmen. Es war aber nicht möglich,

---

[7] William John MacQuorn Rankine (1820—1872), schottischer Ingenieur, war auf vielen Gebieten des Ingenieurwesens tätig (Eisenbahnbau, Schiffbau, Dampfmaschinenbau). Von 1855 bis zu seinem Tode war er Professor für Ingenieurwesen an der Universität Glasgow. Er schrieb mehrere Lehrbücher, die zahlreiche Auflagen erlebten. Er verfaßte auch Gedichte, die er selbst vertonte und seinen Freunden vortrug, wobei er sich selbst am Klavier begleitete.

[8] Josiah Willard Gibbs (1839—1903) verbrachte bis auf drei Studienjahre in Paris, Berlin und Heidelberg sein ganzes Leben in New Haven (Connecticut, USA) an der Yale-Universität, wo er studierte und von 1871 bis zu seinem Tode Professor für mathematische Physik war. Er lebte zurückgezogen bei seiner Schwester und blieb unverheiratet. Seine berühmten thermodynamischen Untersuchungen sind in einer großen Abhandlung „On the equilibrium of heterogeneous substances" (1876) enthalten, die zuerst unbeachtet blieb, weil sie in einer wenig verbreiteten Zeitschrift veröffentlicht wurde. Gibbs schrieb auch ein bedeutendes Werk über statistische Mechanik, das zum Ausgangspunkt der modernen Quantenstatistik wurde.

[9] Gilbert Newton Lewis (1875—1946) war von 1912 bis zu seinem Tode Professor für Chemie an der Universität Berkeley in Kalifornien, USA. Er forschte auf allen Gebieten der physikalischen Chemie; ihm gelang schon 1933 die Gewinnung von Deuterium und schwerem Wasser. Seine Untersuchungen zur Thermodynamik sind in dem mit M. Randall verfaßten Standardwerk „Thermodynamics and Free Energy of Chemical Substances" (London 1923) zusammengefaßt.

das chemische Gleichgewicht allein aus thermischen und kalorischen Daten zu berechnen, weil die hierbei benötigten Entropiewerte der verschiedenen Stoffe nur bis auf eine unbekannte Konstante bestimmbar waren. Diesen Mangel beseitigte ein neues „Wärmetheorem", das W. Nernst[10] 1906 aufstellte. Dieses Theorem, das 1911 von M. Planck[11] erweitert wurde, macht eine allgemeine Aussage über das Verhalten der Entropie am absoluten Nullpunkt der Temperatur, womit die unbestimmten Entropiekonstanten festgelegt werden konnten. Das Wärmetheorem wird vielfach als 3. Hauptsatz der Thermodynamik bezeichnet.

Gegen Ende des 19. Jahrhunderts beschäftigten sich verschiedene Forscher erneut mit den Grundlagen der Thermodynamik. Bis zu dieser Zeit war insbesondere der Begriff der Wärme unklar, und Hilfsvorstellungen in Gestalt von Hypothesen über den molekularen Aufbau der Materie dienten zur „Erklärung" der Wärmeerscheinungen im Sinne einer „mechanischen Wärmetheorie". Erste einwandfreie Neubegründungen der Thermodynamik als Lehre von makroskopisch meßbaren Eigenschaften physikalischer Systeme auf der Grundlage des Energieprinzips und des 2. Hauptsatzes gaben 1888 H. Poincaré[12] und M. Planck, der seine thermodynamischen Untersuchungen aus den Jahren 1879—1896 in einem berühmten Lehrbuch [1.6] zusammenfaßte. Von diesen Forschern wird die „mechanische Wärmetheorie" ausdrücklich aufgegeben, und die Thermodynamik wird auf einem klar definierten System makroskopisch meßbarer Größen aufgebaut.

Zu Beginn des 20. Jahrhunderts wies G. H. Bryan[13] in seinen Veröffentlichungen über die Grundlagen der Thermodynamik erstmals darauf hin, daß die innere Energie die wesentliche Größe zur Darstellung des 1. Hauptsatzes ist und daß die Wärme eine untergeordnete Rolle spielt. Er betonte den Begriff der

---

[10] Walther Hermann Nernst (1864—1941) war von 1891—1905 Professor in Göttingen und von 1906—1933 Professor in Berlin mit Ausnahme einiger Jahre, in denen er Präsident der Physikalisch-Technischen Reichsanstalt war. Er gehört zu den Begründern der physikalischen Chemie. Seine mit besonderem experimentellen Geschick ausgeführten Arbeiten behandeln vornehmlich Probleme der Elektrochemie und der Thermochemie. Für die Aufstellung seines Wärmetheorems wurde er durch den Nobelpreis für Chemie des Jahres 1920 geehrt.

[11] Max Planck (1858—1947) wurde schon während seines Studiums durch die Arbeiten von Clausius zur Beschäftigung mit thermodynamischen Problemen angeregt. In seiner Dissertation (1879) und seiner Habilitationsschrift sowie in weiteren Arbeiten gab er wertvolle Beiträge zur Thermodynamik. 1885 wurde er Professor in Kiel; von 1889—1926 war er Professor für theoretische Physik in Berlin. Auch sein berühmtes Strahlungsgesetz leitete er aus thermodynamischen Überlegungen über die Entropie der Strahlung her. Hierbei führte er 1900 die Hypothese der quantenhaften Energieänderung ein und begründete damit die Quantentheorie. Für diese wissenschaftliche Leistung erhielt er 1918 den Nobelpreis für Physik.

[12] Jules Henri Poincaré (1854—1912) war nach kurzer Ingenieurtätigkeit Lehrer an verschiedenen Schulen und Hochschulen. Er war von 1886—1912 Professor an der Sorbonne in Paris und lehrte von 1904—1908 auch an der Ecole Polytechnique. Seine wissenschaftlichen Arbeiten behandeln Fragen der Mathematik und der mathematischen Physik sowie philosophische Probleme der Naturwissenschaften.

[13] George Hartley Bryan (1864—1928) war Professor für Mathematik an der Universität von North Wales. Er behandelte auch Probleme der Dynamik und Stabilität von Flugzeugen. Neben dem Artikel „Allgemeine Grundlagen der Thermodynamik" (1903) in der Enzyklopädie der Mathematischen Wissenschaften ist sein Buch [1.7] über Thermodynamik zu nennen.

verfügbaren Energie (available energy), mit dessen Hilfe er sogar die Entropie definierte. An die Gedanken von Bryan anknüpfend, gab C. Carathéodory[14] 1909 eine axiomatische Begründung der Thermodynamik unter der Annahme, daß der Wärmebegriff ganz entbehrt werden kann: „Man kann die ganze Theorie ableiten, ohne die Existenz einer von den gewöhnlichen mechanischen Größen abweichenden physikalischen Größe, der Wärme, vorauszusetzen" [1.8]. Den 2. Hauptsatz gründete er auf ein Axiom über die Erreichbarkeit von Zuständen eines Systems unter adiabater (wärmedichter) Isolierung.

Mit den Grundlagen der Thermodynamik und ihrer begrifflichen und mathematischen Struktur hat sich in den letzten Jahrzehnten eine Reihe von Forschern beschäftigt. Als Beispiele seien die Bücher von H. A. Buchdahl [1.9] und P. T. Landsberg [1.10] genannt, in denen die Gedanken von Carathéodory weiterentwickelt werden. G. N. Hatsopoulos und J. H. Keenan [1.11] versuchen, die beiden Hauptsätze aus einem einzigen Axiom herzuleiten, wobei sie an Überlegungen von J. W. Gibbs anknüpfen. Auch L. Tisza [1.12] und G. Falk [1.13] machen die Gibbssche Thermodynamik zum Ausgangspunkt ihrer Überlegungen, während R. Giles [1.14], D. R. Owen [1.15] und C. Truesdell [1.16] mathematisch strenge Grundlegungen der Thermodynamik zum Ziel haben. Einen Einblick in die jüngste Entwicklung gibt ein von J. Serrin [1.17] herausgegebenes Buch mit Beiträgen zur Axiomatik der Thermodynamik, in denen eine formalisierte, mathematisch strenge Darstellung vorherrscht.

Ingenieure wie N. L. S. Carnot und W. J. Rankine hatten wesentlichen Anteil an der Grundlegung und Entwicklung der Thermodynamik im 19. Jahrhundert, denn technische Probleme gaben Anlaß zur Schaffung thermodynamischer Theorien. Die neuen thermodynamischen Erkenntnisse wurden schon früh für die Technik nutzbar gemacht. Bereits 1854 veröffentlichte R. Clausius [1.18] einen umfangreichen Aufsatz über die Theorie der Dampfmaschine, und 1859 erschien das erste Lehrbuch der *technischen Thermodynamik* [1.19]. Sein Autor G. A. Zeuner[15] gab eine strenge Darstellung der thermodynamischen Grundlagen und behandelte zahlreiche technische Anwendungen, besonders die Gas- und Dampfmaschinen. Neben W. Rankine kann Zeuner als Gründer der technischen Thermodynamik bezeichnet werden. Sein Nachfolger als Professor an der Technischen Hochschule Dresden war R. Mollier[16]. Er wurde besonders bekannt durch das von ihm geschaffene Enthalpie-Entropie-Diagramm für Wasser. Diese graphische

---

[14] Constantin Carathéodory (1873—1950) wurde als Sohn griechischer Eltern in Berlin geboren. Nach vierjährigem Studium an der Ecole Militaire de Belgique in Brüssel war er als Ingenieuroffizier in Ägypten tätig. Er gab die Ingenieurlaufbahn auf und begann 1900 mathematische Studien in Berlin und Göttingen. Als Professor für Mathematik wirkte er an den Technischen Hochschulen Hannover und Breslau und an den Universitäten Göttingen, Berlin, Athen und München. Seine wissenschaftlichen Veröffentlichungen behandeln hauptsächlich Probleme der Variationsrechnung und der Funktionentheorie.

[15] Gustav Anton Zeuner (1828—1907) war zunächst Professor für angewandte Mathematik am Polytechnikum Zürich und von 1873 bis 1897 Professor an der TH Dresden. Er behandelte auch eingehend die Strömung von kompressiblen Fluiden.

[16] Richard Mollier (1863—1935) war ein Jahr lang Professor für Angewandte Physik und Maschinenlehre an der Universität Göttingen. 1897 wurde er an die TH Dresden berufen, wo er bis 1933 lehrte und forschte. Neben dem berühmten Enthalpie-Entropie-Diagramm erlangte das von ihm vorgeschlagene Enthalpie-Wassergehalt-Diagramm für feuchte Luft besondere Bedeutung.

Darstellung der thermodynamischen Eigenschaften des wichtigen Arbeitsstoffes Wasser diente Generationen von Ingenieuren zur Veranschaulichung von Prozessen und als Hilfsmittel ihrer Berechnung.

Die neuen Entwicklungen der thermodynamischen Theorie seit 1900 blieben in der Lehre der technischen Thermodynamik lange unbeachtet. Erst 1941 veröffentlichte J. H. Keenan (1900—1977), Professor am MIT, Cambridge, Mass. USA, eine logisch strenge Darstellung, die an die Gedanken von Poincaré und Gibbs anknüpfte [1.20]. Dieses Werk hatte bedeutenden Einfluß auf die Lehre der technischen Thermodynamik in den Englisch sprechenden Ländern.

Ein wichtiges Ziel der technischen Thermodynamik ist die klare und möglichst anschauliche Formulierung der einschränkenden Aussagen des 2. Hauptsatzes über Energieumwandlungen. Hierzu eignet sich der schon von G. H. Bryan und anderen Forschern benutzte Begriff der verfügbaren Energie (available energy). Seine Bedeutung für die technischen Anwendungen hat seit 1938 F. Bošnjaković[17] hervorgehoben und an vielen Beispielen demonstriert. Z. Rant[18] hat diese Überlegungen verallgemeinert und zwischen 1953 und 1963 die Größen Exergie und Anergie eingeführt. Mit ihnen lassen sich die Aussagen des 2. Hauptsatzes der Thermodynamik über Energieumwandlungen klar und einprägsam formulieren, wobei auch der begrenzende Einfluß der irdischen Umgebung berücksichtigt wird. Die „Exergetische Analyse" energietechnischer Anlagen ist in den letzten Jahren zu einem allgemein anerkannten und häufig angewandten Verfahren der technischen Thermodynamik geworden.

1.1.2 Was ist Thermodynamik?

Es ist nicht einfach, eine bestimmte Wissenschaft eindeutig und erschöpfend zu kennzeichnen und sie gegen ihre Nachbarwissenschaften scharf abzugrenzen. Dies trifft auch auf die Thermodynamik zu, die einerseits aus technischen Fragestellungen entstanden ist und durch diese weiterentwickelt wurde, andererseits in ihren Hauptsätzen grundlegende und allgemeingültige Gesetze der Physik enthält. Wenn auch die Thermodynamik von der Untersuchung der Wärmeerscheinungen ausging, so hat sie im Laufe ihrer Entwicklung den engen Rahmen einer Wärmelehre längst gesprengt. Wir können sie vielmehr als eine *allgemeine Energielehre* definieren. Sie lehrt die Energieformen zu unterscheiden, zeigt ihre gegenseitige Verknüpfung in den Energiebilanzen des 1. Hauptsatzes und klärt durch die Aussagen des 2. Hauptsatzes die Bedingungen und Grenzen für die Umwandlung der verschiedenen Energieformen bei natürlichen Vorgängen und technischen Prozessen.

---

[17] Fran Bošnjaković (geb. 1902 in Zagreb) promovierte bei R. Mollier in Dresden. Er war Professor für Thermodynamik an den Technischen Hochschulen Beograd, Zagreb, Braunschweig und Stuttgart. Er entwickelte graphische Methoden zur Untersuchung der Prozesse von Zweistoffgemischen und lieferte zahlreiche Beiträge auf allen Gebieten der technischen Thermodynamik, von denen sein umfassendes Lehrbuch [0.3] hervorgehoben sei.

[18] Zoran Rant (1904—1972), slowenischer Ingenieur und Wissenschaftler, war seit 1962 Professor für Verfahrenstechnik an der TH Braunschweig. Neben seinen thermodynamischen Arbeiten sind seine Bücher über Soda-Herstellung und über Verdampfer bekannt geworden.

Thermodynamik als allgemeine Energielehre ist eine grundlegende Technik-Wissenschaft. Sie hat besondere Bedeutung für jene Bereiche der Technik, die man unter der Bezeichnung Energietechnik zusammenfaßt. Hierzu gehören Planung, Errichtung und Betrieb energietechnischer Anlagen, z. B. der Kraftwerke, und die Konstruktion ihrer Komponenten Turbinen, Verdichter, Pumpen und Wärmeübertrager, der Bau von Motoren und Flugtriebwerken sowie die Kälte-, Klima- und Heizungstechnik. Auch in anderen Gebieten der Technik, wo Energieumwandlungen eine Rolle spielen, müssen die Gesetze der Thermodynamik beachtet werden.

Für den Physiker, den Chemiker und den in der Chemietechnik oder Verfahrenstechnik tätigen Ingenieur haben dagegen die allgemeinen Aussagen der Thermodynamik über das Verhalten der Materie in ihren Aggregatzuständen und über die Stoffumwandlungen bei chemischen Prozessen noch größere Bedeutung. Als Grundlage der physikalischen Chemie liefert hier die Thermodynamik die ordnenden Beziehungen zwischen den makroskopischen Eigenschaften (Zustandsgrößen) der reinen Stoffe und Gemische in ihren Gleichgewichtszuständen. Man kann daher Thermodynamik auch als eine allgemeine Lehre von den Gleichgewichtszuständen physikalischer Systeme definieren.

Kennzeichnend für beide Aspekte der Thermodynamik — Energielehre und Gleichgewichtslehre — ist die Allgemeingültigkeit ihrer Aussagen, die an keine Voraussetzungen über die Eigenschaften eines speziellen Systems und auch nicht an besondere Vorstellungen über den molekularen oder atomistischen Aufbau der Materie gebunden sind. Da die Thermodynamik nur allgemeine, für alle Systeme gültige Beziehungen aufstellt, sind Aussagen über ein spezielles System ohne weitere Informationen nicht möglich. Diese müssen z. B. als Zustandsgleichung des betreffenden Systems durch Messungen ermittelt werden; erst dann erlauben die Gleichungen der Thermodynamik weitere Aussagen.

Die hier gekennzeichnete, nur mit makroskopischen Größen operierende Thermodynamik bezeichnet man häufig als *klassische* oder *phänomenologische Thermodynamik* im Gegensatz zur *statistischen Thermodynamik*. Diese hat sich gegen Ende des 19. Jahrhunderts aus der kinetischen Gastheorie entwickelt und wurde besonders durch die Arbeiten von L. Boltzmann[19] und J. W. Gibbs gefördert. Die statistische Thermodynamik geht im Gegensatz zur klassischen Thermodynamik vom atomistischen Aufbau der Materie aus; die Gesetze der klassischen oder Quantenmechanik werden auf die Teilchen (Atome, Moleküle) angewendet, und durch statistische Methoden wird ein Zusammenhang zwischen den Eigenschaften der Teilchen und den makroskopischen Eigenschaften eines aus sehr vielen Teilchen bestehenden Systems gewonnen. Auch die statistische Thermodynamik ist wie die klassische Thermodynamik eine allgemeine „Rahmentheorie"; erst unter Zugrundelegung bestimmter Modelle für den atomaren oder molekularen Aufbau liefern ihre allgemeinen Gleichungen Aussagen über spezielle Systeme.

Die nun folgende Darstellung ist auf die klassische Thermodynamik beschränkt. Da wir sie als grundlegende Ingenieurwissenschaft darstellen, steht der Energie-

---

[19] Ludwig Boltzmann (1844—1906) war Professor in Graz, München, Wien, Leipzig und wieder in Wien. Er leitete das von Stefan empirisch gefundene Strahlungsgesetz aus der Maxwellschen Lichttheorie und den Hauptsätzen der Thermodynamik her. Durch die Anwendung statistischer Methoden fand er den grundlegenden Zusammenhang zwischen der Entropie und der „thermodynamischen Wahrscheinlichkeit" eines Zustands.

begriff im Mittelpunkt, und die Aussagen der Thermodynamik über die Energieformen und ihre Umwandlung bei technischen Prozessen werden eingehend behandelt. Auf die ordnenden Beziehungen, welche die klassische Thermodynamik für die makroskopischen Eigenschaften der Materie liefert, gehen wir so weit ein, wie es im Rahmen einer Einführung sinnvoll und für die Behandlung von Energieumwandlungen erforderlich ist.

1.2 System und Zustand

1.2.1 System und Systemgrenze

Eine thermodynamische Untersuchung beginnt damit, daß man den Bereich im Raum abgrenzt, auf den sich die Untersuchung beziehen soll. Dieses hervorgehobene Gebiet wird das thermodynamische System genannt. Alles außerhalb des Systems heißt die Umgebung. Teile der Umgebung können als weitere Systeme hervorgehoben werden. Das System wird von seiner Umgebung durch materielle oder gedachte Begrenzungsflächen, die Systemgrenzen, getrennt; ihre genaue Festlegung gehört zur eindeutigen Definition des Systems. Den Systemgrenzen ordnet man häufig idealisierte Eigenschaften zu, insbesondere hinsichtlich ihrer Durchlässigkeit für Materie und Energie.

Die Grenzen eines geschlossenen Systems sind für Materie undurchlässig. Ein *geschlossenes System* enthält daher stets dieselbe Stoffmenge; sein Volumen braucht jedoch nicht konstant zu sein, denn die Systemgrenzen dürfen sich bewegen. Das im Zylinder von Abb. 1.5 enthaltene Gas bildet ein geschlossenes System. Durch Bewegen des dicht schließenden Kolbens können die Systemgrenze und damit das Volumen des Gases geändert werden; die Gasmenge bleibt jedoch konstant.

Lassen die Grenzen eines Systems Materie hindurch, so handelt es sich um ein *offenes System*. Die in den technischen Anwendungen der Thermodynamik vorkommenden offenen Systeme haben meistens fest im Raume liegende Grenzen,

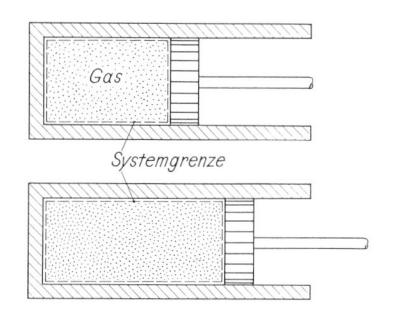

Abb. 1.5. Gas im Zylinder als Beispiel eines geschlossenen Systems. Trotz Volumenänderung bleibt die Gasmenge gleich

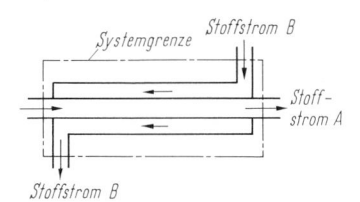

Abb. 1.6. Wärmeübertrager, der von zwei Stoffströmen A und B durchflossen wird, als Beispiel eines offenen Systems (Kontrollraums)

die von einem oder mehreren Stoffströmen durchsetzt werden. Ein solches offenes System wird nach L. Prandtl[20] als *Kontrollraum* bezeichnet. Der von einer fest liegenden Systemgrenze oder Bilanzhülle umgebene Wärmeübertrager von Abb. 1.6 ist ein Beispiel eines offenen Systems.

Sind die Grenzen eines Systems nicht nur für Materie undurchlässig, verhindern sie vielmehr jede Wechselwirkung (z. B. auch einen Energieaustausch) zwischen dem System und seiner Umgebung, so spricht man von einem *abgeschlossenen* oder *isolierten System*. Jedes abgeschlossene System ist notwendigerweise auch ein geschlossenes System, während das Umgekehrte nicht zutrifft. Ein abgeschlossenes System erhält man auch dadurch, daß man ein System und jene Teile seiner Umgebung, mit denen es in Wechselwirkung steht, zu einem abgeschlossenen Gesamtsystem zusammenfaßt. Man legt hier also eine Systemgrenze so, daß über sie hinweg keine merklichen, d. h. keine meßbaren Einwirkungen stattfinden.

Diese Zusammenfassung mehrerer Systeme zu einem abgeschlossenen Gesamtsystem ist ein Beispiel für die grundsätzlich willkürliche Verlegung der Systemgrenze. Man kann zwei Systeme als Teile eines Gesamtsystems auffassen oder sie als getrennte Systeme behandeln. Ebenso ist es häufig zweckmäßig, einen Teil eines größeren Systems als ein besonderes System hervorzuheben, um die Wechselwirkungen zwischen diesem Teilsystem und dem Rest des größeren Systems zu untersuchen.

Die Grenze offener Systeme dient häufig als Bilanzhülle, um Materie- und Energieströme zu erfassen, die in das System einströmen oder es verlassen. Man interessiert sich dabei weniger für das Innere des Systems, sondern stellt Massen- und Energie-Bilanzgleichungen auf, in denen nur Größen vorkommen, die an der Systemgrenze auftreten und dort gemessen werden können. Im Gegensatz dazu grenzt man ein geschlossenes System häufig mit dem Ziel ab, das Innere des Systems näher zu untersuchen oder die Eigenschaften der im System enthaltenen Materie mit jenen Größen, z. B. den Energieströmen, zu verknüpfen, die die Wechselwirkungen des Systems mit seiner Umgebung beschreiben.

1.2.2 Zustand und Zustandsgrößen

Die Abgrenzung eines Systems gegenüber seiner Umgebung ist nur ein notwendiger Teil der Systembeschreibung. Ein System ist außerdem ein Träger von Variablen oder physikalischen Größen, die seine Eigenschaften kennzeichnen. Da wir uns in der klassischen Thermodynamik darauf beschränken, makroskopisch meßbare Eigenschaften zu erfassen, kennzeichnet schon eine geringe Zahl von Variablen die Eigenschaften eines Systems. Ist das System beispielsweise eine bestimmte Gasmenge, so beschreiben wir seine Eigenschaften nicht etwa durch die Angabe der Ortskoordinaten aller Gasmoleküle und durch ihre Geschwindigkeiten oder Impulse, sondern durch wenige, *makroskopische* Variablen wie das Volumen V, den Druck p und die Masse m des Systems.

---

[20] Ludwig Prandtl (1875—1953) war Professor an der Universität Göttingen und Direktor des Kaiser-Wilhelm-Instituts für Strömungsforschung. Durch seine vielseitigen Forschungsarbeiten wurde er zum Begründer der modernen Strömungslehre (Prandtlsche Grenzschichttheorie).

1.2 System und Zustand

Nehmen die Variablen eines Systems feste Werte an, so sagen wir, das System befindet sich in einem bestimmten *Zustand*. Der Begriff des Zustands wird also durch die Variablen des Systems definiert; sie bestimmen einen Zustand dadurch, daß sie feste Werte annehmen. Man nennt daher die Variablen auch die *Zustandsgrößen* des Systems.

Als äußere Zustandsgrößen bezeichnen wir jene Größen, die den „äußeren" (mechanischen) Zustand des Systems kennzeichnen: die Koordinaten im Raum und die Geschwindigkeit des Systems relativ zu einem Beobachter. Der „innere" (thermodynamische) Zustand wird durch Zustandsgrößen beschrieben, die Eigenschaften der Materie innerhalb der Systemgrenzen kennzeichnen. Zu diesen inneren oder im eigentlichen Sinne thermodynamischen Zustandsgrößen gehören z. B. der Druck, die Dichte oder die Temperatur.

Flüssige und gasförmige Stoffe gehören zu den wichtigsten Systemen, die in der Thermodynamik behandelt werden. Man faßt sie unter der gemeinsamen Bezeichnung *Fluide* zusammen. Einige ihrer einfachen thermodynamischen Zustandsgrößen besprechen wir in den folgenden Absätzen.

Um die Menge der Materie zu kennzeichnen, die ein fluides System enthält, kann man die Teilchenzahl N, die Stoffmenge n und die Masse m des Fluids benutzen. Diese Größen werden ausführlich in 10.1 behandelt. Wir erwähnen hier nur, daß Masse und Stoffmenge eines reinen Stoffes über seine Molmasse

$$M = m/n$$

zusammenhängen. M hat bekanntlich für jeden reinen Stoff einen festen Wert, der Tabellen entnommen werden kann, vgl. z. B. Tabelle 10.6. In den technischen Anwendungen bevorzugt man die Masse als Mengenmaß, während die Stoffmenge vorzugsweise in der Chemie und in der Chemietechnik benutzt wird.

Die räumliche Ausdehnung eines fluiden Systems wird durch sein Volumen V gekennzeichnet. Die Gestalt des von einem Fluid eingenommenen Raums spielt dagegen solange keine Rolle, als Oberflächeneffekte vernachlässigbar sind. Dies ist aber, abgesehen von wenigen Ausnahmen wie kleinen Blasen oder Tropfen, stets der Fall. Es genügt also in der Regel das Volumen V als Variable, die die Größe des vom Fluid erfüllten Raums beschreibt, während seine Gestalt ohne Bedeutung ist.

Wir betrachten nun ein Volumenelement ΔV eines Fluids und die darin enthaltene Masse Δm. Bildet man den Quotienten $\Delta m/\Delta V$ und geht zur Grenze $\Delta V \to 0$ über, so erhält man eine neue Zustandsgröße, die (örtliche) Dichte

$$\varrho := \lim_{\Delta V \to 0} (\Delta m/\Delta V).$$

Innerhalb eines fluiden Systems ändert sich die Dichte von Ort zu Ort und mit der Zeit τ. Die räumliche Verteilung der Masse wird durch das Dichtefeld

$$\varrho = \varrho(x, y, z, \tau)$$

im fluiden System beschrieben.

Eine weitere Zustandsgröße fluider Systeme ist der Druck. Zu seiner Definition betrachten wir ein beliebig orientiertes Flächenelement ΔA in einem ruhenden Fluid. Ein *ruhendes* Fluid kann keine Schubkräfte und auch keine Zugkräfte aufnehmen. Auf das Flächenelement wirkt nur eine Druckkraft in Richtung der Flächennormale. Der Druck p in einem ruhenden Fluid ist nun als der Quotient aus dem Betrag ΔF der Druckkraft und der Größe des Flächenelements ΔA definiert, wobei der Grenzübergang $\Delta A \to 0$ vorgenommen wird:

$$p = \lim_{\Delta A \to 0} (\Delta F/\Delta A).$$

Der Druck hängt, wie man durch eine Gleichgewichtsbetrachtung zeigen kann, von der Orientierung des Flächenelements im Fluid nicht ab, er ist eine skalare Größe. Wie die Dichte gehört auch der Druck zu den Feldgrößen:

$$p = p(x, y, z, \tau)\,.$$

Ein System heißt *homogen*, wenn seine chemische Zusammensetzung und seine physikalischen Eigenschaften innerhalb der Systemgrenzen überall gleich sind. Gleiche chemische Zusammensetzung liegt nicht nur dann vor, wenn das System aus einem einzigen reinen Stoff besteht, auch Gemische verschiedener Stoffe erfüllen diese Forderung, wenn nur das Mischungsverhältnis im ganzen System konstant ist. Jeden homogenen Bereich eines Systems bezeichnet man nach J. W. Gibbs als *Phase*. Ein homogenes System besteht demnach aus einer einzigen Phase.

Ein System aus zwei oder mehreren Phasen (homogenen Bereichen) bezeichnet man als *heterogenes* System. An den Grenzen der Phasen ändern sich die Zustandsgrößen des Systems sprunghaft. Ein mit Wasser und Wasserdampf gefüllter Behälter ist ein heterogenes Zweiphasen-System. Hier ist zwar die chemische Zusammensetzung im ganzen System konstant, doch die Dichte und andere physikalische Eigenschaften des Wassers (der flüssigen Phase) unterscheiden sich erheblich von denen des Wasserdampfes, vgl. Beispiel 1.1 in 1.2.3.

Die Möglichkeit, ein System als Phase oder als heterogenes Mehrphasensystem aufzufassen, bedeutet eine kaum zu unterschätzende Vereinfachung der thermodynamischen Betrachtungsweise. Alle Zustandsgrößen hängen nicht von den Ortskoordinaten innerhalb der Phase ab, sondern sind räumlich konstant. Dagegen sind die Zustandsgrößen eines Systems, das nicht als Phase aufgefaßt werden kann, Funktionen der Ortskoordinaten, also Feldgrößen. Ihre räumliche und zeitliche Änderung muß in einer Kontinuumstheorie in der Regel durch partielle Differentialgleichungen beschrieben werden.

Für eine Phase vereinfacht sich die Definition der Dichte. Wegen der vorausgesetzten Homogenität ist es nicht erforderlich, ein Volumenelement herauszugreifen und durch den Grenzübergang $\Delta V \to 0$ eine örtliche Dichte zu definieren. Es gilt vielmehr

$$\varrho := m/V\,,$$

worin m die Masse und V das Volumen der Phase sind. Das Reziproke der Dichte ist das spezifische Volumen

$$v := V/m$$

der Phase, also der Quotient aus ihrem Volumen und ihrer Masse. Eine Phase hat in einem bestimmten Zustand nur eine Dichte, ein spezifisches Volumen und einen Druck. Diese Zustandsgrößen sind im ganzen homogenen System räumlich konstant. Sie ändern sich mit der Zeit, wenn sich der Zustand der Phase durch einen Prozeß des Systems verändert, vgl. 1.3.1.

Besondere Verhältnisse liegen vor, wenn man ein System unter dem Einfluß eines äußeren stationären Kraftfelds untersucht. Das wichtigste Beispiel ist hier das Schwerefeld der Erde. In einer senkrechten Gas- oder Flüssigkeitssäule nimmt der Druck p mit der Höhe z ab:

$$\mathrm{d}p = -g\varrho\,\mathrm{d}z\,,$$

wobei $g \approx 9{,}81$ m/s² die Fallbeschleunigung ist. Da die Dichte von Flüssigkeiten vom Druck kaum abhängt, gilt für die Druckdifferenz zwischen zwei Höhen z_1 und z_2

$$p_2 - p_1 = -g\varrho(z_2 - z_1)\,.$$

Druckdifferenzen lassen sich durch Flüssigkeitssäulen bestimmter Höhe darstellen, was zur Druckmessung genutzt wird. Gase haben eine sehr kleine Dichte, so daß in einem Gasbehälter zwischen verschiedenen Höhen vernachlässigbar kleine Druckunterschiede auftreten. Das Gas kann in guter Näherung als Phase angesehen werden. Nur wenn man es mit Höhenunterschieden von mehreren Kilometern, wie z. B. in der Erdatmosphäre zu tun hat, spielt die Druckänderung infolge des Schwerefelds eine Rolle.

1.2.3 Extensive, intensive, spezifische und molare Zustandsgrößen

Eine Zustandsgröße, deren Wert sich bei der gedachten Teilung eines Systems als Summe entsprechender Zustandsgrößen der einzelnen Teile ergibt, nennt man eine *extensive Zustandsgröße*. Beispiele extensiver Zustandsgrößen sind das Volumen V, die Masse m und die Stoffmenge n. Setzt man Teilsysteme A, B, C, ... mit den Werten Z_A, Z_B, Z_C, ... einer extensiven Zustandsgröße zu einem Gesamtsystem zusammen, so gilt für die extensive Zustandsgröße Z des Gesamtsystems

$$Z = Z_A + Z_B + Z_C + \ldots\,.$$

Zustandsgrößen, die sich bei der Systemteilung oder beim Zusammenfügen von Teilsystemen zu einem Gesamtsystem nicht additiv, also nicht wie eine extensive Zustandsgröße verhalten, heißen *intensive Zustandsgrößen*. Offenbar gehört der Druck zu den intensiven Zustandsgrößen.

Dividiert man eine extensive Zustandsgröße Z eines Systems durch seine Masse m, so entsteht die entsprechende spezifische Zustandsgröße

$$z := Z/m\,.$$

Als Beispiel kennen wir bereits das spezifische Volumen

$$v = V/m\,.$$

Alle spez. Größen kennzeichnen wir durch kleine Buchstaben, während wir für extensive Zustandsgrößen große Buchstaben verwenden[21]. Im folgenden Text werden wir spezifische Größen jedoch nicht immer wörtlich hervorheben, wenn durch den Zusammenhang und durch die Formelzeichen (kleine Buchstaben) klar ist, daß spez. Größen gemeint sind[22].

---

[21] Eine Ausnahme macht die Masse, die ja auch eine extensive Größe ist. Hierfür ist der kleine Buchstabe m allgemein gebräuchlich. Dasselbe gilt für die Stoffmenge n.

[22] Häufig trifft man folgende Ausdrucksweise an: Eine spez. Größe, z. B. das spez. Volumen sei das Volumen der Masse*einheit* (1 kg) oder sei das Volumen des Systems bezogen auf die Masse*einheit*. Beides ist falsch. Das spez. Volumen ist kein Volumen, sondern eine Größe anderer Art mit der Dimension Volumen dividiert durch Masse. Das spez. Volumen ist auch nicht das durch die Masse*einheit* dividierte Volumen. Beispielsweise wäre bei $V = 3$ m³ und $m = 5$ kg das spez. Volumen

$$v = \frac{3 \text{ m}^3}{1 \text{ kg}} = 3 \text{ m}^3/\text{kg} \qquad \text{(falsch!)}$$

statt richtig

$$v = \frac{3 \text{ m}^3}{5 \text{ kg}} = 0{,}6 \text{ m}^3/\text{kg}\,.$$

Spezifische Größen gehören zu den intensiven Zustandsgrößen, denn bei Systemteilungen oder Systemzusammensetzungen verhalten sie sich nicht additiv. Dies wird besonders deutlich, wenn wir eine Phase betrachten. Bei der Teilung einer Phase werden die extensive Größe Z, z. B. das Volumen V, und die im Nenner stehende Masse m im gleichen Verhältnis geteilt: die spezifische Größe z der Phase, also z. B. ihr spezifisches Volumen v, hat in allen ihren Teilen denselben Wert.

Anstelle der Masse kann man auch die Stoffmenge n eines Systems als Bezugsgröße verwenden. Die durch Division mit n aus einer extensiven Zustandsgröße Z entstehende Größe

$$Z_m := Z/n$$

heißt stoffmengenbezogene oder molare Größe. Molare Größen kennzeichnen wir entsprechend der Norm DIN 1304 [1.21] durch den Index m. Wir verwenden sie vorzugsweise bei der Behandlung chemischer Reaktionen. Als Beispiel einer molaren Zustandsgröße sei das molare Volumen oder Molvolumen

$$V_m := V/n$$

genannt.

Da Masse m und Stoffmenge n durch die Beziehung

$$m = Mn$$

mit M als Molmasse verknüpft sind, besteht auch eine einfache Proportionalität zwischen spezifischen und molaren Größen. Es gilt

$$z = \frac{Z}{m} = \frac{Z}{Mn} = \frac{Z_m}{M}$$

und

$$Z_m = Mz \,.$$

Molare Zustandsgrößen gehören wie die spezifischen zu den intensiven Zustandsgrößen.

Beispiel 1.1. In einem Behälter mit dem Innenvolumen $V = 12{,}50 \text{ dm}^3$ befindet sich ein Zweiphasensystem aus siedendem Wasser und gesättigtem Dampf, vgl. Abb. 1.7 sowie die Ausführungen in 4.1.1 und 4.2.1. Zwei Phasen eines reinen Stoffs können, wie in 4.1.3 gezeigt wird, nur dann koexistieren, d. h. ein gemeinsames System bilden, wenn sie denselben Druck haben. Dieser sei $p = 25{,}0$ bar $= 2{,}50$ MPa; die Masse des Systems ist $m = 3{,}250$ kg. Bei 25,0 bar hat siedendes Wasser das spezifische Volumen $v' = 1{,}197 \text{ dm}^3/\text{kg}$; das spezifische Volumen des gesättigten Wasserdampfes ist $v'' = 79{,}91 \text{ dm}^3/\text{kg}$. Man berechne die Massen m' und m'' sowie die Volumina V' und V'' der beiden koexistierenden Phasen.

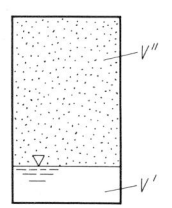

Abb. 1.7. Zweiphasensystem, bestehend aus siedendem Wasser und gesättigtem Wasserdampf

Da Masse und Volumen extensive Zustandsgrößen sind, gilt
$$V' + V'' = V \tag{1.1}$$
und
$$m' + m'' = m \, .$$
Aus der Definition des spezifischen Volumens von siedendem Wasser folgt
$$V' = m'v' \tag{1.2}$$
und entsprechend für den gesättigten Dampf
$$V'' = m''v'' \, . \tag{1.3}$$
Damit stehen vier Gleichungen zur Bestimmung der vier gesuchten Größen zur Verfügung. Wir setzen V' und V'' nach (1.2) bzw. (1.3) in (1.1) ein und erhalten
$$m'v' + m''v'' = V \, .$$
Mit
$$m' = m - m'' \tag{1.4}$$
ergibt sich daraus
$$(m - m'') v' + m''v'' = V$$
und
$$m'' = \frac{V - mv'}{v'' - v'} = \frac{12{,}50 \, \text{dm}^3 - 3{,}250 \, \text{kg} \cdot 1{,}197 \, \text{dm}^3/\text{kg}}{(79{,}91 - 1{,}197) \, \text{dm}^3/\text{kg}} \, ,$$
also
$$m'' = 0{,}109 \, \text{kg} \, .$$
Aus (1.4) erhalten wir
$$m' = 3{,}141 \, \text{kg}$$
und mit diesen Werten
$$V' = 3{,}141 \, \text{kg} \cdot 1{,}197 \, \text{dm}^3/\text{kg} = 3{,}76 \, \text{dm}^3$$
und
$$V'' = 0{,}109 \, \text{kg} \cdot 79{,}91 \, \text{dm}^3/\text{kg} = 8{,}74 \, \text{dm}^3 \, .$$
Obwohl die Dampfphase nur 3,4% der Gesamtmasse des Zweiphasensystems enthält, nimmt sie fast 70% des Behältervolumens ein. Der gesättigte Wasserdampf hat nämlich ein viel größeres spezifisches Volumen als das siedende Wasser.

1.2.4 Fluide Phasen. Zustandsgleichungen

Die Zahl der voneinander unabhängigen Zustandsgrößen, die man benötigt, um den Zustand eines Systems festzulegen, hängt von der Art des Systems ab und ist um so größer, je komplizierter sein Aufbau ist. Bei den meisten technischen Anwendungen der Thermodynamik haben wir es jedoch mit relativ einfachen Systemen zu tun: es sind Gase und Flüssigkeiten, also Fluide, deren elektrische und magnetische Eigenschaften wir nicht zu berücksichtigen brauchen. Auch Oberflächeneffekte (Kapillarwirkungen) spielen nur dann eine Rolle, wenn Tropfen oder Blasen als thermodynamische Systeme betrachtet werden.

Wir haben schon mehrfach betont, welch beträchtliche Vereinfachungen sich ergeben, wenn sich das Fluid wie eine Phase, also wie ein homogenes System verhält. Man vermeidet die komplizierte Beschreibung durch Feldgrößen, die sich innerhalb des Systems von Ort zu Ort verändern. In einer fluiden Phase haben alle intensiven Zustandsgrößen — und dazu gehören auch die spezifischen und molaren Zustandsgrößen — an jeder Stelle denselben Wert. Eine Phase hat also nur einen Druck, eine Dichte, ein spezifisches Volumen und ein Molvolumen; diese intensiven Zustandsgrößen ändern sich nur, wenn sich der Zustand der Phase ändert.

Besteht die fluide Phase aus einem reinen Stoff, so genügen wenige Zustandsgrößen, um ihren Zustand festzulegen. Es gilt der Erfahrungssatz:

Der Zustand einer fluiden Phase eines reinen Stoffs wird durch zwei unabhängige intensive Zustandsgrößen und eine extensive Zustandsgröße festgelegt.

Die extensive Zustandsgröße (z. B. die Masse) beschreibt die Größe der Phase. Sie ändert sich bei einer Teilung der Phase, während die intensiven Zustandsgrößen der Teile dieselben Werte wie in der ungeteilten Phase haben. Interessiert man sich nicht für die Größe der Phase, so genügen bereits die beiden intensiven Zustandsgrößen, um ihren Zustand festzulegen, den wir auch als den intensiven Zustand bezeichnen. Die intensiven Zustände einer Phase lassen sich als Punkte in einem Diagramm darstellen, als dessen Koordinaten die beiden intensiven Zustandsgrößen dienen. Häufig wird das p,v-Diagramm, vgl. Abb. 1.8, benutzt. Verschiedene Zustände kennzeichnet man durch Ziffern, die auch als Indizes an den Formelzeichen der Zustandsgrößen eines Zustands erscheinen.

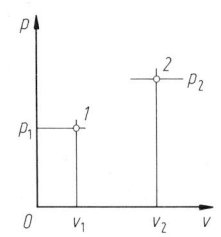

Abb. 1.8. p,v-Diagramm zur Darstellung der Zustände einer fluiden Phase

Da eine fluide Phase eines reinen Stoffes nur zwei unabhängige intensive Zustandsgrößen hat, hängen alle weiteren intensiven Zustandsgrößen von diesen beiden ab. Es bestehen also Beziehungen der Form

$$z = f(x, y),$$

die *Zustandsgleichungen* genannt werden. Wir werden in späteren Abschnitten verschiedene Zustandsgleichungen kennenlernen, z. B. die thermische Zustandsgleichung, in der z die Temperatur, $x = p$ und $y = v$ bedeuten. Zustandsgleichungen bringen die Materialeigenschaften eines Fluids zum Ausdruck; sie enthalten nur intensive Zustandsgrößen, denn Materialgesetze sind von der Größe des Systems unabhängig. Dies erklärt auch die Einführung von spezifischen oder molaren Größen anstelle der entsprechenden extensiven Größen. Nur mit spezifischen oder molaren Zustandsgrößen und mit anderen intensiven Zustandsgrößen (wie Druck und Temperatur) lassen sich Materialgesetze und andere Beziehungen formulieren, die von der Größe des Systems unabhängig sind.

1.3 Prozesse

1.3.1 Prozeß und Zustandsänderung

Steht ein thermodynamisches System in Wechselwirkung mit seiner Umgebung, wird z. B. das Volumen des Systems vergrößert oder Energie über die Systemgrenze zu- oder abgeführt, so ändert sich der Zustand des Systems, und es durchläuft einen Prozeß. Allgemein kann man einen Prozeß als zeitliche Folge von Ereignissen definieren, bei der die vorangehenden Ereignisse die nachfolgenden bestimmen. Bei jedem Prozeß ändert sich der Zustand des Systems, es durchläuft eine Zustandsänderung.

Obwohl eine enge Kopplung zwischen Prozeß und Zustandsänderung besteht, muß man beide Begriffe unterscheiden. Zur Beschreibung einer Zustandsänderung genügt es, nur die Zustände anzugeben, die das System durchläuft. Eine Zustandsänderung ist z. B. bereits dadurch festgelegt, daß der Druck des Systems konstant bleibt (isobare Zustandsänderung). Die Beschreibung des Prozesses erfordert dagegen nicht nur eine Angabe der Zustandsänderung; es müssen auch die Wechselwirkungen zwischen dem System und seiner Umgebung, also die näheren Umstände festgelegt werden, unter denen die Zustandsänderung zustande kommt. So kann eine bestimmte Zustandsänderung durch zwei ganz verschiedene Prozesse bewirkt werden. Der Begriff des Prozesses ist weitergehend und umfassender als der Begriff der Zustandsänderung. Diese erscheint als Folge des Prozesses und als sichtbares Zeichen dafür, daß ein Prozeß stattfindet.

Ein Prozeß kann auch innerhalb eines Systems ablaufen, ohne daß äußere Einwirkungen auftreten. Ein solcher Prozeß wird durch das Aufheben innerer Hemmungen oder den Wegfall eines äußeren Zwangs ausgelöst. Man denke z. B. an einen gegenüber seiner Umgebung abgeschlossenen Behälter mit zwei Gasen, die durch eine Zwischenwand getrennt sind. Wird diese entfernt oder durchbohrt, so mischen sich die beiden Gase. Ein Metallstück, das an einem Ende erhitzt und am anderen gekühlt ist, wird von seiner Umgebung isoliert. Es gleicht dann seinen Wärmezustand aus, d. h. die unterschiedlichen Temperaturen seiner Teile streben einer gemeinsamen mittleren Temperatur zu. Bei diesen und ähnlichen Beispielen beobachtet man eine ausgeprägte Einseitigkeit der Prozesse: Es sind von selbst ablaufende Prozesse in einem abgeschlossenen System, das von einem „komplizierten" Zustand in einen einfacheren, ausgeglichenen Zustand strebt. Diese Prozesse laufen nicht ständig weiter, sie enden vielmehr nach kurzer oder längerer Zeit in einem Endzustand, der sich durch seine Einfachheit auszeichnet und in dem das System häufig homogen, also eine Phase ist.

Man nennt die betrachteten Prozesse, die in einem abgeschlossenen System ablaufen, Ausgleichsprozesse und ihren Endzustand den Gleichgewichtszustand des Systems. Während eines Ausgleichsprozesses finden Wechselwirkungen zwischen verschiedenen Teilen des Systems statt, die unterschiedliche Dichten, Drücke, Temperaturen, Geschwindigkeiten oder unterschiedliche chemische Zusammensetzung haben. Im Gleichgewichtszustand haben sich die Unterschiede der genannten Zustandsgrößen ausgeglichen. Der Gleichgewichtszustand ist ein Zustand des Systems, der sich mit der Zeit nicht mehr verändert, es sei denn, das System erfährt einen äußeren Eingriff.

Ausgleichsprozesse laufen von selbst ab. Es ist ein allgemein gültiger Erfahrungssatz, daß ein sich selbst überlassenes (abgeschlossenes) System einem Gleichgewichtszustand zustrebt. Sobald man eine anfänglich vorhandene Hemmung beseitigt hat, beginnt der Ausgleichsprozeß abzulaufen und endet erst im Gleichgewichtszustand. Die Umkehrung eines Ausgleichsprozesses wurde dagegen nie beobachtet. Das System verläßt den Gleichgewichtszustand nicht von selbst und kehrt nicht in den Anfangszustand zurück. Dies könnte man nur durch einen äußeren Eingriff erzwingen. Die einseitige Richtung aller Ausgleichsvorgänge zum Gleichgewicht hin kennzeichnet man auch durch den Satz, daß Ausgleichsprozesse irreversibel oder nicht umkehrbar sind.

1.3.2 Reversible und irreversible Prozesse

Nach Ablauf eines Ausgleichsprozesses kann ein abgeschlossenes System nicht wieder den Zustand erreichen, den es am Anfang des Prozesses hatte. Diese Umkehr ist nur durch eine äußere Einwirkung möglich; der Charakter des Systems muß dabei geändert werden: es darf nicht mehr gegenüber seiner Umgebung abgeschlossen bleiben, will man die Rückkehr in den Anfangszustand bewerkstelligen. Die hier am Beispiel von Ausgleichsprozessen beschriebene Irreversibilität oder Nichtumkehrbarkeit ist eine allgemeine Eigenschaft von Prozessen, die auch für die technischen Anwendungen der Thermodynamik von großer Bedeutung ist. Irreversible Prozesse und ihr Gegenstück, die reversiblen Prozesse, spielen daher eine wichtige Rolle. Wir definieren zunächst, was wir unter reversiblen und irreversiblen Prozessen verstehen wollen:

Kann ein System, in dem ein Prozeß abgelaufen ist, wieder in seinen Anfangszustand gebracht werden, ohne daß irgendwelche Änderungen in der Umgebung zurückbleiben, so heißt der Prozeß reversibel oder umkehrbar. Ist der Anfangszustand des Systems ohne Änderungen in der Umgebung nicht wiederherstellbar, so nennt man den Prozeß irreversibel oder nicht umkehrbar.

Nach dieser Definition ist ein Prozeß nicht schon dann reversibel, wenn das System wieder in den Anfangszustand zurückgebracht werden kann. Dies ist nämlich immer möglich. Wesentlich ist, daß beim Umkehren des Prozesses auch in der Umgebung des Systems, also auch in allen anderen Systemen, die außer dem betrachteten System am Prozeß und an seiner Umkehrung teilnehmen, keine Veränderungen zurückbleiben. Ein reversibler Prozeß muß sich also durch seine Umkehrung in allen seinen Auswirkungen vollständig „annullieren" lassen.

Wie wir in 1.3.1 sahen, sind alle Ausgleichsprozesse irreversibel. Bei diesen Prozessen strebt das System von selbst einem Gleichgewichtszustand zu. Ursache oder „treibende Kraft" dieser Ausgleichsprozesse sind endliche Unterschiede der intensiven Zustandsgrößen, also Druck- oder Temperaturdifferenzen oder Konzentrationsunterschiede, die sich im Verlauf des Prozesses ausgleichen. Die Umkehrung von Ausgleichsprozessen ist nur möglich durch einen Eingriff von außen. Es läßt sich dann der Anfangszustand des Systems wieder herstellen, doch bleiben dauernde Veränderungen in der Umgebung zurück, was der Definition eines reversiblen Prozesses widerspricht.

Betrachten wir nun die Expansion des Gases, das sich in dem isolierten Zylinder der Abb. 1.9 befindet. Wir können diesen Prozeß so führen, daß durch die Expansion ein Körper im Schwerefeld der Erde gehoben wird. Die Arbeit, die das Gas durch Verschieben des Kolbens verrichtet, wird als potentielle Energie des Körpers gespeichert. Senkt man nun den Körper wieder auf die alte

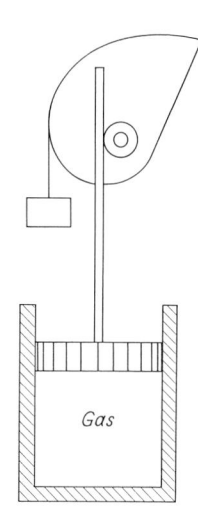

Abb. 1.9. Vorrichtung zur reversiblen Verdichtung und Entspannung eines Gases in einem isolierten Zylinder

Höhe ab, so geht der Kolben im Zylinder zurück, das Gas wird wieder verdichtet.

Unter welchen Bedingungen ist der Expansionsprozeß reversibel? Es müssen sowohl das Gas als auch der gehobene Körper wieder den Anfangszustand erreichen. Soll dies möglich sein, muß die Arbeit, die das Gas bei der Expansion verrichtet, genau so groß sein wie die Arbeit, die auf dem „Rückweg" zu seiner Verdichtung aufzuwenden ist. Das kann jedoch nur dann der Fall sein, wenn die Kraft, mit der das Gas bei der Expansion den Kolben nach oben drückt, genau so groß ist wie die Kraft, mit der der Kolben das Gas verdichtet. Es müssen sich also in allen Stadien des Prozesses Gasdruck und Gegendruck des Kolbens genau die Waage halten. Dies wird durch geeignete Formgebung der drehbaren Kurvenscheibe erreicht. Außerdem dürfen im Gas selbst keine Druck- oder Dichtedifferenzen auftreten und keine makroskopisch wahrnehmbaren Bewegungen vorkommen. Das Gas muß sich also während des reversiblen Prozesses wie eine Phase verhalten, und der Prozeß muß außerordentlich langsam ablaufen, so daß das Gleichgewicht zwischen den einzelnen Bereichen des Gases und zwischen Gas und Kolben stets gewahrt bleibt. Eine Zustandsänderung, bei der sich das System stets wie eine Phase verhält und von einem Gleichgewichtszustand in den anderen übergeht, so daß alle irreversiblen Ausgleichsvorgänge zwischen verschiedenen Teilen des Systems unterdrückt werden, nennt man eine quasistatische Zustandsänderung.

Außer der quasistatischen Zustandsänderung verlangt der reversible Prozeß, daß Reibung in allen am Prozeß beteiligten Systemen ausgeschlossen ist. Sollen Expansions- und Verdichtungsarbeit gleich sein, darf keine mechanische Energie durch Reibung zwischen Kolben und Zylinder oder in den anderen Teilen des am Prozeß beteiligten Mechanismus dissipiert werden. Auch eine plastische Verformung eines Maschinenteils muß ausgeschlossen werden, da die hierbei aufgewendete Formänderungsarbeit nicht zurückgewonnen wird. Reibung, plastische Verformung und ähnliche Erscheinungen faßt man auch unter der Bezeichnung *dissipative Effekte* zusammen.

Bedingungen für einen reversiblen Prozeß sind daher quasistatische Zustandsänderungen der am Prozeß teilnehmenden Systeme und das Fehlen von Reibung und anderen dissipativen Effekten. Reversible Prozesse sind somit nur Grenzfälle der wirklich vorkommenden irreversiblen Prozesse. Quasistatische Zustandsänderungen lassen sich nämlich nicht streng verwirklichen, und das völlige Fehlen von Reibung ist ebenfalls eine Idealisierung. Trotzdem ist das Studium der reversiblen Prozesse eines der wichtigsten Hilfsmittel der thermodynamischen Untersuchung. Wie man schon am Beispiel der eben behandelten Expansion erkennen kann, sind die reversiblen Prozesse durch größte Vollkommenheit und Verlustfreiheit der Energieumwandlungen gekennzeichnet. Dadurch werden sie zu Idealprozessen, an denen man die Güte technischer Anlagen und Maschinen messen kann, was eine der Hauptaufgaben der technischen Thermodynamik ist.

1.3.3 Der 2. Hauptsatz der Thermodynamik als Prinzip der Irreversibilität

Wie die Ausführungen des letzten Abschnitts zeigen, sind reversible Prozesse nur als Grenzfälle der irreversiblen Prozesse anzusehen, sie treten in der Natur nicht auf. Es sind vielmehr alle natürlichen Prozesse nicht umkehrbar im Sinne der strengen Definition eines reversiblen Prozesses. Diese Erfahrung, daß alle natürlichen Prozesse nur in einer Richtung von selbst ablaufen können, bringt der *2. Hauptsatz der Thermodynamik* zum Ausdruck:

> *Alle natürlichen Prozesse sind irreversibel. Reversible Prozesse sind nur idealisierte Grenzfälle irreversibler Prozesse.*

Dieses Prinzip sagt also aus: Nach Ablauf jedes wirklichen Prozesses kann der Anfangszustand des Systems nicht wieder hergestellt werden, ohne daß in seiner Umgebung oder in anderen Systemen Änderungen zurückbleiben.

Im Laufe der geschichtlichen Entwicklung der Thermodynamik wurde das eben allgemein formulierte Prinzip der Irreversibilität häufig auch in speziellen Fassungen ausgesprochen. Dabei wurde jeweils ein bestimmter natürlicher Prozeß ausdrücklich als irreversibel bezeichnet. So kann man in Anlehnung an eine Formulierung von M. Planck [1.22] den 2. Hauptsatz in der Form aussprechen:

> *Alle Prozesse, bei denen Reibung auftritt, sind irreversibel.*

Auch Ausgleichsprozesse, z. B. den bei der Einstellung des thermischen Gleichgewichts zu beobachtenden Temperaturausgleich, vgl. 1.4.1, kann man zur Formulierung des 2. Hauptsatzes heranziehen. So ging R. Clausius [1.23] von dem Grundsatz aus:

> *Es kann nie Wärme aus einem kälteren in einen wärmeren Körper übergehen, wenn nicht gleichzeitig eine andere damit zusammenhängende Änderung eintritt.*

Versteht man hierbei unter *Wärme* die in 2.2.5 genauer definierte Energie beim Übergang zwischen zwei Systemen (Körpern) unterschiedlicher Temperatur, so kann man den Konditionalsatz in der Clausiusschen Formulierung des 2. Hauptsatzes sogar fortlassen. Der Hauptsatz seiner Formulierung allein kennzeichnet bereits den Prozeß des Temperaturausgleichs zwischen zwei Systemen, wenn man unter „kälter" und „wärmer" niedrigere bzw. höhere (thermodynamische) Temperatur der beiden Systeme versteht. Dieser natürliche Prozeß des Temperaturausgleichs und des Wärmeübergangs, auf den wir in 1.4.1 und 3.1.4 näher eingehen, verläuft nur in einer Richtung, „indem die Wärme überall das Bestreben zeigt, bestehende Temperaturdifferenzen auszugleichen und daher aus den wärmeren Körpern in die kälteren überzugehen" (Clausius). Der Prozeß ist also irreversibel, seine Umkehrung ohne bleibende Veränderungen in der Umgebung der beiden Systeme ist nicht möglich.

Der 2. Hauptsatz der Thermodynamik ist ein Erfahrungssatz; er läßt sich nicht dadurch beweisen, daß man ihn auf andere Sätze zurückführt. Vielmehr sind alle Folgerungen, die man aus dem zweiten Hauptsatz ziehen kann, und die von der Natur ausnahmslos bestätigt werden, als Beweise anzusehen. Ein einziges Experiment, das zu einem Widerspruch zum 2. Hauptsatz führt, würde diesen umstoßen. Ein solches ist jedoch bis heute nicht ausgeführt worden. Aus der hier gegebenen sehr einfachen, fast selbstverständlichen Formulierung des 2. Hauptsatzes lassen sich Schlüsse ziehen, die sich für die Prozesse der Technik als sehr folgenreich und bedeutsam erweisen werden.

1.3.4 Quasistatische Zustandsänderungen und irreversible Prozesse

Bei allen reversiblen Prozessen ist die Zustandsänderung des Systems notwendig quasistatisch, es verhält sich während des Prozesses wie eine Phase. Wir können die quasistatische Zustandsänderung der Phase in einem Zustandsdiagramm, z. B. im p,v-Diagramm von Abb. 1.10, als stetige Kurve darstellen.

Abb. 1.10. Darstellung einer quasistatischen Zustandsänderung durch eine stetige Kurve im p,v-Diagramm

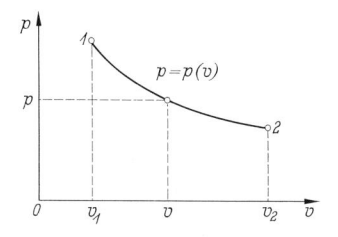

Irreversible Prozesse lassen sich in Ausgleichsvorgänge und dissipative Prozesse einteilen, vgl. 1.3.2. Bei den Ausgleichsvorgängen treten innerhalb des Systems Druck-, Temperatur- und Dichteunterschiede endlicher Größe auf. Das System kann nicht mehr als Phase aufgefaßt werden; denn seine Zustandsgrößen sind Feldgrößen, sie hängen von der Zeit und von den Ortskoordinaten innerhalb des Systems ab. Eine Darstellung der Zustandsänderung in einem Diagramm nach Abb. 1.10 ist nicht möglich. Bei den dissipativen Prozessen, im wesentlichen bei den Vorgängen, die mit Reibung verbunden sind, können wir jedoch häufig eine quasistatische Zustandsänderung des Systems annehmen, also voraussetzen, es verhielte sich während des irreversiblen Prozesses wie eine Phase.

Wenn wir bei irreversiblen Prozessen in bestimmten Fällen quasistatische Zustandsänderungen annehmen, bringt dies Vorteile für die Untersuchung der Prozesse. Es sind dann nämlich nicht nur Aussagen über Anfangs- und Endzustand des Systems möglich; auch für die Berechnung der Zwischenzustände können die relativ einfachen Beziehungen herangezogen werden, die für Phasen gelten. Damit läßt sich auch bei irreversiblen Prozessen die Zustandsänderung durch wenige Zustandsgrößen beschreiben und in den thermodynamischen Diagrammen als stetige Kurve darstellen. Wie wir im folgenden sehen werden, sind dadurch recht weitgehende Aussagen auch für irreversible Prozesse möglich.

Man darf jedoch nicht vergessen, daß eine quasistatische Zustandsänderung strenggenommen nicht möglich ist. Damit überhaupt ein irreversibler Prozeß abläuft und eine Zustandsänderung eintritt, muß das thermodynamische Gleichgewicht irgendwie gestört werden. Dann gerät das System aber in Nichtgleichgewichtszustände, es bleibt nicht mehr homogen. Wir müssen uns daher die Störungen des Gleichgewichts als infinitesimal klein vorstellen, damit die Unterschiede der intensiven Zustandsgrößen innerhalb des Systems vernachlässigt werden können und es als Phase zu beschreiben ist.

1.3.5 Stationäre Prozesse

Bei den bisher betrachteten Prozessen ändern sich die Zustandsgrößen der daran beteiligten Systeme mit der Zeit. Prozesse sind zeitabhängige Vorgänge. Es gibt aber auch Prozesse, bei denen sich der Zustand des Systems mit der Zeit nicht ändert. Wird beispielsweise ein Metallstab an einem Ende erwärmt und an seinem anderen Ende gekühlt, so bleiben seine Temperaturen (und sein Zustand) zeitlich unverändert, wenn die Energiezufuhr am warmen Ende durch die Energieabgabe am kalten Ende kompensiert wird. Der Metallstab befindet sich nicht in einem Gleichgewichtszustand, er erfährt vielmehr einen andauernden, zeitlich konstanten Energiefluß vom warmen zum kalten Ende. Erst wenn er von allen äußeren Einwirkungen getrennt würde, strebte er in einem neuen, zeitabhängigen Prozeß einem Gleichgewichtszustand zu, in dem seine Temperatur ausgeglichen ist.

Den in diesem Beispiel beschriebenen Vorgang, bei dem ein zeitlich stationärer Zustand des Systems durch eine andauernde äußere Einwirkung aufrecht erhalten wird, nennen wir einen *stationären Prozeß*. Wir erweitern diesen Begriff soweit, daß er auch solche Systeme umfaßt, in denen periodische Änderungen auftreten. Als Beispiel betrachten wir einen Elektromotor, dessen Läufer mit konstanter Drehzahl rotiert. Bei jeder Umdrehung durchlaufen alle Teile des Motors dieselben Zustände. Die äußeren Einwirkungen, insbesondere die zugeführte elektrische Antriebsleistung und die abgegebene mechanische Wellenleistung sind zeitlich konstant. Die im Motor gespeicherte Energie, sein Volumen, seine Temperatur und andere Zustandsgrößen bleiben zeitlich konstant oder ändern sich streng periodisch, wenn es sich um bewegte Teile handelt. Auch in diesem Falle liegt ein zeitlich stationärer Prozeß vor.

Stationäre Prozesse treten besonders häufig in offenen Systemen (Kontrollräumen) auf, die von einem oder mehreren Stoffströmen durchflossen werden. Als Beispiele technisch wichtiger Kontrollräume seien genannt: ein Abschnitt einer von Wasser durchströmten Rohrleitung, ein Dampferzeuger, in dem durch Energiezufuhr von der Feuerung ein Wasserstrom erwärmt und verdampft wird, oder eine Turbine, in der ein Gas- oder Dampfstrom expandiert. Innerhalb des Kontrollraums ändert sich der Zustand des Stoffstroms kontinuierlich vom Eintrittsquerschnitt bis zum Austrittsquerschnitt.

Ändern sich die Zustandsgrößen des Stoffstroms an allen Stellen des Kontrollraums nicht mit der Zeit, so sprechen wir von einem *stationären Fließprozeß*. Dieser Fall liegt bei technischen Anwendungen meistens vor. Das Ausströmen eines

Gases aus einem Behälter, wie es in Abb. 1.11 dargestellt ist, gehört jedoch nicht zu den stationären Fließprozessen; denn der Druck des Gases im Behälter sinkt während der Ausströmzeit, bis er den Umgebungsdruck erreicht.

Bei einem stationären Fließprozeß strömt während eines beliebig großen Zeitintervalls $\Delta\tau$ Stoff mit der Masse Δm durch einen Querschnitt des Kontrollraums, z. B. durch den Eintrittsquerschnitt. Bildet man den Quotienten

$$\dot{m} = \frac{\Delta m}{\Delta\tau},$$

Abb. 1.11. Ausströmen eines Gases aus einem Behälter als Beispiel eines nichtstationären Prozesses

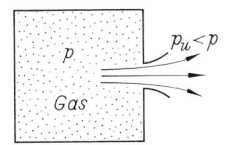

so ist dieser bei einem stationären Fließprozeß unabhängig von der Größe des Zeitintervalls $\Delta\tau$ und außerdem zeitlich konstant; denn in gleichen Zeitabschnitten strömen gleich große Massen durch einen Querschnitt. Man bezeichnet $\dot{m}$ als den *Massenstrom* oder den *Durchsatz* des strömenden Mediums.

Damit erhalten wir als Bedingung für einen stationären Fließprozeß: Der Massenstrom der Stoffe, welche die Systemgrenze überschreiten, muß zeitlich konstant sein. Es muß außerdem der Massenstrom aller eintretenden Stoffe gleich dem Massenstrom aller austretenden Stoffe sein. Denn die Masse der sich im Inneren des Kontrollraums befindenden Materie muß trotz Zu- und Abfluß zeitlich konstant bleiben.

Stationäre Fließprozesse treten in der Technik häufig auf. Wir behandeln daher diese Prozesse ausführlich, insbesondere in Kapitel 6. Auch bei der thermodynamischen Untersuchung von energietechnischen Anlagen, z. B. den Verbrennungskraftmaschinen in 7.5 oder den Dampfkraftwerken in 8.2, werden wir stationäre Fließprozesse voraussetzen.

1.4 Temperatur

Durch den Wärmesinn besitzen wir qualitative Vorstellungen über den thermischen Zustand eines Systems, für den wir Bezeichnungen wie „heiß" oder „kalt" benutzen. Hierdurch können wir gewisse, wenn auch ungenaue Angaben über die „Temperatur" des Systems machen. Die folgenden Überlegungen dienen dazu, den Temperaturbegriff zu präzisieren, die Temperatur als Zustandsgröße zu definieren und die Verfahren zu ihrer Messung zu behandeln.

1.4.1 Thermisches Gleichgewicht und Temperatur

Wir betrachten zwei Systeme A und B, die zunächst jedes für sich in einem Gleichgewichtszustand sind. Wir bringen beide Systeme miteinander in Berührung, so daß sie über eine Trennwand aufeinander einwirken können, von ihrer

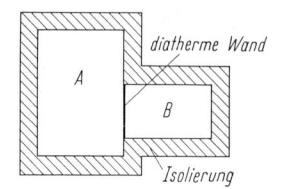

Abb. 1.12. Thermisches Gleichgewicht zwischen den Systemen A und B

Umgebung aber völlig isoliert sind, Abb. 1.12. Die Trennwand zwischen A und B heißt eine *diatherme Wand*, wenn sie jeden Stoffaustausch und jede mechanische, elektrische oder magnetische Wechselwirkung zwischen den beiden Systemen verhindert.

Obwohl die beiden Systeme durch die diatherme Wand getrennt sind, beobachtet man eine Änderung ihres Zustands: Im Augenblick des Zusammenbringens von A und B ist das Gesamtsystem nicht in einem Gleichgewichtszustand; dieser stellt sich erst infolge der Wechselwirkung zwischen A und B ein. Durch die Eigenschaften der diathermen Wand ist die Wechselwirkung zwischen den Systemen A und B von besonderer Art; sie ist nicht auf einen Stoffaustausch oder auf mechanische Einwirkungen zurückzuführen. Wir nennen sie thermisch und werden sie später als eine besondere Art der Energieübertragung, nämlich als Wärmeübergang zwischen den beiden Systemen A und B, erkennen. Den sich am Ende des Ausgleichsprozesses einstellenden Gleichgewichtszustand des Gesamtsystems nennen wir das *thermische Gleichgewicht* zwischen den beiden Systemen A und B.

Wir betrachten nun das thermische Gleichgewicht zwischen drei Systemen A, B und C. Das System A stehe im thermischen Gleichgewicht mit dem System C, und ebenso möge thermisches Gleichgewicht zwischen B und C bestehen. Trennt man nun die Systeme A und B vom System C, ohne ihren Zustand zu ändern, und bringt sie über eine diatherme Wand in Kontakt, so besteht, wie die Erfahrung lehrt, auch zwischen A und B thermisches Gleichgewicht:

Zwei Systeme im thermischen Gleichgewicht mit einem dritten stehen auch untereinander im thermischen Gleichgewicht.

Dieser Erfahrungssatz drückt eine wichtige Eigenschaft des thermischen Gleichgewichts aus: es ist transitiv[23]. Neben der Transitivität hat das thermische Gleichgewicht zwei weitere Eigenschaften. Es ist symmetrisch, d. h. steht A mit B im thermischen Gleichgewicht, so gilt dies auch für B mit A; und es ist reflexiv, denn jedes System steht mit sich selbst im thermischen Gleichgewicht.

Wie in der Mengenlehre gezeigt wird, kennzeichnen die drei Eigenschaften Reflexivität, Symmetrie und Transitivität das thermische Gleichgewicht als eine Äquivalenzrelation, welche die Menge der Zustände thermodynamischer Systeme in zueinander fremde Äquivalenzklassen einteilt. Jede Teilmenge von Zuständen, die zu einem bestimmten Zustand im thermischen Gleichgewicht stehen, bildet eine Äquivalenzklasse. Jeder Zustand eines thermodynamischen Systems gehört

---

[23] Nach R. H. Fowler bezeichnet man diesen Erfahrungssatz als Nullten Hauptsatz der Thermodynamik. Es bleibe dahingestellt, ob eine derartige Hervorhebung des thermischen Gleichgewichts gerechtfertigt ist; denn auch andere Formen des Gleichgewichts wie das mechanische oder das stoffliche Gleichgewicht sind transitiv.

zu einer und nur zu einer Klasse. Jeder Äquivalenzklasse kann man durch eine im Prinzip willkürliche Vorschrift den Wert einer Variablen oder Zustandsgröße zuordnen. Diese Zustandsgröße unterscheidet die verschiedenen Äquivalenzklassen, indem sie für jede Äquivalenzklasse einen anderen Wert annimmt. Man nennt diese Zustandsgröße *Temperatur*, und es gilt:

Systeme im thermischen Gleichgewicht haben die gleiche Temperatur. Systeme, die nicht im thermischen Gleichgewicht stehen, haben verschiedene Temperaturen.

Die neue Zustandsgröße Temperatur gestattet es zunächst nur festzustellen, ob sich zwei Systeme im thermischen Gleichgewicht befinden, also gleich „warm" sind. Da die Vorschrift willkürlich ist, mit der den einzelnen Klassen gleicher Temperatur bestimmte Werte dieser Variablen zugeordnet werden, läßt sich nicht allgemein sagen, was höhere oder tiefere Temperaturen bedeuten. Auf dieses Problem, für Temperaturen eine willkürfreie oder natürliche Anordnung zu finden, kommen wir in den beiden nächsten Abschnitten zurück.

Teilt man eine Phase gedanklich in zwei oder mehrere Teile, so stehen diese im thermischen Gleichgewicht; sie haben die gleiche Temperatur, die mit der Temperatur der ungeteilten Phase übereinstimmt. Die Temperatur gehört somit zu den intensiven Zustandsgrößen. Wäre sie eine extensive Zustandsgröße, so müßte sich die Temperatur der Phase als Summe der Temperaturen ihrer Teile ergeben, was der Tatsache widerspricht, daß zwischen diesen Teilen thermisches Gleichgewicht besteht.

Die Temperatur ϑ der Phase eines reinen Stoffes ist neben p und v die dritte ihrer intensiven Zustandsgrößen. Nach 1.2.4 muß daher eine Zustandsgleichung

$$\vartheta = \vartheta(p, v)$$

oder allgemeiner

$$F(p, v, \vartheta) = 0$$

existieren. Dieses für jede Phase geltende Stoffgesetz nennt man ihre *thermische Zustandsgleichung*. Druck, spezifisches Volumen und Temperatur werden dem entsprechend auch thermische Zustandsgrößen genannt.

Die thermische Zustandsgleichung ist im p,v-Diagramm von Abb. 1.13 schematisch dargestellt, indem Kurven $\vartheta = $ const eingezeichnet wurden. Diese Isothermen (Linien gleicher Temperatur) verbinden jeweils alle Zustände der Phase,

Abb. 1.13. Darstellung der thermischen Zustandsgleichung im p,v-Diagramm durch Isothermen $\vartheta = $ const (schematisch)

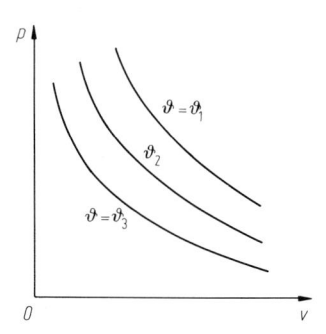

die untereinander im thermischen Gleichgewicht stehen, also dieselbe Temperatur haben. Dabei erlaubt es die bisher gegebene Definition der Temperatur über das thermische Gleichgewicht nicht, die einzelnen Isothermen zu beziffern. Wir können noch nicht angeben, welche Zustände höhere oder niedrigere Temperaturen haben. Der Einteilung der Zustände in Äquivalenzklassen gleicher Temperatur fehlt noch eine Anordnung oder Metrik.

1.4.2 Thermometer und empirische Temperatur

Jede Äquivalenzklasse von Zuständen gleicher Temperatur wird durch ein beliebiges Element dieser Klasse repräsentiert. Daraus ergibt sich die folgende Vorschrift für die Messung von Temperaturen. Man wähle ein besonderes System, ein *Thermometer*; jeder seiner Zustände realisiert die Temperatur einer Äquivalenzklasse. Um die Temperatur eines beliebigen Systems zu messen, stellt man das thermische Gleichgewicht zwischen diesem System und dem Thermometer her. Das Thermometer hat dann dieselbe Temperatur wie das zu untersuchende System. Bei dieser Operation ist darauf zu achten, daß sich nur der Zustand des Thermometers ändert, der Zustand des untersuchten Systems aber praktisch konstant bleibt. Das Thermometer muß also „klein" gegenüber dem System sein, damit sich bei der Einstellung des thermischen Gleichgewichts allein seine Temperatur ändert, aber die des Systems nur im Rahmen der zulässigen Meßunsicherheit. Die Temperatur des Thermometers muß an einer leicht und genau meßbaren Eigenschaft ablesbar sein, die in eindeutiger Weise von der Temperatur abhängt. Als Thermometer kommen nur solche Systeme in Frage, die die hier geforderten Eigenschaften besitzen.

Als Thermometer eignen sich beispielsweise Flüssigkeiten, die in einem gläsernen Gefäß mit angeschlossener Kapillare eingeschlossen sind, Abb. 1.14. Da sich das spezifische Volumen einer Flüssigkeit bei einer Druckänderung nur sehr wenig ändert, kann man in guter Näherung $v = v(\vartheta)$ als thermische Zustandsgleichung der Flüssigkeit annehmen. Bei einer bestimmten Temperatur ϑ_0 möge die Flüssigkeit mit der Masse m das Volumen V_0 einnehmen und die Kapillare bis zur Länge l_0 füllen. Bei einer anderen Temperatur ϑ gilt für das Flüssigkeitsvolumen

$$V = V_0 + \Delta V = V_0 + A(l - l_0)$$

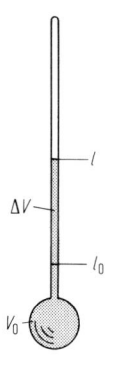

Abb. 1.14. Schema eines Flüssigkeitsthermometers

1.4 Temperatur

mit A als konstant angenommener Querschnittsfläche der Kapillare. Die Volumenänderung

$$\Delta V = V - V_0 = m[v(\vartheta) - v(\vartheta_0)] = A(l - l_0)$$

wird also durch die Längenänderung $(l - l_0)$ des Flüssigkeitsfadens in der Kapillare sichtbar und meßbar gemacht. Da v nur von ϑ abhängt, m und A konstant sind, ist die Fadenlänge l die Eigenschaft des Flüssigkeitsthermometers, die die Temperatur anzeigt:

$$\vartheta = f(l) \, .$$

Man nennt l die thermometrische Eigenschaft des Flüssigkeitsthermometers. Die Funktion $f(l)$ kann völlig willkürlich gewählt werden. Üblicherweise benutzt man die lineare Zuordnung

$$\vartheta = \vartheta_0 + \frac{\vartheta_1 - \vartheta_0}{l_1 - l_0}(l - l_0) \, ,$$

indem man zwei Fixpunkte festlegt, bei denen zu den Längen l_0 und l_1 die Temperaturen ϑ_0 und ϑ_1 gehören. Wir sind ferner daran gewöhnt, größeren Fadenlängen ($l_1 > l_0$) höhere Temperaturen ($\vartheta_1 > \vartheta_0$) zuzuordnen.

Am eben behandelten Beispiel des Flüssigkeitsthermometers kommt die Willkür der Vorschrift zum Ausdruck, mit der den Zuständen des Thermometers Temperaturwerte zugeordnet werden. Man nennt eine über die speziellen Eigenschaften eines Thermometers weitgehend willkürlich definierte Temperatur ϑ eine *empirische Temperatur*. Offenbar gibt es beliebig viele empirische Temperaturen; jedes Thermometer zeigt seine eigene empirische Temperatur an.

Neben dem schon behandelten Flüssigkeitsthermometer benutzt man Gasthermometer, Widerstandsthermometer und Thermoelemente zur Temperaturmessung. Bei einem Gasthermometer kann man den Druck (bei konstantem spezifischen Volumen) oder das spezifische Volumen (bei konstant gehaltenem Druck) als thermometrische Eigenschaften benutzen. Die Temperaturmessung mit dem Widerstandsthermometer beruht auf der Tatsache, daß der elektrische Widerstand von Metallen — es wird vorzugsweise Platin verwendet — von der Temperatur abhängt. Thermoelemente sind im wesentlichen zwei Drähte aus verschiedenen Metallen, die zu einem Stromkreis zusammengelötet sind. Hält man die beiden Lötstellen auf verschiedenen Temperaturen, so entsteht unter definierten Versuchsbedingungen eine elektrische Spannung, die Thermospannung; sie ist ein Maß für die Temperaturdifferenz zwischen den beiden Lötstellen. Ausführliche Darstellungen der Thermometer und der Probleme der Temperaturmessung findet man in mehreren Büchern [1.24—1.26].

Jedes dieser Thermometer bestimmt seine eigene empirische Temperatur oder Temperaturskala, auf der die Anordnung der Temperaturwerte willkürlich ist. Um diese Willkür zu beseitigen, müßte man eine bestimmte empirische Temperatur als allgemeingültig vereinbaren oder die Frage prüfen, ob es eine absolute oder universelle Temperatur gibt, so daß man einem Zustand stets denselben Wert der Temperatur zuordnen kann unabhängig davon, mit welchem Thermometer gemessen wird. In die Definition dieser absoluten Temperatur dürfen also keine Eigenschaften der verwendeten Thermometer eingehen. Wie wir in 3.1.2 sehen werden, läßt sich eine solche Temperatur auf Grund eines Naturgesetzes, nämlich des zweiten Hauptsatzes der Thermodynamik finden. Dies hat 1848 W. Thomson (Lord Kelvin) erkannt. Ihm zu Ehren nennt man die absolute Temperatur auch die Kelvin-Temperatur. Wir werden sie als thermodynamische Temperatur bezeichnen. Sie läßt sich durch die geeignet definierte Temperatur eines (idealen)

Gasthermometers verwirklichen. Auch dies folgt aus dem zweiten Hauptsatz. Wir wollen daher schon jetzt die Temperatur des Gasthermometers als zunächst konventionell vereinbart einführen und werden später erkennen, daß ihr universelle Bedeutung zukommt.

1.4.3 Die Temperatur des idealen Gasthermometers

Die Temperaturmessung mit dem Gasthermometer beruht darauf, daß für die gasförmige Phase eines reinen Stoffes die thermische Zustandsgleichung

$$\vartheta = \vartheta(p, V_m)$$

existiert. Aus Messungen des Drucks p und des Molvolumens V_m kann man auf die Temperatur ϑ des Gases schließen. Es gibt verschiedene Ausführungen von Gasthermometern. Abb. 1.15 zeigt schematisch ein Gasthermometer konstanten Volumens, bei dem der Druck gemessen wird und verschieden große Stoffmengen n des Gases eingefüllt werden können. Man benutzt auch Gasthermometer, die bei konstantem Druck arbeiten.

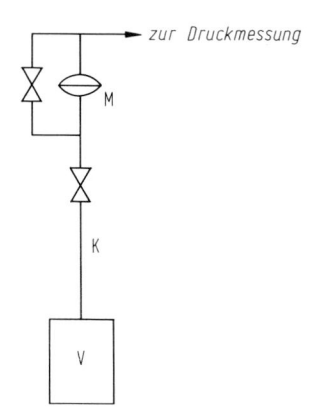

Abb. 1.15. Schema eines Gasthermometers konstanten Volumens. V Gasthermometergefäß, K Kapillare zur Membran M, die das Meßgas vom Gas in der Druckmeßeinrichtung trennt

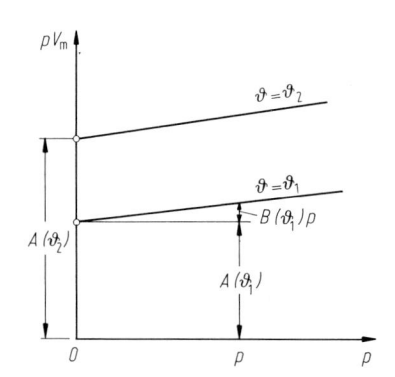

Abb. 1.16. Isothermen eines Gases bei kleinen Drücken im pV_m,p-Diagramm (schematisch; die Steigung der Isothermen ist übertrieben groß dargestellt)

Die thermische Zustandsgleichung der Gase hat bei niedrigen Drücken eine besondere Gestalt, die in Form der Reihe

$$pV_m = A(\vartheta) + B(\vartheta)\, p + \ldots$$

geschrieben werden kann. Die Koeffizienten A und B hängen dabei nur von der Temperatur ϑ ab, nehmen also für eine Isotherme ϑ = const feste Werte an. In einem Diagramm mit p als Abszisse und pV_m als Ordinate erscheinen die Isothermen bei niedrigen Drücken als gerade Linien, was in Abb. 1.16 schema-

1.4 Temperatur

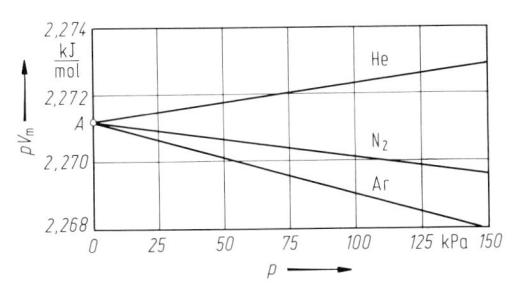

Abb. 1.17. Isothermen des Produkts pV_m für die Gase He, Ar und N_2 bei der Temperatur des Tripelpunkts von Wasser

tisch dargestellt ist. Untersucht man nun den Verlauf einer Isotherme (derselben Temperatur) für verschiedene Gase, so findet man ein bemerkenswertes Resultat: Die Isothermen verschiedener Gase schneiden sich in *einem* Punkt auf der Ordinatenachse. Dies ist beispielhaft in Abb. 1.17 für die in Gasthermometern vorzugsweise verwendeten Gase He, Ar und N_2 bei der Temperatur des Tripelpunkts von Wasser[24] dargestellt. Der Koeffizient

$$A(\vartheta) = \lim_{p \to 0} (pV_m)_{\vartheta = \text{const}}$$

erweist sich als eine von der Gasart unabhängige universelle Temperaturfunktion. Dagegen hängt der sogenannte 2. Virialkoeffizient B, vgl. 4.1.4, der die Steigung der Isothermen im pV_m,p-Diagramm angibt, von der Gasart ab.

Es liegt nun nahe, durch $A(\vartheta)$ eine besondere empirische Temperatur zu definieren. Man setzt

$$A(\vartheta) = R_m \Theta(\vartheta)$$

mit R_m als einer universellen Konstante und hat damit bzw. durch

$$\Theta(\vartheta) = \frac{1}{R_m} \lim_{p \to 0} (pV_m)_{\vartheta = \text{const}} \qquad (1.5)$$

die Temperatur des idealen Gasthermometers definiert[25]. Gleichung (1.5) ordnet jeder beliebig definierten, empirischen Temperatur ϑ eine besondere empirische Temperatur Θ zu: diese hat bereits insoweit universellen oder absoluten Charakter, als sie von der Ausführung des Gasthermometers und von der Art des als Füllung verwendeten Gases unabhängig ist. Es überrascht daher nicht, daß man die Übereinstimmung von Θ mit der durch den 2. Hauptsatz gegebenen universellen thermodynamischen Temperatur nachweisen kann, vgl. 3.2.3. Für die thermo-

---

[24] Der Tripelpunkt eines Stoffes ist jener (einzige) intensive Zustand, in dem die drei Phasen Gas, Flüssigkeit und Festkörper — bei Wasser: Wasserdampf, flüssiges Wasser und Eis — im Gleichgewicht koexistieren können, vgl. 4.1.2. Solange alle drei Phasen vorhanden sind, bleiben Temperatur und Druck des Dreiphasensystems unabhängig von den Mengen der Phasen konstant. Druck und Temperatur des Tripelpunkts sind stoffspezifische Konstanten.

[25] Das Adjektiv ideal wird wegen der Extrapolation auf den experimentell nicht realisierbaren Zustand verschwindenden Drucks hinzugefügt.

dynamische Temperatur wird das Formelzeichen T verwendet; wir setzen daher bereits jetzt

$$\Theta = T.$$

Thermodynamische Temperaturen lassen sich mit dem (idealen) Gasthermometer messen, also nach (1.5) bestimmen. Hierzu bringt man das Gasthermometer ins thermische Gleichgewicht mit dem System, dessen thermodynamische Temperatur bestimmt werden soll, und mißt p und V_m der Gasthermometerfüllung bei einem hinreichend kleinen Druck. Aus diesen Meßwerten berechnet man

$$R_m T = pV_m - B(T)\,p$$

unter Berücksichtigung der kleinen, von der Gasart der Thermometerfüllung abhängigen Korrektur $B(T)\,p$.

Die in (1.5) auftretende Größe R_m ist eine universelle Naturkonstante, die *universelle* oder *molare Gaskonstante* genannt wird. Ihr Zahlenwert hängt von der Wahl der Einheit für die thermodynamische Temperatur T ab. Diese Einheit ist das Kelvin (Kurzzeichen K), das durch

$$1\,\text{K} := \frac{T_{tr}}{273{,}16} \tag{1.6}$$

definiert ist, worin T_{tr} die thermodynamische Temperatur des Tripelpunkts von Wasser bedeutet. Dieser Temperatur hat man aus historischen Gründen den „unrunden", als absolut genau vereinbarten Wert

$$T_{tr} = 273{,}16\,\text{K}$$

zugewiesen, vgl. Beispiel 1.2. Man mißt nun pV_m bei der Temperatur T_{tr} und bestimmt daraus die universelle Gaskonstante

$$R_m = \frac{1}{T_{tr}} \lim_{p \to 0} (pV_m)_{T=T_{tr}}.$$

Neben dem 1986 von CODATA [10.10] empfohlenen Bestwert

$$R_m = (8{,}31451 \pm 0{,}00007)\,\text{J/mol K},$$

vgl. auch Tabelle 10.5, gibt es seit 1988 den noch genaueren Wert $R_m = (8{,}314471 \pm 0{,}000014)$ J/mol K nach [1.29].

Beispiel 1.2. Die Temperatureinheit Kelvin wurde 1954 auf Beschluß der 10. Generalkonferenz für Maß und Gewicht durch (1.6) definiert. Vor 1954 verwendete man eine als Grad Kelvin (°K) bezeichnete Temperatureinheit, die durch die Gleichung

$$1\,°\text{K} := (T_s - T_0)/100$$

definiert wurde. Hierin bedeuten T_s die Temperatur des Siedepunkts und T_0 die des Eispunkts (Erstarrungspunkts) von Wasser unter dem Druck von 101 325 Pa. Mit der Festlegung der Temperatur des Wassertripelpunkts zu genau 273,16 K sollte erreicht werden, daß für die 1954 neu definierte Temperatureinheit 1 K = 1 °K gilt. Das Kelvin sollte genau so groß sein wie der „alte" Grad Kelvin.

Nach neuen Präzisionsmessungen von L. A. Guildner und R. E. Edsinger [1.27] mit dem Gasthermometer, die durch strahlungsthermometrische Messungen von T. J. Quinn und J. E. Martin [1.28] bestätigt wurden, liegt die Siedetemperatur T_s von Wasser aber nicht genau 100 K über der Eispunkttemperatur T_0, wie es mit der Festlegung des Zahlenwerts 273,16 für T_{tr} beabsichtigt war. Die Differenz $T_s - T_0$ beträgt vielmehr nur 99,975 K. Man bestimme die Relation zwischen den Einheiten °K und K aufgrund der neuen Messungen. Welchen Wert hätte T_{tr} erhalten müssen, damit 1 K = 1 °K möglichst genau gilt?

Die neuen Messungen ergeben für die Temperaturdifferenz zwischen Siedepunkt und Eispunkt des Wassers

$$T_s - T_0 = 99{,}975 \text{ K},$$

während definitionsgemäß

$$T_s - T_0 = 100 \text{ °K}$$

absolut genau gilt. Daraus folgt

$$1 \text{ K} = 1{,}00025 \text{ °K}.$$

Das Kelvin ist also um 0,25⁰/₀₀ zu groß „geraten". Um dies zu vermeiden, hätte als Temperatur des Tripelpunkts von Wasser der höhere Wert

$$T_{tr} = 1{,}00025 \cdot 273{,}16 \text{ K} = 273{,}23 \text{ K}$$

für die Definition des Kelvin verwendet werden müssen. Die besten Messungen verschiedener Staatslaboratorien legten aber vor 1954 den Wert 273,16 K nahe.

Dieses Beispiel zeigt, daß die Festlegung von Einheiten Menschenwerk und nicht Folge von Naturgesetzen ist und daß es schwierig ist, genauen Anschluß an eine geschichtlich bedingte Entwicklung herzustellen. Eine Neudefinition des Kelvin ist aber nicht zu erwarten, denn die dadurch hervorgerufenen Umstellungen sind weitaus nachteiliger als die Tatsache, daß der Abstand zwischen dem Wassersiedepunkt und dem Eispunkt nicht genau 100 K beträgt, was heute nur noch historische Bedeutung hat.

1.4.4 Celsius-Temperatur. Internationale Praktische Temperaturskala

Neben der thermodynamischen Temperatur, deren Nullpunkt $T = 0$ durch den 2. Hauptsatz naturgesetzlich festgelegt ist, vgl. 3.1.2, benutzt man, besonders im täglichen Leben, eine Temperatur mit willkürlich festgesetztem Nullpunkt. Es ist dies eine besondere Differenz zweier thermodynamischer Temperaturen, die als (thermodynamische) *Celsius-Temperatur*

$$t := T - T_0 = T - 273{,}15 \text{ K} \tag{1.7}$$

bezeichnet wird. Hierin bedeutet T_0 die thermodynamische Temperatur des Eispunkts. Dies ist jener Zustand, bei dem luftgesättigtes Wasser unter dem Druck von 101,325 kPa erstarrt. Nach besten Messungen liegt T_0 um 9,8 mK unter der Temperatur des Tripelpunkts von Wasser. Man hat diese Differenz abgerundet und $T_0 = 273{,}15$ K als absolut genauen Zahlenwert international vereinbart. Der Nullpunkt der Celsius-Temperatur entspricht damit sehr genau der Temperatur des Eispunkts.

Die Einheit der Celsius-Temperatur ist entsprechend ihrer Definitionsgleichung das Kelvin, $[t] = K$. Man benutzt jedoch bei der Angabe von Celsius-Temperaturen eine besondere Bezeichnung für das Kelvin: den Grad Celsius mit dem Einheitenzeichen °C. Somit kann man bereits an der verwendeten Einheit erkennen, daß eine Celsius-Temperatur gemeint ist. Man spricht dann nicht von einer Celsius-Temperatur von 20 K, sondern kürzer von 20 °C. Um Schwierigkeiten bei der

Verwendung der besonderen Bezeichnung Grad Celsius für das Kelvin zu vermeiden, befolge man zwei Regeln:

1. In allen Größengleichungen darf stets der Grad Celsius (°C) durch das Kelvin (K) ersetzt werden.

2. Das Kelvin (K) darf nur dann durch den Grad Celsius (°C) ersetzt werden, wenn der Größenwert einer Celsius-Temperatur angegeben werden soll.

Beispiel 1.3. Ein System hat die Celsius-Temperatur $t = 15{,}00$ °C. Wie groß ist seine thermodynamische Temperatur T?

Aus der Definitionsgleichung (1.7) der Celsius-Temperatur folgt

$$T = t + T_0 = 15{,}00 \text{ °C} + 273{,}15 \text{ K} .$$

In Größengleichungen darf stets °C durch K ersetzt werden; hier muß dies geschehen, weil der Wert einer thermodynamischen Temperatur angegeben werden soll. Also ergibt sich

$$T = 15{,}00 \text{ K} + 273{,}15 \text{ K} = 288{,}15 \text{ K} .$$

Wie groß ist die Celsius-Temperatur t_{tr} des Tripelpunkts von Wasser? Aus (1.7) erhält man

$$t_{tr} = T_{tr} - T_0 = 273{,}16 \text{ K} - 273{,}15 \text{ K} = 0{,}01 \text{ K} .$$

Dieses Ergebnis ist korrekt und könnte so stehenbleiben. Die Gleichung sagt aus: Die Celsius-Temperatur des Wassertripelpunkts beträgt 0,01 Kelvin. Da aber eine Celsius-Temperatur angegeben werden soll, ist es zulässig und üblich, K durch die besondere Bezeichnung °C zu ersetzen, also $t_{tr} = 0{,}01$ °C zu schreiben.

Die zur Bestimmung thermodynamischer Temperaturen erforderlichen genauen Messungen mit Gasthermometern sind außerordentlich schwierig und zeitraubend. Nur wenige Laboratorien verfügen über die hierzu erforderlichen Einrichtungen. Aus diesem Grunde hat man eine praktisch einfacher zu handhabende Temperaturskala vereinbart, die sog. *Internationale Praktische Temperaturskala*. Sie soll die thermodynamische Temperatur möglichst genau approximieren. Zu diesem Zweck wurden eine Reihe von genau reproduzierbaren Fixpunkten festgelegt, denen bestimmte Temperaturen zugeordnet sind. Temperaturen zwischen diesen Festpunkten werden mit Normalgeräten gemessen. Am 1. 1. 1990 wurde die Internationale Praktische Temperaturskala 1968 (IPTS-68) von der *Internationalen Temperaturskala 1990* (ITS-90) abgelöst, die die thermodynamische Temperatur erheblich genauer annähert als die IPTS-68, vgl. [1.30]. Die ITS-90 beginnt bei 0,65 K und erstreckt sich bis zu den höchsten Temperaturen, die mit Spektralpyrometern gemessen werden können, vgl. Abschn. 3.2.3. Im wichtigen Temperaturbereich zwischen den Fixpunkten 13,8033 K (Tripelpunkt des Gleichgewichtswasserstoffs) und 1234,93 K (Silbererstarrungspunkt) dienen Platin-Widerstandsthermometer besonderer Bauart als Normalgeräte; oberhalb 1234,93 K werden Spektralpyrometer eingesetzt. Die mit dem Widerstandsthermometer erreichbare Meßunsicherheit beträgt etwa 1 mK bei 13,8 K und steigt über 5 mK beim Aluminiumerstarrungspunkt (933,473 K) auf etwa 10 mK beim Silbererstarrungspunkt.

In den angelsächsischen Ländern wird neben der Temperatureinheit Kelvin die kleinere Einheit Rankine (R) benutzt; für sie gilt

$$1 \text{ R} = \frac{5}{9} \text{ K} .$$

Neben der thermodynamischen Temperatur benutzt man auch in den angelsächsischen Ländern eine Temperatur mit verschobenem Nullpunkt, die *Fahrenheit-Temperatur*. Ihre Einheit ist der Grad Fahrenheit (°F), wobei

$$1\,°F = 1\,R = \frac{5}{9}\,K$$

gilt. Der Nullpunkt der Fahrenheit-Temperatur ist dadurch festgelegt, daß der Eispunkt die Fahrenheit-Temperatur von genau 32 °F erhält. Wir bezeichnen die Fahrenheit-Temperatur mit t^F. Es gilt dann mit T_0 als thermodynamischer Temperatur des Eispunkts

$$t^F - 32\,°F = T - T_0,$$

also

$$t^F = T - T_0 + 32\,°F = T - 273{,}15\,K\,\frac{9\,R}{5\,K} + 32{,}00\,R$$

und somit

$$t^F = T - 459{,}67\,R = T - 459{,}67\,°F.$$

Beispiel 1.4. Man leite eine zugeschnittene Größengleichung her, aus der sich Fahrenheit-Temperaturen in Celsius-Temperaturen umrechnen lassen. Gibt es eine Temperatur, bei der die Zahlenwerte von Celsius- und Fahrenheit-Temperatur, jeweils für die Einheit °C bzw. °F, übereinstimmen?

Aus der Größengleichung für die Celsius-Temperatur,

$$t = T - T_0 = t^F - 32\,°F,$$

folgt durch Division mit der Einheit °C

$$(t/°C) = [(t^F/°F) - 32]\,(°F/°C)$$

und daraus die gesuchte zugeschnittene Größengleichung

$$(t/°C) = \frac{5}{9}[(t^F/°F) - 32].$$

Sollen die Zahlenwerte von Celsius- und Fahrenheit-Temperatur übereinstimmen, so muß

$$x = (t/°C) = (t^F/°F)$$

die Beziehung

$$x = \frac{5}{9}(x - 32)$$

erfüllen. Dies ist für $x = -40$ der Fall: $t = -40\,°C$ und $t^F = -40\,°F$ sind übereinstimmende Temperaturen.

1.4.5 Die thermische Zustandsgleichung idealer Gase

Der in Abb. 1.17 dargestellte Verlauf einer Isotherme verschiedener Gase zeigt, daß sich Gase mit immer kleiner werdendem Druck gleich verhalten. Für den Grenzfall verschwindenden Drucks gilt das von der Gasart unabhängige Grenzgesetz

$$\lim_{p \to 0} (pV_m)_{T=\text{const}} = R_m T \qquad (1.8)$$

mit R_m als der universellen Gaskonstante. Die thermische Zustandsgleichung der Gase geht also in ein für alle Gase gleiches, universell gültiges Grenzgesetz über.

Man kann nun ein Modellgas als Ersatz und Annäherung an wirkliche Gase definieren, welches die einfache, durch (1.8) nahegelegte thermische Zustandsgleichung

$$pV_m = R_m T \qquad (1.9)$$

exakt erfüllt. Ein solches Gas, das *ideales Gas* genannt wird, existiert nicht in der Realität. Es ist ein Modellfluid, welches das Verhalten wirklicher Gase bei verschwindend kleinen Dichten, bzw. bei genügend kleinen Drücken approximiert. Die Einfachheit der thermischen Zustandsgleichung verleitet dazu, das Stoffmodell des idealen Gases, das durch (1.9) definiert wird, auch dann anzuwenden, wenn die Abweichungen von der thermischen Zustandsgleichung wirklicher Gase merklich und nicht mehr zu vernachlässigen sind. Die Abweichungen werden bei den meisten Anwendungen tragbar sein, solange $p < 1$ MPa ist, vgl. 5.1.1.

Führt man in (1.9) die Stoffmenge n und die Masse m des idealen Gases explizit ein, so erhält man

$$pV = nR_m T = m\frac{R_m}{M} T = mRT. \qquad (1.10)$$

Hier wurde die spezifische, spezielle oder individuelle Gaskonstante

$$R := R_m/M$$

eingeführt. Sie ist eine stoffspezifische Konstante, welche für jedes Gas einen festen, seiner Molmasse M entsprechenden Wert hat. Dividiert man (1.10) durch die Masse m, so erhält die thermische Zustandsgleichung eines idealen Gases die einfache Gestalt

$$pv = RT. \qquad (1.11)$$

Beispiel 1.5. 3,750 kg Stickstoff nehmen bei $p = 1{,}000$ atm und $T = 300{,}0$ K das Volumen $V = 3{,}294$ m³ ein. Man bestimme die Gaskonstante R des Stickstoffs unter der Annahme, daß bei dem angegebenen Druck die thermische Zustandsgleichung idealer Gase genügend genau gilt.

Aus (1.11) erhalten wir für die Gaskonstante

$$R = \frac{pv}{T} = \frac{pV}{Tm} = \frac{1{,}000 \text{ atm} \cdot 3{,}294 \text{ m}^3}{300{,}0 \text{ K} \cdot 3{,}750 \text{ kg}} \frac{101\,325 \text{ Pa}}{1 \text{ atm}},$$

also

$$R = 296{,}7 \frac{\text{Nm}}{\text{kg K}} = 0{,}2967 \frac{\text{kJ}}{\text{kg K}}.$$

Wir vergleichen diesen Wert mit der Gaskonstante des Stickstoffs in Tabelle 10.6, nämlich $R = 296{,}8$ Nm/kg K. Die Abweichung dieser beiden Werte beträgt weniger als 0,5‰. Sie ist für die meisten Zwecke unbedeutend und darauf zurückzuführen, daß die Zustandsgleichung der idealen Gase schon bei dem niedrigen Druck von 1 atm nicht mehr ganz genau gilt.

2 Der 1. Hauptsatz der Thermodynamik

Der 1. Hauptsatz der Thermodynamik bringt das Prinzip von der Erhaltung der Energie zum Ausdruck. Die Anwendung dieses Grundsatzes führt dazu, Energieformen, nämlich innere Energie und Wärme, zu definieren, die in der Mechanik nicht vorkommen. In dieser Hinsicht erweitert die Thermodynamik den in der Mechanik behandelten Kreis von Erfahrungstatsachen, so daß sie zu einer allgemeinen Energielehre wird, wenn man auch elektrische, chemische und nukleare Energien einschließt.

2.1 Der 1. Hauptsatz für geschlossene Systeme

2.1.1 Mechanische Energien

Bevor wir den 1. Hauptsatz der Thermodynamik als einen allgemeinen Energiesatz formulieren, führen wir den Energiebegriff an einem einfachen Beispiel aus der Mechanik ein, nämlich an der Bewegung eines Massenpunkts in einem Kraftfeld. Sie läßt sich durch zwei Vektoren beschreiben, den Ortsvektor r und den Impuls I, Abb. 2.1. Der Impuls hängt mit der Geschwindigkeit c des Massenpunkts und seiner Masse m durch die einfache Gleichung

$$I = mc = m(dr/d\tau)$$

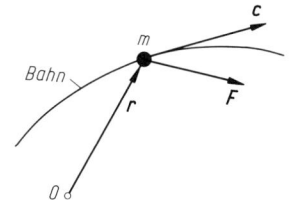

Abb. 2.1. Bewegung eines Massenpunkts unter der Einwirkung einer Kraft F

zusammen. Impuls und Geschwindigkeit sind zueinander proportional. Die Geschwindigkeit ist die zeitliche Ableitung des Ortsvektors r; der Geschwindigkeitsvektor c zeigt stets in Richtung der Bahntangente.

Nach Newtons lex secunda wird die zeitliche Änderung des Impulses durch die auf den Massenpunkt wirkende Kraft F hervorgerufen. Es gilt also

$$\frac{dI}{d\tau} = \frac{d}{d\tau}(mc) = F \qquad (2.1)$$

als Grundgesetz der Mechanik. Wir multiplizieren beide Seiten dieser Gleichung mit der Geschwindigkeit und erhalten

$$c \frac{dI}{d\tau} = F \frac{dr}{d\tau},$$

also

$$c \, dI = mc \, dc = F \, dr .$$

Wir integrieren diese Beziehung längs der Bahnkurve des Massenpunkts zwischen zwei Zuständen 1 und 2:

$$m \int_1^2 c \, dc = \int_1^2 F \, dr .$$

Dies ergibt

$$\frac{m}{2}(c_2^2 - c_1^2) = \int_1^2 F \, dr .$$

Das rechts stehende Integral, eine skalare Größe, bezeichnet man als die Arbeit W_{12}, die von der Kraft F verrichtet wird. Man führt ferner die kinetische Energie

$$E^{kin} := m \frac{c^2}{2} + E_0^{kin}$$

des Massenpunkts ein und erhält

$$E_2^{kin} - E_1^{kin} = \int_1^2 F \, dr = W_{12} . \tag{2.2}$$

Die Arbeit, welche die am Massenpunkt wirkende Kraft während der Bewegung auf der Bahnkurve verrichtet, ist gleich der Änderung der kinetischen Energie des Massenpunkts zwischen Anfangs- und Endpunkt der Bahn.

Arbeit und kinetische Energie haben dieselbe Dimension, sie sind Größen derselben Größenart „Energie". Die kinetische Energie des Massenpunkts ändert sich durch Zufuhr oder Abgabe von Energie in Form von Arbeit. Gleichung (2.2) erscheint damit als eine spezielle Form eines Energieerhaltungssatzes. Dieses Ergebnis ist in der Mechanik eine unmittelbare Folge des mechanischen Grundgesetzes (2.1), denn (2.2) wurde ohne zusätzliche Annahmen aus Newtons lex secunda hergeleitet. Der Energieerhaltungssatz spielt daher in der Mechanik keine hervorragende Rolle; erst wenn man den Energiebegriff wie in der Thermodynamik weiter faßt, zeigt sich die fundamentale Bedeutung des Energieerhaltungssatzes. Die Arbeit W_{12} ist eine Prozeßgröße; denn sie hängt von der Gestalt der Bahn und von Größe und Richtung des Kraftvektors während des Prozesses, also während des Durchlaufens der Bahn, ab. Wir betrachten nun den Sonderfall, daß F durch ein konservatives Kraftfeld gegeben ist. Der Kraftvektor ergibt sich dann als Gradient einer skalaren Ortsfunktion, die potentielle Energie genannt wird:

$$F = -\operatorname{grad} E^{pot}(r) = -\frac{dE^{pot}}{dr} .$$

2.1 Der 1. Hauptsatz für geschlossene Systeme

Das Arbeitsintegral hängt für ein konservatives Kraftfeld nicht mehr von der Gestalt der Bahnkurve ab, sondern nur von der Differenz der potentiellen Energie zwischen dem Anfangs- und Endpunkt der Bahn. Es wird nämlich

$$W_{12} = \int_1^2 \boldsymbol{F} \, \mathrm{d}\boldsymbol{r} = -\int_1^2 \frac{\mathrm{d}E^{\mathrm{pot}}}{\mathrm{d}\boldsymbol{r}} \, \mathrm{d}\boldsymbol{r} = -(E_2^{\mathrm{pot}} - E_1^{\mathrm{pot}}).$$

Die Prozeßgröße Arbeit ergibt sich für ein konservatives Kraftfeld als Differenz der Zustandsgröße potentielle Energie zwischen Anfangs- und Endzustand des Prozesses.

Aus (2.2) erhalten wir nun als spezielle Form des Energieerhaltungssatzes

$$E_2^{\mathrm{kin}} - E_1^{\mathrm{kin}} = -(E_2^{\mathrm{pot}} - E_1^{\mathrm{pot}})$$

oder

$$E_2^{\mathrm{kin}} + E_2^{\mathrm{pot}} = E_1^{\mathrm{kin}} + E_1^{\mathrm{pot}}.$$

Bei der Bewegung eines Massenpunkts in einem konservativen Kraftfeld bleibt die Summe aus seiner kinetischen und potentiellen Energie konstant und ist unabhängig von den Einzelheiten der Bewegung, etwa von der Gestalt der Bahnkurve. Man bezeichnet

$$E(\boldsymbol{c}, \boldsymbol{r}) = E^{\mathrm{kin}}(\boldsymbol{c}) + E^{\mathrm{pot}}(\boldsymbol{r})$$

als (mechanische) Gesamtenergie des Massenpunkts. Bei seiner Bewegung im konservativen Kraftfeld gilt $E = \mathrm{const}$.

Die hier für den Massenpunkt hergeleiteten Ergebnisse gelten allgemein in der Mechanik. Kinetische Energie, potentielle Energie und Arbeit gehören zur selben Größenart Energie; sie bezeichnen Formen, in denen Energie auftritt. Es gibt einen Erhaltungssatz für mechanische Energien, der aus dem mechanischen Grundgesetz (2.1) folgt: Die (Zustandsgröße) kinetische Energie ändert sich durch Energiezufuhr oder Energieabfuhr in Form von Arbeit. Arbeit ist keine Zustandsgröße, sondern eine Prozeßgröße. Nur wenn eine Kraft Gradient der skalaren Ortsfunktion potentielle Energie ist, kann man die von ihr verrichtete Arbeit als prozeßunabhängige Differenz der potentiellen Energie schreiben. Man erhält dann den Energieerhaltungssatz der Mechanik in der Form

$$E_2^{\mathrm{kin}} - E_1^{\mathrm{kin}} + E_2^{\mathrm{pot}} - E_1^{\mathrm{pot}} = W_{12}^*,$$

worin W_{12}^* die Arbeit derjenigen Kräfte bedeutet, die sich nicht aus einem Potential herleiten lassen.

Beispiel 2.1. Ein Körper mit der Masse $m = 0{,}200$ kg fällt im Schwerefeld der Erde (Fallbeschleunigung $g = 9{,}81$ m/s^2) von der Höhe $z_1 = 250$ m, wo er die Geschwindigkeit $c_1 = 0$ hat, auf die Höhe $z_2 = 3$ m und erreicht dabei die Geschwindigkeit $c_2 = 60$ m/s. Man prüfe, ob außer der Gewichtskraft (Schwerkraft) noch eine andere Kraft auf den Körper gewirkt hat, und berechne die von ihr verrichtete Arbeit.

Die an einem Körper angreifende Gewichtskraft G ergibt sich als Gradient der potentiellen Energie

$$E^{\mathrm{pot}}(z) = mgz + E_0^{\mathrm{pot}}$$

des Körpers im Schwerefeld; also gilt

$$G = -\frac{dE^{pot}}{dz} = -mg\,.$$

Da alle Kräfte nur in z-Richtung wirken, haben wir ihren Richtungssinn durch die Vorzeichen (+ und −) und nicht durch die Vektorschreibweise gekennzeichnet. Wirkt noch eine weitere Kraft F auf den Körper, so verrichtet sie bei seinem Fall eine Arbeit

$$W_{12}^* = \int_{z_1}^{z_2} F\,dz\,,$$

die nicht gleich null ist. Aus dem Energiesatz erhalten wir

$$W_{12}^* = E_2^{kin} - E_1^{kin} + E_2^{pot} - E_1^{pot} = m\frac{c_2^2}{2} + mg(z_2 - z_1)$$

$$= 0{,}200\text{ kg}\left(\frac{60^2}{2}\frac{m^2}{s^2} - 9{,}81\frac{m}{s^2}\,247\text{ m}\right) = -124{,}6\text{ Nm}\,.$$

Da $W_{12}^* \neq 0$ ist, tritt neben G eine weitere Kraft F auf, die der Bewegung entgegengerichtet ist. Dies folgt aus dem negativen Vorzeichen der Arbeit W_{12}^*; dz und F haben entgegengesetzte Vorzeichen. Diese Kraft ist der Luftwiderstand; er bewirkt, daß die Zunahme der kinetischen Energie des fallenden Körpers kleiner ist als die Abnahme seiner potentiellen Energie. Ein Teil der potentiellen Energie wird als Arbeit gegen den Luftwiderstand abgegeben. Wäre die Fallbewegung reibungsfrei ($F \equiv 0$), so wäre $W_{12}^* = 0$, und der fallende Körper könnte die kinetische Energie

$$E_{2\,max}^{kin} = \frac{m}{2}c_{max}^2 = mg(z_1 - z_2)\,,$$

also die Geschwindigkeit $c_{max} = 69{,}6$ m/s erreichen.

2.1.2 Der 1. Hauptsatz. Innere Energie

Der Energiesatz der Mechanik, den wir im letzten Abschnitt behandelt haben, bedarf einer Erweiterung und Verallgemeinerung, wenn man auch die Erscheinungen berücksichtigen will, die man vage mit dem Begriff „Wärme" in Verbindung bringt. Diese Verallgemeinerung des Energiebegriffs geschah in einem längeren historischen Prozeß, dessen zahlreiche Umwege und Irrwege wir nicht darstellen wollen. Wir führen stattdessen den 1. Hauptsatz der Thermodynamik als einen allgemein formulierten Energiesatz durch Postulate ein. Diese lassen sich nicht — wie der Energiesatz der Mechanik — aus anderen grundlegenden Sätzen der Physik herleiten, sondern bilden ihrerseits einen Fundamentalsatz, der nur an seinen experimentell überprüfbaren Folgerungen falsifiziert werden könnte. Derartige Experimente sind nicht bekannt und auch noch niemals ausgeführt worden mit dem Ziel, den 1. Hauptsatz zu bestätigen oder zu widerlegen. Es werden vielmehr alle Experimente, bei denen Energien zu bestimmen sind, unter der Voraussetzung ausgewertet, daß der Energieerhaltungssatz gilt.

So hat W. Pauli 1930 sogar die Existenz masse- und ladungsloser Teilchen, der Neutrinos, postuliert, um den Energieerhaltungssatz beim radioaktiven β-Zerfall zu „retten". Eine Probe aus identischen betaaktiven Kernen sendet Elektronen (Betateilchen) mit Energien zwischen null und einem Maximalwert aus. Nur ein Elektron, das mit der

2.1 Der 1. Hauptsatz für geschlossene Systeme

maximalen Energie emittiert wird, besitzt genausoviel Energie, wie es der Energiedifferenz zwischen ursprünglichem Kern und Folgekern entspricht. Bei der Emission von Elektronen kleinerer Energie war die Energiebilanz nicht erfüllt; ein Teil der Energie war verschwunden. Dieser fehlende Energiebetrag sollte nun mit den von W. Pauli „erfundenen" Neutrinos abtransportiert werden, so daß der Energieerhaltungssatz gültig bleibt. Erst 1956 haben C. Cowan und F. Reines [2.1] die Existenz von Neutrinos experimentell nachgewiesen und so das seinerzeit kühne Postulat von W. Pauli bestätigt.

Der 1. Hauptsatz der Thermodynamik macht zwei wesentliche Aussagen: über die Existenz einer Zustandsgröße Energie und den allgemeinen Energieerhaltungssatz. Den im letzten Abschnitt kurz behandelten Energiesatz der Mechanik enthält der 1. Hauptsatz als Sonderfall. Wir formulieren ihn nun durch die folgenden Postulate:

1. *Jedes System besitzt eine extensive Zustandsgröße Energie E.*
2. *Die Energie eines Systems kann sich nur durch Energietransport über die Systemgrenze ändern: Für Energien gilt ein Erhaltungssatz.*
3. *Kinetische und potentielle Energien der Mechanik sind besondere Formen der Energie. Das Verrichten von mechanischer Arbeit ist eine mögliche Form des Energietransports über die Systemgrenze.*

Wir versuchen nicht, diese Aussagen des 1. Hauptsatzes auf andere tieferliegende Sätze der Physik zurückzuführen, sondern sehen sie als grundlegende Postulate an, aus denen wir zahlreiche Folgerungen allgemeiner und spezieller Art ableiten werden. Zunächst erläutern wir die vorstehenden Postulate, gehen dann auf die Zustandsgröße Energie ein und formulieren schließlich Energiebilanzgleichungen als quantitativen Ausdruck des Energieerhaltungssatzes.

Die Energie eines Systems wird durch den 1. Hauptsatz als eine seiner extensiven Zustandsgrößen eingeführt. Besteht ein System aus mehreren Teilsystemen A, B, C, ... mit den Energien E_A, E_B, E_C, ..., so gilt für seine Energie

$$E = E_A + E_B + E_C + \dots .$$

Betrachtet man ein Massenelement, welches die Masse Δm und die Energie ΔE enthält, so kann man die spezifische Energie durch den Grenzübergang

$$e := \lim_{\Delta m \to 0} \Delta E / \Delta m$$

definieren. Sie ist eine Feldgröße, die sich innerhalb des Systems von Ort zu Ort und außerdem mit der Zeit ändert. Ist dagegen das System eine Phase, so erhält man seine spezifische Energie einfach durch

$$e := E/m .$$

In jedem ihrer Zustände hat eine Phase nur einen Wert der spezifischen Energie, der für das ganze homogene System charakteristisch ist.

Bewegt sich ein System in einem konservativen Kraftfeld, so besitzt es kinetische Energie E^{kin} und potentielle Energie E^{pot}. Diese beiden Bestandteile seiner gesamten Energie sind nach dem 1. Hauptsatz extensive Zustandsgrößen. Für den Sonderfall des Massenpunkts haben wir diese mechanischen Energien im letzten Abschnitt behandelt. Sie sind der Masse proportional (extensive Zustandsgrößen) und hängen von den äußeren Zustandsgrößen, vgl. 1.2.2, des Systems ab, nämlich vom

Geschwindigkeits- und vom Ortsvektor, die die Bewegung des Systems als Ganzem beschreiben.

Kinetische und potentielle Energien sind aber nur Teile der Gesamtenergie des Systems, denn auch ein ruhendes System hat Energie. Man bezeichnet sie als innere Energie U und definiert sie durch

$$U := E - E^{\text{kin}} - E^{\text{pot}} . \tag{2.3}$$

Von der Gesamtenergie E des Systems werden also die kinetische und die potentielle Energie, die zur Bewegung des Systems als Ganzem gehören, abgezogen, um die innere Energie zu erhalten. Sind E^{kin} und E^{pot} gleich null, so gilt $U = E$: Die innere Energie eines ruhenden Systems stimmt mit seiner Gesamtenergie überein. Da auch U eine extensive Zustandsgröße ist, kann man die spezifische innere Energie durch Bezug auf die Masse des Systems erhalten. Für eine Phase gilt

$$u := U/m .$$

Da der Zustand einer Phase durch zwei unabhängige intensive Zustandsgrößen bereits festgelegt ist, vgl. 1.2.4, besteht zwischen u und diesen beiden Zustandsgrößen eine Zustandsgleichung, die neben der thermischen Zustandsgleichung ein weiteres Materialgesetz der Phase ausdrückt. Wählt man T und v als unabhängige intensive Zustandsgrößen, so wird dieses Materialgesetz als *kalorische Zustandsgleichung*

$$u = u(T, v)$$

der Phase bezeichnet. Auf die kalorische Zustandsgleichung fluider Phasen gehen wir im nächsten Abschnitt ein.

Die innere Energie U ist durch (2.3) als Zustandsgröße eines Systems definiert. Wir wollen uns diese Größe veranschaulichen, indem wir eine Deutung der inneren Energie eines Körpers durch die Bewegung seiner molekularen Bestandteile skizzieren, was allerdings die Betrachtungsweise der nur mit makroskopischen Größen operierenden Thermodynamik überschreitet. Derartige Betrachtungen, die als kinetische Gastheorie oder allgemeiner als kinetische Theorie der Materie bezeichnet werden, hatten besonders im 19. Jahrhundert den Zweck, die Wärmeerscheinungen mechanisch zu „erklären". Danach läßt sich die innere Energie einer fluiden Phase als Summe der Energien ihrer Moleküle auffassen. Aufgrund ihrer Bewegung durch den Raum besitzen Moleküle die kinetische Energie der Translationsbewegung. Bei mehratomigen Molekülen kommt noch die Rotationsenergie des Moleküls und die Schwingungsenergie der Atome oder Radikale um ein gemeinsames Massenzentrum hinzu. Zwischen den Molekülen wirken außerdem Anziehungs- und Abstoßungskräfte, die sich mit dem Abstand zwischen den Molekülen, also mit der Dichte bzw. mit dem spezifischen Volumen der Phase ändern und sich aus potentiellen Energien von Molekülpaaren und Molekülhaufen ableiten lassen. Diese zwischenmolekularen Energien hängen im wesentlichen vom spezifischen Volumen ab, während die kinetische Energie der einzelnen Moleküle von der Temperatur abhängt und mit steigender Temperatur zunimmt. Die innere Energie eines Gases, in dem keine zwischenmolekularen Kräfte wirken, hängt damit nur von der Temperatur ab. Dies ist das ideale Gas, dessen thermische Zustandsgleichung wir in 1.4.5 behandelt haben.

Die Atome eines Moleküls werden durch molekulare Bindungskräfte zusammengehalten, die als Coulombsche und Massenanziehungskräfte ein Potential besitzen. Diese intramolekulare potentielle Energie oder Bindungsenergie zwischen den Elektronen und Kernen ist sehr groß. Sie wird durch chemische Reaktionen verändert, bei denen sich die Atome und die sie umgebenden Elektronen umgruppieren. Dabei können große Beträge an Bindungsenergie frei werden und zu einer entsprechenden Erhöhung der kinetischen Energie der Moleküle beitragen, die sich in einer starken Temperaturzunahme bemerkbar macht. Durch Kernreaktionen kann schließlich die Bindungsenergie der Nukleonen, der Kernbestandteile, verändert werden, wodurch noch größere Energien als bei chemischen Reaktionen frei werden.

Es ist nützlich, die innere Energie der Materie in drei Gruppen einzuteilen, in thermische, chemische und nukleare innere Energie. Die thermische innere Energie umfaßt die kinetische und potentielle Energie der Molekularbewegung. Dabei tritt keine Änderung in der Elektronenkonfiguration der Moleküle ein. Die thermische innere Energie wird durch Änderungen der Temperatur und des spezifischen Volumens beeinflußt, chemische Veränderungen sind ausgeschlossen. Bei chemischen Reaktionen verändert sich die molekulare Bindungsenergie und damit die chemische innere Energie. Die nukleare innere Energie spielt erst bei Kernreaktionen eine Rolle. Bei den meisten Prozessen der Thermodynamik ändert sich nur die thermische innere Energie; chemische und nukleare innere Energien bleiben unverändert und brauchen nicht berücksichtigt zu werden, wenn man Prozesse wie das Erwärmen und Abkühlen eines Fluids oder eine Energieänderung durch Vergrößern oder Verkleinern des Volumens untersucht. Bei chemischen Reaktionen, insbesondere bei den technisch wichtigen Verbrennungsreaktionen, verändert sich die chemische innere Energie. Nimmt sie im Verlauf der Reaktion ab, so nimmt die thermische innere Energie zu, was sich in einer starken Temperatursteigerung bemerkbar macht, die man z. B. bei einem Verbrennungsprozeß beobachten kann. Gleiches gilt für Kernreaktionen, bei denen sich die nukleare innere Energie in thermische innere Energie verwandelt.

2.1.3 Die kalorische Zustandsgleichung der Fluide

Wie schon im letzten Abschnitt erwähnt, hängt die spezifische innere Energie u einer fluiden Phase von zwei unabhängigen intensiven Zustandsgrößen ab. Die Beziehung

$$u = u(T, v)$$

wird als *kalorische Zustandsgleichung* der Phase bezeichnet in Analogie zur thermischen Zustandsgleichung

$$p = p(T, v) \, .$$

Dieser Zusammenhang zwischen spez. innerer Energie, Temperatur und spez. Volumen ist wie die thermische Zustandsgleichung sehr verwickelt. Er muß durch Experimente für jeden Stoff bestimmt werden. Der 2. Hauptsatz der Thermodynamik liefert jedoch eine Beziehung zwischen der thermischen und der kalorischen Zustandsgleichung, auf die wir in 4.3.1 eingehen werden. Hierdurch wird es möglich, die kalorische Zustandsgleichung bei Kenntnis der thermischen Zustandsgleichung weitgehend zu berechnen, ohne auf direkte Messungen von u zurückgreifen zu müssen. Abbildung 2.2 veranschaulicht die kalorische Zustandsgleichung am Beispiel von CO_2. Die spezifische innere Energie ist für verschiedene Werte der Dichte $\varrho = 1/v$ als Funktion der Temperatur T dargestellt. Das Naßdampfgebiet wird in 4.2 erläutert.

Da die innere Energie eine Zustandsfunktion ist, besitzt sie ein vollständiges Differential:

$$du = \left(\frac{\partial u}{\partial T}\right)_v dT + \left(\frac{\partial u}{\partial v}\right)_T dv \, .$$

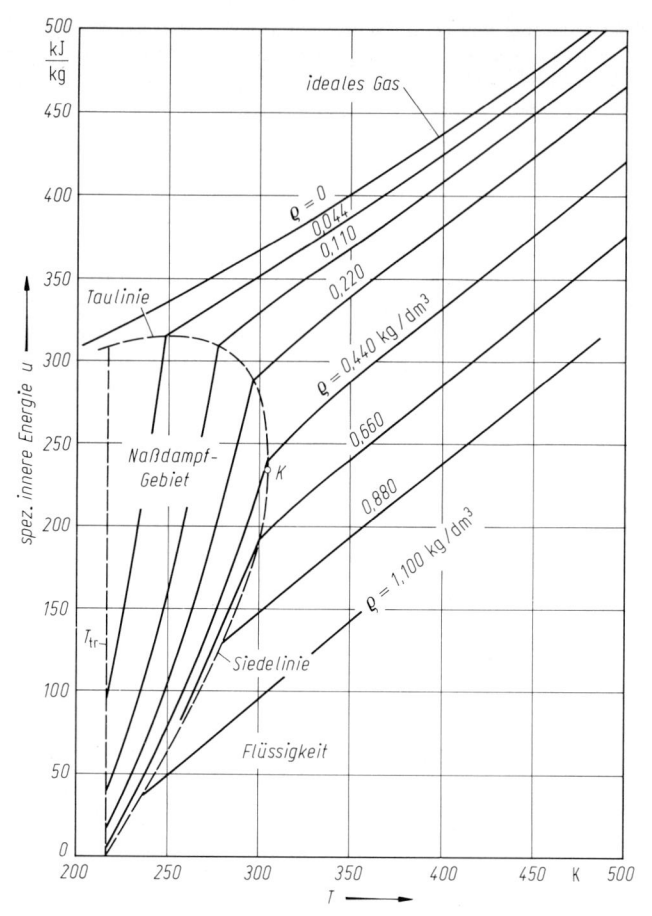

Abb. 2.2. Darstellung der kalorischen Zustandsgleichung $u = u(T, v)$ von CO_2 durch Isochoren $v = 1/\varrho =$ const im u,T-Diagramm. Die spez. innere Energie von flüssigem CO_2 am Tripelpunkt ($T = T_{tr}$) wurde willkürlich gleich null gesetzt. K kritischer Punkt, vgl. 4.1.1

Die partielle Ableitung

$$c_v(T, v) := \left(\frac{\partial u}{\partial T}\right)_v$$

führt aus historischen Gründen eine besondere Bezeichnung: c_v wird die *spez. Wärmekapazität bei konstantem Volumen* oder spez. isochore Wärmekapazität genannt. Die Bezeichnung Wärmekapazität geht auf die Auffassung der Wärme als eines Stoffes zurück, der, einem Körper zugeführt, in diesem eine Temperaturänderung hervorruft. Bei gleicher Temperaturänderung kann ein Körper um so mehr Wärme„stoff" aufnehmen, je größer seine Wärmekapazität ist. Wir wollen diese Vorstellung nicht verwenden und unter c_v nur eine Abkürzung oder besondere Bezeichnung für die Ableitung der spez. inneren Energie nach der Temperatur verstehen.

2.1 Der 1. Hauptsatz für geschlossene Systeme

Ändert sich das spezifische Volumen bei einem Prozeß nur wenig ($\mathrm{d}v \approx 0$) oder ist $(\partial u/\partial v)_T$ vernachlässigbar klein, so kommt es nur auf die Temperaturabhängigkeit der spezifischen inneren Energie an. Man erhält für die Differenz der inneren Energien zwischen Zuständen verschiedener Temperatur, aber gleichen spezifischen Volumens

$$u(T_2, v) - u(T_1, v) = \int_{T_1}^{T_2} c_v(T, v) \, \mathrm{d}T \, .$$

Man kann diese Beziehung näherungsweise auch dann anwenden, wenn die beiden Zustände 1 und 2 nicht genau das gleiche spezifische Volumen haben.

Besonders einfache Verhältnisse liegen bei *idealen Gasen* vor. Eine Materialgleichung dieses Stoffmodells ist die Beziehung[1]

$$(\partial u/\partial v)_T \equiv 0 \, .$$

Die spezifische innere Energie idealer Gase hängt nur von der Temperatur ab. Es gilt also

$$u = u(T)$$

und

$$c_v = \frac{\mathrm{d}u}{\mathrm{d}T} = c_v^0(T) \, .$$

Damit ist die *innere Energie idealer Gase* durch

$$u(T) = \int_{T_0}^{T} c_v^0(T) \, \mathrm{d}T + u_0$$

darzustellen, wobei die Konstante u_0 die innere Energie bei der Temperatur T_0 bedeutet. Bei manchen Gasen kann man außerdem in gewissen Temperaturbereichen c_v^0 als konstant ansehen, vgl. 5.1.2; dann wird

$$u(T) = c_v^0(T - T_0) + u_0 \, .$$

Wir benutzen hier und im folgenden den hochgestellten Index „0", um darauf hinzuweisen, daß es sich bei c_v^0 um die spezifische Wärmekapazität eines *idealen* Gases handelt.

---

[1] $(\partial u/\partial v)_T \equiv 0$ bedeutet, daß die spezifische innere Energie idealer Gase bei konstanter Temperatur nicht vom spezifischen Volumen abhängt. Diese Beziehung wird durch Experimente nahegelegt, die Gay-Lussac (1807) und später J. P. Joule (1845) mit Gasen kleiner Dichte ausgeführt haben. Es handelt sich dabei um den sogenannten Überströmversuch, dessen Ergebnis jedoch wegen erheblicher experimenteller Schwierigkeiten unsicher und daher wenig aussagekräftig ist. Aus der molekularen Deutung der inneren Energie, die wir in 2.1.2 gegeben haben, folgt für ein Gas, zwischen dessen Molekülen keine anziehenden oder abstoßenden Kräfte wirken (ideales Gas), daß U sich allein als Summe der kinetischen Energien der Moleküle ergibt. Diese Summe und damit auch die innere Energie des idealen Gases hängt jedoch nur von der Temperatur ab.

2.1.4 Die Energiebilanzgleichung

Der 1. Hauptsatz postuliert für die Energie einen Erhaltungssatz. Die Energie eines Systems ändert sich nur dadurch, daß Energie während eines Prozesses über die Systemgrenze zu- oder abgeführt wird. Bei einem abgeschlossenen System, vgl. 1.2.1, ist ein Energietransport über die Systemgrenze ausgeschlossen. Somit folgt aus dem 1. Hauptsatz:

Die Energie eines abgeschlossenen Systems ist konstant.

Wir betrachten nun einen Prozeß eines (nicht abgeschlossenen) Systems. Zu Beginn des Prozesses befinde es sich im Zustand 1, in dem es die Energie E_1 hat. Im Endzustand 2 des Prozesses habe das System die Energie E_2. Nach dem 1. Hauptsatz kommt die Energieänderung $E_2 - E_1$ durch den Energietransport über die Systemgrenze zustande, der während des Prozesses 1 → 2 stattgefunden hat. Hierbei unterscheiden wir drei Arten des Energietransports:

1. das Verrichten von Arbeit,
2. das Übertragen von Wärme und
3. den an einen Materiefluß über die Systemgrenze gekoppelten Energietransport.

Der zuletztgenannte, an den Übergang von Materie gebundene Energietransport kann nur bei offenen Systemen auftreten. Wir behandeln diese Art der Energieübertragung in 2.3.2 bis 2.3.4. Bei geschlossenen Systemen kann Energie nur als Arbeit oder als Wärme die Systemgrenze überschreiten, worauf wir im folgenden eingehen.

Wie wir aus der Mechanik wissen, vgl. 2.1.1, wird die Energie eines Systems durch das Verrichten von Arbeit geändert. Dies geschieht dann, wenn eine Kraft an der Systemgrenze angreift und sich der Angriffspunkt der Kraft verschiebt. Hierauf gehen wir in 2.2.1 bis 2.2.4 ausführlich ein; auf eine systematische Untersuchung von W. Klenke [2.2] sei hingewiesen. Neben der als Arbeit bezeichneten mechanischen Art der Energieübertragung gibt es eine weitere nichtmechanische Art. Sie kommt einfach dadurch zustande, daß das System und seine Umgebung, z. B. ein zweites System, unterschiedliche Temperaturen haben. Aufgrund des Temperaturunterschieds zwischen System und Umgebung wird Energie über die Systemgrenze transportiert, ohne daß Arbeit verrichtet wird oder Energie mit Materie die Systemgrenze überquert. Diese in der Mechanik nicht vorkommende, aber aus der Erfahrung des täglichen Lebens durchaus bekannte Art des Energietransports nennt man Wärmeübertragung. Die Möglichkeit, Energie als Wärme über die Systemgrenze zu transportieren, ist typisch für die Thermodynamik. Wir haben sie bereits in 1.4.1 bei der Einstellung des thermischen Gleichgewichts kennengelernt. Hier ändert sich der Zustand des Systems und damit seine Energie durch die Wechselwirkung über die diatherme Wand (Systemgrenze) mit einem anderen System unterschiedlicher Temperatur. Bei dieser Wechselwirkung wird Energie als Wärme vom System mit der höheren Temperatur auf das System mit der niedrigeren Temperatur übertragen. In 2.2.5 kommen wir auf die Wärmeübertragung zurück.

Über die Grenze eines geschlossenen Systems kann Energie durch das Verrichten von Arbeit und durch Übertragen von Wärme transportiert werden. Wir bezeichnen die Energie, die während eines Prozesses als Arbeit über die Systemgrenze

2.1 Der 1. Hauptsatz für geschlossene Systeme

transportiert wird, kurz als Arbeit mit dem Formelzeichen W_{12} und die Energie, die während eines Prozesses als Wärme über die Systemgrenze transportiert wird, kurz als Wärme Q_{12}. Arbeit und Wärme sind also besondere Bezeichnungen oder Namen für Energien, die während eines Prozesses die Systemgrenze überschreiten. Diese transportierten Energien treten nur auf, solange ein Prozeß abläuft. Sie sind keine Zustandsgrößen, sondern Prozeßgrößen, worauf auch der Doppelindex 12 hinweisen soll.

Mit Hilfe der Prozeßgrößen Wärme und Arbeit stellen wir nun eine Energiebilanzgleichung für den Prozeß eines geschlossenen Systems auf. Aus dem 1. Hauptsatz (Energieerhaltungssatz) folgt: Die beim Prozeß eingetretene Energieänderung $E_2 - E_1$ des Systems ist durch die als Wärme Q_{12} und die als Arbeit W_{12} über die Systemgrenze transportierte Energie bewirkt worden. Es gilt also

$$Q_{12} + W_{12} = E_2 - E_1.$$

Die (zeitliche) Energieänderung, die ein geschlossenes System während eines Prozesses erfährt, ist gleich der Energie, die während des Prozesses die Systemgrenze als Wärme und als Arbeit überschreitet.

Bei der Aufstellung dieser Energiebilanzgleichung haben wir die dem System zugeführte Energie mit positivem Vorzeichen eingesetzt. Wir vereinbaren, daß stets $Q_{12} > 0$ und $W_{12} > 0$ gilt, wenn Energie als Wärme bzw. Arbeit dem System zugeführt wird. Negative Werte von Q_{12} und W_{12} bedeuten, daß Wärme bzw. Arbeit vom System abgegeben wird.

Der Prozeß eines geschlossenen Systems läuft in der Zeit ab. Der Zustand 1 entspricht einer Zeit τ_1 zu Beginn des Prozesses; mit $\tau_2 > \tau_1$ ist die Zeit des Prozeßendes bezeichnet, zu der das System den Zustand 2 erreicht. Für ein Zeitintervall $d\tau$ des Prozeßablaufs kann die Energiebilanz auch als

$$dQ + dW = dE$$

geschrieben werden, wobei dQ die Wärme und dW die Arbeit bezeichnen, die während der Zeit $d\tau$ die Systemgrenze überschreiten. Die hierdurch bewirkte Energieänderung ist dE. Zur genaueren Untersuchung des zeitlichen Prozeßablaufs führt man durch

$$dQ = \dot{Q}(\tau)\, d\tau$$

und

$$dW = P(\tau)\, d\tau$$

zwei von der Zeit abhängige Prozeßgrößen ein: den Wärmestrom $\dot{Q}$, der auch als Wärmeleistung bezeichnet wird, und die (mechanische) Leistung P, die man auch als Arbeitsstrom $\dot{W}$ bezeichnen könnte, was jedoch nicht üblich ist. Damit erhält man die Leistungsbilanzgleichung

$$\dot{Q}(\tau) + P(\tau) = \frac{dE}{d\tau}.$$

Sie gilt für jeden „Augenblick" des Prozesses und verknüpft die zeitliche Energieänderung des Systems mit den Energieströmen, die seine Grenze überqueren.

In den nächsten Abschnitten werden wir den Energietransport über die Systemgrenze näher untersuchen. Wir werden genauere Kriterien für die Unterscheidung

2.2 Arbeit und Wärme

2.2.1 Mechanische Arbeit und Leistung

Um die Energie zu berechnen, die während eines Prozesses als Arbeit über die Systemgrenze übertragen wird, übernehmen wir die Methoden und Ergebnisse der Mechanik. Durch Integration der Prozeßgröße Leistung

$$P(\tau) = dW/d\tau$$

zwischen den Zeiten τ_1 und τ_2 zu Beginn und am Ende des Prozesses erhalten wir die Prozeßgröße Arbeit

$$W_{12} = \int_{\tau_1}^{\tau_2} P(\tau) \, d\tau \, . \tag{2.4}$$

Der zeitliche Verlauf der Leistung während des Prozesses bestimmt die Größe der beim Prozeß verrichteten Arbeit.

Um festzustellen, ob eine mechanische Leistung auftritt und damit Energie als Arbeit die Systemgrenze überschreitet, definieren wir den Begriff der mechanischen Leistung:

*Wirkt eine äußere Kraft auf die Systemgrenze und verschiebt sich der Angriffspunkt der Kraft, so entsteht eine mechanische Leistung. Ihre Größe ist das skalare Produkt aus dem Kraftvektor **F** und der Geschwindigkeit **c** des Kraftangriffspunktes:*

$$P = \boldsymbol{F}\boldsymbol{c} \, . \tag{2.5}$$

Damit Energie als mechanische Leistung oder mechanische Arbeit übertragen wird, müssen zwei Bedingungen erfüllt sein: Eine äußere Kraft muß auf die Systemgrenze wirken, und diese muß sich unter der Einwirkung der Kraft bewegen, so daß sich der Kraftangriffspunkt verschiebt.

Bilden der Kraftvektor $\boldsymbol{F}$ und der Vektor der Geschwindigkeit $\boldsymbol{c}$, mit der sich der Kraftangriffspunkt an der Systemgrenze bewegt, den Winkel β, vgl. Abb. 2.3, so gilt für die Leistung

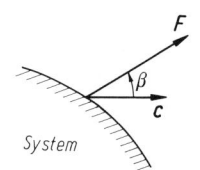

$$P = |\boldsymbol{F}| \, |\boldsymbol{c}| \cos \beta \, .$$

Abb. 2.3. Zur Berechnung der mechanischen Leistung

Die Leistung ist null, wenn entweder F oder c gleich null sind oder wenn diese Vektoren senkrecht zueinander stehen, so daß $\cos \beta = 0$ wird. Verschiebt sich der Angriffspunkt in der gleichen Richtung wie die Kraft, so ist $P > 0$, dem System wird Leistung zugeführt. Zeigt die äußere Kraft entgegen der Verschiebungsrichtung, so gibt das System mechanische Leistung ab.

Setzt man in (2.4) für die Arbeit W_{12} die Leistung nach (2.5) ein, so erhält man

$$W_{12} = \int_{\tau_1}^{\tau_2} \boldsymbol{F}\boldsymbol{c}\, \mathrm{d}\tau = \int_{\tau_1}^{\tau_2} \boldsymbol{F}\frac{\mathrm{d}\boldsymbol{r}}{\mathrm{d}\tau}\, \mathrm{d}\tau = \int_{1}^{2} \boldsymbol{F}\, \mathrm{d}\boldsymbol{r}.$$

Die Arbeit ergibt sich also auch durch Integration des Skalarprodukts aus dem Kraftvektor $\boldsymbol{F}$ und dem Verschiebungsvektor $\mathrm{d}\boldsymbol{r}$ des Kraftangriffspunkts an der Systemgrenze. In dieser Weise hatten wir schon in 2.1.1 die mechanische Arbeit definiert. Zur Berechnung von W_{12} muß entweder der zeitliche Verlauf der Leistung $P(\tau)$ bekannt sein oder die Abhängigkeit des Kraftvektors vom Ortsvektor seines Angriffspunkts.

In den folgenden Abschnitten berechnen wir Leistung und Arbeit in verschiedenen für die Thermodynamik wichtigen Fällen. Dabei interessiert weniger die Arbeit jener Kräfte, die die Bewegung des Systems als Ganzem beeinflussen, also zur Änderung der kinetischen und potentiellen Energie des ganzen Systems beitragen. Wir berechnen vielmehr die Arbeiten, die zur Änderung der inneren Energie des Systems führen. Hierzu gehören insbesondere die Volumenänderungsarbeit und die Wellenarbeit.

2.2.2 Volumenänderungsarbeit

Wir betrachten im folgenden *ruhende* geschlossene Systeme. Die einem solchen System zugeführte Arbeit bewirkt eine Änderung seines „inneren" Zustands, beeinflußt dagegen nicht seine Lage im Raum oder die Geschwindigkeit des Systems als Ganzem. Wirken auf das ruhende System Kräfte senkrecht zu seinen Grenzen, so können diese eine Verschiebung der Systemgrenze und damit eine Volumenänderung zur Folge haben. Wir nennen die hiermit verbundene Arbeit *Volumenänderungsarbeit*. Sie tritt insbesondere bei den fluiden Systemen, also bei Gasen und Flüssigkeiten auf.

Um die Volumenänderungsarbeit zu berechnen, betrachten wir ein Fluid, das in einem Zylinder mit beweglichem Kolben eingeschlossen ist, Abb. 2.4. Das Fluid bildet das thermodynamische System; der bewegte Teil der Systemgrenze ist

Abb. 2.4. Zur Berechnung der Volumenänderungsarbeit

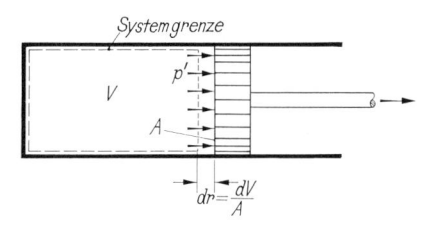

die Fläche A, auf der sich der Kolben und das Fluid berühren. Hier übt der Kolben auf das Fluid die Kraft

$$F = -p'A$$

aus, wobei p' der Druck ist, der vom Fluid auf die Kolbenfläche wirkt. Verschiebt man den Kolben um die Strecke dr, so verändert sich das Volumen des Fluids um d$V = A\,\mathrm{d}r$; die an der Systemgrenze angreifende Kraft verschiebt sich, und die Arbeit

$$\mathrm{d}W^V = F\,\mathrm{d}r = -p'A\frac{\mathrm{d}V}{A} = -p'\,\mathrm{d}V \tag{2.6}$$

wird verrichtet. Dies ist die Energie, die als Arbeit zwischen der Kolbenfläche und dem System übertragen wird. Bei einer Verdichtung (d$V < 0$) wird d$W^V > 0$, das Fluid nimmt Arbeit auf. Bei der Expansion (d$V > 0$) wird d$W^V < 0$, das Fluid gibt Energie als Arbeit ab.

Während der Kolbenbewegung ändern sich der auf die Kolbenfläche wirkende Druck p' und das Volumen V mit der Zeit τ. Bei bekannter Kolbenbewegung und damit bekanntem $V = V(\tau)$ läßt sich die Arbeit aber nur dann bestimmen, wenn auch die Abhängigkeit des Drucks $p' = p'(\tau)$ von der Zeit bekannt ist. Diese Funktion könnte durch Messungen bestimmt werden, sie hängt von der Kolbengeschwindigkeit, vom Zustand des Gases und seinen Eigenschaften ab. Ihre Berechnung ist ein schwieriges Problem der Strömungsmechanik.

Die Berechnung der Arbeit vereinfacht sich erheblich, wenn man den Prozeß als *reversibel* annimmt. Die Zustandsänderung des Fluids ist dann quasistatisch, und dissipative Effekte, verursacht durch Reibungskräfte im Fluid, treten nicht auf. Der Druck p' hängt nicht explizit von der Zeit ab, sondern stimmt mit dem Druck p des Fluids überein, der über seine Zustandsgleichung

$$p = p(T, v) = p(T, V/m)$$

aus der Temperatur und dem Volumen berechnet werden kann. Wir erhalten daher für den reversiblen Prozeß

$$\mathrm{d}W^V_{\mathrm{rev}} = -p\,\mathrm{d}V. \tag{2.7}$$

Während der quasistatischen Zustandsänderung ändert sich der Druck des Fluids in bestimmter Weise stetig mit dem Volumen, wir können somit (2.7) integrieren. Damit erhalten wir die *Volumenänderungsarbeit bei einem reversiblen Prozeß* zu

$$(W^V_{12})_{\mathrm{rev}} = -\int_1^2 p\,\mathrm{d}V. \tag{2.8}$$

Die quasistatische Zustandsänderung des reversiblen Prozesses läßt sich im p,V-Diagramm als stetige Kurve darstellen, Abb. 2.5. Die Fläche unter dieser Kurve bedeutet nach (2.8) den Betrag der Volumenänderungsarbeit. Sie hängt vom Verlauf der Zustandsänderung, also von der Prozeßführung ab: die Volumenänderungsarbeit ist eine Prozeßgröße, keine Zustandsgröße. Bezieht man $(W^V_{12})_{\mathrm{rev}}$ auf die Masse m des Fluids, so erhält man die spezifische Volumenänderungsarbeit des reversiblen Prozesses:

$$(w^V_{12})_{\mathrm{rev}} = \frac{(W^V_{12})_{\mathrm{rev}}}{m} = -\int_1^2 p\,\mathrm{d}v.$$

Abb. 2.5. Veranschaulichung der Volumenänderungsarbeit als Fläche im p,V-Diagramm

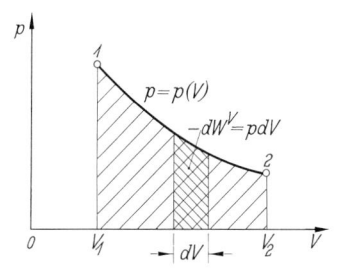

An die Stelle des Volumens V tritt hier das spez. Volumen v.

Die *Volumenänderungsarbeit bei einem irreversiblen Prozeß* unterscheidet sich aus zwei Gründen von dem eben gewonnenen Resultat für den reversiblen Prozeß. Einmal ist der Druck nicht im ganzen Volumen konstant; es treten bei der Volumenänderung Druckwellen auf. Dieser gasdynamische Effekt spielt jedoch nur bei sehr hohen Kolbengeschwindigkeiten nahe der Schallgeschwindigkeit des Fluids eine Rolle. Abgesehen von diesem Ausnahmefall sind die Amplituden der Druckwellen vernachlässigbar klein, so daß die Annahme einer quasistatischen Zustandsänderung und damit die Verwendung des Drucks p aus der Zustandsgleichung zur Berechnung der Volumenänderungsarbeit im allgemeinen gerechtfertigt ist. Als zweite Abweichung von der Reversibilität treten zusätzlich zum Druck Reibungsspannungen auf, die von der Viskosität (Zähigkeit) des Fluids und von den Geschwindigkeitsgradienten im Fluid abhängen. Diese Reibungsspannungen verrichten bei der Gestaltänderung des Fluids die Arbeit W^G. Diese Gestaltänderungsarbeit ist, wie wir noch aus dem 2. Hauptsatz herleiten werden, unabhängig von der Richtung der Zustandsänderung stets positiv. Sie muß bei der Verdichtung zusätzlich zur eigentlichen Volumenänderungsarbeit zugeführt werden: der Druck p' in (2.6) ist größer als p. Bei der Expansion schmälert dagegen W^G den Betrag der abgegebenen Volumenänderungsarbeit, $p' < p$ für $dV > 0$.

Vernachlässigt man den gasdynamischen Effekt und nimmt man dementsprechend auch bei einem irreversiblen Prozeß eine quasistatische Zustandsänderung an, vgl. 1.3.4, so erhält man für die Arbeit

$$W_{12}^V = - \int_1^2 p \, dV + W_{12}^G$$

mit der stets positiven Gestaltänderungsarbeit

$$W_{12}^G \geqq 0 \, .$$

Sie verschwindet nur im Grenzfall des reversiblen Prozesses. Die Berechnung von W_{12}^G ist praktisch kaum durchführbar. Im vorliegenden Fall, in dem das Fluid als Ganzes ruht, sind die Geschwindigkeitsgradienten, von denen die Reibungsspannungen und die Gestaltänderungsarbeit abhängen, sehr klein. Die Gestaltänderungsarbeit kann daher außer bei sehr rascher Volumenänderung gegenüber der Volumenänderungsarbeit vernachlässigt werden. Wir erhalten somit

$$W_{12}^V = - \int_1^2 p \, dV$$

als eine im allgemeinen sehr gute Näherung für die Arbeit bei irreversibler Verdichtung oder Entspannung. Sie versagt nur bei extrem schnellen Volumen- und Gestaltänderungen des im ganzen ruhenden Fluids.

Befindet sich das Fluid bei der Volumenänderung in einer Umgebung mit konstantem Druck p_u, z. B. in der irdischen Atmosphäre, so wird durch die Volumenänderung des Systems auch das Volumen der Umgebung geändert. An die Atmosphäre wird dann die *Verdrängungs-* oder *Verschiebearbeit*

$$p_u(V_2 - V_1)$$

abgegeben. An der Kolbenstange erhält man dann

$$W_{12}^n = -\int_1^2 p\, dV + p_u(V_2 - V_1) = -\int_1^2 (p - p_u)\, dV$$

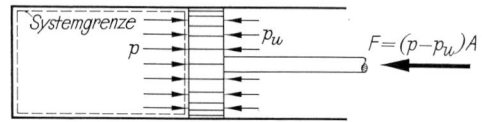

Abb. 2.6. Expansion gegen die Wirkung des Umgebungsdruckes p_u

als sog. *Nutzarbeit*, Abb. 2.6. Bei der Expansion eines Fluids mit $p > p_u$ ist der Betrag der Nutzarbeit kleiner als der Betrag der Volumenänderungsarbeit, die über die Systemgrenze an den Kolben übergeht. Umgekehrt ist bei der Verdichtung die aufzuwendende Nutzarbeit kleiner als die Volumenänderungsarbeit, die das Fluid aufnimmt, denn der Anteil $p_u(V_2 - V_1)$ wird von der Umgebung beigesteuert.

Beispiel 2.2. Ein Zylinder mit dem Volumen $V_1 = 0{,}25$ dm³ enthält Luft, deren Druck $p_1 = 1{,}00$ bar mit dem Druck p_u der umgebenden Atmosphäre übereinstimmt. Durch Verschieben des reibungsfrei beweglichen Kolbens wird das Volumen der Luft auf $V_2 = 1{,}50$ dm³ isotherm vergrößert. Die Zustandsänderung der Luft werde als quasistatisch angesehen; die Gestaltänderungsarbeit ist zu vernachlässigen. Man berechne den Enddruck p_2, die Volumenänderungsarbeit W_{12}^V und die Nutzarbeit W_{12}^n.

Bei den hier vorliegenden niedrigen Drücken verhält sich die Luft wie ein ideales Gas. Aus der Zustandsgleichung

$$p = RT/v = mRT/V$$

folgt für die isotherme Zustandsänderung ($T = \text{const}$)

$$pV = p_1 V_1$$

oder

$$p = p_1 V_1 / V.$$

Daraus ergibt sich der Druck p_2 am Ende der isothermen Expansion zu

$$p_2 = 1{,}00 \text{ bar} \cdot 0{,}25 \text{ dm}^3 / 1{,}50 \text{ dm}^3 = 0{,}1667 \text{ bar}.$$

Unter den hier getroffenen Annahmen verläuft der Prozeß reversibel. Wir erhalten daher für die Volumenänderungsarbeit

$$W_{12}^V = -\int_1^2 p\, dV = -p_1 V_1 \int_1^2 \frac{dV}{V} = -p_1 V_1 \ln(V_2/V_1),$$

also
$$W_{12}^V = -1{,}00 \text{ bar} \cdot 0{,}25 \text{ dm}^3 \ln(1{,}50/0{,}25) = -44{,}8 \text{ J} \,.$$

Die Luft gibt bei der Expansion Energie als Arbeit an die Kolbenfläche ab, vgl. Abb. 2.7. Die an der Kolbenstange aufzuwendende Nutzarbeit setzt sich aus zwei Teilen zusammen, aus der Volumenänderungsarbeit der Luft und aus der Verdrängungsarbeit, die der Atmosphäre zugeführt wird:

$$W_{12}^n = -\int_1^2 p\,dV + p_u(V_2 - V_1) = -44{,}8 \text{ J} + 1{,}00 \text{ bar } (1{,}50 - 0{,}25) \text{ dm}^3$$
$$= -44{,}8 \text{ J} + 125{,}0 \text{ J} = 80{,}2 \text{ J} \,.$$

Abb. 2.7. Expansion von Luft gegen die Wirkung der Atmosphäre. Die schraffierte Fläche bedeutet die von der Luft abgegebene Volumenänderungsarbeit $(-W_{12})$; die gepunktete Fläche entspricht der zuzuführenden Nutzarbeit W_{12}^n

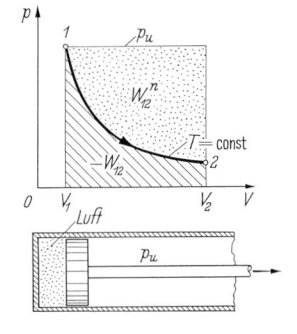

Die Nutzarbeit ist positiv; sie ist eine aufzuwendende Arbeit, um den Kolben gegen den Atmosphärendruck p_u zu verschieben. Ein Teil der Verdrängungsarbeit wird jedoch von der expandierenden Luft beigesteuert, so daß

$$W_{12}^n < p_u(V_2 - V_1)$$

ist.

2.2.3 Wellenarbeit

In ein offenes oder geschlossenes System rage eine Welle hinein, Abb. 2.8. Beispiele sind die Welle eines Motors, einer Turbine, eines Verdichters oder eines Rührers. Beim Drehen der Welle kann dem System Energie als Arbeit zugeführt werden, so beim Verdichter oder bei einem Rührer. Das System kann auch Arbeit

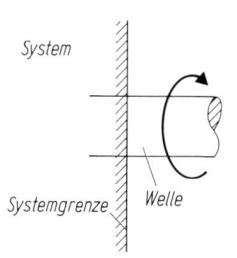

Abb. 2.8. Rotierende Welle, die in ein offenes oder geschlossenes System hineinragt

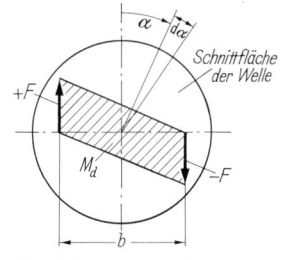

Abb. 2.9. Die von der Systemgrenze geschnittene Welle mit dem Kräftepaar, welches die Wirkung der Schubspannungen ersetzt; Drehmoment $M_d = Fb$

über die Welle abgeben; dies ist bei einer Turbine oder einem Motor der Fall. Die Wechselwirkung zwischen dem System und seiner Umgebung tritt an der Stelle auf, wo die Systemgrenze die Welle schneidet. An der Schnittfläche greifen Schubspannungen an, die zu einem Kräftepaar zusammengefaßt werden können, Abb. 2.9, so daß an diesem bewegten, nämlich rotierenden Teil der Systemgrenze Energie übertragen wird, die wir als *Wellenarbeit* bezeichnen.

Zur Berechnung der Wellenarbeit ersetzen wir die an der Schnittfläche (Systemgrenze) auftretenden Schubspannungen durch das Kräftepaar mit dem Drehmoment

$$M_d = 2F \frac{b}{2} = Fb ,$$

vgl. Abb. 2.9. Für die Geschwindigkeit des Kraftangriffspunkts erhält man

$$c = \frac{b}{2} \omega ,$$

wobei $\omega := d\alpha/d\tau$ die Winkelgeschwindigkeit der sich drehenden Welle ist. Wie F zeigt auch c stets in tangentialer Richtung. Damit erhält man für die Wellenleistung

$$P_W = 2Fc = 2F \frac{b}{2} \omega = M_d \omega .$$

Anstelle der Winkelgeschwindigkeit benutzt man häufig die Drehzahl

$$n_d = \frac{\omega}{2\pi} .$$

Damit ergibt sich für die Wellenleistung

$$P_W(\tau) = 2\pi M_d(\tau) \, n_d(\tau) ,$$

wobei explizit berücksichtigt wurde, daß Drehmoment M_d und Drehzahl n_d auch von der Zeit τ abhängen können. Durch Integration über die Zeit zwischen τ_1 (Anfang des Prozesses) bis zur Zeit τ_2 (Ende des Prozesses) erhält man schließlich die Wellenarbeit

$$W_{12}^W = 2\pi \int_{\tau_1}^{\tau_2} n_d(\tau) \, M_d(\tau) \, d\tau .$$

Zur Berechnung der Wellenarbeit werden nur Größen benötigt, die an der Systemgrenze bestimmt werden können.

Ein geschlossenes System bestehe wie in Abb. 2.10 aus der Welle mit einem Schaufelrad und aus einem Fluid. Diesem System kann Energie als Wellenarbeit nur zugeführt werden; es ist noch nie beobachtet worden, daß sich das Schaufelrad ohne äußere Einwirkung in Bewegung gesetzt und das in Abb. 2.10 gezeigte Gewichtstück gehoben hätte. Das Verrichten von Wellenarbeit an einem geschlossenen System, das aus einem Fluid besteht, ist somit, wie die Erfahrung lehrt, ein typisch irreversibler Prozeß. Das Fluid ist nicht in der Lage, die ihm als Wellenarbeit zugeführte Energie so zu speichern, daß sie wieder als Wellenarbeit abgegeben werden könnte. Es nimmt die als Wellenarbeit über die Systemgrenze gegangene Energie durch die Arbeit der Reibungsspannungen auf, die zwischen den

Abb. 2.10. Fluid mit Schaufelrad, das durch das herabsinkende Gewichtsstück in Bewegung gesetzt wird

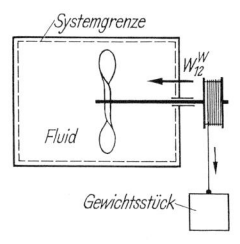

einzelnen Elementen des in sich bewegten, im ganzen aber ruhenden Fluids auftreten. Man bezeichnet diesen im Inneren des Systems ablaufenden irreversiblen Prozeß als *Dissipation* von Wellenarbeit, vgl. auch 3.3.2. Ein rein mechanisches System, z. B. eine mit der Welle verbundene elastische Feder, vermag dagegen die als Wellenarbeit zugeführte Energie so aufzunehmen, daß sie nicht dissipiert wird, sondern wiederum als Wellenarbeit abgegeben werden kann. Ein offenes System, das von einem Fluid durchströmt wird, kann Wellenarbeit aufnehmen oder auch abgeben. Beispiele sind die Verdichter und Turbinen, die wir in den Abschnitten 6.5.1 und 6.5.2 ausführlich behandeln.

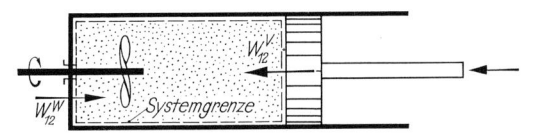

Abb. 2.11. Kombination von Volumenänderungsarbeit W_{12}^V und Wellenarbeit W_{12}^W

Dem ruhenden Fluid mit konstanter Stoffmenge (geschlossenes System) von Abb. 2.11 wird Wellenarbeit W_{12}^W zugeführt. Durch Verschieben des Kolbens kann außerdem Volumenänderungsarbeit W_{12}^V aufgenommen oder abgegeben werden. Die gesamte als Arbeit über die Systemgrenze gehende Energie ist dann

$$W_{12} = W_{12}^V + W_{12}^W.$$

Dabei gilt stets $W_{12}^W \geqq 0$; ein ruhendes Fluid kann Energie nur als Volumenänderungsarbeit, nicht als Wellenarbeit abgeben. Da die Zufuhr von Wellenarbeit ein irreversibler Prozeß ist, erhalten wir für den Sonderfall des reversiblen Prozesses

$$(W_{12})_{\text{rev}} = W_{12}^V = -\int_1^2 p \, dV.$$

Bei einem reversiblen Prozeß kann ein ruhendes Fluid Arbeit nur als Volumenänderungsarbeit aufnehmen oder abgeben.

2.2.4 Elektrische Arbeit und Arbeit bei nichtfluiden Systemen

In den drei letzten Abschnitten haben wir die mechanische Arbeit ausführlich behandelt. Dies ist jene Art der Energieübertragung, die durch die Wirkung mechanischer Kräfte auf die sich bewegende Systemgrenze zustande kommt. Ein Energietransport über die Systemgrenze ist auch durch den Transport von elektrischer Ladung möglich. Man bezeichnet diese Energieübertragung als elektrische Arbeit, obwohl es sich hier um Energie handelt, die von einem Strom geladener Teilchen, z. B. von Elektronen, mitgeführt wird. Die Masse der Ladungsträger, die die Systemgrenze überschreiten, ist aber vernachlässigbar klein, was die alleinige Berücksichtigung des Energietransports und seine Zuordnung zum Arbeitsbegriff rechtfertigt.

In einem Leiter wandern (positive) elektrische Ladungen von Stellen höheren elektrischen Potentials zu Stellen mit niedrigerem Potential. Schneidet nun die Grenze eines Systems zwei elektrische Leiter, besteht zwischen den Schnittstellen die Potentialdifferenz oder Spannung U_{el} und fließt ein elektrischer Strom mit der Stromstärke I_{el}, vgl. Abb. 2.12, so gilt für die elektrische Leistung, die in das System übergeht,

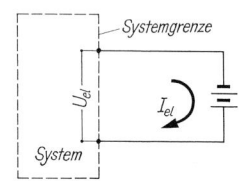

$$P_{el}(\tau) = U_{el}(\tau)\, I_{el}(\tau)\, .$$

Abb. 2.12. System, dessen Grenze zwei elektrische Leiter schneidet

Elektrische Spannung und Stromstärke hängen im allgemeinen von der Zeit τ ab. Für die während der Zeit $\tau_2 - \tau_1$ verrichtete elektrische Arbeit erhält man dann

$$W_{12}^{el} = \int_{\tau_1}^{\tau_2} P_{el}(\tau)\, d\tau = \int_{\tau_1}^{\tau_2} U_{el}(\tau)\, I_{el}(\tau)\, d\tau\, . \qquad (2.9)$$

Die Gleichungen für die elektrische Leistung und die elektrische Arbeit enthalten nur Größen, die an der Systemgrenze bestimmbar sind. Diese Gleichungen gelten also unabhängig vom inneren Aufbau des Systems und auch unabhängig davon, ob der Prozeß reversibel oder irreversibel ist.

Als einen besonders einfachen Fall betrachten wir zunächst ein System, das nur aus einem Leiter mit dem elektrischen Widerstand[2]

$$R_{el} = U_{el}/I_{el} \qquad (2.10)$$

besteht, Abb. 2.13. Ein solcher Leiter kann elektrische Arbeit nur aufnehmen, aber nicht abgeben, denn ähnlich wie Wellenarbeit in einem Fluid wird in einem elektrischen Leiter elektrische Arbeit dissipiert. Stromdurchgang durch einen elektrischen Leiter gehört zu den dissipativen, also irreversiblen Prozessen. Für die elektrische Arbeit erhalten wir aus (2.9) und (2.10)

$$W_{12}^{el} = \int_{\tau_1}^{\tau_2} I_{el}^2 R_{el}\, d\tau = \int_{\tau_1}^{\tau_2} (U_{el}^2/R_{el})\, d\tau\, . \qquad (2.11)$$

---

[2] Einen Leiter, z. B. ein Stück Metall, mit dem elektrischen Widerstand R_{el} bezeichnet man häufig einfach als „Widerstand", obwohl mit diesem Wort die physikalische Größe R_{el}, also nur eine Eigenschaft des Leiters bezeichnet werden sollte.

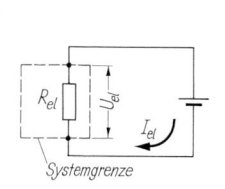

Abb. 2.13. System, bestehend aus einem Leiterstück mit dem elektrischen Widerstand R_{el}

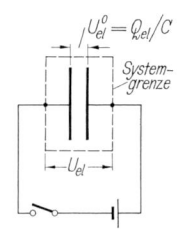

Abb. 2.14. Plattenkondensator als thermodynamisches System

Nach dem Ohmschen Gesetz ist der elektrische Widerstand eine Materialeigenschaft des Leiters, die stets positiv ist. Somit wird beim irreversiblen Stromdurchgang durch einen Leiter

$$W_{12}^{el} > 0$$

in Übereinstimmung mit der Erfahrung, wonach ein einfacher elektrischer Leiter keine Arbeit abgeben kann.

Soll ein System elektrische Arbeit aufnehmen und auch abgeben können, so muß das System im Gegensatz zu einem einfachen elektrischen Leiter fähig sein, elektrische Ladungen zu speichern. Dies ist bei einem Kondensator oder einer elektrochemischen Zelle, etwa einem Akkumulator der Fall. Ein Kondensator nach Abb. 2.14 kann elektrische Ladungen auf den beiden Platten speichern, zwischen denen die Spannung

$$U_{el}^0 = Q_{el}/C$$

mit C als der Kapazität des Kondensators besteht. Die gespeicherte Ladung Q_{el} ist wie die Kapazität C eine Zustandsgröße des Kondensators. Die an der Systemgrenze auftretende Klemmenspannung

$$U_{el} = R_{el}I_{el} + U_{el}^0 = R_{el}I_{el} + Q_{el}/C$$

setzt sich aus dem Spannungsabfall über dem inneren Widerstand R_{el} des Kondensators und aus der Spannung zwischen den beiden Platten zusammen. Beim Laden des Kondensators ($I_{el} > 0$) wird die elektrische Arbeit

$$dW^{el} = U_{el}I_{el}\,d\tau = (R_{el}I_{el}^2 + I_{el}Q_{el}/C)\,d\tau$$

zugeführt. Beim Entladen ($I_{el} < 0$) wird nur der zweite Term in dieser Gleichung negativ. Die beim Entladen zurückgewonnene elektrische Arbeit ist also kleiner als die beim Laden zugeführte Arbeit, weil ein innerer Widerstand R_{el} vorhanden ist.

Nur im Grenzfall des verschwindenden Widerstands sind das Laden und Entladen des Kondensators reversible Prozesse. Es gilt dann

$$dW_{rev}^{el} = U_{el}^0 I_{el}\,d\tau = \frac{Q_{el}}{C}\,dQ_{el}.$$

Bei einem Fluid konnte die Arbeit eines reversiblen Prozesses als Volumenänderungsarbeit

$$dW_{rev} = -p\,dV$$

durch Zustandsgrößen des Systems ausgedrückt werden. Ebenso kann die Arbeit beim reversiblen „Ladungsändern" des Kondensators durch seine Zustandsgrößen Q_{el} und C ausgedrückt werden, deren Quotient gleich der Klemmenspannung

$$(U_{el})_{rev} = U_{el}^0 = Q_{el}/C$$

beim reversiblen Prozeß ist.

Der Kondensator ist ein Beispiel für ein System, das keine fluide Phase ist. Wie beim einfachen Fluid erhalten wir für die Arbeit bei einem reversiblen Prozeß einen Ausdruck der Form

$$dW_{rev} = y\,dX,$$

in dem X und y Zustandsgrößen des Systems sind. Auch für andere nichtfluide Systeme mit anderen Zustandsgrößen findet man einen gleichartigen Ausdruck für die reversible Arbeit. Man bezeichnet daher allgemein die Zustandsgrößen y als *Arbeitskoeffizienten* oder als verallgemeinerte Kräfte, die Zustandsgrößen X als *Arbeitskoordinaten* oder als verallgemeinerte Verschiebungen. Als Arbeitskoeffizienten hatten wir $(-p)$ und Q_{el}/C, als zugehörige Arbeitskoordinaten V und Q_{el} gefunden. Ein weiteres Beispiel ist das Paar Oberflächenspannung σ und Oberfläche Ω, durch welches die Arbeit

$$dW_{rev}^{\Omega} = \sigma\,d\Omega$$

beim reversiblen Verändern der Oberfläche eines Systems gegeben ist. Bei Fluiden ist diese Arbeit gegenüber der Volumenänderungsarbeit im allgemeinen zu vernachlässigen. Hat ein nichtfluides System im allgemeinen Fall n Arbeitskoordinaten $X_1, \ldots, X_n$, so ergibt sich für die reversible Arbeit ein Ausdruck

$$dW_{rev} = \sum_{i=1}^{n} y_i\,dX_i,$$

in dem die Zustandsgrößen y_i die zu den einzelnen X_i gehörigen Arbeitskoeffizienten sind.

2.2.5 Wärme und Wärmestrom

Neben dem Verrichten von Arbeit gibt es eine weitere Möglichkeit, Energie über die Systemgrenze zu transportieren: das Übertragen von Wärme, vgl. 2.1.4. Die bei einem Prozeß als Wärme übertragene Energie läßt sich als jene Energie definieren, die nicht als Arbeit und nicht mit einem Materiestrom die Systemgrenze überschreitet. Daraus ergibt sich als Definitionsgleichung der Wärme Q_{12}, die beim Prozeß 1 → 2 über die Grenze eines geschlossenen Systems übertragen wird,

$$Q_{12} = E_2 - E_1 - W_{12}.$$

Diese Gleichung dient in der Regel zur Berechnung der Wärme; denn Q_{12} ist direkt nicht meßbar, sondern muß aus der Änderung der Energie des Systems und aus der Arbeit bestimmt werden.

2.2 Arbeit und Wärme

Will man den zeitlichen Verlauf eines Prozesses näher untersuchen, so führt man analog zur mechanischen Leistung $P(\tau)$ die Wärmeleistung oder den Wärmestrom

$$\dot{Q}(\tau) := dQ/d\tau$$

ein, vgl. 2.1.4. Der zeitliche Verlauf des Wärmestroms bestimmt die bei einem Prozeß übertragene Wärme

$$Q_{12} = \int_{\tau_1}^{\tau_2} \dot{Q}(\tau)\, d\tau \,.$$

Ist der Wärmestrom $\dot{Q}(\tau) \equiv 0$, wird also keine Energie als Wärme übertragen, so spricht man von einem *adiabaten* Prozeß. Ein adiabater Prozeß läßt sich durch eine besondere Gestaltung der Systemgrenze herbeiführen. Das System muß wärmedicht abgeschlossen sein, also von adiabaten Wänden umgeben sein. Man spricht dann von einem adiabaten System. *Über die Grenzen eines adiabaten Systems kann Energie als Wärme weder zu- noch abgeführt werden.* Ein adiabates System ist natürlich eine Idealisierung, denn es erfordert einen hohen Aufwand, um Wände herzustellen, die einen Wärmetransport so weit unterbinden, daß $\dot{Q}$ bzw. Q_{12} vernachlässigbar klein werden.

Soll Energie als Wärme über die Systemgrenze übertragen werden, so darf diese nicht adiabat sein. Außerdem muß ein Temperaturunterschied zu beiden Seiten der Systemgrenze bestehen. Allein dieser Temperaturunterschied bewirkt einen Energietransport über die Systemgrenze, ohne daß hierzu eine mechanische, chemische, elektrische oder magnetische Wechselwirkung zwischen dem System und seiner Umgebung erforderlich wäre. Es genügt, daß sich zwei Systeme mit unterschiedlichen Temperaturen berühren, um zwischen ihnen Energie als Wärme zu übertragen. Wir können daher Wärme auch so definieren:

Wärme ist Energie, die allein auf Grund eines Temperaturunterschiedes zwischen einem System und seiner Umgebung (oder zwischen zwei Systemen) über die gemeinsame Systemgrenze übertragen wird.

Wie die Erfahrung lehrt, geht bei diesem Prozeß Wärme stets vom System mit der höheren thermodynamischen Temperatur zum System mit der niedrigeren Temperatur über. Dies folgt, wie wir in 3.1.4 ausführlich zeigen werden, aus dem 2. Hauptsatz der Thermodynamik, vgl. auch die von R. Clausius gewählte, in 1.3.3 genannte Formulierung des 2. Hauptsatzes.

Für den Wärmestrom $\dot{Q}$, der von einem System A mit der Temperatur T_A auf ein System B mit der Temperatur $T_B < T_A$ übergeht, macht man den Ansatz

$$\dot{Q} = kA(T_A - T_B)\,. \tag{2.12}$$

Hierin bedeutet A die Fläche der Systemgrenze, über die der Wärmestrom $\dot{Q}$ fließt. Der Wärmedurchgangskoeffizient k hängt, wie in der Lehre von der Wärmeübertragung, vgl. [2.3], gezeigt wird, von zahlreichen Größen ab, die den Transportprozeß kennzeichnen. Gleichung (2.12) berücksichtigt die Tatsache, daß Wärme nur dann übertragen wird, wenn ein Temperaturunterschied $(T_A - T_B)$ zwischen den beiden Systemen besteht. Der Grenzfall $k \to 0$ kennzeichnet die adiabate Wand.

Beispiel 2.3. Ein elektrischer Leiter wird von einem zeitlich konstanten Gleichstrom durchflossen. Der Abschnitt des Leiters, der zwischen zwei Punkten mit dem Potentialunterschied $U_{el} = 15{,}5$ V liegt, hat den elektrischen Widerstand $R_{el} = 2{,}15\,\Omega$, Abb. 2.15. Dieser Leiterabschnitt wird so gekühlt, daß sich seine Temperatur und damit sein Zustand nicht ändern. Man bestimme die Energie, die während $\Delta\tau = 1{,}0$ h als Wärme abgeführt werden muß.

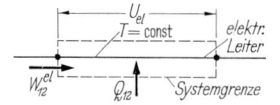

Abb. 2.15. Gekühlter elektrischer Leiter

Der Leiterabschnitt ist ein ruhendes geschlossenes System. Für die abgeführte Wärme gilt zunächst

$$Q_{12} = \int_{\tau_1}^{\tau_2} \dot{Q}(\tau)\, d\tau\;.$$

Den Wärmestrom $\dot{Q}$ erhalten wir aus der Leistungsbilanzgleichung

$$\dot{Q}(\tau) + P_{el}(\tau) = \frac{dE}{d\tau},$$

vgl. 2.1.4. Da sich der Zustand des Leiters nicht ändert (stationärer Prozeß), ist $dE/d\tau = 0$; der Wärmestrom $\dot{Q}$ und die Leistung P_{el} hängen nicht von der Zeit ab, so daß

$$\dot{Q} = -P_{el} = -U_{el}I_{el} = -U_{el}^2/R_{el} = -15{,}5^2\;V^2/2{,}15\,\Omega = -111{,}7\;W$$

wird. Damit erhalten wir für die Wärme

$$Q_{12} = \dot{Q}\,\Delta\tau = -111{,}7\;Wh = -402\;kJ\;.$$

Die bei der Kühlung des Leiterabschnitts abzuführende Wärme ist dem Betrag nach ebenso groß wie die als elektrische Arbeit zugeführte Energie. Man kann daher diesen Prozeß auch als Umwandlung von elektrischer Arbeit in Wärme bezeichnen. Der Prozeß ist irreversibel, denn seine Umkehrung, Zufuhr von Wärme und Gewinnung von elektrischer Arbeit, ist offensichtlich unmöglich. Wie schon in 2.2.4 erwähnt, wird die zugeführte elektrische Arbeit im Leiter dissipiert; die dissipierte Energie wird im vorliegenden Beispiel als Wärme abgeführt.

2.3 Energiebilanzgleichungen

Nachdem wir in 2.2 die Energieformen Arbeit und Wärme eingehender behandelt haben, nehmen wir die Diskussion der in 2.1.4 aufgestellten Energiebilanzgleichung für ein geschlossenes System wieder auf. Wir erweitern dann diese Betrachtungen auf offene Systeme (Kontrollräume), deren Energiebilanzen für die technischen Anwendungen der Thermodynamik besonders wichtig sind.

2.3.1 Energiebilanzgleichungen für geschlossene Systeme

Als quantitativen Ausdruck des 1. Hauptsatzes haben wir in 2.1.4 die Energiebilanzgleichung

$$Q_{12} + W_{12} = E_2 - E_1 \qquad (2.13)$$

2.3 Energiebilanzgleichungen

aufgestellt. Sie gilt für einen Prozeß, der ein geschlossenes System vom Anfangszustand 1 (zur Zeit τ_1) in den Endzustand 2 (zur Zeit $\tau_2 > \tau_1$) führt. Gleichung (2.13) bringt den Energieerhaltungssatz zum Ausdruck: Die Energie E des Systems ändert sich zwischen Anfangs- und Endzustand des Prozesses in dem Maße, wie Energie als Wärme Q_{12} und als Arbeit W_{12} während des Prozesses über die Systemgrenze transportiert wird.

Gleichung (2.13) gilt für ein bewegtes geschlossenes System. E enthält neben der inneren Energie U auch die kinetische und potentielle Energie des Systems. In der Thermodynamik betrachten wir meistens ruhende geschlossene Systeme. Ihre kinetische und potentielle Energie ändert sich nicht; die Differenz $E_2 - E_1$ ist daher durch $U_2 - U_1$ zu ersetzen. Wir erhalten damit als Energiebilanzgleichung für ein ruhendes geschlossenes System

$$Q_{12} + W_{12} = U_2 - U_1 \,. \tag{2.14}$$

In W_{12} sind nur die Arbeiten enthalten, die eine Änderung des inneren Zustands des Systems bewirken, die Volumenänderungsarbeit W_{12}^V nach 2.2.2, die Wellenarbeit W_{12}^W nach 2.2.3 und gegebenenfalls auch die elektrische Arbeit W_{12}^{el} (vgl. 2.2.4). Diese Arbeiten können gleichzeitig auftreten; dann gilt

$$W_{12} = W_{12}^V + W_{12}^W + W_{12}^{el} \,.$$

Es können aber auch einzelne Terme in dieser Gleichung gleich null sein, wenn die betreffende Art, Energie als Arbeit über die Systemgrenze zu transportieren, nicht vorhanden ist.

Der 1. Hauptsatz gibt in Form von (2.14) einen quantitativen Zusammenhang zwischen den drei Energieformen Wärme, Arbeit und innere Energie. Wärme und Arbeit sind die beiden Formen, in denen Energie die Systemgrenzen überschreiten kann. Die innere Energie ist eine Eigenschaft (Zustandsgröße) des Systems. Aufgabe des 1. Hauptsatzes ist es, die dem System als Arbeit oder Wärme zugeführte oder entzogene Energie durch die Änderung einer Systemeigenschaft, nämlich durch die Änderung der Zustandsgröße innere Energie auszudrücken. Man beachte, daß dies bei einem beliebigen Prozeß durch den 1. Hauptsatz allein nicht gelingt: nur die Summe $Q_{12} + W_{12}$ ist durch die Änderung der inneren Energie bestimmt. Will man etwas über die Einzelwerte Q_{12} und W_{12} aussagen, so müssen weitere Angaben über den Prozeß vorliegen, z. B., daß der Prozeß mit einem adiabaten System ($Q_{12} = 0$) ausgeführt wird.

Wir führen anstelle der inneren Energie U die spezifische innere Energie

$$u = U/m$$

ein. Beziehen wir auch Arbeit und Wärme auf die Masse m des Systems, so lautet der 1. Hauptsatz für geschlossene Systeme

$$q_{12} + w_{12} = u_2 - u_1 \,.$$

Diese Gleichung gilt für beliebige Prozesse ruhender geschlossener Systeme. Wir setzen nun einschränkend eine fluide Phase als System voraus und beschränken uns außerdem auf reversible Prozesse. Die dem System als Arbeit zugeführte oder entzogene Energie ist dann nur Volumenänderungsarbeit

$$w_{12}^{rev} = -\int_1^2 p \, dv \,,$$

und nach dem 1. Hauptsatz ergibt sich für die Wärme

$$q_{12}^{\text{rev}} = u_2 - u_1 + \int_1^2 p \, dv.$$

Es ist jetzt also möglich, die Wärme q_{12}^{rev} und die Arbeit w_{12}^{rev} getrennt (nicht nur die Summe dieser beiden Prozeßgrößen!) durch Zustandsgrößen des Systems auszudrücken. Sind für einen reversiblen Prozeß Anfangs- und Endzustand und der Verlauf der Zustandsänderung bekannt, so lassen sich Wärme und Arbeit vollständig berechnen.

Die drei Größen innere Energie, Wärme und Arbeit sind grundlegend für den 1. Hauptsatz der Thermodynamik und damit für das Verständnis der Thermodynamik schlechthin. Es ist daher wichtig, diese Begriffe genau zu erfassen und streng zu unterscheiden. Mit Wärme und Arbeit bezeichnen wir stets und nur Energie beim Übergang über die Systemgrenze. Wenn Wärme und Arbeit die Systemgrenze überschritten haben, besteht keine Veranlassung mehr, von Wärme oder Arbeit zu sprechen: Wärme und Arbeit sind zu innerer Energie des Systems geworden. Es ist falsch, vom Wärme- oder Arbeitsinhalt eines Systems zu sprechen. Wärmezufuhr oder das Verrichten von Arbeit sind Verfahren, die innere Energie eines Systems zu ändern. Es ist unmöglich, die innere Energie in einen mechanischen (Arbeits-) und einen thermischen (Wärme-)Anteil aufzuspalten.

Die selten ausgeführte *Messung der inneren Energie* geht von der Energiebilanzgleichung (2.14) eines ruhenden geschlossenen Systems aus. Da die Wärme Q_{12} nicht direkt meßbar ist, benutzt man meistens ein adiabates Kalorimeter, dem Energie in Form der genau meßbaren elektrischen Arbeit zugeführt wird, vgl. [2.4] und [2.5]. Wie (2.14) zeigt, ist es nicht möglich, Absolutwerte der inneren Energie zu bestimmen, sondern nur Energiedifferenzen. Wegen der erheblichen meßtechnischen Schwierigkeiten zieht man es vor, die gesuchte Abhängigkeit der spezifischen inneren Energie u von T und v (kalorische Zustandsgleichung) aus der thermischen Zustandsgleichung zu berechnen. Dies ist aufgrund allgemeingültiger Zusammenhänge möglich, die sich aus dem 2. Hauptsatz ergeben, vgl. 3.2.2 und 4.3.1.

Neben der Energiebilanzgleichung (2.13) haben wir in 2.1.4 auch die Leistungsbilanzgleichung

$$\dot{Q}(\tau) + P(\tau) = \frac{dE}{d\tau}$$

aufgestellt. Sie gilt für jeden Zeitpunkt des Prozesses: Die Energieströme, die als Wärmestrom $\dot{Q}$ und als Leistung P die Systemgrenze überqueren, bewirken die zeitliche Änderung des Energieinhalts des geschlossenen Systems. Betrachtet man ein ruhendes geschlossenes System, so ändert sich nur seine innere Energie U mit der Zeit, und die Leistungsbilanzgleichung erhält die Form

$$\dot{Q}(\tau) + P(\tau) = \frac{dU}{d\tau}.$$

In $P(\tau)$ sind jene Leistungen zusammengefaßt, die die innere Energie verändern. Dies sind die Wellenleistung P_W, die elektrische Leistung P_{el} und die Leistung bei der Volumenänderung des Systems, die sich zu

$$P_V = \frac{dW^V}{d\tau} = -p(\tau)\frac{dV}{d\tau}$$

ergibt.

2.3 Energiebilanzgleichungen

Ein wichtiger Sonderfall liegt vor, wenn der Prozeß zeitlich stationär ist, vgl. 1.3.5. Alle in der Leistungsbilanz auftretenden Größen sind dann zeitlich konstant. Somit gilt $dU/d\tau \equiv 0$; Wärmestrom und Leistung sind konstante, den Prozeß kennzeichnende Größen. Die Leistungsbilanz nimmt die einfache Gestalt

$$\dot{Q} + P = 0$$

an. Dabei ist zu beachten, daß auch mehrere Wärmeströme $\dot{Q}_i$ und mehrere Leistungen P_j die Grenze des geschlossenen Systems an verschiedenen Stellen überqueren können. Wir schreiben daher allgemeiner

$$\sum_i \dot{Q}_i + \sum_j P_j = 0 \,. \tag{2.15}$$

Die Summe aller zu- und abgeführten Energieströme muß bei einem stationären Prozeß eines geschlossenen Systems null ergeben. Es sei daran erinnert, daß in alle Bilanzgleichungen zugeführte Energieströme positiv und abgeführte Energieströme negativ einzusetzen sind. Gleichung (2.15) ist eine wichtige Bilanzgleichung für stationär arbeitende technische Einrichtungen, über deren Grenzen keine Materieströme fließen. Als wichtiges Beispiel seien die Wärmekraftmaschinen genannt, die wir in 3.1.6 und ausführlicher in 8.1.4 behandeln.

Beispiel 2.4. Der in Abb. 2.16 dargestellte Zylinder A und der zugehörige bis zum Ventil reichende Leitungsabschnitt enthalten Luft, die anfänglich das Volumen $V_1 = 5,0\,\text{dm}^3$ einnimmt. Der reibungsfrei bewegliche Kolben übt auf die Luft den Druck $p = 135\,\text{kPa}$ aus. Der rechte Behälter und der zugehörige Leitungsabschnitt haben das konstante Volumen $V_B = 10,0\,\text{dm}^3$; sie sind ebenfalls mit Luft gefüllt, die unter dem Druck $p_B = 650\,\text{kPa}$ steht. Das ganze System hat die Anfangstemperatur $t_1 = 15,0\,°\text{C}$. Nach dem Öffnen des Ventils strömt Luft aus dem Behälter langsam in den Zylinder über; der Kolben hebt sich, bis der Druck im ganzen System denselben Wert erreicht. Für diesen Zustand berechne man die Temperatur t_2 sowie das Volumen V_2 der Luft im Zylinder unter der Annahme, daß die Luft während des Prozesses $1 \to 2$ ein adiabates System ist. Danach wird Wärme zwischen der Luft und ihrer Umgebung übertragen, so daß die Luft schließlich die Temperatur $t_3 = t_1 = 15,0\,°\text{C}$ erreicht. Wie groß ist die bei diesem Prozeß $2 \to 3$ übertragene Wärme Q_{23}?

Die Luftmengen im Zylinder A und im Behälter bilden zusammen ein (ruhendes) geschlossenes System, dessen Anfangszustand 1 gegeben und dessen Endzustand 2 gesucht ist. Es gilt die Energiebilanzgleichung

$$Q_{12} + W_{12} = U_2 - U_1$$

mit $Q_{12} = 0$ und

$$W_{12} = -\int_1^2 p\,dV = -p(V_2 - V_1)\,,$$

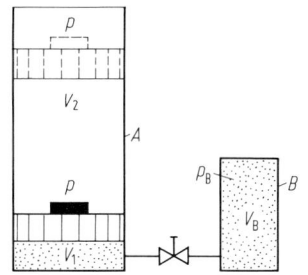

Abb. 2.16. Zylinder A mit beweglichem Kolben und Druckluftbehälter B

weil die Arbeit nur aus der Volumenänderungsarbeit beim Heben des Kolbens gegen den konstanten Druck p besteht. Die innere Energie U_1 der Luft im Anfangszustand setzt sich aus den Anteilen der Luft im Zylinder (Masse m_1) und im Behälter (Masse m_B) additiv zusammen:

$$U_1 = m_1 u(T_1, p) + m_B u(T_1, p_B).$$

Die Drücke p und p_B sind so niedrig, daß wir die Luft als ideales Gas behandeln dürfen. Die spez. innere Energie u hängt dann nur von der Temperatur ab, und wir erhalten mit

$$m = m_1 + m_B$$

als der Gesamtmasse der Luft

$$U_1 = m\, u(T_1).$$

Da für U_2 eine analoge Beziehung gilt, ergibt sich

$$U_2 - U_1 = m[u(T_2) - u(T_1)] = m c_v^0 (T_2 - T_1),$$

wenn wir ein konstantes $c_v^0 = 0{,}717$ kJ/kg K annehmen. Damit ergibt sich aus der Energiebilanzgleichung

$$-p(V_2 - V_1) = m c_v^0 (T_2 - T_1). \qquad (2.16)$$

Diese Gleichung verknüpft die beiden gesuchten Zustandsgrößen V_2 und T_2. Eine Expansion der Luft ($V_2 > V_1$) bewirkt ihre Abkühlung ($T_2 < T_1$); denn die abgegebene Volumenänderungsarbeit verringert die innere Energie der Luft. Die Masse m der Luft erhalten wir durch Anwenden der thermischen Zustandsgleichung auf den Anfangszustand. Mit $R = 0{,}287$ kJ/kg K als Gaskonstante der Luft ergibt sich

$$m = m_1 + m_B = \frac{pV_1}{RT_1} + \frac{p_B V_B}{RT_1} = 0{,}0867 \text{ kg}.$$

Eine zweite Beziehung zwischen V_2 und T_2 liefert die thermische Zustandsgleichung, wenn wir sie auf den Endzustand 2 anwenden:

$$p(V_2 + V_B) = m R T_2. \qquad (2.17)$$

Wir lösen (2.16) und (2.17) nach T_2 und V_2 auf und erhalten

$$T_2 = \frac{c_v^0}{c_v^0 + R} T_1 + \frac{p}{m} \frac{V_1 + V_B}{c_v^0 + R} = 229{,}04 \text{ K}$$

oder $t_2 = -44{,}1$ °C und

$$V_2 = m \frac{RT_2}{p} - V_B = 32{,}2 \text{ dm}^3.$$

Die Abgabe der Volumenänderungsarbeit $W_{12} = -3{,}67$ kJ führt zu einer gleich großen Abnahme der inneren Energie, die sich in der erheblichen Temperatursenkung der Luft bemerkbar macht.

Bei dem nichtadiabaten Prozeß $2 \to 3$ erwärmt sich die Luft bei konstantem Druck von t_2 auf $t_3 = t_1$. In die Energiebilanzgleichung

$$Q_{23} + W_{23} = U_3 - U_2 = m c_v^0 (T_3 - T_2)$$

setzen wir die Volumenänderungsarbeit

$$W_{23} = -p(V_3 - V_2) = -mR(T_3 - T_2)$$

ein und erhalten für die von der Luft aufgenommene Wärme mit $T_3 = T_1 = 288{,}15$ K

$$Q_{23} = m(c_v^0 + R)(T_3 - T_2) = 5{,}15 \text{ kJ}.$$

Diese Energiezufuhr erhöht die innere Energie der Luft um
$$U_3 - U_2 = mc_v^0(T_3 - T_2) = 3{,}67 \text{ kJ};$$
sie macht also die Energieabnahme bei der adiabaten Expansion 1 → 2 wieder rückgängig. Die Differenz
$$Q_{23} - (U_3 - U_2) = -W_{23} = 1{,}47 \text{ kJ}$$
ist der Betrag der bei der isobaren Expansion von V_2 auf $V_3 = 43{,}1$ dm^3 abgegebenen Volumenänderungsarbeit.

2.3.2 Massenbilanz und Energiebilanz für einen Kontrollraum

Über die Grenze eines offenen Systems, das wir bei den technischen Anwendungen der Thermodynamik meistens als Kontrollraum bezeichnen, kann Energie als Arbeit, als Wärme und mit Materie, d. h. mit einem oder mehreren Stoffströmen übertragen werden. Abbildung 2.17 zeigt als Beispiel einen Kontrollraum, über dessen Grenze Wellenarbeit und Wärme übertragen werden. Hochdruckdampf strömt in den Kontrollraum hinein, Mitteldruck- und Niederdruckdampf, der in der Turbine expandiert hat, verläßt den Kontrollraum. Außerdem ist ein Dampfspeicher im Inneren des Kontrollraums vorhanden. Die Begrenzung des Kontrollraums kann willkürlich gewählt werden; man wird sie so legen, daß das gestellte Problem möglichst einfach gelöst werden kann. Die Kontrollraumgrenze wird meistens als fest im Raum liegend angenommen. Zur Untersuchung von Turbomaschinen benutzt man aber auch bewegliche, z. B. rotierende Kontrollräume. Wir wollen aber stets voraussetzen, daß die Kontrollraumgrenzen „starr" sind; der Kontrollraum soll weder expandieren noch sich zusammenziehen.

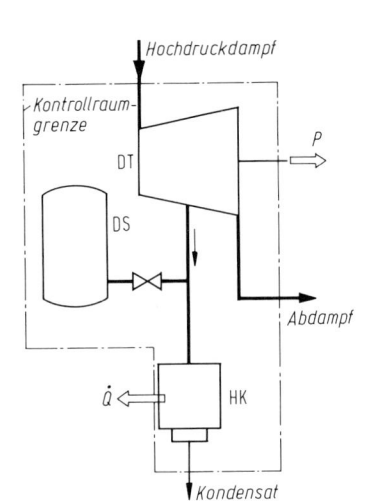

Abb. 2.17. Beispiel eines Kontrollraums mit Dampfturbine DT, Dampfspeicher DS und Heizkondensator HK

Bevor wir auf die Energien eingehen, die mit Stoffströmen über die Grenzen eines Kontrollraums transportiert werden, stellen wir eine Massenbilanzgleichung auf. Während eines Zeitintervalls $\Delta\tau$ möge durch den Eintrittsquerschnitt e des in Abb. 2.18 dargestellten Kontrollraums Materie mit der Masse Δm_e in den Kontrollraum hineinströmen. Während dieser Zeit verläßt Materie mit der Masse Δm_a den Kontrollraum durch den Austrittsquerschnitt a. Bezeichnen wir mit $m(\tau)$ die Masse der Materie, die sich zur Zeit τ innerhalb des Kontrollraums befindet, so gilt die Massenbilanz

$$m(\tau) + \Delta m_e = m(\tau + \Delta\tau) + \Delta m_a$$

oder

$$m(\tau + \Delta\tau) - m(\tau) = \Delta m_e - \Delta m_a \ . \tag{2.18}$$

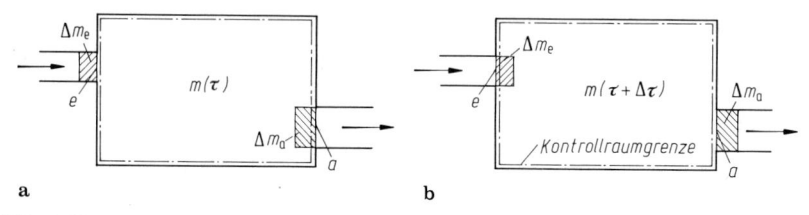

Abb. 2.18a, b. Kontrollraum zur Herleitung der Massenbilanzgleichung; **a** zur Zeit τ, **b** zur Zeit $\tau + \Delta\tau$

Die zeitliche Änderung der im Kontrollraum gespeicherten Masse kommt durch den Überschuß der eintretenden über die austretende Masse zustande.

Wir dividieren (2.18) durch das Zeitintervall $\Delta\tau$ und vollziehen den Grenzübergang $\Delta\tau \to 0$:

$$\lim_{\Delta\tau\to 0} \frac{m(\tau + \Delta\tau) - m(\tau)}{\Delta\tau} = \lim_{\Delta\tau\to 0} \frac{\Delta m_e}{\Delta\tau} - \lim_{\Delta\tau\to 0} \frac{\Delta m_a}{\Delta\tau} \ .$$

Diese Operation ergibt die Massenbilanzgleichung

$$\frac{dm}{d\tau} = \dot{m}_e - \dot{m}_a \ , \tag{2.19}$$

wobei wir den Massenstrom

$$\dot{m} = \lim_{\Delta\tau\to 0} \frac{\Delta m}{\Delta\tau}$$

des durch einen Querschnitt strömenden Fluids eingeführt haben. Der Massenstrom wird auch als Durchsatz bezeichnet; er ist ein Maß für die „Stromstärke" des Materiestroms, der durch einen Kanalquerschnitt fließt.

Die linke Seite der Massenbilanzgleichung (2.19) bedeutet die zeitliche Änderungsgeschwindigkeit der im Kontrollraum vorhandenen Masse. Sie wird durch die Differenz der Massenströme der ein- und austretenden Materieströme bestimmt. Sind mehrere Querschnitte vorhanden, durch die Materie ein- oder ausströmen kann, so hat man in der Massenbilanz mehrere Massenströme zu berücksichtigen. Wir verallgemeinern daher (2.19) zu

$$\frac{dm}{d\tau} = \sum_{\text{ein}} \dot{m}_e - \sum_{\text{aus}} \dot{m}_a \ . \tag{2.20}$$

2.3 Energiebilanzgleichungen

Der Massenstrom $\dot m$ hängt von der Geschwindigkeit des strömenden Fluids im betrachteten Querschnitt ab. Wie die Erfahrung zeigt, bildet sich über den Querschnitt ein Geschwindigkeitsprofil aus, Abb. 2.19. Dies ist eine Folge der Reibungskräfte, die zwischen dem strömenden Medium und der Wand und zwischen Schichten verschiedener Strömungsgeschwindigkeit wirken. Bei der Strömung durch ein gerades Rohr hat das Geschwindigkeitsprofil in der Kanalmitte ein Maximum und besitzt starke Geschwindigkeitsgradienten zu den Kanalwänden hin, vgl. Abb. 2.19. An der Kanalwand selbst ist die Geschwindigkeit immer null.

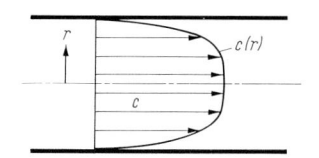

Abb. 2.19. Geschwindigkeitsprofil $c = c(r)$ der Rohrströmung; r radiale Koordinate

Bei den folgenden Betrachtungen wollen wir von den Unterschieden der Strömungsgeschwindigkeit über den Querschnitt absehen und mit einem Mittelwert der Geschwindigkeit rechnen. Diesen gewinnen wir aus dem Massenstrom $\dot m$, aus der Fläche A des Strömungsquerschnitts und der Dichte $\varrho = 1/v$:

$$c = \frac{\dot m}{\varrho A} = \frac{\dot m v}{A} = \frac{\dot V}{A}.$$

Diese Gleichung ist auf jeden Strömungsquerschnitt anzuwenden, um den Mittelwert c der Strömungsgeschwindigkeit zu erhalten. Das Produkt

$$\dot V = \dot m v = c A$$

bezeichnet man als den *Volumenstrom* des Fluids. Während der Massenstrom $\dot m$ den Durchsatz durch einen Querschnitt ohne zusätzliche Angabe eindeutig kennzeichnet, ist dies beim Volumenstrom $\dot V$ nicht der Fall. Da das spezifische Volumen v des Fluids von Druck und Temperatur abhängt, trifft dies auch auf $\dot V$ zu. Die Angabe des Volumenstroms allein erfaßt nicht die durchströmende Menge, auch der Zustand des Fluids muß gegeben sein.

Wir leiten nun die *Energiebilanzgleichung für einen Kontrollraum* her, z. B. für den in Abb. 2.17 dargestellten Kontrollraum. Dabei nehmen wir zunächst an, daß nur an einer Stelle ein Fluid in den Kontrollraum einströmt und daß auch nur ein Austrittsquerschnitt vorhanden ist, durch den ein Fluidstrom abfließt. Zur Herleitung der Energiebilanzgleichung grenzen wir ein *geschlossenes* bewegtes System ab, Abb. 2.20. Zur Zeit τ (Abb. 2.20a) umfaßt dieses (gedachte) geschlossene System den Inhalt des Kontrollraums und eine kleine Menge des Fluids, das gerade durch den Eintrittsquerschnitt e in den Kontrollraum hineinströmt. Diese Fluidmenge, die sich zur Zeit τ gerade vor dem Eintrittsquerschnitt befindet, sei so bemessen, daß sie während des Zeitintervalls $\Delta\tau$ in den Kontrollraum einströmt. Zur Zeit $\tau + \Delta\tau$ (Abb. 2.20b) befindet sie sich gerade ganz im Kontrollraum. Ihre Masse ist Δm_e. Während des Zeitintervalls $\Delta\tau$ hat eine andere Fluidmenge den Kontrollraum durch den Austrittsquerschnitt a verlassen; ihre

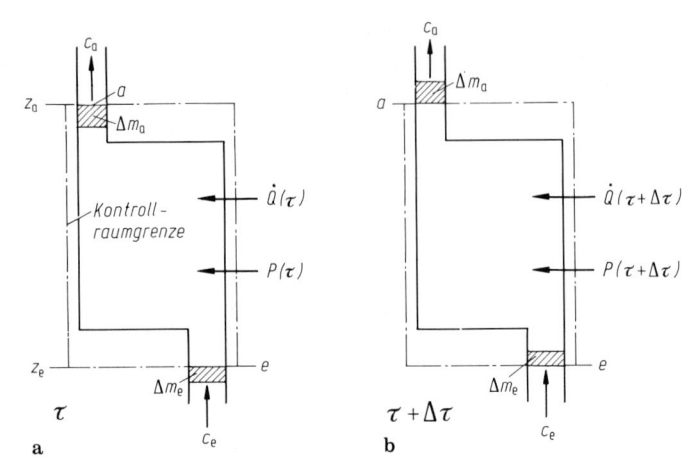

Abb. 2.20 a, b. Kontrollraum zur Herleitung der Energiebilanzgleichung; **a** zur Zeit τ, **b** zur Zeit $\tau + \Delta\tau$

Masse sei Δm_a. Zur Zeit $\tau + \Delta\tau$ umfaßt dann das bewegte geschlossene System den Inhalt des Kontrollraums und die Fluidmenge mit der Masse Δm_a, die den Kontrollraum am Austrittsquerschnitt gerade verlassen hat.

Für das bewegte geschlossene System kennen wir die Bilanzgleichung des 1. Hauptsatzes:

$$Q_{12} + W_{12} = E_2 - E_1 \,.$$

Dabei entspricht der Zustand 1 der Zeit τ und der Zustand 2 der Zeit $\tau + \Delta\tau$. Wir schreiben daher

$$Q_{\Delta\tau} + W_{\Delta\tau} = E_{gS}(\tau + \Delta\tau) - E_{gS}(\tau) \,. \qquad (2.21)$$

Hierin bedeuten $Q_{\Delta\tau}$ und $W_{\Delta\tau}$ Wärme und Arbeit, die die Grenze des bewegten geschlossenen Systems während der Zeit $\Delta\tau$ überschreiten. Mit $E_{gS}(\tau)$ ist sein Energieinhalt zur Zeit τ, entsprechend Abb. 2.20 a, mit $E_{gS}(\tau + \Delta\tau)$ der Energieinhalt des geschlossenen Systems zur Zeit $\tau + \Delta\tau$ (Abb. 2.20 b) bezeichnet. Ziel der folgenden Überlegungen ist es, die Energiebilanz für das geschlossene System so umzuformen, daß sie nur solche Größen enthält, die an der Grenze des Kontrollraums auftreten und dort bestimmt werden können. Hierzu gehören der Wärmestrom $\dot{Q}$ und die Wellenleistung P sowie die Massenströme und die Zustandsgrößen der ein- und austretenden Fluidströme.

Der Energieinhalt des geschlossenen Systems setzt sich aus dem Energieinhalt des Kontrollraums und der zusätzlichen Fluidmenge zusammen, die sich gerade am Eintritts- bzw. Austrittsquerschnitt außerhalb des Kontrollraums befindet. Es gilt also

$$E_{gS}(\tau) = E(\tau) + e_e \, \Delta m_e$$

und

$$E_{gS}(\tau + \Delta\tau) = E(\tau + \Delta\tau) + e_a \, \Delta m_a \,.$$

2.3 Energiebilanzgleichungen

Mit $E(\tau)$ ist dabei der Energieinhalt des Kontrollraums zur Zeit τ bezeichnet. Die Energien der Fluidmengen am Eintritts- und Austrittsquerschnitt lassen sich nur dann in der angegebenen Weise schreiben, wenn wir $\Delta\tau$ und damit Δm_e und Δm_a als so klein annehmen, daß die spezifischen Energien

$$e_e = u_e + c_e^2/2 + gz_e$$

und

$$e_a = u_a + c_a^2/2 + gz_a$$

als Querschnittsmittelwerte über dem Eintritts- bzw. Austrittsquerschnitt den intensiven Zustand der beiden Fluidmengen hinreichend genau kennzeichnen.

Die während der Zeit $\Delta\tau$ über die Grenze des geschlossenen Systems übertragene Wärme ist

$$Q_{\Delta\tau} = \int_{\tau}^{\tau+\Delta\tau} \dot{Q}(\tau)\, d\tau\,,$$

worin $\dot{Q}(\tau)$ den Wärmestrom bedeutet, der die Grenze des geschlossenen Systems und des Kontrollraums überschreitet. Wir nehmen dabei an, zu beiden Seiten des Ein- und Austrittsquerschnitts e bzw. a möge nur ein so kleiner Temperaturunterschied im ein- bzw. ausströmenden Fluid bestehen, daß ein Wärmestrom über diese beiden Querschnitte vernachlässigt werden kann.

Die während der Zeit $\Delta\tau$ verrichtete Arbeit besteht aus zwei Teilen. An der sich drehenden Welle wird Wellenarbeit übertragen; da sich das Volumen des bewegten geschlossenen Systems am Eintrittsquerschnitt verringert und am Austrittsquerschnitt vergrößert, wird hier Volumenänderungsarbeit verrichtet[3]. Wir erhalten daher

$$W_{\Delta\tau} = \int_{\tau}^{\tau+\Delta\tau} P(\tau)\, d\tau + p_e\, \Delta V_e - p_a\, \Delta V_a\,,$$

wobei p_e und p_a die Querschnittsmittelwerte des Drucks in den Querschnitten e und a bedeuten. Mit ΔV_e ist der Betrag der kleinen Volumenabnahme am Eintrittsquerschnitt bezeichnet, für die

$$\Delta V_e = v_e\, \Delta m_e$$

gilt. Analog hierzu bedeutet

$$\Delta V_a = v_a\, \Delta m_a$$

die kleine Volumenzunahme, die das geschlossene System am Austrittsquerschnitt a erfährt. Damit ergibt sich

$$W_{\Delta\tau} = \int_{\tau}^{\tau+\Delta\tau} P(\tau)\, d\tau + p_e v_e\, \Delta m_e - p_a v_a\, \Delta m_a\,.$$

Wir setzen nun die eben gewonnenen Einzelergebnisse in die Energiebilanzgleichung (2.21) für das geschlossene System ein und fassen jeweils die Terme zu-

---

[3] Die Arbeit von Reibungsspannungen wird hierbei vernachlässigt.

sammen, die Δm_e und Δm_a enthalten. Dies ergibt

$$\int_{\tau}^{\tau+\Delta\tau} \dot{Q}(\tau)\,d\tau + \int_{\tau}^{\tau+\Delta\tau} P(\tau)\,d\tau = E(\tau + \Delta\tau) - E(\tau) + \Delta m_a \left(u_a + p_a v_a + \frac{c_a^2}{2} + gz_a\right)$$
$$- \Delta m_e \left(u_e + p_e v_e + \frac{c_e^2}{2} + gz_e\right).$$

Wir dividieren diese Gleichung durch $\Delta\tau$ und führen den Grenzübergang $\Delta\tau \to 0$ aus, wodurch wir

$$\dot{Q}(\tau) + P(\tau) = \frac{dE}{d\tau} + \dot{m}_a\left(h_a + \frac{c_a^2}{2} + gz_a\right) - \dot{m}_e\left(h_e + \frac{c_e^2}{2} + gz_e\right) \quad (2.22)$$

erhalten. Zur Abkürzung haben wir die Zustandsgröße

$$h := u + pv$$

eingeführt, die als die *spezifische Enthalpie* des Fluids bezeichnet wird, vgl. 2.3.5.

Gleichung (2.22) ist eine Leistungsbilanz, eine momentane Energiebilanz des Kontrollraumes. Sie berücksichtigt alle drei Arten der Energie- bzw. Leistungsübertragung: den Wärmestrom $\dot{Q}$, die mechanische Leistung (Wellenleistung) P und durch die beiden letzten Terme der rechten Seite die Energieströme, die mit Materie die Grenze des Kontrollraums überschreiten. Die mit einem Fluidstrom transportierte Energie besteht aus seiner Enthalpie, seiner kinetischen und seiner potentiellen Energie im Zustand des Übergangs über die Systemgrenze. Sind $\dot{m}_a$ und $\dot{m}_e$ gleich null, so haben wir ein geschlossenes System vor uns. Gleichung (2.22) stimmt mit der in 2.3.1 angegebenen Leistungsbilanz dieses Systems überein.

Die hier hergeleitete Leistungsbilanzgleichung läßt sich in verschiedener Weise verallgemeinern. Der Wärmestrom $\dot{Q}$ kann als die Zusammenfassung aller Wärmeströme aufgefaßt werden, die die Grenze des Kontrollraums überschreiten. Gehen also an mehreren Stellen Wärmeströme $\dot{Q}_i$ über die Kontrollraumgrenze, so bedeutet

$$\dot{Q}(\tau) = \sum_i \dot{Q}_i(\tau) \quad (2.23)$$

die Summe dieser zu- oder abfließenden Wärmeströme. Eine noch allgemeinere Interpretation von $\dot{Q}$ erhalten wir, wenn sich der Wärmeübergang über die Oberfläche des Kontrollraums kontinuierlich verteilt. Ist ΔA ein Element der Kontrollraum-Begrenzungsfläche und $\Delta\dot{Q}$ der hier übertragene Wärmestrom, so definiert man die *Wärmestromdichte*

$$\dot{q} := \lim_{\Delta A \to 0} \Delta\dot{Q}/\Delta A\,.$$

Sie variiert über die Oberfläche, und man erhält

$$\dot{Q}(\tau) = \int_{A_{KR}} \dot{q}(\tau, A)\,dA \quad (2.24)$$

durch Integration von $\dot{q}$ über die ganze Oberfläche A_{KR} des Kontrollraums. Auch die Leistung $P(\tau)$ faßt alle mechanischen und elektrischen Leistungen zusammen, die über die Grenze des Kontrollraums transportiert werden. Als mechanische Leistung kommt dabei nur Wellenleistung in Frage, weil die Grenze des

2.3 Energiebilanzgleichungen

Kontrollraums als unverschieblich angenommen wurde. Somit setzen wir

$$P(\tau) = P_\mathrm{W}(\tau) + P_\mathrm{el}(\tau) \,. \tag{2.25}$$

Da schließlich mehrere Fluidströme in den Kontrollraum einströmen und ihn verlassen können, ist dies durch eine entsprechende Verallgemeinerung der rechten Seite von (2.22) zu berücksichtigen. Wir schreiben daher die Leistungsbilanzgleichung in der allgemeiner gültigen Form

$$\dot{Q} + P + \sum_\mathrm{ein} \dot{m}_\mathrm{e} \left(h + \frac{c^2}{2} + gz \right)_\mathrm{e} - \sum_\mathrm{aus} \dot{m}_\mathrm{a} \left(h + \frac{c^2}{2} + gz \right)_\mathrm{a} = \frac{\mathrm{d}E}{\mathrm{d}\tau}, \tag{2.26}$$

wobei $\dot{Q}$ und P gegebenenfalls die in (2.23) bis (2.25) erfaßten Bedeutungen haben. Wir haben in dieser Gleichung nicht ausdrücklich vermerkt, daß alle hier auftretenden Größen von der Zeit abhängen. Nicht nur $\dot{Q}$ und P, sondern auch die Massenströme und die spezifischen Energien der Fluidströme können sich mit der Zeit ändern. Gleichung (2.26) gilt für einen beliebigen instationären Prozeß. Ihre Integration wird selbst dann schwierig sein, wenn die Zeitabhängigkeit aller Größen explizit bekannt ist. Man führt daher vereinfachende Annahmen hinsichtlich der Zeitabhängigkeit ein, worauf wir in den beiden nächsten Abschnitten eingehen.

Das Innere des Kontrollraums wird im allgemeinen ein inhomogenes System sein. Seine Energie E erhalten wir durch Integration der Energien der einzelnen Volumenelemente. Ist e die spezifische Energie und ϱ die Dichte des Fluids in einem Volumenelement, so ist seine Energie $e\varrho\,\mathrm{d}V$. Die Energie des im Kontrollraum gespeicherten Fluids ergibt sich zu

$$E = \int_{(V_\mathrm{KR})} e\varrho\,\mathrm{d}V \,,$$

wobei das Integral über das ganze Volumen des Kontrollraums zu erstrecken ist. Die spezifische Energie e und die Dichte ϱ sind Feldgrößen, die von den Ortskoordinaten, also von der Lage des Volumenelements, abhängen und die sich außerdem mit der Zeit ändern. Die Auswertung dieses Integrals stößt im allgemeinen auf erhebliche Schwierigkeiten, so daß man meistens vereinfachende Annahmen macht, vgl. die beiden folgenden Abschnitte.

2.3.3 Instationäre Prozesse offener Systeme

Die im letzten Abschnitt hergeleiteten Massen- und Leistungsbilanzgleichungen für einen Kontrollraum werden häufig auf instationäre Prozesse wie das Füllen oder Entleeren von Behältern angewendet. Dabei sind in der Regel vereinfachende Annahmen zulässig. So läßt sich das Fluid im Inneren des Kontrollraums als Phase oder als ein Mehrphasensystem behandeln. Darüber hinaus ist oft die zeitliche Änderung seiner kinetischen und potentiellen Energie zu vernachlässigen. Die Energie E der Materie im Kontrollraum braucht dann nicht durch eine Integration über die Volumenelemente des Kontrollraums berechnet zu werden, vgl. 2.3.2. Man kann vielmehr E durch

$$U = U^\alpha + U^\beta + \ldots = m^\alpha u^\alpha + m^\beta u^\beta + \ldots \tag{2.27}$$

ersetzen, worin m^α die Masse und u^α die spez. Energie der Phase α bedeuten. Diese Größen hängen von der Zeit, aber nicht von den Ortskoordinaten im Kontrollraum ab.

Wir beschränken uns bei der weiteren Behandlung instationärer Prozesse auf den Fall, daß in den Kontrollraum nur ein Stoffstrom mit dem Massenstrom $\dot{m}_e$ einströmt und ein Stoffstrom mit dem Massenstrom $\dot{m}_a$ ausströmt. Es gilt dann die Massenbilanzgleichung (2.19), deren Integration zwischen zwei Zeiten τ_1 und τ_2

$$m(\tau_2) - m(\tau_1) = m_2 - m_1 = m_{e12} - m_{a12}$$

ergibt. Dabei bedeutet

$$m_{e12} = \int_{\tau_1}^{\tau_2} \dot{m}_e(\tau)\, d\tau$$

die während des betrachteten Zeitabschnitts $(\tau_2 - \tau_1)$ eingeströmte Masse; m_{a12} bedeutet dementsprechend die ausgeströmte Masse. Die zur Zeit τ im Kontrollraum enthaltene Masse $m(\tau)$ setzt sich gegebenenfalls aus den Massen der einzelnen Phasen $\alpha, \beta, \ldots$ zusammen:

$$m(\tau) = m^\alpha(\tau) + m^\beta(\tau) + \ldots\,.$$

Wir integrieren nun die Leistungsbilanzgleichung (2.22), die hier die Gestalt

$$\dot{Q}(\tau) + P(\tau) = \frac{dU}{d\tau} + \dot{m}_a\left(h_a + \frac{c_a^2}{2} + gz_a\right) - \dot{m}_e\left(h_e + \frac{c_e^2}{2} + gz_e\right)$$

erhält, zwischen den Zeiten τ_1 und τ_2. Dies ergibt

$$Q_{12} + W_{12} = U_2 - U_1 + \int_{\tau_1}^{\tau_2} \dot{m}_a\left(h_a + \frac{c_a^2}{2} + gz_a\right) d\tau - \int_{\tau_1}^{\tau_2} \dot{m}_e\left(h_e + \frac{c_e^2}{2} + gz_e\right) d\tau, \tag{2.28}$$

wobei die innere Energie U nach (2.27) zu bestimmen ist. Q_{12} bedeutet die Wärme, die während des Zeitabschnitts $\tau_2 - \tau_1$ über die Grenze des Kontrollraums transportiert wird. Unter W_{12} haben wir die Summe aus der Wellenarbeit und der elektrischen Arbeit zu verstehen, die während des instationären Prozesses dem Kontrollraum zugeführt oder entzogen werden.

Manchmal ist die Annahme zulässig, daß die Zustandsgrößen des ein- und ausströmenden Fluids zeitlich unverändert bleiben, obwohl sich $\dot{m}_a$ und $\dot{m}_e$ mit der Zeit ändern. Dann lassen sich die beiden Integrale in (2.28) berechnen, und man erhält

$$Q_{12} + W_{12} = U_2 - U_1 + m_{a12}\left(h_a + \frac{c_a^2}{2} + gz_a\right) - m_{e12}\left(h_e + \frac{c_e^2}{2} + gz_e\right). \tag{2.29}$$

Trifft die Annahme zeitlicher Konstanz von $(h + c^2/2 + gz)$ im Ein- und Austrittsquerschnitt nicht zu, so teilt man den Prozeßverlauf in mehrere Zeitabschnitte und wendet (2.29) auf jeden dieser Abschnitte an, wobei man für die Zustandsgrößen des Fluids im Eintritts- und Austrittsquerschnitt jeweils konstante Mittelwerte verwendet.

2.3 Energiebilanzgleichungen

Beispiel 2.5. (Für dieses Beispiel wird die Kenntnis der Abschnitte 4.2.3 und 4.3.3, Zustandsgrößen im Naßdampfgebiet und Benutzung von Dampftafeln, vorausgesetzt.) Eine Gasflasche mit dem Volumen $V = 2{,}00$ dm^3 enthält das Kältemittel R12 (CF_2Cl_2). Bei 20 °C steht das gasförmige R12 anfänglich unter dem Druck $p_1 = 1{,}005$ bar ($v_1 = 196{,}7$ dm^3/kg, $h_1 = 303{,}76$ kJ/kg). Die Flasche wird zur Füllung an eine Leitung angeschlossen, in welcher ein Strom von gasförmigem R12 mit $p_e = 6{,}541$ bar, $t_e = 50$ °C und $h_e = 315{,}94$ kJ/kg zur Verfügung steht, Abb. 2.21. Die Flasche wird so gefüllt, daß bei 20 °C gerade 80% ihres Volumens von siedendem R12, der Rest von gesättigtem Dampf eingenommen wird. Welche Menge R12 ist einzufüllen, und wieviel Wärme ist während des Füllens abzuführen? Die angegebenen spez. Volumina und Enthalpien sowie die folgende Tabelle mit Zustandsgrößen des gesättigten Dampfes bei 20 °C sind einer Dampftafel von R12 entnommen, [2.6].

p_s	v'	v''	h'	h''
5,691 bar	0,7528 dm^3/kg	31,02 dm^3/kg	153,73 kJ/kg	296,78 kJ/kg

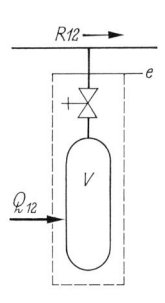

Abb. 2.21. Füllen einer Gasflasche aus einer Leitung, in der das Kältemittel R 12 strömt

Zu Beginn des Füllvorgangs enthält die Flasche gasförmiges R12, dessen Masse sich zu

$$m_1 = V/v_1 = 2{,}00 \text{ dm}^3/196{,}7 \text{ (dm}^3/\text{kg)} = 0{,}0102 \text{ kg}$$

ergibt. Die Masse m_2 am Ende des Füllprozesses setzt sich additiv aus den Massen der siedenden Flüssigkeit und des gesättigten Dampfes zusammen:

$$m_2 = m_2' + m_2'' = \frac{0{,}8 \cdot V}{v'} + \frac{0{,}2 \cdot V}{v''} = \left(\frac{1{,}60}{0{,}7528} + \frac{0{,}40}{31{,}02}\right) \text{ kg}$$

$$= (2{,}128 + 0{,}013) \text{ kg} = 2{,}141 \text{ kg}.$$

Die einzufüllende Menge hat also die Masse

$$m_{e12} = m_2 - m_1 = 2{,}131 \text{ kg}.$$

Um die Wärme zu finden, wenden wir den 1. Hauptsatz auf den in Abb. 2.21 gezeigten Kontrollraum an. Da nur ein Stoffstrom die Systemgrenze überquert, kinetische und potentielle Energien zu vernachlässigen sind und der Zustand des einströmenden R12 zeitlich konstant ist, folgt aus (2.29)

$$Q_{12} + W_{12} = U_2 - U_1 - m_{e12} h_e.$$

Für die innere Energie des gasförmigen R12 vor dem Füllen gilt

$$U_1 = m_1 u_1 = m_1(h_1 - p_1 v_1) = 0{,}0102 \text{ kg} \left(303{,}76 \frac{\text{kJ}}{\text{kg}} - 1{,}005 \text{ bar} \cdot 196{,}7 \frac{\text{dm}^3}{\text{kg}}\right) = 2{,}9 \text{ kJ}.$$

Am Ende des Füllens ist die innere Energie des nassen Dampfes

$$U_2 = m_2' u' + m_2'' u'' = m_2'(h' - p_s v') + m_2''(h'' - p_s v'')$$
$$= m_2' h' + m_2'' h'' - p_s V,$$

wobei p_s der Dampfdruck des R12 bei 20 °C ist. Dies ergibt

$$U_2 = 2{,}128 \text{ kg} \cdot 153{,}73 \frac{\text{kJ}}{\text{kg}} + 0{,}013 \text{ kg} \cdot 296{,}78 \frac{\text{kJ}}{\text{kg}} - 5{,}691 \text{ bar} \cdot 2{,}00 \text{ dm}^3$$
$$= 329{,}8 \text{ kJ}.$$

Wir erhalten somit für die Wärme mit $W_{12} = 0$

$$Q_{12} = (329{,}8 - 2{,}9) \text{ kJ} - 315{,}94 \text{ (kJ/kg)} \cdot 2{,}131 \text{ kg} = -346 \text{ kJ}.$$

Die Gasflasche muß also beim Füllen gekühlt werden, damit die anfänglich vorhandene Temperatur von 20 °C erhalten bleibt und das eingefüllte Gas kondensiert.

2.3.4 Der 1. Hauptsatz für stationäre Fließprozesse

In den technischen Anwendungen der Thermodynamik kommen häufig Maschinen und Apparate vor, die von Stoffströmen zeitlich stationär durchflossen werden. Für diese schon in 1.3.5 besprochenen stationären Fließprozesse vereinfachen sich die in 2.3.2 hergeleiteten Massen- und Energiebilanzgleichungen erheblich. Da die Masse der Materie im Inneren des Kontrollraums sich nicht mit der Zeit ändert, ist in (2.20) von 2.3.2 $dm/d\tau = 0$ zu setzen, und wir erhalten die einfache Bilanz der Massenströme

$$\sum_{\text{ein}} \dot{m}_e = \sum_{\text{aus}} \dot{m}_a.$$

Dabei ist jeder der eintretenden und austretenden Massenströme konstant.

Bei einem stationären Fließprozeß bleibt auch der Energieinhalt der Materie im Kontrollraum trotz Zu- und Abfluß zeitlich konstant. In (2.26) von 2.3.2 ist daher $dE/d\tau = 0$ zu setzen, und wir erhalten die Leistungsbilanzgleichung

$$\dot{Q} + P = \sum_{\text{aus}} \dot{m}_a \left(h + \frac{c^2}{2} + gz\right)_a - \sum_{\text{ein}} \dot{m}_e \left(h + \frac{c^2}{2} + gz\right)_e. \quad (2.30)$$

Sie unterscheidet sich formal nur wenig von (2.26), die für den allgemeineren Fall des instationären Prozesses gilt, doch sind alle in (2.30) auftretenden Größen zeitlich konstant. Das gilt für Wärmeströme, mechanische und elektrische Leistungen und für Massenströme ebenso wie für die spezifischen Zustandsgrößen der Fluidströme in den Eintritts- und Austrittsquerschnitten.

Wir betrachten nun den häufig vorkommenden Sonderfall, daß nur ein Fluidstrom in einem stationären Fließprozeß durch den Kontrollraum strömt. Der Massenstrom des Fluids ist nicht nur zeitlich konstant, sondern hat in jedem Strömungsquerschnitt denselben Wert. Dies gilt insbesondere für den Eintritts- und Austrittsquerschnitt:

$$\dot{m} = \dot{m}_e = \dot{m}_a.$$

2.3 Energiebilanzgleichungen

Wie in 2.3.2 kann man $\dot{m}$ durch das Produkt aus mittlerer Strömungsgeschwindigkeit c, Querschnittsmittelwert ϱ der Dichte und Fläche A des Strömungsquerschnitts ausdrücken und erhält

$$\dot{m} = c\varrho A = c_e \varrho_e A_e = c_a \varrho_a A_a \ .$$

Diese Beziehung ist der für einen stationären Fließprozeß geltende Sonderfall der Kontinuitätsgleichung. Man benutzt sie, um zu gegebenen Zustandsgrößen c und ϱ die zugehörige Fläche A des Querschnitts zu berechnen. Ist dagegen A gegeben, so erhält man die mittlere Geschwindigkeit c aus dem bekannten Massenstrom $\dot{m}$ und der Dichte ϱ des Fluids.

Die Leistungsbilanzgleichung (2.30) vereinfacht sich für nur einen Fluidstrom zu

$$\dot{Q} + P = \dot{m}\left[\left(h + \frac{c^2}{2} + gz\right)_a - \left(h + \frac{c^2}{2} + gz\right)_e\right], \qquad (2.31)$$

wobei der Index a die Zustandsgrößen des Fluids im Austrittsquerschnitt bezeichnet und der Index e auf den Eintrittsquerschnitt hinweist. Mit $\dot{Q}$ und P sind der Wärmestrom und die mechanische oder elektrische Leistung bezeichnet, die dem Kontrollraum zwischen dem Eintrittsquerschnitt und dem Austrittsquerschnitt zugeführt oder entzogen werden.

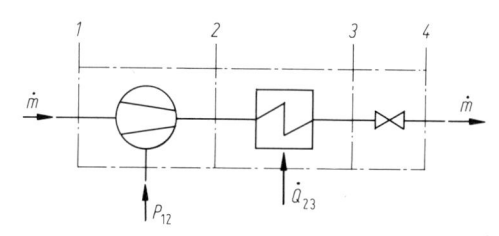

Abb. 2.22. Stationärer Fließprozeß, der ein Fluid durch drei hintereinanderliegende Kontrollräume führt: Verdichter *12*, Wärmeübertrager *23*, Drosselventil *34*

Bei der Anwendung der Leistungsbilanzgleichung auf einen Fluidstrom, der nacheinander mehrere Kontrollräume durchströmt, ist es vorteilhaft, die Strömungsquerschnitte an den Grenzen der Kontrollräume durch die Ziffern 1, 2, 3, ... zu kennzeichnen, wie es Abb. 2.22 zeigt, und nicht durch die Indizes e und a. Anstelle von (2.31) schreibt man dann die Leistungsbilanzgleichung für den ersten Kontrollraum

$$\dot{Q}_{12} + P_{12} = \dot{m}\left[h_2 - h_1 + \frac{1}{2}(c_2^2 - c_1^2) + g(z_2 - z_1)\right] \qquad (2.32)$$

und mit entsprechend geänderten Indizes 2, 3 usw. für die folgenden Kontrollräume in Abb. 2.22. Die Indizes 1 und 2 bezeichnen bei einem stationären Fließprozeß aufeinanderfolgende, räumlich getrennte Strömungsquerschnitte, während bei Prozessen geschlossener Systeme durch diese Indizes Zustände des Systems zu verschiedenen Zeiten gekennzeichnet werden.

Wir können (2.32) auch auf die Masse des strömenden Fluids beziehen, indem wir sie durch seinen Massenstrom $\dot{m}$ dividieren. Die so entstehende Gleichung

$$q_{12} + w_{t12} = h_2 - h_1 + \frac{1}{2}(c_2^2 - c_1^2) + g(z_2 - z_1) \qquad (2.33)$$

enthält nur spezifische Energien. Wir haben dabei die Quotienten

$$q_{12} := \dot{Q}_{12}/\dot{m}$$

und

$$w_{t12} := P_{12}/\dot{m}$$

eingeführt. Man nennt w_{t12} die spez. *technische Arbeit*. Diese Bezeichnung faßt die auf die Masse des Fluids bezogene Energie zusammen, die als Wellenarbeit und als elektrische Arbeit über die Grenze eines Kontrollraums transportiert wird. Diese Arbeiten können als abgegebene Arbeiten technisch genutzt werden oder müssen dem Kontrollraum mit technischen Mitteln von außen zugeführt werden.

Gleichung (2.33) gehört zu den für die Anwendungen der Thermodynamik besonders wichtigen Energiebilanzgleichungen. Sie verknüpft die als Wärme und als technische Arbeit über die Grenze des Kontrollraums übertragenen Energien mit der Änderung der spez. Enthalpie, der spez. kinetischen und potentiellen Energie des Fluids beim Durchströmen des Kontrollraums. Gleichung (2.33) gilt für jeden stationären Fließprozeß, an dem nur ein Stoffstrom beteiligt ist, also auch für irreversible Prozesse. Da (2.32) und (2.33) nur Größen enthalten, die an der Grenze des Kontrollraums auftreten und dort meßbar sind, gelten diese Beziehungen auch dann, wenn im Inneren des Kontrollraums Prozesse ablaufen, die nicht im strengen Sinn stationär sind, z. B. periodische Vorgänge. Die Forderung nach zeitlicher Konstanz müssen nur die Zustandsgrößen in den Ein- und Austrittsquerschnitten und die Energieflüsse über die Grenze des Kontrollraums erfüllen.

Die Anwendung der in diesem Abschnitt hergeleiteten Beziehungen auf stationäre Fließprozesse, die in Maschinen und Apparaten der Energietechnik ablaufen, behandeln wir ausführlich in Kapitel 6.

2.3.5 Enthalpie

Wie die in 2.3.2 hergeleiteten Energiebilanzgleichungen (2.22) und (2.26) zeigen, transportiert ein Fluid, das die Grenze eines Kontrollraums überquert, den Energiestrom

$$\dot{m}\left(h + \frac{c^2}{2} + gz\right)$$

in den Kontrollraum hinein bzw. aus dem Kontrollraum hinaus. Dabei ist

$$h := u + pv$$

die spez. Enthalpie des Fluids. Sie setzt sich additiv aus seiner spez. inneren Energie u und dem Produkt pv zusammen, das manchmal auch als spez. Strömungsenergie bezeichnet wird.

Die spez. Enthalpie einer fluiden Phase gehört zu ihren intensiven Zustandsgrößen. Nach 1.2.4 läßt sie sich als Funktion zweier unabhängiger Zustandsgrößen, z. B. als Funktion der thermischen Zustandsgrößen T und p, darstellen. Diesen funktionalen Zusammenhang

$$h = h(T, p)$$

bezeichnet man ebenso wie die Beziehung $u = u(T, v)$ als *kalorische Zustandsgleichung*. Man ermittelt sie meistens aus der thermischen Zustandsgleichung $v = v(T, p)$ unter Benutzung allgemein gültiger thermodynamischer Zusammenhänge, worauf wir in 4.3.1 eingehen. Abbildung 2.23 zeigt als Beispiel einer

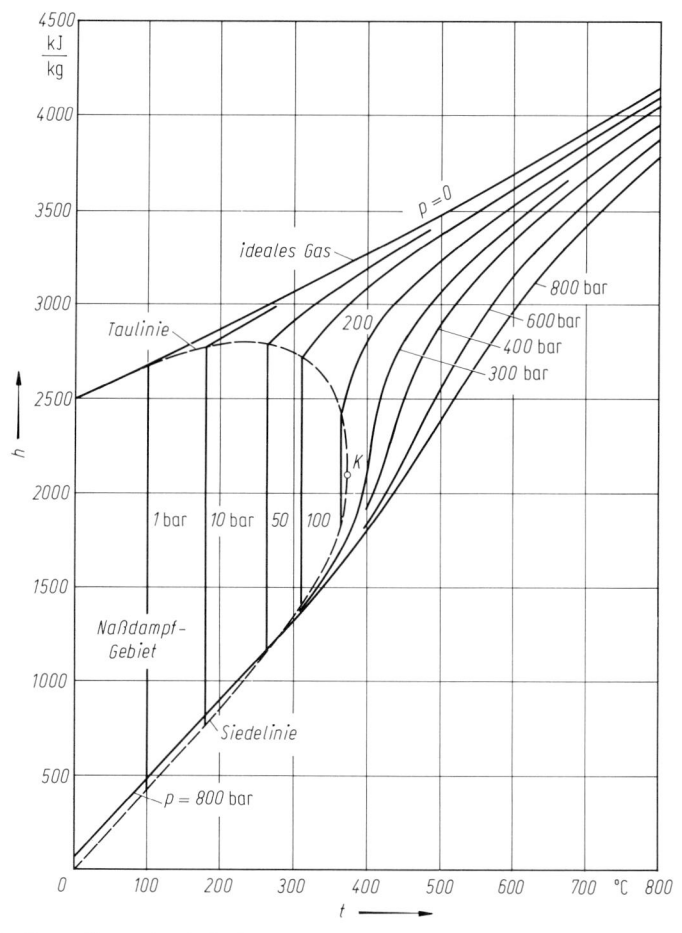

Abb. 2.23. Darstellung der kalorischen Zustandsgleichung $h = h(t, p)$ von H_2O durch Isobaren p = const im h,t-Diagramm

kalorischen Zustandsgleichung die spezifische Enthalpie von Wasser und Wasserdampf als Funktion der Celsius-Temperatur für verschiedene Drücke.

Im Differential der spezifischen Enthalpie,

$$dh = \left(\frac{\partial h}{\partial T}\right)_p dT + \left(\frac{\partial h}{\partial p}\right)_T dp,$$

nennt man die partielle Ableitung

$$c_p := (\partial h/\partial T)_p$$

die spezifische Wärmekapazität bei konstantem Druck oder die spez. isobare Wärmekapazität. Diese Bezeichnung geht noch auf die längst aufgegebene Stofftheorie der Wärme zurück. Mit Hilfe von c_p kann man Enthalpiedifferenzen zwischen Zuständen gleichen Drucks berechnen:

$$h(T_2, p) - h(T_1, p) = \int_{T_1}^{T_2} c_p(T, p) \, dT.$$

Diese Rechnung wird besonders einfach, wenn man, etwa in kleinen Temperaturintervallen $T_2 - T_1$, die Temperaturabhängigkeit von c_p vernachlässigen kann. Man erhält dann die Näherungsgleichung

$$h(T_2, p) - h(T_1, p) = c_p(T_2 - T_1).$$

Häufig kann man die Druckabhängigkeit der Enthalpie unberücksichtigt lassen, z. B. bei Flüssigkeiten und festen Körpern. Die Berechnung von Enthalpiedifferenzen aus c_p ist dann auch für Zustände mit verschiedenen Drücken zulässig. Man vergleiche hierzu auch das Stoffmodell des inkompressiblen Fluids, das wir in 4.3.2 behandeln.

Die spez. *Enthalpie idealer Gase* hängt vom Druck überhaupt nicht ab. Es gilt nämlich

$$h = u + pv = u(T) + RT = h(T).$$

Ideale Gase haben also besonders einfache kalorische Zustandsgleichungen: innere Energie und Enthalpie sind reine Temperaturfunktionen. Dies gilt auch für die spez. Wärmekapazität

$$c_p^0(T) = \frac{dh}{dT} = \frac{du}{dT} + R = c_v^0(T) + R.$$

Obwohl c_p^0 und c_v^0 Temperaturfunktionen sind, ist die Differenz

$$c_p^0(T) - c_v^0(T) = R$$

unabhängig von T gleich der Gaskonstante R des idealen Gases.

Beispiel 2.6. Luft strömt durch eine adiabate Drosselstelle. Dies ist ein Hindernis im Strömungskanal, z. B. ein Absperrschieber, ein Ventil oder eine zu Meßzwecken angebrachte Blende, Abb. 2.24. Durch die Drosselung vermindert sich der Druck der mit $T_1 = 300{,}0$ K anströmenden Luft von $p_1 = 10{,}0$ bar auf $p_2 = 7{,}0$ bar. Unter Vernachlässigung der Änderungen von kinetischer und potentieller Energie bestimme man die Temperatur T_2. Wie verändert sich das Ergebnis durch Berücksichtigung der kinetischen Energie, wenn die Geschwindigkeit $c_1 = 20$ m/s ist und die Querschnittsflächen A_1 und A_2 des Kanals vor und hinter der Drosselstelle gleich groß sind?

2.3 Energiebilanzgleichungen

Wir grenzen den in Abb. 2.24 gezeigten Kontrollraum ab. Nach dem 1. Hauptsatz für stationäre Fließprozesse gilt

$$q_{12} + w_{t12} = h_2 - h_1 + \frac{1}{2}(c_2^2 - c_1^2) + g(z_2 - z_1).$$

Da keine technische Arbeit verrichtet wird ($w_{t12} = 0$) und das offene System adiabat ist ($q_{12} = 0$), folgt hieraus bei Vernachlässigung von kinetischer und potentieller Energie

$$h_2 = h_1.$$

Abb. 2.24. Schema einer adiabaten Drosselung

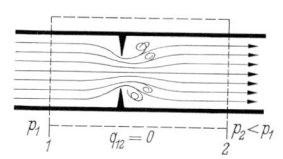

Die Enthalpie des strömenden Fluids ist hinter der Drosselstelle genauso groß wie davor[4]. Daraus läßt sich bei bekannter kalorischer Zustandsgleichung die Temperatur T_2 aus p_2 und $h_2 = h_1$ berechnen.

Nehmen wir die Luft als ideales Gas an, so erhalten wir $T_2 = T_1 = 300{,}0$ K; denn die Enthalpie idealer Gase hängt nur von der Temperatur ab. Obwohl der Druck sinkt, tritt keine Temperaturänderung auf. Bei der Drosselung eines realen Gases, dessen Enthalpie auch vom Druck abhängt, beobachtet man jedoch eine Temperaturänderung. Diese Erscheinung wird *Joule-Thomson-Effekt* genannt. Für das vorliegende Beispiel findet man aus einer genauen Tafel der Zustandsgrößen des realen Gases Luft [2.7] $h_1 = 298{,}49$ kJ/kg und auf der Isobare $p = p_2 = 7{,}0$ bar die Werte[5] $h(290$ K$) = 288{,}98$ kJ/kg und $h(300$ K$) = 299{,}14$ kJ/kg. Die Bedingung $h_2 = h_1$ ist, wie man durch Interpolation zwischen den beiden letzten Werten findet, für $T_2 = 299{,}35$ K erfüllt. Die Luft kühlt sich also bei der Drosselung um 0,65 K ab, weil sich ihre Enthalpie schon bei den hier vorliegenden niedrigen Drücken geringfügig mit dem Druck ändert. Die Messung des Joule-Thomson-Effekts, also der Temperaturänderung bei der adiabaten Drosselung, bietet eine Möglichkeit, die Druckabhängigkeit der Enthalpie experimentell zu bestimmen. Meistens wird sie jedoch aus der thermischen Zustandsgleichung berechnet, 4.3.1.

Wir untersuchen nun noch, ob es zulässig war, die Änderung der kinetischen Energie zu vernachlässigen. Hierzu behandeln wir die Luft wieder als ideales Gas und wenden die Kontinuitätsgleichung an, um die Geschwindigkeit c_2 zu bestimmen. Aus

$$c_1 \varrho_1 A_1 = c_2 \varrho_2 A_2$$

folgt mit $A_2 = A_1$

$$c_2 = c_1 \varrho_1 / \varrho_2 = c_1 \frac{p_1 T_2}{p_2 T_1}. \tag{2.34}$$

---

[4] Dies bedeutet nicht, daß die Enthalpie während der adiabaten Drosselung konstant bleibt. Das Fluid kann zwischen den Querschnitten 1 und 2 beschleunigt und dann verzögert werden, wobei seine Enthalpie zuerst abnimmt und dann zunimmt. Außerdem ist die Zustandsänderung wegen der Wirbelbildung nicht mehr quasistatisch, so daß über sie thermodynamisch keine einfache Aussage möglich ist.

[5] Die hier angegebenen Werte sind auf einen willkürlich gewählten Enthalpienullpunkt bezogen. Ihre absolute Größe ist ohne Bedeutung, es kommt nur auf Enthalpiedifferenzen an.

Hierin ist T_2 noch unbekannt; doch steht uns noch die Gleichung

$$h_2 - h_1 + \frac{1}{2}(c_2^2 - c_1^2) = 0$$

des 1. Hauptsatzes zur Verfügung. Hierin setzen wir

$$h_2 - h_1 = c_p^0(T_2 - T_1),$$

denn wegen der zu erwartenden geringen Temperaturänderung können wir mit konstantem

$$c_p^0 = c_v^0 + R = (0{,}717 + 0{,}287)\,(\text{kJ/kg K}) = 1{,}004\,\text{kJ/kg K}$$

rechnen. Somit wird

$$T_2 = T_1 - \frac{c_2^2 - c_1^2}{2c_p^0}. \tag{2.35}$$

Wir haben nun (2.34) und (2.35), um T_2 und c_2 zu berechnen. Wir lösen sie iterativ, setzen als erste Näherung $T_2^{(1)} = T_1 = 300$ K und erhalten aus (2.34) den Näherungswert $c_2^{(1)} = 28{,}6$ m/s. Damit ergibt sich aus (2.35) ein neuer Wert für T_2, nämlich $T_2^{(2)} = 299{,}79$ K. Gleichung (2.34) liefert mit dieser Temperatur $c_2^{(2)} = 28{,}55$ m/s, was in (2.35) eingesetzt für T_2 einen Wert ergibt, der sich von $T_2^{(2)}$ um weniger als 0,01 K unterscheidet. Es ergibt sich also $T_2 = 299{,}79$ K als Temperatur hinter der Drosselstelle. Obwohl sich der Druck bei der Drosselung erheblich vermindert, führt dies nicht zu einer nennenswerten Beschleunigung der Strömung. Infolge Reibung und Wirbelbildung tritt hier die bei reibungsfreier Strömung zu erwartende Zunahme der kinetischen Energie, verbunden mit einer entsprechend großen Enthalpieabnahme nicht ein.

Im vorliegenden Beispiel liefert die Lösung des Problems unter den vereinfachenden Annahmen ideales Gas und Vernachlässigung der kinetischen Energie ein Ergebnis, das im Rahmen der technischen Genauigkeit genügend genau sein dürfte. Die Druckabhängigkeit der Enthalpie spielt jedoch eine größere Rolle bei höheren Drücken und bei niedrigeren Temperaturen. Die kinetische Energie ist bei größeren Strömungsgeschwindigkeiten nicht zu vernachlässigen, worauf wir nochmals in 6.2.3 eingehen.

3 Der 2. Hauptsatz der Thermodynamik

Der 2. Hauptsatz macht Aussagen über die Prozesse thermodynamischer Systeme. Wir haben ihn in 1.3.3 möglichst allgemein als Prinzip der Irreversibilität formuliert. Danach ist nicht jeder Prozeß ausführbar, und nicht alle Energieumwandlungen, die der 1. Hauptsatz zuläßt, sind möglich. Neben diesen Einschränkungen in der Ausführbarkeit von Prozessen ergeben sich aus dem 2. Hauptsatz Bedingungen für die Zustandsgrößen von reinen Stoffen und Gemischen, nämlich eine enge Verknüpfung von thermischer und kalorischer Zustandsgleichung. Dies hängt mit der aus dem 2. Hauptsatz folgenden Existenz der thermodynamischen Temperatur zusammen, einer universellen, an kein Thermometer gebundenen Temperatur.

Die Aussagen des 2. Hauptsatzes lassen sich quantitativ mit einer neuen Zustandsgröße formulieren, der 1865 von R. Clausius eingeführten Entropie. Wir beginnen daher die folgenden Abschnitte mit der quantitativen Formulierung des 2. Hauptsatzes durch Entropie und thermodynamische Temperatur. Daraus leiten wir die für Prozesse und Energieumwandlungen geltenden einschränkenden Bedingungen her und behandeln dann die ordnenden Beziehungen, die zwischen den Zustandsgrößen eines Systems bestehen. Schließlich führen wir den Exergiebegriff ein; mit ihm lassen sich die für Energieumwandlungen geltenden Einschränkungen des 2. Hauptsatzes besonders einprägsam formulieren. Dabei werden auch die Einflüsse der irdischen Umgebung berücksichtigt.

3.1 Der 2. Hauptsatz für geschlossene Systeme

3.1.1 Einführende Überlegungen

Das aus der Erfahrung gewonnene, in 1.3.3 erläuterte Prinzip der Irreversibilität ist eine erste, allgemein gültige Formulierung des 2. Hauptsatzes: *Alle natürlichen Prozesse sind irreversibel.* Es gibt in Natur und Technik keinen Prozeß, der sich in allen seinen Auswirkungen vollständig rückgängig machen läßt. Im Prinzip der Irreversibilität kommt eine Einschränkung in der Richtung und der Ausführbarkeit von Prozessen zum Ausdruck. So strebt ein abgeschlossenes System bei einem Ausgleichsprozeß stets dem Gleichgewichtszustand zu, vgl. 1.3.1, den es nicht verlassen kann, solange es von seiner Umgebung isoliert bleibt.

Die durch den 2. Hauptsatz verbotene Umkehrung irreversibler Prozesse würde Energieumwandlungen ermöglichen, die außerordentlich vorteilhaft und in ihrem Nutzen mit der Existenz eines perpetuum mobile vergleichbar wären, obwohl dabei der Energieerhaltungssatz erfüllt wird. Man spricht in diesem Zusammenhang vom Verbot des perpetuum mobile 2. Art durch den 2. Hauptsatz, während der 1. Hauptsatz die Existenz einer Maschine verbietet, die Energie aus dem Nichts produziert (perpetuum mobile 1. Art). Um dies zu erläutern, betrachten wir die schon in 2.2.3 behandelte Dissipation von Wellenarbeit in einem Fluid und die Dissipation elektrischer Arbeit in einem elektrischen Leiter, vgl. 2.2.4, als Beispiele typisch irreversibler Energieumwandlungen. Arbeit verwandelt sich bei diesen Prozessen in innere Energie, aber die Umkehrung dieser Prozesse, nämlich die vollständige Rückgewinnung der Arbeit aus der inneren Energie ist nach dem Prinzip der Irreversibilität unmöglich. Man kann zwar das Fluid und den elektrischen Leiter dadurch wieder in ihren Anfangszustand versetzen, daß man ihnen soviel Energie als Wärme entzieht, wie es der erforderlichen Abnahme ihrer inneren Energie entspricht. Die Umkehrung des irreversiblen Prozesses verlangt aber noch die vollständige Umwandlung dieser Wärme in Arbeit, ohne daß sonst eine Änderung eintritt. Eine Einrichtung oder Maschine, die dies bewirken würde, nennt man ein *perpetuum mobile 2. Art*. Es verstößt nicht gegen den 1. Hauptsatz, aber das Prinzip der Irreversibilität verbietet seine Existenz. Die Unmöglichkeit eines perpetuum mobile 2. Art und das Prinzip der Irreversibilität sind somit gleichwertige Formulierungen des 2. Hauptsatzes.

M. Planck [3.1] formulierte 1897 den Satz von der Unmöglichkeit des perpetuum mobile 2. Art in folgender Weise:

> Es ist unmöglich, eine periodisch funktionierende Maschine zu konstruieren, die weiter nichts bewirkt als Hebung einer Last und Abkühlung eines Wärmereservoirs.

Die „periodisch funktionierende Maschine" erreicht nach Aufnahme der Wärme und Abgabe der Arbeit („Hebung einer Last") wieder ihren Anfangszustand, so daß die Umwandlung von Wärme in Arbeit ohne sonstige Veränderung vor sich geht. W. Thomson (Lord Kelvin) hatte dieses Prinzip schon 1851 [3.2] etwas anders ausgedrückt:

> It is impossible, by means of inanimate material agency, to derive mechanical effect from any portion of matter by cooling it below the temperature of the coldest of the surrounding objects.

Hierdurch wird insbesondere die Gewinnung von Arbeit aus der inneren Energie der Umgebung ausgeschlossen. Als Beispiel eines solchen durch den 2. Hauptsatz verbotenen Prozesses sei ein Schiff genannt, welches seine Antriebsleistung durch Abkühlen des Meerwassers gewinnt. Wäre dieses Schiff mit einem perpetuum mobile 2. Art ausgerüstet, so müßten nur 478 kg Meerwasser je Sekunde um 5 K abgekühlt werden, um aus dieser Abnahme der inneren Energie eine Wellenleistung von 10 MW zu erhalten.

Man bezeichnet den Satz von der Unmöglichkeit des perpetuum mobile 2. Art auch als die Planck-Kelvin-Formulierung des 2. Hauptsatzes. Ein perpetuum mobile 2. Art wäre eine sehr nützliche Einrichtung, denn man könnte mit ihm die in der Umgebung (Atmosphäre, Meer- und Flußwasser, Erdreich) gespeicherte innere Energie in nutzbare Arbeit umwandeln. Damit ließen sich alle Energieversorgungsprobleme der Menschheit lösen. Es haben daher immer wieder Erfinder geglaubt, ein perpetuum mobile 2. Art verwirklichen zu können. Sogar in jüngster Zeit wurde ein derartiger Vorschlag in einer bekannten Fachzeitschrift veröffentlicht [3.3]. Leider verbietet ein Naturgesetz, nämlich der 2. Hauptsatz, die Existenz eines perpetuum mobile 2. Art und damit die Umwandlung der kostenlos und in riesigen Mengen zur Verfügung stehenden Umgebungsenergie in Nutzarbeit.

Der 2. Hauptsatz konstatiert eine Unsymmetrie in der Richtung von Energieumwandlungen. Arbeit, andere mechanische Energieformen und elektrische Energie lassen sich ohne Einschränkung vollständig in innere Energie oder Wärme

3.1 Der 2. Hauptsatz für geschlossene Systeme

umwandeln. Dagegen ist innere Energie oder Wärme niemals vollständig in Arbeit, mechanische oder elektrische Energie umwandelbar. Diese durch den 2. Hauptsatz eingeschränkte Umwandelbarkeit von Wärme und innerer Energie in Arbeit hat für die Energietechnik große Bedeutung und führt zu einer unterschiedlichen Bewertung der verschiedenen Energieformen. Ein Ziel unserer weiteren Überlegungen wird es sein, quantitative Kriterien für die durch den 2. Hauptsatz eingeschränkte Umwandelbarkeit von Energieformen zu gewinnen, worauf wir in 3.4 ausführlich eingehen werden.

Hierbei spielt die Betrachtung von reversiblen Prozessen eine besondere Rolle. Reversible Prozesse, vgl. 1.3.2, bilden als idealisierte Grenzfälle der natürlichen irreversiblen Prozesse den Übergang von den möglichen (irreversiblen) Prozessen zu den unmöglichen, durch den 2. Hauptsatz verbotenen Prozessen. Sie setzen eine Grenze für die Ausführbarkeit von Energieumwandlungen. Sie sind günstiger als die verlustbehafteten irreversiblen Prozesse; aber eine noch vorteilhaftere Energieumwandlung als bei einem reversiblen Prozeß ist nach dem 2. Hauptsatz ausgeschlossen, denn dies würde auf die Existenz eines perpetuum mobile 2. Art hinauslaufen. Das Ausmaß der bei einem reversiblen Prozeß gerade erreichbaren Energieumwandlung stellt damit eine obere Grenze dar und bietet einen Maßstab für die Bewertung von energiewandelnden Prozessen, indem man das tatsächlich Erreichte an dem mißt, was nach den Naturgesetzen höchstens erreichbar ist.

In Naturwissenschaft und Technik ist man stets bestrebt, die gefundenen Gesetze in quantitativer Form, nämlich durch mathematische Beziehungen zwischen physikalischen Größen auszudrücken. Wir suchen daher eine allgemein anwendbare quantitative Formulierung des 2. Hauptsatzes. Eine solche ergab sich für den 1. Hauptsatz durch die Einführung der Zustandsgröße (innere) Energie in Verbindung mit den Prozeßgrößen Arbeit und Wärme. Wir wollen auch das Prinzip der Irreversibilität mit einer Zustandsgröße und geeigneten Prozeßgrößen quantitativ formulieren, damit man mit dem 2. Hauptsatz in gleicher Weise „rechnen" kann wie mit dem 1. Hauptsatz. Die gesuchten Größen sollen es ermöglichen, den Richtungssinn der natürlichen Prozesse quantitativ zu beschreiben, reversible, irreversible und unmögliche Prozesse zu unterscheiden sowie ein Maß für die Irreversibilität eines Prozesses zu liefern, mit dem seine Abweichung vom Ideal des reversiblen Prozesses gemessen werden kann.

Die gesuchte Zustandsgröße hat R. Clausius eingeführt und 1865 als *Entropie* bezeichnet [3.4]. Ihre Herleitung aus dem Prinzip der Irreversibilität, aus dem Verbot des perpetuum mobile 2. Art oder aus einer anderen Formulierung des 2. Hauptsatzes, vgl. 1.3.3, ist eine reizvolle, aber langwierige Aufgabe. Im Verlauf der historischen Entwicklung der Thermodynamik haben verschiedene Forscher unterschiedliche Wege eingeschlagen, um aus einer der qualitativen Formulierungen des 2. Hauptsatzes die Existenz der Zustandsgröße Entropie und ihre Eigenschaften, insbesondere ihr unterschiedliches Verhalten bei reversiblen, irreversiblen und unmöglichen Prozessen, herzuleiten. Wir wollen keinen dieser Schritte nachvollziehen, sondern werden, wie bei der Formulierung des 1. Hauptsatzes in 2.1.2, die Entropie mit ihren wichtigsten Eigenschaften durch Postulate einführen. Wir zeigen dann, daß die so definierte Entropie alle Erfahrungstatsachen, die mit dem 2. Hauptsatz zusammenhängen, in systematischer Weise quantitativ erfaßt. Insbesondere werden wir Kriterien zur Unterscheidung irreversibler, reversibler und nicht ausführbarer Prozesse erhalten und in der bei einem irreversiblen Prozeß erzeugten Entropie das gesuchte Irreversibilitätsmaß finden. Es hängt mit den Energieverlusten des irreversiblen Prozesses zusammen, genauer mit der Einbuße an gewinnbarer Nutzarbeit oder mit dem Mehraufwand an zuzuführender Arbeit gegenüber dem Idealfall des reversiblen Prozesses.

Wie der 1. Hauptsatz in einer Energiebilanz zum Ausdruck kommt, so führt der 2. Hauptsatz zu einer Entropiebilanz. Sie unterscheidet sich von der Energiebilanz durch einen Quellterm. Es gibt keinen Entropieerhaltungssatz; vielmehr kennzeichnet die Produktion von Entropie die Irreversibilität eines Prozesses. Dem Verbot, Entropie zu vernichten, entspricht die Unmöglichkeit, irreversible Prozesse umzukehren.

Der Leser, der die Konstruktion der Entropie aufgrund einer qualitativen Formulierung des 2. Hauptsatzes vermißt, sei auf frühere Auflagen dieses Buches verwiesen, z. B. [3.5]. Dort wurde versucht, die Entropie unter möglichst wenigen zusätzlichen Annahmen aus dem Prinzip der Irreversibilität zu gewinnen. Die meisten Lehrbücher der Thermodynamik enthalten derartige Herleitungen, wobei oft eine andere qualitative Formulierung des 2. Hauptsatzes zum Ausgangspunkt gewählt wird. Eine klassische Herleitung der Entropie aus dem Satz von der Unmöglichkeit des perpetuum mobile 2. Art hat M. Planck [3.6] gegeben; eine ähnliche Herleitung aus dem Satz: „Die Wärmeerzeugung durch Reibung ist irreversibel" veröffentlichte er 1926 [3.7].

3.1.2 Die Formulierung des 2. Hauptsatzes durch Entropie und thermodynamische Temperatur

Zur quantitativen Formulierung des 2. Hauptsatzes führen wir die Entropie durch die folgenden Postulate ein. Sie begründen die Existenz dieser Zustandsgröße, legen ihre Eigenschaften und ihre Beziehung zur thermodynamischen Temperatur fest und bilden die Grundlage ihrer Berechnung. In dieser Formulierung lautet der *2. Hauptsatz der Thermodynamik*:

1. *Jedes System besitzt eine extensive Zustandsgröße Entropie S.*

2. *Die Entropie eines Systems ändert sich*
   a) durch Wärmetransport über die Systemgrenze (Entropietransport mit Wärme),
   b) durch Stofftransport über die Systemgrenze,
   c) durch irreversible Prozesse im Inneren des Systems (Entropieerzeugung).

3. *Die mit der Wärme* dQ *über die Systemgrenze transportierte Entropie ist*

$$dS_Q = \frac{dQ}{T}, \qquad (3.1)$$

   wobei T die thermodynamische Temperatur an der Stelle der Systemgrenze ist, an der dQ *übergeht. Die thermodynamische Temperatur ist eine universelle, nicht negative Temperatur.*

4. *Die durch irreversible Prozesse im Inneren des Systems erzeugte Entropie ist niemals negativ; sie verschwindet nur für reversible Prozesse des Systems.*

Wir erläutern nun die einzelnen Teilaussagen des 2. Hauptsatzes und leiten daraus erste Folgerungen her.

3.1 Der 2. Hauptsatz für geschlossene Systeme

Die Entropie ist als extensive Zustandsgröße definiert. Besteht ein System aus Teilsystemen $A, B, C, \ldots$ mit den Entropien $S_A, S_B, S_C, \ldots$, so gilt für die Entropie des (Gesamt-)Systems

$$S = S_A + S_B + S_C + \ldots$$

Dividiert man die Entropie einer Phase durch ihre Masse, so erhält man die *spezifische Entropie*

$$s := S/m$$

der Phase. Nach (3.1) hat die Entropie S die Dimension Energie/Temperatur; die Entropieeinheit ist somit J/K. Dementsprechend hat die spezifische Entropie s die Einheit J/kg K.

Die Aussagen des 2. Hauptsatzes über die Änderung der Entropie ermöglichen es, für jeden Prozeß eine *Entropiebilanzgleichung* aufzustellen. Wir beschränken uns zunächst auf geschlossene Systeme und schließen damit eine Entropieänderung durch Materietransport über die Systemgrenze aus. Auf die Entropiebilanzgleichung offener Systeme, bei deren Aufstellung diese Art des Entropietransports zu berücksichtigen ist, kommen wir in 3.3.3 zurück. Wir betrachten nun ein Zeitintervall $d\tau$ des Prozesses; die während $d\tau$ eintretende Entropieänderung dS des geschlossenen Systems enthält zwei Anteile:

$$dS = dS_Q + dS_{irr}.$$

Sie rühren von dem mit dem Wärmeübergang gekoppelten Entropietransport über die Systemgrenze und von der Entropieerzeugung durch irreversible Prozesse im Systeminneren her.

Für die mit der Wärme transportierte Entropie setzen wir

$$dS_Q = \dot{S}_Q(\tau)\, d\tau$$

und analog für die erzeugte Entropie

$$dS_{irr} = \dot{S}_{irr}(\tau)\, d\tau.$$

Damit haben wir zwei zeitabhängige Prozeßgrößen, den *Entropietransportstrom* $\dot{S}_Q$ (transportierte Entropie durch Zeit) und den *Entropieproduktionsstrom* $\dot{S}_{irr}$ (erzeugte Entropie durch Zeit) definiert. Sie bestimmen die zeitliche Änderung der Entropie des Systems, und wir erhalten die Entropiebilanzgleichung

$$\frac{dS}{d\tau} = \dot{S}_Q(\tau) + \dot{S}_{irr}(\tau). \tag{3.2}$$

Die Wärme dQ und die mit ihr über die Systemgrenze transportierte Entropie dS_Q sind über eine Zustandsgröße des Systems, nämlich die *thermodynamische Temperatur T* verknüpft:

$$dQ = T\, dS_Q. \tag{3.3}$$

Die thermodynamische Temperatur ist keine empirische Temperatur, denn sie wird nicht durch die Eigenschaften eines Thermometers, sondern durch den universell gültigen Zusammenhang nach (3.1) bzw. (3.3) festgelegt. Daß die so durch den 2. Hauptsatz definierte Temperatur alle Eigenschaften besitzt, die man mit dem Temperaturbegriff verbindet, werden wir in 3.1.4 und 3.2.3 zeigen. Da die Entropie eine extensive Zustandsgröße ist, folgt bereits aus (3.1) oder (3.3), daß auch T wie alle Temperaturen zu den intensiven Zustandsgrößen gehört. Nach dem 2. Hauptsatz wird T niemals negativ; somit liegt der Nullpunkt der thermodynamischen Temperatur naturgesetzlich fest. Ob der Grenzzustand $T = 0$ erreicht werden kann, läßt der 2. Hauptsatz allerdings offen. Der sogenannte 3. Hauptsatz der Thermodynamik sagt aus, daß sich Zustände mit $T = 0$ nicht erreichen lassen. Nach (3.1) ist $T = 0$ jedenfalls ein singulärer Zustand, den wir im folgenden ausschließen. Wir setzen daher für die thermodynamische Temperatur die Bedingung $T > 0$ voraus. Damit haben dQ und dS_Q das gleiche Vorzeichen. Wärme und transportierte Entropie „strömen" stets in dieselbe Richtung. Führt man den Wärmestrom

$$\dot{Q}(\tau) = dQ/d\tau$$

ein, so folgt für den ihn begleitenden Entropietransportstrom

$$\dot{S}_Q(\tau) = \frac{\dot{Q}(\tau)}{T} \, . \tag{3.4}$$

In dieser Gleichung bedeutet T die thermodynamische Temperatur jener Stelle des Systems, an der der Wärmestrom $\dot{Q}$ die Systemgrenze überschreitet, Abb. 3.1. Ist das System eine Phase, so hat diese eine einheitliche Temperatur, und T bedeutet einfach die thermodynamische Temperatur der Phase. Im Verlauf eines Prozesses kann sich auch T mit der Zeit ändern. Um die Schreibweise durchsichtiger zu halten, haben wir dies in (3.1) und (3.4) nicht ausdrücklich vermerkt und anstelle von $T(\tau)$ einfach T geschrieben.

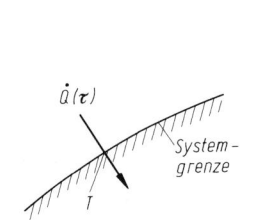

Abb. 3.1. Zur Erläuterung von (3.4)

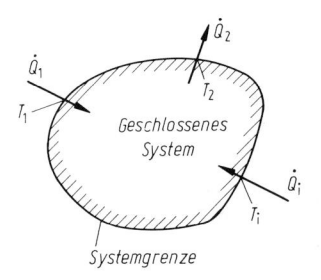

Abb. 3.2. Geschlossenes System, dessen Grenze mehrere Wärmeströme überqueren

Haben wir ein ausgedehntes, komplizierter aufgebautes System vor uns, dessen Grenze mehrere Wärmeströme überqueren, Abb. 3.2, so ist (3.4) allgemeiner zu formulieren. Da jeder Wärmestrom $\dot{Q}_i$ von einem Entropiestrom $\dot{Q}_i/T_i$ begleitet wird, erhalten wir für den gesamten Entropietransportstrom

$$\dot{S}_Q = \sum_i \frac{\dot{Q}_i}{T_i} \, . \tag{3.5}$$

Hierbei bedeutet T_i die thermodynamische Temperatur an jener Stelle der Systemgrenze, an der der Wärmestrom $\dot{Q}_i$ übertragen wird. Das Vorzeichen von $\dot{S}_Q$

3.1 Der 2. Hauptsatz für geschlossene Systeme

richtet sich nach dem Vorzeichen der Wärmeströme. Durch Entropietransport kann ein System Entropie erhalten oder abgeben ähnlich, wie es Energie durch Wärmetransport erhält oder abgibt. Die transportierte Entropie kann auch null sein; dies ist stets beim adiabaten System der Fall, denn dann sind in (3.5) alle $\dot{Q}_i \equiv 0$.

Entropie kann nur mit Wärme bzw. mit einem Wärmestrom über die Grenze eines geschlossenen Systems transportiert werden. Arbeit bzw. mechanische oder elektrische Leistung wird niemals von Entropie oder einem Entropiestrom begleitet. Die bei der Formulierung des 1. Hauptsatzes vorgenommene Unterscheidung zwischen Wärme und Arbeit bzw. zwischen Wärmestrom und mechanischer (oder elektrischer) Leistung findet ihre tiefere Begründung erst durch den 2. Hauptsatz: *Der Energietransport als Wärme ist von einem Entropietransport begleitet; der als Arbeit bezeichnete Energietransport über die Systemgrenze geschieht dagegen entropielos.*

Während die mit Wärme transportierte Entropie keinen Einschränkungen hinsichtlich ihres Vorzeichens unterliegt — es richtet sich wegen $T > 0$ nach dem Vorzeichen des Wärmestroms —, gibt es für die im Systeminneren erzeugte Entropie eine entscheidende Einschränkung: Es ist

$$dS_{irr} \begin{cases} > 0 \text{ für irreversible Prozesse} \\ = 0 \text{ für reversible Prozesse} \end{cases},$$

und entsprechend gilt für den Entropieproduktionsstrom

$$\dot{S}_{irr}(\tau) \begin{cases} > 0 \text{ für irreversible Prozesse} \\ = 0 \text{ für reversible Prozesse} \end{cases}.$$

Bei allen irreversiblen (natürlichen) Prozessen wird Entropie erzeugt; nur im Grenzfall des reversiblen Prozesses verschwindet die Entropieerzeugung. Eine Vernichtung oder Beseitigung von Entropie ist unmöglich. Durch diese Einschränkung kommt die Unsymmetrie in der Richtung aller wirklich ablaufenden Prozesse zum Ausdruck. Die erzeugte Entropie ist ein Maß für die Irreversibilität eines Vorgangs. Mit ihrer Hilfe kann man entscheiden, ob ein Prozeß reversibel, irreversibel oder unmöglich ist und wie stark irreversibel er abläuft.

Die Entropiebilanzgleichung (3.2) erhält nach dem bisher Gesagten die Form

$$\frac{dS}{d\tau} = \sum_i \frac{\dot{Q}_i}{T_i} + \dot{S}_{irr} \quad \text{mit} \quad \dot{S}_{irr} \geqq 0 . \tag{3.6}$$

Danach gibt es keinen allgemeinen Entropie-Erhaltungssatz, weil in (3.6) ein Produktionsterm auftritt, der die Irreversibilität des Prozesses kennzeichnet. Nur im reversiblen Grenzfall ($\dot{S}_{irr} = 0$) bleibt die Entropie erhalten. Die Entropie eines geschlossenen Systems kann nur dadurch abnehmen, daß das System Wärme und damit Entropie abgibt. Es sei nochmals darauf hingewiesen, daß mit Arbeit keine Entropie über die Systemgrenze transportiert wird.

Beispiel 3.1. Ein geschlossenes System durchläuft einen Prozeß, bei dem seine Temperatur $T = 300$ K konstant bleibt und seine Entropie um $S_2 - S_1 = 1{,}200$ kJ/K zunimmt. Kann das System bei diesem Prozeß die Energie $Q_{12} = 400$ kJ als Wärme aufnehmen?

Da die thermodynamische Temperatur des Systems konstant ist, folgt aus der Entropiebilanzgleichung

$$\frac{dS}{d\tau} = \frac{\dot{Q}}{T} + \dot{S}_{irr}$$

durch Integration zwischen Anfangs- und Endzustand

$$S_2 - S_1 = \frac{Q_{12}}{T} + \int_{\tau_1}^{\tau_2} \dot{S}_{irr} \, d\tau = \frac{Q_{12}}{T} + S_{12}^{irr} \, .$$

Dabei haben wir mit $S_{12}^{irr} \geq 0$ die während des ganzen Prozesses im Systeminneren erzeugte Entropie bezeichnet. Da diese nicht negativ ist, erhalten wir die Ungleichung

$$Q_{12} \leq T(S_2 - S_1) = 300 \text{ K} \cdot 1{,}200 \text{ kJ/K} = 360 \text{ kJ} \, .$$

Diese Bedingung ist bei dem gegebenen Wert von Q_{12} verletzt. Ein Prozeß mit den hier vorliegenden Daten widerspricht dem 2. Hauptsatz; er ist unmöglich, denn es müßte dabei Entropie vernichtet werden.

3.1.3 Adiabate Systeme

Wir betrachten nun einen Sonderfall der für geschlossene Systeme geltenden Entropiebilanzgleichung (3.6), indem wir uns auf adiabate Systeme beschränken. Wir erhalten dadurch spezielle, aber für die Anwendung wichtige und besonders einprägsame Aussagen des 2. Hauptsatzes, die uns mit den Eigenschaften der Entropie vertrauter machen.

Für adiabate Systeme nimmt die Entropiebilanzgleichung die einfache Form

$$\frac{dS}{d\tau} = \dot{S}_{irr}(\tau) \geq 0 \qquad (3.7)$$

an. Da der Entropietransportstrom $\dot{S}_Q \equiv 0$ ist, kann sich die Entropie eines adiabaten Systems nur durch Entropieerzeugung als Folge irreversibler Prozesse ändern. Nach dem 2. Hauptsatz kann Entropie erzeugt, aber nicht vernichtet werden; somit gilt der Satz:

Die Entropie eines geschlossenen adiabaten Systems kann nicht abnehmen. Sie nimmt bei irreversiblen Prozessen zu und bleibt nur bei reversiblen Prozessen konstant.

Bei einem adiabaten System ist die erzeugte Entropie gleich der Entropieänderung des Systems. Integration von (3.7) liefert hierfür

$$S_2 - S_1 = \int_{\tau_1}^{\tau_2} \dot{S}_{irr}(\tau) \, d\tau = S_{12}^{irr} \geq 0 \, .$$

Die Prozeßgröße S_{12}^{irr}, nämlich die bei dem irreversiblen Prozeß $1 \to 2$ erzeugte Entropie, ist bei adiabaten Systemen gleich der Zunahme der Zustandsgröße S, der Entropie des Systems. Durchläuft das adiabate System einen reversiblen Prozeß, so bleibt seine Entropie konstant. Es gilt $S_2 = S_1$ oder $dS = 0$. Eine Zustandsänderung, bei der die Entropie konstant bleibt, heißt *isentrope Zustandsänderung* oder *Isentrope* $S = $ const. Bei adiabaten Systemen liefert die Änderung

3.1 Der 2. Hauptsatz für geschlossene Systeme

der Systementropie die gesuchte Unterscheidung zwischen reversiblen und irreversiblen Prozessen. Bleibt die Entropie des adiabaten Systems konstant, so ist der Prozeß reversibel; nimmt sie zu, so durchläuft das adiabate System einen irreversiblen Prozeß.

Ein adiabates System kann von einem gegebenen Zustand aus nur solche Prozesse ausführen, bei denen seine Entropie nicht abnimmt. Es kann daher auch nicht beliebige Zustände erreichen. Erreichbar sind nur (durch irreversible Prozesse) jene Zustände, bei denen seine Entropie zunimmt, und (durch reversible Prozesse) die Zustände, die auf der Isentrope $S = S_1$ liegen, welche durch den Ausgangszustand 1 verläuft. Diese durch den 2. Hauptsatz gegebene Einteilung in adiabat erreichbare und adiabat nicht erreichbare Zustände legte C. Carathéodory [1.8], vgl. 1.1.1, seiner axiomatischen Begründung des 2. Hauptsatzes zugrunde. Er ging von folgender Formulierung des 2. Hauptsatzes aus: *In jeder beliebigen Umgebung eines willkürlich vorgeschriebenen Anfangszustands gibt es Zustände, die durch adiabatische Zustandsänderungen nicht beliebig approximiert werden können.* Diese Fassung des 2. Hauptsatzes sagt jedoch nichts darüber aus, welche Zustände adiabat erreichbar sind und welche nicht. Dies wurde von M. Planck [3.7] kritisiert, der die von Carathéodory gegebene Form des 2. Hauptsatzes als unvollständig und den anderen Fassungen nicht gleichwertig erachtete.

Die bei einem adiabaten System bestehende Möglichkeit, das Irreversibilitätsmaß „erzeugte Entropie" durch die Änderung seiner Zustandsgröße Entropie auszudrücken, kann man auf nichtadiabate Systeme erweitern, indem man zwei oder mehrere Systeme, zwischen denen Entropie mit Wärme transportiert wird, zu einem adiabaten Gesamtsystem zusammenfaßt. Da die Entropie eine extensive Zustandsgröße ist, erhält man die Entropieänderung des adiabaten Gesamtsystems als Summe der Entropieänderungen der (nichtadiabaten) Teilsysteme. Jedes der Teilsysteme $A, B, C, \ldots$ erfährt dann bei einem Prozeß eine bestimmte Entropieänderung

$$\Delta S_K = S_{K2} - S_{K1}, \qquad K = A, B, C, \ldots$$

Sie kann positiv, negativ oder auch gleich null sein. Die Summe der Entropieänderungen aller Teilsysteme, die das adiabate Gesamtsystem bilden, darf aber nach dem 2. Hauptsatz nicht negativ werden. Vielmehr ist

$$(S_2 - S_1)_{\text{adiabat}} = \sum_K \Delta S_K \geqq 0,$$

wobei das Ungleichheitszeichen für einen irreversiblen Prozeß, das Gleichheitszeichen für den Idealfall des reversiblen Prozesses gilt.

Wir wenden nun die beiden Hauptsätze auf ein *abgeschlossenes System* an. Alle Prozesse, die in diesem System ablaufen können, z. B. Ausgleichsprozesse zwischen Teilsystemen des abgeschlossenen Systems, müssen den folgenden Bedingungen genügen. Aus dem 1. Hauptsatz ergibt sich wegen $Q_{12} = 0$ und $W_{12} = 0$

$$U_2 - U_1 = 0. \tag{3.8}$$

Da ein abgeschlossenes System stets auch ein adiabates System ist, folgt aus dem 2. Hauptsatz

$$S_2 - S_1 \geqq 0. \tag{3.9}$$

Alle Prozesse im abgeschlossenen System können nur so ablaufen, daß dabei die Energie konstant bleibt und sich die Entropie vergrößert, bis sie schließlich ein Maximum erreicht. Dieser Zustand maximaler Entropie, von dem aus keine Änderungen mehr möglich sind — eine Entropieabnahme verstieße gegen den

2. Hauptsatz! — ist der *Gleichgewichtszustand* des abgeschlossenen Systems, vgl. 1.3.1. Der 2. Hauptsatz liefert uns somit auch ein allgemein gültiges Gleichgewichtskriterium: *Der Gleichgewichtszustand eines abgeschlossenen Systems ist durch das Maximum seiner Entropie gekennzeichnet.* In 4.1.3 benutzen wir dieses Kriterium, um daraus die Bedingungen für das Phasengleichgewicht eines heterogenen Systems herzuleiten.

R. Clausius [3.4] hat den Inhalt der beiden Gl. (3.8) und (3.9) durch die berühmt gewordenen Sätze zum Ausdruck gebracht: „Die Energie der Welt ist konstant. Die Entropie der Welt strebt einem Maximum zu." Diese Formulierung der Hauptsätze der Thermodynamik hat zu philosophischen Spekulationen und auch zu berechtigter Kritik Anlaß gegeben. Die Hauptsätze der Thermodynamik sind aus Erfahrungen an Systemen endlicher Größe gewonnen worden. Es ist nicht sicher, ob diese Sätze auf „die Welt" angewendet werden dürfen. Zumindest ist es zweifelhaft, ob „die Welt" ein abgeschlossenes System bildet; denn nur für solche Systeme gelten die beiden Gl. (3.8) und (3.9).

3.1.4 Die Irreversibilität des Wärmeübergangs

Der irreversible Prozeß des Wärmeübergangs, den wir bei der Einstellung des thermischen Gleichgewichts in Abschn. 1.4.1 behandelt haben, steht in enger Beziehung zum 2. Hauptsatz und zu seiner quantitativen Formulierung durch Entropie und thermodynamische Temperatur. Um hier die Entropie bequem anwenden zu können, betrachten wir den Wärmeübergang zwischen zwei Systemen A und B, die ein *adiabates* Gesamtsystem bilden, Abb. 3.3. Alle Arbeits-

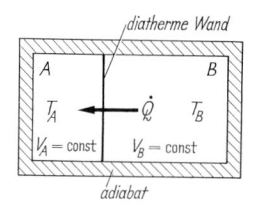

Abb. 3.3. Wärmeübergang zwischen zwei Systemen A und B, die ein adiabates Gesamtsystem bilden

koordinaten der Systeme, z. B. ihre Volumina seien konstant. Vereinfachend sei angenommen, daß beide Systeme je für sich homogen sind, daß also die Temperatur T_A im ganzen System A und die Temperatur T_B im ganzen System B konstant ist. Es gelte jedoch $T_A \ne T_B$. Auch wenn die beiden Systeme über die diatherme Wand Wärme aufnehmen oder abgeben, sollen dadurch im Inneren der Systeme keine Temperaturdifferenzen auftreten. Unter diesen Annahmen verhält sich jedes der beiden Systeme wie eine Phase und durchläuft für sich genommen einen reversiblen Prozeß. Der Prozeß des adiabaten Gesamtsystems ist aber irreversibel, denn Wärme wird zwischen Teilsystemen unterschiedlicher Temperatur übertragen. Man sagt in diesem Falle, jedes der beiden Systeme durchliefe einen *innerlich reversiblen* Prozeß; die Irreversibilität sei (für jedes der beiden Systeme) eine äußere, weil sie außerhalb der Systemgrenze, hier in der diathermen Wand, auftritt.

Der Wärmestrom $\dot{Q}_A$, den das System A empfängt (oder abgibt), ist dem Betrag nach ebenso groß wie der Wärmestrom $\dot{Q}_B$, den das System B abgibt (bzw.

empfängt). Beide Wärmeströme haben aber entgegengesetztes Vorzeichen. Wir setzen daher

$$\dot{Q}(\tau) = \dot{Q}_A(\tau) = -\dot{Q}_B(\tau) \ .$$

Für die Entropieänderung des adiabaten Gesamtsystems, bestehend aus den beiden Teilsystemen A und B, gilt

$$\frac{dS}{d\tau} = \frac{dS_A}{d\tau} + \frac{dS_B}{d\tau} = \dot{S}_{irr}(\tau) \geqq 0 \ ,$$

weil über seine Grenze keine Wärme, also auch keine Entropie transportiert wird. Die Entropie $S = S_A + S_B$ nimmt so lange zu, bis sich das thermische Gleichgewicht als Endzustand des Temperatur-Ausgleichsprozesses eingestellt hat. Die Entropieproduktion hört dann auf; das Maximum von S ist erreicht.

Um nun die Entropieänderungen der beiden Teilsysteme und damit auch $\dot{S}_{irr}$ zu berechnen, beachten wir, daß nach den eingangs gemachten Annahmen beide Teilsysteme als Phasen behandelt werden, die je für sich einen reversiblen Prozeß durchlaufen. Es ist also $\dot{S}^A_{irr} = 0$ und $\dot{S}^B_{irr} = 0$, so daß wir

$$\frac{dS_A}{d\tau} = \dot{S}^A_Q(\tau) = \frac{\dot{Q}_A}{T_A} = \frac{\dot{Q}}{T_A}$$

und

$$\frac{dS_B}{d\tau} = \dot{S}^B_Q(\tau) = \frac{\dot{Q}_B}{T_B} = -\frac{\dot{Q}}{T_B}$$

erhalten. Wächst die Entropie des einen Teilsystems als Folge des Entropietransports, so nimmt die Entropie des anderen Teilsystems ab, doch sind die Beträge der beiden Entropietransportströme wegen $T_A \neq T_B$ verschieden groß. Die Entropieänderung des adiabaten Gesamtsystems und damit die beim Wärmeübergang erzeugte Entropie wird

$$\dot{S}_{irr} = \frac{dS}{d\tau} = \frac{\dot{Q}}{T_A} - \frac{\dot{Q}}{T_B}$$

oder

$$\dot{S}_{irr} = \frac{T_B - T_A}{T_A T_B} \dot{Q} \geqq 0 \ .$$

Nach dem 2. Hauptsatz ist $\dot{S}_{irr}$ nicht negativ. Geht nun Wärme vom System B zum System A über ($\dot{Q} > 0$), so muß $T_B > T_A$ gelten. Ist dagegen $T_B < T_A$, so muß $\dot{Q}$ negativ werden, Wärme also von System A in das System B übergehen. Wir haben damit aus dem 2. Hauptsatz hergeleitet: Wärme geht stets von dem System mit der höheren thermodynamischen Temperatur auf das System mit der niedrigeren thermodynamischen Temperatur über, vgl. auch die in 1.3.3 erwähnte Formulierung des 2. Hauptsatzes durch R. Clausius. Solange ein Temperaturunterschied zwischen den beiden Systemen besteht, geht Energie als Wärme über die diatherme Wand, und es wird hier Entropie erzeugt. Dadurch nimmt die Entropie des adiabaten Gesamtsystems fortwährend zu, bis der Zustand des thermischen Gleichgewichts mit dem Maximum der Entropie erreicht ist, vgl. 3.1.3. In diesem

Zustand, in dem die Temperaturen der beiden Teilsysteme einen gemeinsamen Endwert $T_A = T_B$ erreicht haben, wird keine Entropie mehr erzeugt. Es ist $\dot{S}_{irr} = 0$, und auch der Wärmeübergang hat aufgehört. Damit besitzt die durch (3.1) eingeführte thermodynamische Temperatur genau jene Eigenschaften, die wir erfahrungsgemäß mit dem Temperaturbegriff verbinden, der ja über das thermische Gleichgewicht eingeführt wurde, vgl. 1.4.1.

Es liege nun der in Abb. 3.4 dargestellte Fall $T_B > T_A$ mit $\dot{Q} > 0$ vor. Mit diesem Wärmestrom gibt das System B den Entropietransportstrom $-\dot{Q}/T_B$ ab. Diese Entropie strömt zum System A, dessen Entropie sich aber nicht nur um diesen Betrag vergrößert. Zusätzlich wird nämlich in der diathermen Wand, wo der die Irreversibilität verkörpernde Temperatursprung auftritt, Entropie erzeugt. Das System A empfängt mehr Entropie als das System B abgibt, denn es erhält auch die in der Wand erzeugte Entropie:

$$\dot{S}_Q^A = |\dot{S}_Q^B| + \dot{S}_{irr} = \frac{\dot{Q}}{T_B} + \frac{T_B - T_A}{T_A T_B} \dot{Q} = \frac{\dot{Q}}{T_A}.$$

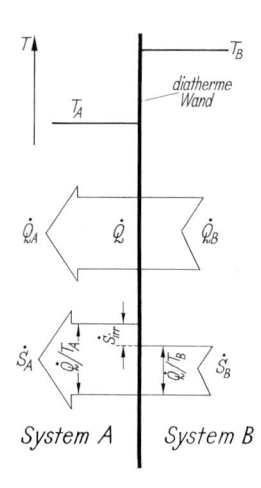

Abb. 3.4. Schema des Temperaturverlaufs (oben), übergehender Wärmestrom $\dot{Q}$, transportierte und erzeugte Entropie beim Wärmeübergang vom System B zum System A

Es sei noch darauf hingewiesen, daß alle Größen in den vorstehenden Gleichungen von der Zeit τ abhängen, auch wenn dies nicht ausdrücklich vermerkt wurde, um die Schreibweise zu vereinfachen. Insbesondere sind auch die Temperaturen T_A und T_B Zeitfunktionen. Abbildung 3.4 stellt eine „Momentaufnahme" des zeitabhängigen Vorgangs dar. Zu einem späteren Zeitpunkt haben sich die Temperaturdifferenz $T_B - T_A$, der übertragene Wärmestrom $\dot{Q}$ und die drei Entropieströme $\dot{S}_A$, $\dot{S}_B$ und $\dot{S}_{irr}$ verringert.

Nach den Ergebnissen der Lehre vom Wärmeübergang ist der Wärmestrom $\dot{Q}$ dem Temperaturunterschied zwischen den beiden Systemen proportional,

$$\dot{Q} \sim (T_B - T_A).$$

Für den Entropieproduktionsstrom gilt dann

$$\dot{S}_{irr} \sim (T_B - T_A)^2.$$

Den Grenzfall des *reversiblen Wärmeübergangs* müssen wir uns daher so vorstellen: Bei infinitesimal kleiner Temperaturdifferenz geht ein infinitesimal kleiner Wärmestrom über. Der die Irreversibilität des Prozesses kennzeichnende Entropie-

3.1 Der 2. Hauptsatz für geschlossene Systeme 91

produktionsstrom ist aber im Vergleich zum Wärmestrom klein von *höherer Ordnung*, denn er geht mit dem Quadrat der Temperaturdifferenz gegen null.

Beispiel 3.2. Ein dünnwandiger Behälter mit konstantem Volumen enthält Wasser mit der Masse $m_W = 1{,}00$ kg, dessen spezifische Wärmekapazität $c_W = 4{,}19$ kJ/kg K als konstant angenommen wird. Zur Zeit $\tau = 0$ hat das Wasser die Temperatur $T_0 = 350$ K; es kühlt sich durch Wärmeabgabe an die Atmosphäre (Umgebung) ab, deren Temperatur $T_A = 280$ K sich trotz Energieaufnahme nicht ändern soll, Abb. 3.5. Man berechne die zeitliche Änderung der Wassertemperatur T, der Entropien des Wassers und der Atmosphäre sowie die durch den irreversiblen Wärmeübergang erzeugte Entropie. Für den vom Behälter abgegebenen Wärmestrom gelte

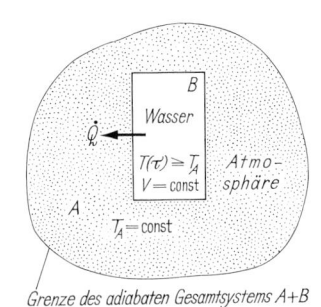

$$-\dot{Q}_B = \dot{Q} = kA(T - T_A)\,.$$

Abb. 3.5. Dünnwandiger Wasserbehälter und umgebende Atmosphäre bilden ein adiabates Gesamtsystem

Hierbei ist A die Fläche der diathermen Behälterwand zwischen dem Wasser und der Atmosphäre, k ist der Wärmedurchgangskoeffizient, der sich mit den Methoden der Lehre vom Wärmeübergang bestimmen läßt, vgl. z. B. [3.8]. Im vorliegenden Beispiel werde k konstant angenommen und $k \cdot A = 0{,}75$ W/K gesetzt. Die Wassertemperatur sei im ganzen Behälter räumlich konstant; die Energie und die Entropie der dünnen Behälterwand werden vernachlässigt.

Wir wenden den 1. Hauptsatz auf das geschlossene System „Behälter" an. Für die Änderung seiner inneren Energie gilt

$$dU_B = -\dot{Q}\,d\tau = -kA(T - T_A)\,d\tau$$

und

$$dU_B = m_W c_W\,dT\,.$$

Daraus folgt

$$\frac{dT}{d\tau} = -\frac{kA}{m_W c_W}(T - T_A) = -\frac{1}{\tau_0}(T - T_A) \qquad (3.10)$$

als Differentialgleichung, aus der die zeitliche Temperaturänderung des Wassers bestimmt werden kann. Die Größe τ_0 ist eine für die Abkühlung charakteristische Zeitkonstante, die in unserem Beispiel den Wert

$$\tau_0 = \frac{m_W c_W}{kA} = \frac{4{,}19 \text{ kJ/K}}{0{,}75 \text{ W/K}} = 5{,}59 \cdot 10^3 \text{ s} = 1{,}55 \text{ h}$$

hat. Durch Integration von (3.10) erhält man

$$\frac{T - T_A}{T_0 - T_A} = e^{-\tau/\tau_0}\,, \qquad (3.11)$$

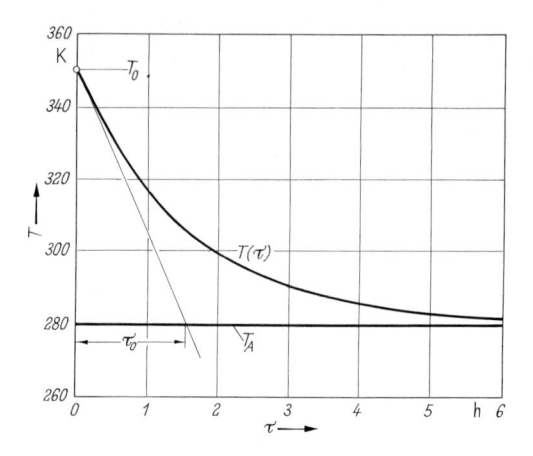

Abb. 3.6. Zeitlicher Verlauf der Wassertemperatur nach (3.11)

wobei die Anfangsbedingung $T = T_0$ für $\tau = 0$ berücksichtigt wurde. Für die angegebenen Werte von T_A, T_0 und τ_0 zeigt Abb. 3.6 den zeitlichen Temperaturverlauf. Die Wassertemperatur sinkt zuerst rasch, denn zu Beginn des Prozesses ist die Temperaturdifferenz $T - T_A$ groß, und dementsprechend geht viel Energie als Wärme an die Atmosphäre über. Mit wachsendem τ nähert sich die Wassertemperatur asymptotisch der konstanten Temperatur T_A der Atmosphäre. Das thermische Gleichgewicht mit $T = T_A$ wird für $\tau \to \infty$ erreicht.

Wir berechnen nun die zeitliche Änderung der Entropie S_B des Wassers. Mit der an die Atmosphäre übergehenden Wärme wird auch Entropie abgeführt, so daß S_B abnimmt. Da die Temperatur des Behälters räumlich konstant ist, wird im Behälter keine Entropie erzeugt. Somit gilt

$$dS_B = -\frac{\dot{Q}\, d\tau}{T} = \frac{dU_B}{T} = m_W c_W \frac{dT}{T}\,.$$

Durch Integration dieser Gleichung zwischen $\tau = 0$, entsprechend $T = T_0$, und einer beliebigen Zeit τ, zu der die Wassertemperatur den Wert $T(\tau)$ nach (3.11) hat, erhalten wir

$$S_B(\tau) = S_B(0) + m_W c_W \ln \frac{T(\tau)}{T_0}\,.$$

Die Entropie S_A der Atmosphäre nimmt zu, weil ihr mit der zugeführten Wärme auch Entropie zugeführt wird. Hierfür gilt

$$dS_A = \frac{\dot{Q}\, d\tau}{T_A} = -m_W c_W \frac{dT}{T_A}\,.$$

Integration dieser Gleichung liefert

$$S_A(\tau) = S_A(0) + m_W c_W \frac{T_0 - T(\tau)}{T_A}\,.$$

Da $T(\tau) \leqq T_0$ ist, nimmt S_A mit fortschreitender Zeit monoton zu. Dieses Anwachsen von S_A kommt nicht nur dadurch zustande, daß das Wasser Entropie abgibt. Zusätzlich wird in der Behälterwand Entropie erzeugt, die ebenfalls an die Atmosphäre übergeht. Die erzeugte Entropie ist gleich der Entropiezunahme des adiabaten Gesamtsystems, das

3.1 Der 2. Hauptsatz für geschlossene Systeme

aus der Atmosphäre und dem Behälter gebildet wird. Die Entropie des adiabaten Gesamtsystems,

$$S(\tau) = S_A(\tau) + S_B(\tau) = S_A(0) + S_B(0) + m_W c_W \left[\frac{T_0 - T(\tau)}{T_A} - \ln \frac{T_0}{T(\tau)} \right],$$

wächst kontinuierlich mit der Zeit ebenso wie die erzeugte Entropie

$$S_{irr}(\tau) = S(\tau) - S(0) = m_W c_W \left[\frac{T_0 - T(\tau)}{T_A} - \ln \frac{T_0}{T(\tau)} \right].$$

Abb. 3.7 zeigt den zeitlichen Verlauf der Entropien $S_A(\tau)$, $S_B(\tau)$ und $S(\tau)$. Dabei wurden die Entropiekonstanten mit

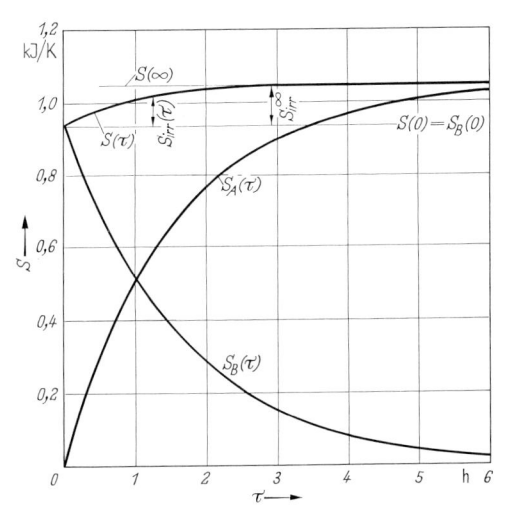

$$S_A(0) = 0 \quad \text{und} \quad S_B(0) = m_W c_W \ln(T_0/T_A)$$

Abb. 3.7. Zeitlicher Verlauf der Entropie S_A der Atmosphäre, der Entropie S_B des Wassers und der Entropie $S = S_A + S_B$ des adiabaten Gesamtsystems

so normiert, daß nur positive Entropiewerte auftreten und außerdem für $\tau \to \infty$ $S_B \to 0$ geht. Die durch den irreversiblen Wärmeübergang insgesamt erzeugte Entropie $S_{irr}(\infty) = S_{irr}^{\infty}$ ergibt sich mit $T(\infty) = T_A$ zu

$$S_{irr}^{\infty} = m_W c_W \left[\frac{T_0 - T_A}{T_A} - \ln \frac{T_0}{T_A} \right] = 4{,}19 \frac{kJ}{K} \left[\frac{70 \text{ K}}{280 \text{ K}} - \ln \frac{350 \text{ K}}{280 \text{ K}} \right]$$

$$= 4{,}19 \cdot 0{,}02685 \text{ kJ/K} = 0{,}1125 \text{ kJ/K}.$$

Sie ist die Differenz aus der Entropiezunahme der Atmosphäre und der Entropieabnahme des Wassers.

Wie man aus Abb. 3.7 erkennt, erreicht die Entropie $S(\tau)$ des adiabaten Gesamtsystems praktisch schon nach etwa 3 bis 4 h ihren Endwert $S(\infty)$, während dies für die Entropien $S_A(\tau)$ und $S_B(\tau)$ der beiden Teilsysteme keineswegs zutrifft. Da die erzeugte Entropie dem *Quadrat* der Temperaturdifferenz $T - T_A$ proportional ist, wird nämlich nur zu Beginn des Prozesses viel Entropie erzeugt; die Entropieerzeugung nimmt mit kleiner werdender

Temperaturdifferenz $T - T_A$ sehr rasch ab. Gegen Ende des Prozesses ($\tau > 4$ h) findet somit ein annähernd reversibler Wärmeübergang statt, bei dem die beiden Systeme Energie (als Wärme) und Entropie austauschen, bei dem aber nur noch verschwindend wenig Entropie in der Behälterwand erzeugt wird, so daß die Entropie des adiabaten Gesamtsystems annähernd konstant bleibt.

3.1.5 Stationäre Prozesse. Perpetuum mobile 2. Art

Wir wenden nun die Entropiebilanzgleichung auf ein geschlossenes System an, das einen zeitlich stationären Prozeß ausführt. Die Entropie des Systems ändert sich nicht mit der Zeit. Es gilt daher die Entropiebilanz

$$\frac{dS}{d\tau} = \sum_i \frac{\dot{Q}_i}{T_i} + \dot{S}_{irr} = 0 \;;$$

jeder Entropietransportstrom $\dot{Q}_i/T_i$ und der Entropieproduktionsstrom $\dot{S}_{irr}$ sind zeitunabhängige, konstante Größen. Für den Entropieproduktionsstrom erhalten wir

$$\dot{S}_{irr} = -\sum_i \frac{\dot{Q}_i}{T_i} \geq 0 \;. \tag{3.12}$$

Damit die Entropie des Systems konstant bleibt, muß die in das System mit Wärme einströmende und die im System durch irreversible Prozesse erzeugte Entropie mit Wärme über die Systemgrenze abgeführt werden. Unter den Wärmeströmen $\dot{Q}_i$, die die Systemgrenze überqueren und zur Summe in (3.12) beitragen, muß wenigstens ein Wärmestrom negativ und in seinem Betrag so groß sein, daß sich ein nicht negativer Entropieproduktionsstrom ergibt, wie es der 2. Hauptsatz verlangt.

Aus (3.12) lassen sich mehrere technisch wichtige Folgerungen herleiten, von denen wir hier die bereits in 3.1.1 erwähnte Unmöglichkeit des perpetuum mobile 2. Art behandeln. Auf weitere Anwendungen gehen wir in 3.1.6 und in späteren Kapiteln ein. Ein perpetuum mobile 2. Art ist eine stationär arbeitende Einrichtung, die einen Wärmestrom aufnimmt und eine im Betrag gleich große mechanische oder elektrische Leistung abgibt. Man sagt auch, ein perpetuum mobile 2. Art verwandle einen Wärmestrom vollständig in eine mechanische oder elektrische Leistung. Dies widerspricht nicht dem 1. Hauptsatz, denn aus

$$\frac{dU}{d\tau} = \dot{Q} + P = 0$$

erhält man für die gewonnene Leistung

$$-P = \dot{Q} \;.$$

Es wird also nicht etwa mechanische Leistung aus nichts erzeugt — eine solche Einrichtung bezeichnet man als perpetuum mobile 1. Art —, sondern eine Energieform (Wärme) wird unter Beachtung des Energieerhaltungssatzes in eine andere (Arbeit) umgewandelt. Diese Energieumwandlung wäre sehr vorteilhaft; denn man könnte die in der Umgebung gespeicherte Energie in Nutzarbeit oder elektrische Energie verwandeln, indem man ihr den Wärmestrom $\dot{Q}$ entzieht, vgl. die Ausführungen in 3.1.1.

3.1 Der 2. Hauptsatz für geschlossene Systeme

Das perpetuum mobile 2. Art ist jedoch nach dem 2. Hauptsatz unmöglich, denn es müßte den mit dem zugeführten Wärmestrom zufließenden Entropietransportstrom vernichten. Da $\dot{Q} > 0$ ist, folgt aus der Entropiebilanzgleichung (3.12) $\dot{S}_{irr} < 0$, denn es ist kein abfließender Wärme- bzw. Entropietransportstrom vorhanden, der die zugeführte und die erzeugte Entropie abtransportiert. Nach dem 2. Hauptsatz muß aber $\dot{S}_{irr} \geqq 0$ gelten. Der einer stationär arbeitenden Anlage zugeführte Wärmestrom läßt sich nach dem 2. Hauptsatz nicht vollständig in mechanische oder elektrische Nutzleistung umwandeln. Die mit dem Wärmestrom $\dot{Q}$ zugeführte und die in der Anlage erzeugte Entropie müssen durch einen Abwärmestrom $\dot{Q}_0 < 0$ kontinuierlich abgeführt werden. Der zugeführte Wärmestrom läßt sich also nur zum Teil in Nutzleistung umwandeln, ein Teil des Wärmestroms muß als Abwärmestrom wieder abgegeben werden. Diese Einschränkung, die der 2. Hauptsatz der Umwandlung von Wärme in einer sogenannten Wärmekraftmaschine auferlegt, behandeln wir ausführlich im nächsten Abschnitt.

Abb. 3.8. Elektromotor und schematische Darstellung der Energieströme

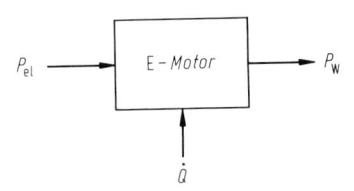

Beispiel 3.3. Ein Elektromotor hat die Aufgabe, eine Wellenleistung P_W abzugeben. Zu seinem Antrieb wird die elektrische Leistung P_{el} zugeführt. Man untersuche den stationären Betrieb eines Elektromotors durch Anwenden der beiden Hauptsätze und berücksichtige dabei, daß ein Wärmestrom $\dot{Q}$ zu- oder abgeführt werden kann.

In Abb. 3.8 sind die Energieströme, die die Grenze des geschlossenen Systems „Elektromotor" überschreiten, schematisch dargestellt. Diese Energieströme sind zeitlich konstant. Die Leistungsbilanz, vgl. 2.3.1, ergibt

$$\frac{dU}{d\tau} = \dot{Q} + P_W + P_{el} = 0 \, .$$

Daraus erhalten wir für die abgegebene Wellenleistung

$$-P_W = P_{el} + \dot{Q} \, .$$

Danach könnte man die abgegebene Wellenleistung dadurch steigern, daß man den Elektromotor beheizt, ihm also einen Wärmestrom zuführt ($\dot{Q} > 0$).

Wie eine Entropiebilanzgleichung zeigt, verbietet jedoch der 2. Hauptsatz diese günstige Art der Leistungssteigerung. Es gilt

$$\frac{dS}{d\tau} = \dot{S}_Q + \dot{S}_{irr} = 0 \, .$$

Da nur ein Wärmestrom die Systemgrenze überschreitet, ist der Entropietransportstrom

$$\dot{S}_Q = \dot{Q}/T \, ,$$

wobei T die (zeitlich konstante) thermodynamische Temperatur an der Stelle des Elektromotors bedeutet, an der $\dot{Q}$ übergeht. Aus

$$\dot{S}_Q = \dot{Q}/T = -\dot{S}_{irr}$$

erhalten wir

$$\dot{Q} = -T\dot{S}_{irr} \leqq 0 \, .$$

Nach dem 2. Hauptsatz muß der Wärmestrom $\dot{Q}$ abgeführt werden. Dies ist der Verlustwärmestrom

$$\dot{Q} = -|\dot{Q}_v| = -T\dot{S}_{irr},$$

der die im Elektromotor durch irreversible Prozesse erzeugte Entropie abtransportiert. Diese entsteht durch mechanische Reibung und Dissipation elektrischer Energie.

Der Verlustwärmestrom $\dot{Q}_v$ bzw. der Entropieproduktionsstrom führt zu einer Verringerung der abgegebenen Wellenleistung

$$-P_W = P_{el} - |\dot{Q}_v| = P_{el} - T\dot{S}_{irr}.$$

Nur im Idealfall des reversibel arbeitenden Elektromotors stimmen abgegebene Wellenleistung und zugeführte elektrische Leistung überein. Man erfaßt die Verluste auch durch den Wirkungsgrad

$$\eta_{EM} := \frac{-P_W}{P_{el}} = \frac{P_{el} - |\dot{Q}_v|}{P_{el}} = 1 - \frac{|\dot{Q}_v|}{P_{el}} = 1 - \frac{T\dot{S}_{irr}}{P_{el}} \leq 1$$

des Elektromotors. Er weicht umso mehr vom Idealwert 1 ab, je größer der Entropieproduktionsstrom $\dot{S}_{irr}$ ist. Die erzeugte Entropie ist also ein Maß für den Leistungsverlust, der durch irreversible Prozesse verursacht wird.

3.1.6 Die Umwandlung von Wärme in Nutzarbeit. Wärmekraftmaschine

Eine stationär arbeitende Einrichtung, die kontinuierlich Energie als Wärme aufnimmt und mechanische Arbeit abgibt, heißt Wärmekraftmaschine. Man sagt auch, eine Wärmekraftmaschine bewirke die kontinuierliche Umwandlung von Wärme in Arbeit. Wärmekraftmaschinen sind beispielsweise in den Dampfkraftwerken verwirklicht. Hier wird Wärme von dem bei der Verbrennung entstehenden heißen Verbrennungsgas auf das Arbeitsmedium der Wärmekraftmaschine, den Wasserdampf, übertragen. Die Arbeit wird als Wellenarbeit eines Turbinensatzes gewonnen, in dem der Wasserdampf unter Arbeitsabgabe expandiert. Das Arbeitsmedium einer Wärmekraftmaschine führt einen Kreisprozeß aus, bei dem es immer wieder die gleichen Zustände durchläuft, damit ein zeitlich stationäres Arbeiten der Wärmekraftmaschine ermöglicht wird. Auf diesen Kreisprozeß und die Vorgänge im Inneren der Wärmekraftmaschine gehen wir in 8.1.4 ein. Für die nun folgenden Betrachtungen brauchen wir diese Einzelheiten nicht zu kennen.

Eine Wärmekraftmaschine ist ein geschlossenes System, in dem ein zeitlich stationärer Prozeß abläuft. Wie wir schon im letzten Abschnitt nachgewiesen haben, verbietet es der 2. Hauptsatz, daß die zugeführte Wärme vollständig in Arbeit umgewandelt wird. Es muß stets ein Abwärmestrom vorhanden sein, der die zugeführte Entropie und die in der Wärmekraftmaschine erzeugte Entropie abführt. Wir legen daher den folgenden Betrachtungen das geschlossene System von Abb. 3.9 zugrunde. Die Wärmekraftmaschine nimmt den Wärmestrom $\dot{Q}$ bei der Temperatur T auf und gibt neben der Wellenleistung P den Abwärmestrom $\dot{Q}_0$ bei der Temperatur T_0 ab. Alle diese Größen sind zeitlich konstant.

Aus dem 1. Hauptsatz erhalten wir die Leistungsbilanzgleichung

$$\frac{dU}{d\tau} = \dot{Q} + \dot{Q}_0 + P = 0,$$

3.1 Der 2. Hauptsatz für geschlossene Systeme

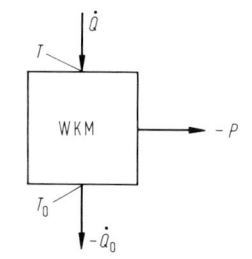

Abb. 3.9. Schema einer Wärmekraftmaschine (WKM) mit zu- und abgeführten Energieströmen

woraus sich die gewonnene Leistung zu

$$-P = \dot{Q} + \dot{Q}_0 = \dot{Q} - |\dot{Q}_0| \tag{3.13}$$

ergibt. Um den zugeführten Wärmestrom $\dot{Q}$ möglichst weitgehend in mechanische Leistung umzusetzen, sollte der Abwärmestrom (dem Betrag nach) so klein wie möglich sein. Dann nimmt der *thermische Wirkungsgrad*

$$\eta_{\text{th}} := \frac{-P}{\dot{Q}} = 1 - \frac{|\dot{Q}_0|}{\dot{Q}}$$

der Wärmekraftmaschine seinen höchsten Wert an. Wie wir aus der Untersuchung des perpetuum mobile wissen, kann $\dot{Q}_0$ nicht gleich null sein; somit kann η_{th} den Wert eins nie erreichen.

Um den Abwärmestrom zu berechnen, wenden wir den 2. Hauptsatz an. Aus der Entropiebilanzgleichung

$$\frac{dS}{d\tau} = \frac{\dot{Q}}{T} + \frac{\dot{Q}_0}{T_0} + \dot{S}_{\text{irr}} = 0$$

erhalten wir für den Abwärmestrom

$$\dot{Q}_0 = -T_0 \left(\frac{\dot{Q}}{T} + \dot{S}_{\text{irr}} \right). \tag{3.14}$$

Die beiden Terme in der Klammer bedeuten den Entropietransportstrom, der den Wärmestrom $\dot{Q}$ begleitet, und den Entropieproduktionsstrom, der die Irreversibilitäten innerhalb des geschlossenen Systems Wärmekraftmaschine kennzeichnet. Beide Terme sind positiv, $\dot{Q}_0$ ist negativ, also ein abzuführender Wärmestrom, dessen Betrag umso größer ausfällt, je „schlechter" die Wärmekraftmaschine arbeitet.

Wir setzen nun $\dot{Q}_0$ nach (3.14) in die Leistungsbilanzgleichung (3.13) des 1. Hauptsatzes ein und erhalten für die gewonnene Leistung

$$-P = \left(1 - \frac{T_0}{T} \right) \dot{Q} - T_0 \dot{S}_{\text{irr}}$$

und für den thermischen Wirkungsgrad der Wärmekraftmaschine

$$\eta_{\text{th}} = 1 - \frac{T_0}{T} - \frac{T_0 \dot{S}_{\text{irr}}}{\dot{Q}}.$$

Die Höchstwerte von $-P$ und η_{th} ergeben sich für eine reversibel arbeitende Wärmekraftmaschine mit $\dot{S}_{irr} = 0$, nämlich

$$-P_{max} = -P_{rev} = \left(1 - \frac{T_0}{T}\right)\dot{Q}$$

und

$$\eta_{th}^{rev} = \eta_C = 1 - \frac{T_0}{T}.$$

Jede Irreversibilität ($\dot{S}_{irr} > 0$) verringert $(-P)$ und η_{th} gegenüber diesen Höchstwerten. Reversible Prozesse bilden also auch hier die obere Grenze für gewünschte Energieumwandlungen.

Den thermischen Wirkungsgrad η_{th}^{rev} der reversibel arbeitenden Wärmekraftmaschine nennen wir zu Ehren von S. Carnot[1] den *Carnot-Faktor* η_C. Er hängt nicht vom Aufbau der Wärmekraftmaschine und vom verwendeten Arbeitsmedium ab, sondern ist eine universelle Funktion der thermodynamischen Temperaturen T und T_0 der Wärmeaufnahme bzw. der Wärmeabgabe; er hängt nur vom Temperaturverhältnis T_0/T ab, was wir in der Bezeichnung

$$\eta_C = \eta_C(T_0/T) := 1 - \frac{T_0}{T}$$

festhalten. Der Carnot-Faktor ist umso größer, je höher die Temperatur T der Wärmeaufnahme und je niedriger die Temperatur T_0 ist, bei welcher der Abwärmestrom abgegeben wird. Diese Temperatur hat unter irdischen Verhältnissen eine untere Grenze, die Umgebungstemperatur T_u, denn es muß ja ein System vorhanden sein, welches den Abwärmestrom aufnimmt. Dies ist aber die Umgebung, also die Atmosphäre oder das Kühlwasser aus Meeren, Seen und Flüssen. Die Bedingung $T_0 \geq T_u$ beschneidet den Carnot-Faktor erheblich, wie man aus Tabelle 3.1 erkennt. Die thermodynamische Temperatur T der Wärmeaufnahme sollte möglichst hoch liegen, sie wird durch die vorhandene Wärme-

Tabelle 3.1. Werte des Carnot-Faktors $\eta_C = 1 - T_u/T$ für Celsius-Temperaturen t und t_u

t_u	$t =$ 100 °C	200 °C	300 °C	400 °C	500 °C	600 °C	800 °C	1000 °C	1200 °C
0 °C	0,2680	0,4227	0,5234	0,5942	0,6467	0,6872	0,7455	0,7855	0,8146
20 °C	0,2144	0,3804	0,4885	0,5645	0,6208	0,6643	0,7268	0,7697	0,8010
40 °C	0,1608	0,3382	0,4536	0,5348	0,5950	0,6414	0,7082	0,7540	0,7874
60 °C	0,1072	0,2959	0,4187	0,5051	0,5691	0,6185	0,6896	0,7383	0,7739

---

[1] In seiner berühmten, auf S. 1 erwähnten Abhandlung aus dem Jahre 1824 hatte S. Carnot entdeckt, daß η_C nur von den Temperaturen der Wärmeaufnahme und Wärmeabgabe abhängt: „La puissance motrice de la chaleur est independante des agents mis en oeuvre pour la réaliser: sa quantité est fixée uniquement par les temperatures des corps entre lesquels se fait, en dernier résultat, le transport du calorique." Es gelang ihm jedoch nicht herauszufinden, in welcher Weise η_C von T und T_0 abhängt.

3.1 Der 2. Hauptsatz für geschlossene Systeme

quelle (z. B. ein Verbrennungsgas), die mit steigender Temperatur abnehmende Festigkeit der Werkstoffe und durch die Prozeßführung bestimmt. Hierauf kommen wir in 8.1.3 und 8.2 zurück.

In der Regel wird $\dot{Q}$ nicht bei einer einzigen Temperatur T aufgenommen, sondern innerhalb eines Temperaturintervalls. Der damit verbundene Entropietransportstrom ergibt sich zu

$$\dot{S}_Q = \int_{T_1}^{T_2} \frac{d\dot{Q}}{T} = \frac{\dot{Q}}{T_m},$$

wobei (T_1, T_2) das Temperaturintervall begrenzt, in dem der Wärmestrom $\dot{Q}$ aufgenommen wird. Durch die zweite Gleichung wird die thermodynamische Mitteltemperatur

$$T_m := \frac{\dot{Q}}{\dot{S}_Q} = \dot{Q} \bigg/ \int_{T_1}^{T_2} \frac{d\dot{Q}}{T}$$

der Wärmeaufnahme bei gleitender Temperatur definiert. Als Quotient aus dem Wärmestrom und dem insgesamt aufgenommenen Entropietransportstrom kennzeichnet T_m den „Entropiegehalt" des zugeführten Wärmestromes. Bei hohem T_m ist der begleitende Entropietransportstrom klein; damit muß die Wärmekraftmaschine auch weniger Entropie mit der Abwärme abtransportieren. Hohe thermodynamische Mitteltemperaturen sind für einen günstigen Betrieb der Wärmekraftmaschine erwünscht, denn dadurch vergrößert sich der Anteil von $\dot{Q}$, der als mechanische Leistung gewonnen werden kann, während sich gleichzeitig der Abwärmestrom verringert.

Ersetzt man in den Gleichungen für die gewonnene Nutzleistung und den thermischen Wirkungsgrad T durch T_m, so gelten diese Beziehungen auch für die Wärmeaufnahme bei gleitender Temperatur. Maßgebend ist der mit T_m gebildete Carnot-Faktor

$$\eta_C(T_0/T_m) := 1 - \frac{T_0}{T_m} = \frac{T_m - T_0}{T_m}.$$

Zur Berechnung von T_m muß jedoch bekannt sein, wie sich der gesamte Wärmestrom auf das Temperaturintervall (T_1, T_2) verteilt, wie also $d\dot{Q}$ mit T zusammenhängt. Hierauf gehen wir in 3.4.4 ein.

Beispiel 3.4. Eine Wärmekraftmaschine gibt die Nutzleistung $P = -100$ MW und den Wärmestrom $\dot{Q}_0 = -180$ MW bei der Temperatur $T_0 = 300$ K ab. Der Entropieproduktionsstrom $\dot{S}_{irr}$ der Wärmekraftmaschine sei ebenso groß wie der Entropietransportstrom $\dot{S}_Q$, den sie mit dem zugeführten Wärmestrom $\dot{Q}$ aufnimmt. Man bestimme den thermischen Wirkungsgrad η_{th} sowie seinen Höchstwert bei in beiden Fällen gleichen Temperaturen der Wärmeaufnahme und Wärmeabgabe.

Aus der Leistungsbilanzgleichung des 1. Hauptsatzes erhält man den aufgenommenen Wärmestrom

$$\dot{Q} = -\dot{Q}_0 - P = 180 \text{ MW} + 100 \text{ MW} = 280 \text{ MW}$$

und damit den thermischen Wirkungsgrad

$$\eta_{th} = \frac{-P}{\dot{Q}} = \frac{100 \text{ MW}}{280 \text{ MW}} = 0{,}357.$$

Der Höchstwert des thermischen Wirkungsgrads ergibt sich für die reversibel arbeitende Wärmekraftmaschine

$$\eta_{th}^{rev} = \eta_C = 1 - T_0/T_m \ .$$

Um die noch unbekannte thermodynamische Mitteltemperatur T_m der Wärmeaufnahme zu bestimmen, gehen wir von

$$T_m = \dot{Q}/\dot{S}_Q$$

aus und beachten, daß für die hier behandelte Wärmekraftmaschine $\dot{S}_Q = \dot{S}_{irr}$ gelten soll. Den Entropietransportstrom $\dot{S}_Q$ erhalten wir aus dem Abwärmestrom

$$|\dot{Q}_0| = T_0(\dot{S}_Q + \dot{S}_{irr}) = 2T_0\dot{S}_Q$$

zu

$$\dot{S}_Q = \frac{|\dot{Q}_0|}{2T_0} = \frac{180 \text{ MW}}{2 \cdot 300 \text{ K}} = 0{,}300 \text{ MW/K} \ .$$

Damit wird

$$T_m = \dot{Q}/\dot{S}_Q = 280 \text{ MW}/0{,}300 \text{ (MW/K)} = 933 \text{ K} \ ,$$

und der Carnot-Faktor ergibt sich zu

$$\eta_C = 1 - (300 \text{ K}/933 \text{ K}) = 0{,}679 \ .$$

Würde die Wärmekraftmaschine reversibel arbeiten, so könnte sie diesen thermischen Wirkungsgrad erreichen. Bei unverändertem Wärmestrom $\dot{Q}$ stiege die Nutzleistung auf

$$-P_{rev} = \eta_C \dot{Q} = 0{,}679 \cdot 280 \text{ MW} = 190 \text{ MW} \ ,$$

und der Abwärmestrom wäre nur noch $\dot{Q}_0^{rev} = -90$ MW, also halb so groß wie bei der irreversibel arbeitenden Wärmekraftmaschine. Der durch Entropieerzeugung bewirkte Teil $T_0\dot{S}_{irr} = 90$ MW des Abwärmestroms mindert die Nutzleistung der irreversibel arbeitenden Wärmekraftmaschine gegenüber dem reversiblen Idealfall:

$$(-P) = (-P_{rev}) - T_0\dot{S}_{irr} = (190 - 90) \text{ MW} = 100 \text{ MW} \ .$$

3.2 Die Entropie als Zustandsgröße

In den Abschnitten 3.1.3 bis 3.1.6 haben wir mehrere wichtige Anwendungen des 2. Hauptsatzes behandelt, ohne auf die Berechnung der Entropie als Zustandsgröße eines Systems einzugehen. Dieser Aufgabe wenden wir uns nun zu. Zur Entropieberechnung wird die thermodynamische Temperatur als eine meßbare Zustandsgröße benötigt. Wir zeigen, daß man sie mit dem Gasthermometer und durch Strahlungsmessungen experimentell bestimmen kann. Wir gehen ferner auf die aus dem 2. Hauptsatz folgende Existenz von kanonischen Zustandsgleichungen ein. Bereits aus ihrer Existenz folgen Beziehungen zwischen thermischen und kalorischen Zustandsgrößen, und es lassen sich *alle* thermodynamischen Eigenschaften eines Systems aus seiner kanonischen Zustandsgleichung berechnen.

3.2.1 Die Entropie reiner Stoffe

Durch Integration des Entropiedifferentials dS zwischen einem festen Bezugszustand und einem beliebigen Zustand eines reinen Stoffes kann man die Entropie-

3.2 Die Entropie als Zustandsgröße

differenz $S - S_0$ zwischen diesen Zuständen berechnen. Hierzu hat man das Differential

$$dS = dS_Q + dS_{irr} = \frac{dQ}{T} + dS_{irr}$$

entlang eines beliebigen Weges zu integrieren, der die beiden Zustände verbindet. Da die Entropie eine Zustandsgröße ist, hängt die gesuchte Entropiedifferenz nicht von der Wahl des Integrationsweges ab. Wir wählen die (quasistatische) Zustandsänderung eines reversiblen Prozesses, so daß $dS_{irr} = 0$ gesetzt werden kann. Um dS durch Zustandsgrößen des Systems auszudrücken, nehmen wir das System als Phase eines reinen Stoffes an. Dann bedeutet T die thermodynamische Temperatur der Phase. Die Wärme $dQ = dQ_{rev}$ läßt sich mit Hilfe des 1. Hauptsatzes durch Zustandsgrößen der Phase darstellen. Aus

$$dQ_{rev} + dW_{rev} = dU$$

erhalten wir mit

$$dW_{rev} = -p\,dV$$

als Arbeit für die Wärme

$$dQ_{rev} = dU + p\,dV.$$

Damit ergibt sich das Differential der Entropie zu

$$dS = \frac{dU + p\,dV}{T} = \frac{1}{T}dU + \frac{p}{T}dV. \tag{3.15}$$

Ist das betrachtete System keine fluide Phase, sondern ein System, dessen Zustand durch mehrere Arbeitskoordinaten X_i bestimmt wird, so ist nach 2.2.4 dW_{rev} durch

$$dW_{rev} = \sum_{i=1}^{n} y_i\,dX_i$$

zu ersetzen, worin y_i den zu X_i gehörenden Arbeitskoeffizienten bezeichnet. Die Entropie hängt dann außer von der inneren Energie U von allen Arbeitskoordinaten X_i ab. Anstelle von (3.15) gilt

$$dS = \frac{1}{T}\left(dU - \sum_{i=1}^{n} y_i\,dX_i\right) = \frac{1}{T}\left(dU + p\,dV - \sum_{i=2}^{n} y_i\,dX_i\right).$$

Eine fluide Phase hat nur eine Arbeitskoordinate $X_1 = V$ mit dem zugehörigen Arbeitskoeffizienten $y_1 = -p$.

Für eine Phase eines reinen Stoffes läßt sich das Entropiedifferential durch meßbare Zustandsgrößen ausdrücken. Daß auch die thermodynamische Temperatur T gemessen werden kann, weisen wir in 3.2.3 nach. Durch Integration von dS erhält man die Entropie (bis auf eine Integrationskonstante, die Entropie S_0 im Bezugszustand) als Funktion der inneren Energie U und des Volumens V:

$$S = S(U, V).$$

Dieser Zusammenhang zwischen der Entropie, einer kalorischen Zustandsgröße (U) und einer thermischen Zustandsgröße (V) ist eine Zustandsgleichung besonderer Art, die man als *kanonische Zustandsgleichung* bezeichnet; wir kommen hierauf im nächsten Abschnitt zurück.

Führen wir in (3.15) spezifische Größen ein, so erhalten wir als Differential der spezifischen Entropie s einer Phase

$$ds = \frac{1}{T} du + \frac{p}{T} dv . \qquad (3.16)$$

Aus der Definitionsgleichung $h := u + pv$ der spezifischen Enthalpie folgt

$$dh = du + p\,dv + v\,dp;$$

also gilt auch

$$ds = \frac{1}{T} dh - \frac{v}{T} dp . \qquad (3.17)$$

Integration dieser Gleichung ergibt die spezifische Entropie $s = s(h, p)$ bis auf eine Konstante. Auch dies ist eine Form der kanonischen Zustandsgleichung der Phase, auf die wir im nächsten Abschnitt eingehen. Die Beziehungen (3.16) und (3.17) verknüpfen die Differentiale der Zustandsfunktionen s, u und v bzw. s, h und p. Man schreibt sie meist in der symmetrischen Form

$$T\,ds = du + p\,dv = dh - v\,dp ,$$

die vielfach angewendet wird.

Zur Berechnung der Entropiedifferenz $s_2 - s_1$ zwischen zwei Zuständen 1 und 2 hat man das Integral

$$s_2 - s_1 = \int_1^2 \left(\frac{1}{T} du + \frac{p}{T} dv\right) = \int_1^2 \left(\frac{1}{T} dh - \frac{v}{T} dp\right) \qquad (3.18)$$

zu bilden. Da die Entropie eine Zustandsgröße ist, hängt die Entropiedifferenz $s_2 - s_1$ nicht von der Wahl des Integrationsweges ab. Man kann also einen rechentechnisch besonders bequemen Weg benutzen. Er braucht nicht mit der Zustandsänderung des Systems übereinzustimmen, die es bei einem reversiblen oder irreversiblen Prozeß zwischen den Zuständen 1 und 2 durchläuft. Kennt man die thermische und kalorische Zustandsgleichung des reinen Stoffes, so kann man durch Integration von ds seine spezifische Entropie als Funktion von T und v bzw. von T und p berechnen, vgl. hierzu das folgende Beispiel 3.5. Bei der Berechnung der Entropiedifferenz $s_2 - s_1$ braucht man sich dann überhaupt nicht mehr um den Integrationsweg in (3.18) zu kümmern, denn man erhält $s_2 - s_1$ durch Einsetzen der unabhängigen Zustandsgrößen (T_1, v_1) und (T_2, v_2) bzw. (T_1, p_1) und (T_2, p_2) in die *Entropie-Zustandsgleichung* $s = s(T, v)$ bzw. $s = s(T, p)$.

Die hier hergeleiteten Beziehungen für ds gelten nur für Phasen, denn wir haben eine im ganzen System gleiche thermodynamische Temperatur T angenommen und den nur für Phasen geltenden Ausdruck für dQ_{rev} benutzt. Ein System möge sich nun im Anfangszustand eines irreversiblen Prozesses wie eine Phase verhalten. Im Verlauf des irreversiblen Prozesses wird das anfänglich homogene System inhomogen; es läßt sich nicht als Phase beschreiben, denn seine Zustandsgrößen sind Feldgrößen, die auch von den Ortskoordinaten innerhalb des Systems abhängen. Erreicht nun das System am Ende des irreversiblen Prozesses einen Zustand, in dem es sich wie im Anfangszustand als Phase betrachten läßt, so kann man (3.18) zur Berechnung der Entropiedifferenz $s_2 - s_1$ zwischen Endzustand und Anfangszustand ohne weiteres anwenden. Nach dem 2. Hauptsatz ist die Entropie eine Zustandsgröße; der Wert von $s_2 - s_1$ hängt nicht davon ab, auf welche Weise und auf welchem Weg das System von Zustand 1 in den Zustand 2 gelangt ist. Zur Berechnung von $s_2 - s_1$ nach (3.18) benötigt man nicht die tatsächliche Zustandsänderung des irreversiblen Prozesses, sofern sich nur das System in den beiden Zuständen 1 und 2 wie eine Phase verhält.

Will man aber die Änderung der Entropie während des irreversiblen Prozesses im einzelnen verfolgen, also s auch für die Zwischenzustände berechnen, so muß man zusätzliche Annahmen machen. Kann man eine quasistatische Zustandsänderung annehmen, so gelten (3.16) bis (3.18) unverändert, denn das System wird während des irreversiblen Prozesses stets als Phase behandelt, vgl. 1.3.4. Einige sich daraus ergebende Folgerungen erörtern wir in 3.3.2. Trifft die Annahme einer quasistatischen Zustandsänderung nicht genügend genau zu, so muß man die Inhomogenität des Systems während des irreversiblen Prozesses berücksichtigen und alle Zustandsgrößen unter Einschluß der spezifischen Entropie als Feldgrößen behandeln. Man setzt dann jedoch voraus, daß sich die Volumen- oder Massenelemente des inhomogenen Systems wie kleine Phasen verhalten. Für jedes Massenelement gelten dann (3.16) und (3.17). Sie verknüpfen die Feldgröße spez. Entropie mit den anderen Feldgrößen, also den Druck-, Temperatur-, Energie- und Enthalpiefeldern des kontinuierlichen Systems.

Es leuchtet ein, daß nun die Beschreibung des Systems und seiner Zustandsänderung viel komplizierter wird als bei Systemen, die als Phasen aufgefaßt werden können. Die hier angedeutete Thermodynamik kontinuierlicher Systeme oder Kontinuumsthermodynamik wird oft als Thermodynamik irreversibler Prozesse bezeichnet. Dies ist nicht ganz zutreffend, denn auch die klassische, meist mit Phasen arbeitende Thermodynamik kann recht weitgehende Aussagen über irreversible Prozesse machen. Wir sehen von einer Darstellung der Kontinuumsthermodynamik ab und verweisen den interessierten Leser auf die einschlägige Literatur [3.9—3.13].

Beispiel 3.5. Für ideale Gase bestimme man die Entropie-Zustandsgleichungen $s = s(T, v)$ und $s = s(T, p)$.

Wir gehen von (3.16) aus und setzen für das Differential du der spezifischen inneren Energie den nur für ideale Gase gültigen Ausdruck

$$du = c_v^0(T)\, dT$$

ein, vgl. 2.1.3. Aus der thermischen Zustandsgleichung idealer Gase ergibt sich

$$p/T = R/v,$$

und damit erhalten wir

$$ds = \frac{c_v^0(T)}{T} dT + \frac{R}{v} dv$$

als das Differential der gesuchten Funktion $s = s(T, v)$.

Wir integrieren nun ds zwischen einem festen Zustand (T_0, v_0) und dem beliebigen („laufenden") Zustand (T, v), vgl. Abb. 3.10. Zuerst bestimmen wir die isotherme Differenz ($dT = 0$!)

$$s(T, v) - s(T, v_0) = \int_{v_0}^{v} \frac{R}{v} dv = R \ln(v/v_0)$$

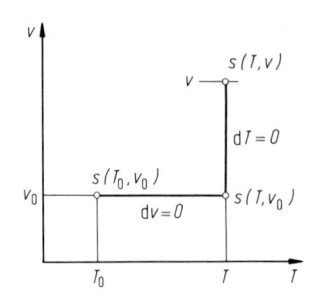

Abb. 3.10. Zur Integration des Entropiedifferentials

und dann die isochore Differenz ($dv = 0$!)

$$s(T, v_0) - s(T_0, v_0) = \int_{T_0}^{T} c_v^0(T) \frac{dT}{T} \, .$$

Dieses Integral läßt sich nicht weiter ausrechnen, solange nicht die Temperaturabhängigkeit der isochoren spez. Wärmekapazität c_v^0 explizit gegeben ist. Addition der beiden letzten Gleichungen liefert das gewünschte Resultat

$$s(T, v) = s(T_0, v_0) + \int_{T_0}^{T} c_v^0(T) \frac{dT}{T} + R \ln(v/v_0) \, .$$

Die spezifische Entropie eines idealen Gases nimmt mit steigender Temperatur und mit wachsendem spezifischen Volumen zu. Bildet man Entropiedifferenzen, so fällt die unbestimmte Entropiekonstante $s(T_0, v_0)$ fort; ihr Wert ist also ohne Bedeutung.

Um die spezifische Entropie des idealen Gases als Funktion von Temperatur und Druck zu erhalten, gehen wir von (3.17) aus und setzen

$$dh = c_p^0(T) \, dT \, .$$

Mit $v/T = R/p$ ergibt sich das Entropiedifferential

$$ds = \frac{c_p^0(T)}{T} dT - \frac{R}{p} dp \, .$$

Seine Integration zwischen dem festen Zustand (T_0, p_0) und dem beliebigen Zustand (T, p) führen wir wieder in zwei Schritten aus. Bei konstanter Temperatur T wird

$$s(T, p) - s(T, p_0) = - \int_{p_0}^{p} \frac{R}{p} dp = -R \ln(p/p_0) \, ,$$

und bei konstantem Druck p_0 ergibt sich

$$s(T, p_0) - s(T_0, p_0) = \int_{T_0}^{T} c_p^0(T) \frac{dT}{T} \, .$$

Durch Addition erhalten wir das Ergebnis

$$s(T, p) = s(T_0, p_0) + \int_{T_0}^{T} c_p^0(T) \frac{dT}{T} - R \ln(p/p_0) \, .$$

Mit steigendem Druck sinkt die spezifische Entropie eines idealen Gases, während sie bei Temperaturerhöhung auf einer Isobare zunimmt.

3.2.2 Kanonische Zustandsgleichungen

Durch Integration des Entropiedifferentials ds nach (3.16) zwischen einem Bezugszustand und einem beliebigen Zustand erhält man die spez. Entropie s als Funktion von u und v:

$$s = s(u, v) \, .$$

Es ist ungewöhnlich, eine kalorische Zustandsgröße, die spez. innere Energie u, als unabhängige Variable in einer Zustandsgleichung anzutreffen, denn wir sind an die Variablenpaare T,v oder T,p in der thermischen und kalorischen Zustandsgleichung gewöhnt. Die sich als Folge des 2. Hauptsatzes ergebende Beziehung $s = s(u, v)$ ist aber eine Zustandsgleichung besonderer Art. Sie enthält nämlich die vollständige Information über alle thermodynamischen Eigenschaften der Phase, denn sie vereinigt in sich die drei Zustandsgleichungen, die man sonst zur vollständigen Beschreibung der thermodynamischen Eigenschaften des Systems benötigt: die thermische Zustandsgleichung $p = p(T, v)$, die kalorische Zustandsgleichung $u = u(T, v)$ und die Entropie-Zustandsgleichung $s = s(T, v)$.

Eine solche Gleichung zwischen einem besonderen Satz von drei Zustandsgrößen, hier s, u und v, nennt man eine *Fundamentalgleichung* des Systems oder nach M. Planck seine *kanonische Zustandsgleichung*. Wir beweisen nun die Äquivalenz zwischen kanonischer Zustandsgleichung und den drei gewohnten Zustandsgleichungen (thermische, kalorische und Entropie-Zustandsgleichung) anhand der Umkehrfunktion

$$u = u(s, v) \, . \tag{3.19}$$

Diese läßt sich eindeutig aus $s = s(u, v)$ gewinnen, weil s bei konstantem v mit zunehmendem u monoton wächst. Nach dem 2. Hauptsatz ist ja die Ableitung

$$(\partial s/\partial u)_v = 1/T > 0 \, .$$

Man bezeichnet $s = s(u, v)$ als Entropieform der Fundamentalgleichung und $u = u(s, v)$ als ihre Energieform; diese ist in der Regel bequemer anwendbar.

Wegen (3.16) ist das Differential du der kanonischen Zustandsgleichung $u = u(s, v)$ durch

$$du = T\,ds - p\,dv \tag{3.20}$$

gegeben. Differenzieren von u nach s ergibt die thermodynamische Temperatur

$$T = T(s, v) = (\partial u/\partial s)_v \, , \tag{3.21}$$

und Differenzieren nach v liefert den Druck

$$p = p(s, v) = -(\partial u/\partial v)_s \, . \tag{3.22}$$

Wir bilden die Umkehrfunktion[2] $s = s(T, v)$ von (3.21). Sie ist die Entropie-Zustandsgleichung mit den üblichen unabhängigen Variablen T und v. Wir eliminieren mit ihrer

---
[2] Auch diese Umkehrung ist eindeutig ausführbar. Nach dem 2. Hauptsatz ist nämlich auch $(\partial T/\partial s)_v = T/c_v$ stets positiv, was wir hier nicht beweisen wollen.

Hilfe s aus (3.22) und erhalten die thermische Zustandsgleichung $p = p(T, v)$. Ersetzt man in gleicher Weise s durch T und v in der kanonischen Zustandsgleichung (3.19), so ergibt sich schließlich auch die kalorische Zustandsgleichung $u = u(T, v)$. Die hier genannten Umformungen lassen sich nur bei besonders einfachen kanonischen Zustandsgleichungen explizit vornehmen; sie sind aber prinzipiell immer ausführbar: Aus der kanonischen Zustandsgleichung lassen sich die thermische, die kalorische und die Entropie-Zustandsgleichung herleiten.

Die Existenz der kanonischen Zustandsgleichung ist eine bemerkenswerte Folge des 2. Hauptsatzes. Thermische und kalorische Zustandsgleichung sind demnach keine unabhängigen Materialgesetze. Die exakten und ordnenden Beziehungen des 2. Hauptsatzes verknüpfen vielmehr thermische und kalorische Zustandsgrößen, wodurch sich auch Zahl und Umfang von Messungen zu ihrer Bestimmung erheblich vermindern lassen, vgl. hierzu auch 4.3.1. Dabei ist es nicht erforderlich, die kanonische Zustandsgleichung tatsächlich aufzustellen. Von Bedeutung sind vor allem die aus der Existenz der kanonischen Zustandsgleichung folgenden Differentialbeziehungen zwischen thermischen und kalorischen Zustandsgrößen und der Entropie, auf die wir im folgenden näher eingehen.

Neben $s = s(u, v)$ und ihrer Umkehrfunktion $u = u(s, v)$ gibt es weitere kanonische Zustandsgleichungen zwischen anderen Tripeln von Zustandsgrößen. So erhält man durch Integration von (3.17) die kanonische Zustandsgleichung $s = s(h, p)$ und ihre Energieform (Umkehrfunktion)

$$h = h(s, p)$$

mit dem Differential

$$\mathrm{d}h = T\,\mathrm{d}s + v\,\mathrm{d}p\,. \tag{3.23}$$

Sie bildet die Grundlage des von R. Mollier 1904 angegebenen h,s-Diagramms, das wir in 4.3.4 behandeln. Für die Anwendungen besonders wertvoll sind kanonische Zustandsgleichungen mit den leicht meßbaren unabhängigen Variablen T, v und T, p. Man erhält sie aus $u = u(s, v)$ bzw. aus $h = h(s, p)$ durch Legendre-Transformation[3]. Dies führt auf die neuen Zustandsgrößen *Helmholtz-Funktion* (oder freie Energie)

$$f := u - Ts = f(T, v)$$

und *Gibbs-Funktion* (oder freie Enthalpie)

$$g := h - Ts = g(T, p)\,.$$

Die Helmholtz-Funktion bildet eine kanonische Zustandsgleichung in Abhängigkeit von Temperatur und spezifischem Volumen; die Gibbs-Funktion eine solche für T und p als unabhängige Variable.

Aus den Definitionsgleichungen von f und g ergeben sich in Verbindung mit (3.20) und (3.23), die den 2. Hauptsatz ausdrücken, die in Tabelle 3.2 verzeichneten Ausdrücke für die Differentiale $\mathrm{d}f$ und $\mathrm{d}g$. Wie diese Tabelle weiter zeigt,

---

[3] Vgl. hierzu die Ausführungen von H. B. Callen [3.14]. Die Legendre-Transformation verbürgt, daß beim Wechsel der unabhängigen Variablen $s \to T$ und $v \to p$ kein Informationsverlust auftritt. Helmholtz- und Gibbs-Funktion $f = f(T, v)$ bzw. $g = g(T, p)$ sind daher zu $u = u(s, v)$ und $h = h(s, p)$ völlig gleichwertige, aber einfacher anzuwendende kanonische Zustandsgleichungen.

erhält man die thermische, die kalorische und die Entropie-Zustandsgleichung durch einfaches Differenzieren von f und g nach den unabhängigen Variablen.

Tabelle 3.2. Helmholtz-Funktion $f = f(T, v)$ und Gibbs-Funktion $g = g(T, p)$ mit ihren Ableitungen

	Helmholtz-Funktion	Gibbs-Funktion
Definition	$f = f(T, v) := u - Ts$	$g = g(T, p) := h - Ts$
Differential	$df = -s\, dT - p\, dv$	$dg = -s\, dT + v\, dp$
Zustands- gleichungen	$s(T, v) = -(\partial f/\partial T)_v$ $p(T, v) = -(\partial f/\partial v)_T$ $u(T, v) = f - T(\partial f/\partial T)_v$	$s(T, p) = -(\partial g/\partial T)_p$ $v(T, p) = (\partial g/\partial p)_T$ $h(T, p) = g - T(\partial g/\partial T)_p$
Ableitungen der kalorischen Zustandsgleichung	$c_v(T, v) := (\partial u/\partial T)_v$ $\quad = -T(\partial^2 f/\partial T^2)_v$ $(\partial u/\partial v)_T = -p + T(\partial p/\partial T)_v$	$c_p(T, p) := (\partial h/\partial T)_p$ $\quad = -T(\partial^2 g/\partial T^2)_p$ $(\partial h/\partial p)_T = v - T(\partial v/\partial T)_p$
Ableitungen der Entropie	$(\partial s/\partial T)_v = c_v(T, v)/T$ $(\partial s/\partial v)_T = (\partial p/\partial T)_v$	$(\partial s/\partial T)_p = c_p(T, p)/T$ $(\partial s/\partial p)_T = -(\partial v/\partial T)_p$

Weitere nützliche Beziehungen ergeben sich durch Bilden der zweiten Ableitungen, wobei zu beachten ist, daß die „gemischten" zweiten Ableitungen nicht von der Reihenfolge der Differentiation abhängen. Es gilt also beispielsweise

$$\frac{\partial}{\partial v}\left(\frac{\partial f}{\partial T}\right) = \frac{\partial}{\partial T}\left(\frac{\partial f}{\partial v}\right),$$

was der Gleichung

$$(\partial s/\partial v)_T = (\partial p/\partial T)_v$$

entspricht. Diese Gleichung zeigt, daß die Abhängigkeit der spez. Entropie vom spez. Volumen v durch die thermische Zustandsgleichung bestimmt wird. Auf die in Tabelle 3.2 verzeichneten Beziehungen werden wir in den folgenden Abschnitten wiederholt zurückgreifen.

3.2.3 Die Messung thermodynamischer Temperaturen

Die Entropie ist eine nicht direkt meßbare Zustandsgröße. Man erhält sie durch Integration der aus dem 2. Hauptsatz folgenden Beziehung

$$ds = \frac{1}{T}\, du = \frac{p}{T}\, dv = \frac{1}{T}\, dh - \frac{v}{T}\, dp.$$

Hierzu muß neben den meßbaren Größen u, v, h und p auch die thermodynamische Temperatur T bekannt, also einer Messung zugänglich sein. Wir zeigen im folgenden, daß thermodynamische Temperaturen mit dem (idealen) Gasthermometer gemessen werden können, was wir schon in 1.4.3 erwähnt haben.

Auch durch Strahlungsmessungen läßt sich die thermodynamische Temperatur bestimmen. Den für die Hohlraumstrahlung geltenden Zusammenhang zwischen Strahlungsleistung und thermodynamischer Temperatur werden wir daher kurz herleiten.

Mit dem (idealen) Gasthermometer wird eine besondere empirische Temperatur Θ durch die in 1.4.3 ausführlich behandelte Meßvorschrift bestimmt. Sie beruht darauf, daß sich die als Thermometerfüllung benutzten Gase für genügend kleine Drücke wie ideale Gase verhalten. Die mit dem Gasthermometer gemessene Temperatur tritt daher in der thermischen Zustandsgleichung

$$pv = R\Theta$$

des idealen Gases auf. Seine spezifische innere Energie u hängt nur von der Temperatur ab, weswegen für die kalorische Zustandsgleichung

$$(\partial u/\partial v)_\Theta = 0$$

gilt. Wie im letzten Abschnitt gezeigt wurde, bestehen aufgrund des 2. Hauptsatzes allgemein gültige Zusammenhänge zwischen thermischen und kalorischen Zustandsgrößen, vgl. Tabelle 3.2. Aus ihnen leiten wir nun die Beziehung

$$T = T(\Theta)$$

her, die angibt, wie man aus der mit dem Gasthermometer gemessenen Temperatur Θ die thermodynamische Temperatur erhält.

Nach Tabelle 3.2 gilt für die Volumenabhängigkeit der spezifischen inneren Energie allgemein

$$(\partial u/\partial v)_T = -p + T(\partial p/\partial T)_v .$$

Für ein ideales Gas erhalten wir wegen

$$(\partial u/\partial v)_T = (\partial u/\partial v)_\Theta = 0$$

die Beziehung

$$-p + T\left(\frac{\partial p}{\partial \Theta}\right)_v \frac{d\Theta}{dT} = -\frac{R\Theta}{v} + T\frac{R}{v}\frac{d\Theta}{dT} = 0 .$$

Daraus ergibt sich die Differentialgleichung

$$\frac{d\Theta}{dT} = \frac{\Theta}{T}$$

mit der Lösung $\Theta = (\Theta_0/T_0)\, T$ oder

$$T(\Theta) = \frac{T_0}{\Theta_0} \Theta .$$

Die mit dem Gasthermometer gemessene Temperatur Θ ist der thermodynamischen Temperatur direkt proportional. Setzt man für einen beliebigen, durch den Index „0" gekennzeichneten Fixpunkt, z. B. für den Tripelpunkt von Wasser, $T_0 = \Theta_0$, so gilt einfach

$$T = \Theta .$$

3.2 Die Entropie als Zustandsgröße

Die thermodynamische Temperatur wird durch die Temperatur des (idealen) Gasthermometers realisiert. Dieses Ergebnis hatten wir schon in 1.4.3 vorweggenommen.

Bei hohen Temperaturen, etwa ab 1400 K, lassen sich Messungen mit dem Gasthermometer nur schwierig ausführen. Man bestimmt in diesem Temperaturbereich die thermodynamische Temperatur durch Strahlungsmessungen. Wir leiten im folgenden eine grundlegende thermodynamische Beziehung für die schwarze Strahlung oder Hohlraumstrahlung her. Hierzu betrachten wir den in Abb. 3.11

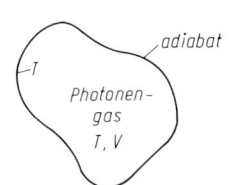

Abb. 3.11. Adiabater Hohlraum mit isothermen Wänden

dargestellten evakuierten und adiabaten Hohlraum. Unabhängig von der Materialbeschaffenheit der Wände bildet sich in diesem abgeschlossenen System eine Gleichgewichtsstrahlung aus, die von den Wänden emittiert und absorbiert wird. Der Hohlraum nimmt dabei eine konstante thermodynamische Temperatur T an. Die ihn erfüllende Strahlung wird als thermische Strahlung, als schwarze Strahlung oder als Hohlraumstrahlung bezeichnet. Man kann sie auch als ein besonderes ideales Gas, das *Photonengas* auffassen. Seine Teilchen, die Photonen, bewegen sich mit der Lichtgeschwindigkeit c und haben keine (Ruhe-)Masse. Ihre Anzahl ist nicht konstant, sondern stellt sich entsprechend der Temperatur T und dem Volumen V des Hohlraums von selbst ein. Sie ändert sich bei einer Änderung dieser beiden Zustandsgrößen des Photonengases. Seine innere Energie U ist dem Volumen direkt proportional; somit hängt die Energiedichte

$$u_v := \frac{U}{V} = u_v(T)$$

nur von der Temperatur ab. Der Druck des Photonengases, der als Strahlungsdruck bezeichnet wird, hat nach der elektromagnetischen Theorie der Hohlraumstrahlung den Wert

$$p = \frac{1}{3} \frac{U}{V} = \frac{1}{3} u_v(T).$$

Aus diesen beiden, das Photonengas kennzeichnenden Eigenschaften leiten wir nun mit Hilfe des 2. Hauptsatzes die Temperaturabhängigkeit seiner Energiedichte $u_v(T)$ her. Daraus ergibt sich eine weitere Möglichkeit, die thermodynamische Temperatur zu messen.

Da das Photonengas eine Phase bildet, setzen wir in

$$T\,dS = dU + p\,dV$$

das Differential

$$dU = d(Vu_v) = V \cdot \frac{du_v}{dT} dT + u_v\,dV$$

3 Der 2. Hauptsatz der Thermodynamik

seiner inneren Energie und den Strahlungsdruck p ein. Daraus ergibt sich

$$dS = \frac{V}{T}\frac{du_v}{dT}dT + \frac{1}{T}(u_v + p)dV = \frac{V}{T}\frac{du_v}{dT}dT + \frac{4}{3}\frac{u_v}{T}dV.$$

Da dS ein vollständiges Differential ist, muß

$$\frac{\partial}{\partial V}\left(\frac{V}{T}\frac{du_v}{dT}\right) = \frac{\partial}{\partial T}\left(\frac{4}{3}\frac{u_v}{T}\right)$$

gelten. Daraus erhalten wir die Differentialgleichung

$$\frac{du_v}{dT} = 4\frac{u_v}{T}$$

für die Energiedichte, deren Lösung

$$u_v(T) = aT^4$$

ist. Die hier auftretende Integrationskonstante a läßt sich im Rahmen der Thermodynamik nicht bestimmen. Aus der Quantentheorie des Photonengases ergibt sich

$$a = \frac{8}{15}\pi^5\frac{k^4}{h^3 c^3} = 7{,}5658 \cdot 10^{-16}\frac{J}{m^3 K^4},$$

wobei c die Lichtgeschwindigkeit im Vakuum, h das Plancksche Wirkungsquantum und $k = R_m/N_A$ die Boltzmannkonstante ist, vgl. Tabelle 10.5.

Auch der Strahlungsdruck steigt mit der vierten Potenz der thermodynamischen Temperatur:

$$p = \frac{a}{3}T^4 = 2{,}5219 \cdot 10^{16} \text{ Pa } (T/K)^4.$$

Der Strahlungsdruck ist bei normalen Umgebungstemperaturen, z. B. $T = 290$ K, mit $p = 1{,}78 \cdot 10^{-6}$ Pa völlig unbedeutend. Bei der Temperatur der Sonnenoberfläche ($T \approx 5700$ K) oder der Temperatur $T \approx 10^8$ K der Kernfusion (Wasserstoffbombe!) erreicht er jedoch die Werte $p \approx 0{,}266$ Pa bzw. $25 \cdot 10^9$ MPa.

Zur Temperaturmessung bestimmt man die Energiestromdichte M_s der Hohlraumstrahlung, die durch eine kleine Öffnung in der Wand des Hohlraums nach außen dringt. Unter der Energiestromdichte versteht man dabei den Energiestrom (die Strahlungsleistung), geteilt durch die Fläche der Öffnung, durch die er hindurchtritt. Für schwarze oder Hohlraumstrahlung gilt

$$M_s = \frac{c}{4}u_v = \frac{ac}{4}T^4 = \sigma T^4 \tag{3.24}$$

mit $\sigma = 5{,}6705 \cdot 10^{-8}$ W/m² K⁴. Dies ist das berühmte Strahlungsgesetz von Stefan und Boltzmann. Es verknüpft die vierte Potenz der thermodynamischen Temperatur über eine universelle Naturkonstante, die Stefan-Boltzmann-Konstante σ, mit der meßbaren Energiestromdichte der Hohlraumstrahlung. Zur Temperaturmessung vergleicht man die Energiestromdichte $M_s(T)$ mit der eines Hohlraumstrahlers bei einer bekannten Referenztemperatur T_0. Man erhält

$$T = T_0[M_s(T)/M_s(T_0)]^{1/4}$$

durch Messung der Energiestromdichten $M_s(T)$ und $M_s(T_0)$. Auf diese Weise haben T. J. Quinn und J. E. Martin [1.28] thermodynamische Temperaturen zwischen 235 und 375 K bestimmt und die kleinen Abweichungen der Internationalen Praktischen Temperaturskala (IPTS 68) von der thermodynamischen Temperatur ermittelt, vgl. 1.4.4. Da derartige Messungen sehr aufwendig und schwierig auszuführen sind, mißt man in der Regel nicht das Verhältnis der Energiestromdichten M_s, sondern das Verhältnis der spektralen Strahldichten bei der gleichen Wellenlänge für Strahler mit der gesuchten Temperatur T und der Referenztemperatur T_0. Einzelheiten dieses optischen Temperaturmeßverfahrens findet man beispielsweise bei F. Henning [3.15].

3.2.4 Entropie und Gibbs-Funktion einer Mischphase. Chemische Potentiale

Die Entropie eines reinen Stoffes erhält man durch Integration des Differentials

$$dS = \frac{1}{T}dU + \frac{p}{T}dV, \qquad (3.25)$$

vgl. 3.2.1. Dies führt zur Fundamentalgleichung oder kanonischen Zustandsgleichung $S = S(U, V)$ bzw. $s = s(u, v)$, aus der man alle thermodynamischen Eigenschaften des reinen Stoffes berechnen kann, vgl. 3.2.2. Wir erweitern nun diese Betrachtung auf Gemische aus mehreren reinen Komponenten, die wir durch die Indizes $1, 2, \ldots, i, \ldots, l$ unterscheiden. Das Gemisch möge als homogenes System vorliegen, also eine Mischphase bilden. In 5.2.2 behandeln wir als praktisch wichtiges Beispiel gasförmige Mischphasen bei niedrigen Drücken (ideale Gasgemische). Auf eine umfassende und ausführliche Darstellung der Thermodynamik der Gemische müssen wir hier verzichten; es sei auf weiterführende Literatur verwiesen, z. B. [0.8, Bd. 2 und 3.16—3.20].

Nach dem 2. Hauptsatz besitzt die Mischphase eine Entropie, die von U, V und von den Stoffmengen $n_1, n_2, \ldots$ (oder den Massen $m_1, m_2, \ldots$) der einzelnen Komponenten abhängt. Es existiert also eine Funktion

$$S = S(U, V, n_1, n_2, \ldots, n_i, \ldots, n_l),$$

die Fundamentalgleichung oder kanonische Zustandsgleichung der Mischphase in der Entropieform. Ihr Differential ist

$$dS = \left(\frac{\partial S}{\partial U}\right)_{V, n_i} dU + \left(\frac{\partial S}{\partial V}\right)_{U, n_i} dV + \sum_{i=1}^{l} \left(\frac{\partial S}{\partial n_i}\right)_{U, V, n_j} dn_i.$$

Für die ersten beiden partiellen Ableitungen gelten die bekannten Beziehungen

$$(\partial S/\partial U)_{V, n_i} = 1/T$$

und

$$(\partial S/\partial V)_{U, n_i} = p/T,$$

weil sich ein System, dessen Stoffmengen n_i konstant gehalten werden, wie ein reiner Stoff verhält. Die Ableitung von S nach der Stoffmenge n_i kürzen wir formal durch

$$\left(\frac{\partial S}{\partial n_i}\right)_{U, V, n_j} = -\frac{\mu_i}{T}, \qquad i = 1, 2, \ldots l,$$

ab. Die hierdurch definierte intensive Zustandsgröße

$$\mu_i := -T\left(\frac{\partial S}{\partial n_i}\right)_{U, V, n_j}, \quad i = 1, 2, \ldots l,$$

heißt das *chemische Potential der Komponente i* in der Mischphase. Es gibt ebenso viele chemische Potentiale, wie Komponenten im Gemisch vorhanden sind. Damit erhalten wir

$$dS = \frac{1}{T} dU + \frac{p}{T} dV - \sum_{i=1}^{l} \frac{\mu_i}{T} dn_i \qquad (3.26)$$

oder

$$dU = T\, dS - p\, dV + \sum_{i=1}^{l} \mu_i\, dn_i \qquad (3.27)$$

für das Differential von S bzw. U. Gleichung (3.27) heißt auch Gibbssche Hauptgleichung der Mischphase; sie erweitert die für reine Stoffe geltende Beziehung (3.25) auf Gemische.

Das chemische Potential μ_i einer Komponente i gibt an, wie sich Entropie und innere Energie der Mischphase ändern, wenn sich die Stoffmenge n_i ändert. Dies kann dadurch geschehen, daß die Komponente dem Gemisch zugefügt oder entzogen wird (offenes System), oder daß eine chemische Reaktion im Gemisch stattfindet, bei der diese Komponente gebildet oder aufgezehrt wird. Wir wollen nun das chemische Potential einer Komponente in einem Gemisch bestimmen. Dazu betrachten wir einen *reversiblen* Prozeß, bei dem wir die Entropieänderung dS des Gemisches als Folge der Stoffmengenänderung dn_i berechnen können.

Das reversible Zufügen oder Entnehmen einer reinen Komponente ist nur mit Hilfe einer besonderen Wand möglich, die *semipermeable Wand* oder semipermeable Membran genannt wird. Um ihre Eigenschaften zu erläutern, betrachten wir das in Abb. 3.12 dargestellte Gemisch, das die Komponente i enthält und von einer bestimmten Menge des reinen Stoffes i durch die semipermeable Wand W getrennt ist. Diese Wand läßt nur die Komponente i hindurch und hält alle anderen Komponenten zurück. Dies ist eine sehr weitgehende Idealisierung, deren Verwirklichung man sich weit schwerer vorstellen kann als die einer adiabaten Wand. In den letzten Jahren hat man jedoch Membrane herstellen können, die eine beachtliche Selektivität besitzen, d. h. eine bestimmte gasförmige oder flüssige Komponente erheblich leichter durchlassen als andere Gase oder Flüssig-

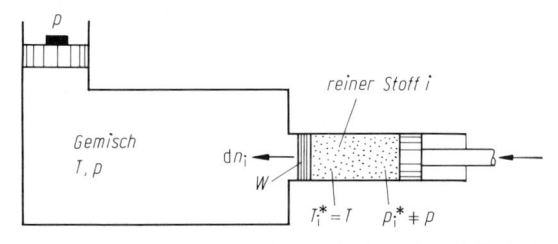

Abb. 3.12. Membrangleichgewicht zwischen einer Mischphase und dem reinen Stoff i

3.2 Die Entropie als Zustandsgröße

keiten. Damit lassen sich interessante und technisch wichtige Verfahren der Stofftrennung (Hyperfiltration und Umkehrosmose) zur Entsalzung von Meerwasser oder zur Speisewasserentsalzung in Kraftwerken ausführen, vgl. z. B. [3.21, 3.22]. Wir wollen jedenfalls die Existenz idealer semipermeabler Wände voraussetzen, die das Übertreten allein einer Komponente in das Gemisch oder aus dem Gemisch in reversibler Weise ermöglichen.

Abbildung 3.12 stellt das *Membrangleichgewicht* oder osmotische Gleichgewicht zwischen dem reinen Stoff i und einem Gemisch dar, welches diesen Stoff enthält. Im Membrangleichgewicht haben die Mischphase und der reine Stoff, dessen Zustandsgrößen wir durch einen Stern kennzeichnen, dieselbe Temperatur: $T = T_i^*$. Ihre Drücke stimmen jedoch nicht überein: $p \neq p_i^*$. Dies ist eine typische Eigenschaft des Membrangleichgewichts. Durch Verschieben des rechten Kolbens kann man eine kleine Menge des reinen Stoffes i über die semipermeable Wand transportieren, ohne das Gleichgewicht merklich zu stören. Der Stofftransport über die semipermeable Wand (Membran) läßt sich reversibel ausführen.

Es werde nun der Mischphase die Stoffmenge dn_i über die semipermeable Wand zugeführt. Dadurch ändert sich ihre Entropie nach (3.26) um

$$dS = \frac{1}{T} dU + \frac{p}{T} dV - \frac{\mu_i}{T} dn_i \,, \tag{3.28}$$

weil die Stoffmengen n_j $(j \neq i)$ aller übrigen Komponenten des Gemisches konstant bleiben. Die Mischphase und der reine Stoff i auf der anderen Seite der Membran bilden ein geschlossenes Gesamtsystem. Für seine Entropieänderung dS_{ges} gilt

$$dS_{\text{ges}} = dS + dS_i^* = \frac{dQ_{\text{rev}}^{\text{ges}}}{T} \,, \tag{3.29}$$

weil die Entropie eine extensive Zustandsgröße ist. Mit $dQ_{\text{rev}}^{\text{ges}}$ ist die Wärme bezeichnet, die während des reversiblen Transports der Stoffmenge dn_i die Grenze des geschlossenen Systems, bestehend aus Mischphase und dem reinen Stoff i, überschreitet. Hierfür gilt

$$dQ_{\text{rev}}^{\text{ges}} = dU + p\,dV + dU_i^* + p_i^*\,dV_i^* \,.$$

Wir setzen diesen Ausdruck und dS nach (3.28) in (3.29) ein und erhalten für das chemische Potential der Komponente i in der Mischphase

$$\mu_i\,dn_i = T\,dS_i^* - dU_i^* - p_i^*\,dV_i^* \,. \tag{3.30}$$

Wir führen nun die molare Entropie S_{mi}^*, die molare innere Energie U_{mi}^* und das Molvolumen V_{mi}^* des reinen Stoffes i ein. Aus

$$S_i^* = n_i^* S_{\text{mi}}^*$$

ergibt sich

$$dS_i^* = n_i^*\,dS_{\text{mi}}^* + S_{\text{mi}}^*\,dn_i^* \,,$$

und entsprechend gilt

$$dU_i^* = n_i^*\,dU_{\text{mi}}^* + U_{\text{mi}}^*\,dn_i^*$$

und

$$dV_i^* = n_i^*\,dV_{\text{mi}}^* + V_{\text{mi}}^*\,dn_i^* \,.$$

Diese Differentiale setzen wir in (3.30) ein und erhalten

$$\mu_i\,dn_i = (T\,dS_{\text{mi}}^* - dU_{\text{mi}}^* - p_i^*\,dV_{\text{mi}}^*)\,n_i^* - (U_{\text{mi}}^* + p_i^* V_{\text{mi}}^* - TS_{\text{mi}}^*)\,dn_i^* \,.$$

Die erste Klammer ist null (Entropiedifferential eines reinen Stoffes!); die zweite Klammer bedeutet die molare Gibbs-Funktion G_{mi}^* des reinen Stoffes i bei der Temperatur T und dem

Druck p_i^*:

$$G_{mi}^*(T, p_i^*) = U_{mi}^* + p_i^* V_{mi}^* - TS_{mi}^*.$$

Da schließlich $dn_i^* = -dn_i$ ist, erhalten wir

$$\mu_i = G_{mi}^*(T, p_i^*).$$

Das chemische Potential μ_i der Komponente i in einer Mischphase stimmt mit der molaren Gibbs-Funktion des reinen Stoffes i überein, der im Membrangleichgewicht mit der Mischphase steht.

Die molare Gibbs-Funktion des reinen Stoffes *i* ist bei der Temperatur der Mischphase, aber mit einem Druck p_i^* zu berechnen, der durch das Membrangleichgewicht bestimmt wird und kleiner als der Druck der Mischphase ist. Der Druck p_i^* hängt von der Art und der Zusammensetzung der Mischphase ab; somit ist das chemische Potential einer Gemischkomponente vor allem eine Funktion der Gemischzusammensetzung. Wir werden in 5.2.2 das ideale Gasgemisch behandeln; hier besteht ein besonders einfacher Zusammenhang zwischen p_i^*, dem Druck p und der Zusammensetzung des Gemisches.

Wir betrachten nun die Gibbs-Funktion der Mischphase. Aus ihrer Definitionsgleichung

$$G := U + pV - TS$$

ergibt sich ihr Differential

$$dG = dU + p\,dV + V\,dp - T\,dS - S\,dT.$$

Mit dU nach der Gibbsschen Hauptgleichung (3.26) erhalten wir daraus

$$dG = -S\,dT + V\,dp + \sum_{i=1}^{l} \mu_i\,dn_i \qquad (3.31)$$

als Erweiterung der entsprechenden Beziehung von Tabelle 3.2, die für reine Stoffe gilt. Integration von dG führt auf die Zustandsgleichung

$$G = G(T, p, n_1, n_2, \ldots, n_l).$$

Dies ist die Fundamentalgleichung oder die kanonische Zustandsgleichung einer Mischphase für die unabhängigen Variablen $T, p, n_1, \ldots, n_l$. Das chemische Potential der Komponente *i* hängt mit G über die Beziehung

$$\mu_i = (\partial G/\partial n_i)_{T, p, n_j}$$

zusammen; es ist eine intensive Zustandsgröße.

Hält man alle intensiven Zustandsgrößen der Mischphase konstant, so gilt $dT = 0$ und $dp = 0$, und alle chemischen Potentiale haben konstante Werte. Wir verändern nun die Stoffmengen aller Komponenten im gleichen Verhältnis, so daß

$$dn_i = n_i\,d\lambda \qquad \text{für } i = 1, 2, \ldots, l$$

gilt. Dann folgt aus (3.31)

$$dG = \sum_{i=1}^{l} \mu_i n_i\,d\lambda.$$

Integration zwischen $\lambda = 0$ und $\lambda = 1$ ergibt die wichtige Beziehung

$$G = \sum_{i=1}^{l} \mu_i n_i \,.$$

Die Gibbs-Funktion einer Mischphase erhält man als Summe der Produkte aus dem chemischen Potential und der Stoffmenge ihrer Komponenten.

Die Gibbs-Funktion besitzt noch eine weitere bedeutsame Eigenschaft: Sie nimmt im Gleichgewichtszustand eines Systems, dessen Temperatur und Druck konstant gehalten werden, ein Minimum an. Daraus lassen sich insbesondere die Bedingungen für das Phasengleichgewicht zwischen zwei oder mehreren Mischphasen oder der Gleichgewichtszustand eines chemisch reagierenden Gemisches, d. h. seine chemische Zusammensetzung im Reaktionsgleichgewicht berechnen.

Beispiel 3.6. Trennt man eine wässerige Salzlösung und reines Wasser durch eine semipermeable Membran, die nur das Wasser hindurchläßt, so stellt sich das osmotische oder Membran-Gleichgewicht zwischen Wasser und Salzlösung so ein, daß der Druck p der Lösung um den *osmotischen Druck* p_{os} größer ist als der Druck p_0 des reinen Wassers,

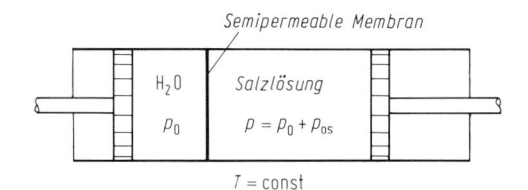

Abb. 3.13. Zur Erläuterung des osmotischen Drucks einer Salzlösung

Abb. 3.13. Ist $p < p_0 + p_{os}$, so dringt reines Wasser über die Membran in die Salzlösung ein (Osmose). Erhöht man dagegen den Druck der Lösung über $p_0 + p_{os}$, so tritt reines Wasser aus der Lösung durch die semipermeable Membran hindurch. Man bezeichnet diese Stofftrennung als *Umkehrosmose*; sie ist ein mögliches Verfahren zur Gewinnung von Süßwasser aus Meerwasser. — Man bestimme den osmotischen Druck p_{os} von Meerwasser und die mindestens aufzuwendende Arbeit für die Gewinnung von reinem Wasser aus Meerwasser.

Wir erhalten den osmotischen Druck aus der Bedingung des Membrangleichgewichts: Das chemische Potential μ_W des Wassers in der Lösung stimmt mit der molaren Gibbs-Funktion G_{mW} des reinen Wassers überein. Somit gilt

$$\mu_W(T, p, \sigma) = G_{mW}(T, p_0) \,. \qquad (3.32)$$

Hierbei bedeutet σ die *Salinität* des Meerwassers, die in sehr guter Näherung mit dem Massenanteil aller im Meerwasser gelösten Salze übereinstimmt. Wegen der genauen Definition von σ vgl. man [3.23]. Ist m_S die Masse der gelösten Salze und bedeutet m_W die Masse des reinen Wassers, so gilt

$$\sigma = m_S/(m_S + m_W) \,.$$

Verschiedene Meere haben unterschiedliche Salinitäten zwischen 7 g/kg (Ostsee) und 43 g/kg (Rotes Meer). Das sogenannte Standard-Seewasser hat die Salinität $\sigma_0 = 34{,}449$ g/kg $= 0{,}034449$.

Die Abhängigkeit des chemischen Potentials μ_w des Wassers von der Salinität ist durch

$$\mu_\text{w}(T, p, \sigma) = G_\text{mW}(T, p) + R_\text{m} T \ln(1 - A\sigma)$$

gegeben, vgl. [3.23], wobei $A = 0{,}537$ eine empirische Konstante ist. Mit steigender Salinität nimmt μ_w ab. Aus der Gleichgewichtsbedingung (3.32) folgt

$$G_\text{mW}(T, p) - G_\text{mW}(T, p_0) = -R_\text{m} T \ln(1 - A\sigma).$$

Die Druckabhängigkeit von G_mW ergibt sich nach Tabelle 3.2 zu

$$G_\text{mW}(T, p) - G_\text{mW}(T, p_0) = \int_{p_0}^{p} (\partial G_\text{mW}/\partial p)_T \, dp = \int_{p_0}^{p} V_\text{mW}(T, p) \, dp = V_\text{mW}(T)(p - p_0),$$

wenn wir die geringe Druckabhängigkeit des Molvolumens V_mW des (flüssigen) Wassers vernachlässigen. Damit erhalten wir den gesuchten osmotischen Druck

$$p_\text{os} := p - p_0 = -\frac{R_\text{m} T}{V_\text{mW}(T)} \ln(1 - A\sigma) = -\frac{R_\text{W} T}{v_\text{w}(T)} \ln(1 - A\sigma)$$

mit R_W als Gaskonstante des Wassers und v_w als seinem spez. Volumen. Für Standard-Seewasser bei 15 °C ergibt sich der Wert

$$p_\text{os} = -\frac{0{,}4615 \, (\text{kJ/kg K}) \, 288{,}15 \, \text{K}}{0{,}001001 \, \text{m}^3/\text{kg}} \ln(1 - 0{,}537 \cdot 0{,}03445) = 24{,}81 \, \text{bar}.$$

Wir berechnen nun die Mindestarbeit, um aus Meerwasser mit der Salinität σ_1 eine bestimmte Menge reinen Wassers mit der Masse Δm_w durch Umkehrosmose zu erhalten. Durch die Volumenänderung der Salzlösung um $dV = v_\text{w} \, dm_\text{w}$, bei der die Masse dm_w an reinem Wasser durch die semipermeable Membran gepreßt wird, erhöht sich die Salinität der verbleibenden Lösung. Mit

$$m_\text{w} = m_\text{S}(1 - \sigma)/\sigma$$

erhält man, da m_S konstant bleibt,

$$dV = v_\text{w} \, dm_\text{w} = -v_\text{w} m_\text{S} \, d\sigma/\sigma^2.$$

Die aufzuwendende Mindestarbeit, um die Wassermenge

$$\Delta m_\text{w} = m_{\text{w}1} - m_\text{w} = \frac{V_1 - V}{v_\text{w}} = m_\text{S}\left(\frac{1}{\sigma_1} - \frac{1}{\sigma}\right)$$

zu gewinnen, stellt sich dann ein, wenn der rechte Kolben in Abb. 3.13 mit einem Druck, der nur infinitesimal größer als p_os ist, nach links verschoben wird. Man erhält dann

$$W_\text{rev} = -\int_{V_1}^{V} p_\text{os} \, dV = -R_\text{W} T m_\text{S} \int_{\sigma_1}^{\sigma} \ln(1 - A\sigma) \frac{d\sigma}{\sigma^2}.$$

Üblicherweise bezieht man diese Arbeit auf das Volumen des gewonnenen reinen Wassers. Dann wird

$$W_V^\text{rev} := \frac{W_\text{rev}}{V_1 - V} = \frac{R_\text{W} T}{v_\text{w}} \frac{\sigma_1 \sigma}{\sigma - \sigma_1} F(\sigma, \sigma_1)$$

mit

$$F(\sigma, \sigma_1) := -\int_{\sigma_1}^{\sigma} \ln(1 - A\sigma) \frac{d\sigma}{\sigma^2} = A \ln \frac{\sigma}{\sigma_1} + \frac{A^2}{2}(\sigma - \sigma_1) + \frac{A^3}{6}(\sigma^2 - \sigma_1^2) + \ldots$$

als dem Integral, das sich durch Reihenentwicklung des Logarithmus ($\Delta\sigma \ll 1$) berechnen läßt.

Abbildung 3.14 zeigt für Standard-Seewasser ($\sigma_1 = \sigma_0$) bei 15 °C den osmotischen Druck p_{os} und die auf das Volumen des gewonnenen reinen Wassers bezogene Mindestarbeit W_V^{rev} als Funktionen der Salinität σ. Beide Größen wachsen mit der Salinität des verbleibenden, mit Salz angereicherten Meerwassers bzw. mit der erzeugten Rein-Wassermasse Δm_W, vgl. die obere Skala in Abb. 3.14. Will man z. B. 25 % des im Meerwasser anfänglich enthaltenen Wassers durch Umkehrosmose gewinnen, so ist hierfür mindestens eine Arbeit von 0,790 kWh/m³ aufzuwenden. Der osmotische Druck steigt dabei von 24,81 bar auf 32,80 bar; die Salinität des verbleibenden Meerwassers erhöht sich auf 45,4 g/kg. In der Praxis müssen drei bis viermal so große Drücke wie p_{os} angewendet werden, wodurch sich der Arbeitsbedarf merklich vergrößert [3.24]. Das gewonnene Wasser ist nicht frei von Salzen, da man keine vollkommene semipermeable Membran herstellen kann.

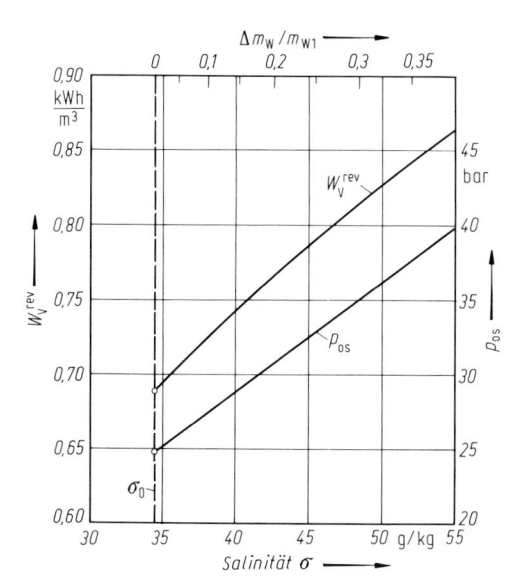

Abb. 3.14. Osmotischer Druck p_{os} und die auf das Volumen des reinen Wassers (Süßwassers) bezogene Mindestarbeit bei der Umkehrosmose von Standard-Seewasser als Funktion der Salinität σ des verbleibenden Seewassers. Δm_W Masse des gewonnenen Süßwassers, m_{W1} Masse des im Meerwasser anfänglich vorhandenen reinen Wassers

3.3 Ergänzungen

3.3.1 Das T,s-Diagramm

Nach dem 2. Hauptsatz besteht ein enger Zusammenhang zwischen der Entropieänderung eines geschlossenen Systems und der Wärme, die dem System bei einem *reversiblen* Prozeß zugeführt oder entzogen wird. Die Entropieänderung ist der reversibel aufgenommenen oder abgegebenen Wärme proportional,

$$dQ_{rev} = T\,dS,$$

wobei die thermodynamische Temperatur der Proportionalitätsfaktor ist. Wärmeaufnahme und Wärmeabgabe sind mit der Änderung der Entropie in gleicher Weise verknüpft wie das Verrichten von Arbeit mit der Änderung der Arbeitskoordinaten. Für die Volumenänderungsarbeit bei einem reversiblen Prozeß gilt ja

$$dW_{rev} = -p\, dV.$$

Ebenso wie sich die Volumenänderungsarbeit als Fläche in einem p,V-Diagramm darstellen läßt, so ist auch die Wärme als Fläche darstellbar, wenn man ein T,S-Diagramm benutzt. Häufig ist es zweckmäßig, Entropie und Wärme auf die Masse des Systems zu beziehen. Für die Wärme bei einem reversiblen Prozeß gilt dann

$$(q_{12})_{rev} = \int_1^2 T\, ds.$$

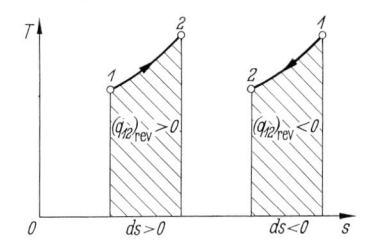

Abb. 3.15. Zustandslinien reversibler Prozesse im T,s-Diagramm. Links: Wärmezufuhr, rechts: Wärmeabfuhr

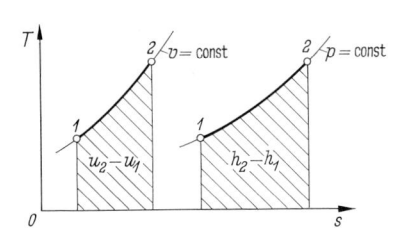

Abb. 3.16. Darstellung der Differenzen $u_2 - u_1$ und $h_2 - h_1$ im T,s-Diagramm

Im T,s-Diagramm von Abb. 3.15 sind die Zustandslinien zweier reversibler Prozesse eingezeichnet. Die Fläche unter diesen Linien bedeutet die bei diesen Prozessen übergehende Wärme. Bei reversibler Wärmeaufnahme wächst die Entropie ($ds > 0$), bei reversibler Wärmeabgabe nimmt die Entropie des Systems ab ($ds < 0$). Das Verrichten von Arbeit läßt dagegen bei einem reversiblen Prozeß die Entropie ungeändert, denn die Arbeit wird vom Fluid allein durch Verändern des Volumens aufgenommen oder abgegeben.

Im T,s-Diagramm lassen sich auch Differenzen der inneren Energie und der Enthalpie als Flächen darstellen. Wir betrachten zwei Zustände 1 und 2 auf derselben Isochore $v = v_1 = v_2$. Durch Integration von

$$T\, ds = du + p\, dv$$

erhält man mit $dv = 0$

$$u_2 - u_1 = \int_1^2 T\, ds \quad (v = \text{const}).$$

Diese Differenz bedeutet im T,s-Diagramm die Fläche unter der Isochore, Abb. 3.16. In gleicher Weise erhält man aus

$$T\, ds = dh - v\, dp$$

für eine Isobare ($dp = 0$)

$$h_2 - h_1 = \int_1^2 T\,ds \quad (p = \text{const}).$$

Im T,s-Diagramm wird die Enthalpiedifferenz zweier Zustände mit gleichem Druck als Fläche unter der gemeinsamen Isobare dargestellt, Abb. 3.16.

Beispiel 3.7. Es soll der Verlauf der Isobaren ($p = \text{const}$) im T,s-Diagramm eines idealen Gases untersucht werden.

Nach Beispiel 3.5 gilt für die spez. Entropie eines idealen Gases

$$s(T,p) = s(T_0, p_0) + \int_{T_0}^{T} c_p^0(T)\,\frac{dT}{T} - R\ln\frac{p}{p_0} = s^0(T) - R\ln\frac{p}{p_0}.$$

mit $s^0(T)$ als der Entropie beim Bezugsdruck $p = p_0$. Sie wächst monoton mit steigender Temperatur. Da

$$\left(\frac{\partial T}{\partial s}\right)_p = \left(\frac{\partial s}{\partial T}\right)_p^{-1} = \left(\frac{ds^0}{dT}\right)^{-1} = \frac{T}{c_p^0}$$

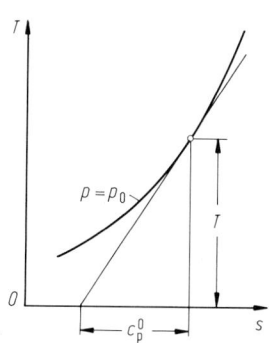

Abb. 3.17. Isobare $p = p_0$ eines idealen Gases im T,s-Diagramm mit Subtangente c_p^0

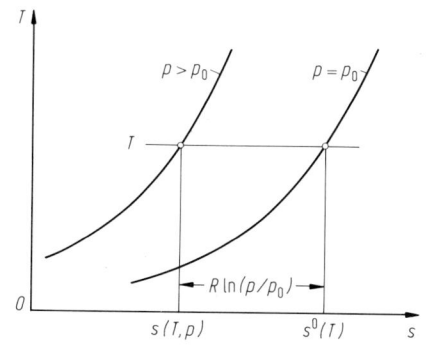

Abb. 3.18. Die Isobaren eines idealen Gases gehen durch Parallelverschiebung in Richtung der s-Achse auseinander hervor

gilt, ist die Subtangente der Isobare $p = p_0$ (und jeder anderen Isobare) gleich der spez. Wärmekapazität c_p^0, Abbildung 3.17. Eine Isobare verläuft im T,s-Diagramm umso steiler, je kleiner c_p^0 ist. Hängt c_p^0 nicht von der Temperatur ab, so erhält man eine Exponentialkurve; denn diese besitzt die geometrische Eigenschaft, in jedem ihrer Punkte eine gleich große Subtangente zu haben.

Die Isobaren, die zu Drücken $p \neq p_0$ gehören, gehen aus der Isobare $p = p_0$ durch Parallelverschiebung in Richtung der s-Achse hervor. Für zwei Zustände gleicher Temperatur auf einer beliebigen Isobare und der Isobare $p = p_0$ gilt nämlich

$$s(T,p) - s(T,p_0) = s(T,p) - s^0(T) = -R\ln(p/p_0)$$

unabhängig von der Temperatur, Abb. 3.18. Da die Entropie eines idealen Gases mit steigendem Druck abnimmt, liegen die zu höheren Drücken gehörenden Isobaren im T,s-Diagramm links von den Isobaren mit niedrigeren Drücken.

3.3.2 Dissipationsenergie

Durchläuft ein geschlossenes fluides System einen reversiblen Prozeß, so verhält es sich wie eine Phase. Es nimmt die Wärme

$$dq_{rev} = T\,ds$$

durch Verändern seiner Entropie und die Arbeit

$$dw_{rev} = -p\,dv$$

durch Ändern seines Volumens (Volumenänderungsarbeit) auf. Wärme und Arbeit entsprechen bei einem reversiblen Prozeß den beiden Termen im Differential der spez. inneren Energie der Phase:

$$du = T\,ds - p\,dv = dq_{rev} + dw_{rev}\,.$$

Wir betrachten nun einen irreversiblen Prozeß des fluiden Systems, für den wir eine quasistatische Zustandsänderung voraussetzen. Die intensiven Zustandsgrößen seien also innerhalb des Systems nahezu konstant, so daß wir es auch bei dem irreversiblen Prozeß als Phase ansehen können, vgl. 1.3.4. Die Entropieänderung kommt nicht allein durch den mit dem Wärmeübergang gekoppelten Entropietransport zustande. Es wird außerdem im Inneren des Systems Entropie durch dissipative Vorgänge (Reibung) erzeugt, so daß

$$T\,ds = dq + T\,ds_{irr}$$

mit $ds_{irr} > 0$ als erzeugter Entropie gilt. Für die Arbeit erhalten wir

$$dw = du - dq = -p\,dv + T\,ds_{irr}\,. \tag{3.33}$$

Sie ist um $T\,ds_{irr}$ größer als die Volumenänderungsarbeit beim reversiblen Prozeß, während die zugeführte Wärme dq um diesen Betrag kleiner als $T\,ds$ ist. Ein Teil der als Arbeit zugeführten Energie führt nicht zu einer Volumenänderung, sondern wird durch eine irreversible Entropiezunahme vom System aufgenommen.

Da dieser Vorgang mit den dissipativen Vorgängen im Inneren des Systems verbunden ist, bezeichnet man

$$dj := T\,ds_{irr} \geq 0$$

als *dissipierte Energie* oder als spez. *Dissipationsenergie*. Sie ist wie Arbeit und Wärme eine Prozeßgröße und nach dem 2. Hauptsatz positiv. Nur bei einem reversiblen Prozeß verschwindet die Dissipationsenergie. Aus (3.33) folgt für die Änderung der inneren Energie

$$du = dq - p\,dv + dj\,. \tag{3.34}$$

Danach kann man die Dissipationsenergie auch als jene Zunahme der inneren Energie auffassen, die nicht durch Wärmeübergang und nicht durch das Verrichten von Volumenänderungsarbeit bewirkt wird, sondern durch Entropieproduktion bei einem irreversiblen Prozeß.

Ist die ganze Zustandsänderung des irreversiblen Prozesses $1 \to 2$ quasistatisch, so gilt die Beziehung

$$u_2 - u_1 = q_{12} - \int_1^2 p\,dv + j_{12}$$

3.3 Ergänzungen

mit

$$j_{12} := \int_1^2 T\, ds_{irr} \geq 0$$

als spez. *Dissipationsenergie des Prozesses*. Wegen

$$\int_1^2 T\, ds = q_{12} + j_{12} \tag{3.35}$$

stellt im T,s-Diagramm die Fläche unter der quasistatischen Zustandsänderung des irreversiblen Prozesses die Summe aus der zu- oder abgeführten Wärme und der Dissipationsenergie dar, Abb. 3.19. Ohne weitere Informationen über den Prozeß ist diese Fläche nicht in die beiden Anteile q_{12} und j_{12} aufzuteilen. Bei einem adiabaten Prozeß ($q_{12} = 0$) entspricht die Fläche genau der Dissipationsenergie j_{12}.

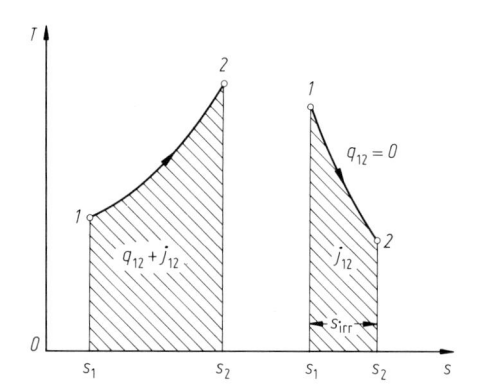

Abb. 3.19. Wärme q_{12} und spez. Dissipationsenergie j_{12} als Fläche im T,s-Diagramm

Die Annahme einer quasistatischen Zustandsänderung ist nicht bei allen irreversiblen Prozessen gerechtfertigt. Wir können daher nur an einigen Beispielen die Bedeutung der Dissipationsenergie erläutern. Ohne Zweifel verhalten sich die *Massenelemente eines strömenden Fluids* wie (kleine) Phasen. An ihnen greifen Schubspannungen (Reibungsspannungen) an, die ihre Gestalt verändern. Die Dissipationsenergie stimmt dabei mit der Gestaltänderungsarbeit überein, welche die Schubkräfte an einem Massenelement verrichten. Sie bewirken eine irreversible Verformung des Elements und sind die Ursache der Energiedissipation, einer Umwandlung von Gestaltsänderungsarbeit in innere Energie des Elements.

Nimmt man bei der Kompression oder Expansion eines Fluids eine quasistatische Zustandsänderung an, so gilt nach 2.2.2. und (3.33) für die spez. Volumenänderungsarbeit

$$w_{12}^V = -\int_1^2 p\, dv + w_{12}^G = -\int_1^2 p\, dv + j_{12}.$$

Die in 2.2.2 eingeführte Gestaltänderungsarbeit w_{12}^G stimmt mit der spez. Dissipationsenergie überein: $w_{12}^G = j_{12}$. Wie j_{12} ist sie, unabhängig von der Richtung der Volumenänderung, positiv und verschwindet nur im Grenzfall des reversiblen Prozesses.

Als weiteres Beispiel betrachten wir einen adiabaten *elektrischen Leiter* mit dem elektrischen Widerstand R_{el}. Dieses System kann in guter Näherung als Phase angesehen werden. Seine Temperatur ist auch beim Stromdurchgang räumlich nahezu konstant. Die geringe Volumenvergrößerung werde vernachlässigt, somit ist die Arbeit allein elektrische Arbeit, und es gilt nach 2.2.4

$$dw = dw_{el} = \frac{R_{el}}{m} I_{el}^2 \, d\tau$$

mit m als Masse des elektrischen Leiters. Aus (3.33) und (3.34) erhält man

$$dw_{el} = du = T \, ds = T \, ds_{irr} = dj \, .$$

Die zugeführte elektrische Arbeit stimmt mit der Dissipationsenergie überein, sie wird vollständig dissipiert und erhöht die innere Energie und die Entropie des Leiters in irreversibler Weise. Beim Stromdurchgang wird Arbeit nicht durch Ändern von Arbeitskoordinaten aufgenommen, also weder durch Volumenänderung noch durch Änderung der elektrischen Ladung, sondern durch irreversible Entropieerhöhung im elektrischen Leiter.

Bei dem in 2.2.3 behandelten *Schaufelradprozeß* wird Wellenarbeit in einem Fluid dissipiert. Die Drehung des Schaufelrads erzeugt im Fluid ein kompliziertes Geschwindigkeitsfeld; die zwischen den Massenelementen auftretenden Schubspannungen verrichten Gestaltänderungsarbeit, die dissipiert wird. Letzlich verwandelt sich die als Wellenarbeit zugeführte Energie vollständig und irreversibel in innere Energie, wobei sich die Entropie des Fluids durch Entropieproduktion erhöht.

Die durch Dissipation von Arbeit bewirkte Energie- und Entropieänderung des Systems hätte man in einem reversiblen Prozeß mit der gleichen Zustandsänderung des Systems durch die Zufuhr von Wärme bewirken können. Da die Dissipationsenergie dieselbe Energie- und Entropieerhöhung des Systems hervorruft wie reversibel zugeführte Wärme, wurde j_{12} besonders im älteren Schrifttum als *Reibungswärme* bezeichnet. Da die Dissipationsenergie bei den meisten irreversiblen Prozessen als Arbeit zugeführt wird, hat man sie auch *Reibungsarbeit* genannt. Die Dissipationsenergie ist zwar wie Wärme und Arbeit eine Prozeßgröße, Energie wird aber nicht als Dissipationsenergie über die Systemgrenze transportiert; denn im Inneren des Systems und nicht beim Übertritt über die Systemgrenze entscheidet es sich, ob Energie dissipiert wird. Es dürfte daher sinnvoll sein, weder von Reibungsarbeit noch von Reibungswärme zu sprechen, sondern nur von Dissipationsenergie. Sie ist jene Zunahme der inneren Energie, die weder durch Verändern der Arbeitskoordinaten noch durch Wärmeübergang bewirkt wird, sondern durch Entropieerzeugung bei einem dissipativen Prozeß.

3.3.3 Die Entropiebilanzgleichung für einen Kontrollraum

Die in 3.1.2 aufgestellte und bereits mehrfach angewandte Entropiebilanzgleichung gilt für ein geschlossenes System. Wir erweitern sie nun auf offene Systeme (Kontrollräume), berücksichtigen also auch den Entropietransport, der durch einen Stofftransport über die Systemgrenze bewirkt wird. Hierzu betrachten wir den in Abb. 3.20 dargestellten Kontrollraum. Während des Zeitintervalls $\Delta\tau$, das zwischen Abb. 3.20a und 3.20b verstreicht, strömt Materie mit der Masse Δm_e in den Kontrollraum hinein, und Materie mit der Masse Δm_a verläßt den Kontrollraum durch den Austrittsquerschnitt a. Die Zeit $\Delta\tau$ sei so klein gewählt, daß wir die eintretenden und austretenden Fluidelemente als Phasen behandeln können.

Wir definieren ein bewegtes *geschlossenes* System. Es besteht aus der Materie, die sich zur Zeit τ innerhalb der Grenzen des Kontrollraums befindet, und aus

3.3 Ergänzungen

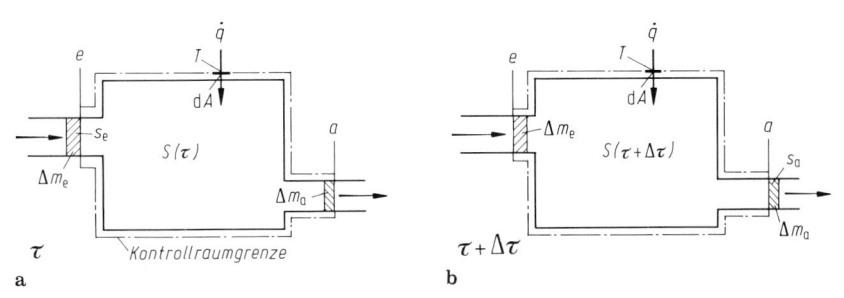

Abb. 3.20 a, b. Zur Herleitung der Entropiebilanzgleichung für einen Kontrollraum. Das gedachte geschlossene System besteht **a** zur Zeit τ aus dem Kontrollraum und dem Fluidelement mit der Masse Δm_e; **b** zur Zeit $\tau + \Delta\tau$ umfaßt das geschlossene System den Kontrollraum und das Fluidelement mit der Masse Δm_a

dem Fluidelement mit der Masse Δm_e gerade vor dem Eintrittsquerschnitt e (Abb. 3.20a). Bis zur Zeit $\tau + \Delta\tau$ (Abb. 3.20b) hat sich das geschlossene System so weit bewegt, daß es die Materie innerhalb der Kontrollraumgrenzen und das Fluidelement mit der Masse Δm_a gerade außerhalb des Austrittsquerschnitts a umfaßt. Zu jeder Zeit enthält das geschlossene System dieselbe Materie. Die Entropie S_{GS} des geschlossenen Systems zur Zeit τ ist

$$S_{GS}(\tau) = S(\tau) + s_e \, \Delta m_e;$$

zur Zeit $\tau + \Delta\tau$ gilt

$$S_{GS}(\tau + \Delta\tau) = S(\tau + \Delta\tau) + s_a \, \Delta m_a.$$

Mit s_e und s_a sind die spez. Entropien der Fluidelemente am Eintritt bzw. am Austritt des Kontrollraums bezeichnet. Außerdem bedeutet $S(\tau)$ die zeitlich veränderliche Entropie der Materie innerhalb der Kontrollraumgrenzen. Man erhält sie durch Integration über alle Volumenelemente des Kontrollraums:

$$S(\tau) = \int\limits_{(V)} \varrho s \, dV.$$

Dazu müssen das Dichtefeld und das Feld der spez. Entropie bekannt sein.

Für die in der Entropiebilanzgleichung des geschlossenen Systems,

$$\frac{dS_{GS}}{d\tau} = \dot{S}_Q(\tau) + \dot{S}_{irr}(\tau),$$

auftretende Ableitung $dS_{GS}/d\tau$ erhalten wir nun

$$\frac{dS_{GS}}{d\tau} = \lim_{\Delta\tau \to 0} \frac{S_{GS}(\tau + \Delta\tau) - S_{GS}(\tau)}{\Delta\tau}$$

$$= \lim_{\Delta\tau \to 0} \frac{S(\tau + \Delta\tau) - S(\tau)}{\Delta\tau} + s_a \lim_{\Delta\tau \to 0} \frac{\Delta m_a}{\Delta\tau} - s_e \lim_{\Delta\tau \to 0} \frac{\Delta m_e}{\Delta\tau}.$$

Dies ergibt

$$\frac{dS}{d\tau} + s_a \dot{m}_a - s_e \dot{m}_e = \dot{S}_Q(\tau) + \dot{S}_{irr}(\tau) \tag{3.36}$$

mit $\dot{m}_a$ und $\dot{m}_e$ als den zeitabhängigen Massenströmen im Austritts- bzw. Eintrittsquerschnitt. Die beiden letzten Terme der linken Seite von (3.36) bedeuten die mit der ein- und ausströmenden Materie transportierte Entropie.

In der Entropiebilanzgleichung (3.36) bedeutet $\dot{S}_Q$ den Entropietransportstrom, der die Wärmeströme begleitet, die die Grenze des Kontrollraums überqueren. Betrachten wir ein Flächenelement dA der Kontrollraumgrenze, Abb. 3.20! Der hier übertragene Wärmestrom, bezogen auf die Fläche, also die Wärmestromdichte, sei $\dot{q}(A, \tau)$, vgl. 2.3.2. Dann wird über dieses Flächenelement die Entropie

$$\frac{\mathrm{d}\dot{Q}}{T} = \frac{\dot{q}(A, \tau)}{T} \mathrm{d}A$$

transportiert, wobei $T = T(A, \tau)$ die thermodynamische Temperatur an dieser Stelle ist. Sie kann ebenso wie $\dot{q}$ über die ganze Oberfläche des Kontrollraums variieren. Der gesamte durch Wärme verursachte Entropietransportstrom wird dann

$$\dot{S}_Q(\tau) = \int_{(A)} \frac{\dot{q}}{T} \mathrm{d}A, \qquad (3.37)$$

wobei das Flächenintegral über die ganze Kontrollraumgrenze zu erstrecken ist. Wird Wärme nur an bestimmten Stellen der Kontrollraumgrenze übertragen, wo die Temperatur T_i herrscht, so erhält man für den Entropietransportstrom

$$\dot{S}_Q(\tau) = \sum_i \frac{\dot{Q}_i}{T_i}. \qquad (3.38)$$

Jeder Wärmestrom $\dot{Q}_i$ und die zugehörige Temperatur T_i hängen von der Zeit ab, denn wir betrachten einen instationären Prozeß.

Fließen mehrere Fluidströme über die Grenze des Kontrollraums, so erhalten wir die Entropiebilanzgleichung

$$\frac{\mathrm{d}S}{\mathrm{d}\tau} = \sum_{\text{ein}} s_e \dot{m}_e - \sum_{\text{aus}} s_a \dot{m}_a + \dot{S}_Q(\tau) + \dot{S}_{\text{irr}}(\tau). \qquad (3.39)$$

Sie unterscheidet sich von der Entropiebilanz eines geschlossenen Systems durch die beiden Summen. Diese ergeben den Überschuß der mit Materie einströmenden Entropie über die mit Materie abströmende Entropie. Alle in der Bilanzgleichung auftretenden Größen hängen von der Zeit ab. Der Entropieproduktionsstrom $\dot{S}_{\text{irr}}(\tau)$ umfaßt die gesamte Entropie, die innerhalb der Kontrollraumgrenzen erzeugt wird. Nach dem 2. Hauptsatz ist $\dot{S}_{\text{irr}}(\tau) \geq 0$, wobei das Gleichheitszeichen nur für den reversiblen Prozeß gilt.

Für ein adiabates offenes System ($\dot{S}_Q \equiv 0$) gilt nicht d$S/\mathrm{d}\tau \geq 0$. Solange nämlich mehr Entropie mit Materie abströmt als Entropie erzeugt wird und mit Materie zuströmt, kann die Entropie des adiabaten Kontrollraums abnehmen. Die auf geschlossene adiabate Systeme zutreffende Aussage d$S/\mathrm{d}\tau \geq 0$ muß nicht für offene Systeme (Kontrollräume) gelten.

3.3.4 Die Entropiebilanzgleichung für stationäre Fließprozesse

Die im letzten Abschnitt hergeleitete Entropiebilanzgleichung (3.39) für einen instationären Prozeß in einem offenen System (Kontrollraum) enthält den Sonderfall des stationären Fließprozesses. Nun sind alle Größen unabhängig von der Zeit; es gilt $dS/d\tau = 0$, und aus (3.39) folgt

$$\sum_{\text{aus}} \dot{m}_a s_a = \sum_{\text{ein}} \dot{m}_e s_e + \dot{S}_Q + \dot{S}_{\text{irr}} \qquad (3.40)$$

als Entropiebilanzgleichung des stationären Fließprozesses. Der Entropietransportstrom $\dot{S}_Q$ ist durch (3.37) bzw. (3.38) gegeben, wobei jedoch alle dort auftretenden Größen (zeitlich) konstant sind. Die Entropiebilanzgleichung (3.40) sagt aus: Die mit Materie aus dem Kontrollraum abfließende Entropie ergibt sich als Summe der Entropien, die mit eintretender Materie zufließen, die mit Wärme über die Kontrollraumgrenze transportiert und durch Irreversibilitäten im Kontrollraum erzeugt werden.

Für einen *adiabaten Kontrollraum* ist $\dot{S}_Q \equiv 0$. Aus (3.40) erhalten wir den Entropieproduktionsstrom zu

$$\dot{S}_{\text{irr}} = \left[\sum_{\text{aus}} \dot{m}_a s_a - \sum_{\text{ein}} \dot{m}_e s_e \right]_{\text{ad}} \geqq 0.$$

Die Entropieerzeugung bewirkt den Überschuß der mit den austretenden Stoffströmen abfließenden Entropie über die einströmende Entropie. Diese Bilanzgleichung dient zur Berechnung des Entropieproduktionsstroms aus Zustandsgrößen, die an der Grenze des adiabaten Kontrollraums leicht bestimmbar sind; sie hat daher erhebliche praktische Bedeutung.

Fließt nur ein Stoffstrom durch den Kontrollraum ($\dot{m}_a = \dot{m}_e = \dot{m}$), so folgt aus (3.40)

$$\dot{m}(s_2 - s_1) = \dot{S}_{Q12} + \dot{S}_{12}^{\text{irr}}, \qquad (3.41)$$

wenn man, wie meistens üblich, den Eintrittsquerschnitt mit 1 und den Austrittsquerschnitt mit 2 bezeichnet. Strömt das Fluid durch einen kanalartigen Kontrollraum, z. B. durch das beheizte Rohr eines Wärmeübertragers, so stellt sich in jedem Strömungsquerschnitt ein Temperaturprofil $T = T(r)$ ein, wie es Abb. 3.21 zeigt. Aufgrund des Temperaturgefälles in der wandnahen Grenzschicht wird hier Entropie erzeugt. Der Entropieproduktionsstrom $\dot{S}_{12}^{\text{irr}}$ in (3.41) enthält neben der durch Reibung (Dissipation) erzeugten Entropie auch diese durch Temperatur-

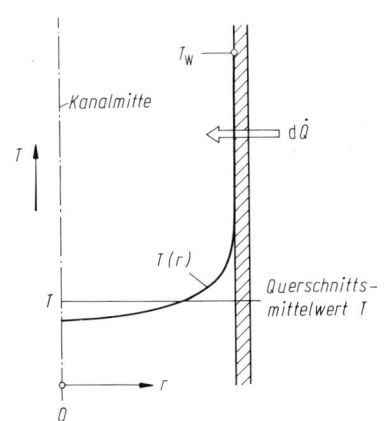

Abb. 3.21. Temperaturprofil $T = T(r)$ eines Fluids in einem Kanalquerschnitt bei Wärmezufuhr über die Kanalwand

unterschiede im Fluid erzeugte Entropie, wenn man unter $\dot{S}_{Q12}$ nur die Entropie versteht, die mit Wärme von der Kanalwand in das Fluid transportiert wird. Zur Berechnung von $\dot{S}_{12}^{irr}$ müßten das Temperaturfeld im strömenden Fluid und zur Bestimmung von $\dot{S}_{Q12}$ die Kanalwandtemperatur T_W bekannt sein. Dies ist in der Regel nicht der Fall, und man beschränkt sich auf eine eindimensionale Betrachtungsweise, bei der man die Änderungen der intensiven Zustandsgrößen über den Strömungs*querschnitt* vernachlässigt, sie durch Mittelwerte ersetzt und nur deren Änderungen in Strömungs*richtung* berücksichtigt. In jedem Querschnitt wird das Fluid durch eine Phase approximiert, deren intensive Zustandsgrößen die Querschnittsmittelwerte sind. Für ihre Änderung in Strömungsrichtung nimmt man eine quasistatische Zustandsänderung an.

Zwischen zwei unmittelbar benachbarten Kanalquerschnitten nimmt das strömende Fluid den Wärmestrom $d\dot{Q} = \dot{m}\, dq$ auf. Mit T als dem *Querschnittsmittelwert* der Fluidtemperatur, Abb. 3.21, berechnet man den Entropietransportstrom

$$d\dot{S}_Q = d\dot{Q}/T = \dot{m}\, dq/T.$$

Er ist größer als der Entropiestrom $d\dot{Q}/T_W$, der von der Kanalwand in das Fluid transportiert wird, denn $d\dot{S}_Q$ enthält zusätzlich den Entropieproduktionsstrom, der aufgrund des Temperaturabfalls in der Grenzschicht erzeugt wird. Bei der hier geschilderten Betrachtungsweise wird dieser Teil des gesamten Entropieproduktionsstroms als von außen transportierte Entropie aufgefaßt. Der in der Entropiebilanzgleichung

$$\dot{m}\, ds = \frac{d\dot{Q}}{T} + d\dot{S}_{irr}$$

auftretende Entropieproduktionsstrom $d\dot{S}_{irr}$ enthält (in guter Näherung) nur die durch Reibung (Dissipation) im Fluid erzeugte Entropie. Mit der spezifischen Entropieproduktion

$$ds_{irr} := d\dot{S}_{irr}/\dot{m}$$

zwischen benachbarten Querschnitten erhält man die Entropiebilanzgleichung

$$ds = dq/T + ds_{irr}$$

oder

$$T\, ds = dq + T\, ds_{irr} = dq + dj.$$

Diese für ein strömendes Fluid geltenden Bilanzen haben formal dieselbe Gestalt wie die in 3.3.2 hergeleiteten Beziehungen für eine fluide Phase, die ein *geschlossenes* System bildet. Während dort eine zeitliche Zustandsänderung betrachtet wurde, wird hier die Änderung ds des Querschnittmittelwerts der Entropie eines strömenden Fluids mit der zwischen benachbarten Querschnitten aufgenommenen Wärme dq und der Energie dj verknüpft, die im Fluid zwischen den beiden Querschnitten dissipiert wird.

Integriert man $d\dot{S}_Q$ längs des Strömungsweges (quasistatische Zustandsänderung!), so erhält man den Entropietransportstrom

$$\dot{S}_{Q12} = \int_1^2 \frac{d\dot{Q}}{T} = \dot{m} \int_1^2 \frac{dq}{T} \qquad (3.42)$$

für den gesamten Kontrollraum. Er enthält auch die in der Grenzschicht aufgrund des Temperaturgefälles erzeugte Entropie, weil ja T den Querschnittsmittelwert der Fluidtemperatur und nicht die Temperatur T_w der Kanalwand bedeutet. Mit der spezifischen Entropieproduktion

$$s_{\text{irr}} := \dot{S}_{12}^{\text{irr}}/\dot{m} \geqq 0$$

erhält man aus (3.41) und (3.42) die Entropiebilanzgleichung

$$s_2 - s_1 = \int_1^2 \frac{dq}{T} + s_{\text{irr}}.$$

Darin bedeutet s_{irr} nur die durch Reibung (Dissipation) im Fluid erzeugte Entropie. Für einen adiabaten Kanal gilt

$$(s_2 - s_1)_{\text{ad}} = s_{\text{irr}} \geqq 0.$$

Die Entropie des Fluids, das einen adiabaten Kontrollraum durchströmt, kann nicht abnehmen. Seine Entropiezunahme ist gleich der spezifischen Entropieproduktion.

Beispiel 3.8. In einem adiabaten Wärmeübertrager soll Luft von $t_1 = 16,0$ °C auf $t_2 = 55,0$ °C erwärmt werden. Der Massenstrom der Luft ist $\dot{m} = 1,100$ kg/s; beim Durchströmen des Wärmeübertragers sinkt ihr Druck von $p_1 = 1,036$ bar auf $p_2 = 1,000$ bar, vgl. Abb. 3.22. Die Luft wird von einer heißen Flüssigkeit mit dem Massenstrom $\dot{m}_F = 0,467$ kg/s erwärmt, die in den Wärmeübertrager mit $t_{F1} = 70,0$ °C einströmt. Die Flüssigkeit sei inkompressibel, ihre spez. Wärmekapazität $c_F = 4,19$ kJ/kg K sei konstant, und ihre Zustandsänderung werde als isobar angenommen. Die Änderungen der kinetischen und potentiellen Energien beider Stoffströme sind zu vernachlässigen. Man bestimme den im Wärmeübertrager auftretenden Entropieproduktionsstrom.

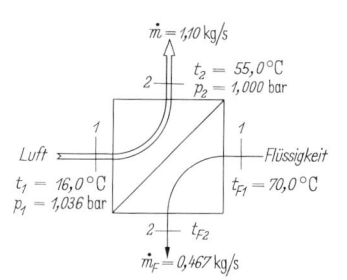

Abb. 3.22. Schema eines Wärmeübertragers

Der Wärmeübertrager ist ein adiabater Kontrollraum, der von zwei Stoffströmen durchflossen wird. Den in ihm erzeugten Entropiestrom erhalten wir als Summe der Entropieänderungen der beiden Stoffströme:

$$\dot{S}_{\text{irr}} = \dot{m}(s_2 - s_1) + \dot{m}_F(s_{F2} - s_{F1}).$$

Die Luft kann als ideales Gas mit konstantem $c_p^0 = 1,004$ kJ/kg K behandelt werden. Wir erhalten dann, vgl. Beispiel 3.5 in 3.2.1 sowie 4.3.2,

$$\dot{S}_{\text{irr}} = \dot{m}[c_p^0 \ln (T_2/T_1) - R \ln (p_2/p_1)] + \dot{m}_F c_F \ln (T_{F2}/T_{F1}). \tag{3.43}$$

Die Entropie des Luftstroms nimmt zu, denn er nimmt Entropie und Wärme auf. Die heiße Flüssigkeit gibt Entropie und Wärme ab; ihre Entropie sinkt, und auch ihre Temperatur nimmt ab, $T_{F2} < T_{F1}$.

128   3 Der 2. Hauptsatz der Thermodynamik

Um die noch unbekannte Austrittstemperatur T_{F2} zu bestimmen, wenden wir den 1. Hauptsatz auf den adiabaten Kontrollraum an. Mit $P = 0$ und $\dot{Q} = 0$ ergibt sich aus (2.30)

$$\dot{m}(h_2 - h_1) + \dot{m}_F(h_{F2} - h_{F1}) = 0 \; .$$

Jeder der beiden Terme bedeutet den von dem jeweiligen Stoffstrom aufgenommenen bzw. abgegebenen Wärmestrom. Die Luft nimmt den Wärmestrom

$$\dot{Q}_{12} = \dot{m}(h_2 - h_1) = \dot{m} c_p^0 (t_2 - t_1) = 43{,}1 \text{ kW}$$

auf, der von der Flüssigkeit abgegeben wird. Aus

$$-\dot{Q}_{12} = \dot{m}_F(h_{F2} - h_{F1}) = \dot{m}_F c_F (t_{F2} - t_{F1})$$

folgt

$$t_{F2} = t_{F1} - \frac{\dot{Q}_{12}}{\dot{m}_F c_F} = 70{,}0 \text{ °C} - \frac{43{,}1 \text{ kW}}{0{,}467 \text{ (kg/s)} \, 4{,}19 \text{ (kJ/kg K)}} = 48{,}0 \text{ °C}$$

als Austrittstemperatur.

Für den Entropieproduktionsstrom erhält man nun aus (3.43)

$$\dot{S}_{irr} = (0{,}1509 - 0{,}1297) \text{ kW/K} = 21{,}2 \text{ W/K} \; .$$

Dieser Entropiestrom wird durch zwei irreversible Prozesse erzeugt: durch den Wärmeübergang bei endlichen Temperaturdifferenzen zwischen den beiden Stoffströmen und durch Dissipation in der reibungsbehafteten Luftströmung, die sich durch den Druckabfall $p_1 - p_2 = 0{,}036$ bar bemerkbar macht. Beide Anteile lassen sich leicht trennen. Hierzu grenzen wir einen nicht adiabaten Kontrollraum ab, der nur die strömende Luft umschließt, und wenden die Entropiebilanzgleichung (3.41) an. Für den Entropiestrom, der durch die Reibung in der Luft erzeugt wird, gilt danach

$$(\dot{S}_{irr})_L = \dot{m}(s_2 - s_1) - \int_1^2 d\dot{Q}/T \; .$$

Für den von der Luft bei der Querschnittsmitteltemperatur T aufgenommenen Wärmestrom $d\dot{Q}$ erhalten wir nach dem 1. Hauptsatz

$$d\dot{Q} = \dot{m} \, dh = \dot{m} c_p^0 \, dT \; .$$

Damit ergibt sich für den Entropietransportstrom

$$\dot{S}_{Q12} = \dot{m} c_p^0 \int_1^2 \frac{dT}{T} = \dot{m} c_p^0 \ln(T_2/T_1)$$

sowie

$$(\dot{S}_{irr})_L = \dot{m}[c_p^0 \ln(T_2/T_1) - R \ln(p_2/p_1)] - \dot{m} c_p^0 \ln(T_2/T_1) = \dot{m} R \ln(p_1/p_2) = 11{,}2 \text{ W/K}$$

als im Luftstrom durch Reibung erzeugte Entropie, die tatsächlich eng mit dem Druckabfall der reibungsbehafteten Strömung verknüpft ist.

Eine gleichartige Analyse der strömenden Flüssigkeit ergibt $(\dot{S}_{irr})_F = 0$, weil wir mit der isobaren Zustandsänderung auch eine reversible (reibungsfreie) Strömung angenommen haben. Von der insgesamt erzeugten Entropie wird somit der Anteil

$$(\dot{S}_{irr})_W = \dot{S}_{irr} - (\dot{S}_{irr})_L - (\dot{S}_{irr})_F = (21{,}2 - 11{,}2 - 0) \text{ W/K} = 10{,}0 \text{ W/K}$$

durch den irreversiblen Wärmeübergang verursacht. Auf die praktischen Folgerungen, die aus diesen Ergebnissen zu ziehen sind, gehen wir in 3.4.6 ein, wo wir den Zusammenhang zwischen der erzeugten Entropie und dem Exergieverlust eines Prozesses herleiten.

3.4 Die Anwendung des 2. Hauptsatzes auf Energieumwandlungen: Exergie und Anergie

Für die technischen Anwendungen der Thermodynamik sind die Aussagen des 2. Hauptsatzes über Energieumwandlungen von besonderer Bedeutung. Sie lassen sich anschaulich und einprägsam formulieren, wenn wir zwei neue Größen von der Dimension „Energie", nämlich Exergie und Anergie einführen, vgl. hierzu [3.25] und die umfassenden Darstellungen [3.26] und [3.27].

3.4.1 Die beschränkte Umwandelbarkeit der Energie

Nach dem 1. Hauptsatz kann bei keinem Prozeß Energie erzeugt oder vernichtet werden. Es gibt nur Energieumwandlungen von einer Energieform in andere Energieformen. Für diese Energieumwandlungen gelten stets die Bilanzgleichungen des 1. Hauptsatzes. Diese enthalten jedoch keine Aussagen darüber, ob eine bestimmte Energieumwandlung überhaupt möglich ist. Hierüber gibt der 2. Hauptsatz Auskunft, der ein allgemeiner Erfahrungssatz über die Richtung ist, in die thermodynamische Prozesse ablaufen. Es sind nur Prozesse möglich, bei denen keine Entropie vernichtet wird.

Ebenso wie der 2. Hauptsatz allen Prozessen Einschränkungen auferlegt, so beschränkt er auch die mit den Prozessen verbundenen Energieumwandlungen: *Es ist nicht jede Energieform in beliebige andere Energieformen umwandelbar.* Für diese allgemein gültige Aussage des 2. Hauptsatzes haben wir schon Beispiele kennengelernt.

Wie wir in 3.1.1. und 3.1.5 zeigten, ist es in einem stationären Prozeß nicht möglich, einen Wärmestrom vollständig in mechanische oder elektrische Leistung umzuwandeln. Dies gelänge nur mit einem perpetuum mobile 2. Art, dessen Existenz durch den 2. Hauptsatz ausgeschlossen ist. In einer Wärmekraftmaschine kann Wärme nur zu einem Teil in Arbeit verwandelt werden. Es muß, wie wir in 3.1.6 zeigten, stets ein Teil der zugeführten Wärme wieder als Wärme abgegeben werden. Dieser Abwärmestrom ist auch bei einer reversibel arbeitenden Wärmekraftmaschine vorhanden; denn auch sie nimmt mit dem zugeführten Wärmestrom einen Entropiestrom auf, der im stationären Betrieb wieder abgegeben werden muß, soll nicht der 2. Hauptsatz verletzt werden. Die Umwandlung von Wärme in Arbeit ist also selbst bei reversiblen Prozessen durch den 2. Hauptsatz beschränkt.

Auch die innere Energie eines Systems läßt sich nicht in beliebigem Ausmaß in Arbeit verwandeln. Bei einem adiabaten System gilt zwar nach dem 1. Hauptsatz

$$-w_{12} = u_1 - u_2,$$

aber von einem gegebenen Anfangszustand 1 aus lassen sich nicht beliebige Endzustände 2 mit beliebig kleinen inneren Energien u_2 erreichen. Nach dem 2. Hauptsatz besteht nämlich die Einschränkung

$$s_2 \geqq s_1.$$

Ist ein bestimmtes Endvolumen v_2 oder ein Enddruck p_2, z. B. der Umgebungsdruck p_u, vorgeschrieben, der nicht unterschritten werden kann, so gibt es eine obere Grenze für den in Arbeit umwandelbaren Teil der inneren Energie eines adiabaten Systems, vgl. Abb. 3.23. Man erreicht sie beim reversiblen Prozeß, für den $s_2 = s_1$ gilt.

Umgekehrt ist es stets möglich, Arbeit in beliebigem Ausmaß in innere Energie zu verwandeln. Dies wird durch jeden irreversiblen Prozeß besorgt, bei dem Arbeit dissipiert wird, vgl. 3.3.2. Arbeit läßt sich aber auch in andere mechanische Energieformen verwandeln. Bei *reversiblen* Prozessen ist es sogar möglich, die als Arbeit zugeführte Energie *vollständig* in kinetische und potentielle Energie zu transformieren und umgekehrt kinetische und potentielle Energie *vollständig* in Arbeit zu verwandeln. Auch elektrische und mechanische Energien lassen sich grundsätzlich vollständig ineinander umwandeln, nämlich durch reversibel arbeitende elektrische Generatoren (mechanische Energie → elektrische Energie) und durch reversible Elektromotoren (elektrische Energie → mechanische Energie), vgl. Beispiel 3.3.

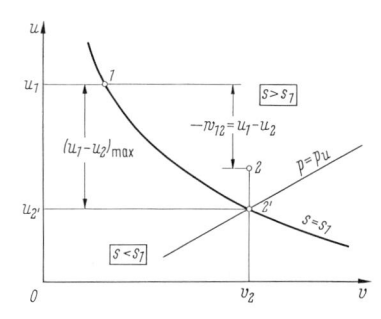

Abb. 3.23. Zur Umwandlung der inneren Energie eines geschlossenen adiabaten Systems in Arbeit. Die Endzustände 2 können nur rechts von der Isentrope $s = s_1$ liegen

Wir erkennen an diesen Beispielen eine ausgeprägte Unsymmetrie in der Richtung der Energieumwandlungen. Auf der einen Seite lassen sich mechanische und elektrische Energien ohne Einschränkung in innere Energie und in Wärme umwandeln. Andererseits ist es nicht möglich, innere Energie und Wärme in beliebigem Ausmaß in mechanische Energie (z. B. in Arbeit) zu verwandeln. Selbst bei reversiblen Prozessen setzt hier der 2. Hauptsatz eine obere Grenze für die Umwandelbarkeit.

Nach dem 2. Hauptsatz gibt es also zwei Energieklassen: Energien, die sich in jede andere Energieform umwandeln lassen, deren Transformierbarkeit durch den 2. Hauptsatz nicht eingeschränkt wird, und Energien, die nur in beschränktem Maße umwandelbar sind. Zu den unbeschränkt umwandelbaren Energien gehören die mechanischen Energieformen und die elektrische Energie. Die nur beschränkt umwandelbaren Energien sind die innere Energie (damit auch die Enthalpie) und die Energie, die als Wärme die Systemgrenze überschreitet. Die unbeschränkt umwandelbaren Energieformen sind, wie wir noch ausführen werden, technisch und wirtschaftlich wichtiger und wertvoller als die Energieformen, deren Umwandelbarkeit der 2. Hauptsatz empfindlich beschneidet. Wir fassen alle *unbeschränkt umwandelbaren Energien*, deren Umwandlung in jede andere Energieform nach dem zweiten Hauptsatz gestattet ist, unter dem kurzen Oberbegriff *Exergie* zusammen, eine Bezeichnung, die 1953 Z. Rant [3.28] geprägt hat.

3.4.2 Der Einfluß der Umgebung auf die Energieumwandlungen

Die Umwandlung von Wärme in Arbeit durch eine Wärmekraftmaschine und die in 3.4.1 behandelte Umwandlung von innerer Energie in Arbeit sind Beispiele dafür, daß die Verwandlung beschränkt umwandelbarer Energien in Exergie nicht nur von der Energieform selbst und von den Eigenschaften des Energieträgers abhängt: Die Umwandlung beschränkt umwandelbarer Energien wird auch von der Umgebung beeinflußt. Bei einer Wärmekraftmaschine muß die Abwärme an einen Energiespeicher möglichst niedriger Temperatur T_0 abgegeben werden, um einen hohen thermischen Wirkungsgrad zu erzielen. Dieser Energiespeicher ist aber unter irdischen Bedingungen die „Umgebung", nämlich die Atmosphäre oder das Kühlwasser aus einem Fluß oder See. T_0 kann also nicht niedriger als die Umgebungstemperatur T_u sein. Bei der Umwandlung der inneren Energie eines geschlossenen adiabaten Systems ist es der Umgebungsdruck p_u, welcher der Expansion des Systems eine Grenze setzt, so daß seine innere Energie unter irdischen Bedingungen nicht beliebig verkleinert werden kann.

Wie diese beiden Beispiele zeigen, begrenzen die Eigenschaften der Umgebung die Umwandelbarkeit der beschränkt umwandlungsfähigen Energieformen. Wir wollen für alle folgenden Überlegungen die *Umgebung* als ein sehr großes, ruhendes Medium idealisieren, dessen intensive Zustandsgrößen T_u und p_u und dessen chemische Zusammensetzung (genauer: die chemischen Potentiale seiner Komponenten, vgl. 3.2.4) unverändert bleiben, auch wenn die Umgebung Energie oder Materie aufnimmt oder abgibt.

Die Umgebung nimmt an den auf dieser Welt ablaufenden Prozessen als ein großer Energiespeicher teil, der Energie aufnehmen oder abgeben kann, ohne seinen intensiven Zustand zu ändern. Wie steht es nun mit der Umwandlungsfähigkeit der in der Umgebung gespeicherten Energie? Läßt sich diese Energie in Exergie, z. B. in Nutzarbeit, verwandeln? Wäre dies der Fall, so wäre die Umgebung eine ideale Energiequelle (oder genauer Exergiequelle); denn die Umgebungsenergie steht uns, z. B. als innere Energie der Weltmeere, in fast unbeschränktem Ausmaß kostenlos zur Verfügung.

Die Umwandlung der inneren Energie der Umgebung in Exergie widerspricht jedoch dem 2. Hauptsatz in der Planck-Kelvin-Formulierung, vgl. 3.1.1. Wir benötigen eine Wärmekraftmaschine, der Umgebung mit der Temperatur T_u Energie als Wärme entzieht und vollständig in Nutzarbeit (als Prototyp der Exergie) verwandelt. Dies ist aber genau ein perpetuum mobile 2. Art. Da die Umgebung der Energiespeicher mit der niedrigsten Temperatur ist, besteht keine Möglichkeit, eine normale Wärmekraftmaschine zu betreiben, welche die Abwärme an ein System mit einer Temperatur $T_0 < T_u$ abgibt. Die innere Energie der Umgebung läßt sich somit nicht in Exergie, also in unbeschränkt umwandelbare Energie transformieren. Die Umgebung ist zwar ein Energiespeicher riesigen Ausmaßes, aber sie enthält nur Energie, die sich nicht in Exergie umwandeln läßt.

Die innere Energie der Umgebung und die Energie, die als Wärme bei Umgebungstemperatur von der Umgebung aufgenommen oder abgegeben wird, haben ihre Umwandlungsfähigkeit in Exergie vollständig verloren. Dies trifft auch auf die Verdrängungsarbeit $p_u(V_2 - V_1)$ gegen den Umgebungsdruck p_u zu; diese Arbeit tritt bei der Volumenänderung eines Systems auf, vgl. 2.2.2, sie geht bei der Expansion vom System an die Umgebung über und wird zu innerer

Energie der Umgebung. Von der gesamten Volumenänderungsarbeit ist also nur der in 2.2.2 als Nutzarbeit

$$W_{12}^n = -\int_1^2 p \, dV + p_u(V_2 - V_1) = -\int_1^2 (p - p_u) \, dV$$

bezeichnete Teil unbeschränkt umwandelbar und als Exergie zu werten.

Hat ein System die Umgebungstemperatur T_u und den Umgebungsdruck p_u erreicht, so befindet es sich im thermischen und mechanischen Gleichgewicht mit der Umgebung. Es ist dann nicht mehr möglich, seine innere Energie in Exergie, z. B. in Nutzarbeit, zu verwandeln. Diesen Gleichgewichtszustand eines Systems mit der Umgebung bezeichnen wir kurz als *Umgebungszustand*.

Im Umgebungszustand hat der Energieinhalt eines Systems seine Umwandlungsfähigkeit in Exergie vollständig verloren. Im allgemeinen Falle umfaßt das thermodynamische Gleichgewicht mit der Umgebung nicht nur das thermische ($T = T_u$) und das mechanische Gleichgewicht ($p = p_u$), sondern auch das chemische Gleichgewicht. Dies brauchen wir nur dann zu berücksichtigen, wenn wir Energieumwandlungen bei chemischen Reaktionen, z. B. bei den Verbrennungsprozessen behandeln, vgl. hierzu 7.4.4. Betrachten wir bewegte Systeme, so schließt das Gleichgewicht mit der Umgebung die Bedingung ein, daß das System relativ zur Umgebung ruht und sich auf dem Höhenniveau der Umgebung befindet. Im Umgebungszustand sind somit die kinetische und potentielle Energie des Systems relativ zur Umgebung gleich null.

Beispiel 3.9. Eine fluide Phase, die im thermischen Gleichgewicht mit der Umgebung steht ($T = T_u$), befindet sich solange nicht im mechanischen Gleichgewicht mit der Umgebung, als ihr Druck p vom Umgebungsdruck p_u abweicht. Man bestimme die mit diesem geschlossenen System unter Mitwirkung der Umgebung maximal zu gewinnende Nutzarbeit.

Man erhält die maximale Nutzarbeit, wenn das System von seinem Anfangszustand 1 mit $T_1 = T_u$, $p_1 \neq p_u$ *reversibel* in den Umgebungszustand U gebracht wird. Das System wird also isotherm ($T = T_u$) und reversibel entspannt oder verdichtet, bis sein Druck den Umgebungsdruck erreicht. Die bei diesem Prozeß abgegebene Nutzarbeit

$$(-W_{1u}^n)_{rev} = \int_1^u p \, dV - p_u(V_u - V_1)$$

ist die maximal gewinnbare Arbeit. Sie wird im p,V-Diagramm durch die Fläche zwischen der Isotherme $T = T_u$ und der Isobare $p = p_u$ dargestellt, Abb. 3.24. Wie man erkennt, läßt sich Nutzarbeit auch dann gewinnen, wenn der Druck des Fluids kleiner als der Umgebungsdruck ist, $p_{1'} < p_u$. In diesem Falle gibt die Umgebung an den Kolben die Verschiebearbeit $p_u(V_{1'} - V_u)$ ab, von der nur ein Teil zur Verdichtung

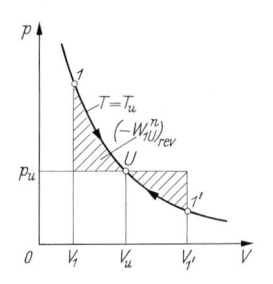

Abb. 3.24. Maximal gewinnbare Nutzarbeit bei der isothermen Verdichtung und Entspannung einer fluiden Phase

3.4 Die Anwendung des 2. Hauptsatzes auf Energieumwandlungen

benötigt wird und vom Kolben an das Fluid übergeht. Der Rest ist die auch in diesem Falle gewinnbare Nutzarbeit.

Die Umgebung wirkt bei der reversiblen isothermen Entspannung oder Verdichtung des Fluids nicht nur über die Verdrängungsarbeit, sondern auch durch die Wärme

$$(Q_{1u})_{rev} = T_u(S_u - S_1)$$

mit, die das System aus der Umgebung aufnimmt oder abgibt. Da nach dem 1. Hauptsatz

$$(W_{1u})_{rev} = -\int_1^u p\, dV = U_u - U_1 - (Q_{1u})_{rev} = U_u - U_1 - T_u(S_u - S_1)$$

gilt, erhalten wir für die maximal gewinnbare Nutzarbeit

$$(-W_{1u}^n)_{rev} = U_1 - U_u - T_u(S_1 - S_u) + p_u(V_1 - V_u).$$

In dieser Gleichung treten nur die Zustandsgrößen des Fluids im Anfangszustand und im Umgebungszustand auf. Die maximale Nutzarbeit erweist sich damit selbst als eine Zustandsgröße, die ihren kleinsten Wert null im Umgebungszustand annimmt. Sie bedeutet den Teil der inneren Energie U_1 des geschlossenen Systems, der sich bei vorgegebener Umgebung in Nutzarbeit, also in Exergie umwandeln läßt. Wir können daher $(-W_{1u}^n)_{rev}$ auch als die Exergie der inneren Energie bezeichnen, weil nur dieser Teil der inneren Energie unbeschränkt umwandelbar ist. Man kann zeigen, daß die zuletzt gewonnene Gleichung ganz allgemein die Exergie der inneren Energie eines geschlossenen Systems angibt, also auch für solche Zustände 1 gilt, die nicht auf der Isotherme $T = T_u$ liegen. Dieser Nachweis sei dem Leser überlassen.

3.4.3 Exergie und Anergie

In den beiden letzten Abschnitten haben wir die Einschränkungen behandelt, die der 2. Hauptsatz den Energieumwandlungen auferlegt. Wir fassen diese aus dem 2. Hauptsatz folgenden Tatsachen nochmals zusammen: *Es gibt Energieformen, die sich in jede andere Energieform umwandeln lassen.* Hierzu gehören insbesondere die mechanischen Energien wie kinetische und potentielle Energie und die mechanische Arbeit, soweit sie nicht Verdrängungsarbeit bei der Volumenänderung gegen den Umgebungsdruck p_u ist. Auch die elektrische Energie gehört zu den unbeschränkt umwandelbaren Energien. Diese unter dem Oberbegriff *Exergie* zusammengefaßten Energieformen lassen sich bei reversiblen Prozessen vollständig ineinander umwandeln und durch reversible und irreversible Prozesse auch in die nur beschränkt umwandelbaren Energieformen wie innere Energie und Wärme transformieren. Es ist dagegen nicht möglich, beschränkt umwandelbare Energieformen in beliebigem Ausmaß in Exergie umzuwandeln. Hier gibt der 2. Hauptsatz bestimmte obere Grenzen an, die nicht nur von der Energieform und dem Zustand des Energieträgers (Systems) abhängen, sondern auch vom Zustand der Umgebung. Schließlich haben wir erkannt, daß es unmöglich ist, die in der Umgebung gespeicherte Energie in Exergie zu verwandeln. Ebenso läßt sich Wärme bei Umgebungstemperatur und Verdrängungsarbeit gegen den Umgebungsdruck überhaupt nicht in Exergie umwandeln. Das gleiche gilt für den Energieinhalt aller Systeme, die im thermodynamischen Gleichgewicht mit der Umgebung stehen, sich also im Umgebungszustand befinden.

Wir können damit drei Gruppen von Energien unterscheiden, wenn wir den Grad ihrer Umwandelbarkeit als Kriterium heranziehen:

1. *Unbeschränkt umwandelbare Energie* (Exergie) wie mechanische und elektrische Energie.
2. *Beschränkt umwandelbare Energie* wie Wärme, Enthalpie und innere Energie, deren Umwandlung in Exergie durch den 2. Hauptsatz empfindlich beschnitten wird.
3. *Nicht umwandelbare Energie* wie die innere Energie der Umgebung, deren Umwandlung in Exergie nach dem 2. Hauptsatz unmöglich ist.

Wir fassen nun die überhaupt nicht in Exergie umwandelbaren Energieformen unter dem Oberbegriff *Anergie* zusammen in Analogie zur Benennung Exergie für die unbeschränkt umwandelbaren Energieformen. Auch die Bezeichnung Anergie hat Z. Rant [3.29] vorgeschlagen. Wir definieren Exergie und Anergie in der folgenden Weise:

Exergie ist Energie, die sich unter Mitwirkung einer vorgegebenen Umgebung in jede andere Energieform umwandeln läßt; Anergie ist Energie, die sich nicht in Exergie umwandeln läßt.

Uns stehen damit zwei komplementäre Begriffe zur zusammenfassenden Bezeichnung aller *unbeschränkt* umwandelbaren und aller *nicht* umwandelbaren Energieformen zur Verfügung. Die *beschränkt umwandelbaren Energien* lassen sich nach dem 2. Hauptsatz nur zum Teil in Exergie umwandeln, der Rest ist nicht in Exergie umwandelbar. Diese Energieformen denken wir uns daher aus Exergie und Anergie zusammengesetzt. Sie haben einen unbeschränkt umwandelbaren Teil, den wir als die Exergie der betreffenden Energieform (beispielsweise als Exergie der Wärme) bezeichnen, und sie haben einen nicht in Exergie umwandelbaren Teil, den wir die Anergie der betreffenden Energieform nennen. Nach dieser Verallgemeinerung der Begriffe Exergie und Anergie können wir uns jede Energieform aus Exergie und Anergie zusammengesetzt denken. Dabei kann der Exergieanteil oder der Anergieanteil einer bestimmten Energieform auch null sein. So ist z. B. die Anergie der elektrischen Energie null, während der Exergieanteil der in der Umgebung gespeicherten Energie gleich null ist.

Alle unsere Überlegungen, die uns zur Einordnung bzw. Einteilung der Energieformen in die beiden Klassen Exergie und Anergie geführt haben, beruhen auf dem 2. Hauptsatz der Thermodynamik. Die Aussage: es gibt Exergie und Anergie, können wir direkt als eine allgemeine Formulierung des 2. Hauptsatzes ansehen. Dadurch, daß wir uns stets auf den 2. Hauptsatz als Erfahrungssatz gestützt haben, dienen die oben gegebenen Definitionen der Begriffe Exergie und Anergie zur Beschreibung allgemein beobachteter Erfahrungstatsachen. Wir können daher auf Grund dieser Definitionen folgende Formulierung des 2. Hauptsatzes aussprechen, die für seine Anwendung auf Energieumwandlungen besonders wichtig ist:

Jede Energie besteht aus Exergie und Anergie, wobei einer der beiden Anteile auch null sein kann.

Es gilt also für jede Energieform die allgemeine Gleichung

$$\text{Energie} = \text{Exergie} + \text{Anergie} .$$

Der *1. Hauptsatz* in seiner Formulierung als Erhaltungssatz der Energie macht dann die Aussage:

Bei allen Prozessen bleibt die Summe aus Exergie und Anergie konstant.

3.4 Die Anwendung des 2. Hauptsatzes auf Energieumwandlungen

Dies gilt wohlgemerkt nur für die *Summe* aus Exergie und Anergie, nicht jedoch für Exergie und Anergie allein. Über das Verhalten von Exergie und Anergie bei reversiblen und irreversiblen Prozessen gelten vielmehr folgende allgemeingültige Aussagen des *2. Hauptsatzes*:

I. *Bei allen irreversiblen Prozessen verwandelt sich Exergie in Anergie.*
II. *Nur bei reversiblen Prozessen bleibt die Exergie konstant.*
III. *Es ist unmöglich, Anergie in Exergie zu verwandeln.*

In diesen Sätzen finden die Beschränkungen, die der 2. Hauptsatz allen Energieumwandlungen auferlegt, ihren allgemeinen Ausdruck. Außerdem erkennen wir darin die schon mehrfach hervorgehobene Unsymmetrie in der Richtung der Energieumwandlungen wieder. Da alle natürlichen Prozesse irreversibel sind, vermindert sich der Vorrat an unbeschränkt umwandelbarer Energie (Exergie), indem sie sich in Anergie verwandelt. Bei allen natürlichen (irreversiblen) Prozessen bleibt zwar nach dem 1. Hauptsatz die Energie in ihrer Größe oder Menge konstant, sie verliert aber nach dem 2. Hauptsatz ihre Umwandlungsfähigkeit in dem Maße, in dem sich Exergie in Anergie verwandelt. Man braucht jedoch nicht zu befürchten, daß die Exergievorräte der Erde in absehbarer Zeit erschöpft sind. Durch die Sonnenstrahlung erhält die Erde einen sehr großen und dauernden Zustrom von Exergie.

Die drei Aussagen des 2. Hauptsatzes über das Verhalten von Exergie und Anergie lassen sich wie folgt beweisen. Die Unmöglichkeit, Anergie in Exergie zu verwandeln (Satz III) folgt unmittelbar aus der Definition der Anergie: sie ist als Energie definiert, die sich nicht in Exergie umwandeln läßt. Nur ein perpetuum mobile 2. Art könnte diese Umwandlung bewirken, es ist nach dem 2. Hauptsatz ausdrücklich verboten.

Um die Sätze I und II zu beweisen, nehmen wir an, es gäbe einen reversiblen Prozeß, bei dem die Exergie nicht konstant bleibt. Nach Satz III kann sie nur abnehmen, sich also ganz oder teilweise in Anergie verwandeln. Wir machen nun den reversiblen Prozeß rückgängig, so daß alle am Prozeß beteiligten Systeme ihren Anfangszustand wieder erreichen, ohne daß irgendwelche Veränderungen in der Natur zurückbleiben (Definition des reversiblen Prozesses!). Hierbei müßte auch der in Anergie umgewandelte Teil der Exergie wieder in Exergie verwandelt werden. Dies ist aber nach Satz III unmöglich. Die Annahme, es gäbe einen reversiblen Prozeß, bei dem die Exergie nicht konstant bleibt, führt also zu einem Widerspruch. Folglich kann bei einem reversiblen Prozeß die Exergie weder zu- noch abnehmen: sie bleibt konstant. Verwandelt sich dagegen bei einem Prozeß Exergie in Anergie, so läßt sich dieser Prozeß nicht mehr rückgängig machen, denn die dabei erforderliche Umwandlung von Anergie in Exergie ist nach dem 2. Hauptsatz verboten. Der Prozeß ist also irreversibel.

Wir erkennen aus den Formulierungen des 2. Hauptsatzes mittels Exergie und Anergie die Bedeutung der reversiblen Prozesse als Idealprozesse der Energieumwandlung. Nur bei reversiblen Prozessen bleibt die Exergie und damit die Umwandlungsfähigkeit der Energie erhalten. Da nun nach dem Prinzip der Irreversibilität alle natürlichen, tatsächlich ablaufenden Prozesse irreversibel sind, vermindert sich bei allen natürlichen Prozessen der Vorrat an Exergie durch Umwandlung in Anergie, eine Umwandlung, die einseitig ist und durch keine noch so kunstvoll ausgedachte technische Maßnahme rückgängig gemacht werden kann. Den bei einem irreversiblen Prozeß in Anergie umgewandelten Teil der Exergie bezeichnet man als den *Exergieverlust des Prozesses*. Er läßt sich auf keine

Weise kompensieren, weil die Umwandlung von Anergie in Exergie nach dem 2. Hauptsatz unmöglich ist.

Zum Abschluß unserer allgemeinen Überlegungen über den Exergie- und Anergiebegriff wollen wir kurz auf die *technische Bedeutung* dieser Größen hinweisen. Technische Verfahren, die das menschliche Leben möglich machen, wie das Heizen, Kühlen, die Herstellung und Bearbeitung von Stoffen, das Befördern von Lasten — alle diese Verfahren benötigen zu ihrer Durchführung Energie. Sie verlangen jedoch nicht Energie schlechthin, sondern Nutzarbeit oder elektrische Energie, also Exergie. Diese Exergie bereitzustellen ist Aufgabe der Energietechnik, die aus den in der Natur vorhandenen Energiequellen, den sogenannten *Primärenergien*, Exergie schöpft und diese meist in Form von elektrischer Energie weiterleitet zu den „Verbrauchern", nämlich zu den oben genannten Verfahren, in denen die Exergie tatsächlich weitgehend verbraucht, nämlich in Anergie umgewandelt wird. Der Exergieverbrauch der für das menschliche Leben notwendigen Verfahren entspricht somit einem Verbrauch von Primärenergie. Will man Primärenergie sparen, so muß man exergetisch günstige Verfahren, d. h. solche mit geringem Exergiebedarf, auswählen und außerdem versuchen, Exergieverluste bei der Umwandlung der Primärenergie in die benötigte Endenergie — das ist meistens die elektrische Energie — zu vermeiden.

Unsere Exergiequellen sind die Primärenergieträger, nämlich fossile und nukleare Brennstoffe und die Wasserkräfte, deren potentielle Energie gegenüber dem Umgebungsniveau Exergie ist. Auch die solare Strahlungsenergie gehört zu den Primärenergien mit hohem Exergiegehalt; ihre Nutzung dürfte allerdings erst in der ferneren Zukunft größere Bedeutung erlangen, vgl. auch 8.1. Dagegen können wir aus dem Energieinhalt der Umgebung keine Exergie gewinnen, denn dieser besteht nur aus Anergie. Der Energiebegriff des Energietechnikers und Energiewirtschaftlers deckt sich daher mit dem Exergiebegriff, nicht mit dem Energiebegriff des 1. Hauptsatzes. Energie*verbrauch* und Energie*verlust* sind Begriffe, die dem 1. Hauptsatz widersprechen, denn Energie kann nicht verbraucht werden und kann nicht verloren gehen. Diese Begriffe werden jedoch sinnvoll für die Exergie, die durch irreversible Prozesse unwiederbringlich in Anergie umgewandelt wird.

Da die Exergie der Teil der Energie ist, auf den es technisch „ankommt" und da es keinen Erhaltungssatz für die Exergie gibt, diese sich vielmehr dauernd vermindert, ist Exergie technisch und wirtschaftlich wertvoll. Die Umwandelbarkeit der Energie ist also eine ihrer praktisch wichtigen Eigenschaften; man kann daher eine Energieform nach dem Grad ihrer Umwandelbarkeit in andere Energieformen bewerten. Das thermodynamische Ideal ist die reversible Energieumwandlung ohne Exergieverlust. Sie läßt sich jedoch praktisch nicht erreichen, weil der hierzu erforderliche Aufwand an Apparaten und Maschinen ins Unermeßliche steigen würde. Bei der technisch und wirtschaftlich günstigsten Lösung eines Problems der Energietechnik wird man daher stets einen bestimmten Exergieverlust zulassen, für den Anlage- und Betriebskosten zusammen ein Minimum ergeben.

Um die Größen Exergie und Anergie anwenden zu können, müssen wir die Exergie- und Anergie-Anteile der verschiedenen Energieformen kennen. Wir wissen bereits, daß die elektrische Energie und die unbeschränkt umwandelbaren mechanischen Energieformen nur aus Exergie bestehen. Von den beschränkt umwandelbaren Energieformen berechnen wir den Exergie- und Anergie-Anteil der Wärme

3.4.4 Exergie und Anergie der Wärme

Die Exergie der Wärme ist der Teil der Wärme, der sich unter Mitwirkung der Umgebung in jede andere Energieform, also auch in Nutzarbeit (Wellenarbeit) umwandeln läßt. Um sie zu berechnen, denken wir uns die Wärme einer Wärmekraftmaschine zugeführt, vgl. 3.1.6. Wir erhalten die Exergie der Wärme als Nutzarbeit und die Anergie als Abwärme der Wärmekraftmaschine. Dies gilt jedoch nur, wenn zwei Bedingungen erfüllt sind.

1. Die Wärmekraftmaschine arbeitet reversibel. Anderenfalls verwandelt sich Exergie in Anergie, und die Nutzarbeit der Wärmekraftmaschine ist kleiner als die Exergie der zugeführten Wärme.

2. Die Wärmekraftmaschine gibt die Abwärme nur bei der Umgebungstemperatur T_u ab. Nur dann besteht die Abwärme ganz aus Anergie und entspricht der Anergie der zugeführten Wärme.

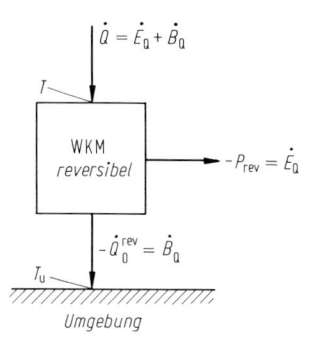

Abb. 3.25. Reversibel arbeitende Wärmekraftmaschine zur Bestimmung von Exergie und Anergie eines Wärmestroms

Der in Abb. 3.25 dargestellten, reversibel arbeitenden Wärmekraftmaschine werde der Wärmestrom $\dot{Q}$ bei der Temperatur T zugeführt. Der Abwärmestrom $\dot{Q}_0$ geht bei T_u an die Umgebung über. Der zugeführte Wärmestrom besteht aus dem Exergiestrom $\dot{E}_Q$ und dem Anergiestrom $\dot{B}_Q$,

$$\dot{Q} = \dot{E}_Q + \dot{B}_Q \;;$$

diese beiden Anteile wollen wir bestimmen. Wir erhalten $\dot{E}_Q$ als die gewonnene Nutzleistung $(-P_{rev})$ und $\dot{B}_Q$ als Betrag des Abwärmestromes $\dot{Q}_0^{rev}$ der Wärmekraftmaschine. Nach 3.1.6 gilt

$$\dot{E}_Q = -P_{rev} = \eta_C(T_u/T)\, \dot{Q} = \left(1 - \frac{T_u}{T}\right) \dot{Q}$$

und

$$\dot{B}_Q = |\dot{Q}_0^{rev}| = \dot{Q} - \dot{E}_Q = \frac{T_u}{T}\, \dot{Q} \;.$$

Maßgebend für den Exergiegehalt eines Wärmestromes, der bei der Temperatur T die Grenze eines Systems überquert, ist der mit dieser Temperatur und der Umgebungstemperatur T_u gebildete Carnot-Faktor

$$\eta_C(T_u/T) = 1 - (T_u/T) \, .$$

Er wird manchmal als dimensionslose exergetische Temperatur bezeichnet [3.26, 3.27], denn bei fester Umgebungstemperatur T_u wird jeder thermodynamischen Temperatur T ein bestimmter Wert von η_C zugeordnet. Dieser Zusammenhang ist in Abb. 3.26 für $T_u = 288{,}15$ K ($t_u = 15{,}0$ °C) beispielhaft dargestellt. Da $\eta_C(T_u/T)$ mit steigender Temperatur T größer wird, entspricht die exergetische Temperatur einer verzerrten, aber monoton wachsenden Temperaturskala, wobei $\eta_C = 0$ der Umgebungstemperatur zugeordnet ist und $\eta_C = 1$ dem Grenzwert $T \to \infty$. Auf negative Werte des Carnot-Faktors gehen wir in 9.1.1 ein. Ein Wärmestrom ist umso wertvoller, d. h. sein Exergiegehalt ist umso größer, je höher die Temperatur ist, bei der er zur Verfügung steht.

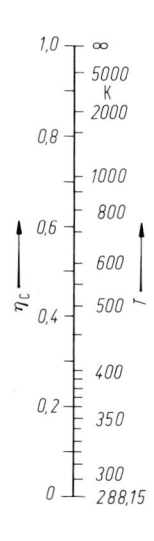

Abb. 3.26. Thermodynamische Temperatur T und Carnot-Faktor $\eta_C = \eta_C(T_u/T)$ für $T_u = 288{,}15$ K

Der Wärmestrom soll nun nicht bei einer festen Temperatur, sondern in einem von T_1 und T_2 begrenzten Temperaturintervall aufgenommen bzw. abgegeben werden. Für die Exergie $d\dot{E}_Q$, die mit einem Element $d\dot{Q}$ des Wärmestroms bei der Temperatur T übertragen wird, gilt

$$d\dot{E}_Q = \eta_C(T_u/T) \, d\dot{Q} = \left(1 - \frac{T_u}{T}\right) d\dot{Q} \, .$$

Es sei nun bekannt, bei welcher Temperatur T jeweils $d\dot{Q}$ aufgenommen wird. Man kann dann den Temperaturverlauf des wärmeaufnehmenden Systems als Funktion des bereits aufgenommenen Wärmestroms $\dot{Q}$ und auch den Carnot-Faktor $\eta_C(T_u/T)$ als Funktion von $\dot{Q}$ darstellen. In einem $\eta_C, \dot{Q}$-Diagramm wird der mit $d\dot{Q}$ übertragene Exergiestrom $d\dot{E}_Q$ durch die in Abb. 3.27 schraffierte Fläche dargestellt. Der Anergiestrom $d\dot{B}_Q$ entspricht der Fläche oberhalb der η_C-Kurve

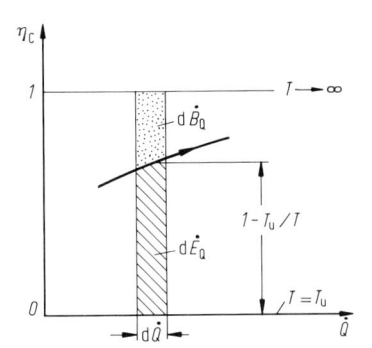

3.4 Die Anwendung des 2. Hauptsatzes auf Energieumwandlungen

Abb. 3.27. $\eta_C,\dot{Q}$-Diagramm zur Darstellung der Exergie $d\dot{E}_Q$ und der Anergie $d\dot{B}_Q$ als Flächen

bis zur Grenzordinate $\eta_C = 1$. Den insgesamt übertragenen Exergiestrom erhält man durch Integration:

$$\dot{E}_{Q12} = \int_1^2 \left(1 - \frac{T_u}{T}\right) d\dot{Q} = \dot{Q}_{12} - T_u \int_1^2 \frac{d\dot{Q}}{T} = \dot{Q}_{12} - T_u \dot{S}_{Q12} = \dot{Q}_{12} - \dot{B}_{Q12}.$$

Er erscheint im $\eta_C, \dot{Q}$-Diagramm als Fläche unter der η_C-Kurve. Der Anergiestrom $\dot{B}_{Q12}$ entspricht der Fläche oberhalb dieser Kurve, Abb. 3.28. Man erkennt anschaulich, wie der Exergieanteil des Wärmestroms mit steigender Temperatur, also mit größeren Werten des Carnot-Faktors zunimmt.

In 3.1.6 hatten wir die *thermodynamische Mitteltemperatur* T_m der Wärmeaufnahme definiert. Sie ermöglicht es, die eben behandelte Wärmeaufnahme in einem Temperaturintervall (T_1, T_2) formal auf den Wärmeübergang bei konstanter Temperatur, nämlich bei T_m, zurückzuführen. Mit dem Entropietransportstrom $\dot{S}_{Q12}$ nach (3.42) gilt

$$T_m := \dot{Q}_{12}/\dot{S}_{Q12}.$$

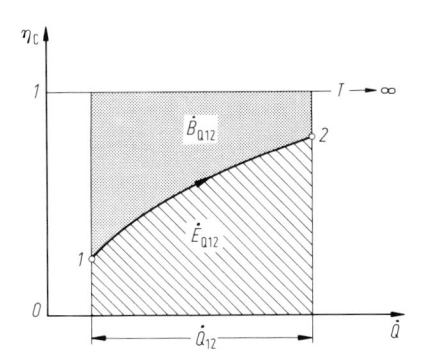

Abb. 3.28. Darstellung des mit dem Wärmestrom $\dot{Q}_{12}$ übertragenen Exergiestroms $\dot{E}_{Q12}$ und des Anergiestroms $\dot{B}_{Q12}$ im $\eta_C,\dot{Q}$-Diagramm

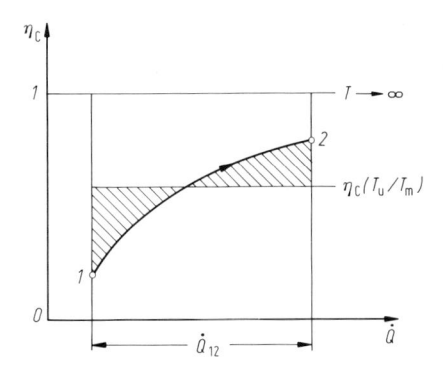

Abb. 3.29. Bestimmung der thermodynamischen Mitteltemperatur T_m im $\eta_C,\dot{Q}$-Diagramm

Damit erhalten wir für den Exergiestrom

$$\dot{E}_{Q12} = \left(1 - \frac{T_u}{T_m}\right) \dot{Q}_{12} = \eta_C(T_u/T_m)\,\dot{Q}_{12}\,,$$

also das gleiche Ergebnis wie im Falle der Wärmeaufnahme bei der konstanten Temperatur T_m. Abbildung 3.29 zeigt, wie die thermodynamische Mitteltemperatur im η_C, $\dot{Q}$-Diagramm durch Flächenabgleich ermittelt werden kann.

Um T_m zu berechnen, muß man den Zusammenhang zwischen $\dot{Q}$ und dem Temperaturverlauf des Systems bei der Wärmeaufnahme kennen. Wir bestimmen T_m für ein Fluid, das in einem stationären Fließprozeß Wärme aufnimmt oder abgibt. Aus der in 3.3.4 hergeleiteten Entropiebilanzgleichung folgt

$$\dot{S}_{Q12} = \int_1^2 \frac{\mathrm{d}\dot{Q}}{T} = \dot{m}(s_2 - s_1) - \dot{m}s_{\mathrm{irr}}\,.$$

Der aufgenommene Wärmestrom $\dot{Q}_{12}$ ergibt sich aus dem 1. Hauptsatz zu

$$\dot{Q}_{12} = \dot{m}[h_2 - h_1 + \frac{1}{2}(c_2^2 - c_1^2) + g(z_2 - z_1)]\,.$$

In der Regel können die Änderungen von kinetischer und potentieller Energie vernachlässigt werden, so daß wir

$$T_m = \frac{\dot{Q}_{12}}{\dot{S}_{Q12}} = \frac{h_2 - h_1}{s_2 - s_1 - s_{\mathrm{irr}}}$$

erhalten.

Um die durch Reibung (Dissipation) im wärmeaufnehmenden Fluid erzeugte Entropie s_{irr} zu berechnen, gehen wir von der Beziehung

$$\mathrm{d}q = T(\mathrm{d}s - \mathrm{d}s_{\mathrm{irr}}) = \mathrm{d}h$$

aus, die den 1. und 2. Hauptsatz zum Ausdruck bringt. Aus ihr folgt

$$\mathrm{d}s_{\mathrm{irr}} = \mathrm{d}s - \mathrm{d}h/T = -(v/T)\,\mathrm{d}p\,,$$

also

$$s_{\mathrm{irr}} = -\int_1^2 \frac{v}{T}\,\mathrm{d}p\,. \tag{3.44}$$

Da $s_{\mathrm{irr}} > 0$ gilt, muß $\mathrm{d}p < 0$ sein: der Druck des nicht reibungsfrei strömenden Fluids nimmt ab ($p_2 < p_1$), vgl. auch 6.2.1. Zur Berechnung des Integrals muß die Änderung des Quotienten v/T längs des Strömungsweges bekannt sein. Nur bei idealen Gasen erhält man unabhängig von der Zustandsänderung

$$s_{\mathrm{irr}} = -\int_1^2 \frac{R}{p}\,\mathrm{d}p = -R\,\ln(p_2/p_1)\,.$$

Damit wird für ideale Gase

$$s_2 - s_1 - s_{\mathrm{irr}} = \int_{T_1}^{T_2} c_p^0(T)\,\frac{\mathrm{d}T}{T} - R\,\ln(p_2/p_1) + R\,\ln(p_2/p_1) = s^0(T_2) - s^0(T_1)\,.$$

3.4 Die Anwendung des 2. Hauptsatzes auf Energieumwandlungen

Die Temperaturfunktion $s^0(T)$ ist vertafelt, vgl. 5.1.3 sowie Tabelle 10.8. Die thermodynamische Mitteltemperatur bei der Wärmeaufnahme durch ein ideales Gas ergibt sich dann zu

$$T_m = \frac{h_2 - h_1}{s^0(T_2) - s^0(T_1)};$$

sie hängt nur von Zustandsgrößen am Beginn und am Ende des Prozesses ab. Diese Beziehung gilt für reibungsbehaftete Strömung mit Druckabfall, sofern nur die Änderung der kinetischen Energie des idealen Gases vernachlässigt werden kann.

Läßt sich s_{irr} nach (3.44) nicht berechnen, so wird man reibungsfreie Strömung ($s_{irr} = 0$) des wärmeaufnehmenden Fluids als häufig zutreffende Näherung annehmen. Die thermodynamische Mitteltemperatur wird dann

$$T_m = (h_2 - h_1)/(s_2 - s_1);$$

sie hängt nur von Zustandsgrößen bei Beginn und Ende der Wärmeaufnahme ab. Da $s_{irr} \geq 0$ ist, erhält man bei Annahme einer reibungsfreien Strömung eine etwas zu kleine thermodynamische Mitteltemperatur der Wärmeaufnahme und einen zu hohen Wert von T_m, wenn das Fluid Wärme abgibt. Damit wird die Exergie der aufgenommenen Wärme etwas zu klein, die der abgegebenen Wärme etwas zu groß berechnet.

3.4.5 Exergie und Anergie eines stationär strömenden Fluids

Wir bestimmen nun den *Exergie- und Anergiegehalt der Energie*, die von einem *stationär strömenden Fluid* mitgeführt wird. Nach 2.3.4 transportiert ein Stoffstrom, der die Grenze eines offenen Systems überquert, die spez. Energie $(h + c^2/2 + gz)$ über die Systemgrenze. Wir haben also die Exergie und die Anergie der Enthalpie, der kinetischen und der potentiellen Energie zu berechnen.

Hierzu denken wir uns den Stoffstrom einem Kontrollraum zugeführt, Abb. 3.30, den das Fluid in einem stationären Fließprozeß durchläuft. Es verläßt den Kontrollraum im Umgebungszustand, also beim Druck p_u, bei der Temperatur T_u sowie mit vernachlässigbar kleiner Geschwindigkeit $c_u = 0$ relativ zur Um-

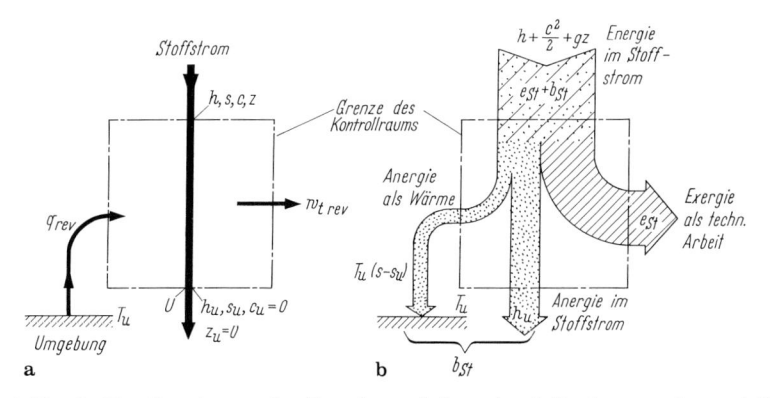

Abb. 3.30a, b. Zur Berechnung des Exergie- und Anergiegehalts der von einem stationär strömenden Stoffstrom mitgeführten Energie. **a** Schema des Stoff- und Energieflusses über die Grenze des Kontrollraums; **b** Schema des Exergie- und Anergieflusses beim reversiblen Fließprozeß

gebung und auf dem Höhenniveau $z_u = 0$ der Umgebung. Der aus dem Kontrollraum abfließende Stoffstrom enthält dann nur noch Anergie, denn er befindet sich im Gleichgewicht mit der Umgebung[4]. Wird der stationäre Fließprozeß ferner so geführt, daß die als Wärme zu- oder abgeführte Energie nur mit der Umgebung bei $T = T_u$ ausgetauscht wird, so besteht diese Energie ebenfalls nur aus Anergie. Ist schließlich der stationäre Fließprozeß reversibel, so stimmt die als technische Arbeit abgegebene Exergie genau mit der vom Stoffstrom eingebrachten Exergie überein, und die Summe der mit dem Stoffstrom abfließenden Anergie und der als Wärme übertragenen Anergie ist genau gleich der Anergie, die mit dem Stoffstrom in das offene System eintritt. Da die mit dem Stoffstrom eingebrachte Exergie bei dem hier beschriebenen Prozeß als technische Arbeit erhalten wird, wurde sie häufig als technische Arbeitsfähigkeit des Stoffstroms bezeichnet.

Es ist für diese und für jede andere thermodynamische Überlegung typisch, daß wir uns über die Einzelheiten des reversiblen Prozesses innerhalb des Kontrollraums überhaupt keine Gedanken zu machen brauchen. Alle Ergebnisse gewinnen wir durch Bilanzen an der Systemgrenze! Der 1. Hauptsatz für stationäre Fließprozesse liefert die Energiebilanz

$$q_{rev} + w_{t\,rev} = h_u - h + \frac{1}{2}(c_u^2 - c^2) + g(z_u - z),$$

wobei $c_u = 0$ und $z_u = 0$ sind. Aus der in 3.3.4 hergeleiteten Entropiebilanzgleichung folgt mit $T = T_u$ und $s_{irr} = 0$

$$s_u - s = q_{rev}/T_u.$$

Damit läßt sich die zwischen Fluid und Umgebung übertragene Wärme q_{rev} eliminieren, und wir erhalten für die spez. Exergie e_{St} des Stoffstroms

$$e_{St} = -w_{t\,rev} = h - h_u - T_u(s - s_u) + \frac{c^2}{2} + gz.$$

Die Anergie ist der Teil der mit dem Stoffstrom eingebrachten Energie, der nicht Exergie ist; also wird

$$b_{St} = h + \frac{c^2}{2} + gz - e_{St}$$

oder

$$b_{St} = h_u + T_u(s - s_u).$$

Diese Gleichungen bestätigen das schon mehrfach erwähnte Ergebnis: kinetische und potentielle Energie bestehen aus reiner Exergie, wobei ihr Nullpunkt durch den Umgebungszustand $c_u = 0$, $z_u = 0$ festgelegt ist. In vielen Fällen können wir die kinetischen und potentiellen Energien vernachlässigen. Wir berücksichtigen dann nur die *Exergie e* und die *Anergie b der Enthalpie h*:

$$\begin{aligned} e &= h - h_u - T_u(s - s_u), \\ b &= h_u + T_u(s - s_u). \end{aligned} \tag{3.45}$$

---

[4] Hierbei bleibt das chemische Gleichgewicht mit der Umgebung unberücksichtigt, worauf wir in 7.4.4 eingehen.

3.4 Die Anwendung des 2. Hauptsatzes auf Energieumwandlungen 143

Die Exergie der Enthalpie hat ihren natürlichen Nullpunkt im Umgebungszustand ($h = h_u$, $s = s_u$). Die Anergie der Enthalpie ist jedoch wie die Enthalpie selbst nur bis auf eine additive Konstante bestimmt. Diese hebt sich fort, wenn wir Anergiedifferenzen zwischen verschiedenen Zuständen bilden.

Gleichung (3.45) gibt uns den in jede andere Energieform, also auch den in Nutzarbeit (technische Arbeit) umwandelbaren Teil der Enthalpie eines stationär strömenden Stoffstroms an. Die Exergie e_{St} bzw. e kann auch als *maximal gewinnbare Nutzarbeit* gedeutet werden, die man erhält, wenn der Stoffstrom reversibel in den Umgebungszustand übergeführt wird und dabei ein Wärmeaustausch nur mit der Umgebung zugelassen ist. Die Größe des umwandelbaren Teils der Enthalpie hängt nicht nur vom Zustand des Stoffstroms, sondern auch vom Zustand der Umgebung ab. Auch wenn man Exergiedifferenzen

$$e_2 - e_1 = h_2 - h_1 - T_u(s_2 - s_1)$$

bildet, enthalten diese noch die Umgebungstemperatur T_u. Legt man T_u fest, so kann man mit e und b wie mit Zustandsgrößen rechnen, denn Differenzen der Exergie und Anergie der Enthalpie hängen nur von den beiden Zuständen, nicht dagegen von der Art ab, wie man von dem einen Zustand in den anderen gelangt. Im T,s-Diagramm des Stoffstroms läßt sich die Exergie der Enthalpie als Fläche veranschaulichen, wenn man die Isenthalpe $h = h_u$ mit der Isobare $p = $ const zum Schnitt bringt, vgl. Abb. 3.31.

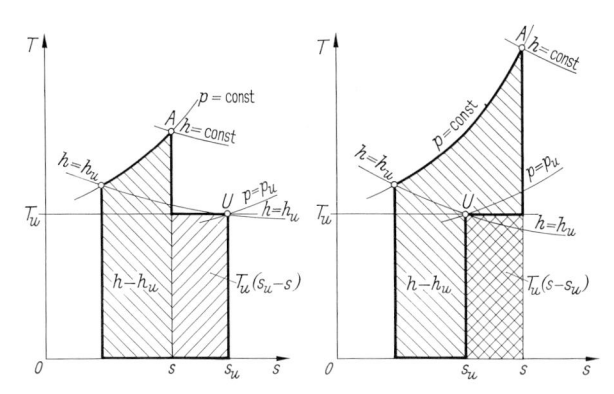

Abb. 3.31. Veranschaulichung der spez. Exergie $e = h - h_u - T_u(s - s_u)$ als die stark umrandete Fläche im T,s-Diagramm. Links: $s < s_u$; rechts: $s > s_u$

Beispiel 3.10. Wasser siedet unter dem Umgebungsdruck $p_u = 1$ atm bei der Temperatur $t = 100\,°C$. Man bestimme die Exergie des siedenden Wassers unter der vereinfachenden Annahme, daß seine spez. Wärmekapazität zwischen $t = 100\,°C$ und der Umgebungstemperatur $t_u = 15\,°C$ den konstanten mittleren Wert $c_p = 4{,}19$ kJ/kg K besitzt.

Der Zustand des siedenden Wassers unterscheidet sich von seinem Zustand im Gleichgewicht mit der Umgebung — so wie es „aus der Leitung kommt" — nur durch die höhere Temperatur. Die Enthalpie- und Entropiedifferenzen in der Gleichung für die Exergie der Enthalpie

$$e = h - h_u - T_u(s - s_u)$$

sind bei dem konstanten Druck $p = p_u = 1$ atm zu berechnen. Hier wird wegen $dp = 0$

$$dh = c_p \, dT$$

und

$$ds = \frac{dh - v\,dp}{T} = \frac{dh}{T} = c_p \frac{dT}{T}.$$

Da c_p als konstant angenommen wurde, ergibt sich

$$e = c_p[T - T_u - T_u \ln(T/T_u)]$$
$$= 4{,}19 \text{ (kJ/kg K)} [85{,}0 \text{ K} - 288{,}15 \text{ K} \cdot \ln(373{,}15/288{,}15)] = 44{,}0 \text{ kJ/kg}$$

als Exergie (der Enthalpie) des siedenden Wassers.

Diese Exergie könnte als technische Arbeit gewonnen werden, wenn es gelänge, einen Strom siedenden Wassers reversibel ins Gleichgewicht mit der Umgebung zu bringen. Umgekehrt ist e gleich jener technischen Arbeit, die mindestens aufzuwenden ist, um einen Wasserstrom vom Umgebungszustand aus bei $p = p_u$ zum Sieden zu bringen. Diesen Mindestexergieaufwand vergleichen wir mit der elektrischen Energie, die man einem als adiabat angenommenen Durchlauferhitzer zuführt, um das Wasser zum Sieden zu bringen. Hier liegt ein irreversibler stationärer Fließprozeß vor, für den nach dem 1. Hauptsatz

$$q_{12} + w_{t12} = h_2 - h_1 + \frac{1}{2}(c_2^2 - c_1^2) + g(z_2 - z_1)$$

gilt. Die technische Arbeit ist die elektrische Arbeit, die im elektrischen Widerstand des Durchlauferhitzers dissipiert wird und als Wärme an das Wasser übergeht. Für einen Kontrollraum, der den Durchlauferhitzer als Ganzes umschließt, gilt aber $q_{12} = 0$, und unter Vernachlässigung der kinetischen und potentiellen Energie des strömenden Wassers ergibt sich

$$w_{t12} = h_2 - h_1 = h - h_u = c_p(t - t_u) = 4{,}19 \text{ (kJ/kg K)} \cdot 85 \text{ K} = 356 \text{ kJ/kg}$$

als zugeführte elektrische Arbeit. Von dieser zugeführten Exergie dient jedoch nur der bescheidene Anteil

$$\zeta = e/w_{t12} = 44{,}0/356 = 0{,}124$$

dazu, die Exergie des Wassers zu erhöhen. Fast 88% der zugeführten Exergie werden durch Dissipation und irreversiblen Wärmeübergang in Anergie verwandelt.

3.4.6 Die Berechnung von Exergieverlusten

Bei allen irreversiblen Prozessen verwandelt sich Exergie in Anergie. Da es unmöglich ist, Anergie in Exergie zu verwandeln, bezeichnet man den bei einem irreversiblen Prozeß in Anergie umgewandelten Teil der Exergie als Exergieverlust. Der Exergieverlust ist eine Eigenschaft des irreversiblen Prozesses, er kennzeichnet in quantitativer Weise den thermodynamischen Verlust infolge der Irreversibilitäten. Aufgabe des Ingenieurs ist es, technische Prozesse so zu führen, daß unnötige Exergieverluste vermieden werden. Jeder Exergieverlust erhöht den Exergiebedarf und damit den Primärenergiebedarf zur Ausführung eines technischen Verfahrens. Exergieverluste vermeiden bedeutet Primärenergie zu sparen. Es ist daher wichtig, die Ursachen von Exergieverlusten zu erkennen und ihre Größe zu berechnen.

3.4 Die Anwendung des 2. Hauptsatzes auf Energieumwandlungen

Wir betrachten zunächst ein ruhendes *geschlossenes System*, das einen irreversiblen Prozeß durchläuft, und berechnen den Exergieverlust des irreversiblen Prozesses aus einer Exergiebilanz. Die Exergie des Systems am Ende des Prozesses ist um den Exergieverlust E_{v12} kleiner als die Summe aus der Exergie des Systems am Anfang des Prozesses und der mit Wärme und Arbeit während des Prozesses zugeführten Exergie. Man erhält daraus für den gesuchten Exergieverlust

$$E_{v12} = E_1^* - E_2^* + E_{Q12} + E_{W12} .$$

Mit E^* haben wir hier die Exergie der inneren Energie eines geschlossenen Systems bezeichnet. Diese Größe wurde schon in Beispiel 3.9 als maximal gewinnbare Nutzarbeit berechnet, woraus

$$E_1^* - E_2^* = U_1 - U_2 - T_u(S_1 - S_2) + p_u(V_1 - V_2)$$

folgt. Die Exergie der Wärme ist nach 3.4.4

$$E_{Q12} = Q_{12} - T_u \int_1^2 \frac{dQ}{T} = Q_{12} - T_u S_{Q12} ;$$

die Exergie der Volumenänderungsarbeit stimmt mit der Nutzarbeit überein:

$$E_{W12} = -\int_1^2 (p - p_u) \, dV = W_{12} - p_u(V_2 - V_1) ,$$

vgl. 3.4.3. Beachten wir noch, daß nach dem 1. Hauptsatz

$$Q_{12} + W_{12} = U_2 - U_1$$

gilt, so erhalten wir für den Exergieverlust

$$E_{v12} = T_u[S_2 - S_1 - S_{Q12}] .$$

Der in der eckigen Klammer stehende Ausdruck ist aber nichts anderes als die im geschlossenen System erzeugte Entropie, so daß sich das einfache Resultat

$$E_{v12} = T_u S_{12}^{irr}$$

ergibt. *Der Exergieverlust eines irreversiblen Prozesses mit einem geschlossenen System ist gleich der bei diesem Prozeß erzeugten Entropie, multipliziert mit der thermodynamischen Temperatur der Umgebung.* Die durch Irreversibilitäten erzeugte Entropie hat somit eine unmittelbare praktische Bedeutung: multipliziert mit der Umgebungstemperatur gibt sie den unwiederbringlich in Anergie verwandelten Anteil der am Prozeß beteiligten Exergien an.

Auch den *Exergieverlust eines stationären Fließprozesses* finden wir durch eine Exergiebilanz. Hierzu betrachten wir einen Kontrollraum, über dessen Grenze Exergieströme $\dot{E}_i$ zugeführt und abgeführt werden. Diese Exergieströme können mechanische oder elektrische Leistungen P_i sein oder Exergieströme $\dot{m}_i \cdot e_i$, die mit Stoffströmen verbunden sind, oder schließlich Exergien $(\dot{E}_Q)_i$ von Wärmeströmen, die über die Grenze des Kontrollraums gehen. Da sich bei irreversiblen Prozessen Exergie in Anergie verwandelt, überwiegen die zugeführten, in die Bilanzgleichung positiv einzusetzenden Exergieströme die abgeführten und negativ zu rechnenden. Der gesuchte *Exergieverluststrom* $\dot{E}_v$ ist gerade der Überschuß der zugeführten über die abgeführten Exergieströme:

$$\dot{E}_v = \sum_i \dot{E}_i = \sum_i P_i + \sum_i (\dot{E}_Q)_i + \sum_i \dot{m}_i e_i = \dot{E}_{zu} - |\dot{E}_{ab}| .$$

Der Exergieverluststrom entspricht einem Verlust an mechanischer oder elektrischer Nutzleistung, der als Folge der Irreversibilitäten im Kontrollraum eintritt. Wäre der betrachtete Prozeß reversibel, so könnte eine um $\dot{E}_v$ größere Nutzleistung gewonnen werden. Wir bezeichnen $\dot{E}_v$ daher auch als *Leistungsverlust*. Ist nur ein Stoffstrom vorhanden oder besonders ausgezeichnet, so bezieht man den Leistungsverlust häufig auf den Massenstrom $\dot{m}$ dieses Stoffstroms und erhält den spezifischen Exergieverlust

$$e_v = \dot{E}_v/\dot{m}$$

des irreversiblen stationären Fließprozesses.

Zur Aufstellung einer Exergiebilanz muß man alle Exergieströme berechnen, die die Grenzen des Kontrollraums passieren. Man wird daher einer weniger aufwendigen Berechnungsmethode den Vorzug geben. Wir leiten deswegen einen allgemeingültigen Zusammenhang zwischen dem Exergieverluststrom und dem Entropieproduktionsstrom her, indem wir eine Anergiebilanz für den Kontrollraum aufstellen. Der Leistungsverlust ergibt sich nämlich auch als Überschuß der abgeführten Anergie über die zugeführte, weil der Exergieverluststrom ja nichts anderes ist als die im Kontrollraum erzeugte Anergie, bezogen auf die Zeit. Multipliziert man die in Abschn. 3.3.4 hergeleitete Entropiebilanzgleichung (3.40) mit der Umgebungstemperatur T_u, so ergibt sich

$$T_u \dot{S}_{irr} = \sum_{\text{Aus}} \dot{m}_a T_u s_a - \sum_{\text{Ein}} \dot{m}_e T_u s_e - T_u \dot{S}_Q \ .$$

Die rechte Seite bedeutet nun die Differenz aus der mit den Stoffströmen aus dem Kontrollraum abgeführten Anergie gegenüber der mit den Stoffströmen und den Wärmeströmen zugeführten Anergie. Damit ist $T_u \dot{S}_{irr}$ gleich dem Überschuß der aus dem Kontrollraum abströmenden über die zuströmende Anergie, also gleich der im Kontrollraum aus Exergie entstandenen Anergie. Wir erhalten also für den Exergieverluststrom

$$\dot{E}_v = T_u \dot{S}_{irr} \ .$$

Der Exergieverlust irreversibler Prozesse geschlossener Systeme und irreversibler stationärer Fließprozesse hängt also in gleicher Weise über die Umgebungstemperatur mit der erzeugten Entropie zusammen. Die in einem *adiabaten Kontrollraum* erzeugte Entropie ist gleich der Entropieänderung aller Stoffströme, denn es wird keine Entropie mit Wärmeströmen transportiert. Für den adiabaten Kontrollraum erhält man daher

$$\dot{E}_v = T_u \left[\sum_{\text{Aus}} \dot{m}_a s_a - \sum_{\text{Ein}} \dot{m}_e s_e \right]_{ad}$$

als Exergieverluststrom. Er läßt sich aus den Entropieänderungen der einzelnen Stoffströme berechnen.

Der allgemein gültige Zusammenhang zwischen Exergieverlust und erzeugter Entropie zeigt zwar die praktische Bedeutung der durch Irreversibilitäten bewirkten Entropievermehrung, er läßt aber nicht die Ursache des Exergieverlustes erkennen. Dies zu wissen ist jedoch wichtig, um geeignete Maßnahmen zur Verminderung von Exergieverlusten zu treffen. Am Beispiel des *Wärmeübergangs* wollen wir daher zeigen, von welchen unmittelbar meßbaren und der Anschauung zugänglichen Größen der Exergieverlust abhängt. Hierzu betrachten wir den in Abschn. 3.1.4

3.4 Die Anwendung des 2. Hauptsatzes auf Energieumwandlungen

ausführlich behandelten Fall zweier Systeme A und B mit den Temperaturen T_A und $T_B > T_A$. Durch den Übergang des Wärmestroms $\dot{Q}$ vom System B zum System A wird in der diathermen Wand der Entropieproduktionsstrom

$$\dot{S}_{irr} = \frac{T_B - T_A}{T_A \cdot T_B} \dot{Q}$$

hervorgerufen. Der *Exergieverluststrom bei der Wärmeübertragung* wird daher

$$\dot{E}_v = T_u \frac{T_B - T_A}{T_A T_B} \dot{Q}.$$

Der Exergieverlust hängt nicht nur von der Temperaturdifferenz $T_B - T_A$ ab; er ist auch dem Produkt $T_A \cdot T_B$ umgekehrt proportional. Bei gleicher Temperaturdifferenz ist der Exergieverlust bei hohen Temperaturen viel kleiner als bei niedrigen Temperaturen. Ohne einen bestimmten Exergieverlust zu überschreiten, darf man daher bei hohem Temperaturniveau, etwa in einem Dampferzeuger, viel größere Temperaturdifferenzen zum Wärmeübergang zulassen als bei niedrigem Temperaturniveau, z. B. in der Kältetechnik. Dies ist von großer praktischer Bedeutung, weil die zur Wärmeübertragung erforderliche Fläche in einem Wärmeübertrager umgekehrt proportional zur Temperaturdifferenz zwischen den Stoffströmen ist, zwischen denen Energie als Wärme übergeht. Wärmeübertrager für tiefe Temperaturen müssen daher größer und aufwendiger gebaut werden als für hohe Temperaturen, um zu große Exergieverluste und damit zu große Betriebskosten zu vermeiden, vgl. hierzu auch 6.3.4.

3.4.7 Exergie-Anergie-Flußbilder. Exergetische Wirkungsgrade

Um die Energieflüsse in einer aus mehreren Teilen bestehenden Anlage, z. B. in einem Dampfkraftwerk anschaulich und übersichtlich darzustellen, entwirft man ein *Flußbild der Energie*, das sog. *Sankey-Diagramm*[5]. Im Sankey-Diagramm verbindet man die einzelnen Teile der Anlage durch „Ströme", deren Breite die Größe der übertragenen Energiebeträge wiedergibt. Man kann so anschaulich verfolgen, welche Energien in den einzelnen Anlageteilen umgesetzt werden, und kann die Bilanzen des 1. Hauptsatzes mit einem Blick kontrollieren.

Im Sankey-Diagramm kommt jedoch nur der 1. Hauptsatz in seiner Aussage als Energieerhaltungssatz zum Ausdruck; der 2. Hauptsatz bleibt unberücksichtigt. Um die durch den 2. Hauptsatz eingeschränkte Umwandlungsfähigkeit der verschiedenen Energieformen zu berücksichtigen und um die thermodynamische Vollkommenheit der Energieumwandlungen zu beurteilen, kann man die Energieflüsse des Sankey-Diagramms in ihre beiden Komponenten, den Exergiefluß und den Anergiefluß aufteilen. Man erhält damit aus dem einfachen Energieflußbild das aussagekräftigere *Exergie-Anergie-Flußbild*, das erstmals von Z. Rant [3.31] angegeben wurde.

Das Exergie-Anergie-Flußbild veranschaulicht den 1. Hauptsatz dadurch, daß stets die Summe aus Exergiefluß und Anergiefluß konstant bleibt. Die Aussagen des 2. Hauptsatzes kommen in dem sich vermindernden Fluß der Exergie zum

---

[5] Ein solches Energieflußbild hat erstmals der irische Ingenieur Captain Henry Riall Sankey 1898 veröffentlicht, vgl. The Engineer 86 (1898) 236.

Ausdruck, der durch jede Irreversibilität geschmälert wird. Das Exergie-Anergie-Flußbild faßt somit die Aussagen beider Hauptsätze anschaulich zusammen. Es dient vor allem dazu, ein grundsätzliches Verständnis der Energieumwandlungen zu gewinnen. Entwirft man es für eine größere, aus mehreren Teilen zusammengesetzte Anlage, so wird es leicht unübersichtlich. Es ist dann vorteilhafter, allein den Fluß der Exergie darzustellen. In einem solchen *Exergieflußbild* treten die Exergieverluste der einzelnen Teilprozesse deutlicher hervor, und man erkennt mit einem Blick, welche Teile der Anlage besonders große Verluste verursachen und wo demzufolge Verbesserungen lohnend erscheinen. Exergieflußbilder, die nur den sich stets verringernden Fluß der Exergie in einer Anlage widerspiegeln, werden wir in späteren Kapiteln entwerfen, um uns die thermodynamischen Verluste zu verdeutlichen.

Zur Bewertung eines Prozesses oder einer Anlage werden in der Technik gerne *Wirkungsgrade* benutzt, um durch eine einzige Zahlenangabe die Güte einer Energieumwandlung zu kennzeichnen. Wirkungsgrade sind stets als Verhältnisse von Energien oder Leistungen definiert. Am Beispiel des thermischen Wirkungsgrades kann man erkennen, daß nur Quotienten aus thermodynamisch gleichwertigen Energien, also aus Exergien, eine richtige Bewertungsmöglichkeit bieten.

Abbildung 3.32 zeigt das Exergie-Anergie-Flußbild einer Wärmekraftmaschine, die ihre Abwärme an die Umgebung abgibt. Im thermischen Wirkungsgrad

$$\eta_{\text{th}} := \frac{-P}{\dot{Q}} = \frac{-P}{\dot{E}_Q + \dot{B}_Q} \leq \frac{\dot{E}_Q}{\dot{E}_Q + \dot{B}_Q} = \eta_C(T_u/T)$$

wird die Nutzleistung, ein Strom reiner Exergie, mit dem zugeführten Wärmestrom $\dot{Q}$ verglichen, der nur zum Teil aus Exergie besteht. Da Exergie nicht aus Anergie erzeugt werden kann, erreicht η_{th} selbst im Idealfall der reversibel arbeitenden Wärmekraftmaschine nicht den Höchstwert eins, sondern den Carnot-Faktor $\eta_C(T_u/T) < 1$. Die Abweichung des thermischen Wirkungsgrades vom Wert eins mißt nicht allein die durch technische Maßnahmen vermeidbaren Verluste, sondern bringt ebenso zum Ausdruck, daß die der Wärmekraftmaschine zugeführte Wärme Anergie enthält. Der thermische Wirkungsgrad bewertet

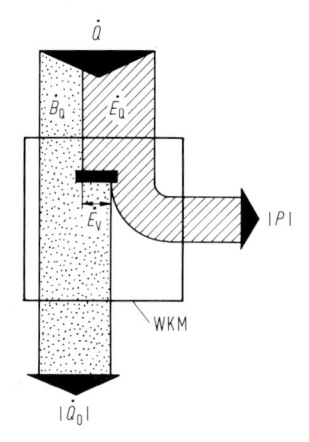

Abb. 3.32. Exergie-Anergie-Flußbild einer Wärmekraftmaschine

damit auch die Qualität der Wärmequelle und nicht nur die Güte der Wärmekraftmaschine.

Will man allein die in der Wärmekraftmaschine stattfindenden Energieumwandlungen bewerten, so benutzt man vorteilhafter den *exergetischen Wirkungsgrad* der Wärmekraftmaschine. Er ist als Verhältnis der als Nutzleistung gewonnenen Exergie zu der mit $\dot{Q}$ zugeführten Exergie definiert:

$$\zeta := \frac{-P}{\dot{E}_Q} = \frac{\dot{E}_Q - \dot{E}_v}{\dot{E}_Q} = 1 - \frac{\dot{E}_v}{\dot{E}_Q} \ .$$

Sein Höchstwert $\zeta = 1$ wird von der reversibel arbeitenden Wärmekraftmaschine erreicht, deren Exergieverluststrom $\dot{E}_v = 0$ ist. Die Abweichung des exergetischen Wirkungsgrades vom Höchstwert $\zeta = 1$ ist dem Exergieverluststrom $\dot{E}_v$, also den grundsätzlich vermeidbaren Verlusten der Wärmekraftmaschine, proportional. Zwischen ζ und η_{th} besteht der Zusammenhang

$$\eta_{th} = \zeta \cdot \eta_C(T_u/T) \ ,$$

der nochmals deutlich macht, daß der Carnot-Faktor der reversible Grenzwert des thermischen Wirkungsgrades ist.

Das Beispiel der Wärmekraftmaschine zeigt: Nur mit Exergien gebildete Wirkungsgrade nehmen im Idealfall des reversiblen Prozesses den Wert eins an und lassen in den Abweichungen von diesem Grenzwert die Verluste erkennen, die durch günstigere Prozeßführung und bessere Konstruktion der Maschinen und Apparate vermindert oder ganz vermieden werden können.

Bei der Definition eines exergetischen Wirkungsgrades sieht man einige Exergieströme, die die Grenze des Kontrollraums überschreiten, als erwünschte oder nützliche Exergieströme an, die anderen als aufgewendete oder verbrauchte. Bezeichnet man die nützlichen Exergieströme zusammenfassend mit $\dot{E}_{nutz}$, die aufgewendeten mit $\dot{E}_{aufw}$, so gilt die Bilanzgleichung

$$\dot{E}_v = \dot{E}_{aufw} - \dot{E}_{nutz} \ . \tag{3.46}$$

Da auch der Exergieverluststrom $\dot{E}_v$ des irreversiblen Prozesses durch den Exergieaufwand gedeckt werden muß, ist dieser stets größer als der exergetische Nutzen. Im allgemeinen werden die aufgewendeten Exergieströme nicht mit den zugeführten und die nützlichen Exergieströme nicht mit den abgeführten übereinstimmen. Man kann nämlich auch die gewollte Exergie*zunahme* eines Stoffstroms als Nutzen und die Exergie*abnahme* eines Stoffstroms als Aufwand betrachten. $\dot{E}_{aufw}$ enthält dann auch abgeführte Exergieströme und $\dot{E}_{nutz}$ auch zugeführte Exergieströme jeweils mit negativem Vorzeichen, so daß die Bilanzgleichung (3.46) auch bei willkürlicher Einteilung der Exergieströme in Nutzen und Aufwand erfüllt ist.

Wir definieren nun den exergetischen Wirkungsgrad des im Kontrollraum ablaufenden Prozesses durch

$$\zeta = \dot{E}_{nutz}/\dot{E}_{aufw} = 1 - (\dot{E}_v/\dot{E}_{aufw}) \ .$$

Die Abweichung des so definierten Wirkungsgrades von seinem Höchstwert eins ist dem grundsätzlich vermeidbaren Exergieverlust proportional:

$$(1 - \zeta) \sim \dot{E}_v \ .$$

Da die Einteilung der Exergieströme in nützliche und aufgewendete Exergien in gewissen Grenzen willkürlich ist, sind mehrere unterschiedliche Wirkungsgraddefinitionen möglich, die grundsätzlich gleichberechtigt sind. Wie eine systematische Untersuchung dieses Problems zeigt [3.32], wächst die Zahl möglicher Wirkungsgraddefinitionen mit der Zahl der Exergieströme, welche die Grenze des Kontrollraums überschreiten, rasch an. Man muß im Einzelfall entscheiden, welche Definition besonders zweckmäßig und aussagekräftig ist.

Beispiel 3.11. In einer Anlage soll ein Luftstrom vom Umgebungszustand ($t_u = 12{,}0$ °C, $p_u = 1{,}000$ bar) auf $t_2 = 55{,}0$ °C erwärmt werden, wobei $p_2 = p_u$ gilt. Die Anlage besteht aus dem schon in Beispiel 3.8 am Ende von 3.3.4 behandelten Wärmeübertrager und einem adiabaten Gebläse, das die Luft aus der Umgebung ansaugt, auf $p_1 = 1{,}036$ bar verdichtet und in den Wärmeübertrager fördert, Abb. 3.33. Das Gebläse nimmt die Leistung $P = 4{,}42$ kW auf; im übrigen gelten die Daten und Annahmen von Beispiel 3.8. Man entwerfe ein Exergieflußbild und berechne die in der Anlage auftretenden Exergieverluste.

Wir bestimmen zunächst die Temperatur t_1 des Luftstroms beim Austritt aus dem adiabaten Gebläse. Nach dem 1. Hauptsatz für stationäre Fließprozesse gilt

$$P = \dot{m}(h_1 - h_u) = \dot{m} c_p^0 (t_1 - t_u),$$

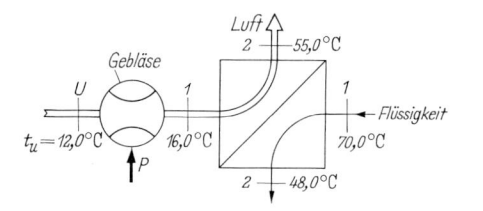

Abb. 3.33. Anlage zur Erwärmung von Luft, bestehend aus Gebläse und Wärmeübertrager

weil wir die kinetischen und potentiellen Energien vernachlässigt haben. Mit den Daten von Beispiel 3.8 folgt

$$t_1 - t_u = P/\dot{m} c_p^0 = 4{,}0 \text{ K}$$

und daraus $t_1 = 16{,}0$ °C, also dieselbe Temperatur, die in Beispiel 3.8 der Berechnung der erzeugten Entropie zugrunde gelegt wurde. Durch die Strömungswiderstände, die im Wärmeübertrager den Druckabfall $p_1 - p_2$ der Luft verursachen, wird der Entropiestrom $(\dot{S}_{irr})_L$ = 11,2 W/K erzeugt. Dies hat den Exergieverluststrom

$$(\dot{E}_v)_R = T_u (\dot{S}_{irr})_L = 285 \text{ K} \cdot 11{,}2 \text{ W/K} = 3{,}19 \text{ kW}$$

zur Folge. Diese Größe bedeutet die *mindestens* aufzuwendende Antriebsleistung eines Gebläses, das den Druckabfall infolge der Reibung „kompensiert", das also die Luft vom Umgebungszustand isotherm und reversibel auf den Druck p_1 verdichtet. Die tatsächlich benötigte Gebläseleistung $P = 4{,}42$ kW ist größer; denn auch im irreversibel arbeitenden Gebläse tritt ein Exergieverlust auf, und außerdem hat die Luft, die sich im adiabaten Gebläse um $t_1 - t_u = 4{,}0$ K erwärmt, eine geringfügig höhere Exergie als nach einer isothermen Kompression auf denselben Druck p_1.

Der mit der Luft transportierte Exergiestrom ist

$$\dot{E} = \dot{m} e = \dot{m}[h - h_u - T_u(s - s_u)]$$
$$= \dot{m}\{c_p^0[T - T_u - T_u \ln(T/T_u)] + RT_u \ln(p/p_u)\};$$

er wächst mit steigender Temperatur und steigendem Druck der Luft. Die aus der Umgebung angesaugte Luft ist exergielos: $\dot{E}_u = 0$. Für die Zustände 1 und 2 vor bzw. hinter dem Wärmeübertrager ergibt sich $\dot{E}_1 = 3{,}22$ kW und $\dot{E}_2 = 3{,}26$ kW. Im Gebläse tritt also der Leistungsverlust

$$(\dot{E}_v)_G = P - \dot{E}_1 = (4{,}42 - 3{,}22) \text{ kW} = 1{,}20 \text{ kW}$$

auf.

3.4 Die Anwendung des 2. Hauptsatzes auf Energieumwandlungen 151

Die Exergie der heißen Flüssigkeit, die sich im Wärmeübertrager abkühlt und die Luft erwärmt, erhalten wir aus

$$\dot{E}_F = \dot{m}_F e_F = \dot{m}_F c_F [T_F - T_u - T_u \ln(T_F/T_u)],$$

weil ihre Zustandsänderung als isobar ($p \simeq p_u$) angenommen wurde. Für den Eintrittszustand mit $t_{F1} = 70{,}0$ °C ergibt sich daraus $\dot{E}_{F1} = 10{,}18$ kW, für den Austrittszustand mit $t_{F2} = 48{,}0$ °C der Exergiestrom $\dot{E}_{F2} = 4{,}10$ kW. Die Flüssigkeit gibt mit der Wärme auch Exergie ab. Ein Teil dieser Exergie verwandelt sich aber in Anergie, weil der Wärmeübergang an die Luft wegen der vorhandenen Temperaturdifferenzen irreversibel ist. Dieser Exergieverluststrom wird

$$(\dot{E}_v)_W = T_u (\dot{S}_{irr})_W = 285 \text{ K} \cdot 10{,}0 \text{ W/K} = 2{,}85 \text{ kW}.$$

Das *Exergieflußbild*, Abb. 3.34, zeigt die hier berechneten Exergieströme und die drei Exergieverlustströme. Der als Gebläseleistung P zugeführte Exergiestrom dient fast nur dazu, den Exergieverluststrom $(\dot{E}_v)_R$ infolge der reibungsbehafteten Luftströmung zu kompensieren, wobei im Gebläse selbst der zusätzliche Exergieverluststrom $(\dot{E}_v)_G$ zu decken ist. Die Exergieabnahme der heißen Flüssigkeit bewirkt die Exergieerhöhung der erwärmten Luft, sie muß außerdem den Exergieverlust bei der Wärmeübertragung bestreiten. Der Leistungsverlust der ganzen Anlage ergibt sich aus der Bilanzgleichung

$$\dot{E}_v = (\dot{E}_v)_G + (\dot{E}_v)_R + (\dot{E}_v)_W = P + \dot{E}_{F1} - \dot{E}_{F2} - \dot{E}_2$$
$$= (4{,}42 + 10{,}18 - 4{,}10 - 3{,}26) \text{ kW} = 7{,}24 \text{ kW}.$$

Die Anlage soll einen Strom erwärmter Luft liefern. Der exergetische „Nutzen" besteht daher allein im Exergiestrom $\dot{E}_2 = \dot{E}_{nutz}$. Die drei übrigen Exergieströme in der Bilanzgleichung bilden den „Aufwand",

$$\dot{E}_{aufw} = P + \dot{E}_{F1} - \dot{E}_{F2},$$

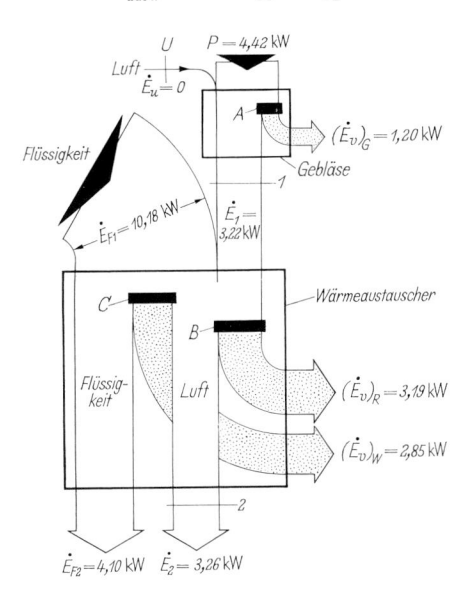

Abb. 3.34. Exergie-Flußbild einer Anlage, in der Luft erwärmt wird. Umwandlung von Exergie in Anergie: A im Gebläse, B durch den Strömungswiderstand in der Luftströmung, C durch den Wärmeübergang von der Flüssigkeit an die Luft

bestehend aus der Gebläseleistung und der Exergieabnahme der Flüssigkeit. Der exergetische Wirkungsgrad der Anlage wird damit

$$\zeta = \frac{\dot{E}_2}{P + \dot{E}_{F1} - \dot{E}_{F2}} = 0{,}310\ .$$

Realistischerweise wird man annehmen müssen, daß sich die aus dem Wärmeübertrager abströmende Flüssigkeit nicht weiter nutzen läßt. Sie wird sich außerhalb der Anlage irreversibel abkühlen und in den Umgebungszustand übergehen. Um dies zu berücksichtigen, erweitert man die Grenzen des Kontrollraums so, daß sich dieser irreversible Prozeß in seinem Inneren abspielt und die Flüssigkeit die neue Kontrollraumgrenze im Umgebungszustand, also *exergielos* überquert. Es wird also $\dot{E}_{F2}$ zum Exergieverluststrom hinzugerechnet, und es gilt die neue Bilanzgleichung

$$\dot{E}'_v = \dot{E}_v + \dot{E}_{F2} = P + \dot{E}_{F1} - \dot{E}_2\ .$$

Daraus erhält man den exergetischen Wirkungsgrad

$$\zeta' = \frac{\dot{E}_2}{P + \dot{E}_{F1}} = 0{,}223\ ,$$

welcher die Anlage wesentlich strenger beurteilt als ζ.

Die niedrigen Werte der beiden exergetischen Wirkungsgrade weisen auf die großen Exergieverluste hin, die durch irreversible Prozesse entstehen, besonders durch die Reibung in der Luftströmung. Gelänge es, durch strömungstechnisch bessere Konstruktion des Wärmeübertragers den Druckabfall der Luft zu verringern, so verringerten sich auch Leistung und Größe des Gebläses, wodurch Betriebs- und Investitionskosten gespart werden könnten. Die exergetische Untersuchung der Anlage gibt hier also einen Hinweis zu ihrer technisch-wirtschaftlichen Verbesserung. Andererseits ist zu beachten, daß die exergetische Analyse als eine rein thermodynamische Untersuchung auch zu falschen wirtschaftlichen Schlüssen verleiten kann. So sind in unserem Beispiel die beiden als Aufwand angesehenen Exergieströme P und $\dot{E}_{F1}$ thermodynamisch, aber sicher nicht wirtschaftlich gleichwertig. Die Flüssigkeit kann nämlich als Träger eines Abwärmestromes einer anderen Anlage sowieso zur Verfügung stehen; ihre Exergie wird dann praktisch kostenlos geliefert, was auf die Gebläseleistung nicht zutrifft.

Diese Bemerkungen sollen Zweck und Grenzen einer exergetischen Untersuchung verdeutlichen. Die exergetische Analyse ist nicht mehr, aber auch nicht weniger als die Anwendung der Hauptsätze der Thermodynamik auf ein technisches Problem; Exergie und Anergie sollen die Aussagen des 2. Hauptsatzes über Energieumwandlungen klar und übersichtlich veranschaulichen und damit das Verständnis für thermodynamische Zusammenhänge fördern. Wie weit aus einer exergetischen Untersuchung technisch-wirtschaftliche Folgerungen zu ziehen sind, muß Gegenstand einer darüber hinausgehenden Untersuchung sein. Hierzu kann die exergetische Analyse nur Hinweise und Anregungen geben.

4 Thermodynamische Eigenschaften reiner Fluide

Um die allgemeinen Beziehungen der Thermodynamik praktisch anwenden zu können, muß man die physikalischen Eigenschaften der Stoffe kennen, die in die thermodynamischen Rechnungen eingehen. Diese Eigenschaften sind in der thermischen, kalorischen und Entropie-Zustandsgleichung bzw. in einer kanonischen Zustandsgleichung zusammengefaßt, vgl. 3.2.2. Über die Form der thermischen Zustandsgleichung kann die Thermodynamik keine Aussage machen; sie muß durch Messungen der Zustandsgrößen p, v und T bestimmt werden, sofern man nicht über zutreffende molekulare Stoffmodelle verfügt, vgl. hierzu K. Lucas [4.1]. Zwischen den thermischen und kalorischen Zustandsgrößen einer fluiden Phase bestehen auf Grund des 2. Hauptsatzes Beziehungen, die es gestatten, aus einer bekannten thermischen Zustandsgleichung $p = p(T, v)$ die kalorischen Zustandsgrößen und die Entropie zu berechnen. Wir gehen daher zuerst auf die thermischen Zustandsgrößen ein und behandeln dann die eben genannten Beziehungen. Wir beschränken uns auf reine Stoffe; die Eigenschaften von Gasgemischen werden in 5.2 erläutert.

4.1 Die thermischen Zustandsgrößen

4.1.1 Die p,v,T-Fläche

Wie in 1.4.2 gezeigt wurde, gibt es für jede Phase eines reinen Stoffes eine thermische Zustandsgleichung

$$F(p,v,T) = 0 \;.$$

Sie läßt sich geometrisch als Fläche im Raum darstellen, indem man über der v,T-Ebene den Druck $p = p(v, T)$ als Ordinate aufträgt, Abb. 4.1. Auf der p,v,T-Fläche lassen sich verschiedene Gebiete unterscheiden. Sie stellen die Zustandsgleichungen der drei Phasen Gas, Flüssigkeit und Festkörper dar und die Bereiche, in denen zwei Phasen gleichzeitig vorhanden sind. Diese Zweiphasengebiete sind das *Naßdampfgebiet* (Gleichgewicht Gas—Flüssigkeit), das *Schmelzgebiet* (Gleichgewicht Festkörper—Flüssigkeit) und das *Sublimationsgebiet* (Gleichgewicht Festkörper—Gas).

Bei kleinen spez. Volumina finden wir das Gebiet des Festkörpers; hier ändert sich das spez. Volumen selbst bei großen Druck- und Temperaturänderungen nur geringfügig. Geht man auf einer Höhenlinie $p = $ const von A nach B weiter, so steigt die Temperatur bei geringer Volumenvergrößerung. Dies entspricht der Erwärmung eines festen Körpers unter konstantem Druck. Erreicht man die als

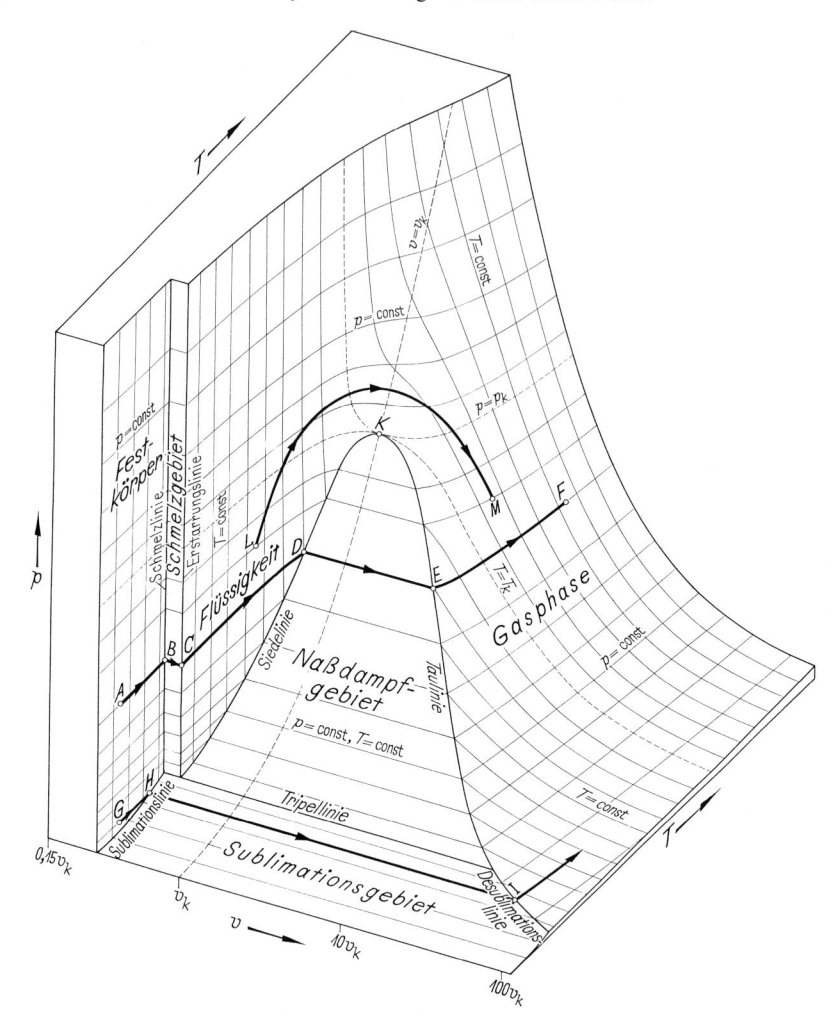

Abb. 4.1. p,v,T-Fläche eines reinen Stoffes. Man beachte, daß das spez. Volumen v logarithmisch aufgetragen ist

Schmelzlinie bezeichnete Grenze des festen Zustands im Punkt B, so beginnt der feste Körper zu schmelzen. Nun bleibt bei konstantem Druck auch die Temperatur konstant (vgl. 4.1.3), und es bildet sich Flüssigkeit. Zwischen B und C ist der Stoff nicht mehr homogen, er besteht aus zwei Phasen, nämlich aus der Flüssigkeit und dem schmelzenden Festkörper. Im Punkt C endet das Schmelzen, es ist nur noch Flüssigkeit vorhanden. Diese Grenze des Flüssigkeitsgebiets gegenüber dem Schmelzgebiet bezeichnen wir als *Erstarrungslinie*, weil hier die Flüssigkeit zu erstarren beginnt, wenn man ihr Wärme entzieht.

Erwärmt man die Flüssigkeit von Zustand C aus unter konstantem Druck weiter, so dehnt sie sich aus, wobei ihre Temperatur ansteigt. Im Punkt D auf der

4.1 Die thermischen Zustandsgrößen

Siedelinie erreichen wir das Naßdampfgebiet, das wir in 4.2 ausführlich behandeln werden. Hier beginnt die Flüssigkeit zu sieden. Bei weiterer isobarer Wärmezufuhr bleibt die Temperatur konstant, es bildet sich immer mehr Dampf, wobei sich das spez. Volumen des aus den beiden Phasen Flüssigkeit und Dampf (Gas) bestehenden Systems stark vergrößert. Im Punkt E verschwindet der letzte Flüssigkeitstropfen, wir haben das Gasgebiet erreicht. Die rechte Grenze des Naßdampfgebiets nennen wir die *Taulinie*. Sie verbindet alle Zustände, in denen das Gas zu kondensieren (auszu„tauen") beginnt. Bei isobarer Wärmezufuhr von E nach F steigt die Temperatur. Es ist üblich, ein Gas, dessen Zustand in der Nähe der Taulinie liegt, als überhitzten Dampf zu bezeichnen. Das Gemisch aus der siedenden Flüssigkeit und dem mit ihr im Gleichgewicht stehenden Gas nennt man nassen Dampf. Ein Gas in einem Zustand auf der Taulinie führt die Bezeichnung gesättigter Dampf.

Führt man einem festen Körper bei sehr niedrigem Druck, z. B. ausgehend vom Punkt G in Abb. 4.1, Wärme zu, so erreicht er im Punkt H die als *Sublimationslinie* bezeichnete Grenzkurve, wo er nicht schmilzt, sondern verdampft. Diesen direkten Übergang von der festen Phase in die Gasphase bezeichnet man als Sublimation. Den rückläufigen Prozeß des Übergangs von der Gasphase zur festen Phase könnte man als Desublimation bezeichnen; er setzt auf der in der Abb. 4.1 mit *Desublimationslinie* gekennzeichneten Grenzkurve ein.

Eine Besonderheit trifft man bei höheren Drücken und Temperaturen an. Führt man z. B. die Zustandsänderung LM aus, so gelangt man von der Flüssigkeit in das Gasgebiet, ohne das Naßdampfgebiet zu durchlaufen. Man beobachtet dabei keine Verdampfung. Umgekehrt gelangt man auf diesem Wege vom Gasgebiet zur Flüssigkeit, ohne eine Kondensation zu bemerken. Gas und Flüssigkeit bilden also ein zusammenhängendes Zustandsgebiet. Diese *Kontinuität der flüssigen und gasförmigen Zustandsbereiche* wurde zuerst von Th. Andrews[1] 1869 erkannt und richtig gedeutet. Taulinie und Siedelinie treffen sich im sog. *kritischen Punkt K*. Die Isotherme und die Isobare, die durch den kritischen Punkt laufen, werden als kritische Isotherme $T = T_k$ und kritische Isobare $p = p_k$ bezeichnet. Die kritische Temperatur T_k, der kritische Druck p_k und das kritische spez. Volumen v_k sind für jeden Stoff charakteristische Größen. Tabellen kritischer Daten findet man in [4.2]. Nur bei Temperaturen unterhalb der kritischen Temperatur ist ein Gleichgewicht zwischen Gasphase und Flüssigkeitsphase möglich. Oberhalb der kritischen Temperatur gibt es keine Grenze zwischen Gas und Flüssigkeit. Verdampfung und Kondensation sind nur bei Temperaturen $T < T_k$ möglich.

Eine ebene Darstellung der p,v,T-Fläche erhält man im p,v-Diagramm, das Abb. 4.2 zeigt. Es entsteht durch Projektion der p,v,T-Fläche auf die p,v-Ebene und enthält die Kurvenschar der Isothermen T = const. Diese fallen im Naßdampfgebiet, im Schmelzgebiet und im Sublimationsgebiet mit den Isobaren zusammen, laufen dort also horizontal.

---

[1] Thomas Andrews (1813–1885) ließ sich nach einem Studium der Chemie und der Medizin als praktischer Arzt in Belfast nieder. Er gab 1845 seine Praxis auf und widmete sich der wissenschaftlichen Arbeit, deren Ergebnisse in den Abhandlungen „On the Continuity of the Gaseous and Liquid States of Matter" (1869) und „On the Gaseous State of Matter" (1876) zusammengefaßt sind. (Deutsche Übersetzung in Ostwalds Klassikern d. exakt. Wissensch. Nr. 132, Leipzig 1902.)

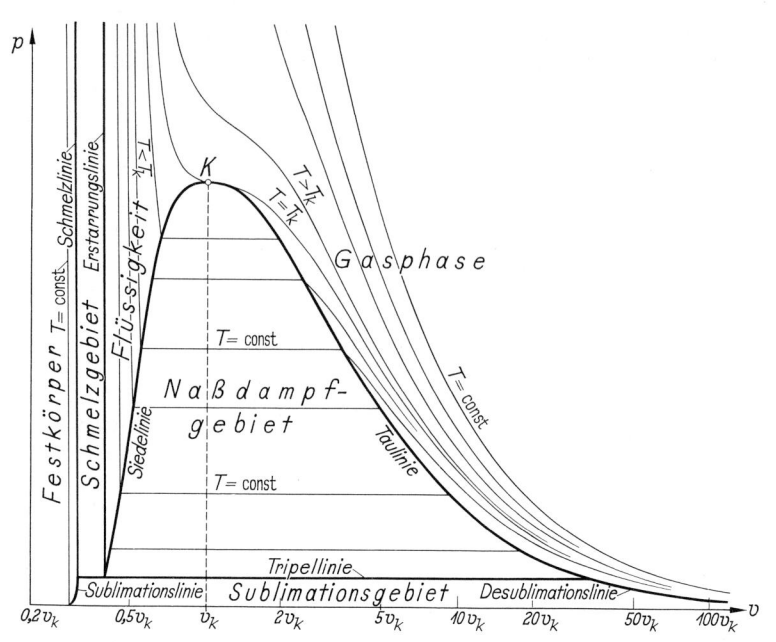

Abb. 4.2. p,v-Diagramm mit Isothermen und den Grenzkurven der Zweiphasengebiete. Das spez. Volumen v ist wie in Abb. 4.1 logarithmisch aufgetragen

4.1.2 Das p,T-Diagramm

Projiziert man die p,v,T-Fläche auf die p,T-Ebene, so entsteht das p,T-Diagramm, Abb. 4.3. Hier können wir wieder die Gebiete des Festkörpers, der Flüssigkeit und des Gases unterscheiden. Sie sind nun durch drei Kurven, die *Schmelzdruckkurve*, die *Dampfdruckkurve* und die *Sublimationsdruckkurve* getrennt. Diese Kurven sind die Projektionen der Raumkurven, die das Schmelzgebiet, das Naßdampfgebiet und das Sublimationsgebiet umschließen. Da innerhalb dieser Gebiete bei konstantem Druck auch die Temperatur konstant ist, fallen die linken und rechten Äste der Raumkurven, z. B. die Siedelinie und die Taulinie, bei der Projektion auf die p,T-Ebene in eine Kurve zusammen. Das ganze Naßdampfgebiet und das ganze Schmelzgebiet schrumpfen im p,T-Diagramm auf die Dampfdruckkurve und die Schmelzdruckkurve zusammen, ebenso das Sublimationsgebiet auf die Sublimationsdruckkurve.

Im p,T-Diagramm, Abb. 4.3, treffen sich die Dampfdruckkurve, die Schmelzdruckkurve und die Sublimationsdruckkurve in einem Punkt, der als *Tripelpunkt* bezeichnet wird. Er entspricht jenem einzigen Zustand, in dem alle drei Phasen Gas, Flüssigkeit und Festkörper miteinander im thermodynamischen Gleichgewicht sind. Bei Wasser ist dieser Zustand durch $T_{tr} = 273{,}16$ K und den sehr kleinen Druck $p_{tr} = 611{,}66$ Pa gekennzeichnet. Die Dampfdruckkurve endet im kritischen Punkt, weil sich hier die Siede- und Taulinie treffen. Bei höheren Temperaturen als der kritischen Temperatur gibt es keine scharf definierte Grenze zwischen der Gasphase und der flüssigen Phase. Man faßt daher Flüssigkeiten und Gase unter der gemeinsamen Bezeichnung Fluide zusammen.

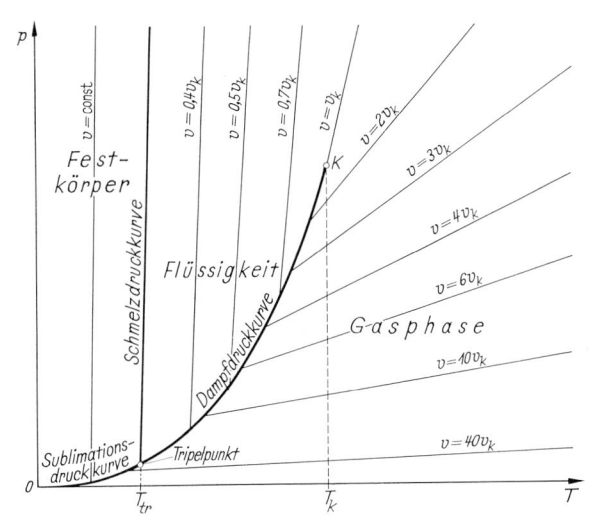

Abb. 4.3. p,T-Diagramm mit Isochoren $v =$ const und den drei Grenzkurven der Phasen

4.1.3 Die Zweiphasengebiete

Im Gebiet des festen, flüssigen und gasförmigen Zustandsbereichs ist ein Stoff homogen, d. h. seine physikalischen Eigenschaften ändern sich innerhalb seines Volumens nicht. Diese Bereiche der Zustandsfläche nennt man die Einphasengebiete. Im Naßdampfgebiet, im Schmelzgebiet und im Sublimationsgebiet besteht der Stoff dagegen aus zwei Phasen, er ist heterogen. Diese Gebiete sind die Zweiphasengebiete der Zustandsfläche.

In den heterogenen Gebieten haben die beiden im thermodynamischen Gleichgewicht stehenden Phasen denselben Druck und dieselbe Temperatur. Ihre spez. Zustandsgrößen, z. B. v, u oder s, sind jedoch verschieden. Ein Zustand in den Zweiphasengebieten ist durch die Angabe von p und T noch nicht festgelegt, denn diese beiden Zustandsgrößen sind gekoppelt: zu jedem Druck gehört eine bestimmte Temperatur. Erst wenn auch die Zusammensetzung des heterogenen Systems, das Mengenverhältnis der beiden Phasen bekannt ist, liegt der Zustand vollständig fest.

Wir wollen nun an Hand der beiden Hauptsätze beweisen, daß zwei Phasen nur dann im thermodynamischen Gleichgewicht sind, wenn sie dieselbe Temperatur und denselben Druck haben. Dazu betrachten wir ein abgeschlossenes System, also einen adiabaten Behälter mit starren Wänden, der zwei Phasen eines Stoffes, z. B. Flüssigkeit und Gas, enthält, Abb. 4.4. Als Gleichgewichtsbedingung für ein solches abgeschlossenes System fanden wir in 3.1.3, daß seine Entropie ein Maximum annimmt unter den Nebenbedingungen konstanter innerer Energie U und konstanten Volumens V:

$$dS = 0 \quad (U = \text{const}, V = \text{const}).$$

Die Entropie S des Zweiphasensystems setzt sich additiv aus den Entropien der beiden Phasen zusammen, deren Zustandsgrößen wir durch einen bzw. zwei Striche unterscheiden:

$$S = S' + S'' = m's'(u', v') + m''s''(u'', v'').$$

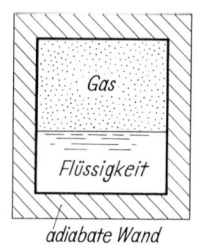

Abb. 4.4. Abgeschlossenes Zweiphasensystem

Die Entropie S ist danach primär eine Funktion von sechs Variablen, nämlich der Masse m', der spez. inneren Energie u', des spez. Volumens v' der einen Phase und der drei entsprechenden Größen der zweiten Phase. Es sind jedoch die Gesamtmasse

$$m = m' + m'',$$

das Gesamtvolumen

$$V = m'v' + m''v''$$

und die innere Energie

$$U = m'u' + m''u''$$

konstant. Infolge dieser drei Bedingungen bestimmen die drei Zustandsgrößen der einen Phase die entsprechenden Zustandsgrößen der zweiten Phase. Die Entropie S des Gesamtsystems hängt somit nur von den drei Variablen m', u' und v' ab. In

$$dS = m' \frac{du' + p'\,dv'}{T'} + s'\,dm' + m'' \frac{du'' + p''\,dv''}{T''} + s''\,dm''$$

ersetzen wir deshalb dm'', du'' und dv'' durch die Differentiale der ersten Phase:

$$dm'' = -dm',$$

$$du'' = (u'' - u')\frac{dm'}{m''} - \frac{m'}{m''}du'$$

und

$$dv'' = (v'' - v')\frac{dm'}{m''} - \frac{m'}{m''}dv'.$$

Wir erhalten dann

$$dS = m'\left(\frac{1}{T'} - \frac{1}{T''}\right)du' + m'\left(\frac{p'}{T'} - \frac{p''}{T''}\right)dv'$$
$$+ \frac{1}{T'}\left[u'' - u' + p''(v'' - v') - T''(s'' - s')\right]dm'.$$

Im Gleichgewicht muß nun dS verschwinden. Da du', dv' und dm' die Differentiale voneinander unabhängiger Variablen sind, müssen die drei Klammern jede für sich den Wert null haben. Damit erhalten wir als Bedingungen für das Zweiphasengleichgewicht

$$T' = T'' = T,$$
$$p' = p'' = p$$

und

$$u'' + pv'' - Ts'' = u' + pv' - Ts'. \tag{4.1}$$

4.1 Die thermischen Zustandsgrößen

Zwei Phasen können also nur dann miteinander im Gleichgewicht stehen (koexistieren), wenn sie dieselbe Temperatur und denselben Druck haben. Außerdem müssen ihre spez. freien Enthalpien oder Gibbs-Funktionen

$$g := u + pv - Ts = h - Ts,$$

vgl. 3.2.2, übereinstimmen:

$$g'(T, p) = g''(T, p). \tag{4.2}$$

Die letzte Bedingung $g' = g''$ lehrt, daß zwei Phasen nur bei bestimmten Wertepaaren (p, T) koexistieren können. Aus (4.2) kann man die Gleichungen

$$p = p(T)$$

für die Gleichgewichtskurven, also für die Dampfdruckkurve, die Schmelzdruckkurve oder die Sublimationsdruckkurve bestimmen. Praktisch ist dies jedoch nur selten möglich, weil man bisher nur in Ausnahmefällen die freie Enthalpie g als Funktion von p und T berechnen kann. Die Gleichgewichtskurven werden deshalb durch Messung des Drucks in Abhängigkeit von der Temperatur experimentell ermittelt. Den Dampfdruck kann man auch allein aus der thermischen Zustandsgleichung berechnen, worauf wir in 4.1.5 eingehen.

Wir erhalten einen allgemein gültigen Ausdruck für die Steigung dp/dT der Gleichgewichtskurven, wenn wir das Differential von (4.2) bilden:

$$dg'(T, p) = dg''(T, p). \tag{4.3}$$

Nach Tabelle 3.2 gilt

$$dg = -s\, dT + v\, dp$$

und damit folgt aus (4.3)

$$-s'\, dT + v'\, dp = -s''\, dT + v''\, dp.$$

Das ergibt die gesuchte Beziehung

$$\frac{dp}{dT} = \frac{s'' - s'}{v'' - v'}$$

für die Steigung der Gleichgewichtskurve. Sie ist als Gleichung von Clausius-Clapeyron[2] bekannt und kann auf jedes der drei Phasengleichgewichte angewendet werden.

Für das Verdampfungsgleichgewicht bedeutet dp/dT die Steigung der Dampfdruckkurve; auf der rechten Seite der Gleichung steht im Zähler die Differenz der spez. Entropien des gesättigten Dampfes und der siedenden Flüssigkeit, im Nenner finden wir die entsprechende Differenz der spez. Volumina. Anstelle der Entropiedifferenz $s'' - s'$ führt man die meßbare Enthalpiedifferenz $h'' - h'$ ein. Aus (4.1) folgt

$$h'' - h' = T(s'' - s'),$$

und damit ergibt sich

$$T\frac{dp}{dT} = \frac{h'' - h'}{v'' - v'}$$

---

[2] Benoit Pierre Emile Clapeyron (1799–1864) war Professor für Mechanik in Paris. Er veröffentlichte 1834 eine analytische und graphische Darstellung der Untersuchungen von Carnot.

als meistens angewandte Form der Gleichung von Clausius-Clapeyron. Wir werden aus ihr in 4.2.2 eine Näherungsgleichung für den Dampfdruck herleiten.

4.1.4 Die thermische Zustandsgleichung für Fluide

Für eine fluide Phase (Gas oder Flüssigkeit) beschreibt die thermische Zustandsgleichung $p = p(T,v)$ den Zusammenhang zwischen den drei thermischen Zustandsgrößen. Diese Funktion ist sehr verwickelt und nur für wenige Fluide hinreichend genau bekannt.

Ist der Druck sehr niedrig, so erhält man für die Gasphase als Grenzgesetz $(p \to 0)$ die einfache Zustandsgleichung der idealen Gase

$$pv = RT, \tag{4.4}$$

vgl. 1.4.5. Wirkliche oder reale Gase weichen jedoch bei höheren Drücken von (4.4) beträchtlich ab. Dies erkennen wir aus Abb. 4.5, in der das Produkt pv für konstante Werte von T über dem Druck p aufgetragen ist. Nach (4.4) müßten alle Isothermen horizontale Geraden sein. Dies ist keineswegs der Fall. Nur die Iso-

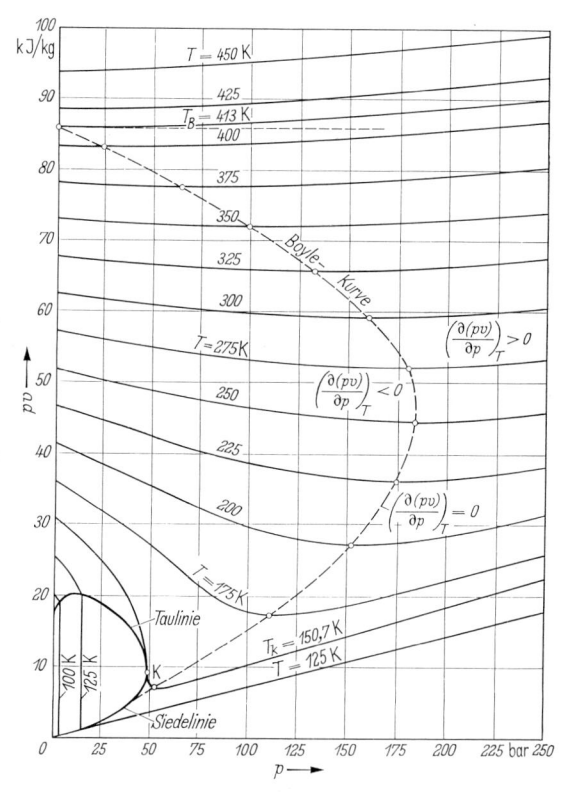

Abb. 4.5. pv, p-Diagramm für Argon. Die Minima der Isothermen liegen auf der Boyle-Kurve

4.1 Die thermischen Zustandsgrößen

therme, die zur Boyle-Temperatur T_B gehört, verläuft von der Ordinatenachse aus noch ein Stück weit horizontal. Für sie gilt

$$\left[\frac{\partial(pv)}{\partial p}\right]_T = 0 \quad \text{für} \quad p = 0 \,.$$

Das sogenannte Gesetz von R. Boyle[3], nach dem auf einer Isotherme $pv = \text{const}$ ist, gilt also bei $T = T_B$ näherungsweise auch bei höheren Drücken. Die Isothermen mit $T > T_B$ steigen mit wachsendem Druck an, die Isothermen mit $T < T_B$ sinken an der Ordinatenachse zunächst ab.

Die Abweichungen von der Zustandsgleichung idealer Gase erfaßt die Gleichung

$$Z := \frac{pv}{RT} = \frac{pV_m}{R_m T} = 1 + \frac{B(T)}{V_m} + \frac{C(T)}{V_m^2} + \ldots$$

Man nennt sie die Virialform der thermischen Zustandsgleichung und bezeichnet Z als den Realgasfaktor, denn seine Abweichung vom Grenzwert $Z = 1$ (für $V_m \to \infty$) kennzeichnet die Abweichung des realen Gases von der Zustandsgleichung idealer Gase. Die Temperaturfunktionen $B(T)$, $C(T)$, ... bezeichnet man als 2., 3., ... Virialkoeffizienten. Die Virialzustandsgleichung läßt sich theoretisch begründen. Die Virialkoeffizienten bringen die zwischenmolekularen Kräfte zum Ausdruck, wobei $B(T)$ die Wechselwirkungen zwischen Molekülpaaren, $C(T)$ die zwischen Dreiergruppen von Molekülen usw. erfaßt, vgl. [4.3]. Werte der Virialkoeffizienten zahlreicher Gase haben J. H. Dymond und E. B. Smith [4.4] zusammengestellt.

Neben der Virialform der Zustandsgleichung, die nur bei nicht zu hohen Dichten praktisch brauchbar ist, sind zahlreiche Zustandsgleichungen für reale Gase vorgeschlagen worden. Sie gelten nur in begrenzten Zustandsbereichen und können je nach der Zahl der in ihnen auftretenden Konstanten das Verhalten eines realen Gases mit mehr oder weniger großer Genauigkeit wiedergeben. Diese zahlreichen Gleichungen sollen hier nicht erörtert werden, vgl. [4.5]. Sie zeigen, daß es nicht möglich ist, einen größeren Zustandsbereich mit einer einfachen Gleichung genau darzustellen. Für technisch wichtige Stoffe, z. B. für Wasserdampf [4.6], Luft [4.7], Ammoniak [4.8], Sauerstoff [4.9] und Stickstoff [4.10] hat man recht verwickelte Zustandsgleichungen aufgestellt, mit ihnen die Zustandsgrößen in weiten Temperatur- und Druckbereichen berechnet und in Tafeln [4.11] zusammengestellt. Im nächsten Abschnitt behandeln wir ein Verfahren, wie man mit einer relativ einfachen thermischen Zustandsgleichung das Verhalten von Fluiden näherungsweise erfassen kann.

Man hat auch Zustandsgleichungen entwickelt, die nur für Flüssigkeiten gültig sind. Bei niedrigen Drücken kann man Flüssigkeiten als inkompressibel ansehen, ihr spezifisches Volumen also als konstant annehmen:

$$v = v_0 \,.$$

An Stelle dieser groben Näherung benutzt man häufig den in T und p linearen Ansatz

$$v(T, p) = v_0[1 + \beta_0(T - T_0) - \varkappa_0(p - p_0)] \,.$$

---

[3] Robert Boyle (1627–1691) war ein englischer Physiker und Chemiker. Er gehörte zu den Stiftern der Royal Society in London.

Hierin sind β_0 und $\varkappa_0$ die Werte des Volumen-Ausdehnungskoeffizienten

$$\beta = \frac{1}{v}\left(\frac{\partial v}{\partial T}\right)_p$$

bzw. des isothermen Kompressibilitätskoeffizienten

$$\varkappa = -\frac{1}{v}\left(\frac{\partial v}{\partial p}\right)_T$$

bei dem durch den Index 0 gekennzeichneten Bezugszustand. Werte von β und $\varkappa$ findet man z. B. in den Tabellen des Landolt-Börnstein [4.12].

Beispiel 4.1. Ein Behälter mit konstantem Volumen enthält flüssiges Benzol bei der Temperatur $t_0 = 20\ °C$ und dem Druck $p_0 = 1{,}0$ bar. Das Benzol wird bei konstantem Volumen auf $t_1 = 30\ °C$ erwärmt. Man schätze die dabei auftretende Drucksteigerung ab, wenn gegeben sind $\beta_0 = 1{,}23 \cdot 10^{-3}\ K^{-1}$, $\varkappa_0 = 95 \cdot 10^{-6}\ bar^{-1}$.

Für die gesuchte Druckänderung bei konstantem Volumen erhalten wir aus

$$v(T,p) = v_0[1 + \beta_0(T - T_0) - \varkappa_0(p - p_0)]$$

mit

$$v(T_1, p_1) = v(T_0, p_0) = v_0$$

$$p_1 - p_0 = \frac{\beta_0}{\varkappa_0}(T_1 - T_0) = \frac{1{,}23 \cdot 10^{-3}\ bar}{95 \cdot 10^{-6}\ K}(30 - 20)\ K = 129\ bar\ .$$

Der Druck einer Flüssigkeit steigt also sehr rasch an, wenn sie bei konstantem Volumen erwärmt wird. Dies muß bei der Lagerung und beim Transport von Flüssigkeiten in Druckbehältern beachtet werden, wo man durch nicht vollständiges Füllen des Behälters die gefährliche Bedingung $v = $ const vermeiden kann.

4.1.5 Das Theorem der korrespondierenden Zustände. Generalisierte Zustandsgleichungen

Bei geringen Genauigkeitsansprüchen bietet das auf van der Waals[4] zurückgehende Theorem der korrespondierenden Zustände, auch kurz Korrespondenzprinzip genannt, eine Möglichkeit, die thermischen Zustandsgrößen auch experimentell noch wenig erforschter Stoffe wenigstens näherungsweise zu ermitteln. Als korrespondierende Zustände verschiedener Stoffe bezeichnet man solche, die übereinstimmende Werte von T/T_k und v/v_k haben, wobei T_k und v_k Daten des jeweiligen kritischen Zustands sind[5]. Macht man auch den Druck durch Division mit seinem Wert p_k im kritischen Zustand dimensionslos, so soll nach dem Theorem der korrespondierenden Zustände für alle Stoffe dieselbe Zustands-

---

[4] Johann Diderik van der Waals (1837—1923) war ein holländischer Physiker. In seiner 1873 veröffentlichten Dissertation: „Over de continuiteit van den gas en vloeistof toestand" gab er eine Zustandsgleichung an, die erstmals das Verhalten von Fluiden qualitativ richtig darstellte.

[5] Aus praktischen Erwägungen, weil nämlich v_k nur sehr ungenau bekannt ist, betrachtet man als übereinstimmende Zustände verschiedener Fluide auch solche mit gleichen Werten von T/T_k und p/p_k.

gleichung

$$\frac{p}{p_k} = f\left(\frac{T}{T_k}, \frac{v}{v_k}\right)$$

gelten, deren Konstanten universell gültige Werte haben. Diese Erwartung hat sich nicht bestätigt; es ist jedoch gelungen, das Korrespondenzprinzip durch Einführen nur eines von Stoff zu Stoff veränderlichen Parameters so zu erweitern, daß die Aussage des ursprünglichen Theorems der korrespondierenden Zustände in guter Näherung zutrifft. Das durch einen stoffspezifischen Parameter erweiterte Korrespondenzprinzip ist zu einem praktisch brauchbaren Verfahren ausgestaltet worden, mit dessen Hilfe man aus wenigen experimentell bestimmten Daten eines Stoffes seine Zustandsgrößen mit einer Abweichung von wenigen Prozent berechnen kann, vgl. [4.13].

Um das erweiterte Theorem der korrespondierenden Zustände praktisch anzuwenden, bevorzugt man eine besondere Gruppe von Zustandsgleichungen, die sogenannten kubischen Zustandsgleichungen. Eine solche sehr einfache, aber quantitativ unzureichende Zustandsgleichung hatte schon van der Waals 1873 angegeben. Von den zahlreichen kubischen Zustandsgleichungen, die danach vorgeschlagen wurden, greifen wir als Beispiel die praktisch bewährte Gleichung von Redlich-Kwong [4.14], vgl. auch [4.15], heraus, die wir in der von G. Soave [4.16] modifizierten Form der weiteren Betrachtung zugrunde legen, vgl. auch [4.17]. Sie lautet

$$p = \frac{RT}{v-b} - \frac{a_k \alpha(T)}{v(v+b)} \tag{4.5}$$

und enthält neben der Gaskonstante R die Konstanten a_k und b, das sogenannte Kovolumen. Die zunächst noch nicht festgelegte Temperaturfunktion $\alpha(T)$ möge der Bedingung $\alpha(T_k) = 1$ genügen, so daß a_k als Wert von α am kritischen Punkt angesehen werden kann. Zur Bestimmung von a_k und b beachten wir, daß im p,v-Diagramm, vgl. Abb. 4.2, die kritische Isotherme $T = T_k$ im kritischen Punkt K einen Wendepunkt mit horizontaler Tangente besitzt. Für $T = T_k$ und $v = v_k$ muß also

$$\left(\frac{\partial p}{\partial v}\right)_T = 0 \quad \text{und} \quad \left(\frac{\partial^2 p}{\partial v^2}\right)_T = 0$$

sowie

$$p_k = p(T_k, v_k)$$

gelten. Aus diesen drei Bedingungen erhält man für die Gleichung von Redlich-Kwong das kritische Volumen

$$v_k = \frac{1}{3} RT_k/p_k$$

und die beiden Konstanten

$$a_k = \frac{1}{9} \frac{R^2 T_k^2}{b_r p_k} = \frac{v_k^2}{b_r} p_k ,$$

$$b = \frac{1}{3} b_r RT_k/p_k = b_r v_k$$

mit
$$b_r = 2^{1/3} - 1 = 0{,}2599 \,.$$

Kennt man T_k und p_k, so liegen das kritische Volumen v_k und die Konstanten a_k und b fest.

Mit diesen Werten läßt sich (4.5) in dimensionsloser Form als

$$p_r = \frac{3T_r}{v_r - b_r} - \frac{\alpha(T_r)}{b_r v_r (v_r + b_r)} \qquad (4.6)$$

schreiben unter Verwendung der „reduzierten" Zustandsgrößen

$$p_r := p/p_k \,, \qquad T_r := T/T_k \quad \text{und} \quad v_r := v/v_k \,.$$

Die reduzierte Zustandsgleichung enthält nur universelle Konstanten, sofern man auch für $\alpha(T_r)$ eine universelle, d. h. für alle Stoffe gleiche Temperaturfunktion ansetzt. Hierfür hatten Redlich und Kwong 1949

$$\alpha(T_r) = T_r^{-1/2}$$

vorgeschlagen. Gleichung (4.6) ist dann Ausdruck des ursprünglichen Korrespondenzprinzips: Die mit den Daten des kritischen Zustands „reduzierte", d. h. dimensionslos gemachte Zustandsgleichung ist für alle Stoffe gleich.

Da dieses einfache Korrespondenzprinzip nicht zutrifft und die ursprüngliche Zustandsgleichung von Redlich-Kwong erhebliche Abweichungen vom wirklichen Verhalten der Fluide zeigt, führt man im Sinne eines erweiterten Korrespondenzprinzips einen zusätzlichen stoffspezifischen Parameter ein, um eine bessere Wiedergabe des tatsächlichen Zustandsverhaltens zu erzielen. Hierfür hat sich der von K. S. Pitzer [4.18] vorgeschlagene „azentrische Faktor"

$$\omega := -\lg [p_s(T_r = 0{,}7)/p_k] - 1$$

als brauchbar erwiesen. Darin bedeutet $p_s(T_r = 0{,}7)$ den Dampfdruck des betreffenden Stoffes bei der reduzierten Temperatur $T_r = 0{,}7$. Dieser Wert und damit auch ω ist relativ leicht aus wenigen gemessenen Dampfdrücken zu bestimmen. Werte von ω sind beispielsweise in [4.2] vertafelt. G. Soave hat den stoffspezifischen Parameter ω in die Temperaturfunktion $\alpha(T_r)$ eingeführt und durch Anpassung der Zustandsgleichung an verschiedene Stoffe

$$\alpha(T_r, \omega) = [1 + (0{,}480 + 1{,}574\,\omega - 0{,}176\,\omega^2)\,(1 - \sqrt{T_r})]^2 \qquad (4.7)$$

gefunden. Ersetzt man in (4.6) $\alpha(T_r)$ durch $\alpha(T_r, \omega)$, so bringt diese Gleichung das erweiterte Korrespondenzprinzip zum Ausdruck. Sie gibt das Verhalten zahlreicher Stoffe recht genau wieder. Nur im Gebiet der Flüssigkeit zeigen sich größere Fehler; hier weicht das für gegebene Werte von T und p berechnete spez. Volumen um mehr als 10% von den Meßwerten ab.

Die Gleichung von Redlich-Kwong-Soave (RKS-Gleichung) ist ein Beispiel einer generalisierten Zustandsgleichung. Sie gilt nicht nur für einen Stoff (individuelle Zustandsgleichung), sondern auch für eine große Zahl von Stoffen. Um sie anzuwenden, benötigt man von einem Fluid neben seiner Gaskonstante nur drei charakteristische Daten: T_k, p_k und ω. Diese drei Größen genügen, um das thermische Verhalten des Fluids mit meist ausreichender Genauigkeit vorauszuberechnen. Ein weiterer rechentechnischer Vorteil der Gleichung besteht darin, daß sich das spez. Volumen für gegebene Werte von p und T explizit, d. h. ohne Iterationen berechnen läßt. Aus (4.6) erhält man nämlich die in v_r kubische Gleichung

$$v_r^3 - 3\frac{T_r}{p_r}v_r^2 + \left[\frac{\alpha(T_r, \omega) - 3T_r b_r^2}{b_r p_r} - b_r^2\right] v_r - \frac{\alpha(T_r, \omega)}{p_r} = 0 \,, \qquad (4.8)$$

4.1 Die thermischen Zustandsgrößen 165

deren drei Wurzeln sich nach bekannten Formeln der Algebra als geschlossene Ausdrücke angeben lassen, vgl. [4.19, 4.20]. Diese vorteilhafte Eigenschaft besitzen alle kubischen Zustandsgleichungen, deren Bezeichnung daher kommt, daß sie sich analog zu (4.8) als eine im spez. Volumen algebraische Gleichung 3. Grades schreiben lassen.

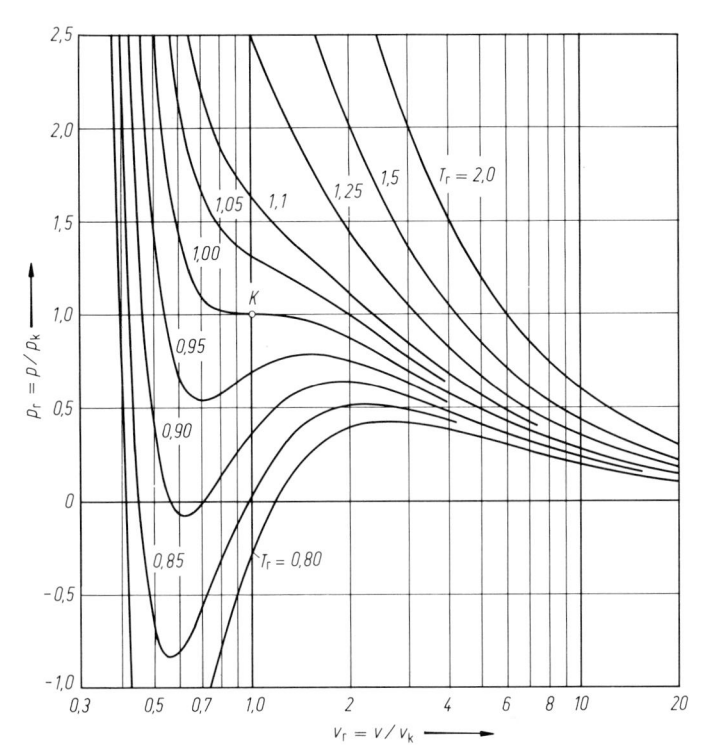

Abb. 4.6. Isothermen der Zustandsgleichung von Redlich-Kwong-Soave im p_r,v_r-Diagramm;
$$T_r = T/T_k$$

Das Isothermennetz, das sich aus der RKS-Gleichung ergibt, ist in Abb. 4.6 dargestellt. Wie ein Vergleich mit Abb. 4.2 zeigt, stimmt der Verlauf der überkritischen Isothermen, $T > T_k$ bzw. $T_r > 1$, mit dem Isothermenverlauf eines realen Fluids überein. Die Gestalt der unterkritischen Isothermen, $T < T_k$ bzw. $T_r < 1$, unterscheidet sich jedoch auch qualitativ vom Isothermenverlauf realer Fluide. Nach Abb. 4.2 bestehen die unterkritischen Isothermen wirklicher Fluide aus drei Abschnitten, dem steilen Flüssigkeitsast, dem waagerechten Abschnitt im Naßdampfgebiet und dem sich daran anschließenden Gasast. Die Zustandsgleichung (4.6) kann die beiden Knicke der Isothermen an der Siede- und Taulinie und auch das dem Naßdampfgebiet entsprechende horizontale Stück nicht liefern. Statt dessen zeigen die Isothermen ein ausgeprägtes Minimum und ein Maximum zwischen dem Flüssigkeits- und Gasgebiet. Aus diesem Isothermenverlauf kann man jedoch die Grenzen des Naßdampfgebiets, also die spez. Volumina $v'(T)$ und $v''(T)$, und den Dampfdruck $p_s(T)$ berechnen, wenn man die in 4.1.3 hergeleiteten Bedingungen für das Zweiphasengleichgewicht anwendet.

Für das Phasengleichgewicht zwischen Flüssigkeit und Dampf gilt nach (4.1)
$$u'' + pv'' - Ts'' = u' + pv' - Ts';$$
es wird also
$$p_s(v'' - v') = (u - Ts)' - (u - Ts)'' = f(T, v') - f(T, v''),$$
wobei $p_s = p_s(T)$ den zur Temperatur T gehörigen Dampfdruck und $f = f(T, v)$ die Helmholtz-Funktion bedeutet, vgl. 3.2.2. Die Differenz der Helmholtz-Funktionen der siedenden Flüssigkeit und des gesättigten Dampfes läßt sich aus der thermischen Zustandsgleichung $p = p(T, v)$ berechnen. Für das Differential von f gilt nämlich nach Tabelle 3.2
$$df = -p\,dv - s\,dT.$$
Bei konstanter Temperatur ($dT = 0$) wird
$$df = -p(T, v)\,dv,$$
und die Integration dieser Gleichung zwischen v' und v'' liefert das gewünschte Ergebnis
$$p_s(T)(v'' - v') = \int_{v'}^{v''} p(T, v)\,dv. \tag{4.9}$$

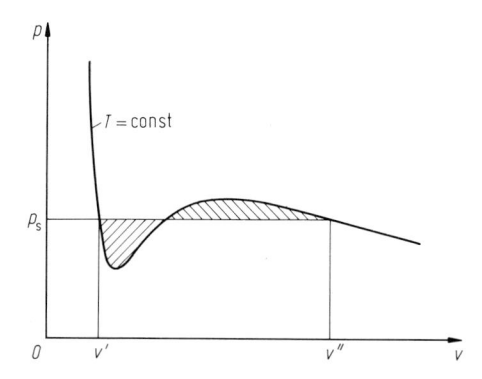

Abb. 4.7. Zur Veranschaulichung des Maxwell-Kriteriums (4.9)

Diese thermodynamisch exakte Beziehung hat zuerst J. C. Maxwell[6] 1875 angegeben; sie wird auch als Maxwell-Kriterium bezeichnet. Sie bedeutet geometrisch: Man findet den zu einer unterkritischen Temperatur gehörigen Dampfdruck $p_s(T)$ dadurch, daß man die beiden in Abb. 4.7 schraffierten Flächenstücke gleich groß macht. Diese Konstruktion bestimmt gleichzeitig die beiden Grenzvolumina $v'(T)$ und $v''(T)$. Ist die Zustandsgleichung $p = p(T, v)$ bekannt, so lassen sich mit Hilfe des Maxwell-Kriteriums die drei Sättigungsgrößen p_s, v' und v'' für jede unterkritische Temperatur berechnen. Das hierbei anzuwendende Verfahren erläutern wir an Hand der Zustandsgleichung von Redlich-Kwong-Soave im folgenden Beispiel.

---

[6] James Clerk Maxwell (1831–1879), schottischer Physiker, veröffentlichte seine erste wissenschaftliche Arbeit im Alter von 15 Jahren in den Transactions of the Royal Society of Edinburgh. Er war Professor in Aberdeen, London und Cambridge. Neben Arbeiten über kinetische Gastheorie (Maxwellscher Dämon) veröffentlichte er mehrere Aufsätze über thermodynamische Probleme und ein Lehrbuch (Theory of Heat, Longmans, Green and Co. London 1871), das mehrere Auflagen erlebte. Er wurde weltberühmt durch die Aufstellung der nach ihm benannten Gleichungen des elektromagnetischen Feldes, die die theoretische Grundlage der elektrischen Nachrichtentechnik bilden.

4.1 Die thermischen Zustandsgrößen   167

Beispiel 4.2. Als normale Siedetemperatur eines Stoffes wird die zum Druck von 1 atm = 101,325 kPa gehörige Siedetemperatur bezeichnet. Sie hat für Methan nach [4.21] den Wert $T_{ns} = 111{,}63$ K. Man prüfe, wie genau der mit der Zustandsgleichung von Redlich-Kwong-Soave für $T = T_{ns}$ berechnete Dampfdruck mit dem Druck von 1 atm übereinstimmt.

Um die RKS-Gleichung auszuwerten, benötigt man nur die drei folgenden Daten für Methan: die kritische Temperatur $T_k = 190{,}56$ K, den kritischen Druck $p_k = 4595$ kPa und den azentrischen Faktor $\omega = 0{,}0105$. Die reduzierte Temperatur des normalen Siedepunkts ist

$$T_r = T_{ns}/T_k = 0{,}58580\ .$$

Für diese Temperatur erhalten wir aus (4.7) $\alpha(T_r, \omega) = 1{,}24658$. Damit ergibt sich die Isothermengleichung

$$p_r = \frac{1{,}75740}{v_r - b_r} - \frac{1{,}24658}{b_r v_r (v_r + b_r)}$$

mit $b_r = 0{,}25992$, aus der wir den Dampfdruck nach dem Maxwell-Kriterium berechnen wollen.

Hierzu stehen uns zwei Gleichungen zur Verfügung: die Isothermengleichung, die wir als kubische Gleichung

$$v_r^3 - \frac{1{,}75740}{p_r} v_r^2 + \left(\frac{4{,}33920}{p_r} - 0{,}067559\right) v_r - \frac{1{,}24658}{p_r} = 0$$

schreiben, und das Maxwell-Kriterium

$$p_{rs} = \frac{1}{v_r'' - v_r'} \int_{v_r'}^{v_r''} p_r(v_r, T_r)\, dv_r$$

$$= \frac{1}{v_r'' - v_r'} \left[3T_r \ln \frac{v_r'' - b_r}{v_r' - b_r} - \frac{\alpha}{b_r^2} \ln \left(\frac{v_r''}{v_r'} \frac{v_r' + b_r}{v_r'' + b_r}\right)\right]\ .$$

Wir wählen einen Schätzwert für den reduzierten Dampfdruck $p_r = p_{rs}$ und bestimmen Näherungswerte für v_r' und v_r'' als kleinste bzw. größte (reelle) Wurzel der kubischen Gleichung. Mit diesen Werten erhalten wir aus dem Maxwell-Kriterium einen verbesserten Wert für den reduzierten Dampfdruck. Für ihn lösen wir erneut die kubische Gleichung; ihre Lösungen v_r' und v_r'' ergeben aus dem Maxwell-Kriterium einen neuen Dampfdruckwert. Dieses Iterationsverfahren entspricht dem bekannten Newton-Verfahren für die Bestimmung von p_{rs} aus dem Maxwell-Kriterium, was wir hier nicht beweisen wollen. Es konvergiert daher sehr rasch.

Um die gute Konvergenz zu zeigen, wählen wir absichtlich einen falsch liegenden Startwert $p_r = p_{rs} = 0{,}033$, entsprechend $p_s = 152$ kPa. Tabelle 4.1 zeigt die Ergebnisse der fünf Itera-

Tabelle 4.1. Iterative Berechnung des Dampfdrucks aus der RKS-Gleichung unter Benutzung des Maxwell-Kriteriums

Iterations-schritt	p_{rs}	v_r'	v_r''
1	0,033000	0,33175	50,676
2	0,018600	0,33181	91,953
3	0,021232	0,33180	80,235
4	0,021433	0,33180	79,457
5	0,021434	0,33180	79,453

tionsschritte. Mit den Werten für v'_r und v''_r des fünften Schritts erhält man aus dem Maxwell-Kriterium einen sechsten Wert für p_{rs}, der mit dem in Tabelle 4.1 zuletzt angegebenen übereinstimmt. Somit erhalten wir aus der RKS-Gleichung den Dampfdruck

$$p_s = p_{rs} \cdot p_k = 0{,}021434 \cdot 4595 \text{ kPa} = 98{,}49 \text{ kPa} \text{ ;}$$

er ist um 2,80% kleiner als 101,325 kPa. Angesichts des einfachen Aufbaus der RKS-Zustandsgleichung, in die nur die drei Werte T_k, p_k und ω für Methan eingehen, ist dieses Ergebnis durchaus befriedigend.

4.2 Das Naßdampfgebiet

Von den Zweiphasengebieten der Zustandsfläche hat das Naßdampfgebiet die größte technische Bedeutung, weil zahlreiche technische Prozesse im Naßdampfgebiet verlaufen, z. B. die Kondensation des Wasserdampfes im Kondensator einer Dampfkraftanlage. Die folgenden Überlegungen gelten jedoch sinngemäß auch für das Schmelzgebiet und für das Sublimationsgebiet.

4.2.1 Nasser Dampf

Nasser Dampf ist ein Gemisch aus siedender Flüssigkeit und gesättigtem Dampf (Gas), die miteinander im thermodynamischen Gleichgewicht stehen, also denselben Druck und dieselbe Temperatur haben. Als siedende Flüssigkeit bezeichnen wir die Flüssigkeit in den Zuständen auf der Siedelinie, vgl. Abb. 4.1. Unter gesättigtem Dampf verstehen wir ein Gas in einem Zustand auf der Taulinie.

Wir betrachten als Beispiel die Verdampfung von Wasser unter dem konstanten Druck von 1 bar. Bei Umgebungstemperatur ist das Wasser in der flüssigen Phase, es hat ein bestimmtes spez. Volumen v_1, Zustand 1 in Abb. 4.8. Erwärmen wir das Wasser, so steigt seine Temperatur, und sein spez. Volumen vergrößert sich. Im Zustand 2 mit der Temperatur von 99,6 °C bildet sich die erste Dampf-

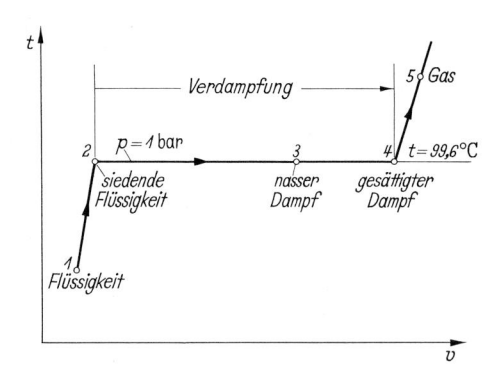

Abb. 4.8. Zustandsänderung beim Erwärmen und Verdampfen von Wasser unter dem konstanten Druck $p = 1$ bar. Die Abbildung ist nicht maßstäblich; das spez. Volumen des gesättigten Wasserdampfes bei 1 bar ist 1625mal größer als das spez. Volumen der siedenden Flüssigkeit!

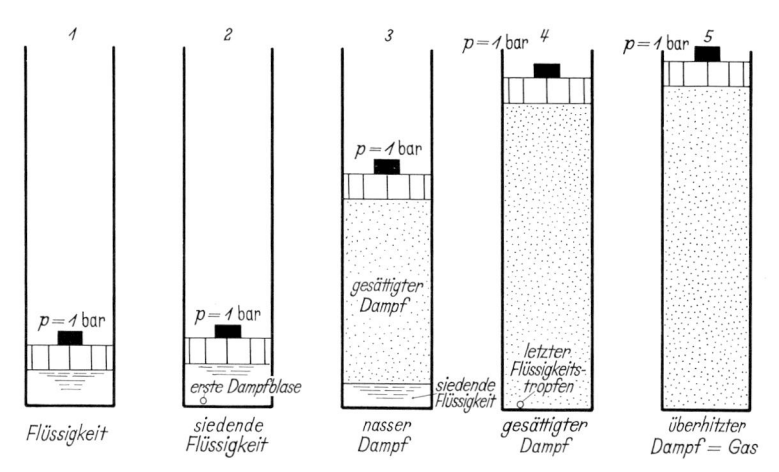

Abb. 4.9. Schematische Darstellung des Verdampfungsvorgangs bei konstantem Druck. Die Zustände 1 bis 5 entsprechen den Zuständen 1 bis 5 in Abb. 4.8

blase; das Wasser hat den Siedezustand erreicht, vgl. Abb. 4.9. Die Temperatur $t_2 = 99{,}6\ °C$ ist die zum Druck 1 bar gehörende Siedetemperatur des Wassers. Bei weiterer Wärmezufuhr bildet sich mehr Dampf, das spez. Volumen des nassen Dampfes vergrößert sich, aber die Temperatur bleibt während des isobaren Verdampfungsvorgangs konstant. Schließlich verdampft der letzte Flüssigkeitstropfen, und wir haben im Zustand 4 gesättigten Dampf. Im Zustand 3 und ebenso in allen anderen Zwischenzuständen zwischen 2 und 4 besteht der Naßdampf aus siedender Flüssigkeit (Zustand 2) und gesättigtem Dampf (Zustand 4). Er ist ein Gemisch aus zwei Phasen. Infolge der Schwerkraft bildet sich ein Spiegel aus, der die siedende Flüssigkeit vom darüber liegenden leichteren gesättigten Dampf trennt. Erwärmen wir den gesättigten Dampf vom Zustand 4 aus weiter, so steigt seine Temperatur an, und auch sein Volumen vergrößert sich. Man spricht dann von überhitztem Dampf; dies ist aber nur eine andere Benennung der Gasphase.

Die hier beschriebene Verdampfung können wir bei verschiedenen Drücken wiederholen. Man beobachtet stets die gleichen Erscheinungen, solange der Druck zwischen dem Druck des Tripelpunkts und dem Druck des kritischen Punkts liegt. Bei höheren Drücken läßt sich eine Verdampfung mit dem gleichzeitigen Auftreten zweier Phasen nicht mehr beobachten. Flüssigkeits- und Gasgebiet gehen kontinuierlich ineinander über. Oberhalb des kritischen Punkts gibt es keine sinnvolle Grenze zwischen Gas und Flüssigkeit.

4.2.2 Dampfdruck und Siedetemperatur

Bei der Verdampfung unter konstantem Druck bleibt die Temperatur konstant. Zu jedem Druck gehört eine bestimmte Siedetemperatur, und umgekehrt gehört zu jeder Temperatur ein bestimmter Druck, bei dem die Flüssigkeit verdampft. Diesen Druck nennt man den *Dampfdruck* der Flüssigkeit; den Zusammenhang zwischen Dampfdruck (Sättigungsdruck) und der dazugehörigen Siede- oder

Sättigungstemperatur gibt die Gleichung der Dampfdruckkurve

$$p_s = p_s(T).$$

Bei gegebener Temperatur kann nasser Dampf nur bei $p = p_s$ existieren. Ist $p > p_s$, so ist das Fluid flüssig, bei $p < p_s$ gasförmig.

Die Dampfdruckkurve erscheint im p,T-Diagramm als Projektion der räumlichen Grenzkurven des Naßdampfgebiets. Sie läuft vom Tripelpunkt bis zum kritischen Punkt. Jeder Stoff besitzt eine ihm eigentümliche Dampfdruckkurve, die im allgemeinen durch Messungen bestimmt werden muß. Abbildung 4.10 zeigt Dampfdruckkurven verschiedener Stoffe. Der Dampfdruck steigt bei allen Stoffen sehr rasch mit der Temperatur an. In 4.1.5 wurde gezeigt, wie man den Dampfdruck und die spez. Volumina v' und v'' aus einer thermischen Zustandsgleichung bestimmen kann, die zugleich für die Flüssigkeit und das Gasgebiet gilt. Relativ einfache Dampfdruckgleichungen, die Meßwerte des Dampfdrucks außerordentlich genau wiedergeben können, hat W. Wagner entwickelt [4.22], vgl. hierzu auch [4.23, 4.24].

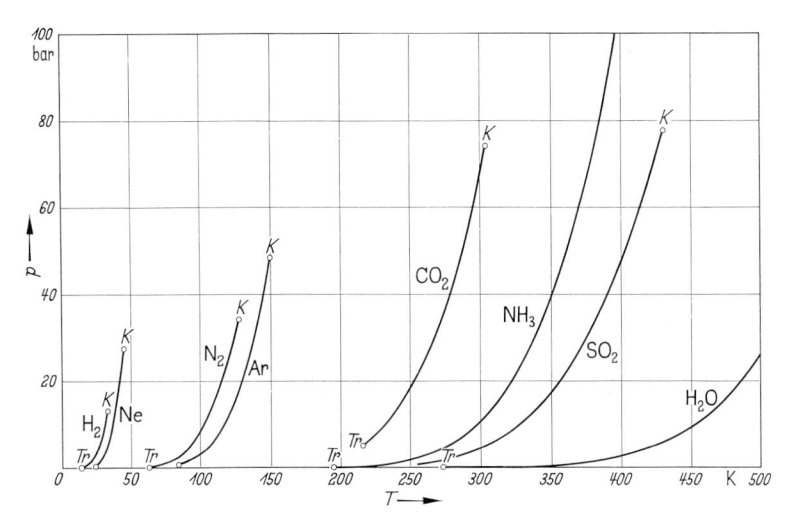

Abb. 4.10. Dampfdruckkurven verschiedener Stoffe im p,T-Diagramm. K kritischer Punkt, Tr Tripelpunkt

Aus der Gleichung von Clausius-Clapeyron (vgl. Abschn. 4.1.3) kann man eine einfache *Näherungsgleichung zur Berechnung des Dampfdrucks* gewinnen, wenn man verschiedene vereinfachende Annahmen macht, die hinreichend genau nur bei niedrigen Dampfdrücken zutreffen. Diese Annahmen sind:
  1. Es wird das Flüssigkeitsvolumen v' gegenüber dem Dampfvolumen v'' vernachlässigt.
  2. Der gesättigte Dampf wird als ideales Gas behandelt, also $v'' = RT/p$ gesetzt.
  3. Die Temperaturabhängigkeit der Verdampfungsenthalpie $r = h'' - h'$, vgl. 4.2.3, wird vernachlässigt, also einfach mit $r(T) = r_0 = \text{const}$ gerechnet. Damit erhält man aus der Gleichung von Clausius-Clapeyron

$$\frac{dp}{dT} = \frac{r_0 p}{RT^2}$$

4.2 Das Naßdampfgebiet

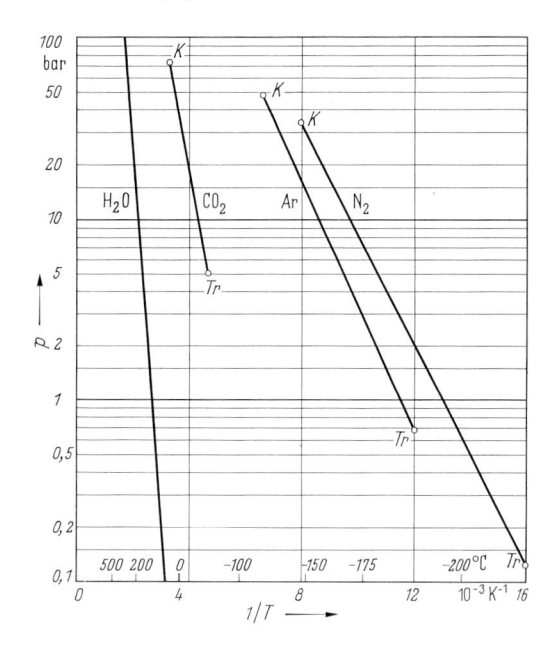

Abb. 4.11. Dampfdruckkurven verschiedener Stoffe im $\ln p$, $1/T$-Diagramm

oder

$$\frac{dp}{p} = \frac{r_0}{R}\frac{dT}{T^2}$$

und nach Integration zwischen einem festen Punkt (p_0, T_0) und einem beliebigen Punkt der Dampfdruckkurve

$$\ln\frac{p}{p_0} = \frac{r_0}{R}\left(\frac{1}{T_0} - \frac{1}{T}\right) = \frac{r_0}{RT_0}\left(1 - \frac{T_0}{T}\right). \quad (4.10)$$

Neben einem Wert r_0 der Verdampfungswärme muß also ein Punkt der Dampfdruckkurve gemessen sein.

Trägt man den Logarithmus des Dampfdrucks über $1/T$ auf, so erhält man nach (4.10) eine gerade Linie. Wie Abb. 4.11 zeigt, trifft dies näherungsweise auch bei höheren Drücken zu, obwohl dann die Voraussetzungen, unter denen (4.10) hergeleitet wurde, nicht mehr erfüllt sind. Die Fehler der drei Annahmen heben sich offenbar gegenseitig weitgehend auf.

4.2.3 Die spezifischen Zustandsgrößen im Naßdampfgebiet

Im Naßdampfgebiet ist das spez. Volumen durch den Druck p und die Temperatur T nicht bestimmt, weil zu jeder Temperatur ein bestimmter Dampfdruck gehört, der zwischen Siedelinie und Taulinie konstant bleibt. Um den Zustand des nassen Dampfes festzulegen, brauchen wir neben dem Druck oder neben der Temperatur eine weitere Zustandsgröße, welche die Zusammensetzung des heterogenen Systems, bestehend aus siedender Flüssigkeit und gesättigtem Dampf, beschreibt. Hierzu dient der *Dampfgehalt* x; er ist definiert durch

$$x = \frac{\text{Masse des gesättigten Dampfes}}{\text{Masse des nassen Dampfes}}.$$

4 Thermodynamische Eigenschaften reiner Fluide

Wir bezeichnen mit m' die Masse der siedenden Flüssigkeit und mit m'' die Masse des mit ihr im thermodynamischen Gleichgewicht befindlichen gesättigten Dampfes und erhalten die Definitionsgleichung

$$x := \frac{m''}{m' + m''}.$$

Danach ist für die siedende Flüssigkeit (Siedelinie) $x = 0$, weil $m'' = 0$ ist; für den gesättigten Dampf (Taulinie) wird $x = 1$, da $m' = 0$ ist.

Die extensiven Zustandsgrößen des nassen Dampfes wie sein Volumen V, seine Enthalpie H und seine Entropie S setzen sich additiv aus den Anteilen der beiden Phasen zusammen. Das Volumen des nassen Dampfes ist also gleich der Summe der Volumina der siedenden Flüssigkeit und des gesättigten Dampfes:

$$V = V' + V''.$$

Bezeichnen wir mit v' das spez. Volumen der siedenden Flüssigkeit, mit v'' das spez. Volumen des gesättigten Dampfes, so erhalten wir

$$V = m'v' + m''v''.$$

Das über beide Phasen gemittelte spez. Volumen des nassen Dampfes mit der Masse

$$m = m' + m''$$

ist

$$v = \frac{V}{m} = \frac{m'}{m' + m''} v' + \frac{m''}{m' + m''} v''.$$

Nach der Definition des Dampfgehalts x erhält man daraus

$$v = (1 - x)v' + xv'' = v' + x(v'' - v'). \tag{4.11}$$

Die Grenzvolumina v' und v'' sind Funktionen des Drucks *oder* der Temperatur. Bei gegebenem Druck *oder* vorgeschriebener Temperatur ist der Zustand des nassen Dampfes festgelegt, wenn man den Dampfgehalt x kennt, so daß man nach (4.11) sein spez. Volumen berechnen kann. Wir schreiben (4.11) in der Form

$$\frac{v - v'}{v'' - v} = \frac{x}{1 - x} = \frac{m''}{m'}$$

und deuten sie geometrisch im p,v-Diagramm, Abb. 4.12. Der Zustandspunkt des Naßdampfes teilt die zwischen den Grenzkurven liegende Strecke der Isobare

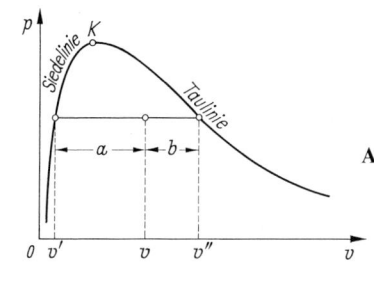

Abb. 4.12. Geometrische Deutung des „Hebelgesetzes der Phasenmengen" im p,v-Diagramm. Die Strecken a und b stehen im Verhältnis $a/b = m''/m' = x/(1 - x)$

bzw. Isotherme im Verhältnis der Massen von gesättigtem Dampf und siedender Flüssigkeit. Dieses sogenannte „Hebelgesetz der Phasenmengen" kann man benutzen, um zu bekannten Siede- und Taulinien im p,v-Diagramm die Kurven konstanten Dampfgehalts $x = $ const einzuzeichnen. Man braucht nur die Isobaren- oder Isothermen-Abschnitte zwischen den Grenzkurven entsprechend einzuteilen und die Teilpunkte miteinander zu verbinden. Alle Linien $x = $ const laufen im kritischen Punkt zusammen.

Ebenso wie das spez. Volumen lassen sich die spez. Entropie und die spez. Enthalpie nasser Dämpfe berechnen. Hierzu müssen die Werte der Entropie bzw. der Enthalpie auf den Grenzkurven bekannt sein, die wir für die siedende Flüssigkeit wieder mit einem Strich, für den gesättigten Dampf gleicher Temperatur und gleichen Drucks mit zwei Strichen kennzeichnen. Dann gilt

$$s = (1 - x)\, s' + xs'' = s' + x(s'' - s')$$

und

$$h = (1 - x)\, h' + xh'' = h' + x(h'' - h')\,.$$

In ein T,s-Diagramm, vgl. Abb. 4.13, kann man in der gleichen Weise wie in das p,v-Diagramm Linien konstanten Dampfgehalts einzeichnen, da auch hier das „Hebelgesetz der Phasenmengen" in der Form

$$\frac{s - s'}{s'' - s} = \frac{x}{1 - x} = \frac{m''}{m'}$$

gilt.

Die Differenz der Enthalpien von gesättigtem Dampf und siedender Flüssigkeit bei gleichem Druck und gleicher Temperatur nennt man die *Verdampfungsenthalpie* oder die *Verdampfungswärme*

$$r := h'' - h'\,.$$

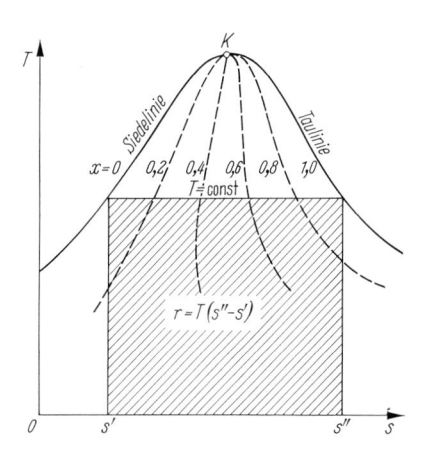

Abb. 4.13. T,s-Diagramm mit Linien konstanten Dampfgehalts x. Veranschaulichung der Verdampfungsenthalpie $r = h'' - h' = T(s'' - s')$ als Fläche

Sie hängt in einfacher Weise mit der *Verdampfungsentropie* $s'' - s'$ zusammen. Integriert man nämlich

$$\mathrm{d}h = T\,\mathrm{d}s + v\,\mathrm{d}p$$

auf einer Isobare des Naßdampfgebiets, so folgt mit $\mathrm{d}p = 0$ und mit $T = $ const die wichtige Beziehung

$$r = h'' - h' = T(s'' - s'),$$

die wir schon in 4.1.3 auf andere Weise hergeleitet haben und die auch aus dem T,s-Diagramm, Abb. 4.13, abzulesen ist. Hier erscheint die Verdampfungsenthalpie als Rechteckfläche unter der mit der Isotherme zusammenfallenden Isobare.

Für die spezifische Enthalpie des nassen Dampfes erhalten wir damit auch

$$h = h' + x(h'' - h') = h' + xT(s'' - s').$$

Der Dampfgehalt x läßt sich nun durch die spezifische Entropie s ausdrücken:

$$x = \frac{s - s'}{s'' - s'}.$$

Damit ergibt sich für die spez. Enthalpie im Naßdampfgebiet

$$h(T, s) = h'(T) + T[s - s'(T)].$$

Auf jeder Isotherme bzw. Isobare hängt sie *linear* von der spezifischen Entropie ab.

Wir wenden nun den 1. Hauptsatz auf die isobare Verdampfung einer bestimmten Menge siedender Flüssigkeit an. Sie bildet ein geschlossenes System, dessen Anfangszustand 1 auf der Siedelinie und dessen Endzustand 2 auf der Taulinie liegt. Für die Änderung der inneren Energie bei der Verdampfung gilt nun

$$u'' - u' = u_2 - u_1 = q_{12} + w_{12}.$$

Der Verdampfungsprozeß möge innerlich reversibel ablaufen; dann ist

$$w_{12} = -\int_1^2 p\,\mathrm{d}v = -p(v'' - v')$$

die bei der Verdampfung verrichtete Volumenänderungsarbeit mit p als dem konstanten Dampfdruck, vgl. Abb. 4.14. Für die bei der Verdampfung zuzuführende Wärme erhalten wir

$$q_{12} = u_2 - u_1 - w_{12} = u'' - u' + p(v'' - v'),$$

und dies ist nach der Definition der Enthalpie, $h = u + pv$, gleich der Verdampfungsenthalpie:

$$q_{12} = h'' - h' = u'' - u' + p(v'' - v').$$

Obwohl das spez. Volumen v'' des gesättigten Dampfes sehr viel größer ist als das spez. Volumen v' der siedenden Flüssigkeit, bildet die Volumenänderungsarbeit nur einen kleinen Teil der gesamten Verdampfungsenthalpie. Der größte Teil der bei der Verdampfung zugeführten Wärme dient zur Erhöhung der inneren Energie. Diese Energie ist erforderlich, um den relativ innigen Zusammenhalt der Moleküle

4.2 Das Naßdampfgebiet

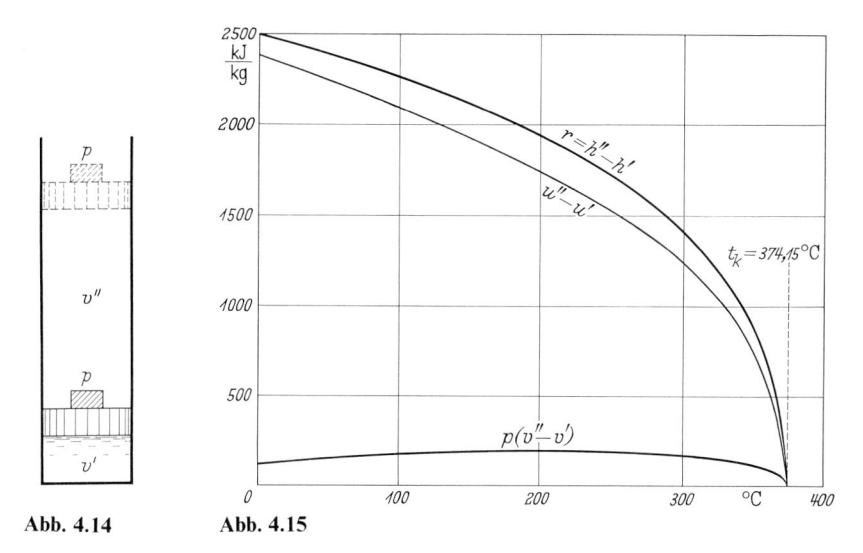

Abb. 4.14

Abb. 4.15

Abb. 4.14. Zur Volumenänderungsarbeit beim Verdampfen

Abb. 4.15. Verdampfungsenthalpie $r = h'' - h'$, Volumenänderungsarbeit $p(v'' - v')$ und Änderung $u'' - u'$ der inneren Energie beim Verdampfen von Wasser als Funktionen der Temperatur

in der Flüssigkeitsphase aufzusprengen und die weitaus losere Molekülbindung des gesättigten Dampfes herzustellen.

Die Verdampfungsenthalpie $h'' - h'$, die innere Energie $u'' - u'$ (auch innere Verdampfungswärme genannt), sowie die Volumenänderungsarbeit $p(v'' - v')$ (auch äußere Verdampfungswärme genannt) sind reine Temperaturfunktionen. Alle drei Größen werden bei der kritischen Temperatur T_k null, weil hier $v'' = v'$, $u'' = u'$ und $h'' = h'$ sind. Abbildung 4.15 stellt die innere, die äußere und die gesamte Verdampfungswärme des Wassers dar.

Beispiel 4.3. Ein Behälter mit dem konstanten Volumen $V = 2,00$ dm³ enthält gesättigten Wasserdampf von $t_1 = 250$ °C, der sich auf $t_2 = 130$ °C abkühlt. Man berechne die Masse des Wasserdampfes, der im Endzustand 2 kondensiert ist, das vom Kondensat eingenommene Volumen und die bei der Abkühlung abgegebene Wärme.

Der Endzustand der Abkühlung liegt im Naßdampfgebiet, vgl. Abb. 4.16. Die Masse des kondensierten Dampfes ist daher

$$m' = (1 - x_2)\,m,$$

wobei m die gesamte Masse des nassen Dampfes, x_2 den Dampfgehalt im Zustand 2 bedeutet. Die Masse m ergibt sich zu

$$m = V/v_1 = V/v_1'',$$

weil im Anfangszustand nur gesättigter Dampf vorhanden ist. Wir entnehmen das spez. Volumen des bei 250 °C gesättigten Dampfes der Tabelle 10.11 und erhalten

$$m = \frac{2,00 \text{ dm}^3}{50,04 \text{ dm}^3/\text{kg}} = 0,03997 \text{ kg}.$$

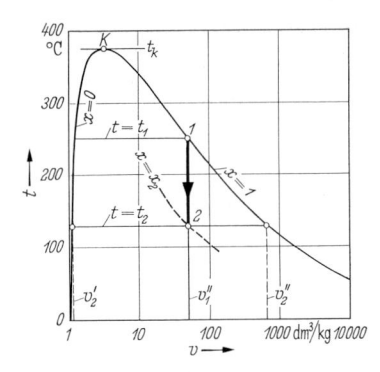

Abb. 4.16. t,v-Diagramm von Wasser mit isochorer Abkühlung gesättigten Dampfes. Das spez. Volumen v ist logarithmisch aufgetragen!

Da sich der Dampf isochor, also unter der Bedingung $v_2 = v_1'' = v_1$ abkühlt, gilt für den Dampfgehalt am Ende der Abkühlung

$$x_2 = \frac{v_2 - v_2'}{v_2'' - v_2'} = \frac{v_1'' - v_2'}{v_2'' - v_2'}.$$

Mit den aus Tabelle 10.11 zu entnehmenden Werten für die spezifischen Volumina der siedenden Flüssigkeit und des gesättigten Dampfes bei $t_2 = 130\,°C$ ergibt dies

$$x_2 = \frac{50{,}04 - 1{,}07}{668{,}1 - 1{,}07} = 0{,}07341.$$

Der Dampfgehalt ist also sehr gering; der größte Teil des nassen Dampfes ist kondensiert:

$$m' = (1 - x_2)\,m = (1 - 0{,}07341) \cdot 0{,}03997\;\text{kg} = 0{,}03704\;\text{kg}.$$

Das Kondensat füllt jedoch nur einen kleinen Teil des Behältervolumens aus,

$$V' = m'v_2' = 0{,}03963\;\text{dm}^3 = 0{,}0198 \cdot V.$$

Rund 98 % des Behältervolumens werden vom gesättigten Dampf ausgefüllt, dessen Masse nur 7,34 % der Gesamtmasse ausmacht.

Nach dem 1. Hauptsatz für geschlossene Systeme und der Definition der Enthalpie gilt für die Wärme

$$Q_{12} + W_{12} = U_2 - U_1 = H_2 - H_1 - (p_2V_2 - p_1V_1).$$

Da bei der Abkühlung keine Volumenänderung eintritt, folgt mit $W_{12} = 0$ und $V_2 = V_1 = V$, dem Behältervolumen,

$$Q_{12} = m(h_2 - h_1) - (p_2 - p_1)\,V.$$

Hierin ist

$$h_1 = h_1'' = 2800{,}4\;\text{kJ/kg}$$

wieder Tabelle 10.11 zu entnehmen. Für die Enthalpie des nassen Dampfes am Ende der Abkühlung erhalten wir

$$h_2 = h_2' + x_2(h_2'' - h_2') = [546{,}3 + 0{,}07341\,(2719{,}9 - 546{,}3)]\,\frac{\text{kJ}}{\text{kg}}$$

$$= (546{,}3 + 159{,}6)\,\frac{\text{kJ}}{\text{kg}} = 705{,}9\;\text{kJ/kg}.$$

Auch die Dampfdrücke p_1 und p_2 zu den Temperaturen 250 bzw. 130 °C entnehmen wir Tabelle 10.11 und erhalten schließlich

$$Q_{12} = 0{,}03997 \text{ kg } (705{,}9 - 2800{,}4) \text{ kJ/kg} - (2{,}701 - 39{,}776) \text{ bar} \cdot 2{,}00 \text{ dm}^3$$
$$= -83{,}72 \text{ kJ} + 7{,}42 \text{ kJ} = -76{,}3 \text{ kJ} .$$

4.3 Zustandsgleichungen, Tafeln und Diagramme

Die für die Anwendungen der allgemeinen thermodynamischen Beziehungen benötigten Zustandsgrößen v, h und s als Funktionen der Temperatur T und des Drucks p können in dreierlei Weise als praktisch verwendbare Arbeitsunterlage dargeboten werden: als Zustandsgleichungen, als Tafeln der Zustandsgrößen und als Zustandsdiagramme. Zustandsdiagramme, von denen wir das p,v-Diagramm eines realen Gases in 4.1.1 behandelt haben, gehören besonders in Form der noch zu besprechenden T,s- und h,s-Diagramme zu den ältesten Darstellungs- und Arbeitsmitteln des Ingenieurs. Sie sind beliebt, weil sie eine Veranschaulichung der Prozesse und der dabei umgesetzten Energien ermöglichen. Außerdem war früher die Genauigkeit, mit der man Zustandsgrößen experimentell ermitteln konnte, so begrenzt, daß die Genauigkeit der graphischen Darstellung ausreichte. Tafeln der Zustandsgrößen erlauben dagegen höchste Genauigkeit. Sie sind seit langem in Gebrauch und dürften auch in Zukunft ein unentbehrliches Arbeitsmittel bleiben.

Zustandsdiagramme und Tafeln müssen jedoch aus Zustandsgleichungen, nämlich aus der thermischen Zustandsgleichung

$$v = v(T, p),$$

der kalorischen Zustandsgleichung

$$h = h(T, p)$$

und aus einer Gleichung für die spezifische Entropie,

$$s = s(T, p),$$

berechnet werden. Diese drei Gleichungen können auch in einer kanonischen Zustandsgleichung zusammengefaßt sein. Seitdem elektronische Datenverarbeitungsanlagen in der Forschung und in der industriellen Anwendung immer mehr benutzt werden, ist es häufig rationeller, komplizierte Zustandsgleichungen zu programmieren und die Zustandsgrößen direkt zu berechnen, als Zustandsdiagramme oder Tafeln zu benutzen. Dies gilt besonders dann, wenn die Berechnung der Zustandsgrößen Teil einer umfangreichen Prozeßberechnung ist.

Im folgenden Abschnitt gehen wir auf die thermodynamischen Zusammenhänge zwischen thermischen und kalorischen Zustandsgleichungen ein und wenden dann diese Beziehungen auf das inkompressible Fluid an. In den beiden sich daran anschließenden Abschnitten besprechen wir Aufbau und Anwendung von Tabellen und Diagrammen der Zustandsgrößen von Fluiden.

4.3.1 Die Bestimmung von Enthalpie und Entropie mit Hilfe der thermischen Zustandsgleichung

Nur in seltenen Fällen werden Enthalpiedifferenzen durch direkte Messungen bestimmt, weil der hierfür erforderliche meßtechnische Aufwand sehr groß ist. Die thermischen Zustandsgrößen p, v und T lassen sich dagegen einfacher und mit hoher Genauigkeit messen. Auf Grund des 2. Hauptsatzes der Thermodynamik bestehen zwischen thermischen und kalorischen Zustandsgrößen Zusammenhänge, die es ermöglichen, aus thermischen Zustandsgrößen bzw. aus der thermischen Zustandsgleichung $v = v(T, p)$ die spez. Enthalpie $h = h(T, p)$ und die spez. Entropie $s = s(T, p)$ weitgehend zu berechnen. Wir leiten im folgenden die hier bestehenden, allgemein gültigen Beziehungen her; sie bilden die Grundlage für die Aufstellung von Zustandsgleichungen und die Berechnung von Tafeln und Diagrammen der Zustandsgrößen realer Fluide.

Wir gehen davon aus, daß die thermische Zustandsgleichung des Fluids in der Form

$$v = v(T, p)$$

bekannt ist. In das Differential

$$dh = \left(\frac{\partial h}{\partial T}\right)_p dT + \left(\frac{\partial h}{\partial p}\right)_T dp$$

der spezifischen Enthalpie $h = h(T, p)$ setzen wir die Ausdrücke nach Tabelle 3.2 in 3.2.2 ein und erhalten

$$dh = c_p(T, p)\, dT + \left[v - T\left(\frac{\partial v}{\partial T}\right)_p\right] dp \,. \tag{4.12}$$

Um die Enthalpiedifferenz $h(T, p) - h(T_0, p_0)$ gegenüber einem willkürlich wählbaren Bezugszustand (T_0, p_0) zu berechnen, integrieren wir (4.12). Für zwei Zustände mit gleicher Temperatur T ergibt sich mit $dT = 0$

$$h(T, p) - h(T, p_0) = \int_{p_0}^{p} \left[v - T\left(\frac{\partial v}{\partial T}\right)_p\right] dp \,.$$

Für den Zustand (T, p_0) und den Bezugszustand erhält man mit $dp = 0$

$$h(T, p_0) - h(T_0, p_0) = \int_{T_0}^{T} c_p(T, p_0)\, dT \,.$$

Die Addition dieser beiden Gleichungen ergibt

$$h(T, p) = h(T_0, p_0) + \int_{T_0}^{T} c_p(T, p_0)\, dT + \int_{p_0}^{p} \left[v - T\left(\frac{\partial v}{\partial T}\right)_p\right] dp \,.$$

Die kalorische Zustandsgleichung $h = h(T, p)$ läßt sich also aus der thermischen Zustandsgleichung $v = v(T, p)$ berechnen, wenn man noch zusätzlich für eine einzige Isobare $p = p_0$ den Verlauf von c_p kennt. Hier ist es nun vorteilhaft, $p_0 = 0$ zu wählen, denn dann ist $c_p(T, 0) = c_p^0(T)$ die spez. Wärmekapazität

4.3 Zustandsgleichungen, Tafeln und Diagramme

im *idealen Gaszustand*. Diese Größe läßt sich sehr genau bestimmen, vgl. 5.1.2. Mit $p_0 = 0$ folgt nun

$$h(T, p) = h_0 + \int_{T_0}^{T} c_p^0(T)\, dT + \int_{0}^{p} \left[v - T \left(\frac{\partial v}{\partial T} \right)_p \right] dp\,.$$

Die Konstante h_0 bedeutet die Enthalpie des idealen Gases bei der Bezugstemperatur T_0. Das erste Integral gibt die nur von der Temperatur abhängige Enthalpie des idealen Gases an, das zweite Integral berücksichtigt die Druckabhängigkeit der Enthalpie und damit das Abweichen des realen Gases vom Verhalten eines idealen Gases.

Auch die *Entropie eines realen Gases* läßt sich aus der thermischen Zustandsgleichung $v = v(T, p)$ und der spez. Wärmekapazität $c_p^0(T)$ im idealen Gaszustand berechnen. In das Differential der Entropie,

$$ds = \frac{1}{T} dh - \frac{v}{T} dp\,,$$

setzen wir dh nach (4.12) ein und erhalten

$$ds = c_p(T, p) \frac{dT}{T} - \left(\frac{\partial v}{\partial T} \right)_p dp\,. \quad (4.13)$$

Für das ideale Gas folgt daraus

$$ds^{id} = c_p^0(T) \frac{dT}{T} - R \frac{dp}{p}\,.$$

Integration ergibt

$$s^{id}(T, p) = s_0 + \int_{T_0}^{T} c_p^0(T) \frac{dT}{T} - R \ln(p/p_0) \quad (4.14)$$

mit s_0 als der Entropie des idealen Gases im Zustand (T_0, p_0).

Wir berechnen nun die Differenz der Entropien eines realen und eines idealen Gases bei derselben Temperatur. Dazu integrieren wir die Differenz ($dT = 0$!)

$$ds - ds^{id} = -\left(\frac{\partial v}{\partial T} \right)_p dp + R \frac{dp}{p} = -\left[\left(\frac{\partial v}{\partial T} \right)_p - \frac{R}{p} \right] dp$$

zwischen den Grenzen $p = 0$ und p und beachten dabei, daß für $p \to 0$ kein Unterschied zwischen einem realen und einem idealen Gas besteht. Mit

$$\lim_{p \to 0} \left[s(T, p) - s^{id}(T, p) \right] = 0$$

erhalten wir dann

$$s(T, p) - s^{id}(T, p) = -\int_{0}^{p} \left[\left(\frac{\partial v}{\partial T} \right)_p - \frac{R}{p} \right] dp\,.$$

Setzen wir hierin die Entropie des idealen Gases nach (4.14) ein, so folgt

$$s(T, p) = s_0 + \int_{T_0}^{T} c_p^0(T) \frac{dT}{T} - R \ln \frac{p}{p_0} - \int_0^p \left[\left(\frac{\partial v}{\partial T} \right)_p - \frac{R}{p} \right] dp \quad (4.15)$$

als Entropie eines realen Gases.

Die Abweichungen von der Entropie im idealen Gaszustand werden durch das letzte Integral in (4.15) beschrieben, das aus der thermischen Zustandsgleichung berechenbar ist. Da diese nach 4.1.4 die Gestalt

$$v = \frac{RT}{p} + B(T) + \ldots$$

hat, wird

$$\left(\frac{\partial v}{\partial T} \right)_p = \frac{R}{p} + \frac{dB}{dT} + \ldots .$$

Der Integrand bleibt auch an der unteren Integrationsgrenze $p = 0$ endlich, so daß das Integral einen endlichen Wert hat.

Die hier hergeleiteten Beziehungen zur Berechnung von h und s lassen sich häufig deswegen nicht anwenden, weil die thermische Zustandsgleichung nicht wie angenommen in der Form $v = v(T, p)$, sondern als

$$p = p(T, v)$$

mit T und v als den unabhängigen Variablen vorliegt. Eine Zustandsgleichung, die das Verhalten von Gas und Flüssigkeit, also das ganze fluide Gebiet wiedergeben soll, hat stets die Form $p = p(T, v)$, weil der Druck überall (auch im Naßdampfgebiet) eine eindeutige Funktion des spez. Volumens ist. In diesem Fall erhält man die Enthalpie aus ihrer Definitionsgleichung

$$h(T, v) = u(T, v) + p(T, v) \cdot v .$$

Die spezifische innere Energie ergibt sich, was wir nicht im einzelnen herleiten wollen, aufgrund der in Tabelle 3.2 verzeichneten Ableitungen der Helmholtz-Funktion zu

$$u(T, v) = u_0 + \int_{T_0}^{T} c_v^0(T) \, dT + \int_{\infty}^{v} \left[T \left(\frac{\partial p}{\partial T} \right)_v - p \right] dv .$$

Hierin ist u_0 die spez. innere Energie des idealen Gases bei $T = T_0$. Das erste Integral gibt die Temperaturabhängigkeit von u für das ideale Gas ($v \to \infty$), das zweite Integral berücksichtigt die Volumenabhängigkeit von u und damit die Abweichungen vom Grenzgesetz des idealen Gases; dieses Integral läßt sich mit der thermischen Zustandsgleichung $p = p(T, v)$ auswerten.

Für die spezifische Entropie erhält man — wir verzichten wieder auf die Herleitung der Gleichung —

$$s(T, v) = s_0 + \int_{T_0}^{T} c_v^0(T) \frac{dT}{T} + R \ln \frac{v}{v_0} + \int_{\infty}^{v} \left[\left(\frac{\partial p}{\partial T} \right)_v - \frac{R}{v} \right] dv .$$

Hierin ist s_0 die spezifische Entropie des idealen Gases im Bezugszustand (T_0, v_0). Das letzte Integral, welches die Abweichungen vom idealen Gaszustand erfaßt, ist trotz des sich bis $v \to \infty$ erstreckenden Integrationsintervalles endlich.

Wie die Gleichungen für $u(T, v)$ und $s(T, v)$ zeigen, genügen die thermische Zustandsgleichung $p = p(T, v)$ und die spez. Wärmekapazität $c_v^0 = c_v^0(T)$ im idealen Gaszustand, um die kalorische Zustandsgleichung und die Entropie-Zustandsgleichung zu bestimmen. Die drei Zustandsgleichungen $p = p(T, v)$, $u = u(T, v)$ und $s = s(T, v)$ sind, wie wir in 3.2.2 gezeigt haben, äquivalent zur kanonischen Zustandsgleichung oder Fundamentalgleichung $f = f(T, v)$, der Helmholtz-Funktion. Somit genügen die thermische Zustandsgleichung und $c_v^0(T)$, um auch die kanonische Zustandsgleichung eines Fluids festzulegen; $p = p(T, v)$ und $c_v^0(T)$ enthalten bereits alle Informationen über die thermodynamischen Eigenschaften eines Fluids. Weitere Daten sind aufgrund des 2. Hauptsatzes nicht erforderlich und müssen daher auch nicht durch meist aufwendige Messungen bestimmt werden. Sie können jedoch als zusätzliche unabhängige Daten zur Kontrolle der gemessenen thermischen Zustandsgrößen dienen. Das gleiche gilt für die Gibbs-Funktion $g = g(T, p)$. Zu ihrer Bestimmung benötigt man nur die thermische Zustandsgleichung $v = v(T, p)$ im ganzen interessierenden Bereich der Variablen T und p sowie die spez. Wärmekapazität $c_p^0(T)$ im idealen Gaszustand.

4.3.2 Enthalpie und Entropie eines inkompressiblen Fluids

Wie schon in 4.1.4 erwähnt, ist das inkompressible Fluid mit der einfachen thermischen Zustandsgleichung

$$v = v_0 = \text{const}$$

ein brauchbares Modell für reale Flüssigkeiten. Wegen seiner Einfachheit wird es in der Strömungslehre und in der Lehre von der Wärmeübertragung vielfach verwendet. Wir bestimmen unter Benutzung der im letzten Abschnitt hergeleiteten allgemeinen Beziehungen seine kalorische Zustandsgleichung $h = h(T, p)$ und seine Entropiegleichung $s = s(T, p)$.

Aus der thermischen Zustandsgleichung des inkompressiblen Fluids folgt

$$(\partial v/\partial T)_p \equiv 0$$

und damit ergibt sich aus (4.12) für das Differential der spez. Enthalpie

$$dh = c_p(T, p)\, dT + v_0\, dp\,.$$

Da dh Differential einer Zustandsfunktion ist, muß

$$\left(\frac{\partial c_p}{\partial p}\right)_T = \left(\frac{\partial v_0}{\partial T}\right)_p \equiv 0$$

gelten. Die spez. Wärmekapazität eines inkompressiblen Fluids hängt nicht vom Druck, sondern nur von der Temperatur ab: $c_p = c_p(T)$. Die spezifische Enthalpie erhalten wir nun durch Integration von dh zu

$$h(T, p) = h(T_0, p_0) + \int_{T_0}^{T} c_p(T)\, dT + v_0(p - p_0)\,.$$

4 Thermodynamische Eigenschaften reiner Fluide

Die spezifische innere Energie des inkompressiblen Fluids hängt wegen

$$u = h - pv = h(T_0, p_0) - p_0 v_0 + \int_{T_0}^{T} c_p(T)\,dT = u(T)$$

nur von der Temperatur ab. Die spezifische isochore Wärmekapazität c_v ergibt sich daraus zu

$$c_v(T) = \frac{du}{dT} = c_p(T).$$

Für ein inkompressibles Fluid stimmen isobare und isochore spez. Wärmekapazität überein. Wir lassen daher die Indizes p und v fort und schreiben

$$h(T, p) = h(T_0, p_0) + \int_{T_0}^{T} c(T)\,dT + v_0(p - p_0).$$

Das Entropiedifferential (4.13) nimmt mit $c_p = c(T)$ und $(\partial v/\partial T)_p \equiv 0$ die einfache Gestalt

$$ds = c(T)\frac{dT}{T}$$

an. *Die Entropie eines inkompressiblen Fluids hängt nur von der Temperatur ab:*

$$s(T) = s(T_0) + \int_{T_0}^{T} c(T)\frac{dT}{T}.$$

Die thermische Zustandsgleichung $v = v_0$ gilt in der Regel nur in recht engen Temperaturbereichen. Es ist daher sinnvoll, die Temperaturabhängigkeit der spezifischen Wärmekapazität nicht zu berücksichtigen und mit konstantem c zu rechnen. Die Gleichungen für h und s vereinfachen sich dann erheblich:

$$h(T, p) = h_0 + c(T - T_0) + v_0(p - p_0),$$

$$s(T) = s_0 + c \ln (T/T_0).$$

Zur Abkürzung wurde hierbei $h_0 = h(T_0, p_0)$ und $s_0 = s(T_0)$ gesetzt. Ein inkompressibles Fluid wird somit durch nur zwei Modellparameter charakterisiert: sein spez. Volumen v_0 und seine spez. Wärmekapazität c.

Beispiel 4.4. Eine adiabate Speisepumpe fördert Wasser in einem stationären Fließprozeß von $p_1 = 0{,}08$ bar, $t_1 = 40{,}0$ °C auf $p_2 = 120$ bar, wobei die Temperatur auf $t_2 = 41{,}3$ °C ansteigt. Man berechne die spez. technische Arbeit w_{t12} und die erzeugte Entropie s_{irr} unter der Annahme, Wasser sei ein inkompressibles Fluid mit $v_0 = 1{,}005$ dm³/kg und $c = 4{,}18$ kJ/kg K.

Unter Vernachlässigung der Änderungen von kinetischer und potentieller Energie erhalten wir aus dem 1. Hauptsatz für stationäre Fließprozesse,

$$q_{12} + w_{t12} = h_2 - h_1 + \frac{1}{2}(c_2^2 - c_1^2) + g(z_2 - z_1),$$

für die spez. technische Arbeit mit $q_{12} = 0$

$$w_{t12} = h_2 - h_1 = c(T_2 - T_1) + v_0(p_2 - p_1).$$

4.3 Zustandsgleichungen, Tafeln und Diagramme

Dies ergibt

$$w_{t12} = 4{,}18 \text{ (kJ/kg K)} (41{,}3 - 40{,}0) \text{ K} + 1{,}005 \text{ (dm}^3\text{/kg)} (120{,}0 - 0{,}08) \text{ bar}$$
$$= (5{,}43 + 12{,}05) \text{ kJ/kg} = 17{,}5 \text{ kJ/kg} \,.$$

Da die Speisepumpe ein adiabates System ist, gilt für die erzeugte Entropie

$$s_{\text{irr}} = s_2 - s_1 = c \ln(T_2/T_1)\,,$$

also

$$s_{\text{irr}} = 4{,}18 \text{ (kJ/kg K)} \ln(314{,}45/313{,}15) = 0{,}0173 \text{ kJ/kg K} \,.$$

Wir vergleichen diese Ergebnisse mit denen, die man unter Benutzung einer Dampftafel [4.25] erhält. Die Enthalpiedifferenz wird

$$h_2 - h_1 = (183{,}4 - 167{,}5) \text{ kJ/kg} = 15{,}9 \text{ kJ/kg}$$

und die Entropiedifferenz

$$s_2 - s_1 = (0{,}5844 - 0{,}5721) \text{ kJ/kg K} = 0{,}0123 \text{ kJ/kg K} \,.$$

Die Abweichungen zwischen den (genaueren) Dampftafelwerten und den unter Annahme eines inkompressiblen Fluids berechneten Werten sind durchaus merklich. Sie weisen auf die Gültigkeitsgrenzen dieses einfachen Stoffmodells hin, das bei höheren Genauigkeitsansprüchen nicht angewendet werden sollte.

4.3.3 Tafeln der Zustandsgrößen

Mit Hilfe von Zustandsgleichungen kann man für gegebene Werte von T und p die Zustandsgrößen v, h und s eines Fluids berechnen und in Tafeln zusammenstellen. Zur Auswertung der meist komplizierten Gleichungen benutzt man elektronische Datenverarbeitungsanlagen. Tafeln der Zustandsgrößen, aus historischen Gründen auch Dampftafeln genannt, enthalten in der Regel zwei Gruppen von Tabellen: die Tafeln für die homogenen Zustandsgebiete (Gas und Flüssigkeit) mit Temperatur *und* Druck als den unabhängigen Zustandsgrößen und die Tafeln für das Naßdampfgebiet mit Temperatur *oder* Druck als unabhängiger Veränderlichen.

Die Tafeln für das Naßdampfgebiet enthalten in Abhängigkeit von der Temperatur Werte des Dampfdrucks $p = p(T)$ sowie Werte des spezifischen Volumens, der Enthalpie und der Entropie auf der Siedelinie und der Taulinie, also die Funktionen $v'(T)$, $v''(T)$, $h'(T)$, $h''(T)$, $s'(T)$ und $s''(T)$. Mit diesen Werten lassen sich nach 4.2.3 alle Zustandsgrößen im Naßdampfgebiet bestimmen. Zur Bequemlichkeit des Benutzers enthalten die Dampftafeln meistens auch Werte der Verdampfungsenthalpie $r = h'' - h'$. Häufig wird der Druck als unabhängige Zustandsgröße gewählt. Dann findet man die Siedetemperatur $T = T(p)$ und die Größen $v'(p)$, $v''(p)$, $h'(p)$, $h''(p)$, $s'(p)$ und $s''(p)$ vertafelt.

Bei den Tafeln für die homogenen Zustandsgebiete ordnet man die Angaben nach Isobaren $p = $ const. Für jede Isobare findet man dann in Abhängigkeit von der Temperatur Werte von v, h und s. Da hier zwei unabhängige Zustandsgrößen vorhanden sind, haben die Tafeln zwei „Eingänge", und man muß gegebenenfalls auch zweifach interpolieren (sowohl hinsichtlich der Temperatur als auch zwischen den vertafelten Isobaren), um die Werte von v, h und s für einen bestimmten Zustand (T, p) zu erhalten, vgl. hierzu das Beispiel 4.5.

184   4 Thermodynamische Eigenschaften reiner Fluide

Von besonderer technischer Bedeutung ist das Fluid Wasser. Die Dampftafeln dieses Stoffes basieren auf einem internationalen Programm zur experimentellen und theoretischen Erforschung der thermodynamischen Eigenschaften des Wassers, das nach jahrzehntelanger Forschungsarbeit zu einer sehr genauen Kenntnis der Zustandsgrößen von Wasser geführt hat. Seit 1969 werden die von E. Schmidt [4.25] herausgegebenen Tafeln in der Industrie verwendet. Neue, auf einer sehr genauen Zustandsgleichung basierende Wasserdampftafeln haben L. Haar, J. S. Gallagher und G. S. Kell [4.26] veröffentlicht. Tabelle 10.11 zeigt einen Auszug der für das Naßdampfgebiet geltenden Tafel von E. Schmidt.

Beispiel 4.5. Häufig hat man zu gegebenen Werten von Druck und Entropie die spez. Enthalpie zu berechnen, etwa um die Enthalpie am Ende einer isentropen Expansion oder Verdichtung zu bestimmen. Für $p^* = 20{,}3$ bar und $s^* = 6{,}5580$ kJ/kg K ermittle man die spez. Enthalpie von Wasserdampf unter Benutzung des angegebenen Ausschnitts aus der Dampftafel.

t in °C	$p = 20$ bar		$p = 21$ bar	
	h in kJ/kg	s in kJ/kg K	h in kJ/kg	s in kJ/kg K
250	2902,4	6,5454	2897,9	6,5162
260	2928,1	6,5941	2924,0	6,5656

In der Regel kann man in Dampftafeln linear interpolieren, was allgemein immer dann statthaft ist, wenn ein achtel der aus den Tafelwerten gebildeten zweiten Differenz keinen Einfluß auf das Ergebnis hat, vgl. [4.19, S. 317]. Aus den Zustandsgrößen der vier in der Tafel enthaltenen Zustände, vgl. Abb. 4.17, interpolieren wir zunächst die Werte von s und h auf den beiden Isothermen für den Druck $p = 20{,}3$ bar. Diese Zustände kennzeichnen wir durch die Indizes α und β. Für $t = 250$ °C erhalten wir

$$h_\alpha = 2902{,}4 \,\frac{\text{kJ}}{\text{kg}} + \frac{2897{,}9 - 2902{,}4}{1{,}0 \text{ bar}} \frac{\text{kJ}}{\text{kg}} \, 0{,}3 \text{ bar}$$

$$= (2902{,}4 - 1{,}4) \text{ kJ/kg} = 2901{,}0 \text{ kJ/kg}$$

und

$$s_\alpha = 6{,}5454 \,\frac{\text{kJ}}{\text{kg K}} + \frac{6{,}5162 - 6{,}5454}{1{,}0 \text{ bar}} \frac{\text{kJ}}{\text{kg K}} \cdot 0{,}3 \text{ bar}$$

$$= (6{,}5454 - 0{,}0088) \text{ kJ/kg K} = 6{,}5366 \text{ kJ/kg K} \,.$$

In gleicher Weise findet man für 20,3 bar und 260 °C

$$h_\beta = 2926{,}9 \text{ kJ/kg} \quad \text{und} \quad s_\beta = 6{,}5856 \text{ kJ/kg K} \,.$$

Für die gesuchte Enthalpie h^* bei der gegebenen Entropie $s^* = 6{,}5580$ kJ/kg K ergibt sich durch lineare Interpolation zwischen den eben ermittelten Werten

$$h^* = h_\alpha + \frac{h_\beta - h_\alpha}{s_\beta - s_\alpha} (s^* - s_\alpha) = 2912{,}3 \text{ kJ/kg} \,.$$

Wesentlich einfacher und schneller erhält man die gesuchte Enthalpie h^*, wenn man von den allgemeinen thermodynamischen Zusammenhängen zwischen h, s und p ausgeht, vgl. [4.27]. Durch den Index 0 werde ein nahe dem gesuchten Zustand (h^*, s^*) gelegener Ausgangszustand bezeichnet, der in der Dampftafel enthalten ist, im hier vorliegenden Falle der

4.3 Zustandsgleichungen, Tafeln und Diagramme

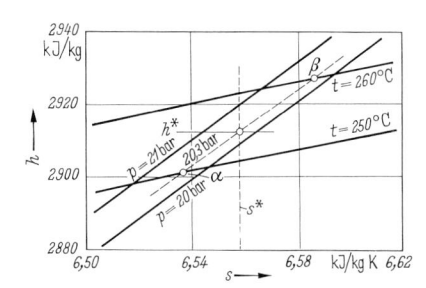

Abb. 4.17. Ausschnitt aus dem h,s-Diagramm von Wasserdampf

durch $t_0 = 250$ °C und $p_0 = 20$ bar festgelegte Zustand. Wir brechen nun die Taylor-Entwicklung für die Enthalpie,

$$h = h_0 + \left(\frac{\partial h}{\partial s}\right)_{p,0} (s - s_0) + \left(\frac{\partial h}{\partial p}\right)_{s,0} (p - p_0) + \ldots,$$

nach den linearen Gliedern ab und beachten, daß aus

$$dh = T\,ds + v\,dp$$

die Beziehungen

$$\left(\frac{\partial h}{\partial s}\right)_p = T \quad \text{und} \quad \left(\frac{\partial h}{\partial p}\right)_s = v$$

folgen. Es wird dann

$$h^* = h_0 + T_0(s^* - s_0) + v_0(p^* - p_0)\,.$$

Wir entnehmen der Dampftafel den Wert $v_0 = 0{,}1114$ m³/kg für das spez. Volumen bei $t_0 = 250$ °C und $p_0 = 20$ bar und erhalten

$$h^* = 2902{,}4\,\frac{\text{kJ}}{\text{kg}} + 523{,}15\text{ K }(6{,}5580 - 6{,}5454)\,\frac{\text{kJ}}{\text{kg K}}$$

$$+ 0{,}1114\,\frac{\text{m}^3}{\text{kg}}\,(20{,}3 - 20{,}0)\text{ bar }\frac{10^5\text{ N}}{\text{m}^2\text{ bar}}\frac{\text{kJ}}{10^3\text{ Nm}},$$

also

$$h^* = (2902{,}4 + 523 \cdot 0{,}0126 + 0{,}1114 \cdot 0{,}3 \cdot 100)\text{ kJ/kg} = 2912{,}3\text{ kJ/kg}\,.$$

4.3.4 Zustandsdiagramme

Als Projektionen der p,v,T-Fläche erhält man die p,v-, p,T- und v,T-Diagramme, die das thermische Verhalten eines Fluids in Form von Kurvenscharen wiedergeben. Für die praktische Anwendung sind jedoch Diagramme mit der spez. Entropie oder der spez. Enthalpie als einer der Koordinaten von größerer Bedeutung; denn h ist die für stationäre Fließprozesse charakteristische Zustandsgröße des 1. Hauptsatzes, während die Entropie die Aussagen des 2. Hauptsatzes quantitativ zum Ausdruck bringt.

Das T,s-Diagramm eines realen Gases zeigt Abb. 4.18. Unterhalb der Siede- und Taulinie, die sich im kritischen Punkt K bei der kritischen Temperatur T_k treffen, liegt das Naßdampfgebiet. Hier laufen die Isobaren horizontal, da

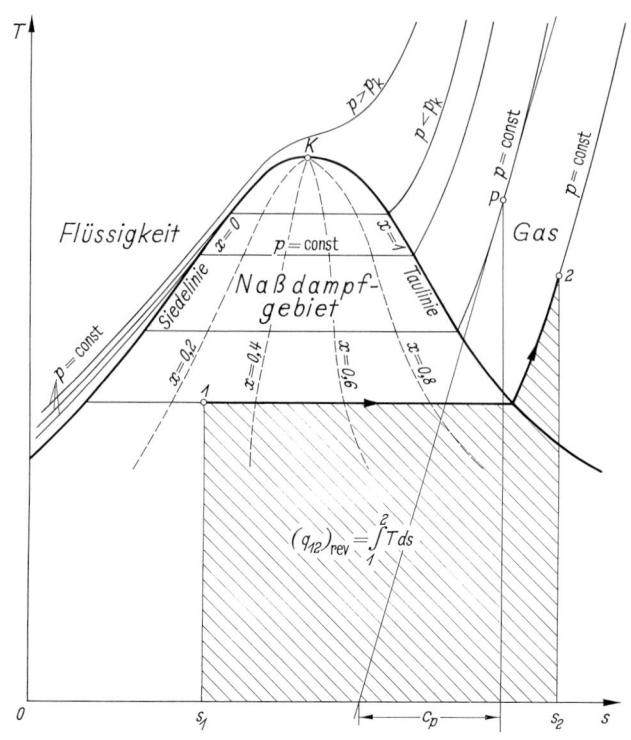

Abb. 4.18. T,s-Diagramm eines realen Gases mit Isobaren und Linien konstanten Dampfgehalts

zugleich p und T konstant sind. Im Gebiet der Flüssigkeit und in der Gasphase sind die Isobaren schwach gekrümmte, mit wachsender Entropie ansteigende Kurven. Im Flüssigkeitsgebiet liegen die Isobaren sehr eng zusammen; bei der isentropen Verdichtung einer Flüssigkeit steigt nämlich die Temperatur nur geringfügig an.

Wie schon in 3.3.1 gezeigt wurde, kann man im T,s-Diagramm die bei reversiblen Prozessen zu- oder abgeführte Wärme als Fläche ablesen; denn es gilt

$$(q_{12})_{\text{rev}} = \int_1^2 T \, ds \, .$$

Auch Differenzen der spez. inneren Energie und der spez. Enthalpie werden im T,s-Diagramm als Flächen dargestellt. Die Subtangente einer Isobare bedeutet die spez. Wärme c_p, vgl. Abb. 4.18.

Abbildung 4.19 ist ein maßstäblich gezeichnetes T,s-Diagramm für Wasser. Man erkennt, wie eng die Isobaren im Flüssigkeitsgebiet beieinanderliegen. Im Rahmen der Zeichengenauigkeit sind sie bei nicht zu hohen Drücken kaum von der Siedelinie zu unterscheiden. In Abb. 4.19 sind ferner Isochoren $v = $ const und Isenthalpen $h = $ const eingezeichnet.

Das 1904 von R. Mollier [4.28] vorgeschlagene h,s-Diagramm bietet besondere praktische Vorteile. In diesem Diagramm können alle Enthalpiedifferenzen als

4.3 Zustandsgleichungen, Tafeln und Diagramme

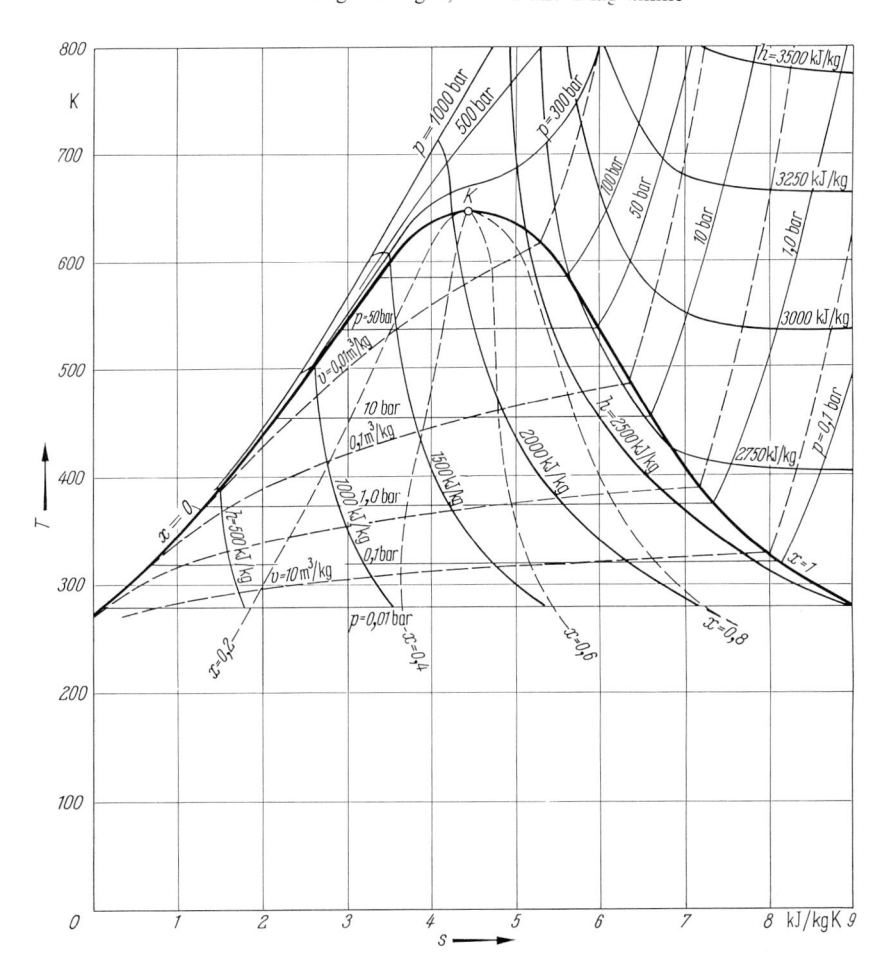

Abb. 4.19. T,s-Diagramm für Wasser mit Isobaren, Isochoren und Isenthalpen

Strecken abgegriffen werden, so daß diese im 1. Hauptsatz für stationäre Fließprozesse auftretenden Zustandsgrößen unmittelbar dem Diagramm zu entnehmen sind. Das Mollier-h,s-Diagramm verbindet große Anschaulichkeit mit dem Vorteil, eine einfache Rechenunterlage zu sein.

In das h,s-Diagramm kann man zunächst die Grenzen des Naßdampfgebiets einzeichnen, indem man zusammengehörige Werte h' und s' sowie h'' und s'' der Dampftafel entnimmt und aufträgt. Der kritische Punkt liegt im h,s-Diagramm am linken Hang der Grenzkurve des Naßdampfgebiets, und zwar an der steilsten Stelle, wo die ineinander übergehenden Siede- und Taulinien einen gemeinsamen Wendepunkt haben, Abb. 4.20. Die Isobaren im homogenen Zustandsgebiet sind schwach gekrümmte Kurven, deren Anstieg man aus

$$T\,ds = dh - v\,dp$$

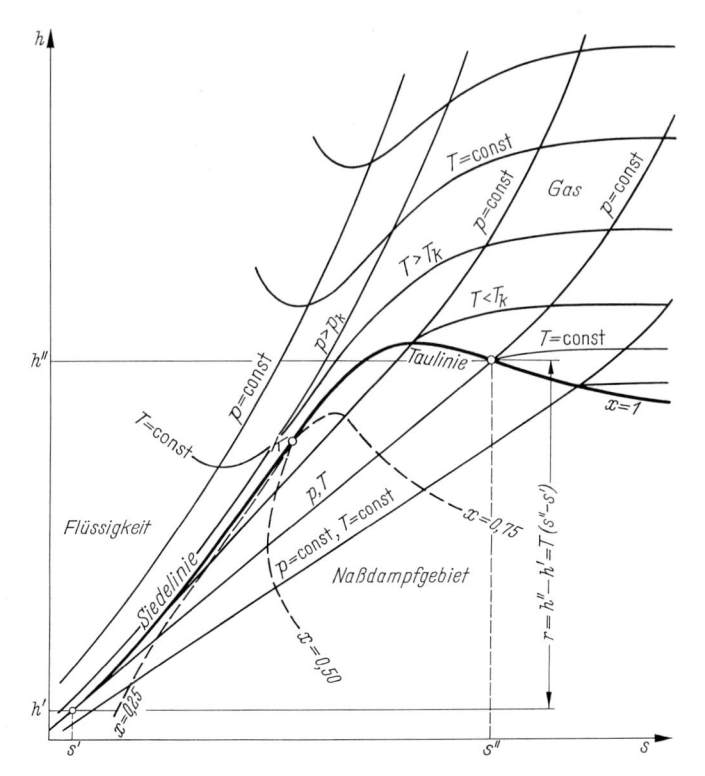

Abb. 4.20. h,s-Diagramm eines realen Gases mit Isobaren und Isothermen

wegen $dp = 0$ zu

$$\left(\frac{\partial h}{\partial s}\right)_p = T$$

findet. Die Isobaren verlaufen also um so steiler, je höher die Temperatur ist. Im Naßdampfgebiet bleibt bei $p = $ const auch T konstant. Daher sind hier die Isobaren *gerade Linien*, die um so steiler ansteigen, je höher die Siedetemperatur und damit der zugehörige Dampfdruck ist. Die kritische Isobare berührt die Grenzkurve an ihrer steilsten Stelle, im kritischen Punkt. Die Linien konstanten Dampfgehalts $x = $ const entstehen, indem man die Isobaren des Naßdampfgebiets in gleiche Abschnitte unterteilt. Alle Linien $x = $ const laufen im kritischen Punkt zusammen.

Die Isothermen fallen im Naßdampfgebiet mit den Isobaren zusammen. An den Grenzkurven haben sie im Gegensatz zu den Isobaren einen Knick und steigen in der Gasphase weniger steil an als die Isobaren. In einiger Entfernung vom Naßdampfgebiet laufen die Isothermen schließlich waagerecht, weil sich dann mit abnehmendem Druck das reale Gas immer mehr wie ein ideales Gas verhält. Da die Enthalpie eines idealen Gases nur von der Temperatur abhängt, sind hier Linien $T = $ const zugleich Linien $h = $ const: Isothermen und Isenthalpen fallen zusammen.

Dem h,s-Diagramm gleichwertig und für manche Anwendungen noch vorteilhafter ist das p,h-Diagramm. Hier lassen sich isobare Zustandsänderungen besonders einfach darstellen, denn die Isobaren sind horizontale Linien. In der Kältetechnik hat sich aus diesem Grunde das p,h-Diagramm eingebürgert. Meistens wird der Druck logarithmisch aufgetragen, um einen größeren Druckbereich günstig darzustellen. Diese Diagramme werden dann oft als lg p,h-Diagramme bezeichnet. Abbildung 4.21 zeigt ein lg p,h-Diagramm mit Isothermen und Isentropen. Die Isothermen verlaufen bei kleinen Drücken praktisch senkrecht, weil sich hier das reale Gas wie ein ideales verhält und damit Isothermen und Isenthalpen zusammenfallen.

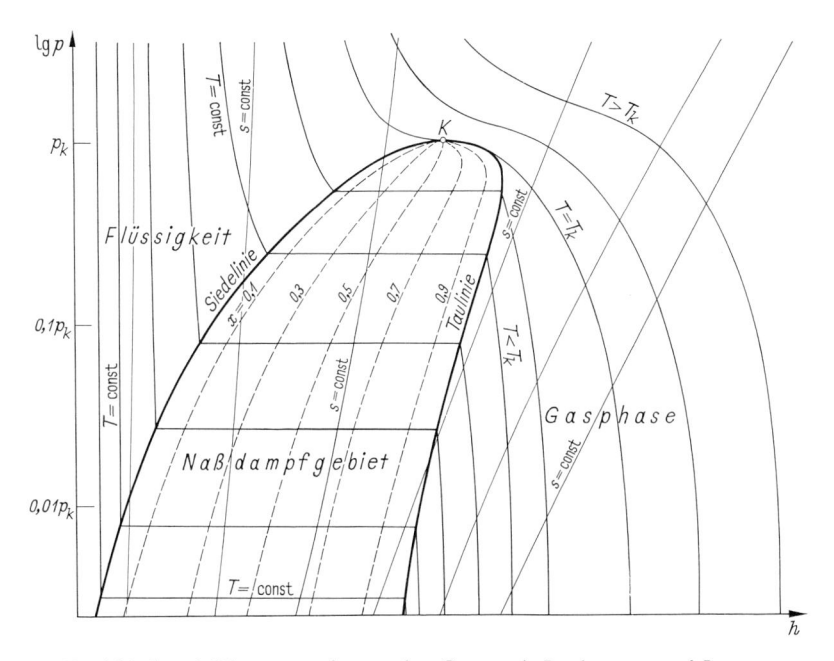

Abb. 4.21. lg p,h-Diagramm eines realen Gases mit Isothermen und Isentropen

4.3.5 Die Bestimmung isentroper Enthalpiedifferenzen

Bei zahlreichen technischen Anwendungen der Thermodynamik, vor allem bei stationären Fließprozessen in adiabaten Kontrollräumen, hat man die Differenz der Enthalpien zwischen zwei Zuständen mit gleicher Entropie, $s_1 = s_2$, aber unterschiedlichen Drücken p_1 und p_2 zu bestimmen. Diese Enthalpiedifferenz

$$\Delta h_s := h(p_2, s_1) - h(p_1, s_1)$$

wird als *isentrope Enthalpiedifferenz* bezeichnet. Zu ihrer Berechnung gibt es mehrere Möglichkeiten, auf die wir im folgenden eingehen.

Liegt ein maßstäbliches h,s- oder p,h-Diagramm für das betreffende Fluid vor, so greift man Δh_s als Strecke zwischen den beiden Zustandspunkten (p_1, s_1) und

(p_2, s_1) ab. Steht eine Tafel der Zustandsgrößen h und s in Abhängigkeit von T und p zur Verfügung, so findet man h_1 und s_1 durch Interpolation für die meistens gegebenen Werte T_1 und p_1. Für den Druck p_2 und die Entropie $s_1 = s_2$ bestimmt man wiederum durch Interpolation die Enthalpie h_2, was in Beispiel 4.5 ausführlich gezeigt wurde. Kennt man dagegen die kalorische Zustandsgleichung $h = h(T, p)$ und die Gleichung für die Entropie $s = s(T, p)$, so ermittelt man zuerst die Endtemperatur T_2 aus der Bedingung

$$s(T_2, p_2) = s_1 \, .$$

Die so gefundene Temperatur T_2 setzt man in die kalorische Zustandsgleichung ein und erhält

$$h_2 = h(T_2, p_2) \, .$$

Ohne Kenntnis der kalorischen Zustandsgleichung erhält man die isentrope Enthalpiedifferenz durch Integration der thermodynamischen Beziehung

$$dh = T \, ds + v \, dp \, ,$$

was unter Beachtung von $ds = 0$

$$\Delta h_s = \int_{p_1}^{p_2} v(p, s_1) \, dp$$

ergibt. Man muß jetzt allerdings wissen, wie das spez. Volumen des Fluids auf der Isentrope $s = s_1$ vom Druck abhängt. Diese Isentropengleichung ist exakt und explizit nur für ideale Gase mit konstanter spez. Wärmekapazität c_p^0 bekannt, worauf wir in 5.1.3 eingehen. Für inkompressible Fluide erhält man wegen $v = v_0 = $ const das besonders einfache Ergebnis

$$\Delta h_s = v_0 (p_2 - p_1) \, .$$

Eine besonders bei nicht zu großen Druckunterschieden $p_2 - p_1$ recht genaue Näherungsgleichung für die Isentrope beliebiger Fluide erhält man, wenn man über Werte des *Isentropenexponenten*

$$k := -\frac{v}{p} \left(\frac{\partial p}{\partial v} \right)_s \tag{4.16}$$

verfügt. Diese Zustandsgröße, die eng mit der Schallgeschwindigkeit a des Fluids zusammenhängt, vgl. 6.2.2, läßt sich aus der thermischen Zustandsgleichung und aus der spez. Wärmekapazität $c_p^0(T)$ im idealen Gaszustand berechnen, worauf wir hier nicht eingehen, vgl. [4.29, 4.30]. Der Isentropenexponent ist keine Konstante, sondern eine Zustandsfunktion $k = k(T, p)$, die sich auf einer Isentrope und auch von Isentrope zu Isentrope ändert. Wie man aus Abb. 4.22 erkennt, verändert sich der Isentropenexponent jedoch nur langsam, wenn man T und p oder ein anderes Paar unabhängiger Zustandsgrößen variiert.

Für die Druck- und Volumenänderung auf einer Isentrope folgt aus (4.16)

$$\frac{dp}{p} = -k \frac{dv}{v} \, .$$

4.3 Zustandsgleichungen, Tafeln und Diagramme

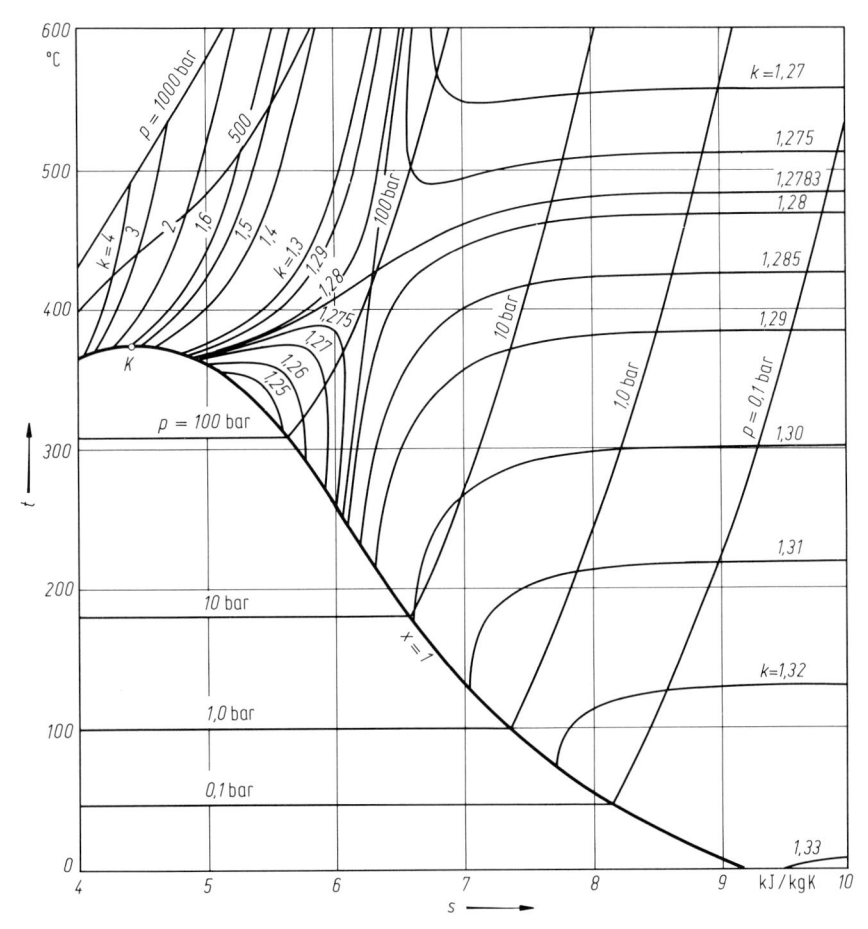

Abb. 4.22. Linien $k = $ const im t,s-Diagramm von Wasser; links unten ein Teil des Naßdampfgebiets, darüber das Gasgebiet. Das Diagramm wurde mit der kanonischen Zustandsgleichung von R. Pollak [4.31] berechnet

Wir setzen nun für eine bestimmte isentrope Zustandsänderung $k = $ const und erhalten unter dieser Annahme durch Integration

$$\ln (p/p_1) = -k \cdot \ln (v/v_1)$$

oder

$$pv^k = p_1 v_1^k$$

als Näherungsgleichung für die Isentrope. Daraus ergibt sich für die isentrope Enthalpiedifferenz

$$\Delta h_s = \frac{k}{k-1} p_1 v_1 [(p_2/p_1)^{(k-1)/k} - 1] \,. \tag{4.17}$$

Man hat hierbei die wirkliche Isentrope durch eine Potenzfunktion mit passend gewähltem, aber konstantem Exponenten k ersetzt. Diese Näherung ist offenbar um so genauer, je näher das Druckverhältnis p_2/p_1 bei 1 liegt.

Der *Isentropenexponent idealer Gase* hängt nur von der Temperatur ab, und es gilt

$$k(T) = \varkappa(T) = c_p^0(T)/c_v^0(T) ,$$

was wir in 5.1.3 herleiten werden. Da sich die Temperatur auf einer Isentrope ändert, gibt (4.17) mit einem konstanten Wert von $k = \varkappa$ auch für ideale Gase nur einen Näherungswert der isentropen Enthalpiedifferenz. Ein für ideale Gase exaktes Verfahren zur Berechnung von Δh_s behandeln wir in 5.1.3.

Beispiel 4.6. Man bestimme die isentrope Enthalpiedifferenz für Wasserdampf, wenn die folgenden Daten gegeben sind: $p_1 = 25{,}0$ bar, $v_1 = 0{,}1200$ m³/kg ($t_1 = 400$ °C) und $p_2 = 10{,}0$ bar. Es soll (4.17) mit $k = 1{,}286$ verwendet werden, vgl. Abb. 4.22.

Bei einer isentropen Expansion nimmt die Enthalpie ab; Δh_s wird also negativ. Aus (4.17) erhalten wir

$$\Delta h_s = \frac{1{,}286}{0{,}286} 25{,}0 \text{ bar} \cdot 0{,}1200 \text{ (m}^3\text{/kg)} [0{,}400^{0{,}2224} - 1]$$

$$= 13{,}490 \text{ (bar} \cdot \text{m}^3\text{/kg)} (0{,}81564 - 1) = -248{,}7 \text{ kJ/kg} .$$

Dieser Wert stimmt mit dem Wert $\Delta h_s = -248{,}3$ kJ/kg, den man durch Interpolation aus der Wasserdampftafel [4.25] erhält, sehr gut überein.

5 Ideale Gase, Gas- und Gas-Dampf-Gemische

5.1 Ideale Gase

Bei niedrigen Drücken zeigen alle realen Gase ein besonders einfaches Verhalten: die thermische und die kalorische Zustandsgleichung gehen in einfache Grenzgesetze über. Diesen Zustandsbereich nennt man den Bereich des idealen oder vollkommenen Gases. Thermodynamisch ist das ideale Gas durch die beiden Gleichungen

$$pv = RT \qquad (5.1)$$

und

$$u = u(T) \qquad (5.2)$$

definiert[1]. Ein Stoff, dessen thermische Zustandsgrößen der einfachen Gl. (5.1) genügen und dessen innere Energie eine reine Temperaturfunktion ist, kann als ideales Gas bezeichnet werden. Das ideale Gas ist jedoch ein hypothetischer Stoff; wirkliche Gase erfüllen (5.1) und (5.2) nur für $p \to 0$. Da die Abweichungen von der Zustandsgleichung idealer Gase bei nicht zu hohen Drücken klein bleiben, kann man diese einfachen Beziehungen bei praktischen Rechnungen auch auf reale Gase anwenden. Es ist jedoch wichtig, sich stets vor Augen zu halten, daß diese Gleichungen und die daraus gezogenen Folgerungen nur näherungsweise gelten, wenn sie auch im Rahmen der in der Technik geforderten Genauigkeit vielfach anwendbar sind.

5.1.1 Thermische und kalorische Zustandsgleichung

Die thermische, die kalorische und die Entropie-Zustandsgleichung eines idealen Gases haben wir bereits kennengelernt. In Tabelle 5.1 sind diese Beziehungen zusammengestellt. Jedes ideale Gas wird danach durch seine Gaskonstante R und durch die spez. Wärmekapazitäten $c_p^0(T)$ und $c_v^0(T)$ gekennzeichnet. Zwischen diesen drei Größen besteht noch der Zusammenhang (vgl. 2.3.5)

$$c_p^0(T) - c_v^0(T) = R \, .$$

---

[1] Setzt man voraus, daß in (5.1) T die thermodynamische Temperatur bedeutet, so läßt sich (5.2) aus (5.1) mit Hilfe des 2. Hauptsatzes herleiten. Das ideale Gas ist also bereits durch seine thermische Zustandsgleichung (5.1) definiert, wenn unter T die thermodynamische Temperatur verstanden wird.

Tabelle 5.1. Thermische und kalorische Zustandsgleichung sowie Entropie-Zustandsgleichung idealer Gase

Unabhängige Zustandsgrößen sind p und T	Unabhängige Zustandsgrößen sind v und T
$v = \dfrac{RT}{p}$	$p = \dfrac{RT}{v}$
$h = \int\limits_{T_0}^{T} c_p^0(T)\,dT + h_0$	$u = \int\limits_{T_0}^{T} c_v^0(T)\,dT + u_0$
$s = \int\limits_{T_0}^{T} c_p^0(T)\,\dfrac{dT}{T} - R\ln\dfrac{p}{p_0} + s_0$	$s = \int\limits_{T_0}^{T} c_v^0(T)\,\dfrac{dT}{T} + R\ln\dfrac{v}{v_0} + s_0$

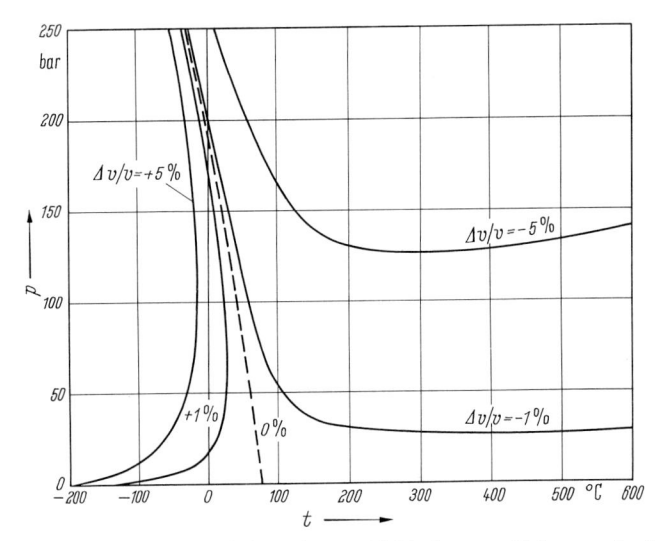

Abb. 5.1. Relative Abweichungen $\Delta v/v = (v - RT/p)/v$ des spez. Volumens der Luft von den Werten nach der Zustandsgleichung idealer Gase

Um die begrenzte Gültigkeit der thermischen Zustandsgleichung für ideale Gase zu zeigen, sind in Abb. 5.1 die Zustandsbereiche abgegrenzt, in denen sich das spez. Volumen von Luft nach der Zustandsgleichung idealer Gase berechnen läßt, solange man bestimmte Fehler zuläßt.

Man erhält die Gaskonstante R eines Gases, indem man die universelle Gaskonstante $R_m = 8{,}31451$ J/mol K durch die Molmasse M des Gases dividiert, vgl. 1.4.5:

$$R = R_m/M\,.$$

Werte von R enthält Tabelle 10.6. Mit dem Molvolumen

$$V_m = V/n = Mv$$

nimmt die thermische Zustandsgleichung die für alle idealen Gase gleiche Gestalt

$$pV_m = R_m T$$

an. Das Molvolumen aller idealen Gase hat demnach bei gleichem Druck und gleicher Temperatur denselben Wert. Für den *Normzustand*, einen vereinbarten Bezugszustand mit $t_n = 0\ °C$ und $p_n = 101{,}325$ kPa, vgl. [5.1], gilt

$$V_{mn} = V_0 = 22{,}414\ m^3/kmol,$$

vgl. auch 10.1.3.

Die Stoffmenge n eines Gases kann man aus Druck-, Volumen- und Temperaturmessungen bestimmen. Für ideale Gase erhält man

$$n = pV/R_m T.$$

Da n der Zahl der Moleküle proportional ist, gilt der Satz: Bei gegebenen Werten von p und T enthalten gleich große Volumina verschiedener idealer Gase gleich viele Moleküle.

5.1.2 Die spezifische Wärmekapazität

Die spezifische Wärmekapazität c_p^0 bzw. c_v^0 idealer Gase ist im allgemeinen eine verwickelte Temperaturfunktion. Man kann sie sehr genau aus spektroskopischen Messungen mit Hilfe der Quantenmechanik und der statistischen Thermodynamik berechnen. Die Ergebnisse dieser sehr komplizierten und umfangreichen Berechnungen sind in Tafelwerken zusammengefaßt, vgl. [5.2, 5.3]. In Abb. 5.2

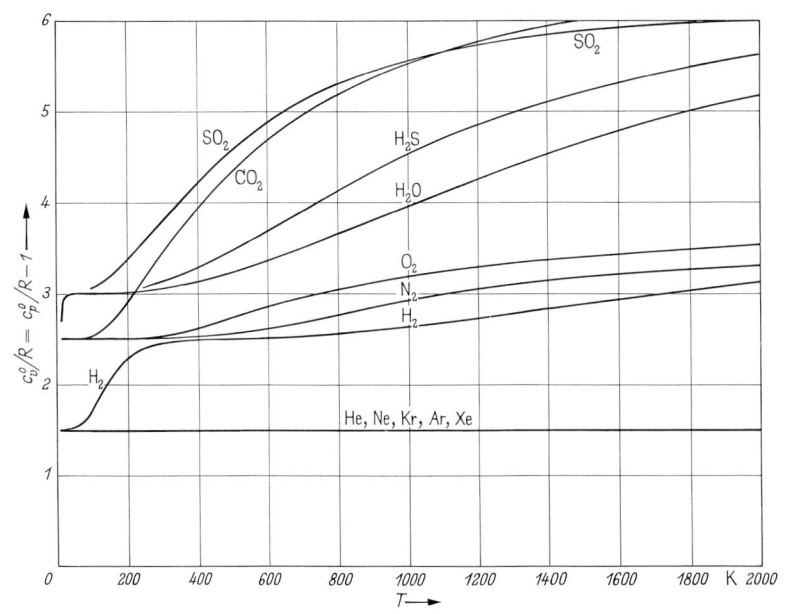

Abb. 5.2. Verhältnis $c_v^0/R = c_p^0/R - 1$ für verschiedene ideale Gase als Funktion der Temperatur T

ist das Verhältnis

$$c_v^0/R = (c_p^0/R) - 1$$

für einige Gase dargestellt.

Nur für die (einatomigen) Edelgase He, Ne, Ar, Kr und Xe liefert die Theorie ein einfaches Ergebnis. Hier hängen c_p^0 und c_v^0 von der Temperatur nicht ab; sie haben die konstanten Werte

$$c_p^0 = \frac{5}{2} R \quad \text{und} \quad c_v^0 = \frac{3}{2} R \,.$$

Die spezifische Enthalpie der Edelgase ist also eine lineare Temperaturfunktion:

$$h(T) = h_0 + c_p^0(T - T_0) = h_0 + \frac{5}{2} R(T - T_0) \,.$$

Will man die Temperaturabhängigkeit von c_p^0 berücksichtigen, so benutzt man vorteilhaft vertafelte Werte der *mittleren spez. Wärmekapazität*. Wir definieren diese Größe durch die Gleichung

$$\bar{c}_p^0(t) := \frac{1}{t} \int_0^t c_p^0(t) \, dt \,. \tag{5.3}$$

Sie stellt den Mittelwert von c_p^0 zwischen 0 °C und einer beliebigen Celsius-Temperatur t dar, vgl. Abb. 5.3. Mit ihrer Hilfe lassen sich Enthalpiedifferenzen in einfacher Weise berechnen. Aus (5.3) ergibt sich die spez. Enthalpie zu

$$h(t) = h(0\,°C) + \int_0^t c_p^0(t) \, dt = h(0\,°C) + \bar{c}_p^0(t) \cdot t \,,$$

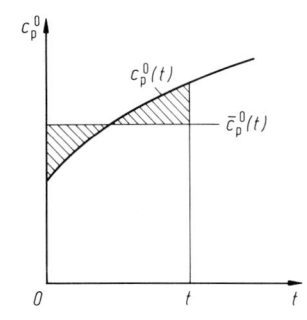

Abb. 5.3. Zur Definition der mittleren spez. Wärmekapazität $\bar{c}_p^0(t)$ nach (5.3). Die schraffierten Flächen sind gleich groß

und daraus folgt für beliebige Celsius-Temperaturen t_1 und t_2

$$h(t_2) - h(t_1) = \bar{c}_p^0(t_2) \cdot t_2 - \bar{c}_p^0(t_1) \cdot t_1 \,.$$

Tabelle 10.7 enthält für einige wichtige Gase Werte der mittleren spez. Wärmekapazität $\bar{c}_p^0$. Da $\bar{c}_p^0$ mit der Temperatur wesentlich langsamer wächst als die spez. Enthalpie h, braucht man die $\bar{c}_p^0$-Werte nur in relativ großen Intervallen von t zu vertafeln, ohne den Vorteil der linearen Interpolation aufzugeben. Eine Enthalpietafel müßte erheblich feiner gestuft werden; sie wäre dementsprechend weit umfangreicher.

Bezieht man die Enthalpie auf die Stoffmenge n des idealen Gases, so erhält man die *molare Enthalpie*

$$H_m(T) := H(T)/n = Mh(T)$$

und daraus die molare isobare Wärmekapazität oder *Molwärme*

$$C_{pm}^0(T) := dH_m/dT = Mc_p^0(T) .$$

Diese Größen gehen durch Multiplikation mit der Molmasse M aus den entsprechenden spezifischen Größen hervor. Dies gilt auch für die mittlere Molwärme

$$\bar{C}_{pm}^0(t) = M\bar{c}_p^0(t)$$

zwischen $t = 0\,°C$ und einer beliebigen Celsius-Temperatur.

Will man Differenzen der spez. inneren Energie u unter Berücksichtigung der Temperaturabhängigkeit der spez. Wärmekapazität berechnen, so geht man von der Definition der spez. Enthalpie aus. Daraus folgt

$$u(t_2) - u(t_1) = h(t_2) - h(t_1) - R(t_2 - t_1) .$$

Unter Verwendung der vertafelten Werte von $\bar{c}_p^0$ erhält man

$$u(t_2) - u(t_1) = \bar{c}_p^0(t_2)\, t_2 - \bar{c}_p^0(t_1)\, t_1 - R(t_2 - t_1) .$$

Beispiel 5.1. In einem Lufterhitzer soll ein Luftstrom, dessen Volumenstrom im Normzustand $\dot{V}_n = 1000\,m^3/h$ beträgt, von $t_1 = 25\,°C$ auf $t_2 = 950\,°C$ erhitzt werden. Die Luft ist als ideales Gas zu behandeln; Änderungen der kinetischen Energie sind zu vernachlässigen. Man berechne den Wärmestrom $\dot{Q}_{12}$, der dem Luftstrom zuzuführen ist.

Nach dem 1. Hauptsatz für stationäre Fließprozesse gilt mit $P_{12} = 0$

$$\dot{Q}_{12} = \dot{m}(h_2 - h_1) = \dot{m}[\bar{c}_p^0(t_2)\, t_2 - \bar{c}_p^0(t_1)\, t_1] .$$

Für den Massenstrom $\dot{m}$ erhalten wir

$$\dot{m} = \dot{V}_n/v_n = \frac{p_n}{RT_n}\dot{V}_n = \frac{M}{V_{mn}}\dot{V}_n$$

und mit $M = 28{,}96\,kg/kmol$ als der Molmasse der Luft

$$\dot{m} = \frac{28{,}96\,kg/kmol}{22{,}414\,m^3/kmol}\,1000\,\frac{m^3}{h}\,\frac{1\,h}{3600\,s} = 0{,}3590\,\frac{kg}{s} .$$

Die mittleren spez. Wärmekapazitäten entnehmen wir Tabelle 10.7; es folgt dann

$$\dot{Q}_{12} = 0{,}3590\,\frac{kg}{s}\,(1{,}086 \cdot 950 - 1{,}004 \cdot 25)\,\frac{kJ}{kg} = 361\,kW .$$

5.1.3 Entropie und isentrope Zustandsänderungen idealer Gase

Die spezifische Entropie idealer Gase, also die Funktion

$$s(T,p) = s_0 + \int_{T_0}^{T} c_p^0(T)\,\frac{dT}{T} - R\ln\frac{p}{p_0} \qquad (5.4)$$

besteht aus zwei Teilen, aus einer Temperaturfunktion

$$s^0(T) = s_0 + \int_{T_0}^{T} c_p^0(T)\,\frac{dT}{T} , \qquad (5.5)$$

in der die individuellen Eigenschaften der einzelnen Gase zum Ausdruck kommen, und aus dem druckabhängigen Term, der für alle Gase die gleiche Gestalt hat. Tabelle 10.8 gibt Werte der Temperaturfunktion $s^0(T)$ für mehrere technisch wichtige Gase, wobei $p_0 = 1$ bar gesetzt wurde.

Mit der Temperaturfunktion $s^0(T)$ nach (5.5) kann man den Zusammenhang zwischen T und p auf einer Isentrope bestimmen. Für zwei Zustände 1 und 2 mit $s_1 = s_2$ gilt

$$s(T_2, p_2) - s(T_1, p_1) = s^0(T_2) - s^0(T_1) - R \ln (p_2/p_1) = 0,$$

also

$$s^0(T_2) = s^0(T_1) + R \ln (p_2/p_1). \qquad (5.6)$$

Dieser Zusammenhang läßt sich mit Hilfe von Tabelle 10.8 leicht auswerten, wobei es übrigens gleichgültig ist, welchen Wert der Bezugsdruck p_0 hat. Sind beispielsweise T_1, p_1 und der Enddruck p_2 gegeben, so berechnet man $s^0(T_2)$ nach (5.6) und bestimmt nach Tabelle 10.8 die Temperatur T_2, die zu diesem Entropiewert gehört.

Mit Hilfe der vertafelten mittleren spez. Wärmekapazitäten $\bar{c}_p^0(t)$ und der Entropiefunktion $s^0(T)$ läßt sich eine in der Praxis häufig gestellte Aufgabe für ideale Gase genau und einfach lösen: die *Berechnung von isentropen Enthalpiedifferenzen*

$$\Delta h_s = h(p_2, s_1) - h(p_1, s_1),$$

vgl. 4.3.5. Der Rechengang besteht aus zwei Schritten. Aus den Daten des Anfangszustands 1 und dem Enddruck p_2 wird zunächst nach (5.6) die Endtemperatur T_2 bzw. t_2 ermittelt. Danach erhält man

$$\Delta h_s = \bar{c}_p^0(t_2)\, t_2 - \bar{c}_p^0(t_1)\, t_1$$

mittels der in Tabelle 10.7 angegebenen Werte von $\bar{c}_p^0(t)$.

Bildet man das Differential ds der Entropie eines idealen Gases, so ergibt sich hierfür aus (5.4)

$$ds = c_p^0(T) \frac{dT}{T} - R \frac{dp}{p} = c_v^0(T) \frac{dp}{p} + c_p^0(T) \frac{dv}{v},$$

wenn man noch die thermische Zustandsgleichung und die Relation $c_p^0 - c_v^0 = R$ beachtet. Für den in 4.3.5 eingeführten Isentropenexponenten k folgt hieraus mit $ds = 0$

$$k = -\frac{v}{p} \left(\frac{\partial p}{\partial v} \right)_s = c_p^0(T)/c_v^0(T) = \varkappa(T).$$

Der Isentropenexponent idealer Gase ist gleich dem Verhältnis ihrer spez. Wärmekapazitäten und damit eine Temperaturfunktion. Wie schon in 4.3.5 erwähnt, ist die aus der Annahme $k = \varkappa = $ const folgenden Isentropengleichung

$$pv^\varkappa = p_1 v_1^\varkappa \qquad (5.7)$$

nur eine Näherungsgleichung. Sie gilt exakt nur für die Edelgase, denn diese haben nach 5.1.2 eine konstante spez. Wärmekapazität $c_p^0 = (5/2)\, R$, woraus sich für ihren Isentropenexponenten der ebenfalls konstante Wert $\varkappa = 5/3$ ergibt. Häufig vernachlässigt man bei anderen idealen Gasen die schwache Temperaturabhängigkeit von $\varkappa$, vgl. Abb. 5.4, und benutzt zum Verfolgen isentroper Zustandsänderungen anstelle der exakten Beziehung (5.6) die aus (5.7) folgende Näherungsgleichung

$$T/T_1 = (p/p_1)^{R/c_p^0} = (p/p_1)^{(\varkappa-1)/\varkappa}. \tag{5.8}$$

Isentrope Enthalpiedifferenzen erhält man dann aus (4.17) von 4.3.5, in die man wie in (5.7) und (5.8) einen geeigneten Mittelwert von $\varkappa = k$ einzusetzen hat.

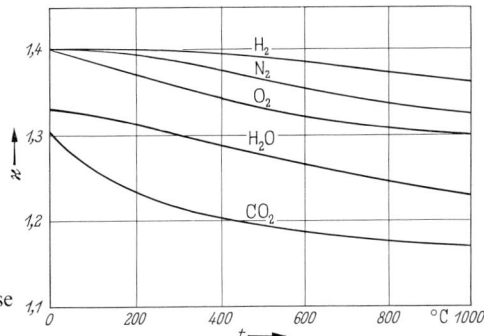

Abb. 5.4. Isentropenexponent $\varkappa(T) = c_p^0(T)/c_v^0(T)$ einiger idealer Gase

Beispiel 5.2. CO_2 expandiert isentrop von $p_1 = 4{,}0$ bar, $t_1 = 750\ °C$ auf den Druck $p_2 = 1{,}0$ bar. Man berechne die dabei auftretende Enthalpieänderung.

Wir bestimmen zuerst die Endtemperatur T_2 bzw. t_2 aus der Bedingung $s = $ const, also aus (5.6):

$$s^0(t_2) = s^0(t_1) + R \ln(p_2/p_1).$$

Nach Tabelle 10.8 und mit $R = 0{,}18892$ kJ/kg K erhalten wir

$$s^0(t_2) = [6{,}1458 + 0{,}18892 \ln(1/4)]\ \text{kJ/kg K}$$
$$= (6{,}1458 - 0{,}2619)\ \text{kJ/kg K} = 5{,}8839\ \text{kJ/kg K}.$$

Die zu diesem Wert gehörende Temperatur finden wir durch (inverse) Interpolation in Tabelle 10.8 zu $t_2 = 550{,}8\ °C$. Damit wird unter Benutzung von Tabelle 10.7

$$\Delta h_s = \bar{c}_p^0(t_2) \cdot t_2 - \bar{c}_p^0(t_1) \cdot t_1 = (1{,}0293 \cdot 550{,}8 - 1{,}0775 \cdot 750)\ \text{kJ/kg}$$
$$= -241{,}2\ \text{kJ/kg}.$$

Diesen exakten Werten, bei deren Berechnung die Temperaturabhängigkeit von $c_p^0(T)$ voll berücksichtigt wurde, stellen wir nun die Ergebnisse einer Näherungsrechnung mit konstantem $k = \varkappa$ gegenüber. Hierzu wählen wir aus Abb. 5.4 den Wert $\varkappa(t_1) = \varkappa(750\ °C) = 1{,}180$. Damit erhalten wir aus (5.8) für die Endtemperatur

$$T_2 = T_1(p_2/p_1)^{(\varkappa-1)/\varkappa} = 1\,023\ \text{K}\ (0{,}25)^{0{,}1525} = 828{,}1\ \text{K},$$

also $t_2 = 555{,}0\ °C$ statt des genauen Werts $t_2 = 550{,}8\ °C$. Für die isentrope Enthalpiedifferenz ergibt sich aus (4.13) mit $k = \varkappa$ und $p_1 v_1 = RT_1$

$$\Delta h_s = \frac{\varkappa}{\varkappa - 1} RT_1 [(p_2/p_1)^{(\varkappa-1)/\varkappa} - 1] = -241{,}5\ \text{kJ/kg},$$

ein Wert, der um nur $1{,}3\%_{00}$ vom genauen Resultat abweicht.

5.2 Ideale Gasgemische

Bei den Anwendungen der Thermodynamik hat man es nicht nur mit einheitlichen Stoffen, sondern häufig mit Gemischen aus verschiedenen reinen Stoffen zu tun. Wir wollen uns hier auf die Gemische (chemisch nicht reagierender) idealer Gase beschränken. Flüssigkeitsgemische und Gemische aus realen Gasen werden wir nicht behandeln, vgl. hierzu die zusammenfassenden Darstellungen [3.16—3.20]. Zuerst stellen wir jedoch einige Beziehungen zusammen, die allgemein für alle Gemische gelten.

5.2.1 Massen- und Molanteile. Partialdrücke

Da ein Gemisch aus mehreren reinen Stoffen (Komponenten) besteht, wird sein Zustand nicht allein durch zwei Zustandsgrößen, etwa durch Druck und Temperatur, festgelegt. Wir brauchen außerdem Größen, welche die Zusammensetzung des Gemisches beschreiben, vgl. auch [5.4]. Hierzu können wir die Massenanteile oder die Molanteile der einzelnen Komponenten an der Gesamtmasse oder der gesamten Stoffmenge benutzen.

Ein Gemisch enthalte die Stoffe (Komponenten) 1, 2, ... , i, ... , l mit den Massen $m_1, m_2, ... , m_i, ... , m_l$. Die Masse des Gemisches ist dann

$$m = \sum_{i=1}^{l} m_i \, .$$

Als *Massenanteil* oder *Massengehalt* der Komponente i definiert man das Verhältnis

$$\xi_i := m_i/m \, , \quad i = 1, 2, ... , l \, .$$

Kennzeichnen wir die Mengen der einzelnen Komponenten durch ihre Stoffmengen $n_1, n_2, ...$, so ergibt sich die Stoffmenge des Gemisches zu

$$n = \sum_{i=1}^{l} n_i \, .$$

Der *Molanteil*, *Stoffmengengehalt* oder *Molenbruch* der Komponente i ist durch

$$y_i := n_i/n \, , \quad i = 1, 2, ... , l \, ,$$

definiert. Massenanteile ξ_i und Molanteile y_i sind dimensionslose Verhältnisgrößen. Für sie gilt

$$\sum_{i=1}^{l} \xi_i = 1 \quad \text{und} \quad \sum_{i=1}^{l} y_i = 1 \, .$$

Es sind also nur $l - 1$ Massen- oder Molanteile unabhängige Zustandsgrößen; der Massenanteil ξ_1 bzw. der Molanteil y_1 der letzten Komponente l ergibt sich aus den entsprechenden Anteilen der übrigen $l - 1$ Komponenten. Der intensive Zustand einer Mischphase aus l Komponenten wird also durch $l + 1$ unabhängige intensive Zustandsgrößen festgelegt, z. B. durch T, p, und die Massenanteile ξ_1 bis ξ_{l-1}. Diese Aussage ist ein Sonderfall der von J. W. Gibbs 1874 ausgesprochenen Phasenregel. Danach wird der Zustand eines Systems, das aus l

Komponenten besteht und sich in p verschiedenen Phasen befindet, durch $2 + l - p$ intensive Zustandsgrößen bestimmt.

Massen- und Molanteile lassen sich für alle Stoffe (nicht nur für Gase) ineinander umrechnen. Für jeden reinen Stoff mit der Molmasse M_i gilt die Beziehung

$$m_i = M_i n_i . \tag{5.9}$$

Wir definieren durch die Gleichung

$$m = Mn \tag{5.10}$$

die *Molmasse M des Gemisches*. Durch Division von (5.9) mit (5.10) folgt dann

$$\xi_i = \frac{M_i}{M} y_i .$$

Damit können wir den Molanteil der Komponente i leicht in ihren Massenanteil ξ_i umrechnen, falls die Molmasse M des Gemisches bekannt ist. Diese Größe läßt sich aus (5.10) berechnen. Es gilt nämlich

$$M := \frac{m}{n} = \frac{1}{n} \sum_{i=1}^{l} m_i = \frac{1}{n} \sum_{i=1}^{l} M_i n_i ,$$

also

$$M = \sum_{i=1}^{l} M_i y_i . \tag{5.11}$$

Nach dieser Beziehung erhalten wir die Molmasse des Gemisches, wenn seine Zusammensetzung in Molanteilen gegeben ist. Kennen wir dagegen die Zusammensetzung in Massenanteilen, so erhalten wir aus der Definitionsgleichung (5.10) in ähnlicher Weise

$$\frac{1}{M} = \sum_{i=1}^{l} \frac{\xi_i}{M_i} .$$

Der *Partialdruck* p_i des Stoffes i in einem Gemisch wird durch die Gleichung

$$p_i := y_i p$$

definiert, in der y_i den Molanteil des Stoffes i bedeutet. Mit p bezeichnen wir den Druck des Gemisches; er wird zur Unterscheidung von p_i auch *Gesamtdruck* genannt. Nach dieser Definition ist die Summe der Partialdrücke gleich dem Gesamtdruck

$$\sum_{i=1}^{l} p_i = \sum_{i=1}^{l} y_i p = p ,$$

da die Summe der Molanteile eins ist. Dies gilt für beliebige Gemische unabhängig davon, ob es sich bei den Komponenten um ideale oder reale Gase oder um Flüssigkeiten handelt. Die Zusammensetzung eines Gemisches können wir also auch durch die Partialdrücke der einzelnen Komponenten angeben, was der Angabe der Molanteile gleichwertig ist.

5.2.2 Die Gibbs-Funktion des idealen Gasgemisches

Wie reine Gase zeigen auch Gasgemische ein einfaches Verhalten, wenn $p \to 0$ geht. Sie lassen sich bei hinreichend kleinen Drücken durch das Stoffmodell des idealen Gasgemisches beschreiben. Um seine thermodynamischen Eigenschaften, also seine thermische, kalorische und Entropie-Zustandsgleichung zu gewinnen, betrachten wir das Membrangleichgewicht zwischen einem idealen Gasgemisch und einem reinen idealen Gas. Daraus leiten wir Ausdrücke für die chemischen Potentiale der Komponenten und für die Gibbs-Funktion des idealen Gasgemisches her. Diese enthält, wie in 3.2.4 gezeigt wurde, die gesuchten drei Zustandsgleichungen.

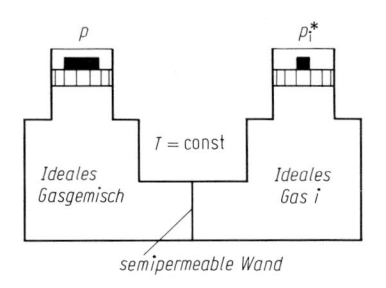

Abb. 5.5. Membrangleichgewicht
zwischen einem idealen Gasgemisch und dem reinen idealen Gas i.
Die semipermeable Wand läßt nur die Komponente i des idealen Gasgemisches hindurch

Eine semipermeable Wand, die nur die Komponente i eines idealen Gasgemisches hindurchläßt, trenne das Gemisch von dem reinen idealen Gas i, vgl. Abb. 5.5 und die Ausführungen in 3.2.4. Zwischen dem Gemisch und dem reinen idealen Gas stelle sich das Membrangleichgewicht ein. Beide Systeme haben dann dieselbe Temperatur; der Druck p_i^* des reinen Gases stimmt aber nicht mit dem Druck p des Gemisches überein. Das *ideale Gasgemisch* ist nun dadurch definiert, daß im Membrangleichgewicht

$$p_i^* = p_i = y_i p, \qquad i = 1, 2, \ldots, l.$$

gilt, und zwar für jede Komponente des Gemisches. Der Druck des reinen idealen Gases i stimmt mit dem Partialdruck dieser Komponente im idealen Gasgemisch überein.

Nach dem 2. Hauptsatz, vgl. 3.2.4, ist das chemische Potential μ_i einer Komponente des idealen Gasgemisches gleich der molaren Gibbsfunktion G_{mi} des reinen Gases, mit dem es im Membrangleichgewicht steht:

$$\mu_i(T, p, y_i) = G_{mi}(T, y_i p).$$

Dabei ist G_{mi} beim Partialdruck $p_i = y_i p$ zu berechnen. Bei Kenntnis der chemischen Potentiale verfügt man auch über die Gibbs-Funktion

$$G = \sum_{i=1}^{l} n_i \mu_i(T, p, y_i) = \sum_{i=1}^{l} n_i G_{mi}(T, y_i p),$$

5.2 Ideale Gasgemische

aus der sich alle thermodynamischen Eigenschaften des Gasgemisches berechnen lassen. Nach (3.31) in 3.2.4 erhalten wir das Volumen

$$V = \left(\frac{\partial G}{\partial p}\right)_{T, n_i} = \sum_{i=1}^{l} n_i \frac{\partial \mu_i}{\partial p} , \tag{5.12}$$

die Enthalpie

$$H = G - T \left(\frac{\partial G}{\partial T}\right)_{p, n_i} = \sum_{i=1}^{l} n_i \left[\mu_i - T \frac{\partial \mu_i}{\partial T}\right] \tag{5.13}$$

und die Entropie

$$S = - \left(\frac{\partial G}{\partial T}\right)_{p, n_i} = - \sum_{i=1}^{l} n_i \frac{\partial \mu_i}{\partial T} \tag{5.14}$$

des idealen Gasgemisches durch Differenzieren von G.

Zur Auswertung dieser Beziehungen berechnen wir die molare Gibbs-Funktion G_{mi} eines reinen idealen Gases nach den Beziehungen von 5.1.2 und 5.1.3. Dies ergibt

$$G_{mi}(T, y_i p) = H_{mi}(T) - T[S^0_{mi}(T) - R_m \ln (y_i p/p_0)]$$

mit

$$H_{mi}(T) = H_{mi}(T_0) + \int_{T_0}^{T} C^0_{p\,mi}(T)\, dT$$

als der molaren Enthalpie und mit

$$S^0_{mi}(T) = S^0_{mi}(T_0) + \int_{T_0}^{T} C^0_{p\,mi}(T) \frac{dT}{T}$$

als der molaren Entropie des idealen Gases i beim Bezugsdruck p_0. Damit erhalten wir das chemische Potential μ_i der Komponente i im idealen Gasgemisch zu

$$\mu_i(T, p, y_i) = G^0_{mi}(T) + R_m T \ln (p/p_0) + R_m T \ln y_i . \tag{5.15}$$

Es besteht aus drei Teilen, der nur von T abhängigen Gibbs-Funktion

$$G^0_{mi}(T) = H_{mi}(T) - T S^0_{mi}(T)$$

des reinen Gases i beim Bezugsdruck p_0, dem druckabhängigen Term und einem Term, der die Abhängigkeit des chemischen Potentials von der Zusammensetzung des Gemisches angibt. Es ist bemerkenswert, daß μ_i nur vom eigenen Molanteil y_i abhängt.

Führt man die Differentiationen von (5.15) aus, so erhält man aus (5.12) bis (5.14)

$$V = \sum_{i=1}^{l} n_i \frac{R_m T}{p} = \sum_{i=1}^{l} n_i V_{mi}(T, p) = \sum_{i=1}^{l} m_i v_i(T, p) , \tag{5.16}$$

$$H = \sum_{i=1}^{l} n_i H_{mi}(T) = \sum_{i=1}^{l} m_i h_i(T) \tag{5.17}$$

und

$$S = \sum_{i=1}^{l} n_i [S_{mi}^0(T) - R_m \ln(p/p_0) - R_m \ln y_i] = \sum_{i=1}^{l} n_i S_{mi}(T, p) - R_m \sum_{i=1}^{l} n_i \ln y_i$$

$$= \sum_{i=1}^{l} m_i s_i(T, p) - \sum_{i=1}^{l} m_i R_i \ln y_i \,. \tag{5.18}$$

Ein ideales Gasgemisch zeigt ein recht einfaches Verhalten: Sein Volumen und seine Enthalpie ergeben sich als Summe der Volumina bzw. der Enthalpien der reinen Komponenten (der reinen idealen Gase), berechnet bei der Temperatur und dem Druck des Gemisches. Nur bei der Entropie tritt ein zusätzlicher Term auf, der auf einen Mischungseffekt hinweist. Dies ist die stets positive *Mischungsentropie*

$$\Delta S_M := -R_m \sum_i n_i \ln y_i = -\sum_i m_i R_i \ln y_i \,,$$

die nur von der Zusammensetzung des idealen Gasgemisches, aber nicht von Druck und Temperatur abhängt.

Die Mischungsentropie läßt sich thermodynamisch leicht deuten. Das Herstellen eines Gemisches aus den reinen Komponenten ist ein irreversibler Prozeß. Die reinen Gase haben anfänglich die gleiche Temperatur und den gleichen Druck. Mischt man sie in einer adiabaten Mischkammer, so bleiben Druck und Temperatur unverändert. Dies folgt aus (5.16) und (5.17), die kein der Mischungsentropie entsprechendes Mischungsglied enthalten: Mischungsvolumen und Mischungsenthalpie sind bei idealen Gasgemischen gleich null. Die beim adiabaten Herstellen des Gemisches produzierte Entropie ist

$$S_{irr} = S(T, p, m_1, m_2, ...) - \sum_{i=1}^{l} m_i s_i(T, p) = -\sum_{i=1}^{l} m_i R_i \ln y_i \,,$$

wobei $S(T, p, m_1, m_2, ...)$ die durch (5.18) gegebene Entropie des idealen Gasgemisches bedeutet. Somit gilt

$$S_{irr} = \Delta S_M = -\sum_{i=1}^{l} m_i R_i \ln y_i > 0 \,;$$

die Mischungsentropie ist die beim Herstellen des Gemisches produzierte Entropie. Da $y_i < 1$ ist, die Logarithmen mithin negativ werden, ist die Mischungsentropie stets positiv. Das Herstellen des Gasgemisches aus den reinen Komponenten ist ein irreversibler Prozeß. Er läuft von selbst ab (Ausgleichsprozeß), was durch die Erfahrung ausnahmslos bestätigt wird. Seine Umkehrung, die Entmischung eines idealen Gasgemisches, ist ohne äußere Einwirkung nicht möglich; hierzu muß Arbeit aufgewendet werden, worauf wir in 6.4.2 eingehen.

5.2.3 Thermische, kalorische und Entropie-Zustandsgleichung

Aus den im letzten Abschnitt hergeleiteten Beziehungen für das Volumen, die Enthalpie und die Entropie eines idealen Gasgemisches erhält man seine thermische, kalorische und Entropie-Zustandsgleichung durch Bezug dieser Größen auf die

Masse m oder die Stoffmenge n des Gemisches. Aus (5.16) ergibt sich so die *thermische Zustandsgleichung*

$$V_m = R_m T/p$$

und

$$v = RT/p$$

mit der (spezifischen) Gaskonstante

$$R = \sum_i \xi_i R_i$$

des idealen Gasgemisches, die man auch aus der bekannten Beziehung

$$R = R_m/M$$

mit M als der Molmasse des Gemisches nach (5.11) berechnen kann. *Die thermische Zustandsgleichung eines idealen Gasgemisches hat dieselbe Gestalt wie die eines reinen idealen Gases.*

Für den *Partialdruck* p_i einer beliebigen Komponente des idealen Gasgemisches erhält man

$$p_i = y_i p = n_i \frac{p}{n} = n_i \frac{R_m T}{V} = m_i \frac{R_i T}{V}.$$

Der Partialdruck der Komponente i ist gleich dem Druck, den sie als einzelnes reines Gas bei der Temperatur des Gemisches annimmt, wenn sie das ganze Volumen des Gemisches allein ausfüllt. Diese nur für ideale Gasgemische gültige Beziehung ist als *Gesetz von Dalton*[2] bekannt. Manchmal wird als Gesetz von Dalton der folgende Satz bezeichnet: Im idealen Gasgemisch ist die Summe der Partialdrücke gleich dem Gesamtdruck. Nach der von uns benutzten Definition des Partialdrucks, $p_i := y_i p$, gilt dieser Satz für jedes beliebige Gemisch, weil er Korollar der Definition ist. Definiert man dagegen den Partialdruck p_i als den Druck, den die Komponente i bei der Temperatur des Gemisches annimmt, wenn ihr das Volumen des Gemisches allein zur Verfügung steht, dann gilt die Aussage $p = \sum_i p_i$ nur für ideale Gasgemische.

Die Zusammensetzung idealer Gasgemische gibt man häufig in *Volumen-* oder *Raumanteilen* an, die durch

$$r_i := \frac{V_i(T,p)}{V}, \qquad i = 1, 2, \ldots, l,$$

definiert sind, wobei

$$V_i(T,p) = n_i R_m T/p = m_i R_i T/p$$

---

[2] John Dalton (1766–1844), englischer Physiker und Chemiker, entdeckte 1801 das nach ihm benannte Gesetz. Er wurde zum Begründer der neueren chemischen Atomistik durch seine Atomtheorie, nach der sich die Elemente in „konstanten und multiplen Proportionen" zu chemischen Verbindungen vereinigen. Er beschrieb als erster die Rot-grün-Blindheit, an der er selber litt.

das Volumen des reinen Gases i bei der Temperatur und dem Druck des Gemisches ist. Nach dem Gesetz von Dalton erhält man

$$r_i = \frac{V_i}{V} = n_i \frac{R_m T}{pV} = \frac{p_i}{p} = y_i \ .$$

Volumenanteile und Molanteile stimmen bei einem idealen Gasgemisch überein.

Die *kalorische Zustandsgleichung* des idealen Gasgemisches, also seine spez. Enthalpie, ergibt sich aus (5.17) zu

$$h(T) = \sum_{i=1}^{l} \xi_i h_i(T) \ .$$

Durch Differenzieren erhält man die spez. Wärmekapazität

$$c_p^0(T) = \sum_{i=1}^{l} \xi_i c_{pi}^0(T)$$

und analog dazu die mittlere spez. Wärmekapazität zwischen 0 °C und einer beliebigen Celsius-Temperatur t:

$$\bar{c}_p^0(t) = \sum_{i=1}^{l} \xi_i \bar{c}_{pi}^0(t) \ .$$

Auch die spez. innere Energie u und die spez. isochore Wärmekapazität c_v^0 des idealen Gasgemisches sind in der gleichen einfachen Weise aus den entsprechenden Größen der reinen idealen Gase berechenbar.

Aus (5.18) erhalten wir schließlich die spez. Entropie des idealen Gasgemisches zu

$$s = \sum_i \xi_i s_i(T, p) - \sum_i \xi_i R_i \ln y_i \ .$$

Auch sie ergibt sich aus den spez. Entropien $s_i(T, p)$ der reinen idealen Gase, berechnet bei der Temperatur und dem vollen Druck p des Gemisches, aber vermehrt um ein Zusatzglied, die spez. *Mischungsentropie*

$$\Delta s_M := -\sum_i \xi_i R_i \ln y_i = -R \sum_i y_i \ln y_i > 0$$

des idealen Gasgemisches.

Die spez. Mischungsentropie Δs_M hängt weder vom Druck noch von der Temperatur ab, sondern nur von der Zusammensetzung des Gemisches. Sofern sich bei einer Zustandsänderung die Zusammensetzung des idealen Gasgemisches nicht ändert, braucht man auf die Mischungsentropie keine Rücksicht zu nehmen, denn sie fällt bei der Bildung von Entropiedifferenzen heraus. Man kann in diesen Fällen so rechnen, als ob ein reines Gas vorläge. Die bisherige Behandlung der Luft als reines ideales Gas ist damit nachträglich gerechtfertigt. Auf die thermodynamische Deutung der Mischungsentropie als Entropieproduktion des irreversiblen Mischungsprozesses sind wir schon am Ende von 5.2.2 eingegangen.

Beispiel 5.3. Trockene Luft ist ein Gemisch aus N_2, O_2, Ar, CO_2 und Ne, deren Molanteile in Tabelle 5.2 angegeben sind, sowie einiger anderer Gase (Kr, He, H_2, Xe, O_3) in vernachlässigbar kleiner Menge. Man bestimme die Molmasse, die Gaskonstante, die Mischungsentropie und den Isentropenexponenten der Luft bei 25 °C. Man gebe ferner die Zusammensetzung der Luft in Massenanteilen an.

Die Molmasse der trockenen Luft errechnen wir aus den Molanteilen y_i und den Molmassen M_i (Tabelle 10.6) der fünf Komponenten:

$$M = \sum_{i=1}^{i} y_i M_i = (0{,}78084 \cdot 28{,}0134 + 0{,}20948 \cdot 31{,}9988 + 0{,}00934 \cdot 39{,}948$$
$$+ 0{,}00032 \cdot 44{,}010 + 0{,}00002 \cdot 20{,}179) \text{ kg/kmol}$$
$$= 28{,}9647 \text{ kg/kmol}.$$

Damit erhalten wir für ihre Gaskonstante

$$R = \frac{R_m}{M} = \frac{8{,}31451 \text{ kJ/kmol K}}{28{,}9647 \text{ kg/kmol}} = 0{,}28706 \text{ kJ/kg K}.$$

Die spez. Mischungsentropie ergibt sich zu

$$\Delta s_M = -R \sum_{i=1}^{5} y_i \ln y_i = 0{,}16278 \text{ kJ/kg K}.$$

Tabelle 5.2. Zusammensetzung trockener Luft in Molanteilen y_i und Massenanteilen ξ_i

Komponente i	y_i	ξ_i
Stickstoff, N_2	0,78084	0,75520
Sauerstoff, O_2	0,20948	0,23142
Argon, Ar	0,00934	0,01288
Neon, Ne	0,00002	0,00001
Kohlendioxid, CO_2	0,00032	0,00049

Bevor wir den Isentropenexponenten berechnen, bestimmen wir die Zusammensetzung der trockenen Luft in Massenanteilen. Sie ergeben sich aus

$$\xi_i = \frac{M_i}{M} y_i, \quad i = 1, 2, \ldots, 5,$$

wobei M die bereits berechnete Molmasse der Luft ist. Das Ergebnis enthält Tabelle 5.2. Der Isentropenexponent des idealen Gasgemisches Luft ist nach 5.1.3 durch

$$k = \varkappa(t) = c_p^0(t)/c_v^0(t) = \frac{c_p^0(t)}{c_p^0(t) - R}$$

gegeben. Die spez. isobare Wärmekapazität erhält man aus den Massenanteilen ξ_i und den c_{pi}^0-Werten der reinen Komponenten nach Tabelle 10.6. Es gilt

$$c_p^0(25\,°C) = \sum_{i=1}^{5} \xi_i c_{pi}^0(25\,°C) = 1{,}0046 \text{ kJ/kg K}.$$

Daraus folgt

$$\varkappa(25\,°C) = \frac{1{,}0046}{1{,}0046 - 0{,}28706} = 1{,}400$$

als Isentropenexponent der trockenen Luft.

5.3 Gas-Dampf-Gemische. Feuchte Luft

Gas—Dampf-Gemische sind ideale Gasgemische mit der Besonderheit, daß im betrachteten Temperaturbereich eine Komponente des Gemisches kondensieren kann, weswegen sie als „Dampf" bezeichnet wird. Die anderen, nicht kondensierenden Komponenten faßt man zu einem „Gas" unveränderlicher Zusammensetzung zusammen. Derartige Gas—Dampf-Gemische, also ideale Gasgemische mit einer kondensierenden Komponente, treten in der Technik häufig auf. Das wichtigste Beispiel ist die feuchte Luft, ein Gemisch aus trockener Luft und Wasserdampf.

Da die als Dampf bezeichnete Komponente kondensieren kann, unterscheiden wir zwei Fälle bei der Behandlung eines Gas—Dampf-Gemisches:

a) *Das Gas—Dampf-Gemisch ist ungesättigt.* Beide Komponenten liegen als Gase vor, es ist kein Kondensat vorhanden. Wir haben es dann mit einem „gewöhnlichen" idealen Gasgemisch zu tun. Dies trifft nur so lange zu, wie der Partialdruck p_D des Dampfes kleiner ist als der Sättigungsdruck p_s des Dampfes im Gemisch.

b) *Das Gas—Dampf-Gemisch ist gesättigt.* In diesem Falle stimmt der Partialdruck des Dampfes mit dem Sättigungsdruck des Dampfes im Gemisch überein:

$$p_D = p_s \, .$$

Das gesättigte Gas—Dampf-Gemisch besteht aus zwei Phasen: der Gasphase und der kondensierten Phase. Die Gasphase ist das Gemisch aus dem gesättigten Dampf und dem nicht kondensierenden Gas. Die kondensierte Phase bestehe aus reiner Flüssigkeit oder aus reinem festen Kondensat; die sehr geringe Menge gelöster Gase wird vernachlässigt. Die Flüssigkeit kann als fein verteilter Nebel oder auch als räumlich zusammenhängende Flüssigkeitsmasse (Bodenkörper) vorhanden sein. Die Gasphase und das Kondensat befinden sich im thermodynamischen Gleichgewicht. Beide Phasen haben dieselbe Temperatur T und denselben Druck p, wobei sich in der Gasphase der Sättigungsdruck p_s des Dampfes und der Partialdruck p_G des Gases zum Gesamtdruck $p = p_s + p_G$ summieren.

5.3.1 Der Sättigungsdruck des Dampfes

Wäre im gesättigten Gas—Dampf-Gemisch kein Gas vorhanden, $p_G = 0$ und $p_s = p$, so stimmte der Sättigungsdruck des Dampfes mit dem Dampfdruck $p_{Ds}(T)$ des *reinen* Dampfes überein. Infolge der Anwesenheit des nicht kondensierenden Gases wird sich in einem gesättigten Gas—Dampf-Gemisch ein davon abweichender Sättigungsdruck p_s des Dampfes einstellen, der nicht nur von der Temperatur T des Gemisches, sondern auch von p_G und damit vom Gesamtdruck p abhängt:

$$p_s = p_s(T, p) \, .$$

Um diese *Druckabhängigkeit des Sättigungsdruckes* zu berechnen, gehen wir vom Zweiphasengleichgewicht zwischen dem reinen Dampf und dem reinen Kondensat aus. Hier gilt die in 4.1.3 hergeleitete Bedingung zwischen den spez. freien Enthalpien oder Gibbs-Funktionen von Dampf und Kondensat,

$$g_D(T, p_{Ds}) = g_K(T, p_{Ds}) \, ,$$

aus welcher sich der Dampfdruck p_{Ds} des reinen Dampfes als Funktion der Temperatur ermitteln läßt.

5.3 Gas-Dampf-Gemische. Feuchte Luft

Wir fügen nun bei konstanter Temperatur T etwas nicht kondensierendes Gas zu, so daß der Gesamtdruck von $p = p_{Ds}$ auf $p_{Ds} + dp$ steigt. Dabei ändert sich der Partialdruck des gesättigten Dampfes von $p_s = p_{Ds}$ aus um dp_s, und es stellt sich wieder Gleichgewicht ein. Die spez. freien Enthalpien von Dampf und Kondensat ändern sich um dg_D und um dg_K. Da Gleichgewicht herrscht, gilt aber

$$dg_D = dg_K . \tag{5.19}$$

Nach Tabelle 3.2 erhalten wir für die Änderung der Gibbs-Funktion bei konstanter Temperatur

$$dg = v\, dp .$$

Somit folgt aus (5.19)

$$v_D\, dp_s = v_K\, dp . \tag{5.20}$$

Das spez. Volumen v_K des Kondensats ist stets sehr viel kleiner als das spez. Volumen

$$v_D = R_D T/p_s \tag{5.21}$$

des gesättigten Dampfes. Folglich gilt $dp_s \ll dp$; bei einer isothermen Zunahme des Gesamtdrucks p wächst der Sättigungsdruck p_s sehr viel langsamer als p. Aus (5.20) und (5.21) folgt

$$\frac{dp_s}{p_s} = \frac{v_K}{R_D T}\, dp . \tag{5.22}$$

Lassen wir nun durch Zugabe des nicht kondensierenden Gases den Gesamtdruck von p_{Ds} auf p steigen, so erhöht sich der Sättigungsdruck von p_{Ds} auf p_s. Wir integrieren (5.22) zwischen diesen Druckgrenzen, wobei wir das Kondensat als inkompressibel annehmen können, und erhalten

$$\ln \frac{p_s(T, p)}{p_{Ds}(T)} = \frac{v_K(T)}{R_D T} [p - p_{Ds}(T)] . \tag{5.23}$$

Durch Umformen dieser Gleichung folgt für den Sättigungsdruck

$$p_s(T, p) = p_{Ds}^*(T) \left\{ 1 + \frac{v_K(T)}{R_D T} [p - p_{Ds}(T)] + ... \right\} .$$

Mit zunehmendem Gesamtdruck steigt also der Sättigungsdruck des Dampfes in einem Gas—Dampf-Gemisch geringfügig an. Der Sättigungsdruck hängt aber nicht von der Art des Gases ab, denn dessen Eigenschaften treten in (5.23) nicht auf. Für ein Gas—Wasserdampf-Gemisch ist in Tabelle 5.3 der Sättigungsdruck

Tabelle 5.3. Sättigungsdruck $p_s = p_s(t, p)$ in mbar des Wasserdampfes in einem gesättigten Gas—Wasserdampf-Gemisch, abhängig von der Temperatur t und dem Gesamtdruck p

t in °C	$p = p_{Ds}$	$p = 1$ bar	$p = 5$ bar	$p = 10$ bar	$p = 20$ bar
0,01	6,117	6,122	6,141	6,165	6,214
20	23,385	23,402	23,471	23,558	23,731
40	73,81	73,86	74,07	74,32	74,84
60	199,33	199,44	199,96	200,62	201,94

des Wasserdampfes berechnet. Bei mäßigen Gesamtdrücken, etwa $p < 10$ bar, ist der Sättigungsdruck p_s um weniger als 1% größer als der Dampfdruck p_{Ds} des reinen Wasserdampfes. *Zur Vereinfachung der folgenden Betrachtungen werden wir daher die Druckabhängigkeit des Sättigungsdrucks vernachlässigen* und

$$p_s(T, p) = p_{Ds}(T)$$

setzen. Bei höheren Gesamtdrücken führt dies zu merklichen Fehlern; dann sind aber ohnehin die Voraussetzungen für ein Gas—Dampf-Gemisch nicht mehr erfüllt, weil die Gasphase sich nicht mehr als ideales Gasgemisch ansehen läßt.

5.3.2 Der Taupunkt

Kühlt man ein ungesättigtes Gas—Dampf-Gemisch bei konstantem Gesamtdruck ab, so bleibt auch der Partialdruck p_D des Dampfes konstant. Bei einer bestimmten Temperatur wird $p_D = p_s$; das Gemisch ist gesättigt, und es bildet sich das erste Kondensat. Dieser Zustand wird der *Taupunkt* des Gemisches genannt; die Temperatur, bei der die Kondensation einsetzt, heißt die *Taupunkttemperatur* T_T. Zu jedem Zustand eines Gas—Dampf-Gemisches gehört eine bestimmte Taupunkttemperatur, welche sich aus der Bedingung

$$p_s(T_T, p) = p_D$$

ergibt.

Nach unserer vereinfachenden Annahme $p_s(T, p) = p_{Ds}(T)$ hängt der Sättigungspartialdruck nicht vom Gesamtdruck ab. Verfolgen wir unter dieser Voraussetzung die Zustandsänderung des Dampfes in einem p_D, T-Diagramm, Abb. 5.6, so wandert der Dampfzustand auf einer Isobare von rechts nach links. Der Taupunkt ergibt sich als Schnittpunkt dieser Isobare mit der Dampfdruckkurve des Dampfes; seine Abszisse ist die gesuchte Taupunkttemperatur T_T:

$$p_s(T_T) = p_{Ds}(T_T) = p_D.$$

Der Taupunkt eines Gas—Dampf-Gemisches liegt danach bei um so höheren Temperaturen, je größer p_D und damit der Dampfanteil im Gemisch ist.

Beispiel 5.4. Ein Gas—Dampf-Gemisch besteht aus 96,5 Vol.-% H_2 und 3,5 Vol.-% H_2O. Der Gesamtdruck beträgt $p = 1,5$ bar. Man bestimme die Temperatur des Taupunkts und

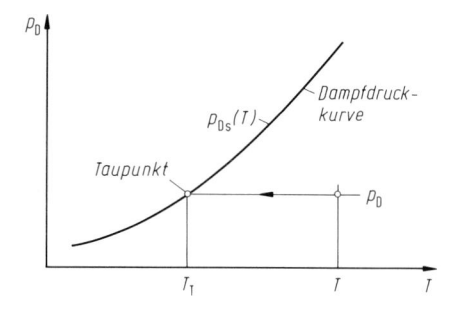

Abb. 5.6. p_D, T-Diagramm zur Erläuterung des Taupunkts und der Taupunkttemperatur

die Zusammensetzung des gasförmig bleibenden Gemischanteils, wenn das Gas—Dampf-Gemisch auf 20 °C abgekühlt wird.

In diesem Gas—Dampf-Gemisch ist der Wasserstoff das „Gas", der Wasserdampf der „Dampf". Für seinen Partialdruck gilt

$$\frac{p_D}{p} = r_D,$$

also

$$p_D = p\, r_D = 1{,}5\ \text{bar} \cdot 0{,}035 = 0{,}0525\ \text{bar}.$$

Die Temperatur des Taupunkts ist jene Temperatur, bei der der Dampfdruck des H_2O gerade mit dem Partialdruck $p_D = 0{,}0525$ bar übereinstimmt. Durch Interpolation auf der Dampfdruckkurve von H_2O, vgl. Tabelle 10.11, finden wir die Taupunkttemperatur

$$t_T = t_s(p_D) = t_s(0{,}0525\ \text{bar}) = 33{,}8\ °\text{C}.$$

Bei allen Temperaturen über 33,8 °C ist das vorliegende Gas—Dampf-Gemisch ungesättigt (der Wasserdampf ist gasförmig), bei 33,8 °C beginnt der Wasserdampf aus dem Gemisch auszutauen, er kondensiert.

Wird das Gemisch auf 20 °C abgekühlt, so besteht es aus H_2, gesättigtem Wasserdampf und flüssigem Wasser. Der Partialdruck des Wasserdampfes ist der Sättigungsdruck bei 20 °C, also

$$p_D = p_s(20\ °\text{C}) = 0{,}0234\ \text{bar}.$$

Der Partialdruck des H_2 hat dann den Wert

$$p_G = p - p_D = (1{,}5 - 0{,}0234)\ \text{bar} = 1{,}4766\ \text{bar}.$$

Die Volumenanteile von H_2O und H_2 in der Gasphase des Gemisches sind dann

$$r_D = \frac{p_D}{p} = 0{,}0156 \quad \text{und} \quad r_G = \frac{p_G}{p} = 0{,}9844.$$

5.3.3 Feuchte Luft

Das wichtigste Beispiel eines Gas—Dampf-Gemisches ist die feuchte Luft. Prozesse mit feuchter Luft spielen eine große Rolle in der Meteorologie, der Klimatechnik und der Trockentechnik. Wir wollen daher die Eigenschaften von Gas—Dampf-Gemischen am Beispiel der feuchten Luft weiter untersuchen. *Feuchte Luft ist ein Gemisch aus trockener Luft und Wasser.* Die trockene Luft bildet hier das „Gas", der Wasserdampf den „Dampf" im Gas—Dampf-Gemisch.

Der Tripelpunkt des Wassers hat die Temperatur +0,01 °C, vgl. Abb. 5.7. Bei der Kondensation von Wasserdampf unterhalb dieser Temperatur bildet sich Eis oder Eisnebel. Der Sättigungsdruck des Wassers ist dann der Druck auf der Sublimationsdruckkurve. Danach muß man bei feuchter Luft drei Zustandsbereiche unterscheiden:

1. *Ungesättigte feuchte Luft* mit $p_W \leqq p_s(t)$, wobei t die Temperatur der Luft bedeutet. Sie enthält Wasser nur in Form von überhitztem Wasserdampf.

2. *Gesättigte feuchte Luft mit flüssigem Kondensat* ($t > 0{,}01$ °C). Sie enthält gesättigten Wasserdampf mit $p_W = p_s$ und Wasser in Form von Nebel oder flüssigem Niederschlag.

3. *Gesättigte feuchte Luft mit festem Kondensat* ($t < 0{,}01$ °C). Sie enthält außer gesättigtem Wasserdampf noch Eis, meistens in Form von Reif oder Eisnebel.

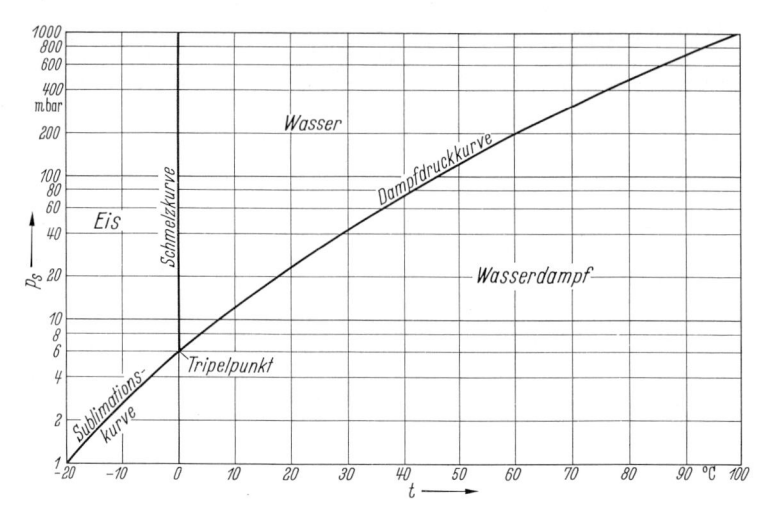

Abb. 5.7. p,t-Diagramm von Wasser

Zur Auswertung der für feuchte Luft geltenden Beziehungen benötigt man möglichst einfache Gleichungen für den Sättigungsdruck $p_s = p_s(t)$, also für den Dampfdruck von Wasser, falls $t \geq 0{,}01$ °C ist, und für den Sublimationsdruck, falls $t \leq 0{,}01$ °C ist. Die sehr genauen Dampfdruckwerte von A. Wexler [5.5] werden durch die folgende einfache Gleichung, eine sog. Antoine-Gleichung,

$$\ln(p_s/\text{mbar}) = 19{,}0160 - \frac{4064{,}95}{(t/°C) + 236{,}25} \tag{5.24}$$

im Bereich $0{,}01$ °C ≤ 70 °C mit einer relativen Abweichung $<0{,}8\%_{00}$ wiedergegeben. Für den Sublimationsdruck kann man die Beziehung

$$\ln(p_s/611{,}657\,\text{Pa}) = 22{,}5090(1 - 273{,}16\,\text{K}/T)$$

benutzen. Sie gibt die sehr genauen Sublimationsdrücke nach [5.12] zwischen dem Tripelpunkt und $t = -50$ °C mit einer relativen Abweichung unter $0{,}5\%_{00}$ wieder. Beide Gleichungen lassen sich nach der Temperatur auflösen, so daß die Siede- bzw. Sublimationstemperatur für einen gegebenen Sättigungsdruck p_s explizit berechnet werden kann. Die Abweichung von den genauen Werten liegt dabei unter $0{,}01$ K. Mit diesen Gleichungen lassen sich die in den folgenden Abschnitten herzuleitenden Beziehungen für die thermodynamischen Eigenschaften von feuchter Luft leicht programmieren.

5.3.4 Absolute und relative Feuchte

Der (intensive) Zustand *ungesättigter* feuchter Luft wird durch drei unabhängige Zustandsgrößen festgelegt: durch ihre Temperatur T, ihren Druck p und eine Variable, die den Wasserdampfgehalt dieses idealen Gasgemisches beschreibt, das aus den Komponenten trockene Luft (Index L) und Wasserdampf (Index W) besteht. Dafür benutzt man nur selten den Molanteil

$$y_W = n_W/(n_L + n_W)$$

des Wasserdampfes, schon eher den zu y_w proportionalen Partialdruck $p_w = y_w p$. Besonders in der Meteorologie ist es üblich, den Wasserdampfgehalt durch die *absolute Feuchte*

$$\varrho_w := m_w/V$$

zu kennzeichnen. Man bezieht also die Masse m_w des Wasserdampfes auf das Volumen V der feuchten Luft. Dieser Quotient kann nach DIN 1310 [5.4] auch als die Wasserdampfkonzentration oder die Partialdichte des Wasserdampfes bezeichnet werden.

Nach dem Gesetz von Dalton gilt für die Masse des Wasserdampfes

$$m_w = \frac{p_w V}{R_w T},$$

so daß wir den einfachen Zusammenhang

$$\varrho_w = \frac{p_w}{R_w T}$$

zwischen absoluter Feuchte und Partialdruck des Wasserdampfes erhalten. Bei einer gegebenen Temperatur sind p_w und die absolute Feuchte am größten, wenn die feuchte Luft gesättigt ist. Mit $p_w = p_s(T)$ ergibt sich für diesen Maximalwert oder Sättigungswert der absoluten Feuchte

$$\varrho_{ws} = \varrho_{ws}(T) = p_s(T)/R_w T.$$

Ein gegebenes Volumen feuchter Luft kann demnach nur eine von der Temperatur abhängige Höchstmenge Wasser als Wasser*dampf* aufnehmen. Wird diese Menge überschritten, so bildet sich in der gesättigten feuchten Luft eine Kondensatphase, nämlich flüssiges Wasser bei $t \geq 0{,}01$ °C bzw. Eis bei $t \leq 0{,}01$ °C. Tabelle 5.4 enthält neben Werten von p_s die Maximalwerte ϱ_{ws} der absoluten Feuchte.

Tabelle 5.4. Sättigungsdruck p_s des Wasserdampfes, absolute Feuchte ϱ_{ws} und Wasserdampfbeladung x_s gesättigter feuchter Luft beim Gesamtdruck $p = 1000$ mbar

t °C	p_s mbar	ϱ_{ws} g/m^3	x_s g/kg	t °C	p_s mbar	ϱ_{ws} g/m^3	x_s g/kg
−40	0,1285	0,119	0,079	20	23,385	17,28	14,89
−30	0,3802	0,339	0,237	30	42,452	30,34	27,57
−20	1,0328	0,884	0,643	40	73,813	51,07	49,57
−10	2,5992	2,140	1,621	50	123,448	82,77	87,59
0	6,1115	4,848	3,825	60	199,33	129,64	154,84
10	12,279	9,396	7,732	70	311,77	196,86	281,76

Als *relative Feuchte* wird das Verhältnis der absoluten Feuchte zu ihrem Maximalwert bei der herrschenden Lufttemperatur bezeichnet:

$$\varphi := \varrho_w/\varrho_{ws}(T).$$

Diese Größe, das wohl am häufigsten verwendete Feuchtemaß, ist auch als Partialdruckverhältnis

$$\varphi = p_w/p_s(T) \tag{5.25}$$

darstellbar. Kühlt man ungesättigte feuchte Luft ab, so bleiben p_W und ϱ_W konstant, bis der Taupunkt erreicht ist. In diesem Zustand ist die feuchte Luft gerade gesättigt, und es gilt $p_W = p_s(T_T)$ mit T_T als Taupunkttemperatur. Wir erhalten damit

$$\varphi = p_s(T_T)/p_s(T) \;;$$

die relative Feuchte kann auch als das Verhältnis des Sättigungsdrucks bei der Taupunkttemperatur T_T zum Sättigungsdruck bei der Lufttemperatur $T \geq T_T$ gedeutet werden, vgl. Abb. 5.8. Hierauf beruht ein recht genaues Meßverfahren, die Bestimmung von φ mit dem Taupunktspiegel, vgl. [5.6], wo man auch Angaben über weitere Meßverfahren für φ findet.

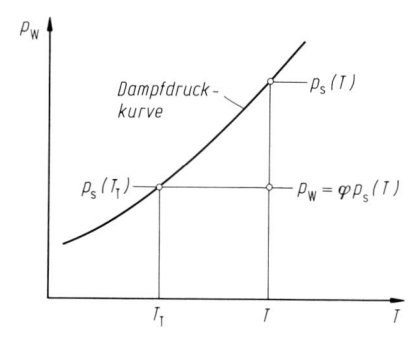

Abb. 5.8. Zusammenhang zwischen Partialdruck p_W des Wasserdampfes, relativer Feuchte φ und den Sättigungsdrücken $p_s(T)$ bei der Lufttemperatur und $p_s(T_T)$ bei der Taupunkttemperatur

Die *Dichte ϱ ungesättigter feuchter Luft* setzt sich additiv aus den Partialdichten ϱ_L von trockener Luft und ϱ_W von Wasserdampf zusammen, denn es gilt

$$\varrho = \frac{m}{V} = \frac{m_L}{V} + \frac{m_W}{V} = \varrho_L + \varrho_W = \frac{p_L}{R_L T} + \frac{p_W}{R_W T}.$$

Ersetzt man den Partialdruck der Luft durch

$$p_L = p - p_W,$$

so ergibt sich

$$\varrho = \frac{p - p_W}{R_L T} + \frac{p_W}{R_W T} = \frac{p}{R_L T}\left[1 - \frac{p_W}{p}\left(1 - \frac{R_L}{R_W}\right)\right].$$

Das Verhältnis der beiden Gaskonstanten hat den Wert

$$\frac{R_L}{R_W} = \frac{M_W}{M_L} = 0{,}62197 = 0{,}622\;.$$

Damit erhalten wir für die Dichte feuchter Luft

$$\varrho = \frac{p}{R_L T}\left(1 - 0{,}378\,\frac{p_W}{p}\right) = \frac{p}{R_L T}(1 - 0{,}378 y_W)$$

mit $R_L = 0{,}28706$ kJ/kg K. Der Term vor der Klammer bedeutet die Dichte trockener Luft bei der Temperatur und dem Druck der feuchten Luft. Feuchte Luft hat demnach eine kleinere Dichte als trockene Luft gleichen Drucks und gleicher Temperatur; sie ist „leichter" als trockene Luft.

5.3.5 Die Wasserbeladung

Zur Beschreibung der Zusammensetzung feuchter Luft benutzt man in der Klimatechnik, in der Trockentechnik und in anderen technikorientierten Bereichen die im letzten Abschnitt eingeführten Größen nur selten. Man bevorzugt das Massenverhältnis

$$x := m_W/m_L\,,$$

dessen Wertebereich von $x = 0$ (trockene Luft) bis $x \to \infty$ (reines Wasser) reicht. Diese Größe hat verschiedene Namen: Wasser—Luft-Verhältnis (in Anlehnung an DIN 1310 [5.4]), Wassergehalt (in früheren Auflagen dieses Buches) oder Mischungsverhältnis (nach DIN 1358, [5.7]). Wir bezeichnen nach P. Grassmann [5.8] x als *Wasserbeladung*. Da sich bei Zustandsänderungen feuchter Luft die Masse m_L der trockenen Luft meist nicht ändert, hat man bei Benutzung der Wasserbeladung den Vorteil, daß die durch Verdampfen, Kondensieren oder Mischen variable Masse m_W des Wassers auf die in der Regel konstant bleibende Masse m_L bezogen wird. Im Gegensatz zum Partialdruck p_W, zur absoluten oder relativen Feuchte kennzeichnet die Wasserbeladung x die Wassermenge in der feuchten Luft auch dann, wenn diese gesättigt ist, wenn also zwei Phasen vorhanden sind. Die Gasphase der gesättigten feuchten Luft enthält neben der trockenen Luft mit der Masse m_L Wasserdampf mit der Masse $x_s m_L$, wobei x_s den noch zu berechnenden Sättigungswert der Wasserbeladung bedeutet. Die Kondensatphase besteht aus Wasser (oder bei Temperaturen unter 0,01 °C aus Eis) mit der Masse $(x - x_s)\, m_L$.

Wir leiten nun den Zusammenhang zwischen x und den Feuchtigkeitsmaßen her, die wir im letzten Abschnitt behandelt haben. Solange die feuchte Luft ungesättigt ist, können wir die Massen von Wasserdampf und trockener Luft nach dem Gesetz von Dalton berechnen:

$$m_W = \frac{p_W V}{R_W T} \quad \text{bzw.} \quad m_L = \frac{p_L V}{R_L T} = \frac{p - p_W}{R_L}\frac{V}{T}\,.$$

Daraus erhalten wir

$$x = \frac{m_W}{m_L} = \frac{R_L}{R_W}\frac{p_W}{p - p_W} = 0{,}622\,\frac{p_W}{p - p_W}$$

als Zusammenhang zwischen dem Partialdruck des Wasserdampfes und der Wasserbeladung, die wir bei ungesättigter feuchter Luft auch als Wasser*dampf*beladung bezeichnen können. Wir führen die relative Feuchte φ nach (5.25) ein, woraus sich

$$x = 0{,}622\,\frac{p_s(T)}{(p/\varphi) - p_s(T)} \tag{5.26}$$

ergibt. Löst man diese Gleichung nach φ auf, so folgt

$$\varphi = \frac{x}{0{,}622 + x}\,\frac{p}{p_s(T)}\,.$$

Man kann also den Zustand ungesättigter feuchter Luft durch die Größen T, p und x oder T, p und φ festlegen.

Die größte Wasser*dampf*beladung x_s ergibt sich für gesättigte feuchte Luft. Mit $\varphi = 1$ folgt aus (5.26)

$$x_s(T, p) = 0{,}622 \frac{p_s(T)}{p - p_s(T)}.$$

Diese Größe hängt von der Temperatur und vom Gesamtdruck p ab. Tabelle 5.4 enthält Werte von x_s für $p = 1000$ mbar. Für $x > x_s$ tritt eine Kondensatphase auf. Nur die Wassermenge $x_s m_L$ ist gasförmig in der feuchten Luft, der Rest $(x - x_s) m_L$ ist kondensiert.

Beispiel 5.5. Feuchte Luft von $t = 20\,°\text{C}$ und $p = 1{,}020$ bar hat eine Taupunkttemperatur $t_T = 12\,°\text{C}$. Wie groß sind die relative und absolute Feuchte und die Wasserbeladung x der feuchten Luft? Auf welchen Druck p' muß die feuchte Luft bei $t = 20\,°\text{C}$ isotherm verdichtet werden, damit sie gerade gesättigt ist?

Da sich die relative Feuchte auch als Quotient der Sättigungspartialdrücke bei den Temperaturen t_T und t ergibt, wird

$$\varphi = p_s(t_T)/p_s(t) = 14{,}0 \text{ mbar}/23{,}4 \text{ mbar} = 0{,}600.$$

Für die absolute Feuchte erhält man daraus

$$\varrho_W = \frac{p_W}{R_W T} = \frac{\varphi \cdot p_s(t)}{R_W T} = \frac{p_s(t_T)}{R_W T} = \frac{14{,}0 \text{ mbar}}{461{,}5 \text{ (J/kgK)} \cdot 293 \text{ K}} \cdot \frac{100 \text{ Pa}}{\text{mbar}} = 0{,}0104 \text{ kg/m}^3$$

oder $\varrho_W = 10{,}4$ g/m^3. Die Wasserbeladung ergibt sich zu

$$x = 0{,}622 \frac{p_W}{p - p_W} = 0{,}622 \frac{14{,}0}{1020 - 14} = 0{,}00866,$$

also zu $x = 8{,}66$ g/kg.

Durch isotherme Verdichtung steigt der Druck p bei konstanter Wasserbeladung x, wobei sich mit p auch der Partialdruck p_W des Wasserdampfes erhöht. Es wird also einen Gesamtdruck $p = p'$ geben, bei dem $p_W = p_s(t)$, die feuchte Luft also gesättigt ist. Um p' zu finden, beachten wir, daß in (5.26) wegen $x = $ const auch die rechte Seite konstant bleiben muß. Da t und somit $p_s(t)$ konstant sind, muß bei isothermer Verdichtung auch der Quotient

$$p/\varphi = p'/\varphi' = \text{const}$$

sein. Somit erhalten wir mit $\varphi' = 1$

$$p' = p/\varphi = 1{,}020 \text{ bar}/0{,}600 = 1{,}700 \text{ bar}$$

als Gesamtdruck, bei dem die feuchte Luft gesättigt ist.

5.3.6 Das spez. Volumen feuchter Luft

Als Bezugsgröße für das spez. Volumen benutzen wir die Masse m_L der trockenen Luft (vgl. die Bemerkungen am Anfang von 5.3.5). Wir definieren also ein spez. Volumen

$$v_{1+x} := \frac{V}{m_L} = \frac{\text{Volumen der feuchten Luft}}{\text{Masse der trockenen Luft}}.$$

Dieses spez. Volumen unterscheidet sich von der gewöhnlichen Definition, die auf die Gesamtmasse Bezug nimmt:

$$v = \frac{V}{m_L + m_W} = \frac{\text{Volumen der feuchten Luft}}{\text{Masse der feuchten Luft}}.$$

Zwischen v_{1+x} und v besteht der einfache Zusammenhang

$$v_{1+x} = v(1 + x) = \frac{1 + x}{\varrho},$$

wobei ϱ die Dichte der feuchten Luft bedeutet.

Ist die feuchte Luft ungesättigt ($x \leqq x_s$), so gilt

$$v_{1+x} = \frac{R_L T}{p} + x \frac{R_W T}{p} = \frac{R_L T}{p}\left(1 + \frac{R_W}{R_L} x\right), \tag{5.27}$$

also

$$v_{1+x} = 287{,}06 \frac{\text{J}}{\text{kg K}} \frac{T}{p}(1 + 1{,}608 x).$$

Diese Gleichung können wir auch für gesättigte feuchte Luft verwenden, die Wasser oder Eis enthält, weil das spez. Volumen des Wassers oder Eises gegenüber $(v_{1+x})_s$ zu vernachlässigen ist. Das spez. Volumen $(v_{1+x})_s$ der gerade gesättigten feuchten Luft ist nach (5.27) mit $x = x_s$ zu berechnen.

5.3.7 Die spez. Enthalpie feuchter Luft

Die Enthalpie H der feuchten Luft setzt sich additiv aus den Enthalpien der Bestandteile zusammen:

$$H = m_L h_L + m_W h_W.$$

Hierbei bedeuten h_L die spez. Enthalpie der trockenen Luft und h_W die spez. Enthalpie des Wassers. Wir beziehen die Enthalpie feuchter Luft auf die Trockenluftmasse m_L und bezeichnen die so gebildete spezifische Enthalpie mit

$$h_{1+x} = \frac{H}{m_L} = h_L + x h_W.$$

Diese Größe bedeutet also die Enthalpie der feuchten Luft bezogen auf die Masse der darin enthaltenen trockenen Luft.

Die spez. Enthalpie h_L der trockenen Luft können wir nach der einfachen Beziehung

$$h_L = c_{pL}^0 t = 1{,}004 \frac{\text{kJ}}{\text{kg K}} t \tag{5.28}$$

berechnen, solange die spez. Wärmekapazität c_{pL}^0 der trockenen Luft nur wenig von der Temperatur abhängt. Dies ist bis etwa 100 °C der Fall. Um bei genauen Rechnungen die Temperaturabhängigkeit von c_{pL}^0 zu berücksichtigen, benutzt man die mittlere spez. Wärmekapazität, vgl. 5.1.2.

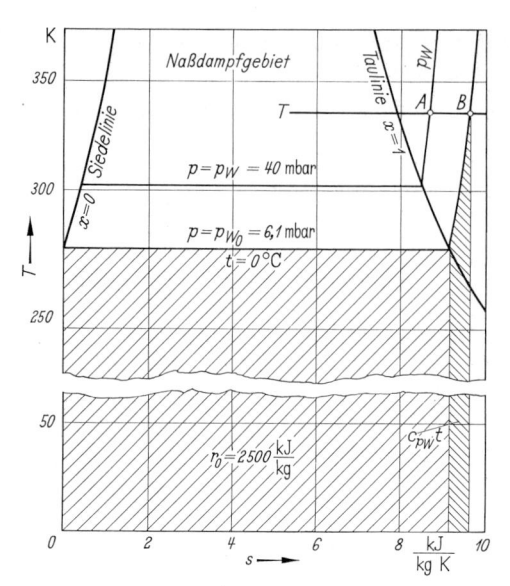

Abb. 5.9. Enthalpie h_W des überhitzten Wasserdampfes im T,s-Diagramm

In (5.28) ist keine Konstante erforderlich, wenn wir den Nullpunkt der Enthalpie willkürlich bei $t = 0$ °C wählen. Auch die spez. Enthalpie h_W des Wassers soll bei 0 °C null gesetzt werden, und zwar für *flüssiges* Wasser. Wir vernachlässigen dabei den Umstand, daß der Tripelpunkt des Wassers bei $+0{,}01$ °C, nicht bei 0 °C liegt. Bei der Berechnung von h_W müssen wir dann folgende drei Fälle unterscheiden:

a) *Das Wasser ist dampfförmig, die feuchte Luft ungesättigt*: $x \leqq x_s$. Wir fassen den überhitzten Wasserdampf als ideales Gas auf. Sein Zustand A liegt im T,s-Diagramm, Abb. 5.9, auf der Isobare $p = p_W$ bei der Temperatur T der feuchten Luft. Da der Wasserdampf als ideales Gas behandelt wird, hängt seine Enthalpie vom Druck nicht ab. Der Zustand B auf der zu $t = 0$ °C gehörenden Isobare $p_{W0} = 6{,}11$ mbar hat dann bei der Temperatur T dieselbe Enthalpie wie der Zustand A. Sie wird durch die schraffierte Fläche unter der Isobare p_{W0} dargestellt und setzt sich aus der Verdampfungsenthalpie $r_0 = 2500$ kJ/kg bei 0 °C und der Überhitzungsenthalpie zusammen. Nehmen wir die spez. Wärmekapazität c_{pW}^0 des überhitzten Wasserdampfes als konstant an, so wird

$$h_W = r_0 + c_{pW}^0 t = 2500 \,\frac{\text{kJ}}{\text{kg}} + 1{,}86 \,\frac{\text{kJ}}{\text{kg K}}\, t\;.$$

Damit erhalten wir für die *Enthalpie der ungesättigten feuchten Luft*

$$h_{1+x} = c_{pL}^0 t + x(r_0 + c_{pW}^0 t)\;.$$

b) *Die gesättigte feuchte Luft enthält flüssiges Wasser.* Es ist nun $x > x_s$. Die feuchte Luft besteht aus trockener Luft mit der Masse m_L, aus gesättigtem

5.3 Gas-Dampf-Gemische. Feuchte Luft

Wasserdampf (Masse $x_s m_L$) und aus flüssigem Wasser mit der Masse $(x - x_s) m_L$. Für ihre Enthalpie gilt daher

$$h_{1+x} = c_{pL}^0 t + x_s(r_0 + c_{pW}^0 t) + (x - x_s) c_W t .$$

Das letzte Glied dieser Gleichung bedeutet die Enthalpie des Wasseranteils in flüssiger Phase; $c_W = 4{,}19$ kJ/kg K ist die spez. Wärmekapazität des flüssigen Wassers.

c) *Die gesättigte feuchte Luft hat eine Temperatur unter 0 °C, sie enthält Eis.* Die spez. Enthalpie h_E des Eises bei der Temperatur $t < 0$ °C können wir deuten als die Summe aus der bei der Erstarrung des Wassers abzuführenden Erstarrungswärme $r_e = 333$ kJ/kg und der Wärme, die bei einer der Erstarrung folgenden isobaren Abkühlung des Eises auf $t < 0$ °C abzuführen ist. Da der Wasserdampfgehalt x_s, der Eisgehalt $(x - x_s)$ ist, gilt nun für die Enthalpie der gesättigten feuchten Luft

$$h_{1+x} = c_{pL}^0 t + x_s(r_0 + c_{pW}^0 t) - (x - x_s)(r_e - c_E t) .$$

Hierbei ist $c_E = 2{,}05$ kJ/kg K die spez. Wärmekapazität von Eis.

Beispiel 5.6. In einer Trocknungsanlage wird feuchte Luft, Volumenstrom $\dot{V} = 500$ m³/h, von $t_1 = 15$ °C, $\varphi_1 = 0{,}75$ auf $t_2 = 120$ °C erwärmt. Der Prozeß verläuft bei dem konstanten Gesamtdruck $p = 1025$ mbar. Man bestimme den erforderlichen Wärmestrom $\dot{Q}_{12}$. Änderungen der potentiellen und kinetischen Energie sind zu vernachlässigen.

Nach dem 1. Hauptsatz für stationäre Fließprozesse gilt für den Wärmestrom

$$\dot{Q}_{12} = \dot{m}_L[(h_{1+x})_2 - (h_{1+x})_1] .$$

Wir bestimmen zuerst den Massenstrom $\dot{m}_L$ der trockenen Luft. Hierfür gilt

$$\dot{m}_L = \frac{\dot{V}_1}{(v_{1+x})_1} = \frac{\dot{V}_1}{\dfrac{R_L T_1}{p}\left(1 + \dfrac{R_W}{R_L} x_1\right)} .$$

In dieser Gleichung ist die Wasserbeladung x_1 noch unbekannt. Wir errechnen sie aus der relativen Feuchte φ_1:

$$x_1 = 0{,}622 \, \frac{p_s(t_1)}{\dfrac{p}{\varphi_1} - p_s(t_1)} = 0{,}622 \, \frac{17{,}07 \text{ mbar}}{\left(\dfrac{1025}{0{,}75} - 17{,}1\right) \text{mbar}} = 0{,}00787 .$$

Somit wird

$$\dot{m}_L = \frac{(500 \text{ m}^3/\text{h}) \cdot 1025 \text{ mbar}}{287{,}1 \, \dfrac{\text{Nm}}{\text{kg K}} \, 288 \text{ K} \, (1 + 1{,}608 \cdot 0{,}0079)} \cdot \frac{1 \text{ h}}{3600 \text{ s}} \cdot \frac{10^2 \text{ Pa}}{1 \text{ mbar}} = 0{,}170 \, \frac{\text{kg}}{\text{s}} .$$

Bei der Berechnung der Enthalpiedifferenz beachten wir, daß während der Erwärmung der feuchten Luft Wasser weder zugegeben noch entzogen wird. Damit gilt $x_2 = x_1 = x$, und wir erhalten

$$(h_{1+x})_2 - (h_{1+x})_1 = c_{pL}^0(t_2 - t_1) + x c_{pW}^0(t_2 - t_1) = (c_{pL}^0 + x c_{pW}^0)(t_2 - t_1)$$

$$= (1{,}004 + 0{,}00787 \cdot 1{,}86) \text{ kJ/kg K} \, (120 - 15) \text{ K} = 107{,}0 \text{ kJ/kg} .$$

Der zur Erwärmung der Luft zuzuführende Wärmestrom wird damit

$$\dot{Q}_{12} = 0{,}170 \text{ (kg/s)} \cdot 107{,}0 \text{ (kJ/kg)} = 18{,}2 \text{ kW}.$$

5.3.8 Das h,x-Diagramm für feuchte Luft

Um die Zustandsänderungen feuchter Luft übersichtlich darzustellen, hat R. Mollier [5.9] 1923 ein Diagramm mit der Enthalpie h_{1+x} als Ordinate und mit der Wasserbeladung x als Abszisse vorgeschlagen. Dieses Diagramm, das allerdings nur für einen bestimmten Gesamtdruck p gilt, hat sich für zahlreiche Anwendungen der Verfahrenstechnik als sehr nützlich erwiesen, vgl. z. B. [5.10, 5.11]. Es kann für beliebige Gas—Dampf-Gemische entworfen werden. Am Beispiel der feuchten Luft erläutern wir seinen Aufbau und seine Anwendung.

Die spez. Enthalpie h_{1+x} feuchter Luft hängt nach 5.3.7 linear von der Wasserbeladung x ab. In einem Diagramm mit der Enthalpie h_{1+x} als Ordinate und der Wasserbeladung x als Abszisse erscheinen daher alle Isothermen t = const als gerade Linien. Da für die Enthalpie gesättigter feuchter Luft andere Gleichungen gelten als für die Enthalpie ungesättigter feuchter Luft, besteht jede Isotherme aus zwei Geradenstücken, die an der Sättigungslinie $\varphi = 1$ mit einem Knick aneinanderstoßen. Um geometrisch günstige Verhältnisse zu schaffen, benutzt man nach Mollier ein schiefwinkliges h,x-Diagramm. Die Koordinatenlinien h_{1+x} = const verlaufen von links oben nach rechts unten, während die Linien x = const senkrecht bleiben.

Abbildung 5.10 zeigt die Konstruktion einer Isotherme t = const. Die x-Achse wird im allgemeinen so weit nach unten gedreht, daß die Isotherme $t = 0$ °C im Gebiet der ungesättigten Luft horizontal verläuft. Die Gleichung für die Enthalpie der ungesättigten feuchten Luft,

$$h_{1+x} = c_{pL}^0 t + x(r_0 + c_{pW}^0 t), \tag{5.29}$$

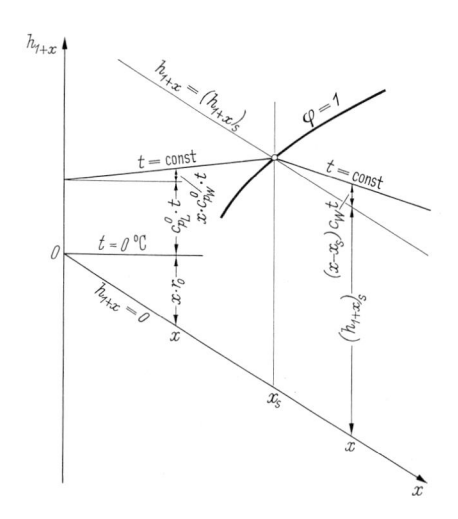

Abb. 5.10. Konstruktion einer Isotherme im h,x-Diagramm für feuchte Luft

gilt nur für $x \leq x_s(t, p)$. Die Koordinaten $x = x_s$ und $h_{1+x}(t, x_s)$ bestimmen den Knickpunkt der Isotherme auf der Sättigungslinie $\varphi = 1$. Für $x > x_s$, im sogenannten *Nebelgebiet*, gilt die Geradengleichung

$$h_{1+x} = (h_{1+x})_s + (x - x_s) c_W t$$

bei Temperaturen $t > 0\ °C$. Ist dagegen $t < 0\ °C$, so enthält die gesättigte feuchte Luft Eisnebel, und es gilt

$$h_{1+x} = (h_{1+x})_s - (x - x_s)(r_e - c_E t)$$

als Gleichung des Isothermenstückes. Für $t = 0\ °C$ gibt es zwei Nebelisothermen; das von ihnen eingeschlossene keilförmige Gebiet im h,x-Diagramm enthält die Zustände, in denen die feuchte Luft ein Gemisch aus trockener Luft, Wasserdampf, Wassernebel und Eisnebel bildet, Abb. 5.11.

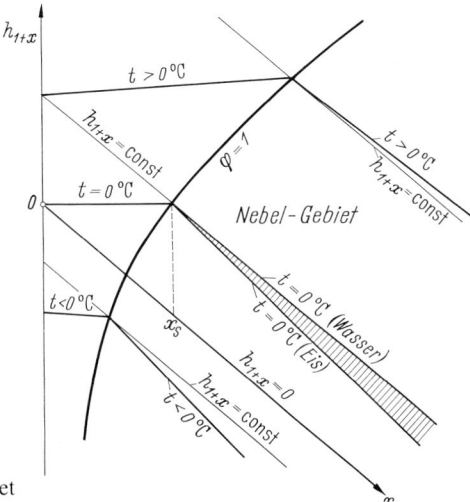

Abb. 5.11. h,x-Diagramm mit Nebelgebiet

Für das Gebiet der ungesättigten feuchten Luft kann man außer den Isothermen auch Linien konstanter relativer Feuchte φ punktweise berechnen und in das Diagramm einzeichnen. Hierzu bestimmt man für vorgegebene Werte von φ und t die Wasserbeladung x aus (5.26) und aus (5.29) die zugehörige Enthalpie h_{1+x}. Die Lage der Linien $\varphi = $ const und damit die Lage der Sättigungslinie $\varphi = 1$ und der Nebelisothermen hängt vom Druck p ab. Man entwirft daher ein h,x-Diagramm stets für einen konstanten Gesamtdruck, meistens den atmosphärischen Druck. Die üblichen Luftdruckschwankungen kann man bei der in der Technik geforderten Genauigkeit im allgemeinen unberücksichtigt lassen. Ein maßstäbliches h,x-Diagramm für feuchte Luft beim Druck von 1000 mbar zeigt Abb. 5.12.

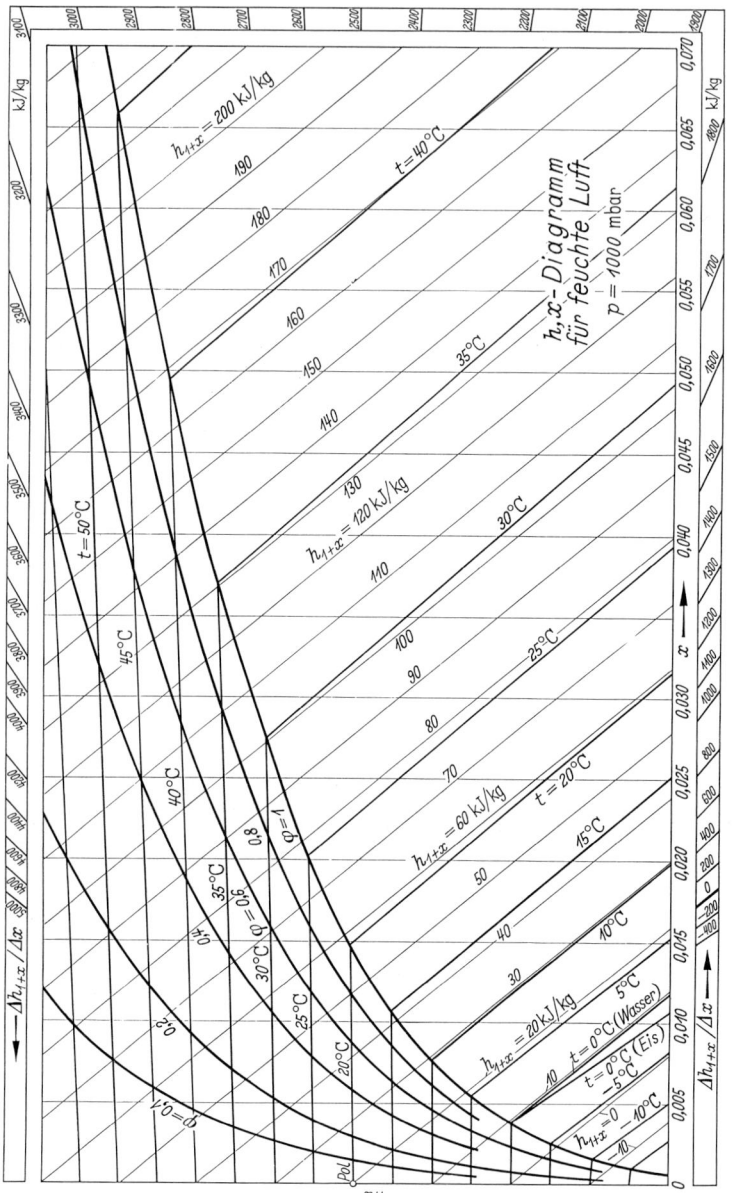

Abb. 5.12. h,x-Diagramm für feuchte Luft. Gesamtdruck $p = 1000$ mbar

6 Stationäre Fließprozesse

Maschinen und Apparate in technischen Anlagen, z. B. Turbinen, Verdichter, Wärmeübertrager und Rohrleitungen werden von einem oder mehreren Stoffströmen meistens stationär durchflossen. Bei ihrer thermodynamischen Untersuchung schließen wir diese Anlagenteile in Kontrollräume ein und wenden die in den Abschnitten 2.3.2, 2.3.4, 3.3.4 und 3.4.5 gewonnenen Beziehungen und Bilanzgleichungen für stationäre Fließprozesse an. Im folgenden vertiefen und erweitern wir die in den genannten Abschnitten enthaltenen Überlegungen und zeigen ihre Anwendung auf technisch wichtige Probleme.

6.1 Technische Arbeit, Dissipationsenergie und die Zustandsänderung des strömenden Fluids

Zu den wichtigsten Beziehungen für stationäre Fließprozesse gehört die in 2.3.4 hergeleitete Energiebilanzgleichung

$$q_{12} + w_{t12} = h_2 - h_1 + \frac{1}{2}(c_2^2 - c_1^2) + g(z_2 - z_1) \tag{6.1}$$

für einen Kontrollraum, der von einem Fluid stationär durchflossen wird. Wärme q_{12} und technische Arbeit w_{t12} werden mit den Änderungen der Zustandsgrößen des Fluids zwischen Eintrittsquerschnitt 1 und Austrittsquerschnitt 2 verknüpft. Alle in (6.1) auftretenden Größen sind an den Grenzen des Kontrollraums bestimmbar; die Zustandsänderung des Fluids und die Verluste infolge von Reibung und anderen irreversiblen Vorgängen im Inneren des Kontrollraums treten nicht explizit in Erscheinung. In den folgenden Abschnitten wollen wir nun die Zusammenhänge zwischen dem Verlauf der Zustandsänderung, den Verlusten und der technischen Arbeit klären.

6.1.1 Dissipationsenergie und technische Arbeit. Eindimensionale Theorie

Um allgemeine Aussagen über einen stationären Fließprozeß mit reibungsbehafteter Strömung zu erhalten, beschränken wir uns auf eine eindimensionale Betrachtungsweise. Wir berücksichtigen nur die Änderung der Zustandsgrößen des Fluids in Strömungsrichtung und bilden über jeden Querschnitt des Kontrollraums *Mittelwerte* der Zustandsgrößen. Dadurch können wir von ihrer Veränderlichkeit quer zur Strömungsrichtung absehen. Die genaue Vorschrift über die Art der Mittelwertbildung spielt für die folgenden Überlegungen keine Rolle, wir lassen diese Frage daher offen. Die richtige Mittelwertbildung ist jedoch in einer genaueren Theorie der Strömungsmaschinen von Bedeutung [6.1–6.3]. Die eindimensionale Betrachtungsweise ermöglicht es, das Konzept der Phase auf strömende Fluide anzuwenden. In jedem Kanalquerschnitt wird das Fluid als „dünne" Phase aufgefaßt, deren intensive Zustandsgrößen die Querschnittsmittelwerte sind. Die Zustandsänderung der „Phase" in Strömungsrichtung wird als quasistatisch angenommen, vgl. 1.3.4 und 3.3.4.

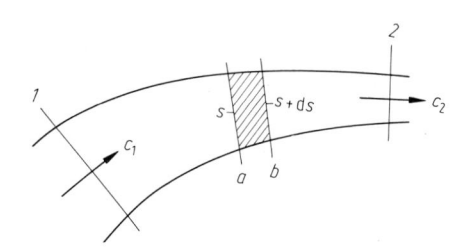

Abb. 6.1. Kanalartiger Kontrollraum mit Bilanzgebiet zwischen den Querschnitten a und b

Wir betrachten nun den kanalartigen Kontrollraum von Abb. 6.1. Beim Durchströmen des schraffierten Abschnitts ändert sich die über den Querschnitt a gemittelte spezifische Entropie s des Fluids und erreicht im Querschnitt b den Wert $s + \mathrm{d}s$. Für die Entropieänderung $\mathrm{d}s$ gilt die in 3.3.4 hergeleitete Entropiebilanzgleichung

$$T\,\mathrm{d}s = \mathrm{d}q + \mathrm{d}j, \qquad (6.2)$$

worin T den Querschnittsmittelwert der Fluidtemperatur, $\mathrm{d}q$ die übertragene Wärme und $\mathrm{d}j$ die zwischen den beiden Querschnitten a und b dissipierte Energie bedeuten. Die Dissipationsenergie ist die Summe der Gestaltänderungsarbeiten, die bei der irreversiblen Verformung der Fluidelemente zwischen den Querschnitten a und b verrichtet werden. Wir integrieren (6.2) zwischen dem Eintrittsquerschnitt 1 und dem Austrittsquerschnitt 2 und erhalten

$$\int_1^2 T\,\mathrm{d}s = q_{12} + j_{12}.$$

Im Integral bedeutet T die über die einzelnen Querschnitte gemittelte Temperatur des Fluids, die sich längs des Strömungswegs in ganz bestimmter, von der Prozeßführung abhängiger Weise ändert. Zur Berechnung der insgesamt übertragenen Wärme q_{12} und der im ganzen Kontrollraum dissipierten Energie j_{12} muß also der Verlauf der Zustandsänderung des Fluids zwischen Eintritts- und Austrittsquerschnitt bekannt sein.

Wir nehmen nun an, daß die Querschnittsmittelwerte der Zustandsgrößen p, T, v, h und s der für eine fluide Phase geltenden Beziehung

$$\int_1^2 T\,\mathrm{d}s = h_2 - h_1 - \int_1^2 v\,\mathrm{d}p$$

6.1 Technische Arbeit, Dissipationsenergie und Zustandsänderung

genügen. Man erhält dann

$$q_{12} + j_{12} = h_2 - h_1 - \int_1^2 v \, dp . \qquad (6.3)$$

Auch dieses Integral ist für die quasistatische Zustandsänderung des Fluids beim Durchströmen des Kontrollraums zu berechnen; für jeden Querschnitt muß der Mittelwert des spezifischen Volumens als Funktion des Druckes bekannt sein.

Wir subtrahieren nun (6.3) von der Energiebilanzgleichung (6.1) und erhalten

$$w_{t12} = \int_1^2 v \, dp + \frac{1}{2}(c_2^2 - c_1^2) + g(z_2 - z_1) + j_{12} . \qquad (6.4)$$

Diese Beziehung verknüpft technische Arbeit und Dissipationsenergie mit den Querschnittsmittelwerten des spezifischen Volumens und des Drucks längs des Strömungswegs. Bemerkenswerterweise enthält (6.4) keine „kalorischen" Größen, weder die Wärme q_{12} noch die Enthalpie des Fluids. Gleichung (6.4) verknüpft rein mechanische Größen mit Ausnahme der Dissipationsenergie $j_{12} \geqq 0$, in deren Auftreten der 2. Hauptsatz zum Ausdruck kommt.

Das vom Verlauf der Zustandsänderung abhängige Integral

$$y_{12} := \int_1^2 v \, dp$$

ist wie w_{t12} und j_{12} eine Prozeßgröße. Es wird spezifische Strömungsarbeit [6.4], spezifische Druckänderungsarbeit [6.5] oder spezifische Stutzenarbeit [6.6] genannt. Diese Prozeßgröße läßt sich als Fläche im p,v-Diagramm deuten, nämlich als Fläche zwischen der p-Achse und der vom Eintrittszustand 1 zum Austrittszustand 2 führenden Zustandslinie des strömenden Fluids. Erfährt das Fluid beim Durchströmen des Kontrollraums eine Drucksteigerung ($dp > 0$), so bedeutet die Fläche wegen

$$y_{12} = w_{t12} - j_{12} - \frac{1}{2}(c_2^2 - c_1^2) - g(z_2 - z_1) \qquad (6.5\,\text{a})$$

die zugeführte technische Arbeit, vermindert um die Dissipationsenergie und die Änderungen von kinetischer und potentieller Energie, Abb. 6.2a. Nimmt dagegen der Druck des Fluids ab ($dp < 0$), so stellt die Fläche die Summe aus der

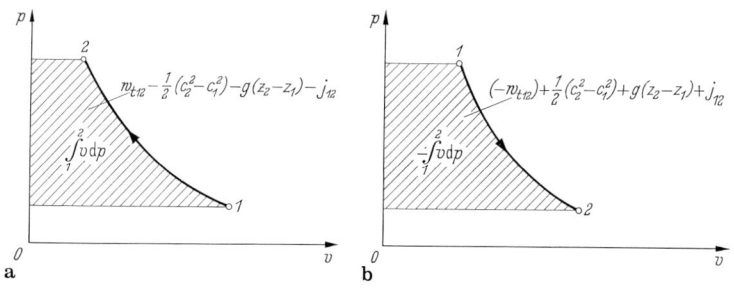

Abb. 6.2a, b. Veranschaulichung von (6.5) im p,v-Diagramm. **a** Druckerhöhung; **b** Druckabnahme bei der Zustandsänderung

abgegebenen technischen Arbeit, der Dissipationsenergie und den Änderungen von kinetischer und potentieller Energie dar, Abb. 6.2b; denn es gilt

$$-y_{12} = \int_1^2 v(-\mathrm{d}p) = (-w_{t12}) + \frac{1}{2}(c_2^2 - c_1^2) + g(z_2 - z_1) + j_{12}. \quad (6.5\,\mathrm{b})$$

Zur Berechnung der spez. Strömungsarbeit y_{12} muß man in der Regel die wirkliche, meist komplizierte Zustandsänderung $v = v(p)$ durch eine Näherungsfunktion ersetzen. Hierauf gehen wir in 6.1.3 ein. Die drei Prozeßgrößen eines stationären Fließprozesses, Wärme, Strömungsarbeit und Dissipationsenergie, hängen in einfacher Weise mit der Enthalpieänderung des Fluids zusammen. Nach (6.3) gilt für ihre Summe

$$q_{12} + y_{12} + j_{12} = h_2 - h_1\,,$$

eine Beziehung, in der kinetische und potentielle Energien nicht auftreten.

In der Strömungsmechanik macht man gern von der Vereinfachung Gebrauch, das strömende Fluid als *inkompressibel* anzusehen, also mit $v = \mathrm{const}$ zu rechnen. Dies trifft auf Flüssigkeiten recht gut zu, vgl. 4.3.2, und ist selbst für Gase eine brauchbare Näherung, wenn die Druckunterschiede klein sind. Setzt man in (6.4) $v = \mathrm{const}$, so wird

$$w_{t12} = v(p_2 - p_1) + \frac{1}{2}(c_2^2 - c_1^2) + g(z_2 - z_1) + j_{12}\,.$$

Betrachtet man außerdem Prozesse, bei denen keine technische Arbeit zugeführt oder entzogen wird, sogenannte Strömungsprozesse, so erhält man mit $w_{t12} = 0$ und $v = 1/\varrho$

$$\left(p + \frac{\varrho}{2}c^2 + g\varrho z\right)_2 - \left(p + \frac{\varrho}{2}c^2 + g\varrho z\right)_1 = -\varrho j_{12}\,.$$

Diese Gleichung bzw. die nur für reibungsfreie Strömungen geltende Beziehung, bei der $j_{12} = 0$ ist, wird *Bernoullische Gleichung* genannt.

Da an einem inkompressiblen Fluid keine Volumenänderungsarbeit verrichtet werden kann, erhält man für die Änderung seiner inneren Energie

$$u_2 - u_1 = u(T_2) - u(T_1) = q_{12} + j_{12}\,.$$

Wie in 4.3.2 gezeigt wurde, hängt die innere Energie eines inkompressiblen Fluids nur von der Temperatur ab. Erwärmt sich ein solches Fluid bei einem stationären Fließprozeß, so ist dies nur auf eine Wärmezufuhr oder auf Energiedissipation zurückzuführen. Bei einem adiabaten Prozeß ist allein die Reibung für eine Erwärmung verantwortlich, dagegen nicht die Druckerhöhung wie bei einem kompressiblen Fluid, z. B. einem Gas. Da $j_{12} > 0$ ist, kann sich ein inkompressibles Fluid bei einem adiabaten Strömungsprozeß niemals abkühlen.

Beispiel 6.1. Ein Ventilator mit der Antriebsleistung $P_{12} = 1,60$ kW fördert Luft, Volumenstrom $\dot{V} = 1,25$ m³/s, aus einem großen Raum, in dem der Druck $p_1 = 990$ mbar und die Temperatur $t_1 = 25$ °C herrschen, Abb. 6.3. Im Abluftkanal (Querschnittsfläche $A_2 = 0,175$ m²) hinter dem Ventilator ist der Druck um $\Delta p = 8,5$ mbar höher als p_1. Man bestimme die im Ventilator dissipierte Leistung.

6.1 Technische Arbeit, Dissipationsenergie und Zustandsänderung

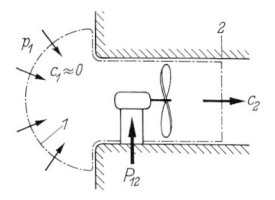

Abb. 6.3. Kontrollraum um einen Ventilator

Zur Vereinfachung der folgenden Rechnungen nehmen wir die Luft als inkompressibel an, was angesichts des geringen Druckunterschieds zulässig ist. Wir rechnen also mit der konstanten Dichte

$$\varrho = p_1/RT_1 = \frac{990 \text{ mbar}}{287 \text{ (J/kg K)} \cdot 298 \text{ K}} = 1{,}16 \text{ kg/m}^3 \ .$$

Für die dissipierte Leistung gilt

$$\dot{m} j_{12} = \dot{V} \varrho j_{12}$$

mit

$$j_{12} = w_{t12} - \left[v(p_2 - p_1) + \frac{1}{2}(c_2^2 - c_1^2) + g(z_2 - z_1) \right] .$$

Der Eintrittsquerschnitt 1 des um den Ventilator gelegten Kontrollraums liege so weit im Raum vor dem Ventilator, daß $c_1 \approx 0$ gesetzt werden kann. Die potentielle Energie ist zu vernachlässigen, so daß

$$\dot{m} j_{12} = P_{12} - \dot{V}[p_2 - p_1 + (\varrho/2) c_2^2]$$

folgt. Die Austrittsgeschwindigkeit ist

$$c_2 = \dot{V}/A_2 = 1{,}25 \text{ (m}^3\text{/s)}/0{,}175 \text{ m}^2 = 7{,}1 \text{ m/s} \ .$$

Damit erhalten wir

$$\dot{m} j_{12} = 1{,}60 \text{ kW} - 1{,}25 \text{ (m}^3\text{/s)} \cdot (8{,}5 \text{ mbar} + 29 \text{ Pa})$$
$$= 1{,}60 \text{ kW} - 1{,}25 \cdot (850 + 29) \text{ W} = 0{,}50 \text{ kW} \ .$$

Es werden also $0{,}50/1{,}60 = 31\%$ der zugeführten Leistung dissipiert.

6.1.2 Statische Arbeit und statischer Wirkungsgrad

Die Energieumwandlung bei einem stationären Fließprozeß wird durch die Bilanzgleichung

$$q_{12} + w_{t12} = h_2 - h_1 + \frac{1}{2}(c_2^2 - c_1^2)$$

beschrieben, in der wir den Term $g(z_2 - z_1)$ für die Änderung der potentiellen Energie fortgelassen haben. Die daraus folgende Gleichung

$$w_{t12} - \frac{1}{2}(c_2^2 - c_1^2) = h_2 - h_1 - q_{12} \quad (6.6)$$

enthält auf der linken Seite nur unbeschränkt umwandelbare mechanische Energien, also Exergien; auf der rechten Seite stehen „thermische" Energieformen, die nur zum Teil aus Exergie bestehen.

Gl. (6.6) beschreibt somit die Umwandlung von mechanischer in thermische Energie (und umgekehrt) bei einem stationären Fließprozeß. Die linke Seite von (6.6), nämlich

$$w_{12}^{st} := w_{t12} - \frac{1}{2}(c_2^2 - c_1^2) = \left(w_{t12} + \frac{1}{2}c_1^2\right) - \frac{1}{2}c_2^2,$$

bedeutet gerade den Überschuß der zugeführten mechanischen Energie über die aus dem Kontrollraum abfließende mechanische Energie. Diese Energiedifferenz hat sich in thermische Energie verwandelt, denn sie ist gleich der Zunahme $h_2 - (h_1 + q_{12})$ an thermischer Energie. Man bezeichnet w_{12}^{st} als *statische Arbeit* oder nach L. S. Dzung [6.1] als *Eigenarbeit* des stationären Fließprozesses. Ist $w_{12}^{st} > 0$, so bedeutet die statische Arbeit den Teil der zugeführten mechanischen Energie, der beim stationären Fließprozeß in thermische Energie umgewandelt wurde. Ist dagegen w_{12}^{st} negativ, so gibt die statische Arbeit gerade den Teil der zugeführten thermischen Energie an, der in mechanische Energie umgewandelt werden konnte.

Die Umwandlung von mechanischer in thermische Energie ($w_{12}^{st} > 0$) vollzieht sich technisch in einem Verdichter, dem technische Arbeit zugeführt wird, oder auch in einem Diffusor, einem geeignet geformten Strömungskanal, in dem sich die hohe kinetische Energie des einströmenden Fluids in Enthalpie verwandelt, ohne daß technische Arbeit zugeführt wird. Die Umwandlung thermischer Energie in mechanische ($w_{12}^{st} < 0$) findet in einer Turbine statt; diese gibt die mechanische Energie als technische Arbeit ab, wobei sich die Enthalpie des strömenden Fluids verringert. In einer Düse vergrößert sich die kinetische Energie des Fluids auf Kosten der Enthalpie, ohne daß technische Arbeit abgegeben wird.

Wir bezeichnen Prozesse, bei denen $w_{t12} = 0$ ist, als *Strömungsprozesse*. Hier ist keine Einrichtung zur Zufuhr oder Entnahme von technischer Arbeit im Kontrollraum vorhanden. Die statische Arbeit eines Strömungsprozesses reduziert sich damit auf die Änderung der kinetischen Energie des strömenden Fluids, denn diese ist, abgesehen von der vernachlässigten potentiellen Energie, die einzige mechanische Energieform. Bei *Arbeitsprozessen* ist dagegen $w_{t12} \neq 0$. Meistens kann man nun die Änderung der kinetischen Energie vernachlässigen, so daß die statische Arbeit mit der technischen Arbeit übereinstimmt. Bei genaueren Rechnungen muß man jedoch neben w_{t12} auch die kinetische Energie berücksichtigen. Durch den Begriff der statischen Arbeit werden beide Prozeßarten, Strömungs- und Arbeitsprozesse, in gleicher Weise erfaßt, so daß die folgenden Beziehungen allgemein anwendbar sind. Strömungsprozesse werden wir dann in 6.2, Arbeitsprozesse in 6.5 einzeln und ausführlicher untersuchen.

Die Umwandlung von thermischer in mechanische Energie wird durch den 2. Hauptsatz begrenzt, vgl. 3.4.1. Es ergeben sich daher auch für die statische Arbeit aus dem 2. Hauptsatz bestimmte Beschränkungen. Um sie zu bestimmen, führen wir in (6.5) die statische Arbeit ein und erhalten

$$w_{12}^{st} = \int_1^2 v \, dp + j_{12} = y_{12} + j_{12}.$$

Bei einem reversiblen Prozeß verschwindet die Dissipationsenergie, und die statische Arbeit ist aus dem Verlauf der Zustandsänderung berechenbar; sie stimmt

6.1 Technische Arbeit, Dissipationsenergie und Zustandsänderung

mit der spez. Strömungsarbeit überein:

$$(w^{st}_{12})_{rev} = \int_1^2 v\, dp = y_{12}.$$

Vergleicht man nun einen irreversiblen stationären Fließprozeß mit einem reversiblen, der *dieselbe Zustandsänderung* des Fluids aufweist, so wird

$$w^{st}_{12} = (w^{st}_{12})_{rev} + j_{12} \geqq \int_1^2 v\, dp = y_{12};$$

denn nach dem 2. Hauptsatz gilt $j_{12} \geqq 0$. Die beim irreversiblen Prozeß aufgewendete statische Arbeit ist um die Dissipationsenergie größer als beim reversiblen Prozeß. Um eine bestimmte Zustandsänderung des Fluids zu erreichen, beispielsweise um ein Fluid in einem Verdichter oder Diffusor auf einen höheren Druck zu bringen, muß bei reversibler Prozeßführung ein Mindestbetrag an mechanischer Energie in thermische Energie umgewandelt werden, nämlich die spez. Strömungsarbeit y_{12}. Dieser Mindestbetrag erhöht sich bei irreversibler Prozeßführung um die dissipierte und damit ebenfalls in thermische Energie umgewandelte mechanische Energie.

Für die aus thermischer Energie *gewonnene* mechanische Energie gilt

$$-w^{st}_{12} = (-w^{st}_{12})_{rev} - j_{12} \leqq -\int_1^2 v\, dp = -y_{12}.$$

Damit diese Energieumwandlung überhaupt möglich ist, muß der Druck des Strömungsmediums abnehmen; denn es ist $(-w^{st}_{12}) > 0$, und nur bei $dp < 0$ wird $(-y_{12})$ positiv. Die spezifische Strömungsarbeit begrenzt die statische Arbeit des Expansionsprozesses; sie gibt die bestenfalls, d. h. bei reversibler Prozeßführung aus thermischer Energie gewinnbare mechanische Energie an.

Bei einem irreversiblen Prozeß mit derselben Zustandsänderung des Fluids wird die gewinnbare statische Arbeit um die Dissipationsenergie verringert: Es wandelt sich weniger thermische Energie in mechanische um als beim reversiblen Prozeß mit gleicher Zustandsänderung. Der 2. Hauptsatz setzt also eine obere Grenze für die Umwandlung von thermischer Energie in mechanische, während für die Umwandlung in der Gegenrichtung keine derartige Grenze besteht. Die in 3.4.1 erwähnte Unsymmetrie in der Richtung von Energieumwandlungen erkennen wir hiermit wieder.

Die durch den 2. Hauptsatz begrenzte Umwandlung von thermischer in mechanische Energie (und umgekehrt) bewertet man durch den *statischen* oder *hydraulischen Wirkungsgrad*. Für einen irreversiblen Kompressionsprozeß ($dp > 0$, $y_{12} > 0$) vergleicht man die zuzuführende statische Arbeit w^{st}_{12} mit ihrem Mindestwert $(w^{st}_{12})_{rev}$, der bei einem reversiblen Prozeß mit gleicher Zustandsänderung des Fluids aufzuwenden ist, und definiert

$$\eta_{ko} := \frac{(w^{st}_{12})_{rev}}{w^{st}_{12}} = \frac{y_{12}}{y_{12} + j_{12}}$$

als statischen Wirkungsgrad des Kompressionsprozesses. Für einen Expansionsprozeß ($dp < 0$, $y_{12} < 0$) setzt man analog

$$\eta_{ex} := \frac{w^{st}_{12}}{(w^{st}_{12})_{rev}} = \frac{y_{12} + j_{12}}{y_{12}} = 1 - \frac{j_{12}}{|y_{12}|}.$$

Beide Wirkungsgrade erreichen ihren Höchstwert eins für den reversiblen Prozeß mit $j_{12} = 0$. Mit Hilfe des statischen Wirkungsgrades läßt sich die dissipierte Energie mit der spez. Strömungsarbeit, also mit dem Verlauf der Zustandsänderung verknüpfen. Für den Kompressionsprozeß ergibt sich

$$j_{12} = \left(\frac{1}{\eta_{ko}} - 1\right) y_{12}$$

und für den Expansionsprozeß

$$j_{12} = (1 - \eta_{ex})(-y_{12}).$$

Die mit den statischen Arbeiten gebildeten statischen Wirkungsgrade lassen sich in gleicher Weise auf Strömungsprozesse und Arbeitsprozesse anwenden. Bei Strömungsprozessen ($w_{t12} = 0$) werden die Änderungen der kinetischen Energien bewertet, bei den Arbeitsprozessen dagegen die technischen Arbeiten, weil die kinetischen Energien nur eine untergeordnete Rolle spielen und meistens vernachlässigt werden können.

6.1.3 Polytrope. Polytroper Wirkungsgrad

Um die Strömungsarbeit y_{12} berechnen zu können, muß man die Zustandsänderung $v = v(p)$ des strömenden Fluids kennen. Sie hängt in meist komplizierter Weise von der Energieaufnahme oder Energieabgabe des Fluids sowie von der in der Strömung dissipierten Energie ab. In der Regel kennt man nur den Eintritts- und Austrittszustand des Fluids, und es liegt nahe, die wirkliche Zustandsänderung durch eine einfachere zu ersetzen. Hierfür wählt man eine *Polytrope*; sie ist nach A. Stodola [6.7] dadurch definiert, daß das *Polytropenverhältnis*

$$\nu := \frac{dh}{v\,dp} = \frac{dh}{dy}$$

für alle Abschnitte der Zustandsänderung konstant ist. Es gilt also nicht nur

$$\nu = \frac{dh}{v\,dp} = 1 + \frac{T\,ds}{v\,dp} = 1 + \frac{dq + dj}{dy},$$

sondern auch für den ganzen Prozeß

$$\nu = \frac{h_2 - h_1}{y_{12}} = 1 + \frac{q_{12} + j_{12}}{y_{12}} \tag{6.7}$$

und

$$q_{12} + j_{12} = (\nu - 1)\,y_{12} = \int_1^2 T\,ds. \tag{6.8}$$

Sonderfälle von Polytropen sind die Isentrope ($\nu = 1$), die Isenthalpe ($\nu = 0$) und die Isobare ($\nu \to \infty$). Die polytropen Zustandsänderungen adiabater Kompressionsprozesse ($q_{12} = 0$, $y_{12} > 0$) werden durch Polytropenverhältnisse $\nu \geq 1$ gekennzeichnet; adiabate Expansionsprozesse ($y_{12} < 0$) haben Polytropenverhältnisse $\nu \leq 1$, wobei auch negative Polytropenverhältnisse möglich sind, vgl. Abb. 6.4.

Für adiabate Prozesse ist die dissipierte Energie ein fester, durch das Polytropenverhältnis ν gegebener Teil der spezifischen Strömungsarbeit und der Enthalpie-

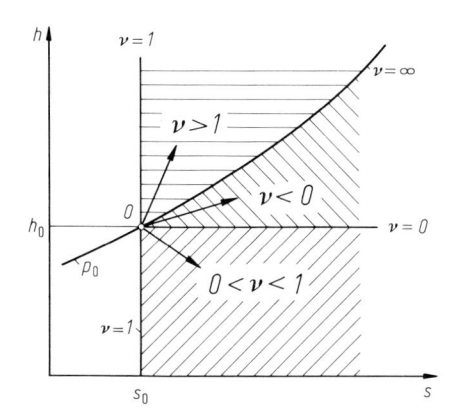

6.1 Technische Arbeit, Dissipationsenergie und Zustandsänderung 231

Abb. 6.4. Polytropenverhältnisse adiabater Expansions- und Kompressionsprozesse, die vom Zustand 0 (h_0, s_0, p_0) ausgehen

änderung, falls man eine polytrope Zustandsänderung annimmt. Aus den Gln. (6.7) und (6.8) folgt hierfür mit $q_{12} = 0$

$$j_{12} = (v - 1)\, y_{12} = \frac{v - 1}{v}(h_2 - h_1)\,.$$

Man erhält für die statischen Wirkungsgrade adiabater Expansionsprozesse

$$\eta_{\mathrm{ex}} = \frac{y_{12} + j_{12}}{y_{12}} = \frac{h_2 - h_1}{y_{12}} = v = \eta_{v\,\mathrm{ex}}$$

und analog für adiabate Kompressionsprozesse

$$\eta_{\mathrm{ko}} = \frac{y_{12}}{y_{12} + j_{12}} = \frac{y_{12}}{h_2 - h_1} = \frac{1}{v} = \eta_{v\,\mathrm{ko}}\,.$$

Diese Wirkungsgrade werden durch das Polytropenverhältnis bestimmt; man bezeichnet sie daher als *polytrope Wirkungsgrade* $\eta_{v\,\mathrm{ex}}$ und $\eta_{v\,\mathrm{ko}}$ adiabater Expansions- und Kompressionsprozesse.

Polytrope Zustandsänderungen nimmt man vorzugsweise bei Prozessen idealer Gase an, weil sich für dieses Modellfluid einfache Beziehungen ergeben. Wir untersuchen nun den Verlauf von Polytropen idealer Gase, also den Zusammenhang zwischen T und p für eine Zustandsänderung $v =$ const. Wir setzen

$$dh = c_{\mathrm{p}}^{0}(T)\, dT$$

und

$$v = RT/p$$

in die Definitionsgleichung

$$dh = vv\, dp$$

der Polytrope ein und erhalten den Zusammenhang

$$c_{\mathrm{p}}^{0}(T)\,\frac{dT}{T} = v\,\frac{R}{p}\, dp\,,$$

dessen Integration bei $v = \text{const}$

$$\int_{T_0}^{T} c_p^0(T) \frac{dT}{T} = vR \ln (p/p_0) \qquad (6.9)$$

ergibt. Die linke Seite dieser Gleichung bedeutet nach 5.1.3 die Entropiedifferenz $s^0(T) - s^0(T_0)$ bei einem beliebigen Bezugsdruck p_0. Wir erhalten also

$$s^0(T) = s^0(T_0) + vR \ln (p/p_0) \qquad (6.10)$$

als implizite Polytropengleichung eines idealen Gases. Sie kann mit Hilfe einer Tabelle der Entropiefunktion $s^0(T)$, z. B. Tabelle 10.8, ausgewertet werden.

Die Entropieänderung auf einer Polytrope ergibt sich aus

$$s = s_0 + \int_{T_0}^{T} c_p^0(T) \frac{dT}{T} - R \ln (p/p_0)$$

mit (6.9) zu

$$s = s_0 + (v - 1) R \ln (p/p_0) . \qquad (6.11)$$

Für die spezifische Strömungsarbeit erhält man

$$y_{12} = \frac{1}{v}(h_2 - h_1) = \frac{1}{v}[\bar{c}_p^0(t_2) \cdot t_2 - \bar{c}_p^0(t_1) \cdot t_1] .$$

Mit den vertafelten Werten der mittleren spezifischen Wärmekapazität $\bar{c}_p^0$ nach Tabelle 10.7 läßt sich y_{12} leicht berechnen. Ist die Endtemperatur t_2 der polytropen Zustandsänderung noch unbekannt und sind t_1 und das Druckverhältnis gegeben, so erhält man t_2 durch Anwenden von (6.10).

Bei der Herleitung der vorstehenden Beziehungen haben wir das Polytropenverhältnis v als gegeben vorausgesetzt. Oft kennt man Anfangs- und Endzustand und möchte das Polytropenverhältnis der Polytrope bestimmen, die diese beiden Zustände verbindet. Hierfür erhält man aus (6.10)

$$v = \frac{s^0(T_2) - s^0(T_1)}{R \ln (p_2/p_1)} .$$

Im T,s-Diagramm läßt sich v als Verhältnis zweier Strecken deuten, Abb. 6.5.

Die für die Polytropen idealer Gase hergeleiteten Beziehungen vereinfachen sich erheblich, wenn man die spezifische Wärmekapazität c_p^0 als konstant annimmt. Aus (6.9) folgt

$$c_p^0 \ln (T/T_0) = vR \ln (p/p_0)$$

oder

$$T/T_0 = (p/p_0)^{vR/c_p^0}$$

als Gleichung der Polytrope eines idealen Gases mit konstantem c_p^0. Man setzt nun

$$v \frac{R}{c_p^0} = v \frac{\varkappa - 1}{\varkappa} = \frac{n - 1}{n}$$

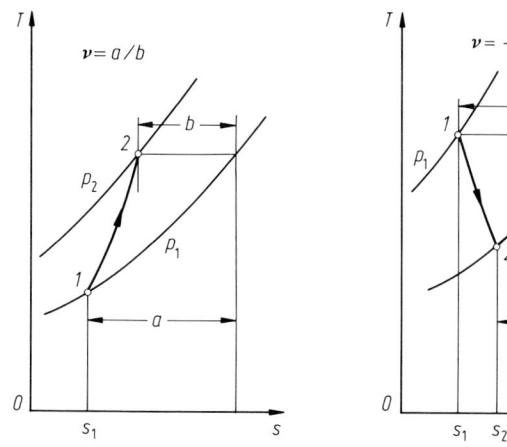

Abb. 6.5. Polytropen eines idealen Gases im T,s-Diagramm. Die Strecken bedeuten: $a = s^0(T_2) - s^0(T_1)$ und $b = R \ln(p_2/p_1)$

mit $\varkappa = c_p^0/c_v^0$ und definiert dadurch den Polytropenexponenten

$$n = \frac{\varkappa}{\varkappa - \nu(\varkappa - 1)}. \quad (6.12)$$

Wie man leicht zeigen kann, folgt aus

$$T/T_0 = (p/p_0)^{(n-1)/n}$$

die Polytropengleichung

$$pv^n = p_0 v_0^n. \quad (6.13)$$

Durch diese Gleichung definierte G. Zeuner [6.8] eine Polytrope. Die beiden unterschiedlichen Polytropendefinitionen nach A. Stodola und G. Zeuner stimmen für das ideale Gas mit konstantem c_p^0 und nur für dieses Modellfluid überein.

Verwendet man (6.13) zur Berechnung der spezifischen Strömungsarbeit, so erhält man

$$y_{12} = \frac{n}{n-1} p_1 v_1 [(p_2/p_1)^{(n-1)/n} - 1] \quad (6.14)$$

oder

$$y_{12} = \frac{c_p^0 T_1}{\nu} [(p_2/p_1)^{\nu R/c_p^0} - 1] \quad (6.15)$$

als Ausdruck für y_{12}, der das Polytropenverhältnis ν anstelle des Polytropenexponenten n enthält. Die Entropieänderung auf einer Polytrope ergibt sich aus (6.11), die unverändert bleibt.

Will man das Polytropenverhältnis ν aus den Daten zweier bekannter Zustände auf einer Polytrope bestimmen, so gilt für $c_p^0 = $ const die einfache Beziehung

$$\nu = \frac{c_p^0}{R} \frac{\ln(T_2/T_1)}{\ln(p_2/p_1)} = \frac{\varkappa}{\varkappa - 1} \frac{\ln(T_2/T_1)}{\ln(p_2/p_1)}.$$

Den Polytropenexponenten n erhält man dann aus (6.12).

Für reale Fluide kann man den Verlauf einer Polytrope $v = $ const nicht explizit angeben, da die thermische und die kalorische Zustandsgleichung eines realen Fluids zu verwickelt sind. Das Rechnen mit Polytropen bringt daher in diesen Fällen keine Vorteile und hat sich auch nicht allgemein durchgesetzt. Um die Strömungsarbeit y_{12} für reale Fluide zu berechnen, kann man (6.13) als Polytropenbeziehung ansetzen und n aus den Werten p_1, v_1 und p_2, v_2 des Anfangs- und Endzustands bestimmen. Man benutzt also die Polytropendefinition von Zeuner und nicht die von Stodola. Die spezifische Strömungsarbeit y_{12} erhält man aus (6.14), denn diese Beziehung entsteht allein durch Integration von (6.13), ohne daß Eigenschaften des Fluids in die Rechnung eingehen. Eine andere Möglichkeit zur Berechnung von y_{12} eröffnet sich, wenn Isentropenexponent und Isenthalpenexponent des realen Fluids bekannt sind, vgl. [6.9].

Beispiel 6.2. Der adiabate Verdichter einer Gasturbinenanlage[1] saugt Luft vom Zustand $p_1 = 0{,}96916$ bar, $t_1 = 25{,}3\ °\text{C}$ an und verdichtet sie auf $p_2 = 4{,}253$ bar, wobei eine Luftaustrittstemperatur $t_2 = 202{,}8\ °\text{C}$ gemessen wird. Man bestimme die statische Arbeit w_{12}^{st}, die Dissipationsenergie j_{12} und den polytropen Wirkungsgrad $\eta_{v\,ko}$ der Verdichtung. Die kinetischen Energien sind vernachlässigbar klein.

Da die kinetischen Energien keine Rolle spielen, stimmt die statische Arbeit mit der technischen Arbeit überein, und wir erhalten

$$w_{12}^{st} = w_{t\,12} = h_2 - h_1 = c_p^0 (t_2 - t_1)\ ,$$

wenn wir die Luft als ideales Gas mit konstantem $c_p^0 = 1{,}004$ kJ/kg K annehmen. Somit ergibt sich

$$w_{12}^{st} = 1{,}004(202{,}8 - 25{,}3)\ \text{kJ/kg} = 178{,}2\ \text{kJ/kg}.$$

Dies ist die mechanische Energie, die bei der Verdichtung in thermische Energie, nämlich in Enthalpie der Luft umgewandelt wird.

Für die unbekannte Zustandsänderung der Luft nehmen wir eine Polytrope an. Ihr Polytropenverhältnis v ergibt sich zu

$$v = \frac{c_p^0}{R}\,\frac{\ln(T_2/T_1)}{\ln(p_2/p_1)} = \frac{1{,}004}{0{,}2871}\,\frac{\ln(475{,}95/298{,}45)}{\ln(4{,}253/0{,}96916)} = 1{,}104\ .$$

Damit erhalten wir als polytropen Wirkungsgrad der Verdichtung

$$\eta_{v\,ko} = \frac{1}{v} = 0{,}906\ .$$

Die dissipierte Energie ergibt sich aus (6.8) mit $q_{12} = 0$ zu

$$j_{12} = (v - 1)\,y_{12} = \frac{v-1}{v}(h_2 - h_1) = \frac{v-1}{v}\,w_{12}^{st} = 16{,}7\ \text{kJ/kg}\ .$$

Wir prüfen, inwieweit es zulässig ist, die spezifische Wärmekapazität c_p^0 der Luft als konstant anzunehmen. Bei Berücksichtigung der Temperaturabhängigkeit von c_p^0 gilt für die statische Arbeit

$$w_{12}^{st} = h_2 - h_1 = \bar{c}_p^0(t_2)\,t_2 - \bar{c}_p^0(t_1)\,t_1 = 179{,}80\ \text{kJ/kg}\ ,$$

wobei wir Tabelle 10.7 benutzt haben. Dieser Wert ist nur um 0,9 % größer als die für $c_p^0 = $ const berechnete statische Arbeit.

---

[1] Die Daten sind Versuchsergebnisse, die 1939 am Verdichter der ersten Gasturbinenanlage zur Stromerzeugung gewonnen wurden (4000 kW-Notstromanlage der Stadt Neuchâtel, Schweiz), [6.10].

Für das Polytropenverhältnis erhalten wir unter Benutzung von Tabelle 10.8

$$v = \frac{s^0(t_2) - s^0(t_1)}{R \ln(p_2/p_1)} = \frac{7{,}3376 - 6{,}8652}{0{,}28706 \ln(4{,}253/0{,}96916)} = 1{,}1129$$

und daraus

$$\eta_{\text{vko}} = \frac{1}{v} = 0{,}8986$$

sowie

$$j_{12} = \frac{v-1}{v} w_{12}^{\text{st}} = 18{,}24 \text{ kJ/kg} .$$

Die Unterschiede zu den Ergebnissen der Näherungsrechnung mit konstantem c_p^0 sind merklich und bei höheren Genauigkeitsansprüchen nicht zu vernachlässigen.

6.2 Strömungsprozesse

Stationäre Fließprozesse, bei denen die technische Arbeit $w_{t12} = 0$ ist, haben wir als Strömungsprozesse bezeichnet. Diese Prozesse laufen in kanalartigen Kontrollräumen ab, die keine Einrichtungen zur Zufuhr oder Entnahme technischer Arbeit enthalten, z. B. in Rohrleitungen, Düsen, Wärmeübertragern und anderen Apparaten. Wie schon in 6.1.2 lassen wir auch in den folgenden Abschnitten die Änderung $g(z_2 - z_1)$ der potentiellen Energie in den Energiegleichungen fort.

Strömungsprozesse mit kompressiblen Medien, also Prozesse, bei denen erhebliche Dichteänderungen des Fluids auftreten, werden im Rahmen der Strömungslehre in der *Gasdynamik* behandelt. Die folgenden Abschnitte können auch als eine Einführung in die Gasdynamik dienen, wobei die grundlegenden thermodynamischen Zusammenhänge im Vordergrund stehen. Ausführliche Darstellungen der Gasdynamik geben K. Oswatitsch [6.11] und J. Zierep [6.12].

6.2.1 Strömungsprozesse mit Wärmezufuhr

Wird einem Fluid bei einem stationären Strömungsprozeß Wärme zugeführt oder entzogen, so gilt hierfür

$$q_{12} = h_2 - h_1 + \frac{1}{2}(c_2^2 - c_1^2) . \tag{6.16}$$

Diese Beziehung dient zur Berechnung von Prozessen, die in geheizten oder gekühlten Apparaten wie Dampferzeugern, Lufterhitzern, Kühlern oder Kondensatoren ablaufen. Man faßt manchmal Enthalpie und kinetische Energie des Fluids zur (spezifischen) *Totalenthalpie*

$$h^+ := h + c^2/2$$

zusammen. Aus (6.16) erhält man dann

$$q_{12} = h_2^+ - h_1^+ .$$

Die bei einem Strömungsprozeß zu- oder abgeführte Wärme ist gleich der Änderung der Totalenthalpie des strömenden Fluids.

Für die Änderung der kinetischen Energie des Fluids erhalten wir aus (6.4)

$$\frac{1}{2}(c_2^2 - c_1^2) = -\int_1^2 v\,dp - j_{12}\,.$$

Da $j_{12} \geqq 0$ ist, kann das strömende Fluid nur dann beschleunigt werden ($c_2 > c_1$), wenn der Druck in Strömungsrichtung sinkt ($dp < 0$). Bei den meisten Strömungsprozessen mit Wärmezufuhr oder Wärmeentzug kann man die Änderung der kinetischen Energie gegenüber der Wärme bzw. der Enthalpieänderung vernachlässigen. Diese Annahme trifft für die meisten Wärmeübertragungsapparate zu. Der in diesen Apparaten auftretende Druckabfall bewirkt keine nennenswerte Beschleunigung des Fluids, sondern dient nur dazu, die Reibungswiderstände zu überwinden. Es gilt dann

$$j_{12} = -\int_1^2 v\,dp > 0\,, \tag{6.17}$$

also $dp < 0$. Für ein inkompressibles Fluid erhält man aus (6.17) mit $v = $ const für den Druckabfall

$$\Delta p = p_1 - p_2 = \varrho j_{12}\,.$$

Die dissipierte Energie läßt sich hier aus dem leicht meßbaren Druckabfall berechnen.

Der *Exergieverlust* eines reibungsbehafteten Strömungsprozesses hängt mit der Dissipationsenergie zusammen. Nach 6.1.1 ist die Dissipationsenergie

$$dj = T\,ds - dq = T\,ds_{irr}$$

der erzeugten Entropie proportional. Somit ergibt sich für den Exergieverlust

$$de_v = T_u\,ds_{irr} = (T_u/T)\,dj\,.$$

Die Dissipation führt also zu einem um so größeren Exergieverlust, je niedriger die Temperatur T des mit Reibung strömenden Fluids ist. Bei einem Strömungsprozeß mit vernachlässigbar kleiner Änderung der kinetischen Energie erhält man aus (6.17)

$$dj = -v\,dp$$

und daraus für den Exergieverlust

$$de_v = T_u\left(-\frac{v}{T}\right)dp = T_u\frac{v}{T}(-dp)\,.$$

Der mit dem Druckabfall $(-dp)$ zusammenhängende Exergieverlust ist um so größer, je größer das spez. Volumen des Fluids und je niedriger seine Temperatur ist. Bei gleichen Temperaturen verursacht ein gleichgroßer Druckabfall bei einem strömenden Gas einen weitaus größeren Exergieverlust als bei einer strömenden Flüssigkeit.

6.2.2 Die Schallgeschwindigkeit

In einem kompressiblen Fluid treten Dichteänderungen auf, die meistens durch Druckunterschiede hervorgerufen werden. Der Druck-Dichte-Gradient ist daher ein wichtiger Parameter bei der Behandlung von Strömungsprozessen kompressibler Medien; er hängt mit der Schallgeschwindigkeit des Mediums zusammen, deren Berechnung wir uns nun zuwenden.

Eine Schallwelle ist eine (periodische) Druck- und Dichteschwankung geringer Amplitude, die sich in einem kompressiblen Medium mit einer bestimmten Geschwindigkeit, nämlich mit Schallgeschwindigkeit fortbewegt. Solch eine Druckwelle kann z. B. durch eine kleine Bewegung des in Abb. 6.6 gezeigten Kolbens hervorgerufen werden. Die Wellenfront bewege sich mit der Geschwindigkeit u in das ruhende Fluid hinein, dessen Druck p und dessen Dichte ϱ ist. Das bewegte Fluid links von der Wellenfront habe die Geschwindigkeit c, den Druck $p' > p$ und die Dichte ϱ'.

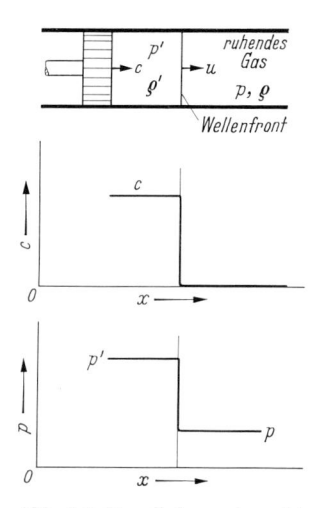

Abb. 6.6. Von links nach rechts mit der Geschwindigkeit u fortschreitende Druckwelle vor dem bewegten Kolben

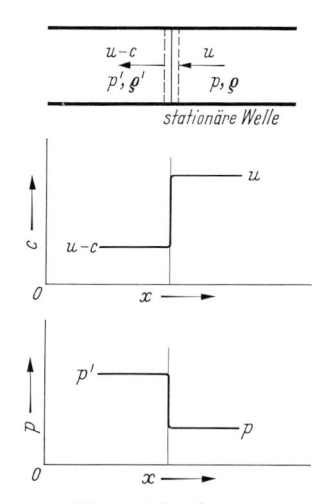

Abb. 6.7. Stationäre Wellenfront

Um die Geschwindigkeit u der Welle als Funktion der Zustandsgrößen des Fluids zu bestimmen, wählen wir ein Bezugssystem, das sich mit der Welle fortbewegt. In diesem Koordinatensystem ruht dann die Wellenfront, das Fluid kommt von rechts mit der Geschwindigkeit u an und strömt nach links mit der Geschwindigkeit $u - c$ weiter, Abb. 6.7. Wir wenden nun die Kontinuitätsgleichung und den Impulssatz auf einen Kontrollraum an, der das Fluid zwischen zwei Querschnitten unmittelbar vor und hinter der stehenden Wellenfront umschließt. Für diese Querschnitte ist die Massenstromdichte konstant:

$$\varrho u = \varrho'(u - c).\qquad(6.18)$$

Nach dem Impulssatz ist die zeitliche Änderung des Impulses gleich der Resultierenden der auf ein System wirkenden Kräfte. Für einen stationär durchströmten Kontrollraum ergibt sich die Impulsänderung als Differenz zwischen aus- und eintretendem Impulsstrom

$$\dot{m}(u - c) - \dot{m}u = A\varrho'(u - c)^2 - A\varrho u^2,$$

wobei A die Querschnittsfläche bedeutet. Die Dicke des um die Wellenfront abgegrenzten Kontrollraums ist so klein, daß wir die Reibungskräfte am Umfang vernachlässigen können.

Es sind dann nur die vom Druck in den beiden Querschnitten herrührenden Kräfte zu berücksichtigen, deren Resultierende $A(p - p')$ ist. Damit ergibt sich aus dem Impulssatz

$$\varrho'(u - c)^2 - \varrho u^2 = p - p'. \tag{6.19}$$

Wir eliminieren aus (6.18) und (6.19) die Geschwindigkeit c und erhalten

$$u = \left(\frac{\varrho'}{\varrho} \frac{p - p'}{\varrho - \varrho'}\right)^{1/2}$$

für die gesuchte Geschwindigkeit u, mit der sich die Druckwelle fortbewegt.

Nun beachten wir, daß Schallwellen nur kleine Amplituden besitzen, und führen den Grenzübergang $p' \to p$ und $\varrho' \to \varrho$ aus. Dann wird das Verhältnis $\varrho'/\varrho = 1$, und der zweite Faktor geht in die Ableitung $(\partial p/\partial \varrho)_s$ über. Wie Laplace zuerst erkannte, verläuft nämlich die Druck- und Dichteänderung in der Schallwelle adiabat; wegen der geringen Amplituden kann man (wenigstens für kleine Frequenzen) einen reversiblen Prozeß und damit eine isentrope Zustandsänderung annehmen. Unter diesen Voraussetzungen wird die Schallgeschwindigkeit, die wir mit a bezeichnen, zu einer Zustandsgröße des Fluids:

$$a = \sqrt{(\partial p/\partial \varrho)_s} = v\sqrt{-(\partial p/\partial v)_s}. \tag{6.20}$$

Sie hängt mit dem Anstieg der Isentropen im p,ϱ- oder p,v-Diagramm zusammen und somit auch mit dem in 4.3.5 eingeführten Isentropenexponenten k:

$$a = \sqrt{pvk}.$$

Ebenso wie k läßt sich die Schallgeschwindigkeit aus der thermischen Zustandsgleichung des Fluids und aus $c_p^0(T)$ berechnen.

Für *ideale Gase* ergeben sich wieder besonders einfache Zusammenhänge. Da hier $k = \varkappa(T) = c_p^0(T)/c_v^0(T)$ ist, wird

$$a = \sqrt{\varkappa(T) RT} = \sqrt{\varkappa(T)(R_m/M) T} \tag{6.20a}$$

eine reine Temperaturfunktion. Da $\varkappa(T)$ sich nur schwach mit der Temperatur ändert, wächst die Schallgeschwindigkeit etwa mit der Wurzel aus der thermodynamischen Temperatur. Sie ist für diejenigen idealen Gase am größten, deren Molmasse M klein ist, insbesondere für H_2 und He, Tabelle 6.1.

Tabelle 6.1. Schallgeschwindigkeit idealer Gase bei 0 °C

Gas	He	Ar	H_2	N_2	O_2	Luft	CO_2	H_2O
a in m/s	970	307	1234	337	315	333	259	410

Aus Messungen der Schallgeschwindigkeit bei kleinen Drücken und ihrer Extrapolation auf $p \to 0$ kann man auch die thermodynamische Temperatur bestimmen. Dieses „akustische Thermometer" wird besonders zur Temperaturmessung unter $T = 20$ K angewendet. Derartige Messungen der Schallgeschwindigkeit eignen sich auch zur genauen Bestimmung der universellen Gaskonstante R_m nach (6.20a), vgl. [1.29, 6.13]. Sie lieferten die auf S. 30 und in Tab. 10.5 aufgeführten Bestwerte von R_m.

Das Verhältnis der Strömungsgeschwindigkeit c zur Schallgeschwindigkeit a, die zum selben Zustand gehört, bezeichnet man als *Mach-Zahl*[2] $Ma = c/a$. Strömungen mit $Ma < 1$ werden als Unterschallströmungen, Strömungen mit $Ma > 1$ als Überschallströmungen bezeichnet.

6.2.3 Adiabate Strömungsprozesse

Adiabate Strömungsprozesse treten in der Technik häufig auf. Durchströmte Rohre, Düsen, Diffusoren, Drosselorgane (Blenden, Ventile) können meistens als adiabate Systeme angesehen werden. Die trotz Isolierung auftretenden Wärmeströme sind im allgemeinen vernachlässigbar klein. Mit $q_{12} = 0$ ergibt sich aus (6.16)

$$h_2 - h_1 + \frac{1}{2}(c_2^2 - c_1^2) = 0 \tag{6.21}$$

oder

$$h_2^+ = h_2 + \frac{1}{2}c_2^2 = h_1 + \frac{1}{2}c_1^2 = h_1^+ \ .$$

Bei adiabaten Strömungsprozessen bleibt die Totalenthalpie $h^+ = h + c^2/2$ konstant; die Zunahme der kinetischen Energie ist gleich der Abnahme der Enthalpie des Fluids, vgl. Abb. 6.8. Für die Austrittsgeschwindigkeit c_2 erhält man aus (6.21)

$$c_2 = \sqrt{2(h_1 - h_2) + c_1^2} \ .$$

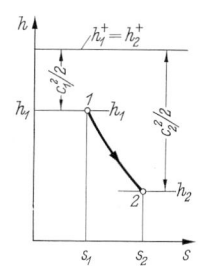

Abb. 6.8. Bei adiabaten Strömungsprozessen bleibt die Totalenthalpie $h^+ = h + c^2/2$ erhalten

Diese Gleichungen gelten für reversible und irreversible Prozesse, also auch für Strömungen mit Reibung, denn sie drücken nur den Energieerhaltungssatz aus.

Einen Überblick über die nach dem 2. Hauptsatz möglichen adiabaten Strömungsprozesse erhalten wir mit dem h,s-Diagramm von Abb. 6.9. Vom (willkürlich festgelegten) Anfangszustand 1 aus lassen sich nur solche Endzustände erreichen, für die

$$s_2 \geqq s_1$$

---

[2] Ernst Mach (1838—1916) war ein österreichischer Physiker. Er wurde besonders durch seine Beiträge zur Geschichte und Philosophie der Naturwissenschaften bekannt. Vgl. insbes. Mach, E.: Die Prinzipien der Wärmelehre. 2. Aufl. Leipzig: Barth 1900.

gilt. Außerdem muß die für alle Strömungsprozesse geltende Gleichung

$$\frac{1}{2}(c_2^2 - c_1^2) = -\int_1^2 v\,\mathrm{d}p - j_{12} \tag{6.22}$$

erfüllt sein. Wir unterscheiden nun die folgenden drei Fälle.

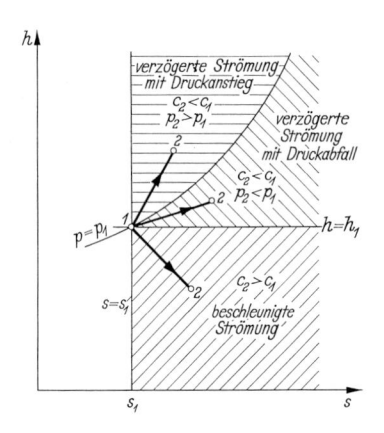

Abb. 6.9. Bereiche der Endzustände 2 verschiedener vom Anfangszustand 1 ausgehender adiabater Strömungsprozesse

Das Fluid wird beschleunigt, $c_2 > c_1$, wenn nach (6.21) seine Enthalpie abnimmt. Die Endzustände dieser adiabaten Strömungsprozesse liegen im h,s-Diagramm zwischen der Isentrope $s = s_1$ und der Isenthalpe $h = h_1$; in diesem Bereich nimmt nach (6.22) auch der Druck stets ab. Erreicht man Zustände, die rechts von der Isobare $p = p_1$ und oberhalb der Isenthalpe $h = h_1$ liegen, so wird das Fluid trotz eines Druckabfalls verzögert. Bei diesen Prozessen ist die Dissipationsenergie j_{12} so groß, daß sie in (6.22) das Integral überwiegt; damit wird $c_2 < c_1$, obwohl $\mathrm{d}p < 0$ gilt. Ein Druckanstieg bei verzögerter Strömung stellt sich erst ein, wenn die Abnahme der kinetischen Energie so groß ist, daß sie die Dissipationsenergie überwiegt und

$$\int_1^2 v\,\mathrm{d}p = \frac{1}{2}(c_1^2 - c_2^2) - j_{12} > 0$$

wird. Das Fluid erreicht dann Zustände, die im h,s-Diagramm oberhalb der Isobare $p = p_1$ und rechts der Isentrope $s = s_1$ liegen. Dies ist der Bereich der Diffusorströmungen, auf die wir in 6.2.4 genauer eingehen.

Als ein wichtiges Beispiel eines adiabaten Strömungsprozesses behandeln wir nun die *reibungsbehaftete Strömung in einem adiabaten Rohr mit konstantem Querschnitt*. In allen Querschnitten eines solchen Rohres sind die Massenstromdichte

$$\dot{m}/A = c/v = c\varrho = c_1\varrho_1$$

und die Totalenthalpie

$$h^+ = h + \frac{1}{2}c^2 = h_1 + \frac{1}{2}c_1^2 = h_1^+$$

6.2 Strömungsprozesse

konstant. Daraus folgt, daß alle Zustände des strömenden Fluids auf der sogenannten Fanno-Kurve[3]

$$h + \frac{v^2}{2}\left(\frac{c_1}{v_1}\right)^2 = h + \frac{v^2}{2}\left(\frac{\dot{m}}{A}\right)^2 = h_1^+$$

liegen. Nimmt man bei gegebenem h_1^+ einen Wert von v an, so liefert diese Gleichung eine bestimmte Enthalpie h, zu der man über die Zustandsgleichung des Fluids auch die zugehörige Entropie s erhält. Damit läßt sich die Fanno-Kurve im h, s-Diagramm punktweise konstruieren, Abb. 6.10. Zu jedem (statischen) Anfangszustand (h_1, s_1) bzw. (h_1, v_1) gehören mehrere Fanno-Kurven, die verschiedenen Werten der Anfangsgeschwindigkeit c_1 bzw. der Massenstromdichte $\dot{m}/A$ entsprechen.

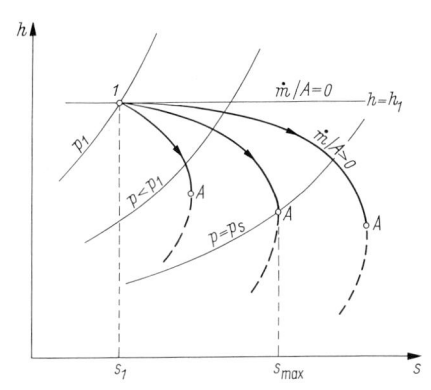

Abb. 6.10. Fanno-Kurven für verschiedene konstante Massenstromdichten $\dot{m}/A$ (Unterschallströmungen)

Bei den in Abb. 6.10 gezeigten Fanno-Kurven nimmt die Geschwindigkeit des im Rohr strömenden Fluids zu, bis in den durch A gekennzeichneten Zuständen mit senkrechter Tangente die Schallgeschwindigkeit als maximal mögliche Geschwindigkeit erreicht wird. An dieser Stelle gilt nämlich

$$T\,ds = dh - v\,dp = 0$$

und außerdem

$$dh + c\,dc = 0,$$

weil auf der Fanno-Kurve die Totalenthalpie konstant ist, sowie

$$d\left(\frac{c}{v}\right) = \frac{dc}{v} - \frac{c}{v^2}\,dv = 0$$

als Kontinuitätsgleichung. Wir eliminieren aus diesen drei Gleichungen dh und dc und erhalten für die an der Stelle A auftretende Geschwindigkeit

$$c^2 = -v^2(\partial p/\partial v)_s = (\partial p/\partial \varrho)_s = a^2\,.$$

Hier wird also die Schallgeschwindigkeit erreicht. Eine weitere Geschwindigkeitssteigerung und eine damit verbundene Druckabnahme sind nicht möglich, denn es müßte dann die Entropie des adiabat strömenden Fluids abnehmen, was dem 2. Hauptsatz widerspricht. Als

---
[3] Nach G. Fanno, der diese Kurven erstmals 1904 in seiner Diplomarbeit an der ETH Zürich angegeben hat.

Schalldruck p_s bezeichnet man jenen Druck im Austrittsquerschnitt eines adiabaten Rohres, der gerade auf die Schallgeschwindigkeit als Austrittsgeschwindigkeit führt. Sinkt der Druck im Raum außerhalb des Rohres unter den Schalldruck p_s, so ändert sich der Strömungszustand im Rohr nicht. Im Austrittsquerschnitt bleiben der Schalldruck und die Schallgeschwindigkeit unverändert erhalten, und das Fluid expandiert außerhalb des Rohres irreversibel unter Wirbelbildung auf den niedrigeren Druck.

Die Zustände vor und hinter einer *Drosselstelle*, vgl. 2.3.5, liegen ebenfalls auf einer Fanno-Kurve, wenn die Kanalquerschnitte gleich groß sind. Wie der Verlauf der Fanno-Kurven im h,s-Diagramm zeigt, bleibt nur für $\dot{m}/A = 0$ die Enthalpie konstant, Abb. 6.10. Die Beziehung $h_2 = h_1$ gilt also nur näherungsweise, doch hinreichend genau, solange die Massenstromdichte nicht sehr groß ist und der Druckabfall $p_1 - p_2$ in der Drosselstelle klein bleibt.

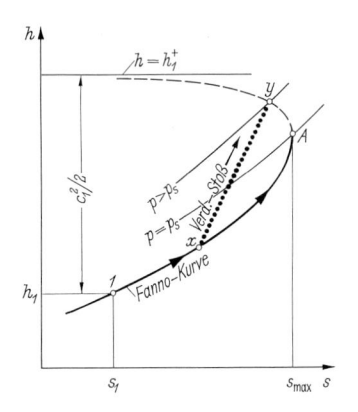

Abb. 6.11. Fanno-Kurve für Überschallströmung im adiabaten Rohr konstanten Querschnitts mit Verdichtungsstoß

Tritt das Fluid mit Überschallgeschwindigkeit $c_1 > a$ in das adiabate Rohr, so liegt der Eintrittszustand 1 auf dem unteren Ast der Fanno-Kurve im h, s-Diagramm, Abb. 6.11. Längs des Rohrs nimmt nun die Geschwindigkeit ab, während sich Enthalpie und Druck vergrößern. Im Punkt A, wo die Fanno-Kurve eine senkrechte Tangente hat, erreicht das Fluid die Schallgeschwindigkeit und den Schalldruck $p_s > p_1$. Höhere Austrittsdrücke $p_2 > p_s$ und damit Geschwindigkeiten unterhalb der Schallgeschwindigkeit werden durch einen geraden Verdichtungsstoß erreicht, der im Rohr auftritt. Dabei „springt" der Zustand des Fluids vom unteren Teil der Fanno-Kurve unter Entropiezunahme zum oberen Teil, wodurch sich Enthalpie und Druck unstetig erhöhen und die Geschwindigkeit vom Überschallbereich in den Unterschallbereich abfällt, vgl. hierzu z. B. [0.10, S. 346—354].

6.2.4 Adiabate Düsen- und Diffusorströmung

Eine Düse ist ein geeignet geformter Strömungskanal, in dem ein Fluid beschleunigt werden soll[4]. Nach 6.1.2 wandelt sich hierbei thermische Energie in statische Arbeit um, die wegen $w_{t12} = 0$ allein aus einer Zunahme der kinetischen Energie besteht. Nach (6.22) muß dabei der Druck des Fluids in der Düse sinken.

Wir betrachten nun eine adiabate Düse ($q_{12} = 0$, $s_2 \geq s_1$), in der das Fluid vom Eintrittszustand 1 aus auf einen gegebenen Gegendruck $p_2 < p_1$ expandiert.

---

[4] Auf die Berechnung der Düsenform gehen wir in 6.2.5 ein.

Nach dem 1. Hauptsatz bleibt die Totalenthalpie des Fluids konstant, und es gilt daher

$$c_2^2/2 = c_1^2/2 + h_1 - h_2 \,.$$

Wie Abb. 6.12 zeigt, erhält man die größte Zunahme der kinetischen Energie und somit die höchste Endgeschwindigkeit, wenn die Expansion reversibel und damit isentrop ($s = s_1$) verläuft. Der Austrittszustand 2' ist dann durch die Bedingungen

$$p_{2'} = p_2 \quad \text{und} \quad s_{2'} = s_1$$

bestimmt. Die Enthalpieabnahme $h_1 - h_2$ des Fluids erreicht dabei ihren nach dem 2. Hauptsatz größtmöglichen Wert

$$h_1 - h_{2'} = h_1 - h(p_2, s_1) = -\int_{p_1}^{p_2} v(p, s_1)\,\mathrm{d}p = -\Delta h_s \,.$$

Hierin ist Δh_s die isentrope Enthalpiedifferenz, deren Bestimmung in 4.3.5 ausführlich erläutert wurde.

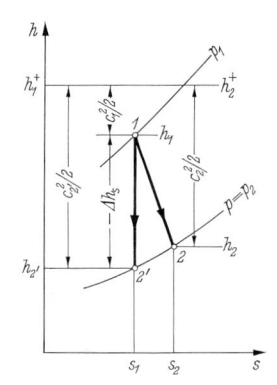

Abb. 6.12. Adiabate Düsenströmung mit gegebenen Drücken p_1 und $p_2 < p_1$

Die mit einer adiabaten Düse erreichte kinetische Energie $c_2^2/2$ vergleicht man mit der bei reversibler Expansion bestenfalls erreichbaren Energie $c_{2'}^2/2$, indem man den *isentropen Strömungs-* oder *Düsenwirkungsgrad*

$$\eta_{sS} = \frac{c_2^2/2}{c_{2'}^2/2} = \frac{c_2^2/2}{(c_1^2/2) - \Delta h_s}$$

definiert. Man beachte, daß hier $\Delta h_s < 0$ ist. Gut entworfene Düsen erreichen isentrope Wirkungsgrade $\eta_{sS} > 0{,}95$. Anstelle des isentropen Strömungswirkungsgrades benutzt man gelegentlich den Geschwindigkeitsbeiwert

$$\varphi = c_2/c_{2'} = \sqrt{\eta_{sS}} \,.$$

In einem *Diffusor* soll ein strömendes Fluid einen höheren Druck erreichen. Es wird dabei statische Arbeit in Enthalpie umgewandelt, so daß sich die kinetische Energie des Fluids beim Durchströmen eines Diffusors verringert. Der Diffusor wirkt also umgekehrt wie eine Düse. Wie die für Strömungsprozesse gültige Gleichung

$$\int_1^2 v \, dp = \frac{1}{2}(c_1^2 - c_2^2) - j_{12}$$

zeigt, muß die Abnahme der kinetischen Energie die Dissipationsenergie überwiegen, damit ein Druckanstieg (dp > 0) erzielt wird. Bei zu großen Reibungsverlusten und entsprechend großer Entropieerzeugung sinkt der Druck trotz einer Abnahme der kinetischen Energie, vgl. Abb. 6.9.

Wie in einer adiabaten Düse bleibt auch in einem adiabaten Diffusor die Totalenthalpie konstant. Die Enthalpiezunahme des Fluids ist gleich der Abnahme seiner kinetischen Energie:

$$h_2 - h_1 = \frac{1}{2}(c_1^2 - c_2^2) \,.$$

Unter allen nach dem 2. Hauptsatz möglichen Prozessen, die von einem Zustand 1 aus auf einen vorgeschriebenen Enddruck $p_2 > p_1$ führen, zeichnet sich der reversible Prozeß mit isentroper Zustandsänderung ($s = s_1$) durch die kleinste Abnahme der kinetischen Energie aus, Abb. 6.13. Diese ist durch die isentrope Enthalpiedifferenz gegeben:

$$\frac{1}{2}(c_1^2 - c_{2'}^2) = h_{2'} - h_1 = \Delta h_s \,.$$

Das Verhältnis

$$\eta_{sD} = \frac{\Delta h_s}{h_2 - h_1} = \frac{\Delta h_s}{(c_1^2 - c_2^2)/2}$$

wird als *isentroper Diffusorwirkungsgrad* bezeichnet. Er kennzeichnet die Güte des irreversiblen Prozesses. Neben η_{sD} gibt es weitere sinnvolle Definitionen eines Wirkungsgrades für verzögerte Strömungen. W. Traupel [6.14] hat sie zusammengestellt und miteinander verglichen.

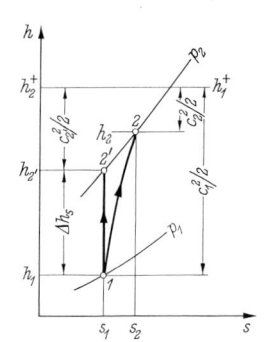

Abb. 6.13. Adiabate Diffusorströmung mit gegebenen Drücken p_1 und $p_2 > p_1$

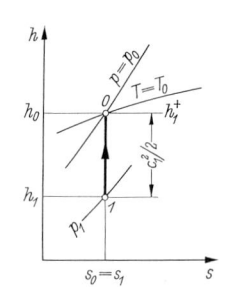

Abb. 6.14. Zustand 1 und zugehöriger Stagnationszustand 0

Wird ein mit der Geschwindigkeit c_1 strömendes Fluid *adiabat und reversibel* auf die Geschwindigkeit $c_0 = 0$ abgebremst, so erreicht es einen Zustand, der als *Stagnationszustand*, Ruhezustand oder Totalzustand bezeichnet wird, Abb. 6.14. Der Stagnationszustand wird dabei durch den Ausgangszustand 1 mit den Zustandsgrößen h_1, s_1 und c_1 eindeutig bestimmt. Er hat die Entropie $s_0 = s_1$ und die Enthalpie

$$h_0 = h_1 + c_1^2/2 = h_1^+ ,$$

die als Stagnationsenthalpie oder Ruheenthalpie bezeichnet wird. Sie stimmt mit der Totalenthalpie h_1^+ des Zustands 1 überein, weswegen man Totalenthalpien auch als Stagnationsenthalpien bezeichnet. Durch h_0, s_0 und $c_0 = 0$ ist der Stagnationszustand eindeutig festgelegt. Die Stagnations-, Ruhe- oder Totaltemperatur T_0 und den Stagnations-, Ruhe- oder Totaldruck p_0 erhält man aus der Zustandsgleichung des betreffenden Fluids, nämlich aus den Bedingungen

$$h_0 = h(T_0, p_0) \quad \text{und} \quad s_0 = s(T_0, p_0) .$$

Die Zustandsgrößen des Stagnationszustands dienen bei gasdynamischen Untersuchungen häufig als Bezugsgrößen und zur Vereinfachung der Schreibweise von Gleichungen.

Beispiel 6.3. In einen adiabaten Diffusor mit dem isentropen Wirkungsgrad $\eta_{sD} = 0{,}757$ strömt Wasserdampf. Sein Eintrittszustand ist durch die Werte $p_1 = 45{,}0$ bar, $t_1 = 260$ °C und $c_1 = 440$ m/s festgelegt. Man bestimme den Druck p_2, der durch Verzögern des Wasserdampfes auf $c_2 = 0$ gerade erreicht werden kann.

Nach Abb. 6.15 findet man den Austrittsdruck p_2 bei der irreversiblen Verdichtung auch als den Enddruck einer *isentropen* Verdichtung 1 → 2' mit der isentropen Enthalpiedifferenz

$$\Delta h_s = h_{2'} - h_1 = \eta_{sD}(h_2 - h_1) = \eta_{sD} \cdot (c_1^2/2)$$
$$= 0{,}757 \cdot \frac{1}{2} \cdot 440^2 \text{ m}^2/\text{s}^2 = 73{,}3 \text{ kJ/kg} .$$

Zur Bestimmung von p_2 aus Δh_s stehen nun zwei Wege offen: Man kann einmal durch Interpolation in der Dampftafel oder in den Zustandsgleichungen von H_2O jenen Druck p_2 suchen, welcher der Bedingung

$$h(p_2, s_1) = h_1 + \Delta h_s = h_1 + \eta_{sD}(c_1^2/2)$$

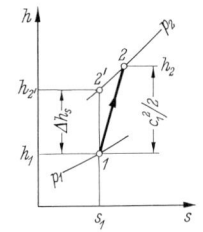

Abb. 6.15. Zur Bestimmung des Austrittsdrucks p_2 bei einem Diffusor

genügt. Dies bedingt einen umfangreichen Interpolations- und Iterations-Aufwand. Einfacher führt der Ersatz der Isentrope 12' durch eine Potenzfunktion mit konstantem Isentropenexponenten k zum Ziel. Aus (4.17) erhält man

$$(p_2/p_1)^{(k-1)/k} = 1 + \frac{k-1}{k} \frac{\Delta h_s}{p_1 v_1} .$$

Abbildung 4.22 entnehmen wir $k = 1{,}275$ als anzuwendenden Wert des Isentropenexponenten. Mit dem spez. Volumen $v_1 = 44{,}54 \text{ dm}^3/\text{kg}$, entnommen aus der Dampftafel [4.25], erhalten wir

$$(p_2/p_1)^{0{,}2157} = 1 + \frac{0{,}275}{1{,}275} \frac{73{,}3 \text{ kJ/kg}}{45{,}0 \text{ bar} \cdot 44{,}54 \text{ dm}^3/\text{kg}} = 1{,}0789$$

und daraus $p_2/p_1 = 1{,}422$, womit sich

$$p_2 = 1{,}422 \cdot 45{,}0 \text{ bar} = 64{,}0 \text{ bar}$$

als gesuchter Druck ergibt.

Nachdem der Druck p_2 bekannt ist, können wir dieses Ergebnis an Hand der Wasserdampftafel leicht überprüfen. Für $s_{2'} = s_1 = 6{,}0382 \text{ kJ/kg K}$ findet man durch Interpolation auf der Isobare $p_2 = 64{,}0$ bar die Enthalpie $h_{2'} = 2881{,}2 \text{ kJ/kg}$. Damit wird

$$\Delta h_s = h_{2'} - h_1 = (2881{,}2 - 2807{,}9) \text{ kJ/kg} = 73{,}3 \text{ kJ/kg}$$

in bester Übereinstimmung mit dem sich aus dem 1. Hauptsatz und aus η_{sD} ergebenden Wert für Δh_s.

6.2.5 Querschnittsflächen und Massenstromdichte bei isentroper Düsen- und Diffusorströmung

Nachdem wir im letzten Abschnitt den Energieumsatz bei der Strömung in Düsen und Diffusoren behandelt haben, untersuchen wir nun, welche Querschnittsflächen diese Kanäle haben müssen, damit sie für vorgegebene Drücke am Eintritt und Austritt einen bestimmten Massenstrom $\dot{m}$ des Fluids hindurchlassen. Massenstrom $\dot{m}$ und Querschnittsfläche A sind durch die Kontinuitätsgleichung

$$\dot{m} = c \varrho A$$

miteinander verknüpft, die auf jeden Querschnitt anzuwenden ist. Da $\dot{m}$ konstant ist, wird die Querschnittsfläche A um so größer, je kleiner die Massenstromdichte $c\varrho$ ist. Diese ergibt sich aus der Zustandsänderung des Fluids. Hier betrachten wir nun den reversiblen Grenzfall; wir setzen also die Zustandsänderung als *isentrop* voraus.

Aus (6.22) erhalten wir unter dieser Annahme mit $j_{12} = 0$

$$d(c^2/2) = c\,dc = -v\,dp\,. \tag{6.23}$$

Durch Differenzieren der Kontinuitätsgleichung ergibt sich für die Querschnittsfläche

$$\frac{dA}{A} = -\frac{d(c\varrho)}{c\varrho} = -\frac{d\varrho}{\varrho} - \frac{c\,dc}{c^2},$$

also folgt mit (6.23)

$$\frac{dA}{A} = -\frac{d\varrho}{\varrho} + \frac{v\,dp}{c^2}.$$

Da die Zustandsänderung des Strömungsmediums isentrop ist, gehört zu jeder Änderung der Dichte eine bestimmte Druckänderung

$$dp = \left(\frac{\partial p}{\partial \varrho}\right)_s d\varrho = a^2\,d\varrho\,,$$

6.2 Strömungsprozesse

wobei a die Schallgeschwindigkeit bedeutet. Es wird dann

$$\frac{d\varrho}{\varrho} = v\, d\varrho = \frac{v\, dp}{a^2},$$

womit wir für die Querschnittsfläche

$$\frac{dA}{A} = \left(\frac{1}{c^2} - \frac{1}{a^2}\right) v\, dp \qquad (6.24)$$

erhalten. Nun unterscheiden wir zwei Fälle:
1. *Beschleunigte Strömung* ($dc > 0$). Nach (6.23) ist $dp < 0$; der Druck sinkt in Strömungsrichtung. Solange $c < a$ ist (Unterschallströmung), muß nach (6.24) $dA < 0$ sein. Der Querschnitt des Kanals muß sich bei beschleunigter Unterschallströmung verengen. Wir erhalten damit die *konvergente* oder *nicht erweiterte Düse*, vgl. Abb. 6.16. Bei Strömungsgeschwindigkeiten oberhalb der Schallgeschwindigkeit a muß $dA > 0$ sein; die Querschnittsfläche muß sich also erweitern. Eine Düse mit zuerst abnehmendem und danach wieder zunehmendem Querschnitt wurde zuerst von E. Körting (1878) für Dampfstrahlapparate und von de Laval[5] (1883) für Dampfturbinen verwendet, sie wird als *Laval-Düse* bezeichnet. In ihr kann eine Unterschallströmung auf Überschallgeschwindigkeit beschleunigt werden.

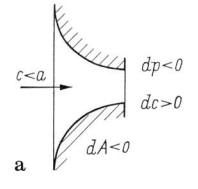

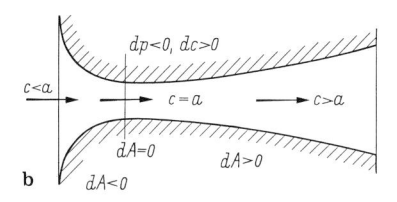

Abb. 6.16. a Konvergente (nicht erweiterte) Düse für Unterschallgeschwindigkeit; b erweiterte (Laval-)Düse für die Beschleunigung der Strömung auf Überschallgeschwindigkeit

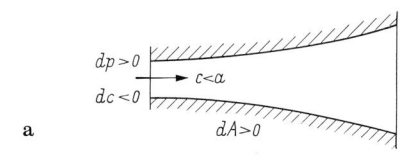

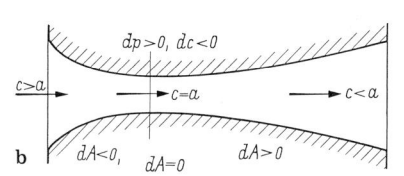

Abb. 6.17. a Diffusor für Eintrittsgeschwindigkeiten unterhalb der Schallgeschwindigkeit; b Diffusor für Eintrittsgeschwindigkeiten über der Schallgeschwindigkeit

Im engsten Querschnitt der Laval-Düse gilt $dA = 0$; nach der Kontinuitätsgleichung ist dann auch

$$d(c\varrho) = 0.$$

---

[5] Carl Gustav Patrik de Laval (1845—1913), schwedischer Ingenieur, wurde bekannt als Erfinder der Milchzentrifuge und der nach ihm benannten Laval-Turbine.

Die Massenstromdichte ($c\varrho$) erreicht somit im engsten Querschnitt ein Maximum. Bei reibungsfreier Strömung ist hier nach (6.24) auch $c = a$, so daß das Maximum der Massenstromdichte mit dem Auftreten der Schallgeschwindigkeit zusammenfällt. In einer konvergenten adiabaten Düse läßt sich keine höhere Geschwindigkeit erreichen als die Schallgeschwindigkeit. Um auf Überschallgeschwindigkeiten zu kommen, muß die Düse erweitert werden.

2. *Verzögerte Strömung* ($\mathrm{d}c < 0$). Bei abnehmender Geschwindigkeit steigt nach (6.23) der Druck p an. Durch Verzögern der Strömung wird das Strömungsmedium verdichtet. Diese Strömungsform finden wir in einem Diffusor. Sein Querschnitt muß in Strömungsrichtung zunehmen, wenn $c < a$ ist, Abb. 6.17. Dagegen muß sich der Diffusorquerschnitt im Bereich der Überschallgeschwindigkeiten verengen, bis die Schallgeschwindigkeit a erreicht wird. Das weitere Abbremsen der Strömung erfordert dann eine Querschnittserweiterung. Ein Diffusor, den das Strömungsmedium mit Überschallgeschwindigkeit betritt und den es mit Unterschallgeschwindigkeit verläßt, ist also die genaue Umkehrung einer (erweiterten) Laval-Düse.

Bei bekannter Isentropengleichung kann man zu jedem Druck die Dichte und die Geschwindigkeit des Fluids berechnen und daraus für einen gegebenen Massenstrom auch die Querschnittsfläche als Funktion des Druckes festlegen. Den Verlauf dieser Größen zeigt Abb. 6.18. Der Druck ist hierbei von rechts ($p = 0$) nach links ansteigend angenommen worden. Als größtmöglicher Druck tritt der Stagnationsdruck p_0 auf, bei dem $c = 0$ wird, was $A \to \infty$ verlangt. Bei einer Düse (Expansionsströmung) werden die in Abb. 6.18 dargestellten Zustände von links nach rechts, bei einem Diffusor (Kompressionsströmung) werden dieselben Zustände von rechts nach links durchlaufen, falls reibungsfreie Strömung vorliegt. Über die Baulänge einer Düse oder eines Diffusors, etwa über den Abstand des engsten Querschnitts vom Eintrittsquerschnitt, kann die Thermodynamik keine Aussagen machen. Dies ist Aufgabe der Strömungsmechanik. Die thermodyna-

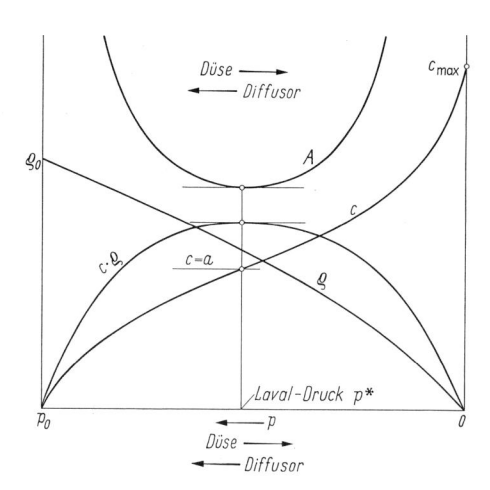

Abb. 6.18. Geschwindigkeit c, Dichte ϱ, Massenstromdichte $c\varrho$ und Querschnittsfläche A als Funktion des Drucks bei isentroper Strömung

mischen Beziehungen verknüpfen nur die zusammengehörigen Werte der Zustandsgrößen, die in den einzelnen Querschnitten auftreten.

Der Druck p^*, der bei isentroper Strömung im engsten Querschnitt auftritt, wird kritischer Druck oder nach einem Vorschlag von E. Schmidt [6.15] *Laval-Druck* genannt. Das Verhältnis p^*/p_0 mit p_0 als dem Stagnationsdruck heißt das kritische oder Laval-Druckverhältnis. Liegt der Gegendruck p_2 höher als der Laval-Druck p^*, so braucht die Düse nicht erweitert zu werden; in ihr treten nur Geschwindigkeiten $c < a$ auf. Soll dagegen die Expansion auf Drücke unter dem Laval-Druck p^* führen, so muß die Düse erweitert werden, und es treten auch Überschallgeschwindigkeiten auf. Das Laval-Druckverhältnis hängt wie der Verlauf der Kurven in Abb. 6.18 von den Eigenschaften des Fluids ab, denn diese bestimmen die Gestalt der Isentropen. Für die bisher untersuchten Fluide hat man $p^*/p_0 \simeq 0{,}5$ gefunden.

Beispiel 6.4. Aus einem großen Behälter, in dem der Stagnationszustand $p_0 = 3{,}00$ bar, $T_0 = 400$ K herrscht, strömt Luft reibungsfrei durch eine adiabate Düse und erreicht am Düsenaustritt den Druck $p_2 = 0{,}900$ bar. Man bestimme die Zustandsgrößen im engsten Querschnitt und im Austrittsquerschnitt sowie die Flächen dieser Querschnitte für einen Massenstrom $\dot m = 65{,}0$ kg/s.

Wir behandeln die Luft als ideales Gas mit konstantem $\varkappa = 1{,}400$. Temperatur und Dichte ergeben sich für jeden Querschnitt aus der Isentropengleichung

$$T = T_0 (p/p_0)^{(\varkappa - 1)/\varkappa} \qquad (6.25\,\mathrm{a})$$

bzw.

$$\varrho = \varrho_0 (p/p_0)^{1/\varkappa} = \frac{p_0}{RT_0} (p/p_0)^{1/\varkappa} . \qquad (6.25\,\mathrm{b})$$

Die Geschwindigkeit erhalten wir nach dem 1. Hauptsatz zu

$$c = \sqrt{2(h_0 - h)} = \sqrt{2c_\mathrm{p}^0 T_0} \, (1 - T/T_0)^{1/2} ,$$

was mit (6.25a) und $c_\mathrm{p}^0 = R\varkappa/(\varkappa - 1)$

$$c = \left(\frac{2\varkappa}{\varkappa - 1} RT_0\right)^{1/2} [1 - (p/p_0)^{(\varkappa-1)/\varkappa}]^{1/2} \qquad (6.26)$$

ergibt. Diese Gleichungen erlauben es, für jeden Druck p die übrigen Zustandsgrößen zu berechnen.

Um den im *engsten Querschnitt* auftretenden Laval-Druck p^* zu bestimmen, beachten wir, daß hier die Schallgeschwindigkeit

$$c^* = a = \sqrt{\varkappa RT^*} = \sqrt{\varkappa p^*/\varrho^*}$$

auftritt. Setzen wir auch in (6.26) $p = p^*$ ein, so ergibt sich eine weitere Gleichung für die Geschwindigkeit c^*, und man erhält aus diesen beiden Gleichungen c^* und das Laval-Druckverhältnis

$$p^*/p_0 = \left(\frac{2}{\varkappa + 1}\right)^{\varkappa/(\varkappa - 1)} = 0{,}5283 ,$$

also $p^* = 1{,}585$ bar und

$$c^* = a = \left(\frac{2\varkappa}{\varkappa + 1} RT_0\right)^{1/2} = 366 \text{ m/s} .$$

Aus Gl. (6.25a) und (6.25b) erhalten wir schließlich $T^* = 333$ K und $\varrho^* = 1{,}656$ kg/m^3.

Im *Austrittsquerschnitt* herrscht der Druck $p_2 = 0{,}900$ bar. Aus (6.25a) bis (6.26) erhalten wir für diesen Wert von p die Größen $T_2 = 284$ K, $\varrho_2 = 1{,}105$ kg/m^3 und $c_2 = 484$ m/s.

Die Luft kühlt sich bei der isentropen Entspannung ab und erreicht Überschallgeschwindigkeit, weswegen die Düse nach dem engsten Querschnitt erweitert werden muß. Die Fläche des Austrittsquerschnitts ergibt sich aus der Kontinuitätsgleichung zu

$$A_2 = \dot{m}/(c_2\varrho_2) = 0{,}122 \text{ m}^2\,.$$

Für den engsten Querschnitt findet man ebenso

$$A^* = \dot{m}/(c^*\varrho^*) = 0{,}107 \text{ m}^2\,.$$

Das Erweiterungsverhältnis $A_2/A^* = (c^*\varrho^*)/(c_2\varrho_2) = 1{,}14$ ist im vorliegenden Fall nicht besonders groß, weil das Druckverhältnis p_2/p_0 nur wenig unter dem Laval-Druckverhältnis liegt. Bei Expansion zu sehr kleinen Drücken muß die Laval-Düse jedoch stark erweitert werden, was häufig technisch nicht mehr ausführbar ist und so der Expansion Grenzen setzt.

6.2.6 Strömungszustand in einer Laval-Düse bei verändertem Gegendruck

Im letzten Abschnitt haben wir die Beziehungen kennengelernt, mit denen die Querschnittsflächen einer Düse zu bestimmen sind, wenn der Stagnationszustand vor der Düse und der Druck p_2 im Austrittsquerschnitt bekannt sind. Es sei nun eine Laval-Düse gegeben, deren Querschnittsflächen für ein bestimmtes Druckverhältnis p_2/p_0 unter der Annahme reibungsfreier Strömung (s = const) bestimmt worden sind. An Hand von Abb. 6.19 diskutieren wir die Strömungszustände, die sich in der Düse einstellen, wenn der Gegendruck p' im Raum hinter der Düse geändert wird, so daß er nicht mehr mit dem Auslegungsdruck p_2 übereinstimmt.

In Abb. 6.19 ist der Druck über der Koordinate x in Strömungsrichtung aufgetragen. Die Linie 0 e 2 stellt die isentrope Zustandsänderung für das Auslegungsdruckverhältnis p_2/p_0 dar. Außer diesem Druckverhältnis existiert noch ein zweites, für das eine isentrope Zustandsänderung, nämlich die Linie 0 e 3 möglich ist. Hierbei wird jedoch nicht Überschallgeschwindigkeit erreicht; der sich erweiternde Teil der Laval-Düse wirkt vielmehr als Diffusor, der das Fluid verzögert und einen Druckanstieg auf $p = p_3$ herbeiführt. Der Massenstrom ist in beiden Fällen gleich groß; denn zu jedem Druckverhältnis p_2/p_0, das kleiner als das Laval-Druckverhältnis p^*/p_0 ist, gibt es ein zweites Druckverhältnis $p_3/p_0 > p^*/p_0$, bei dem die Massenstromdichte $c\varrho$ denselben Wert hat, vgl. Abb. 6.18.

Bei Gegendrücken $p' > p_3$ arbeitet die Düse als sogenanntes *Venturi-Rohr*. Im konvergenten Teil wird die Strömung beschleunigt, im divergenten Teil wieder verzögert, Kurve 0 a b in Abb. 6.19. Es wird jedoch im engsten Querschnitt die Schallgeschwindigkeit nicht erreicht; der Massenstrom $\dot{m}$ ist daher kleiner als der Durchsatz, für den die Düse ausgelegt wurde.

Senkt man den Gegendruck p' unter den Druck p_3 ab, wobei aber noch $p_3 > p' > p_2$ gelten soll, so folgt die Zustandsänderung des Fluids im konvergenten Teil der Düse der Linie 0 e. Im engsten Querschnitt wird stets die Schallgeschwindigkeit erreicht, womit der Massenstrom konstant bleibt und den nur vom Ruhezustand und von A^* abhängigen Wert

$$\dot{m} = A^* c^* \varrho^* = A^* a \varrho^*$$

annimmt unabhängig davon, was im divergenten Teil der Düse geschieht. Hier erhöht sich nun zunächst die Geschwindigkeit bis zu einem bestimmten Quer-

6.2 Strömungsprozesse

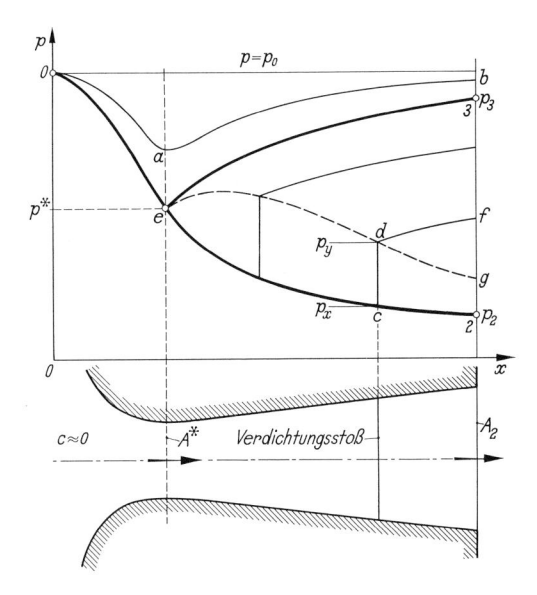

Abb. 6.19. Druckverlauf in einer Laval-Düse bei verschiedenen Gegendrücken: nur die Linien 0 e 2 und 0 e 3 entsprechen einer isentropen Strömung

schnitt über die Schallgeschwindigkeit hinaus, wobei der Druck weiter sinkt (Linie ec in Abb. 6.19). Da sich die Querschnittsfläche in Strömungsrichtung vergrößert, müßte das Fluid unter Druckabfall auch weiter beschleunigt werden. Der Gegendruck p' am Ende der Düse (Punkt f) ist aber bereits unterschritten: trotz Erweiterung und der dadurch bedingten Drucksenkung bei Überschallströmung muß der Druck wieder ansteigen. Es ist der Strömung nicht mehr möglich, Kontinuitätsgleichung, Energiesatz und die Bedingung $s = $ const gleichzeitig zu erfüllen. Sie muß daher eine dieser drei Bedingungen verletzen. Das geschieht durch einen *geraden Verdichtungsstoß* cd, bei dem die Entropie wächst, vgl. 6.2.3. Nach dem Stoß hat die Strömung Unterschallgeschwindigkeit erreicht; der weitere Druckanstieg ist jetzt bei Querschnittserweiterung möglich. Je tiefer der Gegendruck p' absinkt, desto weiter rückt der Querschnitt, in dem der gerade Verdichtungsstoß auftritt, an das Düsenende. Sinkt der Gegendruck unter den Wert von Punkt g in Abb. 6.19, so reicht er nicht aus, um einen geraden Verdichtungsstoß aufzubauen. Es tritt dann ein *schiefer* oder *schräger Verdichtungsstoß* auf, wobei sich der Strahl von der Wand ablöst. Diese verwickelten Verhältnisse lassen sich nicht mehr als eindimensionale Vorgänge beschreiben. Die Theorie des schiefen Verdichtungsstoßes behandeln K. Stephan und F. Mayinger [6.16] in ausführlicher Weise.

Wird schließlich der Auslegungsdruck p_2 erreicht, so tritt in der Düse kein Verdichtungsstoß mehr auf. Sinkt der Gegendruck p' unter den Auslegungsdruck, ändert sich der Strömungszustand innerhalb der Düse nicht mehr. Im Austrittsquerschnitt tritt genau der Auslegungsdruck p_2 auf; die weitere Expansion auf den Gegendruck findet außerhalb der Düse in irreversibler Weise statt.

Beispiel 6.5. Für die in Beispiel 6.4 behandelte Düse berechne man den Massenstrom als Funktion des Druckverhältnisses p'/p_0, wobei p' der Gegendruck im Raum hinter der Düse ist.

Die Querschnittsflächen der Düse sind für den Massenstrom $\dot{m} = 65{,}0$ kg/s berechnet worden. Er stellt sich nicht nur beim Auslegungsdruckverhältnis $p_2/p_0 = 0{,}300$ ein, sondern auch bei allen Druckverhältnissen $p'/p_0 \leqq p_3/p_0$, für die die Luft im engsten Querschnitt die Schallgeschwindigkeit $c^* = 366$ m/s erreicht. Das Grenzdruckverhältnis p_3/p_0 ergibt sich aus der Bedingung

$$c_3 \varrho_3 = c_2 \varrho_2 = {,}484 \text{ (m/s)} \cdot 1{,}105 \text{ kg/m}^3 = 535 \text{ kg/m}^2\text{s}.$$

Nach (6.25 b) und (6.26) gilt für die Massenstromdichte bei isentroper Strömung

$$c\varrho = \left(\frac{2\varkappa}{\varkappa - 1} \frac{p_0^2}{RT_0}\right)^{1/2} (p/p_0)^{1/\varkappa} \left[1 - (p/p_0)^{(\varkappa - 1)/\varkappa}\right]^{1/2}, \qquad (6.27)$$

woraus man für $c\varrho = c_3\varrho_3$ das Druckverhältnis $p_3/p_0 = 0{,}752$ erhält. Der Massenstrom ist damit nach den folgenden Beziehungen zu bestimmen. Für $p'/p_0 \leqq 0{,}752$ hat $\dot{m}$ unabhängig von p'/p_0 den konstanten Wert

$$\dot{m} = A_2 \cdot c_2\varrho_2 = A_2 \cdot c_3\varrho_3 = A^* c^* \varrho^* = 65{,}0 \text{ kg/s}.$$

Für $p'/p_0 \geqq p_3/p_0 = 0{,}752$ wird

$$\dot{m} = A_2 c\varrho = 0{,}122 \text{ m}^2 \cdot c\varrho,$$

wobei $c\varrho$ nach (6.27) mit $p/p_0 = p'/p_0$ zu berechnen ist. In diesem Bereich sinkt $\dot{m}$ mit steigendem Druckverhältnis rasch ab. Abb. 6.20 zeigt die so erhaltenen Ergebnisse.

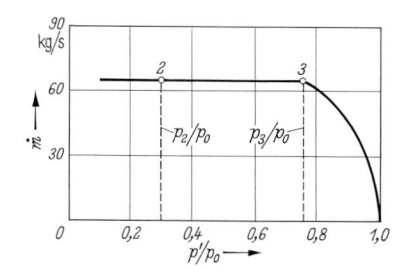

Abb. 6.20. Massenstrom bei isentroper Düsenströmung für verschiedene Druckverhältnisse p'/p_0

6.3 Wärmeübertrager

Soll Energie als Wärme von einem Fluidstrom auf einen anderen übertragen werden, so führt man die beiden Fluide durch einen Apparat, der Wärmeübertrager, Wärmetauscher oder auch Wärmeaustauscher genannt wird. Die Fluidströme sind dabei durch eine materielle Wand (Rohrwand, Kanalwand) getrennt, über die Wärme vom Fluid mit der höheren Temperatur auf das kältere Fluid übertragen wird. Die thermodynamische Behandlung eines Wärmeübertragers beschränkt sich darauf, den übertragenen Wärmestrom mit den Zustandsgrößen der beiden Fluidströme im Eintritts- und Austrittsquerschnitt des Apparates zu verknüpfen, allgemeine Aussagen über die Temperaturänderungen der Fluide zu machen und die Exergieverluste zu berechnen. Dagegen kann man mit thermodynamischen Methoden allein nicht die Größe des Apparates, genauer die Größe

6.3 Wärmeübertrager

der Wärmeübertragungsfläche für einen gegebenen Wärmestrom bestimmen. Dies ist Aufgabe der Lehre von der Wärmeübertragung, vgl. [6.17—6.19].

6.3.1 Allgemeines

Als Beispiel eines Wärmeübertragers betrachten wir den in Abb. 6.21 dargestellten Doppelrohr-Wärmeübertrager. Im inneren Rohr strömt das Fluid A, das sich von der Eintrittstemperatur t_{A1} auf die Austrittstemperatur t_{A2} abkühlt. Das Fluid B strömt in dem Ringraum, der von den beiden konzentrischen Rohren gebildet wird. Es erwärmt sich von t_{B1} auf die Austrittstemperatur t_{B2}. In Abb. 6.21 ist auch der Verlauf der Temperaturen t_A und t_B über der Rohrlänge oder der dazu proportionalen Wärmeübertragungsfläche — das ist die Mantelfläche des inneren Rohrs — dargestellt. In jedem Querschnitt des Wärmeübertragers muß die Bedingung $t_A > t_B$ erfüllt sein, denn zum Übertragen von Wärme muß ein Temperaturunterschied vorhanden sein.

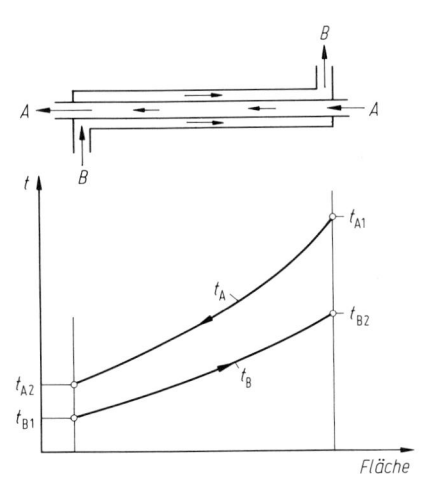

Abb. 6.21. Gegenstrom-Wärmeübertrager und Temperaturverlauf der beiden Fluide A und B

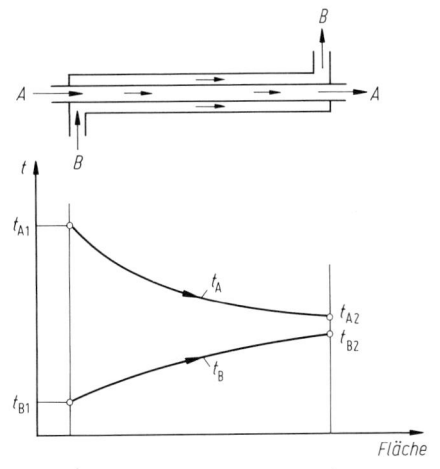

Abb. 6.22. Gleichstrom-Wärmeübertrager und Temperaturverlauf der beiden Fluide A und B

Die in Abb. 6.21 dargestellte gegensinnige Führung der beiden Stoffströme A und B nennt man Gegenstromführung. Ein derart durchströmter Wärmeübertrager heißt dementsprechend Gegenstrom-Wärmeübertrager oder kurz Gegenströmer. Wie der in Abb. 6.21 dargestellte Temperaturverlauf zeigt, kann bei einem Gegenströmer die Austrittstemperatur t_{B2} des kalten Fluidstroms höher sein als die Austrittstemperatur t_{A2} des warmen Fluidstroms, denn diese Temperaturen treten in verschiedenen Querschnitten, nämlich am „warmen Ende" und am „kalten Ende" des Gegenströmers auf. Es ist also die Bedingung $t_A > t_B$, die sich auf Fluidtemperaturen im selben Querschnitt bezieht, nicht verletzt.

Führt man dagegen die beiden Fluide im Gleichstrom, wie es in Abb. 6.22 gezeigt ist, so muß die Austrittstemperatur t_{B2} des kalten Stromes unter der des warmen Stromes liegen. Da beim Gleichstrom-Wärmeübertrager beide Temperaturen im selben Querschnitt auftreten, muß $t_{A2} > t_{B2}$ gelten. Gleichstromführung ist daher ungünstiger als die Gegenstromführung, denn das kältere Fluid kann nicht über die Austrittstemperatur des wärmeren Fluids hinaus erwärmt werden. Außerdem muß bei gleich großem übertragenem Wärmestrom ein Gleichstrom-Wärmeübertrager eine erheblich größere Fläche aufweisen als ein Gegenstrom-Wärmeübertrager. Aus diesen Gründen wird die Gleichstromführung in der Praxis nur in Sonderfällen gewählt. Auch wir beschränken die folgenden Überlegungen auf den wichtigeren Gegenstrom-Wärmeübertrager. Es gibt jedoch noch weitere Möglichkeiten, die beiden Fluidströme zu führen, z. B. im Kreuzstrom oder im Kreuz-Gegenstrom. Hierauf gehen wir nicht ein; es sei auf die Literatur verwiesen, [6.17—6.19].

Beim Zeichnen von Schaltbildern wärmetechnischer Anlagen benutzt man die in Abb. 6.23 dargestellten Symbole für Wärmeübertrager. Sie sind in DIN 2481 [6.20] genormt. Dabei stellt der gezackte Linienzug stets das wärmeaufnehmende Fluid dar.

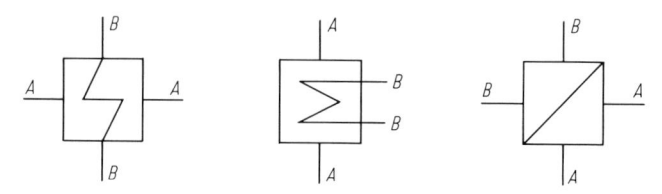

Abb. 6.23. Symbole für Wärmeübertrager nach DIN 2481 in Schaltbildern wärmetechnischer Anlagen

6.3.2 Anwendung des 1. Hauptsatzes

Wir schließen den Wärmeübertrager in den in Abb. 6.24 dargestellten Kontrollraum ein. Dieser wird von zwei Fluidströmen durchflossen, und es gilt die Leistungsbilanzgleichung, vgl. 2.3.4,

$$\dot{Q} + P = \sum_{\text{aus}} \dot{m}_a \left(h + \frac{c^2}{2} + gz \right)_a - \sum_{\text{ein}} \dot{m}_e \left(h + \frac{c^2}{2} + gz \right)_e.$$

Da es sich um einen Strömungsprozeß handelt, ist die mechanische Leistung $P = 0$. In guter Näherung läßt sich der Wärmeübertrager als ein nach außen adiabates System ansehen. Über die Grenze des Kontrollraums wird dann keine Wärme übertragen: $\dot{Q} = 0$. Im allgemeinen können die Änderungen der potentiellen Energie vernachlässigt werden. Unter Einführung der Totalenthalpie $h^+ = h + c^2/2$, vgl. 6.2.3, erhält man aus der Leistungsbilanzgleichung

$$\dot{m}_A(h_{A2}^+ - h_{A1}^+) + \dot{m}_B(h_{B2}^+ - h_{B1}^+) = 0.$$

Wird nun, wie schon in 6.3.1 angenommen, Wärme von Fluid A auf das Fluid B übertragen, so wächst die Totalenthalpie h_B^+, während h_A^+ abnimmt. Somit stehen auf beiden Seiten der Gleichung

$$\dot{m}_B(h_{B2}^+ - h_{B1}^+) = \dot{m}_A(h_{A1}^+ - h_{A2}^+) \tag{6.28}$$

positive Ausdrücke. Die Zunahme des Totalenthalpiestroms des wärmeaufnehmenden Fluids ist gleich der Abnahme des Totalenthalpiestroms des wärmeabgebenden Fluids. Kann man die Änderungen der kinetischen Energien vernachlässigen, so gilt (6.28) für die (statischen) Enthalpien von A und B; man braucht nur die Kreuze fortzulassen.

6.3 Wärmeübertrager

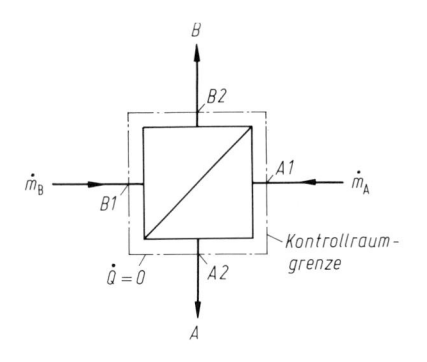

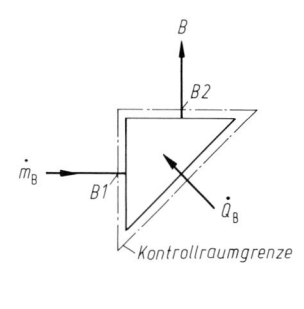

Abb. 6.24. Zur Leistungsbilanz eines Wärmeübertragers

Abb. 6.25. Zur Leistungsbilanz für den Stoffstrom B

Will man den zwischen den beiden Fluiden übertragenen Wärmestrom bestimmen, so muß man nur eines der beiden Fluide und nicht den ganzen Wärmeübertrager in einen Kontrollraum einschließen, vgl. Abb. 6.25. So gilt für den Stoffstrom B

$$\dot{Q}_B + P_B = \dot{m}_B (h_{B2}^+ - h_{B1}^+)$$

und mit $P_B = 0$ für den von B aufgenommenen und mit $\dot{Q}$ bezeichneten Wärmestrom die Doppelgleichung

$$\dot{Q} = \dot{m}_B (h_{B2}^+ - h_{B1}^+) = \dot{m}_A (h_{A1}^+ - h_{A2}^+) \,. \tag{6.29}$$

Sie verknüpft die Totalenthalpie der beiden Fluide am Eintritt und Austritt mit ihren Massenströmen und der übertragenen Wärmeleistung $\dot{Q}$. Zwei der sieben Größen in (6.29) können berechnet werden, wenn die restlichen fünf gegeben sind.

Beispiel 6.6. Im adiabaten Hochdruck-Speisewasservorwärmer eines Dampfkraftwerks wird Speisewasser (Massenstrom $\dot{m} = 520$ kg/s) bei $p = 240$ bar von $t_1 = 220$ °C auf $t_2 = 250$ °C durch Entnahmedampf erwärmt. Der Entnahmedampf strömt in den Vorwärmer mit $p_E = 41$ bar, $t_{E1} = 320$ °C; sein Massenstrom ist $\dot{m}_E = 35{,}1$ kg/s. Man bestimme den übertragenen Wärmestrom $\dot{Q}$ und die Austrittstemperatur t_{E2} des kondensierten Entnahmedampfes, Abb. 6.26. Die Änderungen der kinetischen Energie und die Druckabfälle der beiden Fluidströme sind zu vernachlässigen.

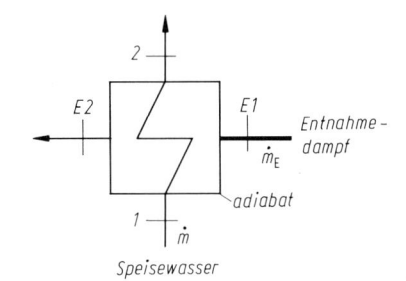

Abb. 6.26. Hochdruck-Speisewasservorwärmer

Der auf das Speisewasser übertragene Wärmestrom ergibt sich zu

$$\dot{Q} = \dot{m}(h_2 - h_1) = 520 \,\frac{\text{kg}}{\text{s}} (1087{,}3 - 950{,}8) \,\frac{\text{kJ}}{\text{kg}} = 70\,980 \text{ kW},$$

wobei die spezifischen Enthalpien des Speisewassers der Dampftafel [4.25] entnommen wurden. Aus der Leistungsbilanzgleichung

$$\dot{Q} = \dot{m}_\text{E}(h_\text{E1} - h_\text{E2})$$

für den Entnahmedampf erhalten wir die spezifische Enthalpie

$$h_\text{E2} = h_\text{E1} - \dot{Q}/\dot{m}_\text{E} = 3014{,}6 \,\frac{\text{kJ}}{\text{kg}} - \frac{70\,980 \text{ kW}}{35{,}1 \text{ kg/s}} = 992{,}4 \text{ kJ/kg}.$$

Interpolation in der Dampftafel bei $p = 41$ bar ergibt $t_\text{E2} = 230{,}4$ °C als Austrittstemperatur des Kondensats.

6.3.3 Die Temperaturen der beiden Fluidströme

Die Thermodynamik allein gestattet es nicht, die Änderung der Temperaturen der beiden Fluidströme als Funktion der Länge des Wärmeübertragers zu bestimmen. Es ist aber möglich, die Temperaturen t_A und t_B mit den zugehörigen Enthalpien zu verknüpfen. Damit gelingt es, für jeden Querschnitt des Wärmeübertragers die durch den 2. Hauptsatz gestellte Bedingung $t_\text{A} > t_\text{B}$ zu überprüfen und sich ein Bild vom Verlauf des zu jedem Querschnitt gehörenden Paares von Fluidtemperaturen t_A und t_B zu machen, nicht als Funktion der Länge oder Fläche des Wärmeübertragers, aber in Abhängigkeit von der spez. Enthalpie eines der beiden Stoffströme.

Wir betrachten einen Gegenstrom-Wärmeübertrager, vernachlässigen die Änderung der kinetischen Energien und auch den meist geringen Druckabfall, den die beiden Fluide beim Durchströmen des Wärmeübertragers erfahren. Die kalorische Zustandsgleichung eines jeden der beiden Fluide hat dann die Form

$$h = h(t, p) = h(t) = h_0 + \int_{t_0}^{t} c_p(t) \, dt.$$

Zur Vereinfachung nehmen wir zunächst ein konstantes c_p an, so daß aus

$$h = h_0 + c_p(t - t_0)$$

explizit die Temperatur

$$t = t_0 + \frac{h - h_0}{c_p}$$

folgt. Es gilt somit für beide Fluide der lineare Zusammenhang

$$t_\text{A} = t_\text{A1} + \frac{h_\text{A} - h_\text{A1}}{c_\text{pA}} = t_\text{A2} + \frac{h_\text{A} - h_\text{A2}}{c_\text{pA}}$$

und

$$t_\text{B} = t_\text{B1} + \frac{h_\text{B} - h_\text{B1}}{c_\text{pB}}.$$

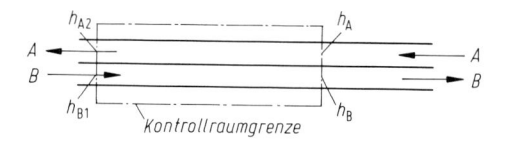

Abb. 6.27. Kontrollraum für den Abschnitt eines Gegenströmers

Dabei bedeutet t_A die Temperatur des Fluids A in jenem beliebigen Querschnitt, in dem seine spez. Enthalpie den Wert h_A hat. Entsprechendes gilt für t_B und h_B.

Wir wollen nun die Temperaturen t_A und t_B berechnen, die im selben Querschnitt eines Gegenstrom-Wärmeübertragers auftreten. In diesem Querschnitt habe das Fluid A die spez. Enthalpie h_A und das Fluid B die spez. Enthalpie h_B, vgl. Abb. 6.27. Zwischen dem „linken" Ende des Gegenströmers und dem beliebigen Querschnitt gilt die Energiebilanz

$$\dot{m}_B(h_B - h_{B1}) = \dot{m}_A(h_A - h_{A2}) \, ;$$

also ist

$$h_A - h_{A2} = \frac{\dot{m}_B}{\dot{m}_A}(h_B - h_{B1}) \, . \tag{6.30}$$

Die zusammengehörigen Enthalpien h_A und h_B sind über den 1. Hauptsatz gekoppelt; nur eine von ihnen, etwa h_B, kann als unabhängige Variable dienen.

Unter Beachtung von (6.30) erhalten wir daher für die im selben Querschnitt auftretenden Temperaturen

$$t_A = t_{A2} + \frac{1}{c_{pA}} \frac{\dot{m}_B}{\dot{m}_A}(h_B - h_{B1}) \tag{6.31}$$

und

$$t_B = t_{B1} + \frac{1}{c_{pB}}(h_B - h_{B1}) \, .$$

Trägt man über der spez. Enthalpie h_B des wärmeaufnehmenden Fluids t_A und t_B auf, so ergeben sich zwei gerade Linien, Abb. 6.28. Jeder Querschnitt des Gegenströmers ist durch einen Wert der spez. Enthalpie h_B gekennzeichnet oder „numeriert", für den die beiden zusammengehörigen Temperaturen t_A und t_B aus Abb. 6.28 ablesbar sind. Am kalten Ende des Gegenströmers gilt $h_B = h_{B1}$ mit $t_B = t_{B1}$ und $t_A = t_{A2}$. Am warmen Ende ist $h_B = h_{B2}$, und die Temperaturen haben die Werte t_{A1} und t_{B2}.

Wenn in den beiden Endquerschnitten $t_A > t_B$ ist, so gilt dies als Folge der Annahme konstanter spez. Wärmekapazitäten c_{pA} und c_{pB} auch für jeden Querschnitt des Wärmeübertragers. Aufschlußreicher wird das Diagramm nach Abb. 6.28 dann, wenn man die Annahme konstanter spezifischer Wärmekapazitäten fallen läßt. Insbesondere beim Verdampfen und Kondensieren eines Stoffstroms ergeben sich andere Verhältnisse, weil sich die Enthalpie bei konstant bleibender Temperatur ändert, was $c_p \to \infty$ entspricht.

In Abb. 6.29 ist das Temperatur-Enthalpie-Diagramm für einen Dampferzeuger dargestellt. Das Fluid B strömt als Flüssigkeit mit der Temperatur t_{B1} und der

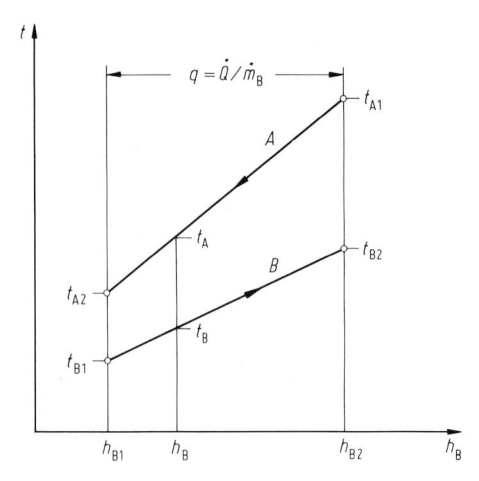

Abb. 6.28. Temperaturverlauf der Fluide A und B als Funktion der spez. Enthalpie h_B des Fluids B

spez. Enthalpie h_{B1} in den Verdampfer ein und erwärmt sich bis zur Siedetemperatur t_{Bs} (spez. Enthalpie h'_B). Während des Verdampfens vergrößert sich h_B auf h''_B, aber die Siedetemperatur bleibt konstant. Erst bei weiterer Enthalpiezunahme steigt t_B, was der Überhitzung des Dampfes entspricht. Der eben besprochene Temperaturverlauf läßt sich leicht anhand einer Dampftafel des Fluids B konstruieren, denn es handelt sich nur um die graphische Darstellung einer Isobare seiner spez. Enthalpie.

Nehmen wir für das Fluid A (z. B. heißes Verbrennungsgas) $c_{pA} = $ const an, so gilt (6.31): der Temperaturverlauf ist eine gerade Linie mit der Steigung $\dot{m}_B/(\dot{m}_A c_{pA})$. Die kleinste Temperaturdifferenz zwischen den beiden Stoffströmen kann an einem der beiden Enden des Dampferzeugers auftreten; sie wird jedoch

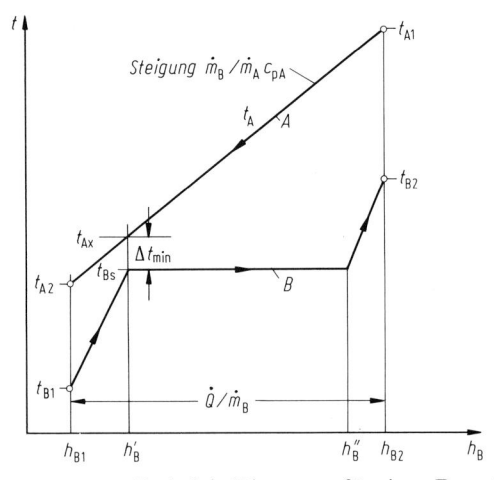

Abb. 6.29. Temperatur, Enthalpie-Diagramm für einen Dampferzeuger

meistens in jenem Querschnitt auftreten, der durch $h_B = h'_B$, also durch den Beginn der Verdampfung gekennzeichnet ist. Hier gilt, vgl. Abb. 6.29,

$$\Delta t_{min} = t_{Ax} - t_{Bs}$$

mit

$$t_{Ax} = t_{A2} + \frac{1}{c_{pA}} \frac{\dot{m}_B}{\dot{m}_A} (h'_B - h_{B1}) = t_{A1} - \frac{1}{c_{pA}} \frac{\dot{m}_B}{\dot{m}_A} (h_{B2} - h'_B) \,.$$

Die kleinste Temperaturdifferenz Δt_{min} muß stets positiv sein, weil sonst die aus dem 2. Hauptsatz folgende Bedingung $t_A > t_B$ verletzt würde. Sie muß sogar einen bestimmten positiven Mindestwert erreichen, damit der Bauaufwand für den Dampferzeuger nicht zu groß wird. Wie man leicht erkennt, besteht die Gefahr, einen bestimmten Wert von Δt_{min} zu unterschreiten, dann, wenn die ,,Abkühlungsgerade" des Fluids A zu steil verläuft. Dies tritt bei zu großem Massenstromverhältnis $\dot{m}_B/\dot{m}_A$ ein, wenn man also einen großen Dampfmassenstrom mit einem zu kleinen Massenstrom des heißen Fluids A erzeugen möchte.

Beispiel 6.7. Man prüfe, ob in jedem Querschnitt des im Beispiel 6.6 behandelten Speisewasservorwärmers die Temperatur des wärmeabgebenden Entnahmedampfes höher als die Temperatur des Speisewassers ist, und bestimme die kleinste Temperaturdifferenz zwischen den beiden Fluidströmen.

Wir wählen die spezifische Enthalpie des Entnahmedampfes als Abszisse des t,h-Diagramms und konstruieren den Temperaturverlauf des Entnahmedampfes und des Speisewassers. Außer den beiden in Beispiel 6.6 bestimmten Zuständen E1 (Eintritt) und E2 (Austritt) benötigen wir die Kondensationstemperatur t_{sE} und die beiden Enthalpien h'_E und h''_E, um den Temperaturverlauf des Entnahmedampfes im t,h_E-Diagramm darzustellen. Aus der Dampftafel entnehmen wir $t_{sE} = 251{,}80$ °C, $h'_E = 1094{,}6$ kJ/kg und $h''_E = 2799{,}9$ kJ/kg. Damit kann man den Temperaturverlauf durch die drei Geraden-

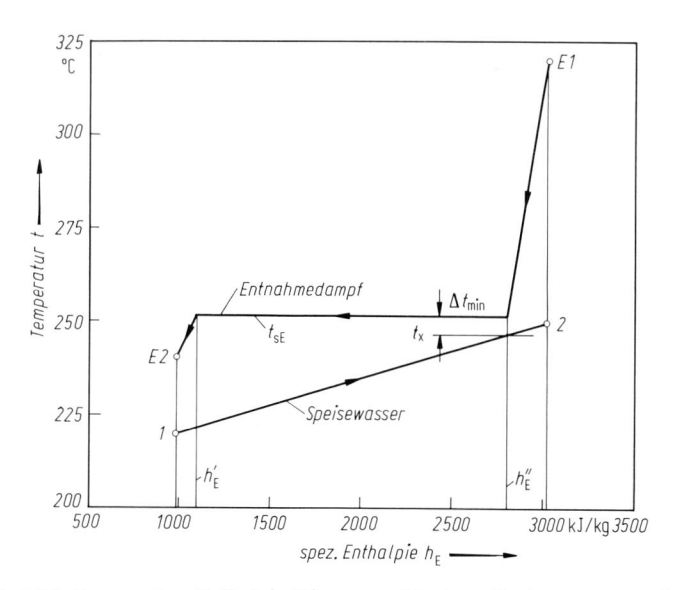

Abb. 6.30. Temperatur, Enthalpie-Diagramm für einen Speisewasservorwärmer

stücke für die Abkühlung des überhitzten Dampfes, die Kondensation und die Abkühlung des Kondensats in Abb. 6.30 wiedergeben. Die spezifischen Wärmekapazitäten c_{PE} des überhitzten Dampfes und des Kondensats ändern sich etwas mit der Temperatur, doch ist diese Änderung so gering, daß die Abweichungen von einem geradlinigen Temperaturverlauf in Abb. 6.30 ohne Belang sind.

Wir nehmen auch für das Speisewasser c_p = const an und erhalten für den Temperaturverlauf eine gerade Linie, die ohne weitere Rechnung in das t, h_E-Diagramm eingezeichnet werden kann. Der gegebene Eintrittszustand mit t_1 = 220 °C gehört zur spezifischen Enthalpie h_{E2} und der Austrittszustand mit t_2 = 250 °C zur Enthalpie h_{E1}. Wie man aus Abb. 6.30 erkennt, ist die Temperatur des Entnahmedampfes stets höher als die Temperatur des Speisewassers.

Die in der technischen Literatur oft als „Grädigkeit" bezeichnete kleinste Temperaturdifferenz Δt_{min} tritt im Querschnitt des Kondensationsbeginns auf ($h_E = h_E''$). Hier erreicht die Temperatur des Speisewassers den Wert

$$t_x = t_1 + \frac{1}{c_p} \frac{\dot{m}_E}{\dot{m}} (h_E'' - h_{E2}) .$$

Mit den Werten von Beispiel 6.6 und mit der spezifischen Wärmekapazität c_p = 4,55 kJ/kg K erhält man t_x = 246,81 °C. Damit wird die kleinste Temperaturdifferenz

$$\Delta t_{min} = t_{sE} - t_x = 251,80 \text{ °C} - 246,81 \text{ °C} = 4,99 \text{ °C} .$$

6.3.4 Der Exergieverlust des Wärmeübertragers

Da der Wärmeübergang ein irreversibler Prozeß ist, treten in jedem Wärmeübertrager Exergieverluste auf. Sie bedeuten einen zusätzlichen Aufwand an Primärenergie, vgl. 3.4.6, und damit erhöhte Energiekosten. Wie schon in 3.4.6 gezeigt wurde, nehmen die Exergieverluste umso mehr zu, je größer die Temperaturdifferenzen zwischen den Stoffströmen in einem Wärmeübertrager sind. Andererseits bedeuten größere Temperaturdifferenzen kleinere Übertragungsflächen, also einen verringerten Bauaufwand für den Wärmeübertrager. Um zwischen höheren Energiekosten und höheren Investitionskosten abwägen zu können, bedarf es zunächst einer Bestimmung des Exergieverlustes, der wir uns nun zuwenden.

Nach 3.4.6 läßt sich der in einem Kontrollraum entstehende Exergieverluststrom (Leistungsverlust) durch

$$\dot{E}_v = T_u \dot{S}_{irr}$$

mit dem Entropieproduktionsstrom $\dot{S}_{irr}$ verknüpfen. Ist der Wärmeübertrager, wie bisher angenommen, ein adiabates System, so ergibt sich $\dot{S}_{irr}$ aus der Entropiebilanzgleichung

$$\dot{S}_{irr} = \dot{m}_A(s_{A2} - s_{A1}) + \dot{m}_B(s_{B2} - s_{B1}) ,$$

vgl. Abb. 6.31. Diese Gleichung erfaßt zwei unterschiedliche Irreversibilitäten: den irreversiblen Wärmeübergang bei endlichen Temperaturdifferenzen und die durch Reibung in den beiden strömenden Fluiden auftretende Dissipation. Diese macht sich in einem Druckabfall des Fluids beim Durchströmen des Wärmeübertragers bemerkbar, vgl. 6.2.1. Wie in Beispiel 3.8 gezeigt wurde, lassen sich die Beiträge des Wärmeübergangs und der Dissipation an der insgesamt erzeugten Entropie trennen. Dies ist allerdings nur dann möglich, wenn wie bei einem idealen

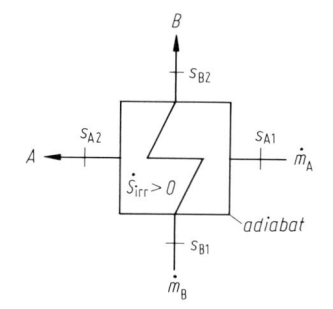

Abb. 6.31. Entropiebilanz eines adiabaten Wärmeübertragers

Gas eine einfache Temperatur- und Druckabhängigkeit der spez. Entropie vorliegt.

Für das folgende beschränken wir uns darauf, den Exergieverlust der Wärmeübertragung zu berechnen und mit den Temperaturen der beiden Fluide in Verbindung zu bringen. In einem Abschnitt des Wärmeübertragers, in dem der Wärmestrom d$\dot{Q}$ vom Fluid A mit der Temperatur T_A an das Fluid B mit der Temperatur $T_B < T_A$ übergeht, tritt der Exergieverluststrom

$$d\dot{E}_v = T_u \frac{T_A - T_B}{T_A T_B} d\dot{Q} = T_u\, d\dot{S}_{irr}$$

auf. Der Exergieverlust wächst mit größer werdender Temperaturdifferenz zwischen den beiden Fluidströmen. Aber auch das Temperaturniveau ist von Bedeutung; bei niedrigen Temperaturen verursacht eine gleich große Temperaturdifferenz einen weit größeren Exergieverlust als bei höheren Temperaturen.

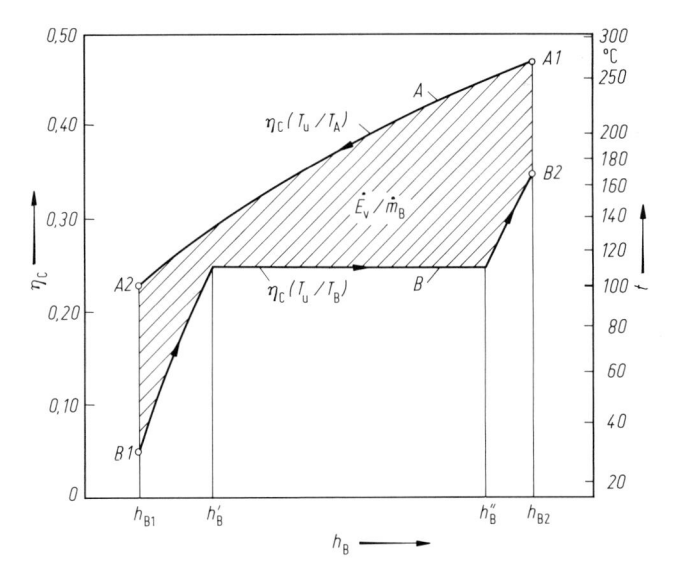

Abb. 6.32. Carnot-Faktor, Enthalpie-Diagramm eines Dampferzeugers und Darstellung des Exergieverlusts als schraffierte Fläche

Wie schon in 3.4.4 gezeigt wurde, läßt sich der mit einem Wärmestrom übertragene Exergiestrom in einem $\eta_C, \dot{Q}$-Diagramm als Fläche darstellen. Da $\dot{Q}$ der Enthalpieänderung des Stoffstroms B proportional ist, können wir als Abszisse dieses Diagramms auch die spez. Enthalpie h_B benutzen. Wir bestimmen die zusammengehörenden Temperaturen T_A und T_B der beiden Fluide nach den Beziehungen von 6.3.3, berechnen die zugehörigen Carnot-Faktoren $\eta_C(T_u/T_A)$ und $\eta_C(T_u/T_B)$ und tragen ihren Verlauf über h_B auf. In diesem η_C, h_B-Diagramm der Wärmeübertragung, vgl. Abb. 6.32, bedeutet die Fläche unter der $\eta_C(T_u/T_A)$-Kurve den vom Fluid A abgegebenen Exergiestrom und dementsprechend die Fläche unter der $\eta_C(T_u/T_B)$-Kurve den vom Fluid B aufgenommenen Exergiestrom, jeweils dividiert durch den Massenstrom $\dot{m}_B$. Die Fläche zwischen den beiden Kurven entspricht dann dem Exergieverluststrom $\dot{E}_v/\dot{m}_B$.

In einem solchen Diagramm wird die Verteilung des Exergieverluststroms auf die einzelnen Abschnitte des Wärmeübertragers deutlich. Dies zeigt Abb. 6.32, wo außerdem am rechten Rand die zu den Carnot-Faktoren η_C gehörigen Temperaturen eingezeichnet sind. Die große Temperaturdifferenz $t_{A1} - t_{B2} =$ 100 K am warmen Ende des Dampferzeugers hat einen kleineren örtlichen Exergieverlust zur Folge als die kleinere Temperaturdifferenz von 70 K am kalten Ende des Apparates.

6.4 Mischungsprozesse

Strömungsprozesse, bei denen sich zwei oder mehrere Stoffströme im Inneren eines offenen Systems (Kontrollraums) vermischen, bezeichnen wir als Mischungsprozesse. Diese Prozesse sind irreversibel, es sei denn, die sich mischenden Stoffströme hätten beim Eintritt in den Kontrollraum denselben intensiven Zustand und dieselbe chemische Zusammensetzung.

6.4.1 Massen-, Energie- und Entropiebilanzen

Wir betrachten den Kontrollraum von Abb. 6.33, in dem sich die eintretenden Stoffströme vermischen, so daß das abströmende Gemisch entsteht. Die Zustandsgrößen der eintretenden Stoffströme unterscheiden wir durch die Indices 1, 2, 3, ... ; den Zustand des abströmenden Gemisches kennzeichnen wir durch den Index m. Wir setzen stationäre Verhältnisse voraus. Dann gilt die Bilanz der Massenströme

$$\dot{m}_m = \dot{m}_1 + \dot{m}_2 + \dot{m}_3 + \dots .$$

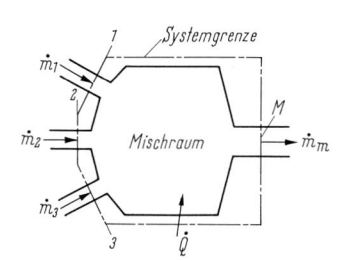

Abb. 6.33. Schematische Darstellung eines Mischungsprozesses

6.4 Mischungsprozesse

Aus dem 1. Hauptsatz für stationäre Fließprozesse ergibt sich die Gleichung

$$\dot{Q} = \dot{m}_m h_m^+ - (\dot{m}_1 h_1^+ + \dot{m}_2 h_2^+ + ...)$$

für den Wärmestrom, der dem Kontrollraum zugeführt oder entzogen wird. Hierin ist

$$h^+ = h + c^2/2$$

die spez. Totalenthalpie der einzelnen Stoffströme. Häufig findet die Vermischung in einem *adiabaten* Kontrollraum statt; dann gilt $\dot{Q} = 0$, und der Strom der austretenden Totalenthalpie ist gleich der Summe aller eintretenden Totalenthalpieströme.

In 3.3.4 hatten wir die Entropiebilanz für einen von mehreren Stoffströmen durchflossenen Kontrollraum aufgestellt. Speziell für einen adiabaten Mischungsprozeß ergibt sich daraus

$$\dot{m}_m s_m - (\dot{m}_1 s_1 + \dot{m}_2 s_2 + ...) = \dot{S}_{irr} = \dot{m}_m s_{irr} \geq 0 \; .$$

Der durch den Mischungsprozeß verursachte Entropieproduktionsstrom $\dot{S}_{irr}$ verschwindet nur im Grenzfall des reversiblen Prozesses. Als Folge der irreversiblen Vermischung tritt der Exergieverluststrom

$$\dot{E}_v = T_u \dot{S}_{irr} = \dot{m}_m T_u s_{irr}$$

auf. Die Exergie des austretenden Gemisches ist kleiner als die Summe der Exergien der eintretenden Stoffströme.

Beispiel 6.8. Ein Dampfstrahlapparat, Abb. 6.34, besteht aus der Düse, dem Mischraum und dem Diffusor. Ein solcher Dampfstrahlapparat dient z. B. als Verdichter in Dampfstrahl-Kälteanlagen, wo der unter dem Druck p_0 eintretende Niederdruckdampf durch den Treibdampf auf den höheren Druck p_m gebracht werden soll, vgl. [6.21, 6.22]. Der Treibdampf trifft nach der Expansion in der Düse auf den praktisch ruhenden Niederdruckdampf, mit dem er sich vermischt und den er in den Diffusor mitreißt. Hier wird das Gemisch verzögert und auf den Druck $p_m > p_0$ verdichtet.

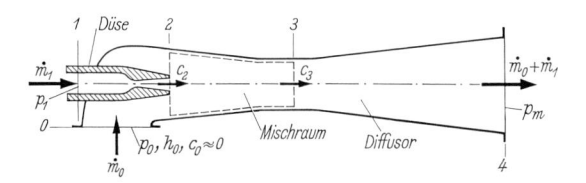

Abb. 6.34. Schema eines Dampfstrahlapparats

Für einen mit Wasserdampf betriebenen Dampfstrahlapparat, in dem $\dot{m}_0 = 1{,}00$ kg/s gesättigter Dampf von $p_0 = 0{,}015$ bar ($t_0 = 13{,}0$ °C) auf $p_m = 0{,}05$ bar verdichtet werden soll, berechne man den Massenstrom $\dot{m}_1$ des Treibdampfes. Dieser steht bei $p_1 = 3{,}0$ bar und $t_1 = 150$ °C zur Verfügung. Für die irreversible Expansion in der Düse gelte $\eta_{sS} = 0{,}90$, für die irreversible Verdichtung im Diffusor sei $\eta_{sD} = 0{,}70$.

Wir betrachten zunächst den Idealfall des reversiblen Dampfstrahlapparates. In den Querschnitten 0, 1 und 4 vernachlässigen wir die kinetischen Energien gegenüber den Enthalpien der Stoffströme, setzen also $c_0 = c_1 = c_4 = c_m = 0$. Für den Dampfstrahlapparat gelten nun die beiden Bilanzgleichungen

$$\dot{m}_0 h_0 + (\dot{m}_1)_{\text{rev}} h_1 = [\dot{m}_0 + (\dot{m}_1)_{\text{rev}}] h_{4*}$$

und

$$\dot{m}_0 s_0 + (\dot{m}_1)_{\text{rev}} s_1 = [\dot{m}_0 + (\dot{m}_1)_{\text{rev}}] s_{4*},$$

denn beim hypothetischen reversiblen Prozeß bleibt auch die Entropie erhalten ($s_{\text{irr}} = 0$). Der hypothetische Mischzustand 4* liegt im h, s-Diagramm auf der geraden Verbindungslinie zwischen den Zuständen 0 und 1, und zwar auf der Isobare $p = p_m$, Abb. 6.35. Aus den Bilanzgleichungen folgt für das Verhältnis der Massenströme

$$\mu_{\text{rev}} = \dot{m}_0/(\dot{m}_1)_{\text{rev}} = \frac{h_1 - h_{4*}}{h_{4*} - h_0} = \frac{s_1 - s_{4*}}{s_{4*} - s_0}.$$

Diese Doppelgleichung dient einmal dazu, mit der zusätzlichen Bedingung $h_{4*} = h(p_m, s_{4*})$ den Zustand 4* festzulegen und außerdem μ_{rev} zu bestimmen. Man findet unter Benutzung der Wasserdampftafeln [4.25] $h_{4*} = 2576{,}9$ kJ/kg und $s_{4*} = 8{,}4454$ kJ/kg K. Damit wird

$$\mu_{\text{rev}} = \frac{2760{,}4 - 2576{,}9}{2576{,}9 - 2525{,}5} = 3{,}57.$$

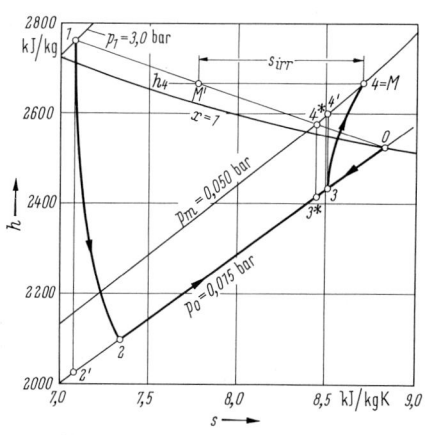

Abb. 6.35. Zustandsänderungen des Wasserdampfes im Dampfstrahlapparat

Will man im wirklichen, irreversibel arbeitenden Dampfstrahlapparat denselben Enddruck p_m erreichen, so muß ein wesentlich größerer Treibdampfmassenstrom $\dot{m}_1 > (\dot{m}_1)_{\text{rev}}$ zugeführt werden. Er expandiert in der Treibdüse auf den Druck p_0 (Endzustand 2 in Abb. 6.35) und erreicht die Geschwindigkeit

$$c_2 = \sqrt{2(h_1 - h_2)} = \sqrt{\eta_{\text{ss}} 2(h_1 - h_{2'})}.$$

Zur Berechnung der Geschwindigkeit c_3 nach der irreversiblen Vermischung mit dem praktisch ruhenden Niederdruckdampf wenden wir den Impulssatz auf den in Abb. 6.34 hervorgehobenen Mischraum an. Die Änderung des Impulsstroms

$$(\dot{m}_0 + \dot{m}_1) c_3 - \dot{m}_0 c_0 - \dot{m}_1 c_2 = F$$

ist gleich der resultierenden Kraft F aller Kräfte, die an den Grenzen des Mischraums angreifen. Dies sind die vom Druck herrührenden Kräfte in den beiden Strömungsquerschnitten und die Schubkräfte an den Wänden. Wir machen nun die stark vereinfachenden

Annahmen $F = 0$ und $p_3 = p_0$, die keineswegs genau zutreffen, vgl. [6.23]. Damit und mit $c_0 = 0$ ergibt sich aus dem Impulssatz

$$\dot{m}_0/\dot{m}_1 = (c_2/c_3) - 1 \,. \tag{6.32}$$

Die Geschwindigkeit c_3 muß nun so groß sein, daß der aus dem Diffusor austretende Mischdampf den Zustand $4 = M$ auf der Isobare $p = p_m$ mit $c_4 \approx 0$ erreicht. Es muß dann

$$c_3 = \sqrt{2(h_4 - h_3)} = \sqrt{\frac{2}{\eta_{sD}}(h_{4'} - h_3)}$$

gelten, vgl. 6.2.4. Wir setzen nun die Ausdrücke für c_2 und c_3 in (6.32) ein und erhalten

$$\mu = \dot{m}_0/\dot{m}_1 = \sqrt{\eta_{ss}\eta_{sD} \frac{h_1 - h_{2'}}{h_{4'} - h_3}} - 1 \,.$$

Wir können nun, vgl. Abb. 6.35, in guter Näherung

$$h_{4'} - h_3 = h_{4*} - h_{3*}$$

setzen, weil die Isobaren $p = p_0$ und $p = p_m$ im h, s-Diagramm nur schwach divergieren. Außerdem lesen wir aus dem h, s-Diagramm die folgende Beziehung ab:

$$\frac{h_1 - h_{2'}}{h_{4*} - h_{3*}} = \frac{h_1 - h_0}{h_{4*} - h_0} = 1 + \mu_{\text{rev}} \,.$$

Damit ergibt sich schließlich

$$\mu = \sqrt{\eta_{ss}\eta_{sD} \frac{h_1 - h_0}{h_{4*} - h_0}} - 1 = \sqrt{\eta_{ss}\eta_{sD}(1 + \mu_{\text{rev}})} - 1 \,.$$

Mit den gegebenen Werten der Wirkungsgrade erhalten wir

$$\mu = \dot{m}_0/\dot{m}_1 = \sqrt{0{,}90 \cdot 0{,}70\,(1 + 3{,}57)} - 1 = 0{,}6968 \,.$$

Es sind also $\dot{m}_1 = 1{,}435$ kg/s Treibdampf erforderlich anstelle von $(\dot{m}_1)_{\text{rev}} = 0{,}280$ kg/s im reversiblen Idealfall.

Wie der große Unterschied zwischen $\dot{m}_1$ und $(\dot{m}_1)_{\text{rev}}$ zeigt, sind die Prozesse in einem Dampfstrahlapparat stark irreversibel. Die damit verbundenen hohen Exergieverluste kann man wirtschaftlich nur deswegen in Kauf nehmen, weil der Dampfstrahlapparat sehr einfach gebaut ist (er enthält keine bewegten Teile) und weil er bei sehr kleinen Drücken und großen Massenströmen die einzige Verdichterbauart darstellt, welche die großen Volumina der zu fördernden Stoffströme bewältigen kann.

6.4.2 Isobar-isotherme Mischung idealer Gase

Werden Stoffströme mit dem gleichen intensiven Zustand, also mit gleichen Werten von T, p und c gemischt, so tritt keine Entropieerzeugung und damit auch kein Exergieverlust auf, sofern die Stoffströme auch gleiche chemische Zusammensetzung haben. Ist dies nicht der Fall, werden vielmehr Stoffe unterschiedlicher chemischer Zusammensetzung, z. B. N_2 und H_2O, miteinander gemischt, so verläuft dieser Prozeß selbst dann irreversibel, wenn keine Temperatur-, Druck- und Geschwindigkeitsunterschiede auftreten. Wir zeigen diese „chemische" Irreversibilität am Beispiel der Mischung verschiedener idealer Gase.

In die Mischkammer von Abb. 6.36 sollen mehrere reine ideale Gase A, B, C, ... jeweils mit derselben Temperatur T und mit demselben Druck p einströmen.

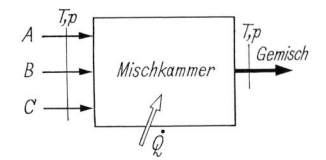

Abb. 6.36. Isotherm-isobare Mischung idealer Gase

Ihre Geschwindigkeiten seien so klein, daß Änderungen der kinetischen Energie vernachlässigt werden können. Das in der Kammer entstehende ideale Gasgemisch soll mit derselben Temperatur T und demselben Druck p abströmen, mit dem die reinen Gase zuströmen. Aus dem 1. Hauptsatz folgt die Bilanzgleichung

$$\dot{Q} = \dot{m}_m h_m(T) - [\dot{m}_A h_A(T) + \dot{m}_B h_B(T) + ...] .$$

Für die Massenanteile der einzelnen Komponenten im abströmenden Gemisch gilt

$$\xi_A = m_A/m_m = \dot{m}_A/\dot{m}_m ,$$

so daß

$$\dot{Q} = \dot{m}_m \{h_m(T) - [\xi_A h_A(T) + \xi_B h_B(T) + ...]\} = 0$$

wird. Der Ausdruck in der eckigen Klammer stimmt nämlich mit der spez. Enthalpie eines idealen Gasgemisches überein, vgl. 5.2.3, er ist also gleich $h_m(T)$. *Die isotherme Mischung idealer Gase ist auch adiabat.* Wir nehmen daher für die folgenden Überlegungen den Mischraum als adiabat an.

Die Entropieänderung beim isotherm-isobaren und damit adiabaten Mischen idealer Gase ergibt sich aus der Bilanzgleichung von 6.4.1 zu

$$\dot{m}_m s_m(T,p) - [\dot{m}_A s_A(T,p) + \dot{m}_B s_B(T,p) + ...] = \dot{m}_m s_{irr} \geqq 0$$

bzw. zu

$$s_{irr} = s_m(T,p) - [\xi_A s_A(T,p) + \xi_B s_B(T,p) + ...] .$$

Das ist die beim Mischungsprozeß erzeugte Entropie. Nach den Ausführungen von 5.2.3 bedeutet die rechte Seite dieser Gleichung die Mischungsentropie Δs_M des idealen Gasgemisches. Somit finden wir

$$s_{irr} = \Delta s_M > 0$$

und bestätigen damit nochmals die in 5.2.3 gegebene Deutung der Mischungsentropie. Für sie gilt

$$\Delta s_M = -R(y_A \ln y_A + y_B \ln y_B + ...) = \xi_A R_A \ln (p/p_A) + \xi_B R_B \ln (p/p_B) + ...$$

Jede Komponente trägt also zur Entropieerzeugung in gleicher Weise bei, nämlich so, als würde sie vom anfänglich vorhandenen Druck p auf den Partialdruck gedrosselt, den sie nach der Mischung im abströmenden Gemisch annimmt.

Da der Mischungsprozeß irreversibel ist, hat er den Exergieverlust

$$e_v = T_u s_{irr} = T_u \Delta s_M$$

zur Folge. Die ungemischten reinen Gase haben also eine höhere Exergie als das ideale Gasgemisch. Bei *reversibler* Herstellung des idealen Gasgemisches könnte somit Exergie

z. B. in Form technischer Arbeit gewonnen werden. Das ist prinzipiell mit Hilfe von semipermeablen Wänden möglich, die jeweils nur für ein bestimmtes Gas durchlässig sind, vgl. 5.2.2. Die einzelnen Gase könnten dann zunächst reversibel und isotherm in einer Turbine vom Druck p auf den jeweiligen Partialdruck p_i expandieren. Dabei geben sie technische Arbeit ab und nehmen Wärme aus der Umgebung auf, vgl. Abb. 6.37. Die semipermeablen Wände erlauben dann die reversible Mischung der nach der Expansion unter den verschiedenen Partialdrücken stehenden Gase ohne einen Arbeitsaufwand. Die bei der reversiblen Mischung in den Turbinen gewinnbare Arbeit ist somit gerade gleich dem Exergieüberschuß der reinen Gase gegenüber dem Gemisch. Der Betrag der gewonnenen Arbeit entspricht also dem Exergieverlust e_v, der bei irreversibler Vermischung auftritt, wo man auf die Möglichkeit des Arbeitsgewinns verzichtet.

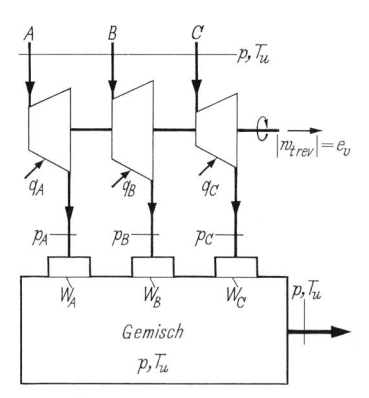

Abb. 6.37. Reversible Mischung idealer Gase bei $T = T_u$. W_A, W_B, W_C semipermeable Wände

Will man umgekehrt ein ideales Gasgemisch, das bei der Umgebungstemperatur T_u vorliegt, wieder in seine Komponenten zerlegen, so ist

$$(w_t)_{min} = e_v = T_u \, \Delta s_M$$

die mindestens aufzuwendende *Entmischungsarbeit*. Sie wird dabei nicht für die reversible Entmischung selbst benötigt, denn dieser Prozeß verläuft mit Hilfe der semipermeablen Wände ohne jeden Energieaufwand. Die Entmischungsarbeit dient vielmehr nur dazu, die nach der reversiblen Entmischung unter ihren Partialdrücken p_A, p_B, ... vorliegenden Gase isotherm und reversibel auf den Druck $p = p_A + p_B + \ldots$ zu verdichten. In wirklich ausgeführten Anlagen zur Trennung von Gasgemischen stehen im allgemeinen keine semipermeablen Wände zur Verfügung. Die Trennung des Gemisches wird meistens durch Kondensation und anschließende Rektifikation bewirkt. Wegen der dabei auftretenden Irreversibilitäten ist der Arbeits- oder Exergieaufwand ein Vielfaches von $(w_t)_{min}$, vgl. hierzu [6.24].

6.4.3 Mischungsprozesse mit feuchter Luft

Werden zwei Ströme feuchter Luft adiabat gemischt, vgl. Abb. 6.38, so gilt die Bilanz der Massenströme

$$\dot{m}_{L1}(1 + x_1) + \dot{m}_{L2}(1 + x_2) = (\dot{m}_{L1} + \dot{m}_{L2})(1 + x_m)$$

und die sogenannte Wasserbilanz

$$\dot{m}_{L1} x_1 + \dot{m}_{L2} x_2 = (\dot{m}_{L1} + \dot{m}_{L2}) x_m \, .$$

6 Stationäre Fließprozesse

Hierbei sind $\dot{m}_{L1}$ und $\dot{m}_{L2}$ die Massenströme trockener Luft mit den Wasserbeladungen x_1 und x_2, vgl. 5.3.5. Daraus erhalten wir die Wasserbeladung der entstehenden Mischluft

$$x_m = \frac{\dot{m}_{L1}x_1 + \dot{m}_{L2}x_2}{\dot{m}_{L1} + \dot{m}_{L2}}.$$

Nach dem 1. Hauptsatz muß bei der adiabaten Mischung unter Vernachlässigung der kinetischen Energie die Enthalpie vor und nach der Mischung die gleiche sein, vgl. 6.4.1. Daraus erhalten wir die Bilanzgleichung

$$\dot{m}_{L1}(h_{1+x})_1 + \dot{m}_{L2}(h_{1+x})_2 = (\dot{m}_{L1} + \dot{m}_{L2})(h_{1+x})_m,$$

also die Enthalpie der Mischluft zu

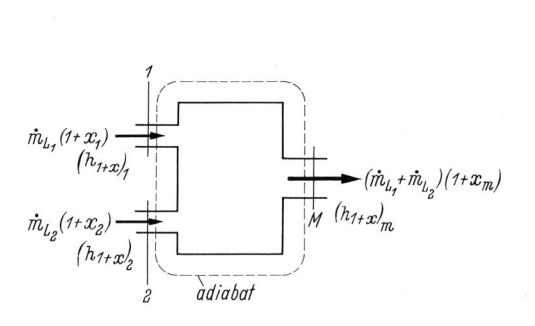

$$(h_{1+x})_m = \frac{\dot{m}_{L1}(h_{1+x})_1 + \dot{m}_{L2}(h_{1+x})_2}{\dot{m}_{L1} + \dot{m}_{L2}}.$$

Abb. 6.38. Adiabate Mischung zweier Luftströme

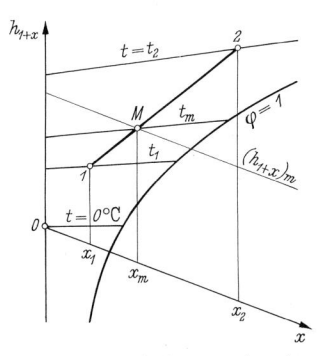

Abb. 6.39. Mischzustand M im h,x-Diagramm

Eliminieren wir aus den beiden Bilanzgleichungen die Massenströme, so ergibt sich die Beziehung

$$\frac{(h_{1+x})_1 - (h_{1+x})_m}{(h_{1+x})_m - (h_{1+x})_2} = \frac{x_1 - x_m}{x_m - x_2}.$$

Nach dieser Gleichung liegt der Mischzustand M auf der geraden Verbindungslinie zwischen den Punkten 1 und 2 des h,x-Diagramms, Abb. 6.39. Aus der Wasserbilanz oder aus

$$\frac{\dot{m}_{L2}}{\dot{m}_{L1}} = \frac{x_1 - x_m}{x_m - x_2}$$

erkennen wir, daß der Mischpunkt M die Strecke 12 im Verhältnis der Massenströme teilt. Der Mischpunkt liegt immer in der Nähe des Endpunkts, zu dem der größere Massenstrom gehört.

Mischt man zwei Ströme *gesättigter* feuchter Luft, so bildet sich stets Nebel, weil die Linie $\varphi = 1$ nach unten hohl ist. Mischt man zwei Luftmengen mit gleicher

6.4 Mischungsprozesse 269

Temperatur $t_1 = t_2$, so ist die Temperatur t_m des entstehenden Gemisches nur dann gleich der Ausgangstemperatur t_1 oder t_2, wenn beide Zustände 1 und 2 entweder im ungesättigten Gebiet oder im Nebelgebiet liegen. Mischt man nebelhaltige Luft mit ungesättigter Luft gleicher Temperatur, so erniedrigt sich die Temperatur des Gemisches. Ein Teil des flüssigen Wassers verdampft nämlich, wodurch die Temperatur sinkt, weil nach Voraussetzung keine Wärme zugeführt wird.

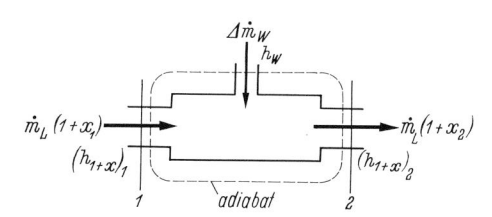

Abb. 6.40. Zusatz von Wasser zu einem Luftstrom

Wird zu einem Massenstrom $\dot{m}_L(1 + x_1)$ feuchter Luft der Massenstrom $\Delta \dot{m}_W$ an reinem Wasser oder Wasserdampf zugegeben, so folgt aus der Massenbilanz

$$\dot{m}_L(1 + x_1) + \Delta \dot{m}_W = \dot{m}_L(1 + x_2),$$

daß sich die Wasserbeladung der feuchten Luft um

$$x_2 - x_1 = \frac{\Delta \dot{m}_W}{\dot{m}_L}$$

vergrößert. Da die Mischung wieder adiabat und ohne Arbeitsverrichtung vor sich geht, vgl. Abb. 6.40, führt die Energiebilanz auf

$$\dot{m}_L(h_{1+x})_1 + \Delta \dot{m}_W h_W = \dot{m}_L(h_{1+x})_2,$$

wobei h_W die spez. Enthalpie des zugefügten Wassers ist. Die Enthalpie der feuchten Luft nimmt also um den Betrag

$$(h_{1+x})_2 - (h_{1+x})_1 = \frac{\Delta \dot{m}_W}{\dot{m}_L} h_W$$

zu.

Die beiden Bilanzgleichungen ermöglichen die Berechnung der Zustandsgrößen x_2 und $(h_{1+x})_2 = h_{1+x}(t_2, x_2)$, woraus man auch t_2 erhält. Der Endzustand kann im h,x-Diagramm gefunden werden, wenn man vom Anfangszustand 1 aus in der Richtung

$$\frac{\Delta h_{1+x}}{\Delta x} = \frac{(h_{1+x})_2 - (h_{1+x})_1}{x_2 - x_1} = h_W$$

fortschreitet. Zeichnet man durch den Punkt 1 eine Gerade mit der Richtung h_W, so erhält man auf ihr den Zustand 2, wenn man von x_1 aus waagerecht die Strecke $\Delta \dot{m}_W / \dot{m}_L$ abträgt, wie es Abb. 6.41 zeigt.

Wird der feuchten Luft flüssiges Wasser mit der Temperatur t_W zugemischt, so ist $h_W = c_W t_W$. Die Neigung der Zustandsänderung ist dann gleich der Neigung der Nebelisotherme, die zur Wassertemperatur t_W gehört. Bei niedrigen Wassertemperaturen t_W stimmt die Neigung der Nebelisothermen praktisch mit der

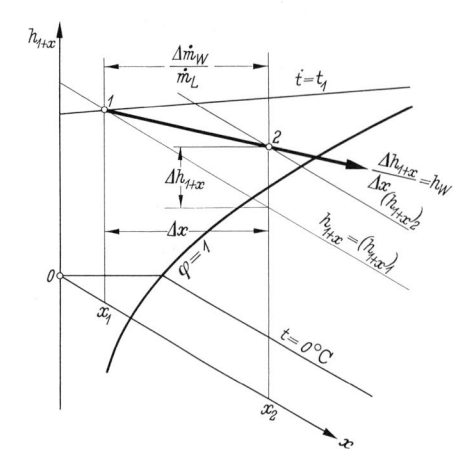

Abb. 6.41. Bestimmung des Endzustands 2 beim Zufügen von Wasser oder Wasserdampf

Neigung der Isenthalpen überein. Ist die Ausgangsluft im Zustand 1 relativ trocken, so lassen sich durch Wasserbeimischung sogar Temperaturen unterhalb der Wassertemperatur t_W erzielen.

Beispiel 6.9. Ein Kühlturm dient der Abfuhr von Abwärme an die atmosphärische Luft, vgl. z. B. [6.25]. Das Kühlwasser des Kondensators in einem Dampfkraftwerk (Massenstrom $\dot{m}_W = 15{,}50$ t/s) wird mit $t_{We} = 34{,}5$ °C in den Kühlturm geleitet, Abb. 6.42; es rieselt über die Einbauten herunter und steht dabei im intensiven Wärme- und Stoffaustausch (Verdunstung) mit Luft, die mit $t_1 = 9{,}0$ °C, $p_1 = 1010$ mbar und $\varphi_1 = 0{,}750$ in den Kühlturm eintritt. Das Wasser kühlt sich auf $t_{Wa} = 20{,}0$ °C ab. Die mit $p_2 = 995$ mbar an der Kühlturmkrone abströmende gesättigte feuchte Luft hat sich auf $t_2 = 27{,}1$ °C erwärmt. Da sie von den Einbauten feinste Wassertröpfchen mitreißt, gilt für ihre Wasserbeladung $x_2 = x_s(t_2, p_2) + 0{,}00015$. Der Kühlturm werde als insgesamt adiabates System betrachtet. Man berechne den Massenstrom $\Delta\dot{m}_W$ der mit $t_{Wz} = 12{,}0$ °C zugeführten Zusatzwassermenge zur Deckung der Verdunstungsverluste, den Massenstrom $\dot{m}_L$ der angesaugten Trockenluftmenge sowie den vom Kühlwasser an die Atmosphäre abgegebenen Energiestrom.

Wir erhalten den Massenstrom $\Delta\dot{m}_W$ des Zusatzwassers aus einer Wasserbilanz des Kühlturms:

$$\Delta\dot{m}_W = \dot{m}_L (x_2 - x_1) \,.$$

Die Wasserdampfbeladung x_1 der eintretenden Luft wird nach (5.26)

$$x_1 = 0{,}622 \frac{p_s(t_1)}{(p_1/\varphi_1) - p_s(t_1)} = 0{,}00535 \,.$$

Dabei wurde der Sättigungsdruck $p_s(t_1) = 11{,}49$ mbar aus der Dampfdruckgleichung (5.24) berechnet. In der gleichen Weise ergibt sich $x_s(t_2, p_2) = 0{,}02328$, also unter Berücksichtigung der mitgerissenen Wassertröpfchen $x_2 = 0{,}02343$. Wir erhalten damit

$$\Delta\dot{m}_W/\dot{m}_L = x_2 - x_1 = 0{,}01808 \,.$$

Um den Massenstrom $\dot{m}_L$ zu berechnen, gehen wir von einer Energiebilanz des adiabaten Kühlturms aus:

$$\dot{m}_L [h_{1+x}(t_2, x_2) - h_{1+x}(t_1, x_1)] = \dot{m}_W (h_{We} - h_{Wa}) + \Delta\dot{m}_W h_{Wz}$$
$$= \dot{m}_W c_W (t_{We} - t_{Wa}) + \dot{m}_L (x_2 - x_1) c_W t_{Wz} \,.$$

6.4 Mischungsprozesse

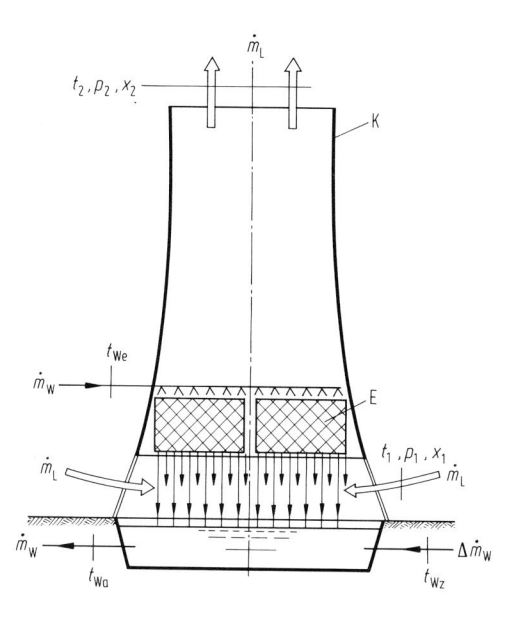

Abb. 6.42. Schema eines Kühlturms. E Einbauten, K Kühlturmkrone

Daraus folgt

$$\dot m_L = \frac{\dot m_W c_W (t_{We} - t_{Wa})}{h_{1+x}(t_2, x_2) - h_{1+x}(t_1, x_1) - (x_2 - x_1) c_W t_{Wz}}.$$

Erwartungsgemäß wächst der Luftmassenstrom mit dem Massenstrom und der Abkühlspanne des abzukühlenden Wassers. Die Enthalpien der feuchten Luft ergeben sich nach 5.3.7 zu

$$h_{1+x}(t_1, x_1) = c_{pL}^0 t_1 + x_1 (r_0 + c_{pW}^0 t_1) = 22{,}50 \text{ kJ/kg}$$

und

$$h_{1+x}(t_2, x_2) = c_{pL}^0 t_2 + x_s (r_0 + c_{pW}^0 t_2) + (x_2 - x_s) c_W t_2 = 86{,}60 \text{ kJ/kg}.$$

Somit wird $\dot m_L = 14{,}90$ t/s, und der benötigte Massenstrom des Zusatzwassers wird $\Delta \dot m_W = 0{,}269$ t/s $= 0{,}0174\, \dot m_W$. Es verdunsten also 1,74 % des Kühlwassers und müssen durch Zusatzwasser ersetzt werden, während bei direkter Kühlung mit Frischwasser (Flußwasser) der volle Massenstrom $\dot m_W$ erforderlich wäre.

Das Kühlwasser erwärmt sich im Kondensator des Dampfkraftwerks von $t_{Wa} = 20{,}0$ °C auf $t_{We} = 34{,}5$ °C. Es nimmt dort den Wärmestrom

$$\dot Q = \dot m_W c_W (t_{Wa} - t_{We}) = 15{,}50\, \frac{\text{t}}{\text{s}}\, 4{,}19\, \frac{\text{kJ}}{\text{kg K}} \cdot 14{,}5 \text{ K} = 942 \text{ MW}$$

auf. Dieser Energiestrom wird über den Kühlturm an die Umgebung abgegeben; er entspricht dem Abwärmestrom eines großen Kohlekraftwerks von etwa 700 MW elektrischer Leistung.

6.5 Arbeitsprozesse

In den folgenden Abschnitten behandeln wir Maschinen, die von einem Fluid als Arbeitsmedium durchströmt werden. Wir setzen dabei stationäre Verhältnisse voraus und beschränken uns darauf, die Maschinen als Ganzes zu untersuchen. Wir gehen also nicht auf die Energieumwandlungen in den einzelnen Stufen ein. Wegen dieser für die Berechnung und Konstruktion von Strömungsmaschinen wichtigen Einzelheiten sei auf die einschlägige Literatur verwiesen, z. B. [6.2, 6.3, 6.6].

6.5.1 Adiabate Expansion in Turbinen

Wie schon in 6.1.2 erläutert, wird in einer Turbine thermische Energie in mechanische Energie umgesetzt. Für die statische Arbeit, nämlich für die in mechanische Energie umgewandelte thermische Energie gilt

$$w^{st}_{12} = w_{t12} - \frac{1}{2}(c_2^2 - c_1^2) = \int_1^2 v \, dp + j_{12} = y_{12} + j_{12}.$$

Damit nun technische Arbeit gewonnen werden kann, muß $w^{st}_{12} < 0$ und somit auch $dp < 0$ sein, denn die Dissipationsenergie j_{12} ist stets positiv. In einer Turbine findet also stets eine Expansion des Arbeitsmittels statt.

Wir betrachten nun eine *adiabate* Turbine, Abb. 6.43, der ein Fluid im Zustand 1 (p_1, h_1, s_1) mit der Geschwindigkeit c_1 zuströmt. Der Austrittszustand des Fluids liegt bei einem Druck $p_2 < p_1$ und hat nach dem 2. Hauptsatz eine größere Entropie, $s_2 \geq s_1$. Aus dem 1. Hauptsatz für stationäre Fließprozesse erhalten wir für die gewonnene technische Arbeit

$$-w_{t12} = h_1 - h_2 + \frac{1}{2}(c_1^2 - c_2^2) = h_1^+ - h_2^+.$$

Sie ist gleich der Abnahme der Totalenthalpie des Fluids, und zwar unabhängig davon, ob der Prozeß reversibel oder irreversibel verläuft. Mit $\dot{m}$ als dem Massenstrom des Fluids ergibt sich die abgegebene Turbinenleistung zu

$$-P_{12} = \dot{m}(-w_{t12}).$$

Dies ist die Leistung, die das Fluid an den Rotor abgibt (sogenannte innere Leistung); die an der Welle verfügbare Leistung verringert sich durch die Lagerreibung, was man häufig durch einen mechanischen Wirkungsgrad berücksichtigt. Hierauf gehen wir nicht ein, denn bei der thermodynamischen Betrachtungsweise steht die Energieabgabe vom Fluid an den Rotor der Turbine im Vordergrund.

Im h,s-Diagramm, Abb. 6.44, sind die Zustände 1 und 2 des Fluids eingezeichnet, und es ist auch die Abnahme der Totalenthalpie als Strecke dargestellt. Unter allen adiabaten Prozessen, die vom Zustand 1 auf den Druck p_2 führen, liefert der reversible Prozeß mit der isentropen Zustandsänderung 12' die größte Arbeit

$$(-w_{t12'})_{rev} = h_1 + \frac{1}{2}c_1^2 - h_{2'} = -\Delta h_s + \frac{1}{2}c_1^2.$$

6.5 Arbeitsprozesse

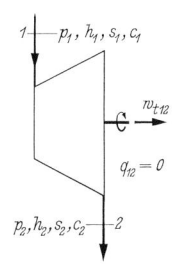

Abb. 6.43. Adiabate Turbine

Abb. 6.44. Irreversible adiabate Expansion 12 und reversible, isentrope Expansion 12' im h,s-Diagramm

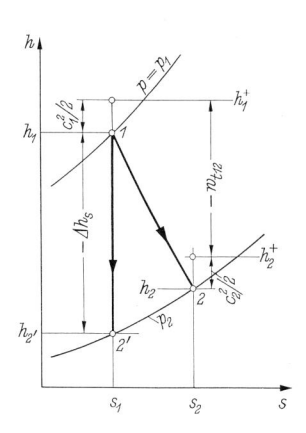

Da die kinetische Energie des austretenden Fluids die gewinnbare technische Arbeit verkleinert, strebt man $c_2 = 0$ an; für den reversiblen Idealprozeß haben wir daher $c_{2'} = 0$ gesetzt. Die größtmögliche technische Arbeit ergibt sich somit als Summe aus dem isentropen Enthalpiegefälle ($-\Delta h_s$) und der kinetischen Energie des eintretenden Fluids. Die Berechnung der isentropen Enthalpiedifferenz Δh_s haben wir in 4.3.5 ausführlich behandelt.

Als *inneren Turbinenwirkungsgrad* definiert man das Verhältnis

$$\eta_{iT} := \frac{-w_{t12}}{(-w_{t12'})_{rev}} = \frac{h_1^+ - h_2^+}{-\Delta h_s + (c_1^2/2)}.$$

Hier wird die tatsächlich vom Fluid abgegebene technische Arbeit mit der Arbeit einer reversiblen (isentropen) Entspannung verglichen, die vom selben Anfangszustand 1 zum gleichen Enddruck p_2 führt. Man beachte, daß $\Delta h_s < 0$ ist. In Dampfturbinen bleibt der Massenstrom des expandierenden Wasserdampfes häufig nicht konstant, weil man an bestimmten Stellen Dampf entnimmt, um das Speisewasser vorzuwärmen. Auf die Schwierigkeiten, einen sinnvollen Wirkungsgrad für Turbinen mit Anzapfung zu definieren, können wir hier nicht eingehen. Diese Frage hat W. Traupel [6.2, S. 37–41] behandelt.

Bei vielen Untersuchungen, insbesondere bei der Berechnung von Kreisprozessen, ist es nicht nötig, die kinetischen Energien, die gegenüber dem Enthalpiegefälle klein sind, explizit zu berücksichtigen. Die Güte der Turbine kennzeichnet dann auch der *isentrope Turbinenwirkungsgrad*

$$\eta_{sT} := \frac{h_1 - h_2}{h_1 - h_{2'}} = \frac{-\Delta h}{-\Delta h_s} \approx \frac{-w_{t12}}{(-w_{t12'})_{rev}} = \eta_{iT},$$

der sich vom inneren Wirkungsgrad nur wenig unterscheidet. Mit Dampfturbinen erreicht man isentrope Wirkungsgrade zwischen 0,8 und 0,9. Mit Gasturbinen hat man Wirkungsgrade zwischen 0,85 und 0,95 erzielt; allerdings erreichen nur gut konstruierte größere Maschinen die höheren Werte.

Die strömungstechnische Qualität einer Turbine wird auch durch den *polytropen Turbinenwirkungsgrad* nach 6.1.3 gekennzeichnet:

$$\eta_{vT} = (h_2 - h_1)/y_{12} = v_T;$$

er stimmt mit dem Polytropenverhältnis v_T der Polytrope überein, welche Anfangs- und Endzustand der adiabaten Expansion verbindet. Bei einer infinitesimalen Entspannung von p auf $p - |dp|$ nimmt die Enthalpie des Fluids um dh ab, der polytrope Wirkungsgrad

$$\eta_{vT} = \frac{dh}{v\,dp} = \frac{dh}{dh_s}$$

dieser Expansion ist gleich ihrem isentropen Wirkungsgrad dh/dh_s. Dies gilt in guter Näherung auch für die kleine, aber endliche Entspannung in einer Stufe einer vielstufigen Turbine, $\eta_{vT} \approx \eta_s^{Stufe}$. Da der isentrope Stufenwirkungsgrad η_s^{Stufe} für alle Stufen etwa den gleichen Wert hat, ist die Polytrope eine gute Approximation der ganzen Expansionslinie, und η_{vT} ist unabhängig vom Druckverhältnis p_1/p_2.

Zwei Turbinen desselben Schaufeltyps, die bei unterschiedlichen Druckverhältnissen arbeiten, haben etwa gleiche polytrope Wirkungsgrade η_{vT}, doch erreicht die Maschine mit dem größeren Druckverhältnis p_1/p_2 einen größeren isentropen Wirkungsgrad η_{sT}. Der Betrag der spez. Strömungsarbeit y_{12} der Polytrope ist nämlich größer als der Betrag der isentropen Enthalpiedifferenz

$$\Delta h_s = h_{2'} - h_1 = \int_{p_1}^{p_2} v(p, s_1)\,dp = y_{12'},$$

vgl. die Flächen im p,v-Diagramm von Abb. 6.45. Der Unterschied zwischen $|y_{12}|$ und $|y_{12'}|$ nimmt mit wachsendem Druckverhältnis p_1/p_2 zu. Man setzt daher

$$\frac{\eta_{sT}}{\eta_{vT}} = \frac{y_{12}}{y_{12'}} = 1 + f \qquad (6.33)$$

und bezeichnet f als Erhitzungsfaktor, der mit wachsendem p_1/p_2 zunimmt.

Der Erhitzungsfaktor läßt sich für ideale Gase mit konstantem c_p^0 explizit berechnen. Mit der Abkürzung

$$\lambda := (p_2/p_1)^{R/c_p^0} \qquad (6.34)$$

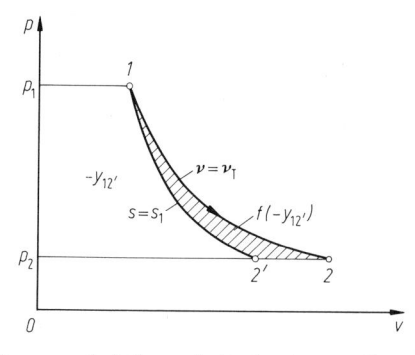

Abb. 6.45. Spez. Strömungsarbeit $(-y_{12'})$ der isentropen Expansion 12′ und spez. Strömungsarbeit $(-y_{12}) = (1+f)(-y_{12'})$ der polytropen Expansion 12 auf denselben Enddruck p_2

6.5 Arbeitsprozesse

und $v = v_T = \eta_{vT}$ erhält man aus (6.15)

$$f = (\lambda^{\eta_{vT}} - 1)/\eta_{vT}(\lambda - 1) - 1 .$$

Abbildung 6.46 zeigt f für $R/c_p^0 = 2/7$, entsprechend $\varkappa = 1{,}40$, als Funktion des Druckverhältnisses p_2/p_1 und des polytropen Turbinenwirkungsgrades η_{vT}.

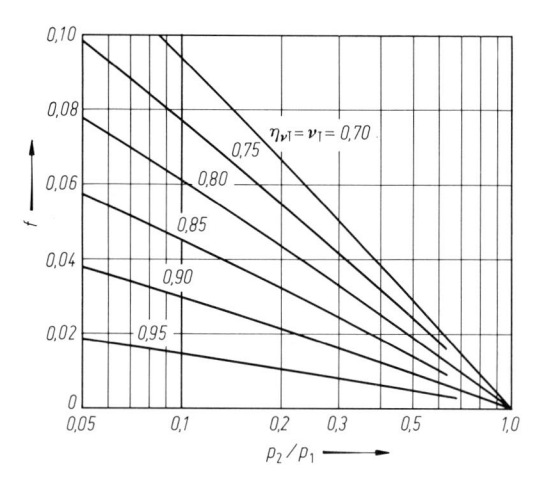

Abb. 6.46. Erhitzungsfaktor f der Expansion idealer Gase mit konstantem $\varkappa = 1{,}40$

Beispiel 6.10. In einer adiabaten Dampfturbine expandiert Wasserdampf vom Zustand 1 mit $p_1 = 35{,}0$ bar, $t_1 = 520$ °C, $h_1 = 3495{,}6$ kJ/kg, $s_1 = 7{,}2155$ kJ/kg K auf den Druck $p_2 = 0{,}05622$ bar. Wie groß muß der Massenstrom $\dot m$ des Wasserdampfes sein, damit die Turbine bei einem isentropen Wirkungsgrad $\eta_{sT} = 0{,}828$ die Leistung $(-P_{12}) = 32{,}5$ MW abgibt? Mit welchem Dampfgehalt x_2 verläßt der Abdampf die Turbine?

Für den Massenstrom erhalten wir auf Grund der Definitionen von Leistung und isentropem Wirkungsgrad

$$\dot m = \frac{-P_{12}}{-w_{t12}} = \frac{-P_{12}}{\eta_{sT}(-\Delta h_s)} = \frac{-P_{12}}{\eta_{sT}(h_1 - h_{2'})} .$$

Der Endzustand 2' der isentropen Expansion liegt im Naßdampfgebiet, vgl. Abb. 6.47. Daher gilt nach 4.2.3

$$h_{2'} = h_2' + T_2(s_{2'} - s_2') = h_2' + T_2(s_1 - s_2') .$$

Mit den Werten von Tabelle 10.11 ergibt sich daraus

$$h_{2'} = 146{,}6 \text{ (kJ/kg)} + 308{,}15 \text{ K } (7{,}2155 - 0{,}5049) \text{ (kJ/kg K)} = 2214{,}5 \text{ kJ/kg}$$

und damit

$$\dot m = \frac{32{,}5 \text{ MW}}{0{,}828 \,(3495{,}6 - 2214{,}5) \text{ kJ/kg}} = 30{,}6 \text{ kg/s} .$$

Der Austrittszustand 2 des Wasserdampfes liegt auf der Isobare $p = p_2$, aber bei einer größeren Entropie $s_2 > s_{2'} = s_1$ und einer Enthalpie $h_2 > h_{2'}$. Der gesuchte Dampfgehalt am Ende der Expansion läßt sich aus

$$x_2 = \frac{h_2 - h_2'}{h_2'' - h_2'} .$$

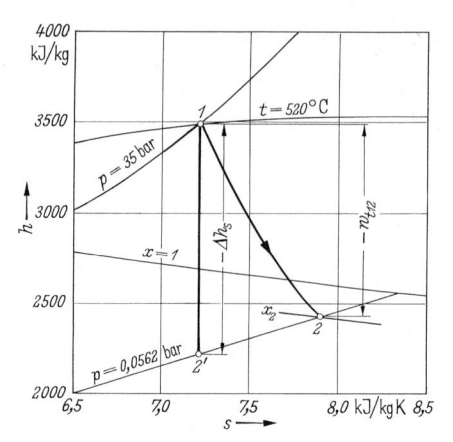

Abb. 6.47. Adiabate Expansion in einer Dampfturbine, dargestellt im h,s-Diagramm für Wasserdampf

mit

$$h_2 = h_1 + w_{t12} = h_1 - \eta_{sT}(h_1 - h_{2'}) = 2437{,}8 \text{ kJ/kg}$$

zu

$$x_2 = \frac{2437{,}8 - 146{,}6}{2565{,}4 - 146{,}6} = 0{,}947$$

berechnen.

6.5.2 Adiabate Verdichtung

Turboverdichter sind im Gegensatz zu den Kolbenverdichtern, auf die wir in 6.5.4 eingehen, ungekühlt und damit als adiabate Maschinen zu behandeln. Die Verdichtung eines Fluids erfordert nach 6.1.2 die Umwandlung von mechanischer Energie in thermische Energie. Dem Fluid muß technische Arbeit zugeführt werden. Hierfür gilt, vgl. Abb. 6.48 und 6.49,

$$w_{t12} = h_2 - h_1 + \frac{1}{2}(c_2^2 - c_1^2) = h_2^+ - h_1^+.$$

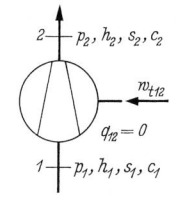

Abb. 6.48. Adiabater Verdichter

Abb. 6.49. Irreversible adiabate Verdichtung 12 und isentrope Verdichtung 12' im h,s-Diagramm

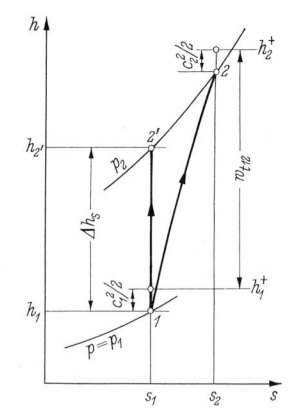

Die Verdichterleistung ergibt sich mit $\dot m$ als dem Massenstrom des Fluids zu

$$P_{12} = \dot m w_{t12} \; ;$$

sie bedeutet wie bei der Turbine die vom Rotor an das Fluid übergehende Leistung. Die Antriebsleistung ist wegen der Lagerreibung und anderer mechanischer Verluste geringfügig größer.

Unter allen adiabaten Verdichtungsprozessen, die vom Zustand 1 aus auf den Druck p_2 führen, weist der reversible Prozeß die kleinste technische Arbeit auf. Er bringt das Fluid isentrop in den Zustand 2', für den man $c_{2'} = 0$ annimmt, denn die meist nicht ausnutzbare kinetische Energie des austretenden verdichteten Fluids vergrößert die Verdichterarbeit. Die Verdichterarbeit der Idealmaschine wird damit

$$(w_{t12'})_{\text{rev}} = h_{2'} - h_1 - c_1^2/2 = \Delta h_s - c_1^2/2 \; .$$

Hier tritt wieder die isentrope Enthalpiedifferenz Δh_s auf, deren Berechnung in 4.3.5 behandelt wurde.

Zur Beurteilung eines adiabaten Verdichters benutzt man den durch

$$\eta_{iV} := \frac{(w_{t12'})_{\text{rev}}}{w_{t12}} = \frac{\Delta h_s - c_1^2/2}{h_2^+ - h_1^+}$$

definierten inneren Wirkungsgrad. Damit $\eta_{iV} \leq 1$ ist, steht die technische Arbeit der reversiblen Verdichtung im Zähler des Quotienten. Auch bei Verdichtern sind die kinetischen Energien meistens zu vernachlässigen. Der *isentrope Verdichter-*

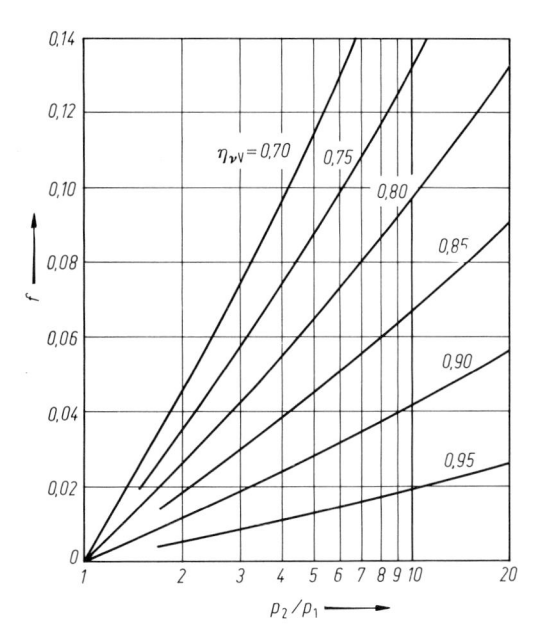

Abb. 6.50. Erhitzungsfaktor f der Kompression idealer Gase mit konstantem $\varkappa = 1{,}40$

wirkungsgrad

$$\eta_{sv} := \frac{h_{2'} - h_1}{h_2 - h_1} = \frac{\Delta h_s}{\Delta h}$$

kann daher für fast alle praktischen Zwecke an Stelle von η_{iV} verwendet werden. Turboverdichter erreichen isentrope Wirkungsgrade, die über 0,8 liegen und bei großen, gut konstruierten Maschinen fast an 0,9 heranreichen.

Neben η_{sV} benutzt man den *polytropen Verdichterwirkungsgrad*

$$\eta_{vV} := y_{12}/(h_2 - h_1) = 1/v_V \,,$$

vgl. 6.1.3. Er stimmt in guter Näherung mit dem isentropen Stufenwirkungsgrad überein, der für alle Verdichterstufen etwa denselben Wert hat. Im Gegensatz zu η_{sV} hängt daher η_{vV} nicht merklich vom Druckverhältnis p_2/p_1 ab. Dagegen nimmt η_{sV} mit steigendem Druckverhältnis ab. Man setzt wie bei der Turbine

$$\eta_{sV}/\eta_{vV} = y_{12'}/y_{12} = 1/(1 + f) \,. \tag{6.35}$$

Der Erhitzungsfaktor f wächst mit p_2/p_1. Für ideale Gase mit konstantem c_p^0 erhält man

$$f = \eta_{vV}(\lambda^{1/\eta_{vV}} - 1)/(\lambda - 1) - 1 \,,$$

wobei λ durch (6.34) definiert ist. Abbildung 6.50 zeigt den Erhitzungsfaktor für $R/c_p^0 = 2/7$, entsprechend $\varkappa = 1{,}40$, als Funktion des Verdichterdruckverhältnisses und des polytropen Wirkungsgrades.

6.5.3 Dissipationsenergie, Arbeitsverlust und Exergieverlust bei der adiabaten Expansion und Kompression

Die Verluste bei der irreversiblen Entspannung oder Verdichtung in einer adiabaten Strömungsmaschine (Turbine, Verdichter) werden im wesentlichen durch die Reibung des strömenden Fluids verursacht. Um sie quantitativ zu erfassen, stehen uns drei Größen zur Verfügung: die Dissipationsenergie, der Arbeitsverlust bzw. Arbeitsmehraufwand gegenüber dem reversiblen Prozeß mit isentroper Zustandsänderung und schließlich der Exergieverlust des irreversiblen Prozesses. Wir behandeln im folgenden die Zusammenhänge zwischen diesen Größen. Dabei lassen wir die kinetische Energie unberücksichtigt[6].

Für die durch Reibung in einer adiabaten Maschine dissipierte Energie gilt

$$j_{12} = \int_1^2 T \, ds_{irr} = \int_1^2 T \, ds \,,$$

weil bei adiabaten Prozessen die Entropiezunahme des Fluids allein durch Entropieerzeugung zustande kommt. Mit T ist hier die über die jeweiligen Strömungsquerschnitte gemittelte Temperatur des Fluids bezeichnet. Stellt man seine Zu-

---

[6] Die folgenden Überlegungen lassen sich in einfacher Weise so verallgemeinern, daß sie die Änderungen der kinetischen Energie einschließen und sogar die adiabaten Strömungsprozesse umfassen. Man braucht dazu nur an die Stelle der technischen Arbeit w_{t12} die statische Arbeit w_{12}^{st} des adiabaten Prozesses zu setzen und den Arbeitsverlust als Verlust an statischer Arbeit zu deuten.

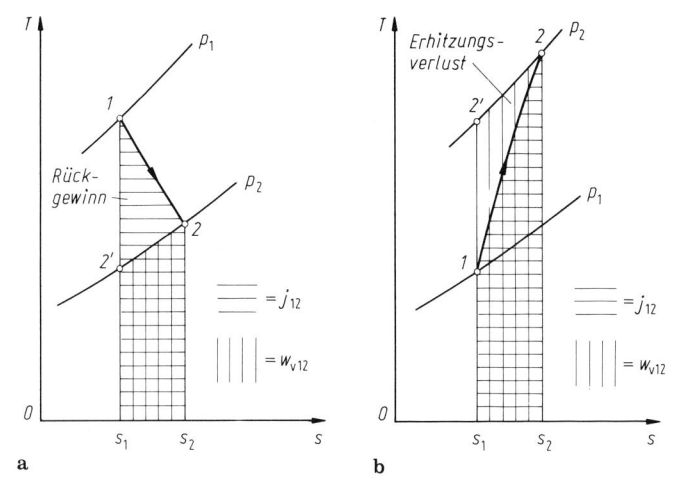

Abb. 6.51 a, b. Dissipationsenergie j_{12} und Arbeitsverlust w_{v12} bei adiabaten Prozessen. **a** Expansion mit Rückgewinn $j_{12} - w_{v12}$; **b** Kompression mit Erhitzungsverlust $w_{v12} - j_{12}$

standsänderung in einem T,s-Diagramm dar, Abb. 6.51, so bedeutet die Fläche unter der Zustandslinie 12 die Dissipationsenergie.

Bei Vernachlässigung der kinetischen Energien erhalten wir für die technische Arbeit einer adiabaten Maschine

$$w_{t12} = h_2 - h_1 \ .$$

Bei *isentroper* Entspannung oder Verdichtung auf denselben Enddruck p_2 ergibt sich

$$(w_{t12'})_{\text{rev}} = h_{2'} - h_1 = \Delta h_s \ .$$

Wir bezeichnen nun die stets positive Enthalpiedifferenz

$$w_{v12} := h_2 - h_{2'} = h(p_2, s_2) - h(p_2, s_1) = \int_{2'}^{2} T(s, p_2) \, ds = w_{t12} - (w_{t12'})_{\text{rev}}$$

als den *Arbeitsverlust* des adiabaten Prozesses, vgl. Abb. 6.51. Bei adiabater Entspannung ist w_{v12} gleich dem Arbeitsverlust gegenüber der maximal gewinnbaren Arbeit der isentropen Expansion. Für die irreversible adiabate Verdichtung bedeutet w_{v12} den Arbeitsmehraufwand gegenüber der mindestens zuzuführenden technischen Arbeit bei isentroper Verdichtung.

Wie Abb. 6.51a zeigt, ist der Arbeitsverlust bei der *adiabaten Expansion* kleiner als die dissipierte Energie. Man bezeichnet daher $(j_{12} - w_{v12})$ als den *Rückgewinn* der adiabaten Expansion. Er kommt dadurch zustande, daß ein Teil der zu Beginn des Prozesses dissipierten Energie in den folgenden Prozeßabschnitten in Arbeit umgewandelt wird. Die Dissipationsenergie erhöht nämlich die Enthalpie des Fluids im Vergleich zur isentropen Entspannung, und diese „zusätzliche" Enthalpie kann bei der weiteren Entspannung ausgenutzt werden. Wie Abb. 6.51a zeigt, ist der Rückgewinn am Anfang der Expansion groß und wird an ihrem Ende zu null. Jede Irreversibilität, durch die Entropie erzeugt und Energie dissipiert wird, z. B. auch eine Drosselung durch ein Regelorgan, wirkt sich somit in den Anfangsstufen einer Turbine weniger schädlich aus als in den Endstufen. Diese müssen besonders gut ausgebildet werden, denn die Dissipationsenergie erscheint hier fast in voller Größe als Arbeitsverlust.

Bei der *adiabaten Kompression* wird der Arbeitsmehraufwand w_{v12} größer als die Dissipationsenergie; Abb. 6.51b. An die Stelle eines Rückgewinns tritt hier der *Erhitzungsverlust* $w_{v12} - j_{12}$. Die Dissipation bewirkt eine nun unerwünschte zusätzliche Enthalpieerhöhung, was einen zusätzlichen Volumen- und Temperaturanstieg zur Folge hat. Dies verursacht in den anschließenden Kompressionsabschnitten eine Vergrößerung der aufzuwendenden Arbeit. Der Erhitzungsverlust ist am Anfang der Verdichtung am größten. Man sollte daher der Ausbildung der Anfangsstufen eines Verdichters besondere Aufmerksamkeit widmen. Eine Entropieerzeugung durch Reibung oder Drosselung zieht hier einen Arbeitsmehraufwand nach sich, der erheblich größer ist als die dabei dissipierte Energie.

Ersetzt man die Zustandsänderung 1 → 2 durch eine Polytrope, so erhält man mit den in 6.1.3, 6.5.1 und 6.5.2 angegebenen Beziehungen

$$w_{v12} - j_{12} = f \, \Delta h_s \,. \tag{6.36}$$

Der durch (6.33) und (6.35) eingeführte Erhitzungsfaktor f verknüpft den Erhitzungsverlust und den Rückgewinn mit der isentropen Enthalpiedifferenz Δh_s. Diese ist bei der adiabaten Kompression positiv, und (6.36) liefert den Erhitzungsverlust. Bei der Expansion ist $\Delta h_s < 0$, so daß (6.36) den Rückgewinn $j_{12} - w_{v12} > 0$ ergibt.

Betrachtet man eine Turbine oder einen Verdichter als Teile einer größeren Anlage und will man die Verluste dieser Maschinen in ihrer Auswirkung auf die gesamte Anlage untersuchen, so ist es sinnvoll, hierfür den *Exergieverlust* heranzuziehen. Bei der irreversiblen adiabaten Verdichtung verläßt das verdichtete Fluid die Maschine mit einer höheren Enthalpie und mit einer höheren Temperatur als bei reversibler Verdichtung. Dieser Effekt braucht in einer Anlage, in der das Fluid noch weitere Prozesse durchläuft, nicht immer unerwünscht zu sein. Soll das verdichtete Fluid beispielsweise auf eine bestimmte Temperatur erwärmt werden, so verringert sich die zuzuführende Wärme um so mehr, je höher die Endtemperatur der Verdichtung liegt. Eine irreversible Verdichtung kann sich also für einen daran anschließenden Prozeß günstig auswirken. Um diese Verhältnisse thermodynamisch gerecht zu beurteilen, legt man jedem Teilprozeß den durch ihn verursachten Exergieverlust zur Last und verzichtet darauf, für jeden Prozeß besonders definierte reversible Vergleichsprozesse heranzuziehen.

Der Exergieverlust einer irreversiblen adiabaten Expansion oder Verdichtung ergibt sich nach 3.4.6 zu

$$e_{v12} = T_u(s_2 - s_1) \,.$$

Er ist der erzeugten Entropie proportional. Exergieverlust, Arbeitsverlust und Dissipationsenergie hängen über diese Größe voneinander ab. Für einen Abschnitt des adiabaten Prozesses, in dem die Entropie des Fluids um ds zunimmt, ergibt sich

$$de_v = T_u \, ds = \frac{T_u}{T} \, dj = \frac{T_u}{T^*} \, dw_v \,,$$

Abb. 6.52. Liegt die Umgebungstemperatur T_u tiefer als die Temperatur T des Fluids und die Temperatur T^* auf der Isobare des Austrittsdrucks p_2, so ist der Exergieverlust kleiner als die Dissipationsenergie und auch kleiner als der Arbeitsverlust. Dies bedeutet keinen Widerspruch, sondern ist in der unterschiedlichen Definition der Verlustgrößen begründet. Bei Prozessen, die unterhalb der Umgebungstemperatur ablaufen, z. B. in Kälteanlagen, hat dagegen eine Energiedissipation wegen $(T_u/T) > 1$ große Exergieverluste zur Folge. Allgemein verursacht die Dissipation einen um so größeren Exergieverlust, je niedriger die Temperatur des Fluids ist, das an dem irreversiblen Prozeß beteiligt ist. Daraus folgt ebenso wie aus der Betrachtung des Arbeitsverlustes, daß der Konstruktion der Endstufen einer Turbine und der Anfangsstufen eines Verdichters besondere Sorgfalt gewidmet werden muß.

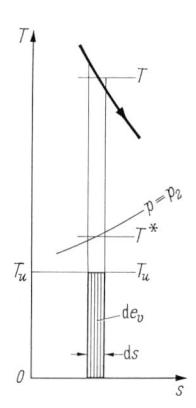

Abb. 6.52. Exergieverlust de_v bei der adiabaten Expansion, Temperatur T des expandierenden Fluids und Temperatur T^* auf der Isobare $p = p_2$

6.5.4 Nichtadiabate Verdichtung

Die technische Arbeit, die zur Verdichtung eines Fluids mindestens aufgewendet werden muß, ist

$$(w_{t12})_{rev} = \int_1^2 v \, dp = y_{12}, \quad (6.37)$$

wenn man die kinetischen Energien vernachlässigt. Für einen gegebenen Anfangszustand 1 und einen bestimmten Enddruck $p_2 > p_1$ wird die aufzuwendende Arbeit um so kleiner, je kleiner in (6.37) der Integrand, also das spez. Volumen des Fluids bei der Verdichtung ist. Die isentrope Verdichtung, die wir in 6.5.2 als günstigsten Prozeß eines *adiabaten* Verdichters behandelt haben, liefert also gar nicht die kleinstmögliche Verdichterarbeit. Kühlt man nämlich das Fluid während der Verdichtung, so nimmt v stärker ab als bei isentroper Verdichtung; man kann also durch Kühlung des Verdichters den Arbeitsaufwand verringern.

Der günstigste Prozeß ist damit die reversible isotherme Verdichtung, $T = T_1 = T_{2*}$. Die hierbei aufzuwendende technische Arbeit wird

$$(w_{t12*})_{rev} = \int_{p_1}^{p_2} v(p, T_1) \, dp = h_{2*} - h_1 - T_1(s_{2*} - s_1),$$

und es ist dabei die Wärme

$$(q_{12^*})_\text{rev} = T_1(s_{2^*} - s_1)$$

abzuführen ($s_{2^*} < s_1$!). Der Endzustand 2* wird durch die Bedingungen $T_{2^*} = T_1$ und $p_{2^*} = p_2$ gekennzeichnet, Abb. 6.53. Ist das zu verdichtende Fluid ein ideales Gas, so gilt $h_{2^*} = h_1$, und es wird

$$(w_{t12^*})_\text{rev} = RT_1 \ln(p_2/p_1) = -(q_{12^*})_\text{rev}.$$

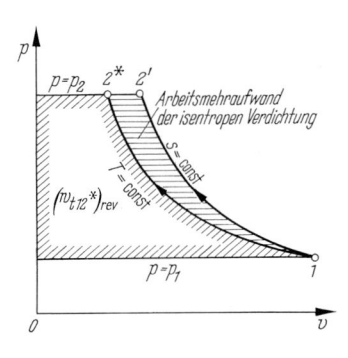

Abb. 6.53. Verdichterarbeit bei reversibler isothermer Verdichtung und reversibler adiabater Verdichtung

Für die technische Arbeit eines irreversibel arbeitenden, gekühlten Verdichters erhalten wir aus dem 1. Hauptsatz

$$w_{t12} = h_2 - h_1 - q_{12} = h_2 - h_1 + |q_{12}|.$$

Wir vergleichen diesen Arbeitsaufwand mit der Arbeit der reversiblen isothermen Verdichtung und definieren einen *isothermen Wirkungsgrad* des Verdichters

$$\eta_{tV} := \frac{(w_{t12^*})_\text{rev}}{w_{t12}}.$$

Dieses Verhältnis ist kein unmittelbares Maß für die Güte der strömungstechnischen Konstruktion des gekühlten Verdichters, denn w_{t12} und η_{tV} werden auch wesentlich durch die Wirksamkeit der Kühlung bestimmt.

Der isotherme Wirkungsgrad wird vor allem zur Beurteilung von gekühlten *Kolbenverdichtern* herangezogen, vgl. hierzu [6.26, 6.27]. Die Prozesse, die in Kolbenverdichtern ablaufen, lassen sich in guter Näherung als stationäre Fließprozesse behandeln, womit die Beziehungen dieses Abschnitts und der vorangehenden Abschnitte anwendbar sind. Man muß hierzu den für die Gleichungen maßgebenden Eintrittszustand 1 und den Austrittszustand 2 so weit von der Maschine entfernt annehmen, daß die periodischen Druck- und Mengenschwankungen infolge der Kolbenbewegung weitgehend abgeklungen sind. Saugt der Verdichter z. B. Luft aus der Atmosphäre an, so wird man den Kontrollraum so verlegen, daß der Eintrittsquerschnitt nicht im Ansaugstutzen, sondern davor in der Atmosphäre liegt.

Bei mehrstufigen Kolbenverdichtern kühlt man das Fluid nach jeder Stufe in einem besonderen *Zwischenkühler* möglichst weit ab und verdichtet es erst dann mit niedrigerer Anfangstemperatur und einem entsprechend kleineren spez. Volumen in der nächsten Stufe.

Hierdurch nähert man sich dem Idealfall der isothermen Verdichtung und erzielt eine Verringerung des Arbeitsaufwands. In Turboverdichtern läßt sich eine direkte Kühlung des Fluids in der Maschine praktisch nicht verwirklichen. Hier ist die abschnittsweise adiabate Verdichtung mit Zwischenkühlung ein wichtiges Verfahren zur Senkung des Arbeitsaufwandes. Abbildung 6.54 zeigt die Ersparnis an Verdichterarbeit gegenüber der isentropen Verdichtung, wenn man eine mehrstufige, reversible adiabate Verdichtung mit isobarer Zwischenkühlung auf die Anfangstemperatur T_1 annimmt. Ein wirklicher Verdichter arbeitet natürlich nicht reversibel; bei der Zwischenkühlung tritt ein Druckabfall in jedem Zwischenkühler auf, und bei der Abkühlung wird auch die Anfangstemperatur T_1 nicht ganz erreicht werden. Diese Irreversibilitäten verringern die unter idealen Bedingungen erzielbare Arbeitsersparnis von Abb. 6.54.

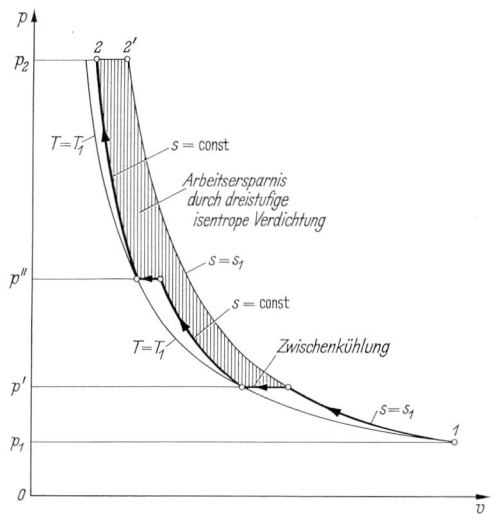

Abb. 6.54. Arbeitsersparnis bei dreistufiger isentroper Verdichtung mit Zwischenkühlung (Zustandsänderung 12) gegenüber der einstufigen isentropen Verdichtung 12', dargestellt im p,v-Diagramm

Bei der mehrstufigen Verdichtung mit Zwischenkühlung kann man die Zahl der Stufen und der Zwischenkühler sowie die Zwischendrücke prinzipiell frei wählen. Mit Erhöhung der Stufenzahl steigt der bauliche Aufwand, während die Arbeitsersparnis, die eine zusätzliche Stufe bringt, um so geringer ausfällt, je größer die Zahl der vorhandenen Stufen bereits ist. Man sieht daher selten mehr als vier oder fünf Stufen vor. Die Zwischendrücke wird man so wählen, daß die technische Arbeit des ganzen Verdichters möglichst klein wird. Bei idealen Gasen führt dies auf die Vorschrift, das Druckverhältnis in jeder Stufe gleich groß zu wählen.

7 Verbrennungsprozesse, Verbrennungskraftanlagen

7.1 Allgemeines

Wir haben bisher Systeme behandelt, die aus reinen Stoffen bestehen, oder Gemische, deren Komponenten miteinander chemisch nicht reagieren. Wir wollen nun Prozesse untersuchen, bei denen sich die Stoffe chemisch verändern. Von diesen chemischen Reaktionen sind die Verbrennungsprozesse für den Ingenieur von besonderer Bedeutung, denn sie liefern die Energie für die Wärme- und Verbrennungskraftmaschinen. In den folgenden Abschnitten werden wir drei Grundgesetze der Thermodynamik auf die Verbrennungsprozesse anwenden:

1. *Das Gesetz von der Erhaltung der Elemente* bei chemischen Reaktionen. Es dient dazu, aus der gegebenen Brennstoffmenge die zur Verbrennung nötige Luftmenge sowie Menge und Zusammensetzung des entstehenden Abgases zu bestimmen.

2. *Der 1. Hauptsatz.* Chemische Reaktionen, insbesondere die Verbrennungsprozesse sind stets mit Energieumwandlungen verbunden. Die „chemische" Energie, nämlich die bei einer chemischen Reaktion meistens als Wärme frei werdende chemische Bindungsenergie, stellt eine der wichtigsten Primärenergiequellen dar, aus welcher der Bedarf an mechanischer oder elektrischer Energie gedeckt wird.

3. *Der 2. Hauptsatz.* Die thermodynamische Vollkommenheit der Energieumwandlung wird auch bei einer chemischen Reaktion durch den 2. Hauptsatz beurteilt. Wir werden erkennen, daß die Verbrennungsprozesse in technischen Feuerungen oder in Verbrennungskraftmaschinen irreversible Prozesse sind, die große Exergieverluste nach sich ziehen.

Mit Hilfe des 2. Hauptsatzes kann man ferner entscheiden, in welche Richtung und in welchem Ausmaß eine chemische Reaktion abläuft. Hierauf gehen wir jedoch nicht ein, obwohl die Frage des chemischen Gleichgewichts auch bei Verbrennungsprozessen, z. B. für die Dissoziation der Verbrennungsgase, eine Rolle spielt. Eine umfassende Darstellung der thermodynamischen und mathematischen Probleme der Berechnung chemischer Gleichgewichte findet man bei W. R. Smith und R. W. Missen [7.1]. Auch die Kinetik chemischer Reaktionen, also die Frage, wie schnell eine Reaktion abläuft, behandeln wir nicht, da dies nicht zu den Aufgaben der Thermodynamik gehört.

Verbrennungsprozesse sind Reaktionen verschiedener Stoffe (meistens C und H_2) mit Sauerstoff. In den meisten Fällen wird als Sauerstoffträger die atmosphärische Luft benutzt, deren molarer Sauerstoffgehalt $y_{O_2} = 0{,}21$ ist. Das Schema einer technischen Feuerung zeigt Abb. 7.1. Die Reaktionsteilnehmer sind der Brennstoff und die Verbrennungsluft; die Reaktionsprodukte werden als Abgas oder Ver-

Abb. 7.1. Schema einer technischen Feuerung

brennungsgas bezeichnet. Hinzu kommt noch die Asche, die aus unverbrannten oder nicht brennbaren Bestandteilen des Brennstoffs besteht. Ohne Luftzufuhr verbrennen Sprengstoffe und Treibmittel, die den zur Reaktion benötigten Sauerstoff chemisch gebunden oder in reiner Form (z. B. flüssiger Sauerstoff in Raketen) mit sich führen.

Die Verbrennung heißt *vollständig*, wenn alle brennbaren Bestandteile des Brennstoffs völlig zu CO_2, H_2O, SO_2 usw. oxidieren. Bei *unvollständiger* Verbrennung enthalten die Verbrennungsprodukte noch brennbare Stoffe, z. B. CO, das noch zu CO_2 oxidieren kann, oder Kohlenwasserstoffe. Unvollständige Verbrennung tritt bei Luftmangel ein oder in den Teilen der Feuerung, zu denen die Luft nicht genügend Zutritt hat. Die unvollständige Verbrennung sucht man zu vermeiden, weil sie mit Energie„verlusten" verbunden ist: die im unverbrannten Brennstoff und die in den noch brennbaren Bestandteilen der Rauchgase enthaltene chemische Energie bleibt ungenutzt.

7.2 Mengenberechnung bei vollständiger Verbrennung

Mengenberechnungen werden ausgeführt, um die zur Verbrennung benötigten Sauerstoff- und Luftmengen zu bestimmen, vgl. hierzu auch die ausführliche Darstellung von F. Brandt [7.2]. Von Interesse sind ferner Menge und Zusammensetzung des Verbrennungsgases. Diese Größen werden benötigt, um Enthalpie und Entropie des Verbrennungsgases zu berechnen. Aus der Abgaszusammensetzung kann man auch auf die sonst schwer meßbare Luftmenge und auf den Ablauf der Verbrennung schließen. Eine Analyse der Abgase dient somit der Feuerungskontrolle, insbesondere um zu prüfen, ob die Verbrennung vollständig ist. Hierauf gehen wir nicht ein; es sei auf [7.2] verwiesen.

7.2.1 Brennstoffe und Verbrennungsgleichungen

Zur Berechnung der Mengen von Luft und Verbrennungsgas teilt man die Brennstoffe in zwei Gruppen mit unterschiedlichem Rechengang. Zur ersten Gruppe gehören Brennstoffe, die als chemische Verbindungen definiert sind wie Wasserstoff (H_2), Methan (CH_4) oder Methanol (CH_3OH) und deren Zusammensetzung aus den Elementen durch die chemische Formel gegeben ist. Hierzu rechnen wir auch Gemische aus einer kleineren Zahl bekannter chemischer Verbindungen, deren Zusammensetzung durch die Molanteile y_i^B der einzelnen reinen Stoffe bestimmt wird. Wichtige Beispiele sind die Brenngase, insbesondere die häufig verwendeten Erdgase, deren Hauptbestandteil Methan ist.

Zur anderen Brennstoffgruppe gehören die meisten festen und flüssigen Brennstoffe wie Holz, Kohle oder Öl. Sie bestehen aus sehr vielen, zum Teil nicht einmal bekannten chemischen Verbindungen, deren Mol- oder Massenanteile im Brennstoff praktisch nicht zu ermitteln sind. Durch Analysen kann man aber die Massenanteile der brennbaren Elemente C, H_2 und S und weiterer Stoffe wie O_2, N_2, Wasser und Asche bestimmen, vgl. DIN 51700 [7.3]. Für die Verbrennungsrechnung muß dann das Ergebnis dieser Analysen, die sogenannte *Elementaranalyse* vorliegen. Sie kennzeichnet die Zusammensetzung des Brennstoffs durch Angabe der Massenanteile von C, H_2, S, O_2, N_2, Wasser und Asche, für die wir die Formelzeichen γ_C, γ_{H_2}, γ_S, γ_{O_2}, γ_{N_2}, γ_W und γ_A benutzen. Durch die Auswertung zahlreicher Brennstoffanalysen hat F. Brandt [7.2] gefunden, daß für die Brennstoffgruppen Kohle, Heizöl und Erdgas ein einfacher linearer Zusammenhang zwischen den Massenanteilen γ_i und dem Heizwert (vgl. 7.3.2) des Brennstoffs besteht. Diese empirisch gefundenen, im Mittel in recht guter Näherung gültigen Beziehungen erlauben es, Mengenberechnungen zu vereinfachen und zu verallgemeinern.

Vollständige Verbrennung eines Brennstoffs bedeutet die Oxidation seiner brennbaren Bestandteile zu CO_2, H_2O und SO_2. Hierfür gelten die einfachen Reaktionsgleichungen

$$C + O_2 \rightarrow CO_2,$$

$$H_2 + \frac{1}{2}O_2 \rightarrow H_2O$$

und

$$S + O_2 \rightarrow SO_2,$$

die als *Verbrennungsgleichungen* bezeichnet werden. In ihnen kommt die Erhaltung der chemischen Elemente zum Ausdruck: Die Zahl der Atome eines jeden Elements, das an einer chemischen Reaktion teilnimmt, bleibt unverändert; die Atome gehen beim Fortschreiten der Reaktion nur andere chemische Bindungen ein. Da die Stoffmenge n einer Substanz proportional zur Zahl ihrer Teilchen ist, bedeutet die erste Reaktionsgleichung, daß die Stoffmenge $n_{O_2}^C$ des Sauerstoffs, die zur Oxidation von Kohlenstoff benötigt wird, genauso groß ist wie die Kohlenstoffmenge n_C. Es gilt also

$$v_{O_2}^C := n_{O_2}^C/n_C = 1$$

und analog hierzu folgt aus der zweiten und dritten Reaktionsgleichung

$$v_{O_2}^{H_2} := n_{O_2}^{H_2}/n_{H_2} = 1/2$$

und

$$v_{O_2}^S := n_{O_2}^S/n_S = 1.$$

Die hiermit eingeführten Stoffmengenverhältnisse $v_{O_2}^K$ ($K = $ C, H_2, S) sind die stöchiometrischen Zahlen vor dem Sauerstoffsymbol in den drei Reaktionsgleichungen. In gleicher Weise bedeuten die stöchiometrischen Zahlen vor den Reaktionsprodukten die Stoffmengenverhältnisse

$$v_{CO_2}^C := n_{CO_2}/n_C = 1, \qquad v_{H_2O}^{H_2} := n_{H_2O}/n_{H_2} = 1,$$

$$v_{SO_2}^S := n_{SO_2}/n_S = 1.$$

7.2 Mengenberechnung bei vollständiger Verbrennung

Aus einer bestimmten Stoffmenge der elementaren Brennstoffe C, H_2 und S entsteht durch vollständige Oxidation stets eine gleichgroße Stoffmenge des jeweiligen Produktes CO_2, H_2O und SO_2.

Jede der drei Reaktionsgleichungen enthält also zwei Gleichungen für die Stoffmengenverhältnisse der an der Reaktion beteiligten Substanzen, wobei die Stoffmenge des Brennstoffs die im Nenner stehende Bezugsgröße ist. Aus diesen Stoffmengenverhältnissen, die sich direkt aus den Reaktionsgleichungen ablesen lassen, erhält man auch die für weitere Rechnungen benötigten Massenverhältnisse. Für die zur Oxidation von Kohlenstoff benötigte Sauerstoffmasse $m_{O_2}^C$ gilt

$$\mu_{O_2}^C := \frac{m_{O_2}^C}{m_C} = \frac{M_{O_2} \cdot n_{O_2}^C}{M_C \cdot n_C} = \frac{31{,}9988 \text{ kg/kmol}}{12{,}011 \text{ kg/kmol}} \cdot v_{O_2}^C = 2{,}6641 \ .$$

In analoger Weise erhält man

$$\mu_{O_2}^{H_2} := \frac{m_{O_2}^{H_2}}{m_{H_2}} = \frac{M_{O_2}}{M_{H_2}} v_{O_2}^{H_2} = 7{,}9366$$

und

$$\mu_{O_2}^S := \frac{m_{O_2}^S}{m_S} = \frac{M_{O_2}}{M_S} v_{O_2}^S = 0{,}9980 \ .$$

Auch hier wurde stets die Brennstoffmasse als im Nenner stehende Bezugsgröße verwendet. Die Angabe $\mu_{O_2}^C = 2{,}6641$ bedeutet „anschaulich": zur Oxidation von 1 kg Kohlenstoff wird 2,6641 kg Sauerstoff benötigt.

Wir bestimmen schließlich noch die Massenverhältnisse der Reaktionsprodukte, wobei wieder die Brennstoffmasse als Bezugsgröße dient. Für das CO_2 erhalten wir

$$\mu_{CO_2}^C := \frac{m_{CO_2}^C}{m_C} = \frac{M_{CO_2} \cdot n_{CO_2}^C}{M_C \cdot n_C} = \frac{M_{CO_2}}{M_C} v_{CO_2}^C = 3{,}6641$$

und ebenso

$$\mu_{H_2O}^{H_2} := m_{H_2O}^{H_2}/m_{H_2} = 8{,}9366 \ , \qquad \mu_{SO_2}^S := m_{SO_2}^S/m_S = 1{,}9980 \ .$$

Mit den hier abgeleiteten Werten für die Stoffmengen- und Massenverhältnisse der drei grundlegenden Verbrennungsreaktionen können wir die Mengenberechnungen beliebiger Brennstoffe ausführen. Dazu muß nur die chemische Zusammensetzung des Brennstoffs bekannt sein; also entweder seine Elementaranalyse oder seine chemische Formel bzw. die Molanteile der bekannten chemischen Verbindungen des Brennstoffgemisches.

7.2.2 Die Berechnung der Verbrennungsluftmenge

Der zur Oxidation der brennbaren Bestandteile eines Brennstoffs benötigte Sauerstoff wird in der Regel mit der Verbrennungsluft zugeführt. Wir legen den folgenden Rechnungen trockene Luft mit der in Tabelle 5.2 angegebenen Zusammensetzung zugrunde. Die in der Luft enthaltenen Gase N_2, Ar, Ne und CO_2 faßt man auch unter der Bezeichnung Luftstickstoff zusammen und behandelt die Luft bei Verbrennungsrechnungen als ein Zweikomponentensystem aus Sauerstoff ($y_{O_2}^L = 0{,}20948 \approx 0{,}21$) und Luftstickstoff ($y_{N_2^*}^L = 0{,}79052 \approx 0{,}79$), der an der Reaktion nicht teilnimmt und die Feuerung unverändert verläßt. Wir vernachlässigen hierbei die geringen Mengen von Stickstoffoxiden, die für die Energetik des Verbrennungsprozesses ohne Bedeutung sind. Sie spielen aber neben dem SO_2 eine wichtige Rolle als umweltbelastende Stoffe. Einige Eigenschaften des Luftstickstoffs, den wir mit dem Symbol N_2^* bezeichnen, sind in Tabelle 7.1 zusammengestellt.

Tabelle 7.1. Zusammensetzung von Luftstickstoff (N_2^*) in Molanteilen y_i und Massenanteilen ξ_i

Komponente i	y_i	ξ_i
Stickstoff, N_2	0,98775	0,98259
Argon, Ar	0,01182	0,01677
Neon, Ne	0,00003	0,00002
Kohlendioxid, CO_2	0,00040	0,00062
Summe:	1,00000	1,00000

Molmasse: $M_{N_2^*} = 28{,}1606$ kg/kmol; Gaskonstante: $R_{N_2^*} = 0{,}29525$ kJ/kg K

Bei allen Verbrennungsrechnungen verwendet man vorteilhaft dimensionslose Verhältnisgrößen. Dabei dient als Bezugsgröße die Stoffmenge n_B des Brennstoffs der ersten Brennstoffgruppe (bekannte chemische Verbindungen) und die Masse m_B des Brennstoffs bei der zweiten Brennstoffgruppe (feste und flüssige Brennstoffe mit gegebener Elementaranalyse). In der Praxis benutzt man für gasförmige Stoffe auch das Normvolumen des Gases als Mengenmaß und als Bezugsgröße. Wegen der einfachen Umrechungen zwischen V_n, n und m werden wir bei den Verbrennungsrechnungen das Normvolumen als Mengenmaß nicht explizit berücksichtigen, vgl. 10.1.3. Es sei nur daran erinnert, daß Volumenverhältnisse und Volumenanteile bei idealen Gasgemischen mit Stoffmengenverhältnissen und Stoffmengenanteilen übereinstimmen, vgl. 5.2.3.

Es soll nun für einen Brennstoff der ersten Gruppe die Menge der Verbrennungsluft bestimmt werden. Es sei n_L die Stoffmenge der trockenen Luft, die der Feuerung zugeführt wird. Das Verhältnis

$$L := n_L/n_B$$

bezeichnen wir als molare Luftmenge oder als molares Luft-Brennstoff-Verhältnis. Um dem Brennstoff die zu seiner vollständigen Verbrennung benötigte Sauerstoffmenge zuzuführen, brauchen wir die Mindestluftmenge oder stöchiometrische Luftmenge n_L^{min}. Wir setzen dann

$$L = \frac{n_L}{n_B} = \frac{n_L}{n_L^{min}} \frac{n_L^{min}}{n_B} = \lambda \cdot L_{min} ,$$

7.2 Mengenberechnung bei vollständiger Verbrennung

wobei

$$\lambda := n_L/n_L^{min}$$

als *Luftverhältnis* und

$$L_{min} := n_L^{min}/n_B$$

als *molare Mindestluftmenge* bezeichnet wird. Das Luftverhältnis λ ist ein frei wählbarer Betriebsparameter der Feuerung, auf dessen Bedeutung wir am Ende des Abschnitts eingehen. Dagegen ist L_{min} eine Brennstoffeigenschaft, denn diese Größe wird durch den von der Brennstoffzusammensetzung abhängigen Sauerstoffbedarf bestimmt. Wir setzen daher

$$L_{min} = \frac{n_L^{min}}{n_{O_2}^{min}} \frac{n_{O_2}^{min}}{n_B} = \frac{1}{y_{O_2}^L} O_{min} = \frac{O_{min}}{0{,}209\,48},$$

wobei $n_{O_2}^{min}$ die zur vollständigen Oxidation des Brennstoffs gerade ausreichende Sauerstoffmenge bedeutet. Wir nennen

$$O_{min} := n_{O_2}^{min}/n_B$$

den *molaren Mindestsauerstoffbedarf*.

Zu seiner Berechnung greifen wir auf die Ergebnisse von 7.2.1 zurück. Ist der Brennstoff eine chemische Verbindung mit A_C Kohlenstoffatomen, A_H Wasserstoff-, A_S Schwefel- und A_O Sauerstoffatomen, so wird nach 7.2.1

$$O_{min} = A_C + \frac{1}{4} A_H + A_S - \frac{1}{2} A_O.$$

Der letzte Term berücksichtigt, daß eine sauerstoffhaltige Verbindung einen Teil des zu ihrer Oxidation erforderlichen Sauerstoffs bereits selbst mitbringt. Besteht der Brennstoff aus einem Gemisch chemischer Verbindungen, so berechne man zuerst für jede der Verbindungen den molaren Sauerstoffbedarf $O_{min,i}$. Der Sauerstoffbedarf des Gemisches ist dann

$$O_{min} = \sum_i y_i^B O_{min,i}, \tag{7.1}$$

wobei y_i^B den Molanteil der Verbindung i im Brennstoffgemisch bedeutet.

Ist ein fester oder flüssiger Brennstoff mit bekannter Elementaranalyse gegeben, so läßt sich der *spezifische Sauerstoffbedarf*

$$o_{min} := m_{O_2}^{min}/m_B$$

mit $m_{O_2}^{min}$ als der zur vollständigen Oxidation mindestens erforderlichen Sauerstoffmasse aus der Elementaranalyse berechnen. Es gilt

$$o_{min} = \mu_{O_2}^C \gamma_C + \mu_{O_2}^{H_2} \gamma_{H_2} + \mu_{O_2}^S \gamma_S - \gamma_{O_2},$$

also nach den Ergebnissen von 7.2.1

$$o_{min} = 2{,}6641\,\gamma_C + 7{,}9366\,\gamma_{H_2} + 0{,}9980\,\gamma_S - \gamma_{O_2}.$$

290   7 Verbrennungsprozesse, Verbrennungskraftanlagen

Aus o_{min} erhält man die *spezifische Mindestluftmenge*

$$l_{min} := \frac{m_L^{min}}{m_B} = \frac{o_{min}}{\zeta_{O_2}^L} = \frac{o_{min}}{0{,}231\,42}.$$

Hierin bedeutet m_L^{min} die Luftmasse, die mindestens erforderlich ist, um den Brennstoff mit der Masse m_B zu verbrennen. Schließlich ergibt sich mit

$$\lambda := \frac{m_L}{m_L^{min}} = \frac{n_L}{n_L^{min}}$$

als Luftverhältnis die tatsächlich zugeführte spezifische Luftmenge

$$l := \frac{m_L}{m_B} = \lambda l_{min},$$

wobei m_L die Masse der zugeführten Luft ist.

Bei *Verbrennung mit feuchter Luft* braucht man nur l_{min} durch $(1 + x)\, l_{min}$ zu ersetzen. Dabei bedeutet x die in 5.3.5 eingeführte Wasserdampfbeladung. Da x nur selten größer als 0,01 ist, vergrößert sich die spezifische Verbrennungsluftmenge nur unwesentlich gegenüber der Verbrennung mit trockener Luft.

Mit dem *Luftverhältnis* λ können der Ablauf und das Ergebnis der Verbrennung beeinflußt werden, nämlich Menge, Zusammensetzung, Temperatur und Enthalpie des entstehenden Verbrennungsgases. Für $\lambda = 1$ wird der Feuerung gerade die stöchiometrisch erforderliche Mindestluftmenge zugeführt. Damit ist jedoch nicht gewährleistet, daß die Verbrennung vollständig abläuft. Wegen ungleichmäßiger Verteilung der Luft und des Brennstoffs innerhalb der Feuerung kommt es örtlich zu Bezirken mit Luftmangel ($\lambda < 1$) und mit Luftüberschuß ($\lambda > 1$). Man betreibt daher technische Feuerungen nicht stöchiometrisch ($\lambda = 1$), sondern mit einem bestimmten Luftüberschuß ($\lambda > 1$). Damit stellt man die vollständige Verbrennung sicher und vermeidet das Auftreten von Ruß oder unverbrannten Kohlenwasserstoffen im Verbrennungsgas. Andererseits wird man das Luftverhältnis nicht unnötig groß wählen, um nicht Energieverluste als Folge zu großer Abgasmengen hervorzurufen, worauf wir in 7.3.4 eingehen werden.

Beispiel 7.1. In einem Heizungskessel wird Erdgas mit dem Volumenstrom im Normzustand $\dot V_{B,n} = 1{,}20$ m³/h und der Zusammensetzung nach Tabelle 7.2 beim Luftverhältnis $\lambda = 1{,}25$ verbrannt. Man berechne den Volumenstrom der Verbrennungsluft, die der Feuerung mit $t_L = 22$ °C unter dem Druck $p_L = 100{,}0$ kPa zugeführt wird.

Tabelle 7.2. Zusammensetzung und molarer Sauerstoffbedarf eines Erdgases

Komponente i	y_i^B	$O_{min,i}$	$y_i^B\, O_{min,i}$
CH_4	0,896	2,0	1,792
C_2H_6	0,012	3,5	0,042
C_3H_8	0,006	5,0	0,030
N_2	0,058	0	0
CO_2	0,028	0	0
		$O_{min} =$	1,864

7.2 Mengenberechnung bei vollständiger Verbrennung

Das molare Luft-Brennstoff-Verhältnis

$$L = \frac{n_L}{n_B} = \frac{\dot{n}_L}{\dot{n}_B} = \frac{\dot{V}_{L,n}}{\dot{V}_{B,n}}$$

gibt auch das Verhältnis der Volumenströme von Luft und Brennstoff im Normzustand an, wenn wir Luft und Brennstoff in diesem Zustand als ideale Gasgemische ansehen. Für den gesuchten Volumenstrom folgt zunächst

$$\dot{V}_L(T_L, p_L) = \frac{T_L}{T_n} \frac{p_n}{p_L} \dot{V}_{L,n} = \frac{T_L}{T_n} \frac{p_n}{p_L} L \dot{V}_{B,n} .$$

Zur Bestimmung von L berechnen wir den molaren Sauerstoffbedarf O_{min} des Erdgases nach (7.1), vgl. Tabelle 7.2. Daraus ergibt sich

$$L = \lambda L_{min} = \lambda \frac{O_{min}}{0{,}20948} = 1{,}25 \frac{1{,}864}{0{,}20948} = 11{,}123 .$$

Somit erhalten wir

$$\dot{V}_L = \frac{295{,}15 \text{ K}}{273{,}15 \text{ K}} \frac{101{,}325 \text{ kPa}}{100{,}0 \text{ kPa}} 11{,}123 \cdot 1{,}20 \text{ m}^3/\text{h} ,$$

also $\dot{V}_L = 14{,}61 \text{ m}^3/\text{h}$ als Volumenstrom der Verbrennungsluft.

7.2.3 Menge und Zusammensetzung des Verbrennungsgases

Das Verbrennungsgas enthält die Reaktionsprodukte CO_2, H_2O und SO_2 sowie den bei der Verbrennung übrigbleibenden Luftstickstoff N_2^*, außerdem in meist geringer Menge den im Brennstoff enthaltenen Stickstoff. Dies gilt für stöchiometrische Verbrennung mit $\lambda = 1$. Man nennt dieses Gasgemisch, das keinen freien Sauerstoff enthält, das *stöchiometrische Verbrennungsgas*. Verbrennt man bei Luftüberschuß ($\lambda > 1$), so verläßt zusätzlich die überschüssige Verbrennungsluft die Feuerung. In diesem allgemeinen Fall besteht das Verbrennungsgas aus dem stöchiometrischen Verbrennungsgas und der überschüssigen Luft. Für zahlreiche Anwendungen, insbesondere für die noch zu behandelnde Auswertung von Energie- und Entropiebilanzen, ist die gedankliche Aufteilung des Verbrennungsgases in stöchiometrisches Verbrennungsgas und überschüssige Luft sehr vorteilhaft.

Die Menge der überschüssigen Luft läßt sich leicht angeben. Mit $n_{üL}$ als Stoffmenge und $m_{üL}$ als Masse der überschüssigen Luft bilden wir die auf die entsprechenden Größen des Brennstoffs bezogenen Verhältnisse

$$v_{üL} := n_{üL}/n_B = (\lambda - 1) L_{min}$$

und

$$\mu_{üL} := m_{üL}/m_B = (\lambda - 1) l_{min} .$$

Sie hängen von der Wahl des Luftverhältnisses λ ab und vom molaren bzw. spezifischen Mindestluftbedarf, also einer Brennstoffeigenschaft.

Die Berechnung von *Menge und Zusammensetzung des stöchiometrischen Verbrennungsgases* zeigen wir zuerst für ein Brennstoffgemisch aus gegebenen chemischen Verbindungen. Die Stoffmengen der einzelnen Komponenten des stöchiometrischen Verbrennungsgases beziehen wir auf die Stoffmenge n_B des

Brennstoffs und erhalten

$$v_{CO_2} := n_{CO_2}/n_B = \sum_i y_i^B A_{Ci}, \qquad (7.2\,\text{a})$$

$$v_{H_2O} := n_{H_2O}/n_B = \frac{1}{2} \sum_i y_i^B A_{Hi}, \qquad (7.2\,\text{b})$$

$$v_{SO_2} := n_{SO_2}/n_B = \sum_i y_i^B A_{Si}, \qquad (7.2\,\text{c})$$

$$v_{N_2^*} := n_{N_2^*}/n_B = \frac{1}{2} \sum_i y_i^B A_{Ni} + 0{,}790\,52\, L_{min}. \qquad (7.2\,\text{d})$$

Die Summen erstrecken sich über alle Komponenten des Brennstoffgemisches, wobei y_i^B den Molanteil der Komponente i im Brennstoffgemisch bedeutet und die Größen A_{Ci}, A_{Hi}, ... die Zahl der Kohlenstoffatome, Wasserstoffatome, ... dieser Komponente i angeben.

Mit N_2^* ist der Luftstickstoff bezeichnet, jenes in 7.2.2 erwähnte Gasgemisch mit der Zusammensetzung nach Tabelle 7.1, das von trockener Luft übrigbleibt, wenn ihr der Sauerstoff durch die Verbrennungsreaktion entzogen wird. Die Gleichung für $v_{N_2^*}$ enthält damit eine Inkonsistenz insofern, als der aus dem Brennstoff kommende Stickstoff als Luftstickstoff angesehen wird. Hierdurch macht man jedoch einen vernachlässigbar kleinen Fehler, denn Luftstickstoff besteht zu fast 99% aus Stickstoff, und außerdem ist der erste Term auf der rechten Seite von (7.2d) in der Regel erheblich kleiner als der zweite, der den großen Luftstickstoffanteil aus der Verbrennungsluft erfaßt.

Addiert man die auf n_B bezogenen Stoffmengen der vier Verbrennungsgaskomponenten, so erhält man die auf n_B bezogene Stoffmenge des stöchiometrischen Verbrennungsgases:

$$v_V^* := n_V^*/n_B = v_{CO_2} + v_{H_2O} + v_{SO_2} + v_{N_2^*}.$$

Die Molanteile der vier Komponenten ergeben sich zu

$$y_K := n_K/n_V^* = v_K/v_V^*, \qquad K = CO_2, H_2O, SO_2, N_2^*.$$

Die gesamte auf n_B bezogene Verbrennungsgasmenge erhält man unter Berücksichtigung der überschüssigen Luft zu

$$v_V := (n_V^* + n_{\"uL})/n_B = v_V^* + v_{\"uL}. \qquad (7.3)$$

Wird ein Brennstoff mit bekannter Elementaranalyse verbrannt, so beziehen wir die Massen der Komponenten des stöchiometrischen Verbrennungsgases auf die Brennstoffmasse m_B. Wir erhalten

$$\mu_{CO_2} := m_{CO_2}/m_B = \mu_{CO_2}^C \gamma_C = 3{,}664\,1\, \gamma_C, \qquad (7.4\,\text{a})$$

$$\mu_{H_2O} := m_{H_2O}/m_B = \mu_{H_2O}^{H_2} \gamma_{H_2} + \gamma_W = 8{,}9366\, \gamma_{H_2} + \gamma_W, \qquad (7.4\,\text{b})$$

$$\mu_{SO_2} := m_{SO_2}/m_B = \mu_{SO_2}^S \gamma_S = 1{,}9980\, \gamma_S, \qquad (7.4\,\text{c})$$

$$\mu_{N_2^*} := m_{N_2^*}/m_B = \gamma_{N_2} + 0{,}768\,58\, l_{min}. \qquad (7.4\,\text{d})$$

Wie schon bei der entsprechenden Gleichung für $v_{N_2^*}$ bemerkt wurde, enthält auch (7.4d) die für die Praxis unbedeutende Inkonsistenz, daß der aus dem Brennstoff stammende Stickstoffanteil γ_{N_2} als Luftstickstoff behandelt und diesem zugerechnet wird.

Die auf m_B bezogene Masse m_V^* des stöchiometrischen Verbrennungsgases ergibt sich zu

$$\mu_V^* := m_V^*/m_B = \mu_{CO_2} + \mu_{H_2O} + \mu_{SO_2} + \mu_{N_2^*}.$$

Aus einer Massenbilanz für die Feuerung erhält man unabhängig von dieser Gleichung

$$m_B + m_L^{min} = m_V^* + m_A,$$

also

$$\mu_V^* = 1 + l_{min} - \gamma_A. \tag{7.5}$$

Diese Beziehung kann zur Kontrolle der Verbrennungsrechnung verwendet werden. Die Massenanteile der vier Komponenten ergeben sich zu

$$\xi_K := m_K/m_V^* = \mu_K/\mu_V^*, \quad K = CO_2, H_2O, SO_2, N_2^*.$$

Für die auf m_B bezogene Masse m_V des gesamten Verbrennungsgases erhält man aus einer Massenbilanz der Feuerung

$$\mu_V = m_V/m_B = 1 + \lambda l_{min} - \gamma_A = \mu_V^* + \mu_{üL}.$$

Bei Verbrennung mit feuchter Luft vergrößert sich μ_{H_2O} um die mit der feuchten Luft zugeführte Wasserdampfmenge xl_{min}. In den Beziehungen für μ_V^*, $\mu_{üL}$ und μ_V ist l_{min} durch $(1 + x)l_{min}$ zu ersetzen.

Beispiel 7.2. Für Kohle mit der Elementaranalyse $\gamma_C = 0{,}7907$, $\gamma_{H_2} = 0{,}0435$, $\gamma_S = 0{,}0080$, $\gamma_{N_2} = 0{,}0131$, $\gamma_{O_2} = 0{,}0536$, $\gamma_W = 0{,}0140$ und $\gamma_A = 0{,}0771$ berechne man die Zusammensetzung des stöchiometrischen Verbrennungsgases. Die Kohle wird mit dem Luftverhältnis $\lambda = 1{,}30$ verbrannt. Man berechne die auf das Normvolumen des trockenen Verbrennungsgases bezogene Masse des SO_2 und vergleiche diesen Wert mit dem gesetzlich zulässigen Wert von 400 mg/m³.

Für die auf m_B bezogenen Massen der vier Komponenten des stöchiometrischen Verbrennungsgases erhalten wir nach (7.4)

$$\mu_{CO_2} = 3{,}6641 \cdot 0{,}7907 = 2{,}8972,$$

$$\mu_{H_2O} = 8{,}9366 \cdot 0{,}0435 + 0{,}0140 = 0{,}4027,$$

$$\mu_{SO_2} = 1{,}9980 \cdot 0{,}0080 = 0{,}0160,$$

$$\mu_{N_2^*} = 0{,}0131 + 0{,}76858 l_{min}.$$

Um die Stickstoffmasse bestimmen zu können, muß zuerst der spezifische Mindestluftbedarf berechnet werden. Hierfür ergibt sich mit $o_{min} = 2{,}4061$ der Wert

$$l_{min} = o_{min}/0{,}23142 = 10{,}3972.$$

Somit wird $\mu_{N_2^*} = 8{,}0042$. Die auf m_B bezogene Masse des stöchiometrischen Verbrennungsgases erhalten wir durch Summieren der vier Anteile oder aus der Massenbilanzgleichung (7.5) zu $\mu_V^* = 11{,}320$.

Die Massenanteile der vier Komponenten des stöchiometrischen Verbrennungsgases sind dann:

$$\xi_{CO_2} = 0{,}2559, \quad \xi_{H_2O} = 0{,}0356, \quad \xi_{SO_2} = 0{,}0014, \quad \xi_{N_2^*} = 0{,}7071.$$

Der hohe Stickstoffgehalt von ca. 70% ist typisch für alle Verbrennungsgase, die bei der Verbrennung mit Luft entstehen.

Als *trockenes Verbrennungsgas* bezeichnet man ein Verbrennungsgas, das kein H_2O enthält, dem also der Wasserdampf durch Auskondensieren vollständig entzogen wird. Es gilt für die auf m_B bezogene Masse des trockenen Verbrennungsgases

$$\mu_{Vtr} = \mu_V^* - \mu_{H_2O} + (\lambda - 1)\, l_{min} = 11{,}320 - 0{,}403 + (1{,}30 - 1) \cdot 10{,}3972 = 14{,}036\,.$$

Für die gesuchte Konzentration des SO_2 im trockenen Verbrennungsgas ergibt sich zunächst

$$c_{SO_2} := \frac{m_{SO_2}}{V_{Vtr,\,n}} = \frac{m_{SO_2}}{m_B} \frac{m_B}{m_{Vtr}} \frac{1}{v_n} = \frac{\mu_{SO_2}}{\mu_{Vtr}} \cdot \frac{1}{v_n}$$

mit v_n als spez. Volumen des trockenen Verbrennungsgases im Normzustand. Um dieses zu bestimmen, benötigen wir nach 10.1.3 seine Gaskonstante, die wir über die Massenanteile seiner Komponenten berechnen müssen. Hierfür erhalten wir

$$R_{Vtr} = \frac{1}{\mu_{Vtr}} (\mu_{CO_2} R_{CO_2} + \mu_{SO_2} R_{SO_2} + \mu_{N_2^*} R_{N_2^*} + \mu_{üL} R_L) = 271{,}30 \text{ J/kg K}$$

und damit das spezifische Volumen im Normzustand

$$v_n = 2{,}6958 \text{ (m}^3\text{K/kJ)} \cdot 0{,}2713 \text{ (kJ/kg K)} = 0{,}7314 \text{ m}^3\text{/kg}\,.$$

Somit ergibt sich für die gesuchte SO_2-Konzentration

$$c_{SO_2} = \frac{0{,}0160}{14{,}036} \frac{1}{0{,}7314} \frac{\text{kg}}{\text{m}^3} = 1559 \text{ mg/m}^3\,,$$

ein Wert, der fast viermal so hoch wie der zulässige Grenzwert ist. Beim Betrieb dieser Feuerung ist also eine Entschwefelungsanlage erforderlich.

7.3 Energetik der Verbrennungsprozesse

7.3.1 Die Anwendung des 1. Hauptsatzes

Wir betrachten eine technische Feuerung, in der ein Verbrennungsprozeß abläuft, Abb. 7.2. Dabei sollen folgende Annahmen zutreffen: Es liege ein stationärer Fließprozeß vor, bei dem kinetische und potentielle Energien vernachlässigt werden können; technische Arbeit wird nicht verrichtet; die Verbrennung sei vollständig; der Energieinhalt etwa auftretender Asche werde vernachlässigt. Der Brennstoff wird der Feuerung mit der Temperatur T_B, die Verbrennungsluft mit der Temperatur T_L zugeführt. Das Verbrennungsgas verläßt die Feuerung

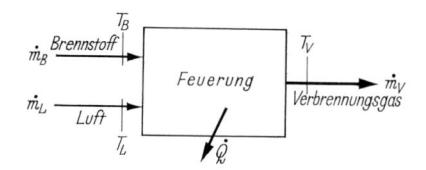

Abb. 7.2. Schema einer technischen Feuerung

7.3 Energetik der Verbrennungsprozesse

mit der Temperatur T_V. Nach dem 1. Hauptsatz für stationäre Fließprozesse gilt dann die Bilanzgleichung

$$\dot{Q} = \dot{m}_V h_V(T_V) - [\dot{m}_B h_B(T_B) + \dot{m}_L h_L(T_L)] \,.$$

Die Druckabhängigkeit der spez. Enthalpien h_V (Verbrennungsgas), h_B (Brennstoff) und h_L (Luft) braucht nicht berücksichtigt zu werden, wenn man alle gasförmigen Stoffe als ideale Gase betrachtet; die Enthalpie von festem oder flüssigem Brennstoff hängt ohnehin nicht merklich vom Druck ab.

Wir beziehen nun alle Energieströme auf den Massenstrom $\dot{m}_B$ des Brennstoffs und erhalten mit

$$q := \dot{Q}/\dot{m}_B$$

und den schon in 7.2 benutzten Verhältnisgrößen

$$\mu_V = m_V/m_B = \dot{m}_V/\dot{m}_B$$

und

$$l = \lambda l_{min} = m_L/m_B = \dot{m}_L/\dot{m}_B$$

die Energiebilanz

$$q = \mu_V h_V(T_V) - [h_B(T_B) + \lambda l_{min} h_L(T_L)] \,. \tag{7.6}$$

Versucht man nun, die Wärme q, die bei der Verbrennung frei wird, nach dieser Beziehung zu berechnen, so stößt man auf eine besondere Schwierigkeit: Da sich die spez. Enthalpien des Verbrennungsgases, des Brennstoffs und der Luft auf verschiedene Stoffe beziehen, heben sich die Enthalpiekonstanten nicht heraus. Die bei der Verbrennung frei werdende Wärme läßt sich auf diese Weise nicht berechnen; wir müssen zuerst die Enthalpiekonstanten der an der Verbrennung beteiligten Stoffe aufeinander abstimmen.

Hierzu führen wir einen willkürlich gewählten Bezugszustand mit der Temperatur T_0 ein und formen (7.6) um:

$$q = \mu_V[h_V(T_V) - h_V(T_0)] - [h_B(T_B) - h_B(T_0)]$$
$$- \lambda \cdot l_{min}[h_L(T_L) - h_L(T_0)] - [h_B(T_0) + \lambda l_{min} h_L(T_0) - \mu_V h_V(T_0)] \,.$$

Die in den drei ersten eckigen Klammern stehenden Enthalpiedifferenzen des jeweils gleichen Stoffes bei unterschiedlichen Temperaturen enthalten keine unbestimmten Konstanten. Diese Enthalpiedifferenzen lassen sich in gewohnter Weise berechnen. Nur das letzte Glied enthält die Enthalpien der verschiedenen Stoffe, jedoch bei derselben Temperatur. Wir schreiben hierfür

$$H_u(T_0) := h_B(T_0) + \lambda l_{min} h_L(T_0) - \mu_V h_V(T_0) \tag{7.7}$$

und nennen diese Größe den (auf die Masse des Brennstoffs bezogenen) *spez. Heizwert des Brennstoffs* bei der Temperatur T_0.

Die physikalische Bedeutung dieser neu eingeführten Größe erkennen wir, wenn wir in der Energiebilanzgleichung für die Feuerung,

$$-q = H_u(T_0) + [h_B(T_B) - h_B(T_0)] + \lambda l_{min}[h_L(T_L) - h_L(T_0)]$$
$$- \mu_V[h_V(T_V) - h_V(T_0)] \,, \tag{7.8}$$

die Temperaturen T_B, T_L und T_V gleich der Bezugstemperatur T_0 setzen. Es ergibt sich dann für die abgeführte Wärme

$$-q = H_u(T_0) \, .$$

Der Heizwert bedeutet danach die bei der Verbrennung frei werdende, auf die Masse des Brennstoffs bezogene Wärme, wenn die Verbrennungsgase bis auf die Temperatur abgekühlt werden, mit der Brennstoff und Luft der Feuerung zugeführt werden. Der Heizwert ist eine meßbare Größe. Nach seiner Bestimmung läßt sich die Energiebilanzgleichung (7.8) auswerten, weil durch den Heizwert die Enthalpien von Brennstoff, Luft und Verbrennungsgas aufeinander abgestimmt sind.

Die Temperaturabhängigkeit der Enthalpien läßt sich vorteilhaft durch die mittleren spez. Wärmekapazitäten beschreiben, die wir in 5.1.2 eingeführt haben und in Tabelle 10.7 und 10.9 vertafelt finden. Hierauf gehen wir in 7.3.3 ein, wo die Berechnung der Enthalpien von Luft und Verbrennungsgas ausführlich dargestellt ist.

7.3.2 Heizwert und Brennwert

Nach (7.7) ist der spez. Heizwert H_u eines Brennstoffs definiert als der auf die Masse des Brennstoffs bezogene Enthalpieunterschied zwischen dem Brennstoff-Luft-Gemisch und dem Verbrennungsgas bei derselben Temperatur:

$$H_u(T) = h_B(T) + \lambda \cdot l_{min} h_L(T) - \mu_V h_V(T) \, . \tag{7.9}$$

Durch den Heizwert werden die Enthalpien der Verbrennungsteilnehmer und der Verbrennungsprodukte so aufeinander abgestimmt, daß die Bilanzgleichungen des 1. Hauptsatzes erfüllt sind und sich auswerten lassen. Aus der Definitionsgleichung für den Heizwert folgt, daß er eine Eigenschaft des Brennstoffs ist und nicht davon abhängt, ob die Verbrennung mit reinem Sauerstoff, mit Luft oder mit hohem oder niedrigem Luftüberschuß durchgeführt wird, wenn sie nur vollständig ist. Da in (7.9) alle Enthalpien bei derselben Temperatur zu bestimmen sind, heben sich nämlich die Enthalpien aller an der Verbrennung nicht beteiligten Stoffe, z. B. N_2 oder überschüssiges O_2, heraus.

Bei der Messung des Heizwerts, vgl. [7.4], müssen Brennstoff und Verbrennungsluft einem Reaktionsraum (Kalorimeter) bei derselben Temperatur zugeführt werden, und die Verbrennungsprodukte müssen genau auf diese Temperatur abgekühlt werden. Nach (7.8) ist die bei diesem Prozeß abgeführte Wärme, bezogen auf die Brennstoffmasse, gleich dem Heizwert. Bei diesem Versuch ist jedoch noch zu beachten, daß das H_2O in den Verbrennungsprodukten flüssig oder gasförmig (als Wasserdampf) auftreten kann. Da sich die Enthalpien von gasförmigem und flüssigem Wasser um die Verdampfungsenthalpie unterscheiden, erhält man auch unterschiedliche Heizwerte je nachdem, ob das H_2O in den Verbrennungsprodukten gasförmig oder flüssig auftritt. Ist das H_2O flüssig, so hat es eine kleinere Enthalpie, als wenn es als Wasserdampf vorhanden ist; damit wird in (7.9) $h_V(T)$ kleiner und der Heizwert größer als bei gasförmigem H_2O in den Verbrennungsprodukten.

Bei fast allen Anwendungen, z. B. bei der Berechnung von Feuerungen oder Brennkammern, ist das H_2O in den Verbrennungsprodukten gasförmig, weil der

7.3 Energetik der Verbrennungsprozesse

Taupunkt des Verbrennungsgases nicht unterschritten wird. In diesem Falle kommt der kleinere Wert zur Anwendung, den man früher auch als *unteren Heizwert* H_u bezeichnete. Wir nennen H_u in Übereinstimmung mit der DIN-Norm 5499 [7.5] einfach Heizwert. Er gibt den Enthalpieunterschied zwischen dem Brennstoff-Luft-Gemisch und dem Verbrennungsgas mit gasförmigem H_2O an. Demgegenüber laufen die Versuche zur Messung des Heizwerts so ab, daß das H_2O in den Verbrennungsprodukten kondensiert. Diese Enthalpiedifferenz bezeichnet man als *Brennwert* oder (früher) als *oberen Heizwert* des Brennstoffs mit dem Formelzeichen H_o. Der Brennwert gibt somit den Enthalpieunterschied zwischen dem Brennstoff-Luft-Gemisch und den Verbrennungsprodukten mit flüssigem H_2O an.

Um aus dem experimentell bestimmbaren Brennwert H_o den für die Anwendungen benötigten Heizwert H_u zu erhalten, hat man von H_o die Verdampfungsenthalpie des in den Verbrennungsprodukten enthaltenen Wassers zu subtrahieren. Mit μ_{H_2O} nach (7.4b) ergibt sich

$$H_u = H_o - \mu_{H_2O}\, r(T)\,,$$

worin $r(T)$ die von der Temperatur abhängige spez. Verdampfungsenthalpie des Wassers ist. Bei der häufig benutzten Standardtemperatur $t = t_0 = 25\ °C$ ist $r(25\ °C) = 2442{,}5$ kJ je kg.

Brennwerte werden meistens bei 25 °C, der für thermochemische Messungen international vereinbarten Standardtemperatur, experimentell bestimmt. Um aus dem daraus berechneten Heizwert bei 25 °C Heizwerte bei anderen Temperaturen zu erhalten, muß man die *Temperaturabhängigkeit des Heizwerts* kennen. Nach (7.9) gilt für die Differenz der Heizwerte bei verschiedenen Temperaturen

$$H_u(T) - H_u(T_0) = h_B(T) - h_B(T_0) + \lambda l_{\min}[h_L(T) - h_L(T_0)] - \mu_V[h_V(T) - h_V(T_0)]\,.$$

Diese Gleichung läßt sich über die mittleren spez. Wärmekapazitäten leicht auswerten. Man kann dabei, um die Rechnung abzukürzen, mit reinem O_2 statt mit Luft und dementsprechend mit einem Verbrennungsgas rechnen, das keinen Stickstoff und keinen Sauerstoff enthält. Es zeigt sich, daß die Temperaturabhängigkeit des Heizwerts sehr gering ist; man kann sie für Temperaturen zwischen 0 und 100 °C im Rahmen der Genauigkeit vernachlässigen, mit der Brennwerte experimentell bestimmt und Heizwerte sinnvoll angegeben werden können. In den Tabellen 10.13 und 10.14 sind Brennwerte und Heizwerte verzeichnet. Diese Werte können für alle Temperaturen zwischen 0 und 100 °C benutzt werden.

Neben dem auf die Brennstoffmasse bezogenen Heizwert verwendet man besonders bei chemischen Verbindungen den auf die Stoffmenge des Brennstoffs bezogenen *molaren Heizwert* H_{um}, vgl. auch 7.3.5. Es gilt mit M_B als Molmasse des Brennstoffs

$$H_{um} = M_B H_u\,.$$

Bei gasförmigen Brennstoffen verwendet man auch ihr Normvolumen als anschauliche Bezugsgröße. Für den auf das Normvolumen bezogenen Heizwert H_{uv} gilt

$$H_{uv} = H_{um}/V_{Bm}(T_n, p_n)$$

mit V_{Bm} als dem Molvolumen des Brennstoffs im Normzustand, wofür bei idealen Gasen bekanntlich $V_0 = 22{,}414$ m^3/kmol gesetzt werden kann. Die gleichen Zusammenhänge gelten für den molaren Brennwert H_{om} und den auf das Normvolumen bezogenen Brennwert H_{ov}.

7.3.3 Die Enthalpie des Verbrennungsgases und das h,t-Diagramm

Zur Auswertung der Energiebilanz (7.8) benötigt man die Enthalpien von Brennstoff, Luft und Verbrennungsgas. Wir gehen nun auf die Berechnung dieser Größen ein und betrachten zuerst die der Feuerung zugeführten Stoffe. Die Enthalpie von Brennstoff und Luft, bezogen auf die Masse des Brennstoffs, ist durch

$$h'(t, t_B, \lambda) = H_u(t_0) + c_{pB}(t_B - t_0) + \lambda l_{min}[h_L(t) - h_L(t_0)] \qquad (7.10)$$

gegeben. Dabei kann man die Bezugstemperatur t_0 willkürlich wählen; meist benutzt man die thermochemische Standardtemperatur $t_0 = 25\ °C$ oder die Normtemperatur $t_n = 0\ °C$. Die Temperaturabhängigkeit der Brennstoffenthalpie haben wir unter der Annahme einer konstanten spezifischen Wärmekapazität c_{pB} des Brennstoffs bestimmt. Dies ist immer dann zulässig, wenn sich die Temperatur t_B, mit der der Brennstoff zugeführt wird, nicht viel von t_0 unterscheidet. Außerdem darf dieser Term neben dem Heizwert H_u meistens vernachlässigt werden.

Die Temperatur t der Verbrennungsluft kann sehr viel größer als t_0 sein, wenn man wie bei vielen technischen Feuerungen eine Luftvorwärmung vorsieht. Die Enthalpiedifferenz der Luft wird man dann mit Hilfe der vertafelten mittleren spez. Wärmekapazitäten, vgl. Tabelle 10.7, berechnen:

$$h_L(t) - h_L(t_0) = \bar{c}_{pL}^0(t)\, t - \bar{c}_{pL}^0(t_0)\, t_0\ .$$

Die Enthalpie des Verbrennungsgases, bezogen auf die Masse des Brennstoffs, setzt sich additiv aus den Anteilen des stöchiometrischen Verbrennungsgases und der überschüssigen Luft zusammen. Sie hängt von der Temperatur und wie h' linear vom Luftverhältnis λ ab:

$$h''(t, \lambda) = \mu_V^*[h_V^*(t) - h_V^*(t_0)] + (\lambda - 1)\, l_{min}[h_L(t) - h_L(t_0)]\ . \qquad (7.11)$$

$h''(t, \lambda)$ ist bei der Bezugstemperatur t_0 gleich null gesetzt worden. Bei t_0 wird $h'(t_0, t_B, \lambda) = H_u(t_0)$, wenn $t = t_B = t_0$ gilt, d. h. wenn Brennstoff und Luft der Feuerung bei dieser Temperatur zuströmen. Die beiden Enthalpiefunktionen h' und h'' sind also entsprechend (7.8) aufeinander abgestimmt.

Die spez. Enthalpie des stöchiometrischen Verbrennungsgases läßt sich mit Hilfe der mittleren spez. Wärmekapazitäten von Tabelle 10.7 berechnen. Es gilt

$$\mu_V^* h_V^*(t) = \sum_K \mu_K \bar{c}_{pK}^0(t) \cdot t\ , \qquad K = CO_2,\ H_2O,\ SO_2,\ N_2^*\ , \qquad (7.12)$$

mit den Massenverhältnissen μ_K nach (7.4) sowie eine entsprechende Gleichung für $\mu_V^* h_V^*(t_0)$. Die Berechnung von h_V^* läßt sich erheblich vereinfachen, wenn man für typische Brennstoffe die mittlere spez. Wärmekapazität ihres stöchiometrischen Verbrennungsgases vertafelt, denn diese ist eine Brennstoffeigenschaft. Man erhält dann

$$\mu_V^* h_V^*(t) = \mu_V^* \bar{c}_{pV}^{0*}(t) \cdot t \qquad (7.13)$$

und eine entsprechende Gleichung für $t = t_0$. Tabelle 10.9 enthält Werte von $\bar{c}_{pV}^{0*}$ für eine Reihe von Brennstoffen. Diese sind in Tabelle 7.3 mit ihrer Zusammensetzung und anderen charakteristischen Eigenschaften aufgeführt. Selbst wenn die Brennstoffzusammensetzung nicht genau den in Tabelle 7.3 genannten Werten entspricht, sollte man die stöchiometrischen Modell-Verbrennungsgase mit ihren vertafelten Eigenschaften als bequem zu handhabende Näherung be-

7.3 Energetik der Verbrennungsprozesse

Tabelle 7.3. Eigenschaften ausgewählter Brennstoffe und der aus ihnen entstehenden stöchiometrischen Verbrennungsgase

	Steinkohle		Braunkohle Rheinland	Benzin[a]	Gasöl (Heizöl EL, Dieselkraftst.)	Mol-anteil		Erdgas	
	Fettkohle Ruhrgebiet	Flammkohle Saargebiet						L	H
γ_C	0,813	0,729	0,280	0,837	0,859	y_{CH_4}		0,82	0,93
γ_{H_2}	0,045	0,047	0,020	0,143	0,135	$y_{C_2H_6}$		0,02	0,03
γ_S	0,007	0,016	0,003	—	0,004	$y_{C_3H_8}$		0,01	0,01
γ_{O_2}	0,040	0,088	0,101	0,020	0,002	$y_{C_4H_{10}}$		—	0,01
γ_{N_2}	0,015	0,015	0,003	—	—	y_{N_2}		0,14	0,01
γ_w	0,035	0,040	0,555	—	—	y_{CO_2}		0,01	
γ_A	0,045	0,065	0,038	—	—				
H_u in MJ/kg	32,1	28,4	8,06	42,6	42,9			38,1[b]	47,6[b]
H_o in MJ/kg	33,2	29,5	9,85	45,7	45,8			43,3	54,1
l_{min}	10,7599	9,6928	3,4858	14,4533	14,5272			13,1126	16,3753
μ_V^*	11,7149	10,6278	4,4478	15,4533	15,5272			14,1126	17,3753
M_V^* in kg/kmol	30,320	30,209	27,907	28,880	29,018			27,798	27,820
R_V^* in kJ/kg K	0,27422	0,27523	0,29793	0,28790	0,28653			0,29910	0,29887
ξ_{CO_2}	0,2543	0,2513	0,2307	0,1985	0,2027			0,1512	0,1543
ξ_{H_2O}	0,0373	0,0433	0,1650	0,0827	0,0777			0,1197	0,1204
ξ_{SO_2}	0,0012	0,0030	0,0013	—	0,0005			—	—
$\xi_{N_2}^*$	0,7072	0,7024	0,6030	0,7188	0,7191			0,7291	0,7253

[a] Zusammensetzung berechnet als Gemisch aus $(CH_2)_n$, CH_3OH und $(CH_3)_3COH$ mit den Volumenanteilen 95, 3 und 2 %.
[b] Der auf das Normvolumen bezogene Heizwert H_{uv} ist für Erdgas L $H_{uv} = 31{,}5$ MJ/m³, für Erdgas H $H_{uv} = 37{,}3$ MJ/m³. Die dementsprechenden Brennwerte sind $H_{ov} = 35{,}0$ und 41,3 MJ/m³.

nutzen, zumal sich die thermodynamischen Eigenschaften der verschiedenen Verbrennungsgase überraschend wenig unterscheiden. Für genaue Rechnungen stehen (7.12) und die in Tabelle 10.7 vertafelten Werte von $\bar{c}_p^0$ für CO_2, H_2O, SO_2 und N_2^* zur Verfügung.

Die Verbrennungsgase zeigen bei sehr hohen und bei tiefen Temperaturen Besonderheiten, die man gegebenenfalls bei der Berechnung ihrer Enthalpie berücksichtigen muß. Bei Temperaturen über 1500 °C, merklich ab 1800 °C, treten neben den bisher berücksichtigten Verbrennungsprodukten weitere Gase wie CO, OH, H, O und NO auf. Sie sind vermutlich Zwischenprodukte der Hochtemperaturverbrennung. Man nennt diese Erscheinung die *Dissoziation des Verbrennungsgases*, weil man früher annahm, daß diese Gase Spaltprodukte von CO_2, H_2O, N_2 und O_2 sind. Die Zusammensetzung des dissoziierten Verbrennungsgases läßt sich durch Anwenden des 2. Hauptsatzes berechnen, wenn man thermodynamisches Gleichgewicht zwischen den verschiedenen chemisch reagierenden Komponenten des Gemisches annimmt, vgl. [7.1]. Die Berechnung dieser Reaktionsgleichgewichte behandeln wir nicht, sondern weisen nur darauf hin, daß die Enthalpie des dissoziierten Verbrennungsgases bei gleicher Temperatur größer ist als die Enthalpie, die sich nach den bisher angegebenen Beziehungen ergibt. In Abb. 7.3 ist die Enthalpie eines dissoziierten Verbrennungsgases dargestellt, das bei stöchiometrischer Verbrennung von $(CH_2)_n$ entsteht. Bei Temperaturen um 2000 °C ist der Einfluß der Dissoziation erheblich. Die Enthalpie hängt auch vom Druck ab, sie wächst mit sinkendem Druck, weil dann die Dissoziation zunimmt.

Ein Verbrennungsgas, das H_2O enthält, kann beim Abkühlen seinen Taupunkt erreichen, bei dessen Unterschreiten Wasser kondensiert, vgl. 5.3.2. Taupunkttemperaturen von Verbrennungsgasen liegen meist zwischen 50 und 70 °C. Durch die Kondensation verringert sich

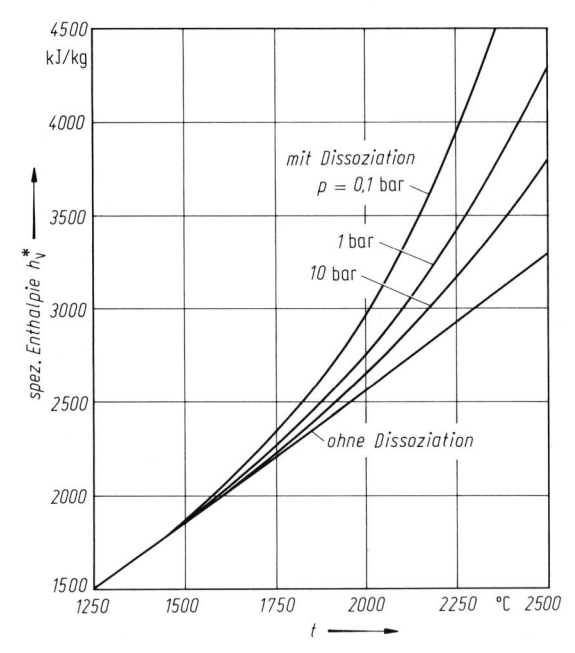

Abb. 7.3. Enthalpie h_V^* des stöchiometrischen Verbrennungsgases, das durch Verbrennung von $(CH_2)_n$ entsteht. Berechnet von S. Gordon [7.6] unter Berücksichtigung der Dissoziation

7.3 Energetik der Verbrennungsprozesse

die Enthalpie des Verbrennungsgases, denn die spezifische Enthalpie des kondensierten Wassers ist erheblich niedriger als die spezifische Enthalpie von Wasserdampf bei derselben Temperatur. Die Enthalpiefunktion $h''(t, \lambda)$ nach (7.11) ist für $t < t_T$ durch $h''(t, \lambda) - \Delta h_k(t)$ zu ersetzen, worin Δh_k die Enthalpie des kondensierten Wassers bedeutet. Somit ergeben sich bei $t = t_0$, wo h'' zu null normiert wurde, negative Abgasenthalpien, wenn die Wasserdampfkondensation berücksichtigt wird, vgl. Abb. 7.4. Wäre die gesamte Wasserdampfmenge kondensiert, so erhielte man

$$\Delta h_k = \mu_{H_2O} r(t) = H_o(t) - H_u(t),$$

den Unterschied zwischen Brennwert und Heizwert, vgl. 7.3.2.

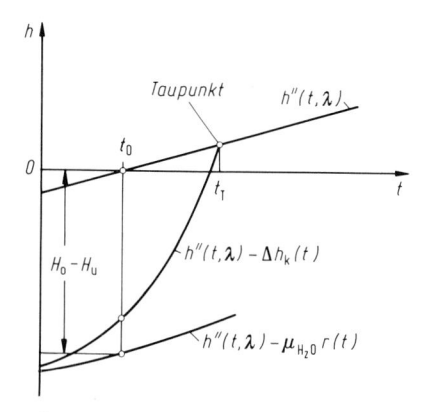

Abb. 7.4. Enthalpie von Verbrennungsgas bei niedrigen Temperaturen. $h''(t, \lambda)$ nach (7.11) ohne Berücksichtigung der Wasserdampfkondensation; $h''(t, \lambda) - \Delta h_k(t)$ Enthalpie bei Berücksichtigung der Wasserdampfkondensation; $h''(t, \lambda) - \mu_{H_2O} r(t)$ hypothetischer Verlauf unter der Annahme, daß das gesamte H_2O kondensiert ist

Die Energiebilanz (7.8) einer Feuerung, die mit dem Luftverhältnis λ betrieben wird, nimmt nach Einführen der Funktionen h' und h'' die einfache Gestalt

$$-q = h'(t_L, t_B, \lambda) - h''(t_V, \lambda) \tag{7.14}$$

an. Hierin bedeuten wie in (7.8) t_L die Temperatur der Luft, t_B die Brennstofftemperatur und t_V die Temperatur, mit der das Verbrennungsgas die Feuerung verläßt, Abb. 7.2. Es bietet sich an, diese Gleichung in einem h,t-Diagramm der Verbrennung zu veranschaulichen. Dieses enthält für gegebenes λ die beiden Kurven, die die Temperaturabhängigkeit der Enthalpien von Brennstoff und Luft (h') sowie von Verbrennungsgas (h'') angeben. Zur Vereinfachung wählen wir $t_0 = t_B$, so daß statt (7.10)

$$h'(t, \lambda) = H_u(t_0) + \lambda l_{min}[h_L(t) - h_L(t_0)] \tag{7.15}$$

gilt, die explizite Abhängigkeit von t_B also nicht erscheint. Die der Feuerung entzogene Wärme ($-q$) kann man dem h,t-Diagramm als Strecke entnehmen, Abb. 7.5.

Vergrößert man das Luftverhältnis von λ_1 auf λ_2, so nehmen bei einer festen Temperatur die beiden Enthalpien h' und h'' um denselben Betrag

$$\Delta h_L = (\lambda_2 - \lambda_1) l_{min}[h_L(t) - h_L(t_0)]$$

Abb. 7.5. h,t-Diagramm der Verbrennung für festes λ

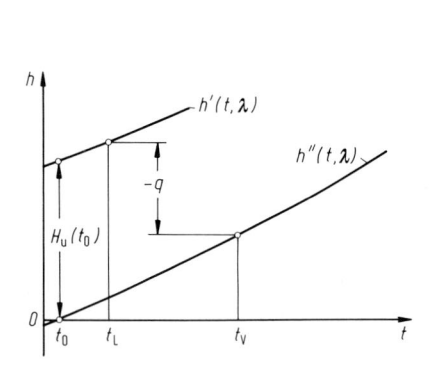

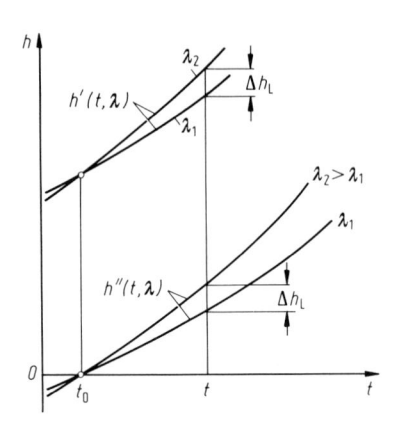

Abb. 7.6. h,t-Diagramm der Verbrennung für verschiedene Luftverhältnisse $\lambda \geq 1$

zu; er stellt die Enthalpie der zusätzlichen überschüssigen Luft dar. Damit lassen sich Enthalpiekurven für verschiedene Luftverhältnisse konstruieren, Abb. 7.6. Allerdings gilt ein h,t-Diagramm quantitativ richtig nur für einen bestimmten Brennstoff; bei einem Brennstoffwechsel müßte es neu entworfen werden. Wir sehen daher davon ab, das h,t-Diagramm als Rechenhilfsmittel einzusetzen, sondern benutzen es nur zur Veranschaulichung der Energiebilanzen verschiedener Verbrennungsprozesse.

7.3.4 Kesselwirkungsgrad und adiabate Verbrennungstemperatur

Eine Feuerung soll ein Verbrennungsgas hoher Temperatur liefern oder einen möglichst großen Wärmestrom abgeben. Im ersten Fall ist die Feuerung, z. B. die Brennkammer einer Gasturbinenanlage, nahezu adiabat; die bei der Verbrennung frei werdende Energie findet sich als Enthalpie des heißen Verbrennungsgases wieder. Auf die Berechnung seiner Temperatur, der sogenannten adiabaten Verbrennungstemperatur, gehen wir am Ende dieses Abschnitts ein. In einem Dampferzeuger oder dem Kessel einer Heizungsanlage wird dagegen das Verbrennungsgas möglichst weit abgekühlt, um einen großen Wärmestrom zu gewinnen.

Da in einem Kessel Verluste auftreten, ist es nicht möglich, den mit dem Brennstoff eingebrachten Energiestrom vollständig als nutzbaren Wärmestrom zu erhalten. Man erfaßt die Verluste durch den Kesselwirkungsgrad

$$\eta_K := |\dot{Q}_n|/\dot{m}_B^{zu} H_u ,$$

worin $|\dot{Q}_n|$ den Betrag des nutzbaren Wärmestroms bedeutet. Die Brennstoffleistung wird üblicherweise durch den Massenstrom $\dot{m}_B^{zu}$ des zugeführten Brennstoffs und seinen Heizwert H_u gekennzeichnet, vgl. z. B. DIN 4702 [7.7]. Damit wird stillschweigend angenommen, daß Brennstoff und Luft bei derselben Temperatur zugeführt werden und daß diese Temperatur mit der Bezugstemperatur t_0 von (7.10) übereinstimmt. Bei genauer Rechnung muß man die Abweichung der

7.3 Energetik der Verbrennungsprozesse

Temperaturen t_B und t_L von t_0 berücksichtigen, z. B. bei Abnahmeversuchen von Dampferzeugern nach DIN 1942 [7.8].

Verluste entstehen als Folge einer unvollständigen Verbrennung, wobei im Abgas geringe Mengen unverbrannter Gase (CO, H_2 und Kohlenwasserstoffe) auftreten. Bei festen Brennstoffen kann außerdem unverbrannter Kohlenstoff in der Asche zurückbleiben. Diese Verluste machen in der Regel zusammen nur etwa 1 % des Heizwerts aus. Man kann sie global berücksichtigen, indem man für den Massenstrom $\dot{m}_B$ des vollständig verbrannten Brennstoffs

$$\dot{m}_B = \eta_B \dot{m}_B^{zu}$$

setzt, wobei $\eta_B \approx 0{,}98$ bis $0{,}99$ gilt und als Umsatzgrad oder Ausbrandgrad bezeichnet werden kann. Damit erhält man für den Kesselwirkungsgrad

$$\eta_K = \eta_B |\dot{Q}_n|/\dot{m}_B H_u \,. \tag{7.16}$$

Eine Berechnung des Verlustes durch Unverbranntes findet man bei R. Doležal [7.9]. Weitere geringe Verluste entstehen durch den Energieinhalt der abgeführten Asche und den Wärmeübergang an den Aufstellungsraum. Der bei weitem größte Verlust mit etwa 5 bis 15 % des Heizwerts ist jedoch der Abgasverlust.

Der *Abgasverlust* entsteht dadurch, daß das (in diesem Zusammenhang meist als Abgas bezeichnete) Verbrennungsgas nicht bis zur Bezugstemperatur t_0, die nahe der Umgebungstemperatur liegt, abgekühlt werden kann. Es verläßt den Kessel mit einer erheblich höheren Temperatur t_A, die bei Ölheizungskesseln zwischen 180 und 250 °C, bei Großfeuerungen meist zwischen 120 und 160 °C liegt. Bei niedrigeren Temperaturen würde der Säuretaupunkt unterschritten werden. Das bei hohen Temperaturen in geringer Menge entstandene und im Abgas enthaltene SO_3 bildet nämlich bei niedrigen Temperaturen mit dem H_2O des Abgases Schwefelsäure, was zu Korrosion und Materialschäden an Schornstein und Kessel führt. Man muß daher einen gewissen Abgasverlust in Kauf nehmen. Der auf die Brennstoffmasse bezogene (spezifische) Abgasverlust ist

$$\begin{aligned} q_{Av} &:= \mu_V[h_V(t_A, \lambda) - h_V(t_0, \lambda)] \\ &= \mu_V^*[h_V^*(t_A) - h_V^*(t_0)] + (\lambda - 1)\, l_{min}[h_L(t_A) - h_L(t_0)] \,. \end{aligned} \tag{7.17}$$

Er wächst mit steigendem Luftverhältnis, weswegen man λ nicht unnötig groß wählen sollte.

Wir nehmen nun an, daß Brennstoff und Luft dem Kessel mit derselben Temperatur zugeführt werden, und wählen die Bezugstemperatur t_0 so, daß $t_L = t_B = t_0$ gilt. Unter Vernachlässigung der Verluste durch Unverbranntes und Asche erhält man aus dem 1. Hauptsatz für die abgegebene Wärme

$$\begin{aligned} -q &= |q_n| + |q_v| = h'(t_0, \lambda) - h''(t_A, \lambda) \\ &= H_u(t_0) - \mu_V[h_V(t_A, \lambda) - h_V(t_0, \lambda)] = H_u(t_0) - q_{Av} \,. \end{aligned} \tag{7.18}$$

Hierbei ist $|q_n| = |\dot{Q}_n|/\dot{m}_B$ die spez. Nutzwärme, während $|q_v|$ den spez. Verlust durch Wärmeübergang an den Aufstellungsraum bedeutet. Die Summe $|q_n| + |q_v|$ und der Abgasverlust q_{Av} lassen sich im h,t-Diagramm als Strecken darstellen, Abb. 7.7. Dabei wird für $t = t_0$ gasförmiges H_2O im Abgas angenommen, wie es in den Gleichungen des 1. Hauptsatzes der Fall ist, die den Heizwert $H_u(t_0)$ enthalten. In der Regel liegt t_0 unterhalb der Taupunkttemperatur t_T des Abgases, so daß bei t_0 ein Teil des H_2O kondensiert ist und sich die niedrigere Enthalpie $h''(t_0) - \Delta h_K(t_0)$ ergibt als bei Nichtbeachtung der

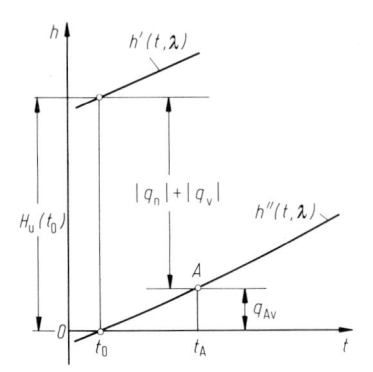

Abb. 7.7. Nutzwärme und Abgasverlust im h,t-Diagramm

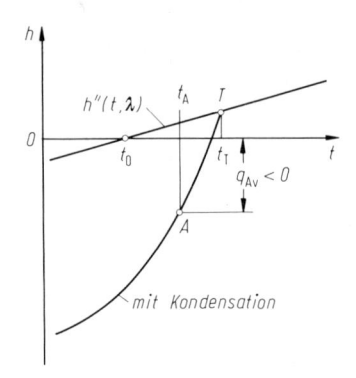

Abb. 7.8. Abgasverlust q_{Av} bei Abgastemperaturen $t_A < t_T$

Wasserdampfkondensation. Dieser niedrigere Enthalpiewert hängt in komplizierter Weise von t_0 und von der Abgaszusammensetzung ab, so daß man (7.17) und (7.11) beibehält, auf die Kondensation keine Rücksicht nimmt und den Abgasverlust q_{Av} eigentlich zu klein berechnet.

Bei Kesseln, die mit Erdgas (oder einem anderen schwefelfreien Brennstoff) betrieben werden, ist es möglich, die Abgastemperatur t_A unter die Taupunkttemperatur t_T zu senken, ohne Schäden durch Korrosion in Kauf nehmen zu müssen. Wie Abb. 7.8 zeigt, kann dann q_{Av} negativ werden, wenn man die Abgasenthalpie bei t_0 ohne Berücksichtigung der Wasserdampfkondensation berechnet, also als $h''(t_0, \lambda) = 0$ ansetzt. Dies führt zu einem Kesselwirkungsgrad

$$\eta_K = 1 - (q_{Av} + |q_v|)/H_u > 1 \ ,$$

sofern die an den Aufstellungsraum übergehende Wärme $|q_v|$ klein ist. Die hierin zum Ausdruck kommende Nutzung der Kondensationsenthalpie wird bei den Brennwertkesseln, vgl. z. B. [7.10], verwirklicht. Bei anderen Brennstoffen (Öl, Kohle) liegt t_A weit über der Taupunkttemperatur t_T, und es treten erhebliche Abgasverluste auf. Der Kesselwirkungsgrad von Heizungskesseln kleiner Leistung soll nicht unter 0,86 liegen [7.7]; große Kessel haben Wirkungsgrade von 0,90 bis 0,95. Damit diese hohen Wirkungsgrade erreicht werden, müssen die Kessel genügend große Heizflächen und günstig gestaltete Brennräume erhalten, um die erforderlichen niedrigen Abgastemperaturen und den geringen Luftüberschuß einzuhalten, ohne daß der Verlust durch Unverbranntes spürbar wird.

Wir betrachten nun eine adiabate Feuerung, beispielsweise die nahezu adiabate Brennkammer einer Gasturbinenanlage. Das Verbrennungsgas verläßt eine solche Feuerung mit einer hohen Temperatur $t_V = t_{ad}$, die wir *adiabate Verbrennungstemperatur* nennen. Mit $q = 0$ folgt aus der Bilanzgleichung des 1. Hauptsatzes, (7.14),

$$h''(t_{ad}, \lambda) = h'(t_L, t_B, \lambda) \ . \tag{7.19}$$

Danach findet man t_{ad}, indem man im h,t-Diagramm von $h'(t_L, \lambda)$ aus waagerecht zur Enthalpiekurve $h''(t, \lambda)$ des Verbrennungsgases hinübergeht und an der Abszisse t_{ad} abliest, Abb. 7.9. Wie man aus dem h,t-Diagramm erkennt, nimmt t_{ad} mit steigender Lufttemperatur t_L zu; adiabate Verbrennung mit vorgewärmter Luft führt zu höheren Temperaturen des Verbrennungsgases. Zunehmendes Luftverhältnis λ läßt dagegen nach Abb. 7.10 die adiabate Verbrennungstemperatur sinken. Die

7.3 Energetik der Verbrennungsprozesse

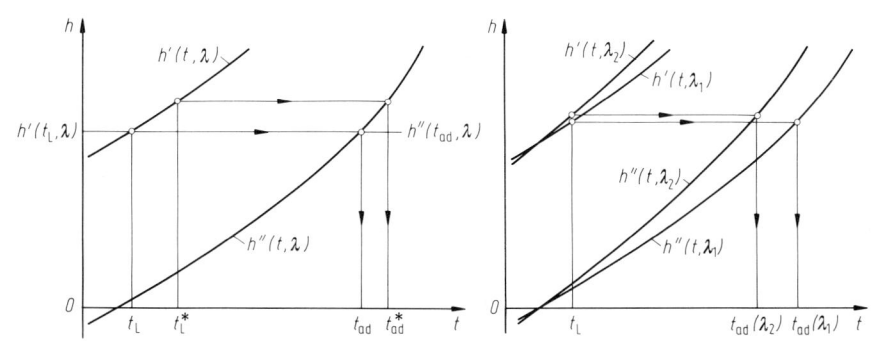

Abb. 7.9. Bestimmung der adiabaten Verbrennungstemperatur t_{ad} im h,t-Diagramm

Abb. 7.10. Einfluß des Luftverhältnisses auf die adiabate Verbrennungstemperatur; $\lambda_2 > \lambda_1$

bei der Verbrennung frei werdende Energie muß sich ja auf eine mit steigendem λ größer werdende Gasmenge „verteilen".

Auch die Berechnung von t_{ad} geht von (7.19) aus; man setzt die in 7.3.3 hergeleiteten Ausdrücke für h' und h'' ein. Die gesuchte adiabate Verbrennungstemperatur tritt auch in den mittleren spez. Wärmekapazitäten zur Berechnung von h'' implizit auf. Man muß daher (7.19) durch Probieren lösen, was jedoch bei Benutzung der Tabellen 10.7 und 10.9 keine besonderen Schwierigkeiten macht. Als Ergebnis einer solchen Rechnung zeigt Abb. 7.11 die adiabate Verbrennungstemperatur von Braun- und Steinkohle, von Heizöl und Erdgas als Funktion des Heizwerts und des Luftverhältnisses. Die so ermittelten Werte von $t_{ad} > 1500\ °C$ werden jedoch nicht ganz erreicht, weil die Dissoziation des Verbrennungsgases nicht berücksichtigt wurde. Da die Enthalpie des dissoziierten Verbrennungsgases größer ist als die des hier angenommenen nichtdissoziierten, vgl. Abb. 7.3, ergeben sich zu hohe adiabate Verbrennungstemperaturen. Dieser Fehler ist jedoch erst ab 1800 °C erheblich.

Beispiel 7.3. In der adiabaten Brennkammer einer Gasturbinenanlage wird ein Brennstoff mit den Eigenschaften von Gasöl nach Tabelle 7.3 verbrannt. Das Luftverhältnis ist so zu bestimmen, daß die adiabate Verbrennungstemperatur den Wert $t_{ad} = 1050\ °C$ erreicht. Die Luft wird mit $t_L = 350\ °C$, der Brennstoff mit $t_B = 25\ °C$ zugeführt.

Setzt man h' nach (7.10) und h'' nach (7.11) in (7.19) ein, so erhält man die Beziehung

$$\mu_V^*[h_V^*(t_{ad}) - h_V^*(t_0)] + (\lambda - 1)\, l_{min}[h_L(t_{ad}) - h_L(t_0)]$$
$$= H_u(t_0) + c_B(t_B - t_0) + \lambda l_{min}[h_L(t_L) - h_L(t_0)]\,.$$

Sie läßt sich nach dem gesuchten Luftverhältnis auflösen, woraus

$$\lambda = \frac{H_u(t_0) + c_B(t_B - t_0) + l_{min}[h_L(t_{ad}) - h_L(t_0)] - \mu_V^*[h_V^*(t_{ad}) - h_V^*(t_0)]}{l_{min}[h_L(t_{ad}) - h_L(t_L)]}$$

folgt. Tabelle 7.3 entnehmen wir die folgenden Brennstoffeigenschaften: $H_u = 42{,}9\ MJ/kg$, $l_{min} = 14{,}5272$ und $\mu_V^* = 15{,}5272$. Wir setzen die Bezugstemperatur $t_0 = t_B = 25\ °C$ und berechnen die spez. Enthalpien von Luft und stöchiometrischem Verbrennungsgas mit Hilfe der in Tabelle 10.7 und 10.9 vertafelten Werte der mittleren spez. Wärmekapazitäten.

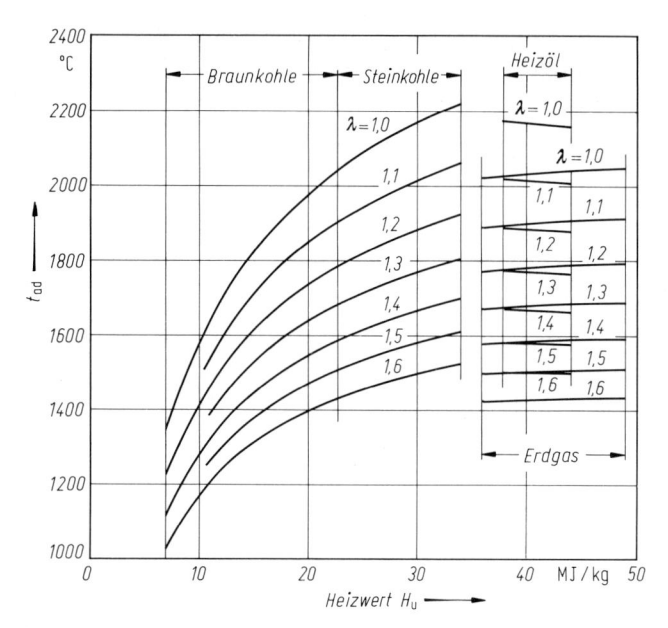

Abb. 7.11. Adiabate Verbrennungstemperatur t_{ad} von Braunkohle, Steinkohle, Heizöl und Erdgas in Abhängigkeit vom Heizwert H_u und vom Luftverhältnis λ für $t_B = t_L = 15\ °C$. Es wurden die von F. Brandt [7.2] angegebenen Beziehungen für die Abhängigkeit der Brennstoffzusammensetzung vom Heizwert benutzt

Dies ergibt $\lambda = 3{,}487$. Es ist also ein großer Luftüberschuß erforderlich, damit die vorgegebene Temperatur $t_{ad} = 1050\ °C$ nicht überschritten wird.

7.3.5 Reaktions- und Bildungsenthalpien

Die Verbrennung chemisch einheitlicher Stoffe wie H_2, CH_4 oder CH_3OH wird durch die chemischen und thermodynamischen Beziehungen beschrieben, die für Oxidationsreaktionen gelten. So regelt beispielsweise die Reaktionsgleichung

$$CH_3OH + \frac{3}{2}O_2 \rightarrow CO_2 + 2\,H_2O$$

die Verbrennung von Methanol. Aus derartigen Gleichungen können der molare Mindestsauerstoffbedarf O_{min} und die Stoffmengenverhältnisse v_{CO_2}, v_{H_2O} und v_{SO_2} des stöchiometrischen Verbrennungsgases, vgl. (7.2), unmittelbar abgelesen werden. Die Anwendung des 1. Hauptsatzes auf chemische Reaktionen führt auf den in der chemischen Thermodynamik gebräuchlichen Begriff der Reaktionsenthalpie, dessen Zusammenhang mit dem molaren Heizwert wir im folgenden herleiten. Daraus ergibt sich eine einfache Berechnungsmöglichkeit von Heizwerten und Brennwerten mit Hilfe vertafelter Bildungsenthalpien.

Wir betrachten eine Oxidationsreaktion, bei der Brennstoff und Sauerstoff mit derselben Temperatur zugeführt werden. Damit auch die Reaktionsprodukte

7.3 Energetik der Verbrennungsprozesse

den Reaktionsraum mit dieser Temperatur verlassen, muß der Reaktionsraum gekühlt werden, Abb. 7.12. Für die abgeführte Wärme, bezogen auf die Stoffmenge des Brennstoffs, gilt dann

$$Q_m = Q/n_B = \sum_i v_i H_i(T) - H_B(T) - O_{min} H_{O_2}(T) \; .$$

In dieser Energiebilanz bezeichnet H die *molare* Enthalpie — wir lassen den Index m fort —, und die v_i sind die aus der Reaktionsgleichung ablesbaren stöchiometrischen Zahlen der Reaktionsprodukte. So gilt beispielsweise für die oben erwähnte Oxidation von Methanol $v_{CO_2} = 1$ und $v_{H_2O} = 2$.

In der chemischen Thermodynamik bezeichnet man als *Reaktionsenthalpie* $\Delta^R H$ die Differenz der Enthalpien der Reaktionsprodukte und der Reaktionsteil-

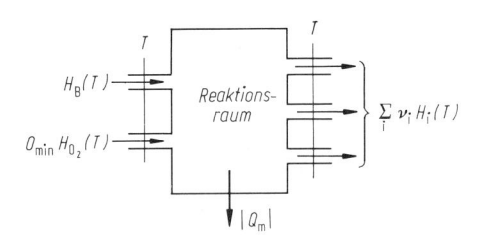

Abb. 7.12. Zur Energiebilanz einer isothermen Oxidationsreaktion

nehmer (Ausgangsstoffe) für dieselbe Temperatur und denselben Druck. Die Reaktionsenthalpie ist eine Eigenschaft des reagierenden Gemisches, die von der Temperatur und in meist zu vernachlässigender Weise vom Druck abhängt. Für eine Oxidations- oder Verbrennungsreaktion gilt also

$$\Delta_s^R H(T) := \sum_i v_i H_i(T) - H_B(T) - O_{min} H_{O_2}(T) = -H_{um}(T) \; . \quad (7.20)$$

Der molare Heizwert eines chemisch einheitlichen Brennstoffs stimmt mit der negativen Reaktionsenthalpie seiner Oxidationsreaktion überein. Gehört H$_2$O zu den Produkten, muß in (7.20) die molare Enthalpie $H_{H_2O}^g(T)$ von Wasser*dampf* eingesetzt werden. Benutzt man dagegen die Enthalpie $H_{H_2O}^{fl}$ von flüssigem Wasser, so stimmt die Reaktionsenthalpie mit dem negativen Brennwert überein.

In der chemischen Thermodynamik erhält man die Reaktionsenthalpie beliebiger Reaktionen aus den Bildungsenthalpien der an der Reaktion beteiligten Stoffe. Als *Bildungsenthalpie* eines Stoffes bezeichnet man dabei die Reaktionsenthalpie seiner Bildungsreaktion. Das ist die Reaktion, durch die der Stoff aus den chemischen Elementen gebildet (hergestellt) wird. Aus praktischen Erwägungen sieht man jedoch nicht H, O, N, Cl und F als Elemente an, sondern die normalerweise stabilen Moleküle H$_2$, O$_2$, N$_2$, Cl$_2$ und F$_2$. Die Bildungsreaktion von CO$_2$ ist dann

$$C + O_2 \rightarrow CO_2 \; ,$$

die von Methanol

$$C + \frac{1}{2} O_2 + 2 H_2 \rightarrow CH_3OH \; .$$

Zu jeder chemischen Verbindung gehört somit genau eine Bildungsreaktion mit einer bestimmten Reaktionsenthalpie, der Bildungsenthalpie H_i^f der betreffenden

Verbindung. Der hochgestellte Index f weist auf das englische Wort formation = Bildung hin.

Die Reaktionsenthalpie einer beliebigen Reaktion erhält man als Differenz der Bildungsenthalpien der Produkte gegenüber den Bildungsenthalpien der Ausgangsstoffe. So ergibt sich die Reaktionsenthalpie der Methanolverbrennung zu

$$\Delta^R H = H^f_{CO_2} + 2H^f_{H_2O} - H^f_{CH_3OH} - \frac{3}{2} H^f_{O_2} \,.$$

Durch die Zurückführung beliebiger Reaktionsenthalpien auf die Bildungsenthalpien der beteiligten chemischen Verbindungen werden die Enthalpiekonstanten aller Stoffe systematisch so aufeinander abgestimmt, daß sich die Reaktionsenthalpien aller denkbaren chemischen Reaktionen widerspruchsfrei bestimmen lassen.

Man vereinbart nun, die (Bildungs-)Enthalpien der Elemente im thermochemischen Standardzustand, $T_0 = 298{,}15$ K ($t_0 = 25$ °C) und $p_0 = 100$ kPa = 1 bar, gleich null zu setzen, womit die Bildungsenthalpie jeder chemischen Verbindung im Standardzustand einen eindeutigen, aus Messungen zu bestimmenden Wert erhält, vgl. die Zusammenstellung von Tabelle 10.6. Mit diesen Daten lassen sich Heizwerte und Brennwerte chemisch einheitlicher Brennstoffe für die Standardtemperatur T_0 leicht berechnen. Man erhält den molaren Heizwert, wenn man die Bildungsenthalpie von Wasserdampf benutzt, und den molaren Brennwert, wenn man die Bildungsenthalpie von flüssigem Wasser einsetzt.

Beispiel 7.4. Man bestimme den molaren Heizwert und den molaren Brennwert des im Beispiel 7.1 behandelten Erdgases mit der Zusammensetzung nach Tabelle 7.2 unter Benutzung der Bildungsenthalpien von Tabelle 10.6.

Da das Erdgas als ideales Gasgemisch aufgefaßt werden kann, ergibt sich sein Heizwert als Summe der Heizwerte seiner brennbaren Bestandteile. Wir berechnen ihn am einfachsten als negative Reaktionsenthalpie der Summen-Reaktionsgleichung

$$y^B_{CH_4}CH_4 + y^B_{C_2H_6}C_2H_6 + y^B_{C_3H_8}C_3H_8 + O_{min}O_2 \rightarrow$$
$$(y^B_{CH_4} + 2y^B_{C_2H_6} + 3y^B_{C_3H_8}) CO_2 + (2y^B_{CH_4} + 3y^B_{C_2H_6} + 4y^B_{C_3H_8}) H_2O \,,$$

die mit den Molanteilen nach Tabelle 7.2 die Gestalt

$$0{,}896\,CH_4 + 0{,}012\,C_2H_6 + 0{,}006\,C_3H_8 + 1{,}864\,O_2 \rightarrow 0{,}938\,CO_2 + 1{,}852\,H_2O$$

erhält. Der molare Heizwert wird dann

$$H_{um} = -\Delta^R H = 0{,}896 H^f_{CH_4} + 0{,}012 H^f_{C_2H_6} + 0{,}006 H^f_{C_3H_8}$$
$$+ 1{,}864 H^f_{O_2} - 0{,}938 H^f_{CO_2} - 1{,}852 H^f_{H_2O} \,.$$

Mit den Werten der Bildungsenthalpien im Standardzustand nach Tabelle 10.6 erhalten wir $H_{um} = 748{,}3$ kJ/mol. Dabei haben wir die Bildungsenthalpie von gasförmigem H_2O eingesetzt, um den molaren Heizwert zu erhalten. Der Brennwert ergibt sich daraus zu

$$H_{om} = H_{um} + 1{,}852(H^{f,g}_{H_2O} - H^{f,fl}_{H_2O}) = 829{,}8 \text{ kJ/mol} \,.$$

Der Unterschied der Bildungsenthalpien von Wasserdampf $H^{f,g}_{H_2O}$ und flüssigem Wasser $H^{f,fl}_{H_2O}$ ist gleich der molaren Verdampfungsenthalpie bei der Standardtemperatur $t_0 = 25$ °C.

7.4 Die Anwendung des 2. Hauptsatzes auf Verbrennungsprozesse

In jeder Feuerung wird die durch die Verbrennung freigesetzte chemische Bindungsenergie als Wärme oder als Enthalpie heißer Verbrennungsgase genutzt. Die Gewinnung von technischer Arbeit bei der Verbrennung haben wir noch nicht in Betracht gezogen. Durch Anwenden des 2. Hauptsatzes wollen wir im folgenden klären, welche Irreversibilitäten bei einem Verbrennungsprozeß auftreten und welche Nutzarbeit aus der chemischen Bindungsenergie günstigstenfalls gewonnen werden kann. Unser Ziel wird also die Berechnung der Exergie sein, die in einem Brennstoff enthalten ist und die durch den Verbrennungsprozeß in Exergie anderer Energieformen (Wärme, Enthalpie der Verbrennungsgase) umgewandelt wird. Die Irreversibilität des Verbrennungsprozesses werden wir durch seinen Exergieverlust quantitativ erfassen.

7.4.1 Die reversible chemische Reaktion

Um zu untersuchen, welche technische Arbeit günstigstenfalls bei einem Verbrennungsprozeß gewonnen werden kann, betrachten wir den Idealfall der *reversiblen* Oxidation des Brennstoffs. Bei dieser Art der Reaktionsführung werden wir nicht nur Energie als Wärme, sondern auch als technische Arbeit gewinnen, und zwar das nach dem 2. Hauptsatz überhaupt mögliche Maximum an technischer Arbeit. Diese maximal gewinnbare Arbeit soll *reversible Reaktionsarbeit* genannt werden, wenn folgende Bedingungen für den Reaktionsablauf gelten: Die Reaktionsteilnehmer (Brennstoff, Sauerstoff) werden dem Reaktionsraum beim Druck p und bei der Temperatur T unvermischt zugeführt, vgl. Abb. 7.13. Die Reaktionsprodukte (Abgase) verlassen den Reaktionsraum ebenfalls *unvermischt*, wobei jeder Stoff unter demselben Druck p und bei derselben Temperatur T abgeführt wird. Die Reaktion soll reversibel laufen, wobei ein Wärmeaustausch nur mit einem Energiespeicher der konstanten Temperatur T zugelassen ist.

Es ist nun ein spezifischer Vorteil der thermodynamischen Betrachtungsweise, daß wir im einzelnen nicht zu überlegen brauchen, wie der Ablauf einer chemischen Reaktion reversibel gestaltet werden kann. Wir dürfen den Reaktionsraum als ein offenes thermodynamisches System behandeln, dessen Inneres uns unbekannt

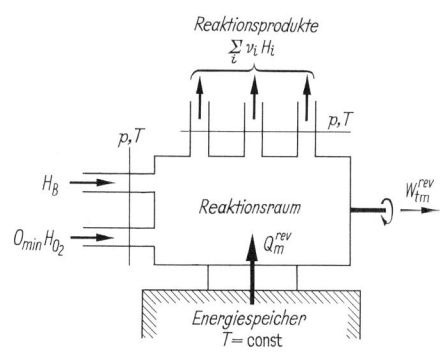

Abb. 7.13. Zur Bestimmung der reversiblen Reaktionsarbeit

bleiben darf. Auf dieses System wenden wir den 1. Hauptsatz an, wobei wir alle Größen auf die Stoffmenge des Brennstoffs beziehen:

$$Q_m^{rev} + W_{tm}^{rev} = \sum_i v_i H_i(T, p) - H_B(T, p) - O_{min} H_{O_2}(T, p) = \Delta^R H(T, p) \ .$$

Hierbei bedeutet W_{tm}^{rev} die gesuchte reversible Reaktionsarbeit; Q_m^{rev} ist die Wärme, die während der Reaktion aus dem Energiespeicher entnommen oder an diesen abgeführt wird. Die rechte Seite der Gleichung bedeutet die Reaktionsenthalpie der Verbrennungsreaktion. Fällt das H_2O in den Produkten gasförmig an, so stimmt $\Delta^R H(T, p)$ mit dem negativen Heizwert des Brennstoffs überein; bei flüssigem H_2O ist die Reaktionsenthalpie gleich dem negativen Brennwert.

Wir wenden nun den 2. Hauptsatz an. Da die Reaktion reversibel verlaufen soll, wird keine Entropie produziert, und es gilt die Entropiebilanzgleichung

$$\sum_i v_i S_i(T, p) - S_B(T, p) - O_{min} S_{O_2}(T, p) - Q_m^{rev}/T = 0 \ . \quad (7.21)$$

Die drei ersten Terme bedeuten die auf die Stoffmenge des Brennstoffs bezogenen Entropien der Reaktionsprodukte, des Brennstoffs und des Sauerstoffs. Dabei ist mit S die *molare* Entropie bezeichnet; den Index m lassen wir wie bei der molaren Enthalpie H fort. Das letzte Glied von (7.21) erfaßt die mit der Wärme Q_m^{rev} transportierte Entropie. Sie ist gleich der *Reaktionsentropie*

$$\Delta^R S(T, p) := \sum_i v_i S_i(T, p) - S_B(T, p) - O_{min} S_{O_2}(T, p)$$

der Oxidationsreaktion. $\Delta^R S$ ist analog zur Reaktionsenthalpie gebildet und bedeutet die Differenz der Entropien der Reaktionsprodukte gegenüber den Entropien von Brennstoff und Sauerstoff.

Wir eliminieren Q_m^{rev} aus den Bilanzgleichungen des 1. und 2. Hauptsatzes und erhalten für die reversible Reaktionsarbeit

$$W_{tm}^{rev} = \Delta^R H(T, p) - T \Delta^R S(T, p) = \Delta^R G(T, p) \ . \quad (7.22)$$

Analog zur Gibbs-Funktion $G = H - TS$, vgl. 3.2.2, nennt man $\Delta^R G(T, p)$ die *Gibbs-Funktion der Reaktion* oder die *freie Reaktionsenthalpie*. Die reversible Reaktionsarbeit ist damit aus Zustandsgrößen der an der Reaktion teilnehmenden Stoffe berechenbar und wie die Reaktionsenthalpie eine Eigenschaft des reagierenden Gemisches. Bei Verbrennungsreaktionen können wir W_{tm}^{rev} dem Brennstoff zuordnen und die reversible Reaktionsarbeit ebenso wie den Heizwert oder Brennwert als Brennstoffeigenschaft auffassen. Wir erwarten negative Werte von $\Delta^R G$, also eine gewinnbare (abzuführende) reversible Reaktionsarbeit.

7.4.2 Absolute Entropien. Nernstsches Wärmetheorem

Bei der Berechnung der reversiblen Reaktionsarbeit nach (7.22) benötigt man die Reaktionsentropie. Jede der in $\Delta^R S$ auftretenden molaren Entropien enthält aber eine unbestimmte Konstante. Diese Entropiekonstante hat uns bisher nicht interessiert, weil wir stets Entropiedifferenzen eines Stoffes in verschiedenen Zuständen berechnet haben, so daß sich die Entropiekonstante weghob. Jetzt müssen wir aber Entropiedifferenzen *verschiedener* Stoffe im selben Zustand bilden; die Entropiekonstanten dieser verschiedenen Stoffe heben sich nicht fort. Eine

7.4 Die Anwendung des 2. Hauptsatzes auf Verbrennungsprozesse

Berechnung derartiger Entropiedifferenzen ist also nur dann möglich, wenn es gelingt, einen für alle Stoffe gleichen Bezugszustand zu finden, in dem ihre Entropien einen bestimmten Wert haben.

Ein ähnliches Problem begegnete uns schon bei der Bestimmung des Heizwerts. Hier waren die *Enthalpie*konstanten verschiedener Stoffe aufeinander abzustimmen, was bereits durch eine kalorische Messung bei einer Temperatur gelöst wurde, vgl. 7.3.1. Eine ähnliche Abstimmung der *Entropie*konstanten ist jedoch schwieriger, denn hierzu müßten wir die Arbeit messen, die wir bei der reversiblen chemischen Reaktion erhalten. Bisher lassen sich jedoch nur sehr wenige Reaktionen annähernd reversibel durchführen, so daß dieser Weg zur Bestimmung der Entropiekonstanten im allgemeinen nicht zum Ziele führt.

Hier ermöglicht nun ein neuer Erfahrungssatz, das von W. Nernst 1906 ausgesprochene Wärmetheorem, die Entropiekonstanten verschiedener Stoffe so festzulegen, daß ihre Entropien vergleichbar sind, weswegen sie dann häufig als *absolute Entropien* bezeichnet werden. In einer von M. Planck angegebenen, über die ursprüngliche Formulierung von Nernst hinausgehenden Fassung lautet das Wärmetheorem:

Die Entropie eines jeden reinen kondensierten Stoffes, der sich im inneren Gleichgewicht befindet, nimmt bei $T = 0$ ihren kleinsten Wert an; dieser kann zu null normiert werden.

Nach diesem auch manchmal als *3. Hauptsatz der Thermodynamik* bezeichneten Satz verschwindet die Entropie bei $T = 0$, und wir haben hier den gesuchten gemeinsamen Bezugszustand, von dem aus wir die Entropiezählung aller Stoffe beginnen. Eine zweite Möglichkeit, absolute Entropien zu berechnen, eröffnet die statistische Thermodynamik auf der Grundlage der Quantentheorie, worauf wir nicht eingehen können. Die Ergebnisse beider Methoden stimmen überein bis auf wenige Ausnahmen, bei denen jedoch die Ursache der Abweichung in der fehlenden Einstellung des Gleichgewichts bei der Annäherung an $T \to 0$ gefunden wurde.

Die absolute Entropie in einem beliebigen Zustand (p, T) erhalten wir, wenn wir das Entropiedifferential

$$dS = \frac{dH - V\,dp}{T},$$

beginnend mit $T = 0$ K beim Zustand des festen Körpers, bis zum Zustand (p, T) integrieren. Diese Integration ist meist recht umständlich auszuführen, und es müssen zahlreiche thermische und kalorische Daten des Stoffes bekannt sein. Für praktische Zwecke gibt man die so gewonnenen oder mit Hilfe der statistischen Thermodynamik bestimmten absoluten Entropien als sogenannte *Standardentropien* im thermochemischen Standardzustand mit $t_0 = 25\ °\text{C}$ und $p_0 = 1$ bar an. Absolute Entropien in anderen Zuständen erhält man aus der Standardentropie durch Umrechnungen, zu denen man im allgemeinen nur die Molwärmen in kleinen Temperaturbereichen braucht. Tabelle 10.6 enthält die molaren Standardentropien S^0 für ausgewählte Stoffe. In dieser Zusammenstellung beziehen sich die Standardentropien von gasförmigen Stoffen stets auf den *idealen* Gaszustand bei $t = 25\ °\text{C}$ und $p = 1$ bar.

Mit Hilfe des Nernstschen Wärmetheorems wird die Berechnung von Entropieänderungen bei chemischen Reaktionen möglich. Insbesondere läßt sich nunmehr auch die reversible Reaktionsarbeit bestimmen. Besonders einfach wird diese

Rechnung, wenn wir für die reversible Reaktion den Druck $p = 1$ bar und die Temperatur $T = 298,15$ K wählen; wir können dann unmittelbar von den in Tabelle 10.6 vertafelten Standardentropien Gebrauch machen. Es gilt dann für die abgegebene reversible Reaktionsarbeit

$$-W_{tm}^{rev}(T_0, p_0) = H_{om}(T_0) + T_0 \left[\sum_i v_i S_i^0 - S_B^0 - O_{min} S_{O_2}^0 \right].$$

Da das bei $t_0 = 25\,°C$ und $p_0 = 1$ bar entstehende H_2O flüssig ist, haben wir den molaren Brennwert anstelle der negativen Reaktionsenthalpie eingesetzt. Für die reversible Oxidation von Wasserstoff und Kohlenstoff erhalten wir die folgenden Ergebnisse:

Wasserstoff

$$-W_{tm}^{rev} = -\Delta^R G(T_0, p_0) = H_{om} + T_0 \left(S_{H_2O}^{0,fl} - S_{H_2}^0 - \frac{1}{2} S_{O_2}^0 \right)$$

$$= 285,83\ (\text{kJ/mol}) + 298,15\ \text{K} \left(69,91 - 130,68 - \frac{1}{2} 205,14 \right) \text{J/mol K}$$

$$= (285,83 - 48,70)\ \text{kJ/mol} = 237,13\ \text{kJ/mol}$$

Kohlenstoff (Graphit)

$$-W_{tm}^{rev} = -\Delta^R G(T_0, p_0) = H_{um} + T_0 (S_{CO_2}^0 - S_C^0 - S_{O_2}^0)$$

$$= 393,51\ (\text{kJ/mol}) + 298,15\ \text{K}\ (213,74 - 5,74 - 205,14)\ \text{J/mol K}$$

$$= (393,51 + 0,85)\ \text{kJ/mol} = 394,36\ \text{kJ/mol}.$$

Bei der reversiblen Kohlenstoffoxidation ist $-W_{tm}^{rev} = 1,0022 H_{um}$, es könnte also noch mehr Arbeit gewonnen werden als der Heizwert angibt. Diese Mehrarbeit ist ebenso groß wie die Wärme, die dem Energiespeicher mit der Temperatur 25 °C entzogen wird, unter dem wir uns die Umgebung vorstellen können. Bei der Wasserstoffoxidation ist dagegen Wärme an die Umgebung abzuführen, nur 83% des Brennwerts lassen sich in Arbeit verwandeln. Diese Unterschiede sind durch das Vorzeichen der Reaktionsentropie bedingt.

In ähnlicher Weise lassen sich die reversiblen Reaktionsarbeiten anderer Verbrennungsreaktionen berechnen. Wie die in Tabelle 10.12 aufgeführten Beispiele zeigen, unterscheiden sich W_{tm}^{rev} und H_{om} nur wenig. Die im Brennwert erfaßte chemische Energie ist demnach weitgehend als umwandelbare Energie anzusehen. *Alle technischen Verbrennungsprozesse, die chemische Energie in Wärme oder innere Energie umwandeln, sind irreversibel und mit großen Verlusten im Sinne des 2. Hauptsatzes, d. h. mit einer Energieentwertung verbunden.*

7.4.3 Die Brennstoffzelle

Bevor wir auf die Berechnung der Irreversibilitäten wirklicher Verbrennungsprozesse eingehen, wollen wir zeigen, wie man die in den beiden letzten Abschnitten als reversibel angenommenen Oxidationsreaktionen wenigstens näherungsweise verwirklichen kann. Dies geschieht in ganz anderer Weise als bei der

7.4 Die Anwendung des 2. Hauptsatzes auf Verbrennungsprozesse

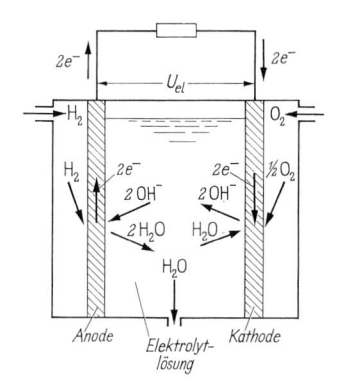

Abb. 7.14. Schema einer Brennstoffzelle (Wasserstoff-Sauerstoff-Zelle)

Verbrennung, nämlich auf elektrochemischem Wege in der Brennstoffzelle. Während ein Verbrennungsprozeß grundsätzlich irreversibel ist, läßt sich die Oxidation eines Brennstoffs in der Brennstoffzelle prinzipiell reversibel durchführen; praktisch ausgeführte Brennstoffzellen arbeiten natürlich irreversibel.

Jede Brennstoffzelle enthält zwei Elektroden, die Brennstoffelektrode (Anode), an der der Brennstoff zugeführt wird, und die Sauerstoffelektrode (Kathode). Abbildung 7.14 zeigt schematisch den Aufbau einer Wasserstoff-Sauerstoff-Zelle, die wir als instruktives Beispiel näher behandeln wollen. Zwischen den Elektroden befindet sich ein Elektrolyt, z. B. eine wäßrige KOH-Lösung. Der Zelle werden gasförmiger Wasserstoff und Sauerstoff in stetigem Strom etwa bei Umgebungstemperatur und Umgebungsdruck zugeführt, so daß wir einen stationären Fließprozeß annehmen können. Die Reaktionsarbeit wird als elektrische Arbeit gewonnen. Elektronen als Ladungsträger wandern von der Anode über den äußeren Teil des Stromkreises zur Kathode; Ionen wandern im Elektrolyten von der Kathode zur Anode. Zwischen den beiden Elektroden besteht eine elektrische Potentialdifferenz, die im reversiblen Grenzfall als reversible Klemmenspannung bezeichnet wird.

An der Brennstoffelektrode läuft die Anodenreaktion

$$H_2 + 2\,OH^- = 2\,H_2O + 2e^-$$

ab, an der Sauerstoffelektrode die Kathodenreaktion

$$\frac{1}{2}O_2 + H_2O + 2e^- = 2\,OH^-.$$

Die Summe der beiden Reaktionen ergibt die Gesamtreaktion

$$H_2 + \frac{1}{2}O_2 = H_2O,$$

die „gewöhnliche" Wasserstoffoxidation. Die reversible Reaktionsarbeit dieser Reaktion ist gleich der elektrischen Arbeit, die von der reversibel arbeitenden Brennstoffzelle abgegeben wird, wenn H_2, O_2 und das H_2O jeweils bei derselben Temperatur und beim gleichen Druck zu- bzw. abgeführt werden. Wählen wir $T = T_0 = 298{,}15$ K und $p = p_0 = 1$ bar, die Daten des Standardzustands, so wird nach 7.4.2

$$W_{tm}^{rev} = \Delta^R G(T_0, p_0) = -237{,}13 \text{ kJ/mol}.$$

Wir berechnen nun die reversible Klemmenspannung $(U_{el})_{rev}$. Für die elektrische Leistung gilt

$$P_{rev} = I_{el}(U_{el})_{rev} = \dot{n}_{H_2} W_{tm}^{rev} = \dot{n}_{H_2} \Delta^R G(T, p) \,. \tag{7.23}$$

Die elektrische Stromstärke I_{el} ergibt sich als Produkt des Stoffmengenstroms $\dot{n}_{el}$ der Elektronen, der Ladung eines Elektrons und der Avogadro-Konstante:

$$I_{el} = \dot{n}_{el}(-e) N_A \,.$$

Das Produkt aus der elektrischen Elementarladung $e = 1{,}60218 \cdot 10^{-19}$ C und der Avogadro-Konstante $N_A = 6{,}02214 \cdot 10^{23}$ mol^{-1} bezeichnet man als die Faraday-Konstante

$$F = eN_A = 96485 \text{ C/mol} = 96485 \text{ A s/mol} \,.$$

Mit

$$I_{el} = -\dot{n}_{el} F$$

erhält man für die reversible Klemmenspannung

$$(U_{el})_{rev} = -\frac{\dot{n}_{H_2}}{\dot{n}_{el}} \frac{\Delta^R G(T, p)}{F} \,.$$

Wie man aus der Gleichung für die Anodenreaktion erkennt, gilt

$$\dot{n}_{el} = 2\dot{n}_{H_2} \,,$$

somit wird

$$(U_{el})_{rev} = -\frac{\Delta^R G(T, p)}{2F} \,.$$

Die reversible Klemmenspannung hängt von T und p und von der in der Brennstoffzelle ablaufenden Reaktion ab.

Für die Wasserstoff-Sauerstoff-Zelle bei $T = T_0 = 298{,}15$ K und $p = p_0 = 1$ bar erhalten wir

$$(U_{el})_{rev} = -\frac{-237{,}13 \text{ kJ/mol}}{2 \cdot 96485 \text{ A s/mol}} = 1{,}229 \text{ V}$$

als reversible Klemmenspannung. Diese geringe Spannung ist ein erheblicher Nachteil für den praktischen Einsatz der Brennstoffzelle. Auch alle anderen Brennstoffzellen haben wie die H_2–O_2-Zelle Klemmenspannungen in der Größenordnung von 1 V.

Als Folge der im Inneren der Brennstoffzelle ablaufenden irreversiblen Prozesse ist die Klemmenspannung niedriger als der hier berechnete Höchstwert $(U_{el})_{rev}$. Dieser stellt sich nicht einmal im stromlosen Zustand ein; wird Strom entnommen, so sinkt die Spannung weiter ab, vgl. Abb. 7.15. Die wirklich abgegebene elektrische Leistung einer Brennstoffzelle ist geringer als die durch die reversible Reaktionsarbeit gegebene Leistung P_{rev}. Für die tatsächliche Leistung erhalten wir

$$P = U_{el} I_{el} = U_{el}(-F) \dot{n}_{el} \,.$$

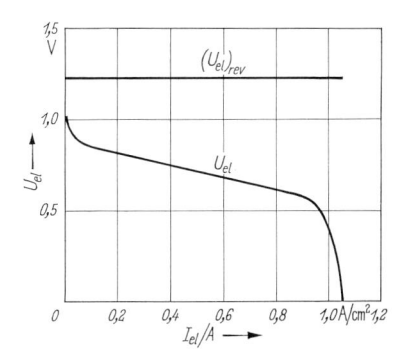

7.4 Die Anwendung des 2. Hauptsatzes auf Verbrennungsprozesse

Abb. 7.15. Klemmenspannung U_{el} einer typischen Wasserstoff-Sauerstoff-Zelle als Funktion der Stromdichte I_{el}/A mit A als Fläche der Elektroden

Der Stoffmengenstrom der Elektronen ist dem Stoffmengenstrom des tatsächlich umgesetzten Brennstoffs proportional. Hierfür gilt

$$\dot{n}_{el} = (\dot{n}_B)_U \frac{\Delta^R G(T, p)}{(-F)(U_{el})_{rev}},$$

so daß sich für die Leistung

$$P = (\dot{n}_B)_U \frac{U_{el}}{(U_{el})_{rev}} \Delta^R G(T, p)$$

ergibt.
Der Stoffmengenstrom $(\dot{n}_B)_U$ des *umgesetzten* Brennstoffs ist kleiner als der Stoffmengenstrom $\dot{n}_B$ des *zugeführten* Brennstoffs; denn bei gasförmigem Brennstoff kann ein Teil des Gases durch die Elektrode ungenutzt in den Elektrolyten eindringen, bei flüssigen Brennstoffen ist es schwierig, einen vollständigen Umsatz zu erzielen. Das Verhältnis

$$\eta_U = (\dot{n}_B)_U/\dot{n}_B$$

bezeichnet man als *Umsatzwirkungsgrad*. Hiermit erhalten wir für die Leistung

$$P = \eta_U \frac{U_{el}}{(U_{el})_{rev}} \dot{n}_B \Delta^R G(T, p) = \eta_U \frac{U_{el}}{(U_{el})_{rev}} P_{rev}. \tag{7.24}$$

mit P_{rev} nach (7.23) als der maximal möglichen Leistung der Brennstoffzelle. Wie (7.24) zeigt, gibt das aus der Strom-Spannungs-Kennlinie abzulesende Verhältnis der Klemmenspannungen die Leistungsminderung infolge der Irreversibilitäten an. Man kennzeichnet dieses Verhalten auch durch den (Gesamt-)Wirkungsgrad

$$\eta = \frac{P}{P_{rev}} = \eta_U \frac{U_{el}}{(U_{el})_{rev}},$$

der sich vor allem mit der Belastung der Zelle, d. h. mit der Stromstärke ändert. Bisher wurden Wirkungsgrade von 50 bis 60% erreicht.

In den letzten Jahrzehnten wurde an der Entwicklung leistungsfähiger Brennstoffzellen intensiv gearbeitet, vgl. z. B. [7.11]. Trotz dieser Bemühungen und trotz der bestechenden Möglichkeit, chemische Bindungsenergie direkt in elektrische Energie zu verwandeln, ist der praktische Nutzen der Brennstoffzelle gering geblieben. Aus technischen und vor allem wirtschaftlichen Gründen ist sie nicht geeignet, als Stromquelle hoher Leistung zu dienen. Die Brennstoffzelle läßt sich daher nur in Sonderfällen, z. B. in der Raumfahrt, einsetzen, wenn wirtschaftliche Überlegungen keine wesentliche Rolle spielen.

7.4.4 Die Exergie der Brennstoffe

Die thermodynamischen Verluste bei der Verbrennung erfassen wir durch die exergetische Untersuchung dieses Prozesses. Hierzu müssen wir zunächst den Begriff der *Brennstoffexergie* klären. Liegt ein Brennstoff bei $T = T_u$ und $p = p_u$ vor, so befindet er sich zwar im thermischen und mechanischen Gleichgewicht mit der Umgebung, jedoch nicht im chemischen Gleichgewicht. Bei der Reaktion mit dem Sauerstoff der Umgebungsluft läßt sich nämlich seine chemische Bindungsenergie durch geeignete Reaktionsführung auch in Arbeit, also in Exergie umwandeln. Der Brennstoff ist also bei T_u und p_u keineswegs exergielos, denn er steht noch nicht im vollständigen thermodynamischen Gleichgewicht mit der Umgebung.

Als Exergie des Brennstoffs wollen wir im folgenden allein den durch Oxidation in Exergie, z. B. in technische Arbeit, umwandelbaren Teil seiner Enthalpie bezeichnen, wobei sich der Brennstoff bereits im thermischen ($T = T_u$) und mechanischen ($p = p_u$) Gleichgewicht mit der Umgebung befindet. Die Brennstoffexergie erfaßt also nur die Exergie der chemischen Energie, die wir nun bestimmen wollen.

Hierzu gehen wir von der in 7.4.1 behandelten reversiblen Reaktion aus. Die Reaktionsteilnehmer — Brennstoff und Sauerstoff — werden dem Reaktionsraum getrennt beim Druck p_u der Umgebung mit $T = T_u$ zugeführt. Die Reaktionsprodukte (Abgase) verlassen den Reaktionsraum unvermischt, und zwar wird jeder Stoff bei Umgebungstemperatur T_u unter dem vollen Umgebungsdruck p_u abgeführt, Abb. 7.16. Ein Wärmeaustausch findet nur mit der Umgebung statt. Da bei der reversiblen Reaktion die Exergie erhalten bleibt, gilt die Exergiebilanz

$$E_B(T_u, p_u) + O_{min} E_{O_2}(T_u, p_u) + W_{tm}^{rev} = \sum_i \nu_i E_i(T_u, p_u) \ .$$

Die als Wärme Q_m^{rev} mit der Umgebung ausgetauschte Energie ist reine Anergie; sie tritt in der Exergiebilanz nicht auf. In ihr bedeuten E_B, E_{O_2} und E_i die molaren Exergien des Brennstoffs, des Sauerstoffs und der Reaktionsprodukte CO_2,

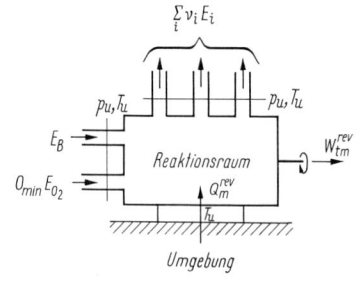

Abb. 7.16. Zur Bestimmung der Brennstoffexergie

7.4 Die Anwendung des 2. Hauptsatzes auf Verbrennungsprozesse 317

H_2O, SO_2; die ν_i sind ihre stöchiometrischen Zahlen. Wir erhalten damit für die molare Brennstoffexergie unter Berücksichtigung von (7.22)

$$E_B(T_u, p_u) = -W_{tm}^{rev}(T_u, p_u) + \sum_i \nu_i E_i(T_u, p_u) - O_{min} E_{O_2}(T_u, p_u)$$
$$= H_{om}(T_u) + T_u \Delta^R S(T_u, p_u) + \sum_i \nu_i E_i(T_u, p_u) - O_{min} E_{O_2}(T_u, p_u) \,. \quad (7.25)$$

Die gesuchte Brennstoffexergie ergibt sich aus dem Brennwert H_{om} des Brennstoffs, der Reaktionsentropie $\Delta^R S$ seiner Oxidationsreaktion und aus den molaren Exergien der Oxidationsprodukte und des Sauerstoffs. Hier wäre es nun falsch, die Exergien des O_2 und der Produkte (CO_2, H_2O, SO_2) für (T_u, p_u) einfach gleich null zu setzen. Diese Stoffe haben beim vollen Umgebungsdruck p_u noch eine bestimmte Exergie, denn sie treten in diesem Zustand nicht in der Umgebung auf. Will man etwa reinen Sauerstoff aus der Umgebungsluft gewinnen, so muß man hierfür mindestens die in 6.4.2 berechnete reversible Entmischungsarbeit aufwenden. Umgekehrt läßt sich durch reversible Vermischung von O_2 mit der Umgebungsluft Arbeit gewinnen, denn der Partialdruck des O_2 in der Luft ist kleiner als der volle Umgebungsdruck p_u. Sauerstoff und auch die Reaktionsprodukte haben daher bei p_u und T_u noch eine positive Exergie.

Diese Exergien hängen von der chemischen Zusammensetzung der Umgebung ab, wobei eine gewisse Willkür in der Wahl der Umgebungskomponenten besteht. Dieses Problem haben J. Ahrendts [7.12] und H. D. Baehr [7.13] ausführlich diskutiert. Glücklicherweise überwiegt in (7.25) der Brennwert H_{om} die übrigen Terme bei weitem, so daß die Brennstoffexergie nur relativ wenig durch die Wahl des Umgebungsmodells beeinflußt wird. Wir berechnen nun die Exergien von O_2 und den Reaktionsprodukten CO_2, H_2O und SO_2 auf der Grundlage eines sehr einfachen Umgebungsmodells [7.14].

Die atmosphärische Luft als „normaler" Bestandteil der Umgebung soll bei $T = T_u$ und $p = p_u$ exergielos sein; das gleiche soll für flüssiges Wasser gelten. Luft und Wasser sind bei T_u und p_u nur dann gleichzeitig exergielos, wenn sie miteinander im thermodynamischen Gleichgewicht stehen. Nach 5.3.1 und 5.3.3 muß dabei die Luft mit Wasserdampf gesättigt sein. Der Partialdruck $p_{H_2O}^u$, bei dem Wasserdampf exergielos ist, stimmt also mit seinem Sättigungsdruck $p_s(T_u, p_u)$ überein, vgl. 5.3.1. Damit liegen die Partialdrücke p_i^u und auch die Exergienullpunkte der übrigen Komponenten der Umgebungsluft fest: die Exergie dieser Stoffe (N_2, O_2, Ar, CO_2) ist bei $T = T_u$ und bei ihrem jeweiligen Partialdruck in der gesättigten feuchten Luft gleich null, denn dann ist das Gemisch, die gesättigte Luft, exergielos.

Der Exergienullpunkt des Reaktionsprodukts SO_2 läßt sich auf diese Weise nicht festlegen, weil SO_2 normalerweise kein Bestandteil der Umgebungsluft ist. Wir rechnen daher eine andere schwefelhaltige Verbindung zur Umgebung: Gips ($CaSO_4 \cdot 2\,H_2O$), dessen Exergie im festen Zustand bei T_u, p_u gleich null sein soll. Da wir mit dieser Festlegung ein weiteres Element, nämlich Ca, in unser Umgebungsmodell aufgenommen haben, müssen wir den Exergienullpunkt einer weiteren Kalziumverbindung festlegen. Wir wählen das häufig vorkommende $CaCO_3$ (Kalkspat); seine Exergie soll wie die von Gips bei $T = T_u$ und $p = p_u$ null sein. Damit enthält unser Umgebungsmodell eine Gasphase, nämlich feuchte Luft, die mit reinem flüssigen Wasser im Gleichgewicht steht, sowie zwei feste Phasen: Gips und Kalkspat. Mit diesem Umgebungsmodell lassen sich die Exergienullpunkte aller Stoffe, die keine anderen als die Elemente H, O, C, N, S und Ca enthalten, aufeinander abstimmen. Insbesondere ermöglicht es uns die Berechnung von Brennstoffexergien, weil die elementaren Brennstoffbestandteile H, C, S, O und N berücksichtigt sind. Es gibt wesentlich kompliziertere Umgebungsmodelle, die etwas abweichende Werte für die Brennstoffexergie ergeben, vgl. [7.12, 7.15].

Für die Berechnung der Exergien von O_2, N_2, CO_2, H_2O und SO_2 nehmen wir $T_u = 298{,}15$ K und $p_u = 100$ kPa an. Aus dem Dampfdruck des Wassers bei T_u, $p_{Ws} = 3{,}1693$ kPa, erhält man nach 5.3.1 den Partialdruck des Wasserdampfs in der feuchten Luft zu $p_{H_2O}^u = 3{,}1715$ kPa. Mit der Zusammensetzung der trockenen Luft nach Tabelle 5.2 ergeben sich daraus die in Tabelle 7.4 verzeichneten Partialdrücke der übrigen Komponenten feuchter Luft, wobei Ar und Kr zusammengefaßt wurden. Bei T_u und p_i^u sind die Exergien der in Tabelle 7.4 genannten gasförmigen Umgebungskomponenten null. Ihre molare Exergie beim vollen Umgebungsdruck erhält man zu

$$E_i(T_u, p_u) = RT_u \ln (p_u/p_i^u) \,.$$

Dies ist die isotherme Exergieänderung eines idealen Gases zwischen p_i^u, wo $E_i = 0$ ist, und $p = p_u$. Diese Werte und die sich daraus ergebenden spez. Exergien $e_i(T_u, p_u)$ sind ebenfalls in Tabelle 7.4 verzeichnet.

Tabelle 7.4. Partialdrücke p_i^u der Komponenten gesättigter feuchter Luft und ihre molaren und spez. Exergien bei $T_u = 298{,}15$ K und $p_u = 100$ kPa.

Komponente i	p_i^u kPa	$E_i(T_u, p_u)$ kJ/mol	$e_i(T_u, p_u)$ kJ/kg
N_2	75,608	0,693	24,7
O_2	20,284	3,955	123,6
H_2O	3,171	8,555[a]	474,9[a]
Ar	0,906	11,660	291,9
CO_2	0,031	20,027	455,1

[a] Diese Exergien entsprechen dem hypothetischen Zustand des idealen Gases Wasserdampf. Praktisch rechnet man mit $E_{H_2O}^{fl}(T_u, p_u) = 0$ bzw. $e_{H_2O}^{fl}(T_u, p_u) = 0$ für flüssiges Wasser.

Die noch fehlende Exergie von SO_2 erhalten wir aus der Exergiebilanz einer reversiblen chemischen Reaktion, an der außer SO_2 nur solche Stoffe teilnehmen, deren Exergie wir bereits kennen. Dies ist die Reaktion

$$SO_2 + CaCO_3 + 2\,H_2O^{fl} + \frac{1}{2} O_2 \to CaSO_4 \cdot 2\,H_2O + CO_2 \,.$$

Ihre Exergiebilanz bei (T_u, p_u) ergibt

$$E_{SO_2} = -W_{tm}^{rev} + E_{CO_2} - \frac{1}{2} E_{O_2} \,,$$

weil die Exergien der übrigen Reaktionsteilnehmer gleich null sind. Die reversible Reaktionsarbeit wird

$$W_{tm}^{rev} = \Delta^R G = G_{Gips} + G_{CO_2} - G_{SO_2} - G_{CaCO_3} - 2G_{H_2O}^{fl} - \frac{1}{2} G_{O_2}$$
$$= -288{,}40 \text{ kJ/mol}\,,$$

wobei die in [10.12] tabellierten molaren Gibbs-Funktionen G_i benutzt wurden. Mit E_{CO_2} und E_{O_2} nach Tabelle 7.4 erhält man die molare Exergie von SO_2 zu $E_{SO_2} = 306{,}45$ kJ/mol und die spez. Exergie $e_{SO_2} = 4783{,}4$ kJ/kg bei $T_u = 298{,}15$ K und $p_u = 100$ kPa. Diese hohen Werte, die man in ähnlicher Größe auch für andere Umgebungsmodelle erhält, sind durch die große negative Reaktionsarbeit bedingt.

Mit den auf der Basis unseres einfachen Umgebungsmodells nach [7.14] bestimmten Exergien von O_2, CO_2, H_2O und SO_2 lassen sich die molaren Exergien chemisch einheitlicher Brennstoffe nach (7.25) berechnen. Einige Ergebnisse enthält Tabelle 10.12. Die Exergie von Kohlenstoff ist 4,3 % größer als der Heizwert, die Exergien der flüssigen Brennstoffe stimmen fast mit ihrem Brennwert überein. Schwefel und H_2S haben hohe Exergien, die den Brennwert bei weitem übertreffen. Die Exergie von gasförmigen Kohlenwasserstoffen liegt um einige Prozent unter dem Brennwert. Wasserstoff hat eine im Vergleich zum Brennwert besonders niedrige Exergie: $E_{H_2} = 0{,}823 H_{om}$.

Die Exergie chemisch nicht definierter Brennstoffe, insbesondere die von Kohle und Heizöl, läßt sich nach (7.25) nicht ohne weiteres bestimmen, weil die zur Berechnung der Reaktionsentropie $\Delta^R S$ benötigte absolute Entropie des Brennstoffs nicht bekannt ist. Diese Größe hat H. D. Baehr [7.13] abgeschätzt und ein Verfahren angegeben, mit dem man die spez. Exergie chemisch nicht definierter Brennstoffe aus ihrer Elementaranalyse mit einer Unsicherheit von etwa 1 % berechnen kann. Dieses Verfahren läßt sich mit den linearen Gleichungen kombinieren, die F. Brandt [7.2] als empirisch ermittelten Zusammenhang zwischen den Massenanteilen γ_i der Elementaranalyse und dem Heizwert oder Brennwert von Kohle und Heizöl gefunden hat. Es ergeben sich lineare Beziehungen zwischen e_B und H_u bzw. e_B und H_o [7.14].

Mit dem hier benutzten Umgebungsmodell erhält man für die Verhältnisse e_B/H_u und e_B/H_o die folgenden Gleichungen.

Kohle:

$$e_B/H_u = 0{,}978 + 2{,}41 \text{ (MJ/kg)}/H_u, \qquad H_u < 33 \text{ MJ/kg},$$

$$e_B/H_o = 1{,}018 + 0{,}152 \text{ (MJ/kg)}/H_o, \qquad H_o < 34 \text{ MJ/kg}.$$

Heizöl:

$$e_B/H_u = 1{,}065 - 0{,}320 \text{ (MJ/kg)}/H_u, \qquad 38 \text{ MJ/kg} < H_u < 44 \text{ MJ/kg},$$

$$e_B/H_o = 0{,}905 + 4{,}06 \text{ (MJ/kg)}/H_o, \qquad 40 \text{ MJ/kg} < H_o < 47 \text{ MJ/kg}.$$

Diese Beziehungen sind in Abb. 7.17 veranschaulicht. Das Verhältnis e_B/H_o weicht nur wenig von eins ab; in grober Näherung kann die Exergie gleich dem Brennwert gesetzt werden.

Beispiel 7.5. Man berechne die molare Exergie des Erdgases, dessen Zusammensetzung in Tabelle 7.2 gegeben ist, für $T_u = 298{,}15$ K und $p_u = 100$ kPa.

Die Exergie dieses Gasgemisches ergibt sich als die Summe der Exergien seiner Komponenten, berechnet bei $T = T_u$ und beim jeweiligen Partialdruck $p_i = y_i^B p_u$ der Komponente i im Erdgas:

$$E_B(T_u, p_u) = \sum_{i=1}^{5} y_i^B E_i(T_u, p_i) = \sum_{i=1}^{5} y_i^B E_i(T_u, p_u) + RT_u \sum_{i=1}^{5} y_i^B \ln y_i^B.$$

Der letzte Term kann auch als der Exergieverlust gedeutet werden, der bei der Herstellung des (idealen) Gasgemisches aus den fünf Komponenten entsteht. Mit den Molanteilen von Tabelle 7.2 und den molaren Exergien von Tabelle 10.12 und Tabelle 7.4 erhält man $E_B(T_u, p_u) = 774{,}0$ kJ/mol.

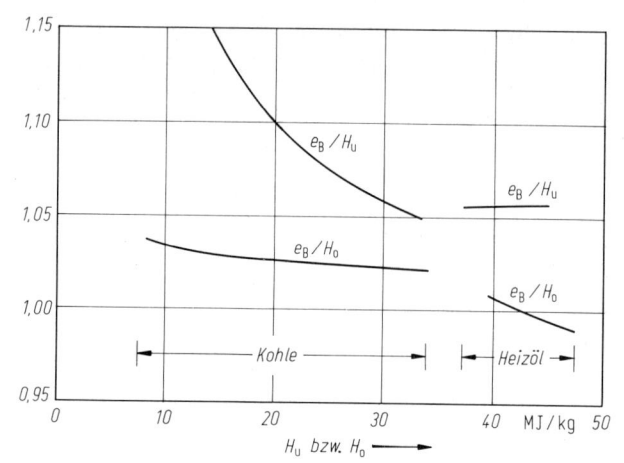

Abb. 7.17. Verhältnisse e_B/H_u und e_B/H_o für Kohle und Heizöl als Funktionen von H_u bzw. H_o

7.4.5 Der Exergieverlust der adiabaten Verbrennung

Der in einer Feuerung auftretende Exergieverlust setzt sich aus zwei Teilen zusammen: aus dem Exergieverlust eines als adiabat angenommenen Verbrennungsprozesses und aus dem Exergieverlust bei der Abkühlung des Verbrennungsgases. Der zweite Anteil, nämlich ein Exergieverlust bei der Wärmeübertragung, läßt sich nach den uns bekannten Methoden von 6.3.4 bestimmen. Wir gehen daher nur auf die Berechnung des Exergieverlustes der adiabaten Verbrennung ein.

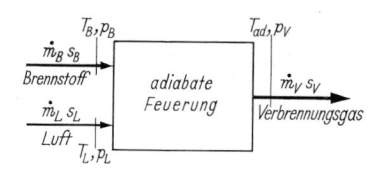

Abb. 7.18. Schema der Entropieströme bei einer adiabaten Feuerung

Für einen adiabaten Prozeß erhält man den Exergieverlust aus der Entropiezunahme aller am Prozeß beteiligten Stoffströme. Diese Entropiebilanz ist in Abb. 7.18 veranschaulicht. Beziehen wir alle Größen auf die Masse bzw. den Massenstrom des Brennstoffs, so erhalten wir für den spezifischen Exergieverlust

$$e_v = T_u s_{irr} = T_u [\mu_V s_V(T_{ad}, p_V) - s_B(T_B, p_B) - \lambda l_{min} s_L(T_L, p_L)]. \quad (7.26)$$

In diese Gleichung sind ausschließlich absolute Entropien im Sinne von 7.4.3 einzusetzen. Für die Entropie der Luft gilt

$$s_L(T_L, p_L) = s_L^0(T_L) - R_L \ln(p_L/p_0),$$

wobei die absolute Entropie s_L^0 beim Standarddruck $p_0 = 100$ kPa in Tabelle 10.8 vertafelt ist. Die Entropie des Verbrennungsgases setzt sich aus drei Anteilen zusammen: der Entropie des stöchiometrischen Verbrennungsgases und der überschüssigen Luft sowie der Mischungsentropie dieser beiden Gase. Es gilt

$$\mu_V s_V(T_{ad}, p_V) = \mu_V^* s_V^{0*}(T_{ad}) + (\lambda - 1) l_{min} s_L^0(T_{ad})$$
$$- \mu_V^* R_V^* [(1 + A) \ln (p_V/p_0) - (1 + A) \ln (1 + A) + A \ln A]$$

mit

$$A := (\lambda - 1) l_{min} R_L / \mu_V^* R_V^* .$$

Die spez. Entropie s_V^{0*} des stöchiometrischen Verbrennungsgases beim Standarddruck p_0 ist für mehrere Brennstoffe in Tabelle 10.10 vertafelt; diese Werte enthalten bereits die Mischungsentropie des stöchiometrischen Verbrennungsgases. Will man dagegen s_V^{0*} aus den in Tabelle 10.8 vertafelten Entropien seiner vier Bestandteile, vgl. 7.2.3, berechnen, so muß man die Mischungsentropie Δs_M des stöchiometrischen Verbrennungsgases nach 5.2.3 berücksichtigen. Die mit der Gaskonstante R_V^* des stöchiometrischen Verbrennungsgases multiplizierte eckige Klammer enthält die Druckabhängigkeit der Entropie des Verbrennungsgases und seine Mischungsentropie.

Die spez. absolute Entropie s_B des Brennstoffs läßt sich nur für chemisch einheitliche Stoffe oder für Gemische aus bekannten Komponenten angeben, dagegen nicht für Brennstoffe wie Kohle oder Öl, bei denen man nur die Elementaranalyse kennt. Die hier benötigte Standardentropie hat H. D. Baehr [7.13] zu $s_B = (3,5 \pm 1,0)$ kJ/kg K für Heizöl und andere flüssige Brennstoffe abgeschätzt. Sieht man einen festen Brennstoff als Gemenge aus der brennbaren Substanz, dem Wasser und der Asche an, so gilt

$$s_B = (1 - \gamma_W - \gamma_A) s_B' + \gamma_W s_W + \gamma_A s_A .$$

Eine Abschätzung der Standardentropie des brennbaren Anteils liefert $s_B' = (1,7 \pm 1,0)$ kJ/kg K, während für Wasser $s_W = 3,881$ kJ/kg K gilt. Den Ascheanteil wird man weglassen, weil auch bei der Berechnung von s_{irr} in (7.26) die Asche unberücksichtigt blieb. Im allgemeinen liefert von den drei Termen in (7.26) s_B den kleinsten Beitrag, so daß die hier angegebenen Abschätzungen keinen allzu großen Fehler verursachen dürften.

Der Exergieverlust e_v der adiabaten Verbrennung wird durch zwei Parameter beeinflußt: durch das Luftverhältnis λ und die Temperatur T_L der Luft. Mit zunehmendem Luftverhältnis vergrößert sich der Exergieverlust, während er mit wachsendem T_L, also bei Verbrennung mit vorgewärmter Luft, kleiner wird. Wir definieren einen *exergetischen Wirkungsgrad der Verbrennung* durch

$$\zeta := \frac{\dot{E}_V - \dot{E}_L}{\dot{E}_B} = 1 - \frac{\dot{E}_v}{\dot{E}_B} = 1 - \frac{e_v}{e_B} ,$$

vgl. Abb. 7.19, wo die Exergieströme veranschaulicht sind. Abbildung 7.20 zeigt am Beispiel der adiabaten Verbrennung von Heizöl EL, vgl. Tabelle 7.3, wie sich der exergetische Wirkungsgrad ζ mit dem Luftverhältnis λ und der Temperatur t_L der vorgewärmten Luft ändert. Ohne Luftvorwärmung ($t_L = 25$ °C) tritt ein Exergieverlust von etwa 30% der Brennstoffexergie auf, der sich mit zunehmendem Luftverhältnis auf 50 bis 60% vergrößert. Luftvorwärmung ver-

Abb. 7.19. Exergieströme in einer adiabaten Feuerung

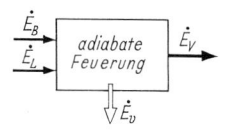

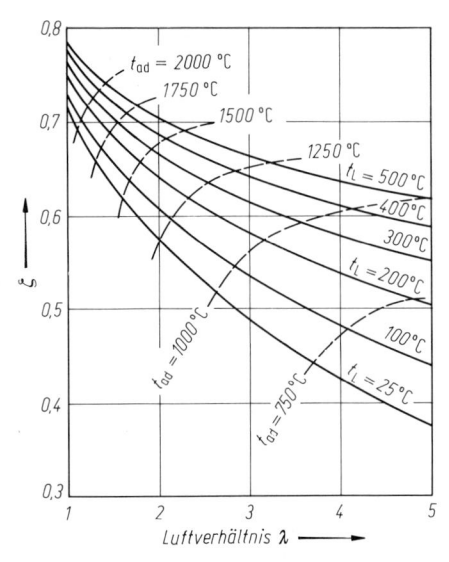

Abb. 7.20. Exergetischer Wirkungsgrad der adiabaten Verbrennung von Gasöl (Heizöl EL, Dieselkraftstoff) in Abhängigkeit vom Luftverhältnis λ und der Temperatur t_L vorgewärmter Luft

bessert den exergetischen Wirkungsgrad besonders bei hohen Werten von λ. In Abb. 7.20 sind außerdem Kurven konstanter adiabater Verbrennungstemperatur eingezeichnet. Abbildung 7.20 wurde ohne Berücksichtigung der Dissoziation des Verbrennungsgases berechnet. Nach H. D. Baehr und E. F. Schmidt [7.16] hat diese auch bei adiabaten Verbrennungstemperaturen $t_{ad} > 2000\ °C$ einen vernachlässigbar kleinen Einfluß auf ζ bzw. e_v. Der Exergieverlust e_v der adiabaten Verbrennung ergibt sich nämlich nach (7.26) aus der Entropie des Verbrennungsgases. Diese vergrößert sich als Folge der Dissoziation viel weniger als die Enthalpie, so daß ζ mit und ohne Berücksichtigung der Dissoziation fast gleich groß erhalten wird.

7.5 Verbrennungskraftanlagen

Die Möglichkeit, bei Verbrennungsreaktionen Nutzarbeit zu gewinnen, wird in den Verbrennungskraftanlagen verwirklicht. Hierzu gehören die Gasturbinenanlagen und die Verbrennungsmotoren. In diesen Anlagen verzichtet man im Gegensatz zur Brennstoffzelle, vgl. 7.4.3, von vornherein auf die reversible Oxidation des Brennstoffs und die dabei theoretisch gewinnbare reversible Reaktionsarbeit nach 7.4.1 und 7.4.2. Der Brennstoff wird vielmehr „normal", d. h. irreversibel verbrannt, und man wandelt die thermische Energie des Verbrennungsgases in Nutzarbeit um. Nach 6.1.2 ist dies nur bei einer Expansion des Verbrennungsgases auf einen niedrigeren Druck möglich. Somit muß der Brennstoff unter höherem Druck verbrannt werden. Die Gasturbinenanlage, Abb. 7.21, enthält daher einen Verdichter, der die Luft auf den hohen Druck in der Brennkammer verdichtet. Das Verbrennungsgas expandiert in der Turbine auf den Umgebungsdruck und strömt nach der Arbeitsabgabe an die Umgebung als Abgas ab. Auch in einem Verbrennungsmotor wird die Luft bzw. das Brennstoff-Luft-Gemisch zuerst verdichtet, bevor das durch Verbrennung bei hohem Druck entstandene Verbrennungsgas unter Arbeitsabgabe expandiert und an die Umgebung abströmt, vgl. 7.5.5.

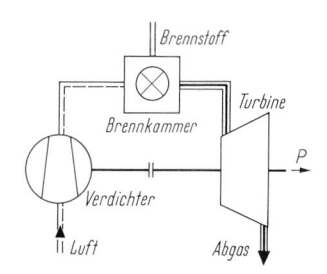

Abb. 7.21. Schaltbild einer offenen Gasturbinenanlage als Beispiel einer Verbrennungskraftanlage

7.5.1 Leistungsbilanz und Wirkungsgrad

Eine Verbrennungskraftanlage ist ein offenes System, dem Brennstoff und Luft zugeführt werden; das Verbrennungsgas verläßt das System als Abgas. Neben der gewünschten Nutzleistung P wird ein Wärmestrom $\dot{Q}$ abgegeben, sofern die Verbrennungskraftmaschine nicht adiabat ist. Die Leistungsbilanz

$$\dot{Q} + P = \dot{m}_B[h''(t_A, \lambda) - h'(t_L, t_B, \lambda)]$$

ist in Abb. 7.22 veranschaulicht, wobei wir vollständige Verbrennung voraussetzen. Die auf die Masse des Brennstoffs bezogene Enthalpie h' von Luft und Brennstoff ist durch (7.10), die Enthalpie h'' des Abgases durch (7.11) gegeben. In der Regel werden Luft und Brennstoff mit gleicher Temperatur zugeführt. Wir setzen $t_B = t_L = t_0$, wobei t_0 die willkürlich wählbare Bezugstemperatur ist. Damit vereinfacht sich (7.10), und wir erhalten die Leistungsbilanz

$$\dot{Q} + P = \dot{m}_B \mu_V [h_V(t_A) - h_V(t_0)] - \dot{m}_B H_u(t_0) \ .$$

Mit dem spez. Abgasverlust q_{Av} nach (7.17) ergibt sich die abgegebene Nutzleistung zu

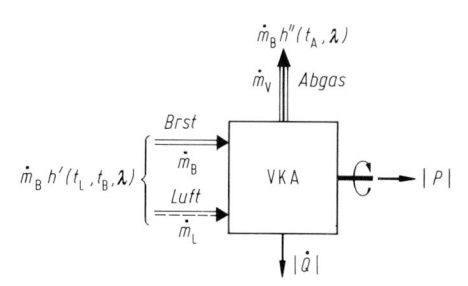

$$-P = \dot{m}_B H_u(t_0) - \dot{m}_B q_{Av} - |\dot{Q}| \ ,$$

Abb. 7.22. Leistungsbilanz einer Verbrennungskraftanlage

wobei wir $\dot{Q} < 0$ angenommen haben. $(-P)$ wird durch die Brennstoffleistung $\dot{m}_B H_u$ bestimmt. Leistungsmindernd wirken sich der Abgasverlust $\dot{m}_B q_{Av}$ und der abgeführte Wärmestrom aus. Dieser läßt sich bei den Verbrennungsmotoren bisher nicht vermeiden, weil die Zylinderwände gekühlt werden müssen, um ihre thermische Überbeanspruchung und ein Verbrennen des Schmieröls zu verhindern.

Zur Bewertung der Energieumwandlung definiert man den (Gesamt-)Wirkungsgrad

$$\eta := \frac{-P}{\dot{m}_B H_u} = 1 - \frac{q_{Av}}{H_u} - \frac{|\dot{Q}|}{\dot{m}_B H_u}.$$

Er ist aufgrund der Leistungsbilanz des 1. Hauptsatzes gebildet und berücksichtigt nicht die Aussagen des 2. Hauptsatzes. Dagegen gibt der exergetische (Gesamt-)Wirkungsgrad

$$\zeta := (-P)/\dot{m}_B e_B$$

der Verbrennungskraftanlage an, welcher Teil des mit dem Brennstoff zugeführten Exergiestroms in Nutzleistung umgewandelt wird. Im Nenner von ζ steht die spez. Exergie e_B des Brennstoffs, nämlich der Teil der chemischen Bindungsenergie, dessen Umwandlung in Nutzarbeit nach dem 2. Hauptsatz möglich ist. Daher nimmt ζ im reversiblen Grenzfall den Wert eins an, was auf η nicht zutrifft. Es gilt vielmehr

$$\eta = (e_B/H_u)\, \zeta \leq e_B/H_u\,.$$

Das Verhältnis e_B/H_u hat für flüssige Brennstoffe den Wert 1,06, vgl. 7.4.4. Eine Verbrennungskraftanlage könnte theoretisch Wirkungsgrade über eins erreichen. Das ist jedoch deswegen grundsätzlich nicht möglich, weil man sich mit der Wahl einer Verbrennungskraftanlage entschieden hat, die irreversible Verbrennung mit ihrem hohen Exergieverlust hinzunehmen. Somit bildet der in 7.4.5 bestimmte exergetische Wirkungsgrad der adiabaten Verbrennung die Obergrenze für ζ. Praktisch werden erheblich niedrigere exergetische Wirkungsgrade erreicht, da weitere Exergieverluste auftreten. So bleiben die Wirkungsgrade auch moderner Gasturbinenanlagen meistens unter 35%. Dieselmotoren haben effektive Wirkungsgrade von etwa 40%; große aufgeladene, langsam laufende Motoren erreichen sogar Wirkungsgrade bis 52%. Die effektiven Wirkungsgrade von Ottomotoren liegen dagegen nur zwischen 25 und 35%.

7.5.2 Die einfache Gasturbinenanlage

Die einfache Gasturbinenanlage besteht aus nur drei Komponenten, dem Luftverdichter, der Brennkammer und der Turbine, vgl. Abb. 7.21. Ihr Aufbau ist einfach; sie bietet den Vorteil einer kompakten Bauweise. Gasturbinen dienen als schnell in Betrieb zu setzende Anlagen kleinerer Leistung der Deckung von Spitzenbelastungen in der öffentlichen Elektrizitätsversorgung, als Stromerzeuger in Industriebetrieben und zur Notstromerzeugung. Die Gasturbine benötigt zu ihrem Betrieb kein Kühlwasser und ist daher auch an wasserarmen Standorten einsetzbar. Ein weiteres wichtiges Einsatzgebiet ist der Flugzeugantrieb, worauf wir in 7.5.4 eingehen; sie wird auch zum Antrieb von Schiffen und in Ausnahmefällen von Landfahrzeugen verwendet.

7.5 Verbrennungskraftanlagen

Die Berechnung des Gasturbinenprozesses unter Berücksichtigung der Verbrennung und der thermodynamischen Eigenschaften des Verbrennungsgases ist relativ aufwendig. Um die wichtigsten Zusammenhänge einfacher und klarer darzustellen, verschieben wir diese thermodynamisch einwandfreie Behandlung auf den nächsten Abschnitt und legen der Berechnung zunächst ein stark vereinfachtes Modell zugrunde. Hierbei wird die in der Brennkammer stattfindende Verbrennung durch eine äußere Wärmezufuhr ersetzt. Das Arbeitsgas ist in allen Teilen des Prozesses Luft. Die unter diesen Vereinfachungen ausgeführten Rechnungen ergeben noch keine quantitativ richtigen Resultate, sie zeigen aber die Zusammenhänge zwischen den charakteristischen Prozeßgrößen in durchaus zutreffender Weise.

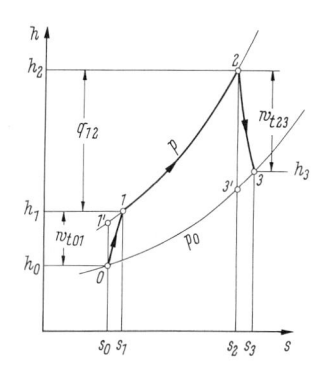

Abb. 7.23. Zustandsänderungen der Luft beim Modellprozeß der einfachen Gasturbinenanlage

Unter den vorgenommenen Vereinfachungen lassen sich die Zustandsänderungen der Luft in einem h,s-Diagramm, Abb. 7.23, darstellen. Die Verdichtung $0 \rightarrow 1$ ist ein irreversibler adiabater Prozeß, der durch den isentropen Wirkungsgrad η_{sV} oder den polytropen Wirkungsgrad η_{vV} des Verdichters gekennzeichnet wird, vgl. 6.5.2. Wir vernachlässigen den Druckabfall in der Brennkammer, setzen also $p_2 = p_1 = p$. Die irreversible Expansion in der adiabaten Turbine mit dem isentropen Turbinenwirkungsgrad η_{sT} bzw. dem polytropen Wirkungsgrad η_{vT} soll wieder auf den Ansaugdruck der Luft führen: $p_3 = p_0$. Der reversible Prozeß $01'23'$ wird auch als Joule-Prozeß bezeichnet. Die von der Turbine abgegebene Leistung $(-P_{23})$ dient zum Antrieb des Verdichters, der die Leistung P_{01} benötigt, und liefert die Nutzleistung $(-P)$. Bei der Leistungsabgabe der Turbine treten mechanische Reibungsverluste auf; wir berücksichtigen sie durch den mechanischen Wirkungsgrad

$$\eta_m := (-P + P_{01})/(-P_{23}) .$$

Für die Nutzleistung gilt also

$$-P = \eta_m(-P_{23}) - P_{01} = \dot{m}(-w_t) = \dot{m}[\eta_m(-w_{t23}) - w_{t01}] .$$

Da Verdichter und Turbine adiabat sind, folgt aus dem 1. Hauptsatz unter Vernachlässigung kinetischer und potentieller Energien für die spez. Nutzarbeit

$$-w_t = \eta_m(h_2 - h_3) - (h_1 - h_0) .$$

Wir führen nun eine weitere Vereinfachung ein, indem wir die Luft als ideales Gas mit *konstantem* c_p^0 annehmen. Die Zustandsänderungen $1 \rightarrow 2$ und $2 \rightarrow 3$

werden durch Polytropen angenähert, für deren Polytropenverhältnisse $v_V = 1/\eta_{vV}$ und $v_T = \eta_{vT}$ gilt. Die zur Zeit erreichbaren polytropen Wirkungsgrade der beiden Strömungsmaschinen lassen sich durch die Annahme $\eta_{vV} \approx \eta_{vT} \approx 0{,}90$ gut erfassen. Nach 6.1.3 erhalten wir

$$-w_t = c_p^0 T_0 \left[\eta_m \frac{T_2}{T_0} (1 - \lambda^{-\eta_{vT}}) - (\lambda^{1/\eta_{vV}} - 1) \right], \quad (7.27)$$

wobei

$$\lambda := (p/p_0)^{R/c_p^0} = (p/p_0)^{(\varkappa-1)/\varkappa}$$

gesetzt wurde. Da die Annahme konstanter, d. h. vom Druckverhältnis unabhängiger, polytroper Wirkungsgrade gut zutrifft, läßt sich mit dieser Gleichung die Abhängigkeit der Nutzarbeit vom Druckverhältnis verfolgen.

Mit wachsendem p/p_0 bzw. λ werden die Turbinenarbeit und die davon abzuziehende Arbeit des Verdichters größer. Es wächst aber die Verdichterarbeit stärker als die Turbinenarbeit, so daß es ein optimales Druckverhältnis gibt, bei dem die Nutzarbeit ein Maximum erreicht, vgl. Abb. 7.24. Optimales Druckverhältnis und maximale Nutzarbeit wachsen mit der höchstzulässigen Temperatur T_2 bzw. mit dem Temperaturverhältnis T_2/T_0. Um große spez. Nutzleistungen und, wie wir gleich sehen werden, hohe Wirkungsgrade zu erreichen, muß man hohe Turbineneintrittstemperaturen T_2 anstreben.

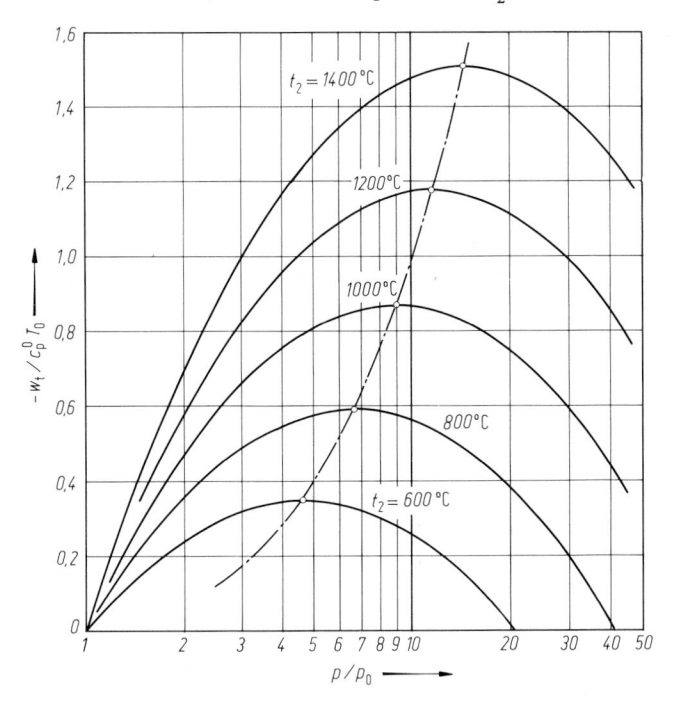

Abb. 7.24. Spez. Nutzarbeit des Luftprozesses für $\varkappa = 1{,}40$ und $\eta_{vV} = \eta_{vT} = 0{,}90$ in Abhängigkeit vom Druckverhältnis für verschiedene Turbineneintrittstemperaturen t_2; Verdichtereintrittstemperatur $t_0 = 15\,°C$

7.5 Verbrennungskraftanlagen

Ein erheblicher Teil der Turbinenarbeit muß zum Antrieb des Verdichters aufgewendet werden. Die Nutzleistung ist daher nur ein recht kleiner Teil der insgesamt installierten Turbinen- und Verdichterleistung. In Abb. 7.25 sind die Leistungsverhältnisse $(P_{01}/|P_{23}|)$ und $|P_{max}|/(P_{01} + |P_{23}|)$ als Funktionen von t_2 dargestellt für das jeweils optimale Druckverhältnis. Auch hier ergeben sich umso günstigere Werte, je höher die Temperatur am Turbineneintritt gewählt werden kann.

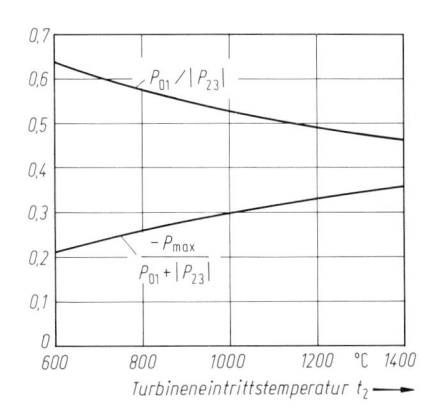

Abb. 7.25. Leistungsverhältnisse $P_{01}/|P_{23}|$ (Verdichter/Turbine) und $|P_{max}|/(P_{01} + |P_{23}|)$ (Nutzleistung/installierte Maschinenleistung) für optimales Druckverhältnis

Ersetzt man im Rahmen unseres vereinfachten Modells die Verbrennung durch eine äußere Wärmezufuhr, dann gilt für die Brennstoffleistung

$$\dot{m}_B H_u = \dot{Q}_{12} = \dot{m} q_{12} = \dot{m}(h_2 - h_1) = \dot{m} c_p^0 (T_2 - T_1) \,. \tag{7.28}$$

Nach 6.1.3 erhält man für die Endtemperatur T_1 der polytropen Verdichtung

$$T_1 = T_0 (p/p_0)^{\nu_V R/c_p^0} = T_0 \lambda^{1/\eta_V V} \,.$$

Der Wirkungsgrad der einfachen Gasturbinenanlage wird dann

$$\eta := \frac{-w_t}{q_{12}} = \frac{\eta_m (T_2/T_0)(1 - \lambda^{-\eta_v T}) - (\lambda^{1/\eta_v V} - 1)}{(T_2/T_0) - \lambda^{1/\eta_v V}} \,.$$

Er hängt vom Druckverhältnis, vom Temperaturverhältnis T_2/T_0 und von den polytropen Wirkungsgraden ab.

Wie Abb. 7.26 zeigt, wächst η mit steigendem Druckverhältnis, erreicht ein Maximum und sinkt wieder ab. Das Druckverhältnis, bei dem η seinen Maximalwert erreicht, ist erheblich größer als das Druckverhältnis, bei dem die maximale spez. Nutzleistung auftritt. Bei der Auslegung einer Gasturbinenanlage muß man einen Kompromiß eingehen; man wählt entweder das (kleinere) optimale Druckverhältnis für die größte Nutzarbeit oder einen etwas höheren Wert, um eine noch merkliche Wirkungsgradsteigerung zu erzielen. Hohe Wirkungsgrade lassen sich nur bei hohen Gastemperaturen t_2 am Turbineneintritt erreichen. Es war daher stets Ziel der Gasturbinenentwicklung, die höchste Prozeßtempera-

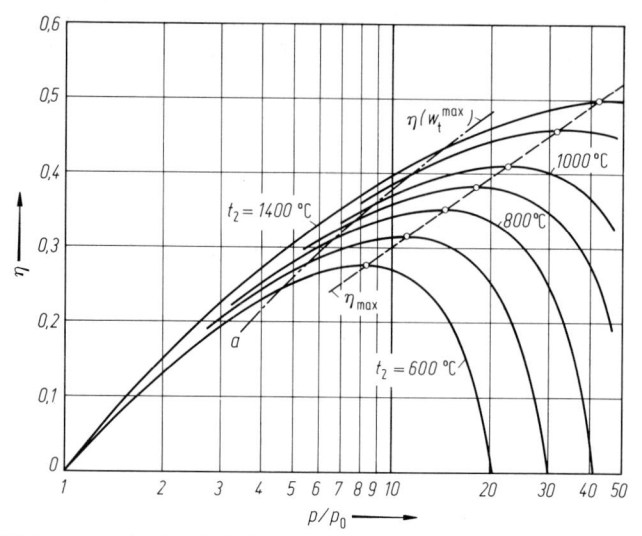

Abb. 7.26. Wirkungsgrad η der einfachen Gasturbinenanlage (Luftprozeß) als Funktion des Druckverhältnisses p/p_0 und der Turbineneintrittstemperatur t_2 für $t_0 = 15\ °C$. Kurve a: Wirkungsgrad bei maximaler Nutzarbeit

tur zu steigern. Dies geschah zunächst durch die Verwendung von möglichst warmfesten Materialien und später durch Schaufelkühlung, die eine merkliche Erhöhung von etwa 800 °C auf fast 1100 °C gestattete, vgl. hierzu [7.17].

Wir bestimmen nun die *Exergieverluste*, die in den Komponenten der einfachen Gasturbinenanlage auftreten, und veranschaulichen sie in einem T,s-Diagramm. Der spezifische Exergieverlust des adiabaten Verdichters ist

$$e_{v01} = T_u(s_1 - s_0) = T_u R\, \frac{1 - \eta_{vV}}{\eta_{vV}}\, \ln(p/p_0),$$

wobei $s_0 = s_u$ ist. Für die adiabate Brennkammer stellen wir die Exergiebilanz

$$\dot{m}_B e_B = \dot{m}(e_2 - e_1) + \dot{m} e_{v12}$$

auf, aus der wir mit $\dot{m}_B$ nach (7.28)

$$e_{v12} = (h_2 - h_1)\frac{e_B}{H_u} - (e_2 - e_1) = (h_2 - h_1)\left(\frac{e_B}{H_u} - 1\right) + T_u(s_2 - s_1)$$

erhalten. Da e_B nur um wenige Prozent größer als der Heizwert ist, überwiegt in dieser Gleichung der letzte Term. Für die adiabate Turbine ergibt sich schließlich

$$e_{v23} = T_u(s_3 - s_2) = RT_u(1 - \eta_{vT})\ln(p/p_0).$$

Die spezifischen Exergieverluste der drei Komponenten der Gasturbinenanlage lassen sich als Rechteckflächen im T,s-Diagramm veranschaulichen, wenn man bei e_{v12} nur den Anteil $T_u(s_2 - s_1)$ berücksichtigt, vgl. Abb. 7.27. Infolge der guten strömungstechnischen Gestaltung von Verdichter und Turbine (hohe Werte von η_{vV} und η_{vT}!) bleiben die Exergieverluste dieser Maschinen relativ klein gegenüber dem Exergieverlust e_{v12} bei der Verbrennung.

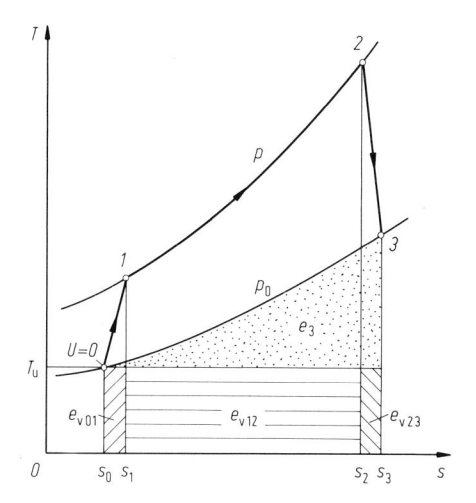

Abb. 7.27. Exergieverluste der einfachen Gasturbinenanlage (Luftprozeß) im T,s-Diagramm

Neben den eben genannten Exergieverlusten muß aber auch die Exergie e_3 des Turbinenabgases als verloren gelten. Das aus der Turbine abströmende Gas hat eine noch hohe Temperatur T_3 und damit eine hohe spezifische Exergie

$$e_3 = h_3 - h_u - T_u(s_3 - s_u),$$

die nicht zur Gewinnung von Nutzarbeit herangezogen wird, Abb. 7.27. Man sollte daher versuchen, die Abgasexergie zu nutzen. Sie kann zur Gewinnung von Heizwärme oder Prozeßwärme bei der sogenannten Kraft-Wärme-Kopplung dienen, worauf wir in 9.2.4 zurückkommen. Eine sehr vorteilhafte Nutzung des Gasturbinenabgases ist in den kombinierten Gas-Dampf-Wärmekraftwerken möglich, wo das Abgas als Wärmequelle des nachgeschalteten Dampfkraftprozesses dient, vgl. 8.2.5.

7.5.3 Die genauere Berechnung des Gasturbinenprozesses

Die thermodynamisch korrekte Berechnung des Gasturbinenprozesses muß die Verbrennung, den Druckabfall in der Brennkammer, die Eigenschaften des Verbrennungsgases und die kinetischen Energien berücksichtigen. Wie in 7.5.2 wollen wir die spez. Nutzarbeit und den Wirkungsgrad der in Abb. 7.28 dargestellten Anlage bestimmen. Wir beziehen die Nutzleistung P auf den Massenstrom $\dot{m}_L$ der vom Verdichter angesaugten Luft und erhalten für die spez. Nutzarbeit

$$-w_t := -P/\dot{m}_L = \eta_m(1 + \dot{m}_B/\dot{m}_L)(-w_{t23}) - w_{t01}. \quad (7.29\text{a})$$

Der Gesamtwirkungsgrad ergibt sich zu

$$\eta := \frac{-P}{\dot{m}_B H_u} = \frac{\dot{m}_L}{\dot{m}_B} \frac{-w_t}{H_u} = \frac{1}{H_u}[(1 + \lambda l_{\min})\eta_m(-w_{t23}) - \lambda l_{\min}(w_{t01})]. \quad (7.29\text{b})$$

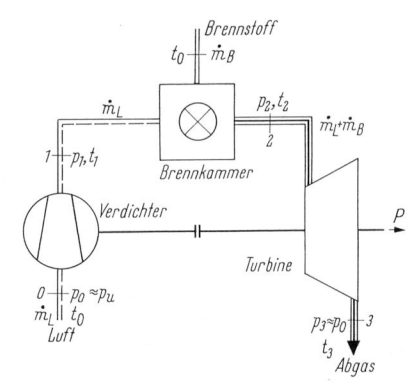

Abb. 7.28. Schaltbild einer offenen Gasturbinenanlage

Neben den spezifischen technischen Arbeiten w_{t01} des Verdichters und w_{t23} der Turbine muß das Luft-Brennstoff-Verhältnis

$$\dot{m}_L/\dot{m}_B = \lambda l_{\min}$$

bzw. das Luftverhältnis λ bestimmt werden.

Um diese Aufgabe zu lösen, sehen wir den Brennstoff mit seinen Eigenschaften H_u und $l_{\min}$ als gegeben an. Es seien ferner bekannt die Temperatur T_0 der angesaugten Luft, die Temperatur T_2 am Turbineneintritt und die vier Drücke p_0 bis p_3, wobei sich p_2 um den Druckabfall in der Brennkammer von p_1 unterscheidet und p_3 nahe bei p_0 liegen wird. Es seien ferner die polytropen Wirkungsgrade η_{vV} und η_{vT} der beiden Maschinen gegeben. Die kinetischen Energien sollen vernachlässigt werden. Eine noch genauere Modellierung des Gasturbinenprozesses findet man z. B. bei W. Traupel [7.18]. Er benutzt auch ein anderes Verfahren zur Bestimmung der thermodynamischen Eigenschaften des Verbrennungsgases.

Wir beginnen mit der Berechnung der Temperatur t_1, die die Luft am Ende der als polytrop angenommenen Verdichtung erreicht. Nach (6.10) erhalten wir die Beziehung

$$s_L^0(t_1) = s_L^0(t_0) + (R_L/\eta_{vV}) \ln (p_1/p_0) , \qquad (7.30)$$

aus der t_1 mit Hilfe von Tabelle 10.8 leicht zu bestimmen ist. Damit ergibt sich die spez. technische Arbeit des adiabaten Verdichters zu

$$w_{t01} = \bar{c}_{pL}^0(t_1) \, t_1 - \bar{c}_{pL}^0(t_0) \, t_0 .$$

Die mittleren spez. Wärmekapazitäten enthält Tabelle 10.7.

Der nächste Schritt hat die Bestimmung des Luftverhältnisses λ zum Ziel. Es muß so gewählt werden, daß das Verbrennungsgas die als adiabat angenommene Brennkammer mit der gegebenen Temperatur t_2 verläßt. Wir wenden den 1. Hauptsatz auf die Brennkammer an und erhalten mit $t_B = t_0$ aus

$$-q = h'(t_1, t_B, \lambda) - h''(t_2, \lambda) = 0 ,$$

vgl. 7.3.4, eine in λ lineare Gleichung, vgl. Beispiel 7.3. Sie enthält die spezifische Enthalpie h_V^* des stöchiometrischen Verbrennungsgases, die man vorteilhaft mit den in Tabelle 10.9 vertafelten mittleren spez. Wärmekapazitäten eines Modell-Verbrennungsgases berechnet.

7.5 Verbrennungskraftanlagen

Zur Bestimmung der Turbinenarbeit berechnen wir zunächst die Abgastemperatur t_3. Für die Polytrope $2 \rightarrow 3$ des Verbrennungsgases gilt

$$s_V^0(t_3) = s_V^0(t_2) - \eta_{vT} R_V \ln (p_2/p_3)$$

mit R_V als seiner Gaskonstante. Da das Verbrennungsgas aus dem stöchiometrischen Verbrennungsgas und der überschüssigen Luft besteht, ergibt sich

$$\mu_V^* s_V^{0*}(t_3) + (\lambda - 1) l_{min} s_L^0(t_3) = \mu_V^* s_V^{0*}(t_2) + (\lambda - 1) l_{min} s_L^0(t_2)$$
$$- \eta_{vT}[\mu_V^* R_V^* + (\lambda - 1) l_{min} R_L] \ln (p_2/p_3)$$

als Polytropengleichung. Hierin ist t_3 die einzige unbekannte Größe; mit Hilfe der in Tabelle 10.8 bzw. 10.10 vertafelten Entropiefunktionen von Luft und stöchiometrischem Verbrennungsgas läßt sich t_3 durch inverse Interpolation bestimmen. Als spez. technische Arbeit der Turbine erhält man

$$-w_{t23} = h_V^*(t_2) - h_V^*(t_3) + \frac{(\lambda - 1) l_{min}}{1 + \lambda l_{min}} [h_L(t_2) - h_L(t_3)] .$$

Damit sind alle Größen ermittelt, um schließlich die Nutzarbeit und den Wirkungsgrad nach (7.29) zu berechnen. Aus w_t ergibt sich der Massenstrom $\dot{m}_L$ für eine vorgegebene Nutzleistung bzw. P, wenn $\dot{m}_L$ gegeben ist.

Als Ergebnis des hier dargestellten Rechengangs zeigt Abb. 7.29 den maximal erreichbaren Wirkungsgrad η_{max} und den Wirkungsgrad $\eta(w_t^{max})$, den die einfache Gasturbinenanlage beim Druckverhältnis mit der maximalen spez. Nutzarbeit erreicht, als Funktionen der Turbineneintrittstemperaturen t_2. Zum Vergleich sind die entsprechenden Kurven des Luftprozesses gestrichelt eingetragen. Für beide Modellrechnungen gelten die Daten $t_0 = 15$ °C, $\eta_{vV} = \eta_{vT} = 0{,}90$; $\eta_m = 0{,}985$. Als Brennstoff wurde Gasöl nach Tabelle 7.3 mit den in Tabelle 10.8 und 10.9 vertafelten Eigenschaften seines stöchiometrischen Verbrennungsgases gewählt. Bei diesem Prozeß mit Verbrennungsgas wurde auch der Druckabfall in der Brennkammer mit $p_2 = 0{,}970 p_1$ berücksichtigt. Wie Abb. 7.29 zeigt, liegen die Wirkungsgrade der genaueren Modellrechnung merklich niedriger als die mit dem einfachen Luftprozeß berechneten Werte. Auch treten die Maxima von $(-w_t)$ und η bei höheren Druckverhältnissen auf als beim Luftprozeß.

Turbineneintrittstemperaturen $t_2 > 850$ °C lassen sich nur bei Schaufelkühlung der Turbine realisieren. Hierbei wird ein kleiner Teilstrom der verdichteten Luft nicht in die Brennkammer geleitet, sondern als Kühlmittel für Teile des Läufers und der Turbinenbeschaufelung benutzt und schließlich dem in der Turbine expandierenden Verbrennungsgas beigemischt. Hierdurch entstehen Verluste, die in unserem Berechnungsmodell nicht berücksichtigt wurden, weswegen die in Abb. 7.29 dargestellten Wirkungsgrade zu groß sind. Dies zeigen auch die in diese Abbildung eingetragenen Werte ausgeführter Industrie-Gasturbinen. W. Traupel [7.18] hat ein Verfahren zur Berechnung des Gasturbinenprozesses mit gekühlter Turbine angegeben, das den nachteiligen Einfluß der Schaufelkühlung jedoch etwas überschätzt, vgl. Kurve *a* in Abb. 7.29.

Die einfache Gasturbinenanlage erreicht im Industrie- oder Kraftwerkseinsatz Wirkungsgrade zwischen 30 und 33% mit einem Verdichterdruckverhältnis von 10 bis 15 bei Turbineneintrittstemperaturen um 1050 °C. Der relativ niedrige Wirkungsgrad ist vor allem auf den nicht vermeidbaren Exergieverlust der Verbrennung zurückzuführen und auf die große Exergie, die mit dem Abgas verlorengeht, vgl. Abb. 7.27. Um die Abgasexergie zu nutzen, bietet sich die Vorwärmung

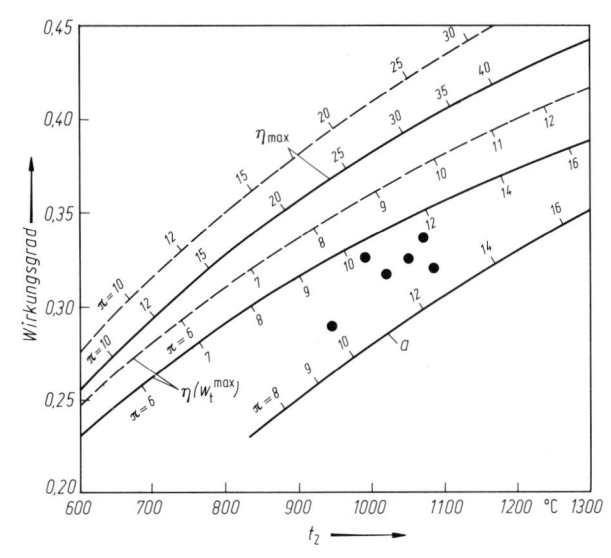

Abb. 7.29. Maximaler Wirkungsgrad η_{max} und Wirkungsgrad $\eta(w_t^{max})$ bei maximaler spez. Nutzarbeit als Funktionen der Turbineneintrittstemperatur t_2. $\pi = p_1/p_0$ Verdichterdruckverhältnis. Durchgezogene Linien: Prozeß mit Verbrennung von Gasöl; gestrichelte Linien: Luftprozeß mit konstantem c_p^0. Punkte: Wirkungsgrade ausgeführter Kraftwerksturbinen nach [7.17]. Kurve a: $\eta(w_t^{max})$ für gekühlte Turbine nach W. Traupel [7.18].

der Verbrennungsluft durch das Abgas an. Hierzu dient ein zusätzlicher Wärmeübertrager, der auch als Rekuperator bezeichnet wird, Abb. 7.30. Das aus der Turbine strömende Abgas wird auf eine Temperatur $T_3^* < T_3$ abgekühlt, während sich die verdichtete Luft von T_1 auf T_1^* erwärmt. Mit dieser Schaltung läßt sich der Wirkungsgrad merklich steigern. Dies muß aber mit der Komplikation eines zusätzlichen, recht aufwendigen Bauteils erkauft werden. Damit geht der große Vorteil der einfachen Gasturbinenanlage — einfacher Aufbau mit geringen Investitionskosten — verloren, weswegen der thermodynamisch sinnvolle Einbau des Wärmeübertragers aus wirtschaftlichen Gründen nur in Ausnahmefällen verwirklicht wird.

Weitere Wirkungsgradsteigerungen lassen sich durch mehrstufige Verdichtung mit Zwischenkühlung und durch Expansion in zwei Turbinen mit Verbrennung in einer zweiten

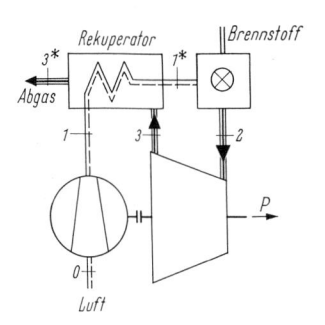

Abb. 7.30. Schaltbild einer offenen Gasturbinenanlage mit Rekuperator

Brennkammer (zwischen den Turbinen) erreichen. Diese Prozeßverbesserungen haben in der Gasturbinenentwicklung vorübergehend eine Rolle gespielt, vgl. [7.17, 7.19]. Da heute mit hochwarmfesten Materialien und durch Schaufelkühlung hohe Turbineneintrittstemperaturen möglich geworden sind, haben diese aufwendigen Schaltungen keine Bedeutung mehr. Es hat sich die einfache Gasturbinenanlage durchgesetzt, gekennzeichnet durch eine kompakte Bauweise mit geringen Anlagekosten, durch hohe Turbineneintrittstemperaturen und ein relativ großes Druckverhältnis. Derartige Gasturbinenanlagen werden mit Nutzleistungen bis zu 150 MW gebaut, wobei ein wichtiges Einsatzgebiet das kombinierte Gas-Dampf-Kraftwerk ist, das eine hervorragende Nutzung der Abgasexergie ermöglicht, vgl. 8.2.5.

7.5.4 Die Gasturbine als Flugzeugantrieb

Der Flugzeugantrieb gehört zu den wichtigsten Einsatzgebieten der Gasturbine, vgl. die einführende Darstellung von K. Hünecke [7.20] sowie die umfassenden Bücher von H. G. Münzberg [7.21] und H. Hagen [7.22]. Bei hohen Fluggeschwindigkeiten, etwa für Mach-Zahlen $Ma > 0{,}75$, nimmt der Wirkungsgrad des Propellerantriebs rasch ab, so daß er durch den Strahlantrieb ersetzt wurde. Im Turbinen-Luftstrahl-Triebwerk (TL-Triebwerk) wird die bei der Verbrennung frei werdende Energie nicht nur in Wellenarbeit der Gasturbine umgewandelt, sondern überwiegend in kinetische Energie des Verbrennungsgases. Es strömt als Strahl hoher Geschwindigkeit aus einer Düse, die hinter der Turbine angeordnet ist. Die Turbinenarbeit dient nur zum Antrieb des Verdichters. Der Vortrieb des Flugzeugs kommt dadurch zustande, daß der Impulsstrom $(\dot{m}_L + \dot{m}_B)\,c_a$ des austretenden Strahls größer ist als der Impulsstrom $\dot{m}_L c_e$ der eintretenden Luft; dabei sind c_a die Austrittsgeschwindigkeit des Strahls und c_e die Eintrittsgeschwindigkeit der Luft, jeweils relativ zum Triebwerk gerechnet.

Der aus dem Triebwerk austretende Strahl hat eine höhere Temperatur t_a und eine höhere Geschwindigkeit als die ruhende Luft. Somit tritt neben dem Abgasverlust auch ein Verlust an kinetischer Energie auf. Um diese Verluste zu berechnen, wenden wir den 1. Hauptsatz auf den in Abb. 7.31 um das Triebwerk gelegten Kontrollraum an und nehmen den Standpunkt eines mit der Fluggeschwindigkeit c_0 auf dem Kontrollraum mitfliegenden Beobachters ein. In die Leistungsbilanzgleichung

$$\dot{Q} + P = (\dot{m}_L + \dot{m}_B)\,[h_V(t_a) + c_a^2/2] - \dot{m}_B h_B(t_B) - \dot{m}_L[h_L(t_e) + c_0^2/2]$$

führen wir den Heizwert H_u nach (7.7) ein. Wir wählen die Bezugstemperatur t_0 so, daß $t_0 = t_e$ gilt und nehmen $t_B \approx t_e$ an. Da das Triebwerk adiabat ist ($\dot{Q} = 0$) und für den mitfliegenden Beobachter ruht ($P = 0$), erhält man aus der Leistungsbilanzgleichung

$$\dot{m}_B H_u = P_i + \dot{m}_B q_{Av}\,. \tag{7.31}$$

Die mit dem Brennstoff zugeführte Leistung wird in die *innere kinetische Leistung*

$$P_i := (\dot{m}_L + \dot{m}_B)\,c_a^2/2 - \dot{m}_L c_0^2/2 \tag{7.32}$$

und in den Abgasverluststrom $\dot{m}_B q_{Av}$ nach (7.17) umgesetzt. Die innere kinetische Leistung P_i sieht man als den gewünschten Energiestrom an und definiert

$$\eta_i := P_i/\dot{m}_B H_u = 1 - q_{Av}/H_u$$

als den inneren Wirkungsgrad des Strahltriebwerks.

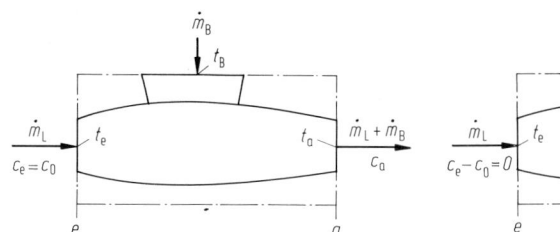

Abb. 7.31. Strahltriebwerk mit Kontrollraum, der relativ zum (mitfliegenden) Beobachter ruht

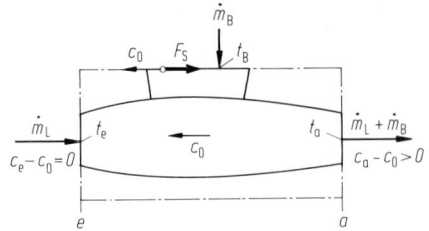

Abb. 7.32. Strahltriebwerk im Flug mit der Geschwindigkeit c_0. Der Schub F_s ist die einzige am Kontrollraum angreifende äußere Kraft

Um zu untersuchen, welcher Teil der inneren kinetischen Leistung P_i dem Vortrieb des Flugzeugs dient, betrachten wir nun das Triebwerk von einem ruhenden Beobachter aus; für ihn stellt es einen Kontrollraum dar, der sich mit der Fluggeschwindigkeit c_0 von rechts nach links bewegt, Abb. 7.32. Die obere Kontrollraumgrenze schneidet die Befestigung des Triebwerks am Flugzeug. Hier wirkt der *Schub* F_s als äußere Kraft, die das „weggeschnittene" Flugzeug auf das Triebwerk (den Kontrollraum) ausübt. Da sich der Angriffspunkt der Schubkraft mit der Fluggeschwindigkeit c_0 bewegt, wird nach 2.2.1 die mechanische Leistung

$$P_V = -F_s c_0$$

vom Triebwerk an das Flugzeug abgegeben ($P_V < 0$!). Dies ist die gesuchte *Vortriebsleistung* des Strahltriebwerks.

Zu ihrer Berechnung wenden wir den 1. Hauptsatz auf den bewegten Kontrollraum von Abb. 7.32 an:

$$P_V + \dot{Q} = (\dot{m}_B + \dot{m}_L)[h_V(t_a) + \frac{1}{2}(c_a - c_0)^2] - \dot{m}_B[h_B(t_B) + c_0^2/2] - \dot{m}_L h_L(t_e) .$$

Wir nehmen dabei an, daß neben P_V keine weitere mechanische Leistung auftritt. Insbesondere soll sich im Eintritts- und Austrittsquerschnitt derselbe Druck einstellen, so daß die Resultierende der Druckkräfte gleich null gesetzt werden kann. Mit $\dot{Q} = 0$, $t_B \approx t_e = t_0$ und mit (7.7) für den Heizwert erhalten wir

$$-P_V = \dot{m}_B(H_u + c_0^2/2) - \dot{m}_B q_{Av} - \frac{1}{2}(\dot{m}_L + \dot{m}_B)(c_a - c_0)^2 . \qquad (7.33)$$

Leistungsmindernd wirken sich der Abgasverluststrom $\dot{m}_B q_{Av}$ und die *Strahlverlustleistung*

$$P_{Stv} := \frac{1}{2}(\dot{m}_L + \dot{m}_B)(c_a - c_0)^2 \qquad (7.34)$$

aus. Die kinetische Energie des austretenden Abgasstrahls, der die Geschwindigkeit $(c_a - c_0)$ relativ zur Umgebung hat, wird hinter dem Triebwerk vollständig dissipiert.

Wir setzen nun $\dot{m}_B H_u$ nach (7.31) in (7.33) ein und erhalten

$$-P_V = P_i + \dot{m}_B c_0^2/2 - P_{Stv} . \qquad (7.35)$$

7.5 Verbrennungskraftanlagen

Von der inneren kinetischen Leistung P_i und der vernachlässigbar kleinen kinetischen Energie des Brennstoffs ist nur der um die Strahlverlustleistung verminderte Teil für den Vortrieb nutzbar. Setzt man P_i nach (7.32) und P_{Stv} nach (7.34) in (7.35) ein, so erhält man für die Vortriebsleistung

$$-P_V = (\dot{m}_L + \dot{m}_B) c_a c_0 - \dot{m}_L c_0^2 = F_S c_0 \ .$$

Der Schub wird damit

$$F_S = (\dot{m}_L + \dot{m}_B) c_a - \dot{m}_L c_0 \ ,$$

also gleich dem Impulsstrom des austretenden Abgasstrahls vermindert um den Impulsstrom der eintretenden Luft. Dieses Ergebnis erhält man auch durch Anwenden des Impulssatzes auf den in Abb. 7.32 dargestellten Kontrollraum.

Da $|P_V| < P_i$ ist, definiert man den *Vortriebswirkungsgrad*

$$\eta_V := -P_V/P_i \ .$$

Er charakterisiert die Strahlverlustleistung und hängt vom Geschwindigkeitsverhältnis c_a/c_0 und von $\dot{m}_B/\dot{m}_L$ ab. Für $\dot{m}_B/\dot{m}_L \to 0$ erhält man den einfachen Ausdruck

$$\eta_V = \frac{2}{1 + c_a/c_0} \ .$$

Der Vortriebswirkungsgrad ist umso größer, je weniger sich c_a und c_0 unterscheiden. Dann sind jedoch Schub und Vortriebsleistung klein, die mit $c_a \to c_0$ (und $\dot{m}_B/\dot{m}_L \to 0$) zu null werden.

Man erhält schließlich den *Gesamtwirkungsgrad* des Strahltriebwerks zu

$$\eta := \frac{-P_V}{\dot{m}_B H_u} = \eta_i \eta_V = \frac{c_0^2}{H_u} \left[(1 + \lambda l_{min}) \frac{c_a}{c_0} - \lambda l_{min} \right] .$$

Die beiden Teilwirkungsgrade kennzeichnen die Verluste an thermischer und an kinetischer Energie des heißen und mit hoher Geschwindigkeit abströmenden Strahls. Der Gesamtwirkungsgrad hängt von der Fluggeschwindigkeit c_0, vom Geschwindigkeitsverhältnis c_a/c_0 und vom Luftverhältnis λ der Verbrennung ab. Dabei sind c_a/c_0 und λ keine unabhängigen Größen; sie werden durch den im Triebwerk ablaufenden Prozeß bestimmt.

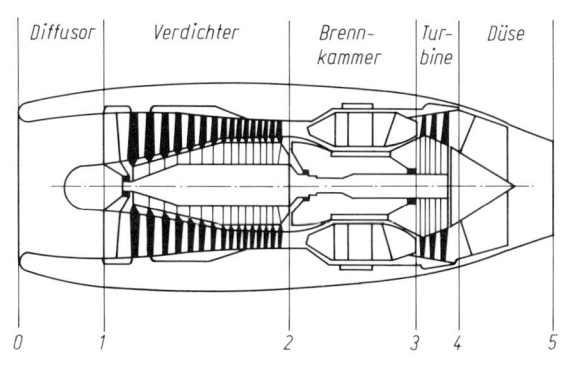

Abb. 7.33. Turbinen-Luftstrahl-Triebwerk (TL-Triebwerk), schematisch

Um diesen Prozeß zu erläutern, betrachten wir das in Abb. 7.33 schematisch dargestellte TL-Triebwerk. Es besteht aus dem Einlaufdiffusor, in dem die Luft unter Druckanstieg verzögert wird, dem Verdichter, der Brennkammer, der Turbine und der Schubdüse zur Beschleunigung des austretenden Verbrennungsgases. Wie schon erwähnt, dient die Turbine nur zum Antrieb des Verdichters und weiterer Hilfsaggregate; sie liefert ein heißes Gas unter höherem Druck, weswegen die eigentliche Gasturbinenanlage (Verdichter, Brennkammer, Gasturbine) auch als Gaserzeuger bezeichnet wird. Für die Prozeßberechnung des Gaserzeugers können wir auf die in 7.5.2 und 7.5.3 behandelten Methoden und Ergebnisse zurückgreifen. Die im Einlaufdiffusor und in der Schubdüse ablaufenden Strömungsprozesse lassen sich nach 6.2.4 berechnen. Obwohl in der Düse Überschallgeschwindigkeiten erreicht werden, verzichtet man bei den Triebwerken der Verkehrsluftfahrt darauf, die Düse zu erweitern. Die dadurch verursachte Schubverringerung beträgt nur wenige Prozent, vgl. [7.22, S. 92/93] und das folgende Beispiel 7.6.

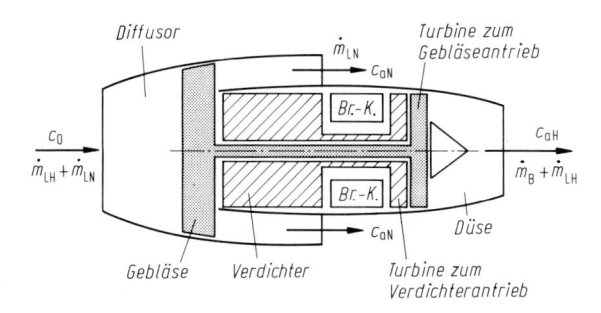

Abb. 7.34. Zweistrom-Triebwerk (ZTL-Triebwerk), schematisch

Mit wachsender Austrittsgeschwindigkeit c_a nehmen die Strahlverlustleistung P_{Stv} nach (7.34) zu und der Vortriebswirkungsgrad η_V ab. Dieser Wirkungsverschlechterung begegnet man durch das Zweistromtriebwerk (ZTL-Triebwerk), das besonders für Fluggeschwindigkeiten wenig unterhalb der Schallgeschwindigkeit eingesetzt wird. Beim ZTL-Triebwerk treibt die Turbine zusätzlich einen zweiten, meist einstufigen Verdichter (Gebläse) an, der einen kalten Luftstrom mit einem kleinen Druckverhältnis verdichtet, Abb. 7.34. Dieser Nebenstrom expandiert in einer ringförmigen Schubdüse auf eine mäßige Geschwindigkeit c_{aN}. Da aber sein Massenstrom $\dot{m}_{LN}$ verhältnismäßig groß ist ($\dot{m}_{LN}/\dot{m}_{LH} \approx 5$ bei Triebwerken für die Zivilluftfahrt), vergrößert sich der Schub

$$F_s = (\dot{m}_{LH} + \dot{m}_B) c_{aH} + \dot{m}_{LN} c_{aN} - (\dot{m}_{LH} + \dot{m}_{LN}) c_0$$

erheblich, und auch der Vortriebswirkungsgrad verbessert sich, vgl. [7.22, 7.25]. Zweistromtriebwerke werden daher für große Verkehrsflugzeuge bevorzugt eingesetzt.

Beispiel 7.6. Ein TL-Triebwerk nach Abb. 7.33 bewegt sich in 8000 m Höhe ($t_0 = -37{,}00\ °C$, $p_0 = 35{,}60$ kPa, $a_0 = 308{,}1$ m/s) mit der Flug-Mach-Zahl $Ma_0 = 0{,}80$. Für das Triebwerk sind gegeben: $\eta_{sD} = 0{,}80$, $\eta_{vV} = 0{,}88$, $\eta_{vT} = 0{,}90$, $\eta_{sS} = 0{,}96$ und $\eta_m = 0{,}98$. Die Temperatur am Turbineneintritt sei $t_3 = 1200\ °C$, das Verdichterdruckverhältnis $p_2/p_1 = 10{,}5$ und der Druck $p_3 = 0{,}95 p_2$. Man berechne den im Triebwerk ablaufenden Prozeß, den spez. Schub $F_s/\dot{m}_L$ und die Wirkungsgrade η_i, η_V und η.

Für den adiabaten Diffusor gilt nach 6.2.4 die Bedingung $h_1^+ = h_0^+$. Wir nehmen die Luft als ideales Gas mit konstantem $\bar{c}_p^0 = 1{,}004$ kJ/kg K an und erhalten daraus mit $c_0 = 246{,}5$ m/s und $c_1 \approx 0$

$$T_1 = T_0 + c_0^2/2\bar{c}_p^0 = 266{,}41 \text{ K}$$

oder $t_1 = -6{,}74$ °C als Temperatur am Verdichtereintritt. Aus der Definitionsgleichung des isentropen Diffusorwirkungsgrades η_{sD} erhält man, vgl. Abb. 7.35a,

$$T_{1'} = T_0 + \eta_{sD}(T_1 - T_0) = 260{,}36 \text{ K}$$

und daraus

$$p_1 = p_{1'} = p_0(T_{1'}/T_0)^{\kappa/(\kappa-1)} = 50{,}09 \text{ kPa}.$$

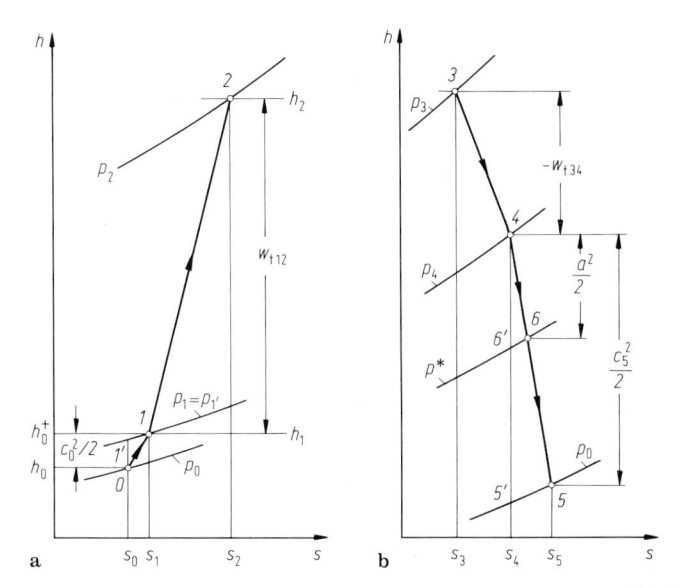

Abb. 7.35a, b. Zustandsänderungen beim Prozeß des TL-Triebwerks von Abb. 7.33 im h,s-Diagramm. **a** Zustandsänderungen $0 \to 1$ im Diffusor und $1 \to 2$ im Verdichter; **b** Expansion $3 \to 4$ in der Turbine, $4 \to 5$ in einer erweiterten (Laval-)Düse und $4 \to 6$ in einer nichterweiterten Düse. Der Enthalpiemaßstab von Teilbild **b** ist gegenüber Teilbild **a** etwa um die Hälfte verkleinert

Mit dem bekannten Verdichterdruckverhältnis ergibt sich der Druck am Austritt des Verdichters zu $p_2 = 526{,}0$ kPa. Die Endtemperatur der polytropen Verdichtung läßt sich aus (7.30) und den Entropien von Luft nach Tabelle 10.8 zu $t_2 = 293{,}6$ °C berechnen. Für die technische Arbeit des Verdichters ergibt sich

$$w_{t12} = \bar{c}_{pL}^0(t_2) \cdot t_2 - \bar{c}_{pL}^0(t_1) \cdot t_1 = 305{,}9 \text{ kJ/kg},$$

wobei die mittleren spez. Wärmekapazitäten der Luft Tabelle 10.7 zu entnehmen sind.

Um die weitere Rechnung durchsichtig zu halten, nehmen wir für das Verbrennungsgas die Eigenschaften von Luft an. Aus der Leistungsbilanz der Brennkammer,

$$\dot{m}_B H_u = \dot{m}_L[h_L(t_3) - h_L(t_2)],$$

erhält man das Brennstoff-Luft-Verhältnis

$$\beta := \dot{m}_B/\dot{m}_L = 1/\lambda l_{min} = 0{,}02365 \,,$$

wobei Turbinentreibstoff JP-4 mit $H_u = 43{,}6$ MJ/kg und $l_{min} = 14{,}624$ angenommen wurde. Daraus ergibt sich das Luftverhältnis $\lambda = 2{,}891$. Die korrekte Berechnung von λ unter voller Berücksichtigung der Verbrennung wurde im Beispiel 7.3 behandelt.

Da die Turbinenleistung zum Antrieb des Verdichters ausreichen muß, gilt

$$-w_{t34} = \bar{c}^0_{pL}(t_3)\, t_3 - \bar{c}^0_{pL}(t_4)\, t_4 = \frac{w_{t12}}{\eta_m(1+\beta)}\,.$$

Daraus folgt die Temperatur des Verbrennungsgases (als Luft behandelt!) am Austritt der Turbine zu $t_4 = 944{,}5$ °C. Der Druck p_4 am Ende der polytropen Expansion läßt sich aus

$$\eta_{vT} R_L \ln(p_4/p_3) = s^0_L(t_4) - s^0_L(t_3) = -0{,}2274$$

zu $p_4 = 207{,}2$ kPa berechnen.

Das für die Expansion in der Schubdüse zur Verfügung stehende Druckverhältnis $p_0/p_4 = 0{,}172$ ist kleiner als das Laval-Druckverhältnis $p^*/p_4 \approx 0{,}5$, vgl. 6.2.5. Die Düse muß nach dem engsten Querschnitt erweitert werden, um den Druck auf p_0 abzubauen und Überschallgeschwindigkeiten zu erreichen. Mit $c_4 \approx 0$ erhält man

$$c_5^2 = 2\eta_{sS}(h_4 - h_{5'}) = 2\eta_{sS}[\bar{c}^0_{pL}(t_4)\, t_4 - \bar{c}^0_{pL}(t_{5'})\, t_{5'}]\,.$$

Die Endtemperatur der isentropen Expansion $4 \to 5'$ ergibt sich aus

$$s^0_L(t_{5'}) = s^0_L(t_4) + R_L \ln(p_0/p_4) = 7{,}8591$$

zu $t_{5'} = 507{,}1$ °C. Damit wird $c_5 = 978{,}1$ m/s.

Nun können wir die Kennwerte des Triebwerks berechnen. Der spez. Schub ergibt sich zu

$$f_S := F_S/\dot{m}_L = (1+\beta)\, c_5 - c_0 = 754{,}8 \text{ m/s}\,.$$

Für den inneren Wirkungsgrad erhält man

$$\eta_i = \frac{P_i}{\dot{m}_B H_u} = \frac{1}{2\beta H_u}\left[(1+\beta)\, c_5^2 - c_0^2\right] = 0{,}445\,,$$

einen im Vergleich zu stationären Gasturbinen sehr günstigen Wert, der vor allem durch die niedrige Lufteintrittstemperatur t_0 und die hohe Turbineneintrittstemperatur t_3 bedingt ist. Der niedrige Vortriebswirkungsgrad

$$\eta_V = \frac{-P_V}{P_i} = 2\,\frac{(1+\beta)\, c_5 c_0 - c_0^2}{(1+\beta)\, c_5^2 - c_0^2} = 0{,}405$$

führt jedoch zu dem bescheidenen Gesamtwirkungsgrad

$$\eta = \eta_i \eta_V = 0{,}180\,.$$

Wir untersuchen nun, welche Folgen der Verzicht auf die Erweiterung der Schubdüse hat. In einer konvergenten Düse wird das Gas auf die Schallgeschwindigkeit $a(t^*)$ bei der noch unbekannten Austrittstemperatur t^* beschleunigt. Da die Totalenthalpie konstant bleibt, gilt mit $a^2 = \varkappa R_L T^*$, vgl. 6.2.2,

$$\bar{c}^0_{pL}(t_4)\, t_4 = \bar{c}^0_{pL}(t^*)\, t^* + \frac{1}{2}\varkappa(t^*)\, R_L T^*\,.$$

Daraus findet man $t^* = 772{,}6$ °C als Austrittstemperatur mit $\varkappa(t^*) = 1{,}333$ und $a(t^*) = 632{,}6$ m/s. Die Expansion endet beim Laval-Druck $p^* > p_0$, vgl. Abb. 7.35b. Zu seiner Berechnung bestimmt man

$$h_{6'} = h_4 - \frac{1}{\eta_{sS}}(h_4 - h_6) = 817{,}1 \text{ kJ/kg}$$

und daraus $t_{6'} = 765{,}3$ °C. Aus der Isentropengleichung

$$R_L \ln (p^*/p_4) = s_L^0(t_{6'}) - s_L^0(t_4) = -0{,}1852$$

erhält man $p^* = 108{,}7$ kPa.
Da die Expansion des Treibstrahls nicht bis auf den Umgebungsdruck führt, ist die Gleichung für den Schub zu modifizieren. Nach [7.22, S. 89] gilt

$$F_S = (\dot{m}_L + \dot{m}_B)\, a(t^*) + A_5(p^* - p_0) - \dot{m}_L c_0$$

mit A_5 als Fläche des Austrittsquerschnitts. Aus der Kontinuitätsgleichung ergibt sich

$$A_5 = (\dot{m}_L + \dot{m}_B)\, v^*/a(T^*) = (\dot{m}_L + \dot{m}_B)\, \frac{R_L T^*}{a(T^*)\, p^*},$$

und wir erhalten für den spez. Schub

$$f_S = (1 + \beta)\, a\,(T^*) \left(1 + \frac{1}{\varkappa} \frac{p^* - p_0}{p^*}\right) - c_0 = 727{,}8 \text{ m/s}.$$

Dieser Wert ist nur um 3,6% kleiner als der für die Laval-Düse errechnete spez. Schub. Man wird daher in der Regel auf die Düsenerweiterung verzichten und den kleineren Gesamtwirkungsgrad

$$\eta = f_S c_0/\beta H_u = f_S c_0 \lambda l_{\min}/H_u = 0{,}174$$

in Kauf nehmen.

7.5.5 Verbrennungsmotoren

Die am weitesten verbreitete Verbrennungskraftmaschine ist der Verbrennungsmotor, eine Kolbenmaschine. Die Entstehungsgeschichte des Verbrennungsmotors hat F. Sass [7.24] eingehend und ausführlich geschildert. Man unterscheidet Ottomotoren[1] und Dieselmotoren[2] sowie Viertakt- und Zweitaktmotoren, vgl. [7.25]. *Ottomotoren* saugen ein (gasförmiges) Brennstoff-Luft-Gemisch an und verdichten es; die Verbrennung wird durch eine zeitlich gesteuerte Fremdzündung eingeleitet. Das Luftverhältnis liegt bei $\lambda = 1$. Die größte Leistung erhält man bei Luftmangel ($\lambda \approx 0{,}9$), der höchste Wirkungsgrad ergibt sich bei $\lambda \approx 1{,}1$. Im *Dieselmotor* entzündet sich der eingespritzte (flüssige) Brennstoff von selbst in der verdichteten Luft, die eine zur Einleitung der Zündung hinreichend hohe

---

[1] Nicolaus August Otto (1832—1891) war zuerst Kaufmann. Seit 1861 experimentierte er mit den damals bekannten Zweitaktmotoren nach J. Lenoir. Er gab den Kaufmannsberuf auf und gründete 1864 mit Eugen Langen (1833—1895) in Deutz bei Köln eine Fabrik zum Bau atmosphärischer Gasmotoren. 1876 erfand N. A. Otto den Viertaktmotor, der seitdem in Deutz gebaut wurde. Ein unglücklicher Patentstreit überschattete die letzten Lebensjahre Ottos.

[2] Rudolf Diesel (1858—1913) studierte am Polytechnikum München. Die Thermodynamikvorlesung von Carl Linde regte ihn an, den Carnot-Prozeß (vgl. hierzu 8.1.4) in einem Verbrennungsmotor zu verwirklichen. 1892 glaubte er, ein geeignetes Verfahren gefunden zu haben und erhielt darauf ein Patent. Weder Diesel noch das Patentamt erkannten, daß die isotherme Verbrennung nach dem Carnot-Prozeß in einem Motor nicht zu verwirklichen war. Nach erheblichen Schwierigkeiten wurde mit Hilfe der Maschinenfabrik Augsburg—Nürnberg (MAN) 1897 der erste Dieselmotor gebaut, der nach einem von dem ersten Patent völlig abweichenden Prozeß arbeitete.

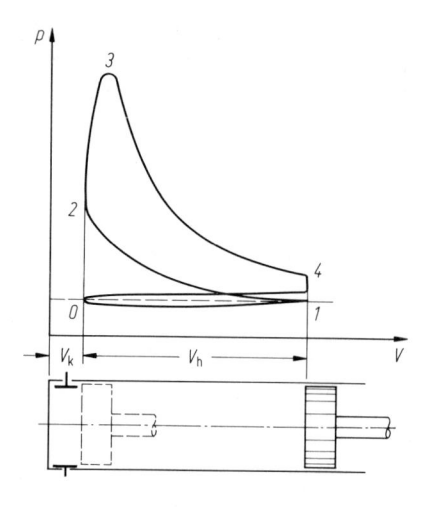

340 7 Verbrennungsprozesse, Verbrennungskraftanlagen

Abb. 7.36. Indikatordiagramm eines Viertaktmotors

Temperatur erreicht hat. Dieselmotoren arbeiten stets mit Luftüberschuß; in der Regel liegt λ zwischen 1,3 und 1,8. Verbrennungsmotoren liefern relativ kleine Leistungen zwischen 0,3 kW und einigen MW. Dieselmotoren werden auch für größere Leistungen (10 bis 40 MW) gebaut.

Bei *Viertaktmotoren* besteht das sich periodisch wiederholende Arbeitsspiel aus vier aufeinanderfolgenden Hüben des Kolbens, entsprechend zwei Umdrehungen der Kurbelwelle. Das Arbeitsspiel des *Zweitaktmotors* umfaßt dagegen nur zwei Kolbenhübe, es läuft bei einer Umdrehung der Kurbelwelle ab. In Abb. 7.36 ist der Druckverlauf über dem Kolbenweg bzw. über dem dazu proportionalen Zylindervolumen für einen Viertaktmotor schematisch dargestellt. Dieses Indikatordiagramm erhält man durch Messung des Drucks an einer geeigneten Stelle des Verbrennungsraums. Man interpretiert es unter der Annahme, daß der Druck zu jedem Zeitpunkt im ganzen Volumen (nahezu) denselben Wert hat. Im 1. Takt ($0 \to 1$) wird das brennbare Gemisch (beim Dieselmotor nur Luft) angesaugt; im 2. Takt ($1 \to 2$) wird das Gemisch bzw. die Luft verdichtet. Die Verbrennung ($2 \to 3$) und die Expansion ($3 \to 4$) gehören zum 3. Takt, während beim 4. Takt das Verbrennungsgas bei geöffnetem Auslaßventil ausgeschoben wird ($4 \to 0$). Diese vier Takte wiederholen sich periodisch. Eine Abb. 7.36 entsprechende Darstellung für Zweitaktmotoren findet man in der Literatur, z. B. [7.26].

Vernachlässigt man die periodischen Schwankungen der Zustandsgrößen an den Grenzen eines um den ganzen Motor gelegten Kontrollraums, so gilt die in 7.5.1 hergeleitete Leistungsbilanzgleichung

$$-P_{\text{eff}} = \dot{m}_B H_u - \dot{m}_B q_{Av} - |\dot{Q}|$$

für die effektive, an der Kurbelwelle verfügbare Leistung des Motors. Sie ist um den Abgasverlust und den Abwärmestrom $\dot{Q}$, der mit Kühlwasser oder Luft abgeführt wird, kleiner als die zugeführte Brennstoffleistung. Das Verhältnis

$$\eta_{\text{eff}} := -P_{\text{eff}}/\dot{m}_B H_u$$

wird effektiver Wirkungsgrad genannt. Verbrennungsmotoren haben hohe Abgastemperaturen (Ottomotoren t_A = 750 bis 900 °C, Dieselmotoren t_A = 600 bis

750 °C, jeweils unmittelbar hinter dem Auslaßventil). Der Abgasverlust ist daher erheblich und liegt bei etwa einem Drittel der Brennstoffleistung.

Die effektive Leistung ergibt sich als Differenz aus der inneren oder indizierten Leistung P_i und der Reibungsleistung P_r:

$$|P_{\text{eff}}| = |P_i| - |P_r|.$$

Dabei ist P_i die Leistung, die von der Zylinderfüllung über den Gasdruck an den bewegten Kolben übertragen wird. Die Reibungsleistung wird bei der Überwindung der mechanischen Reibung, insbesondere zwischen Kolben und Zylinder, vollständig dissipiert. Der die Reibung erfassende mechanische Wirkungsgrad

$$\eta_m := \frac{|P_{\text{eff}}|}{|P_i|} = 1 - \frac{|P_r|}{|P_i|}$$

hat Werte zwischen 0,7 und 0,9. Der effektive Wirkungsgrad

$$\eta_{\text{eff}} = \eta_m \eta_i$$

erscheint als Produkt zweier Faktoren, des mechanischen Wirkungsgrades und des inneren oder indizierten Wirkungsgrades

$$\eta_i = |P_i|/\dot{m}_B H_u.$$

Dieser bewertet die im Zylinder stattfindende irreversible Umwandlung der Brennstoffleistung in die indizierte, an die Kolbenfläche übergehende Leistung P_i.

Die innere Leistung P_i ist der Volumenänderungsarbeit W_i^V eines Arbeitsspiels proportional. Mit n_d als Drehzahl gilt

$$P_i = (n_d/a_T) W_i^V,$$

wobei a_T die Zahl der Arbeitstakte, bezogen auf die Zahl der Umdrehungen der Kurbelwelle bedeutet ($a_T = 1$ für Zweitakt- und $a_T = 2$ für Viertaktmotoren). Nach 2.2.2 erhält man

$$W_i^V = -\oint p\, dV = -p_i V_h,$$

wenn sich die Zylinderfüllung stets wie eine Phase verhält und die Gestaltänderungsarbeit vernachlässigt wird. Die von den Linien des Indikatordiagramms eingeschlossene Fläche entspricht dann W_i^V. Der mittlere indizierte Kolbendruck p_i ist bei gegebenem Hubvolumen V_h ein anschauliches Maß für die bei einem Arbeitsspiel gewonnene Arbeit.

Analog zu p_i definiert man den effektiven mittleren Kolbendruck durch

$$p_{\text{eff}} := \frac{-P_{\text{eff}}}{V_h n_d} a_T = \eta_{\text{eff}} \frac{m_B H_u}{V_h} = \eta_m p_i.$$

Hierin ist

$$m_B = \dot{m}_B a_T / n_d$$

die je Arbeitsspiel verbrauchte Brennstoffmasse. Da außerdem nach 2.2.3

$$-P_{\text{eff}} = 2\pi M_d n_d$$

gilt, erhält man für das Drehmoment

$$M_d = \frac{p_{eff} V_h}{2\pi\, a_T}.$$

Diese für Auslegung und Betrieb des Motors wichtige Größe läßt sich durch Vergrößern des Hubvolumens V_h und des effektiven mittleren Kolbendrucks p_{eff} steigern. Ein hoher mittlerer Kolbendruck ist auch für einen hohen Wirkungsgrad η_{eff} bzw. für einen niedrigen spez. Kraftstoffverbrauch

$$b_{eff} := \frac{\dot{m}_B}{(-P_{eff})} = \frac{1}{\eta_{eff} H_u} = \frac{m_B}{p_{eff} V_h}$$

günstig. Große Dieselmotoren erreichen $\eta_{eff} = 0{,}42$, entsprechend $b_{eff} = 200$ g/kWh.

Die Volumenänderungsarbeit W_i^V je Arbeitsspiel und der mittlere indizierte Kolbendruck p_i lassen sich durch Modellierung der im Motor ablaufenden Prozesse berechnen. Im Gegensatz zur Gasturbinenanlage ergeben nur aufwendige Modelle, wie sie z. B. G. Woschni [7.27] entwickelt hat, realitätsnahe Ergebnisse. Sie führen auf ein System von Differentialgleichungen für die Abhängigkeit der Zustandsgrößen von der Zeit bzw. vom Kurbelwinkel, das nur numerisch gelöst werden kann, vgl. auch [7.28]. Einfache Modellprozesse mit Luft als Arbeitsmedium und Ersatz der Verbrennung durch eine äußere Wärmezufuhr, die bei Gasturbinen durchaus befriedigende Ergebnisse zeigen, vgl. 7.5.2, liefern bei Verbrennungsmotoren zu hohe Werte für p_i bzw. W_i^V.

Ein einfacher Modellprozeß ist der *Seiliger-Prozeß*. Bei ihm ersetzt man den Linienzug des Indikatordiagramms durch eine Isentrope 1 → 2, eine Isochore 2 → 2*, eine Isobare 2* → 3 und eine Isentrope 3 → 4, Abb. 7.37. Die Verbrennung wird durch eine äußere Wärmezufuhr (2 → 2* → 3) ersetzt. Der Ladungswechsel wird dadurch idealisiert, daß das Ansaugen 0 → 1 bei konstantem Druck erfolgt und das Ausschieben beim gleichen Druck, nachdem der Druck des Abgases nach Öffnen des Auslaßventils schlagartig von p_4 auf p_1 gefallen ist. Unter diesen Annahmen ist beim Ladungswechsel insgesamt keine Arbeit aufzuwenden. Da die isentropen Zustandsänderungen 1 → 2 und 3 → 4 in einem reversiblen Prozeß durchlaufen werden sollen, findet bei diesen Teilprozessen keine Wärmeübertragung zwischen Gas und Zylinderwand statt. Es wird ein adiabater Motor modelliert, obwohl

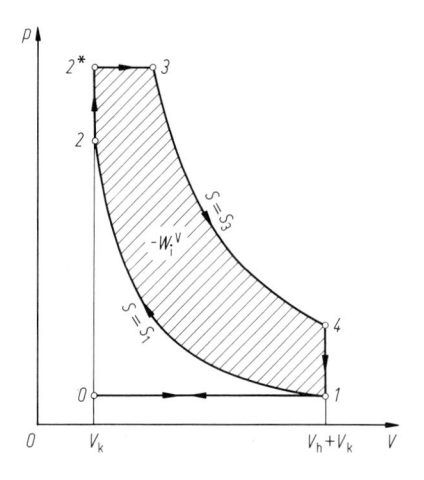

Abb. 7.37. Zustandsänderungen des Seiliger-Prozesses

7.5 Verbrennungskraftanlagen

jeder Verbrennungsmotor gekühlt werden muß, damit die Materialbeanspruchung nicht zu groß wird. Der Seiliger-Prozeß enthält als Sonderfälle den sogenannten Otto-Prozeß mit allein isochorer Wärmeaufnahme und den Diesel-Prozeß mit nur isobarer Wärmezufuhr als Ersatz für die Verbrennung.

Wegen der wenig realistischen Modellbildung verzichten wir auf eine eingehende Behandlung des Seiliger-Prozesses, vgl. hierzu z. B. [7.26]. Er liefert jedoch ein qualitativ richtiges Ergebnis: Der mit ihm berechnete indizierte Wirkungsgrad η_i wächst mit zunehmendem Verdichtungsverhältnis

$$\varepsilon := (V_h + V_k)/V_k \, .$$

Man versucht daher, ein möglichst hohes ε zu realisieren. Ab etwa $\varepsilon = 10$ tritt jedoch bei Ottomotoren das „Klopfen" auf, eine unkontrollierte Selbstzündung des Gemisches nach der Fremdzündung mit sich rasch ausbreitenden Druckwellen. Der daraus resultierende steile Druckanstieg und die hohen Spitzendrücke führen zur Überlastung von Triebwerk, Kolben und Zylinder. Dieselmotoren können mit höheren Verdichtungsverhältnissen zwischen $\varepsilon = 14$ und 21 betrieben werden.

8 Wärmekraftanlagen

Zur Stromerzeugung in großem Maßstab — 1989 wurden in der Bundesrepublik Deutschland $441{,}0 \cdot 10^9$ kWh elektrischer Energie bei einer installierten Kraftwerksleistung von 98,2 GW erzeugt — setzt man überwiegend Wärmekraftwerke ein. Sie verwandeln die mit fossilen oder nuklearen Brennstoffen zugeführte Primärenergie zunächst in thermische Energie, die als Wärme einer Wärmekraftmaschine zugeführt wird. Die folgenden Abschnitte sind der thermodynamischen Untersuchung der Wärmekraftanlagen gewidmet. Wir behandeln die verschiedenen Möglichkeiten, elektrische Energie aus Primärenergie zu gewinnen, und ordnen die Wärmekraftanlagen in das System der Umwandlungsverfahren ein. Vom Beispiel der einfachen Dampfkraftanlage ausgehend, untersuchen wir die Prozeßverbesserungen, die zum modernen Dampfkraftwerk führen. Wir gehen auf die thermodynamischen Besonderheiten von Kernkraftwerken ein und zeigen die Möglichkeiten der Wirkungsgradsteigerung durch die Kombination einer Gasturbinenanlage mit einem Dampfkraftwerk.

8.1 Die Umwandlung von Primärenergie in elektrische Energie

Es ist Aufgabe der Energietechnik, die zur Ausführung technischer Verfahren benötigte Exergie als Nutzarbeit oder als elektrische Energie bereitzustellen, vgl. auch 3.4.3. Diese Exergie stammt aus den in der Natur vorhandenen Exergiequellen, den fossilen und nuklearen Brennstoffen, den Wasserkräften, der Windenergie und der solaren Strahlungsenergie. Diese von der Natur gelieferten Energien bezeichnet man zusammenfassend als *Primärenergien*. Sie sind die uns zur Verfügung stehenden Quellen von Exergie, aus denen wir die für technische Zwecke benötigte Exergie gewinnen können. Eine einführende Übersicht über die Primärenergien findet man bei K. O. Thielheim [8.1] sowie bei Th. Bohn und W. Bitterlich [8.2]. Im folgenden beschränken wir uns darauf, die Umwandlung chemischer, nuklearer und solarer Energie in mechanische und elektrische Energie zu behandeln. Chemische und nukleare Energie sind heute und in der nahen Zukunft die wichtigsten Exergiequellen; die Solarenergie wird erst in ferner Zukunft größere Bedeutung erlangen.

8.1.1 Übersicht über die Umwandlungsverfahren

Abbildung 8.1 gibt einen Überblick über die heute bekannten Verfahren zur Umwandlung chemischer, nuklearer und solarer Energie (Primärenergie) in elektrische Energie. Nach 7.4.4 besteht die chemische Energie der Brennstoffe

8.1 Die Umwandlung von Primärenergie in elektrische Energie

weitgehend aus Exergie; durch reversible Prozesse könnte sie also fast vollständig in elektrische Energie umgewandelt werden. Nach R. Pruschek [8.3] trifft dies auch auf die bei der Kernspaltung frei werdende nukleare Energie zu. Auch die solare Strahlungsenergie hat einen hohen Exergieanteil, der bei 90% liegt, vgl. [8.4]. Für den Ingenieur der Energietechnik ergibt sich daraus die Forderung, die Umwandlungsprozesse, die von diesen Primärenergien zur elektrischen Energie führen, möglichst reversibel zu gestalten, um den hohen Exergiegehalt der Primärenergien zu bewahren.

Abbildung 8.1 zeigt zwei Energiewandler, die Primärenergie in einem einzigen Schritt direkt in elektrische Energie umwandeln: die Brennstoffzelle zur Direktumwandlung chemischer Energie und die Solarzelle zur Umwandlung solarer Strahlungsenergie. Die bereits in 7.4.3 behandelte *Brennstoffzelle*, vgl. auch [8.5], approximiert die reversible Oxidation des Brennstoffs und erreicht Umwandlungswirkungsgrade über 50%. Trotzdem ist eine wirtschaftliche Stromerzeugung auf diesem thermodynamisch so günstigen Wege wegen des komplizierten Aufbaus, des hohen Anlagenaufwands und der Notwendigkeit, besonders aufbereitete Brennstoffe (H_2) zu verwenden, bisher nicht möglich. Brennstoffzellenblöcke relativ kleiner Leistung (unter 100 kW) werden nur für besondere Zwecke, z. B. in der Raumfahrttechnik oder der Militärtechnik, eingesetzt. *Solarzellen* basieren auf dem 1839 von E. Bequerel entdeckten photovoltaischen Effekt, vgl. [8.1,

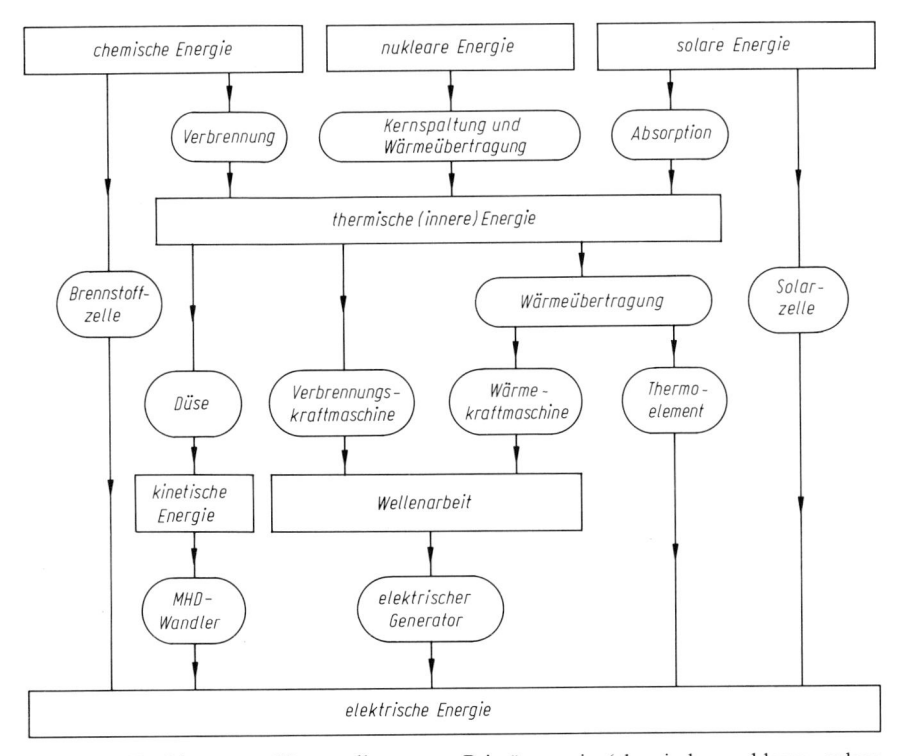

Abb. 8.1. Verfahren zur Umwandlung von Primärenergie (chemische, nukleare, solare Energie) in elektrische Energie

S. 274—293, 8.5, 8.6]. Da die in der Solarzelle ablaufenden physikalischen Prozesse irreversibel sind, erreicht man Umwandlungswirkungsgrade von nur 10 bis 15%, die in Ausnahmefällen auf Werte bis 20% gesteigert werden können. Solarzellen werden zur Stromversorgung von Raumflugkörpern eingesetzt. Sie finden auch auf der Erde als Stromquellen kleinerer Leistung vielfach Anwendung, insbesondere im Inselbetrieb in Gegenden, wo noch kein elektrisches Versorgungsnetz vorhanden oder der Anschluß an dieses zu aufwendig ist. Eine wirtschaftliche Stromerzeugung ist mit Solarzellen nur in Ausnahmefällen möglich, vgl. [8.5, 8.7].

Da Brennstoffzellen elektrische Energie in großtechnischem Maßstab auf wirtschaftlich vertretbare Weise nicht liefern können, wird die chemische Energie der Brennstoffe heute und in der überschaubaren Zukunft fast ausschließlich über den in Kapitel 7 behandelten Verbrennungsprozeß genutzt. Wie in 7.4.5 gezeigt wurde, ist die Verbrennung ein irreversibler Prozeß, bei dem etwa 30% der Brennstoffexergie verloren gehen. Auch die Kernspaltung, die je gespaltenem ^{235}U-Kern im Mittel $3{,}08 \cdot 10^{-11}$ J liefert, ist irreversibel. Die freigesetzte Energie findet sich hauptsächlich in der kinetischen Energie der Spaltprodukte wieder; diese werden in der sie umgebenden Materie der Spaltstoffstäbe abgebremst, also in innere Energie verwandelt. Diese geht als Wärme an ein Kühlmedium (Wasser, Helium, flüssiges Natrium) über, welches die Energie aus dem Inneren des Kernreaktors abtransportiert. Das Abbremsen der Spaltprodukte und der Wärmeübergang an das Kühlmedium sind irreversible Prozesse; die thermische (innere) Energie des Kühlmediums enthält erheblich weniger Exergie als die nukleare Ausgangsenergie. Bei den thermischen Solarkraftwerken, vgl. [8.1, S. 252—273, 8.8], wird die solare Strahlungsenergie mit einfachen Kollektoren gesammelt oder über aufwendige Spiegelsysteme konzentriert und in einem Strahlungsempfänger absorbiert, also in innere Energie umgewandelt und schließlich als Wärme an ein Fluid, z. B. Wasser, Natrium, eine Salzlösung oder ein Gas übertragen. Da auch diese Prozesse erhebliche Irreversibilitäten aufweisen, ist die Exergie auf der in Abb. 8.1 als thermische (innere) Energie bezeichneten Umwandlungsstufe in jedem Falle merklich kleiner als der Exergiegehalt der Primärenergien. Entscheidend ist dabei das Temperaturniveau des Energieträgers, also des Verbrennungsgases, des Kühlmediums des Kernreaktors oder des Fluids, das die Wärme aus dem Empfänger der Solarstrahlung aufnimmt; sein Exergiegehalt ist umso größer, je höher seine Temperatur ist.

Zur *Umwandlung der thermischen (inneren) Energie in elektrische Energie* bestehen mehrere Möglichkeiten. Das klassische Verfahren, die innere Energie eines Energieträgers durch eine Wärmekraftmaschine in mechanische Energie zu verwandeln, werden wir in den nächsten Abschnitten untersuchen. Die Verbrennungskraftmaschinen haben wir schon in 7.5 ausführlich behandelt. Diese Verfahren und Anlagen gehören zum gesicherten Bestand der Energietechnik, sie sind heute die wichtigsten und wirtschaftlich günstigsten Verfahren zur Gewinnung elektrischer Energie in großem Maßstab; sie werden es auch für längere Zeit bleiben.

In Abb. 8.1 sind zwei weitere Verfahren angegeben, um die innere Energie eines erhitzten Energieträgers direkt in elektrische Energie zu verwandeln. Bei der *thermoelektrischen Stromerzeugung* werden die beiden Lötstellen eines Thermoelements auf verschiedenen Temperaturen — auf der hohen des Energieträgers und auf der niedrigeren Umgebungs-

8.1 Die Umwandlung von Primärenergie in elektrische Energie

temperatur — gehalten. Im Thermoelement entsteht eine elektrische Spannung, und es fließt ein elektrischer Strom, so daß ein Teil der vom Energieträger zugeführten Energie in elektrische Energie verwandelt wird und der Rest als Anergie an die Umgebung fließt. Das Thermoelement wirkt wie eine Wärmekraftmaschine. Sein Arbeits„fluid" sind die Elektronen des Stromkreises. Die grundlegenden thermoelektrischen Effekte wurden schon 1822 von Th. Seebeck, 1834 von J. S. Peltier und 1856 von W. Thomson (Lord Kelvin) entdeckt. Die thermodynamische Theorie der Thermoelektrizität können wir hier nicht behandeln, vgl. hierzu z. B. H. B. Callen [8.9] und R. Heikes [8.10]. Die thermoelektrische Stromerzeugung hat, von wenigen Ausnahmen abgesehen, keine Bedeutung erlangt. Thermoelemente dienen jedoch zur Temperaturmessung.

Beim *magneto-hydrodynamischen Wandler* (MHD-Wandler) strömt ein sehr heißes, teilweise ionisiertes Gas (*Plasma*) durch ein Magnetfeld. In diesem werden die positiven und negativen Ladungsträger (Ionen) nach entgegengesetzten Seiten senkrecht zum Magnetfeld abgelenkt; die ungeladenen Teilchen strömen in der ursprünglichen Richtung weiter. Mit zwei Elektroden lassen sich die positiven und negativen Ladungen sammeln und als Gleichstrom abführen.

Bei den genannten Verfahren wird thermische (innere) Energie zum Teil in elektrische Energie verwandelt. Nach dem 2. Hauptsatz gelingt diese Umwandlung niemals vollständig, denn die innere Energie des heißen Energieträgers besteht nur zu einem Teil aus Exergie. Bei gegebenen Temperaturen des Energieträgers sind somit diese Verfahren thermodynamisch nicht günstiger als die „konventionellen" Energieumwandlungen. Ebenso wie diese weisen sie grundsätzliche, im physikalischen Prinzip der Verfahren liegende Nachteile auf. Abgesehen von Sonderfällen haben sie keine praktische Bedeutung erlangt. Wegen Einzelheiten sei auf die Literatur verwiesen, wo auch weitere unkonventionelle Verfahren der Energiewandlung behandelt werden; [8.11].

Die in Abb. 8.1 schematisch dargestellte Umwandlung der drei Primärenergien in elektrische Energie ist leider nicht unproblematisch und ohne Risiko. Dabei zeigt jede der drei Primärenergien spezifische Vor- und Nachteile. Die Verbrennung gehört zu den technisch leicht beherrschbaren Prozessen; Brennstoffe (Stein- und Braunkohle, Öl und Erdgas) sind daher bevorzugte, einfach zu handhabende Primärenergieträger, die seit Beginn der Energietechnik die Basis der Stromerzeugung bilden. Ihre (leicht zugänglichen) Vorräte sind begrenzt und dürften in einer nicht zu fernen Zukunft verbraucht sein. Ihre Vorkommen sind in der Welt ungleichmäßig verteilt, und gerade die europäischen Industrienationen verfügen (abgesehen von z. T. schwer abbaubarer Steinkohle) über nur geringe Lagerstätten. Somit besteht, insbesondere bei Öl, eine die Versorgungssicherheit gefährdende, risikoreiche Importabhängigkeit. Ein weiterer wesentlicher Nachteil ist die erhebliche Umweltbelastung durch die Verbrennungsprodukte Schwefeldioxid, Stickstoffoxide und Staub. Nur durch aufwendige Maßnahmen (Rauchgasentschwefelung und Entstickung, Filter) kann die Emission dieser umweltschädigenden Stoffe in noch erträglichen Grenzen gehalten werden. Das bei der Verbrennung entstehende CO_2 führt zu einem stetig steigenden CO_2-Gehalt der Atmosphäre. Hierdurch wird die Wärmeabstrahlung der Erde in den Weltraum verringert, sog. *Treibhauseffekt*, und es können globale Klimaänderungen eintreten, deren nachteilige Folgen noch nicht abzusehen sind, vgl. [8.32 bis 8.34]. Die Verminderung der CO_2-Emission ist daher eine wichtige Zukunftsaufgabe der Energietechnik.

Der große Vorteil der *nuklearen Energie* besteht in der hohen Energiedichte des Kern-„brennstoffs", welche die der fossilen Brennstoffe um mehrere Zehnerpotenzen übertrifft. Obwohl nur ein kleiner Teil der Kerne spaltbaren Materials in einem Kernreaktor gespalten wird, erreicht die spez. Energieabgabe beeindruckende Werte. Man rechnet zur Zeit mit einer auf die Masse des Urans bezogenen Energieabgabe von etwa

$$35000 \text{ MWd/t} = 3{,}0 \cdot 10^6 \text{ MJ/kg} .$$

Im Vergleich zur spez. Energieabgabe von Steinkohle, nämlich ihrem Heizwert von etwa 30 MJ/kg, liegt dieser Wert um den Faktor 10^5 höher. Somit enthalten schon vergleichsweise geringe Mengen Kernbrennstoffs große Energien. „Abgebrannte" Spaltstoffelemente müssen in einem Reaktor nur in größeren Zeitabständen erneuert werden, und eine Vorratshaltung von Kernbrennstoff ist leicht möglich. Der wesentliche Nachteil der Nutzung nuklearer Energie ist die Gefährdung durch radioaktive Strahlung. Sie muß durch aufwendige Sicherheitsmaßnahmen soweit reduziert werden, daß auch bei einem Unfall keine radioaktiven Substanzen in gefährlicher Menge aus der Reaktorumhüllung (containment) in die Umgebung gelangen können. Im Normalbetrieb gibt dagegen ein Kernkraftwerk weitaus weniger Radioaktivität ab als ein Kohlekraftwerk, denn Kohle enthält natürliche radioaktive Stoffe, die bei der Verbrennung vornehmlich mit der Flugasche in die Umgebung gelangen [8.12]. Außerdem emittiert ein Kernkraftwerk weder CO_2 noch SO_2 oder Stickstoffoxide. Die Weiterverarbeitung abgebrannter Spaltstoffelemente und die Endlagerung hoch radioaktiven Materials mit großer Halbwertzeit stellen dagegen ein Gefahrenpotential dar, das eine aufwendige Sicherheitstechnik erfordert. Die *Kernfusion* zur Umwandlung nuklearer Energie in thermische Energie wurde in Abb. 8.1 nicht berücksichtigt. Denn es ist fraglich, ob sich Fusionsreaktoren überhaupt verwirklichen lassen. Sicher ist nur, daß dieses Ziel in den nächsten Jahrzehnten nicht erreicht werden wird.

Die *Solarenergie* ist eine von unmittelbaren Umweltrisiken freie Primärenergie, die in unerschöpflicher Menge zur Verfügung steht. Die Leistungsdichte der Solarstrahlung erreicht jedoch (bei Tage) höchstens $1\ kW/m^2$; sie liegt im Mittel bei $0{,}6\ kW/m^2$. Solare Strahlungsenergie muß daher auf sehr großen Flächen gesammelt werden; sie eignet sich wenig für die Befriedigung einer hohen und dauernden Energienachfrage, sondern eher zur dezentralen Versorgung bei kleiner Leistung. Der Nachteil der geringen Leistungsdichte wird noch dadurch verstärkt, daß die Solarstrahlung nur etwa 8 h je Tag genutzt werden kann, wodurch erhebliche Aufwendungen für die Energiespeicherung erforderlich werden. In naher Zukunft wird eine wirtschaftliche Stromerzeugung aus Solarenergie nicht zu verwirklichen sein, doch dürfte diese unerschöpfliche Primärenergiequelle trotz ihrer Nachteile auf lange Sicht immer mehr Bedeutung erlangen.

8.1.2 Thermische Kraftwerke

Ein Kraftwerk hat die Aufgabe, Primärenergie in Wellenarbeit oder elektrische Energie umzuwandeln. Dabei sprechen wir von einem thermischen Kraftwerk, Wärmekraftwerk oder von einer Wärmekraftanlage, wenn die zugeführte Primärenergie zunächst in thermische (innere) Energie eines Energieträgers verwandelt und dann als Wärme an eine Wärmekraftmaschine übertragen wird, vgl. auch [8.13]. Jedes thermische Kraftwerk besteht aus zwei Teilsystemen, dem Wärmeerzeuger und der Wärmekraftmaschine. Im Wärmeerzeuger wird die Primärenergie in die Wärme umgewandelt, die an die Wärmekraftmaschine übergeht. Diese wandelt die Wärme nur zum Teil in Nutzarbeit um; ein Teil muß nach dem 2. Hauptsatz als Abwärme an die Umgebung abgeführt werden, vgl. 3.1.6.

Wir unterscheiden drei Typen von Wärmekraftwerken, die den drei Primärenergieformen von Abb. 8.1 entsprechen: Wärmekraftwerke, welche die chemische Bindungsenergie der fossilen Brennstoffe nutzen, Kernkraftwerke und thermische Solarkraftwerke. Bei den mit Kohle, Öl oder Erdgas beschickten Kraftwerken wird die Primärenergie (Brennstoffenergie) in einer Feuerung in die thermische Energie des Verbrennungsgases verwandelt. Dieses gibt im Dampferzeuger Wärme an die Wärmekraftmaschine ab, Abb. 8.2a. Im Kernreaktor eines Kernkraftwerks wandelt sich nukleare Energie durch Kernspaltung und Abbau der kinetischen Energie der Spaltprodukte in thermische Energie der Spaltstoffstäbe („Brennelemente") um. Das Fluid des sogenannten Primärkreislaufs kühlt die Brennelemente und transportiert die thermische Energie aus dem Reaktor zum Dampferzeuger, wo der Wärmeübergang an die Wärmekraftmaschine stattfindet,

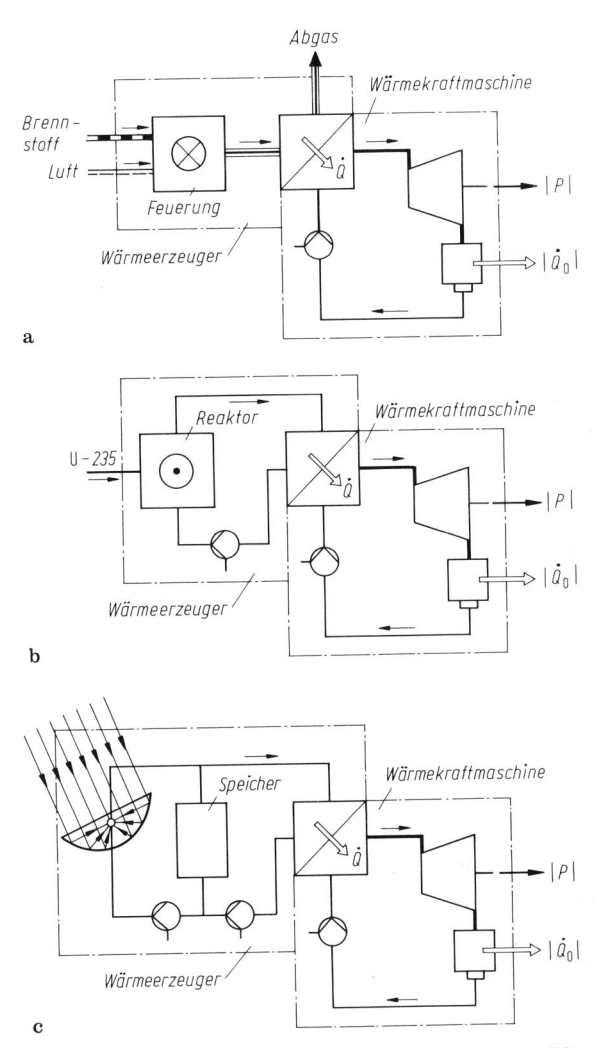

8.1 Die Umwandlung von Primärenergie in elektrische Energie

Abb. 8.2a—c. Thermisches Kraftwerk als Kombination der Teilsysteme Wärmeerzeuger und Wärmekraftmaschine, die durch den Dampferzeuger gekoppelt sind. **a** Wärmekraftwerk mit fossilem Brennstoff; **b** Kernkraftwerk; **c** Solar-thermisches Kraftwerk

Abb. 8.2b. In einem solar-thermischen Kraftwerk wird die Strahlungsenergie der Sonne in einem Kollektor oder, nach der Bündelung durch ein Spiegelsystem, in einem Receiver (Strahlungsempfänger) absorbiert und von einem Fluid als Wärme an die Wärmekraftmaschine übertragen, Abb. 8.2c.

Da der Wärmestrom $\dot{Q}$ nach dem 2. Hauptsatz nicht vollständig in die gewünschte Nutzleistung P umgewandelt werden kann, gibt jede Wärmekraftmaschine und damit jedes thermische Kraftwerk einen großen Abwärmestrom $\dot{Q}_0$ an die Umgebung ab. Ein geringer Teil der Nutzleistung wird an den Wärmeerzeuger zurückgegeben; diese Leistung dient dem Antrieb von Gebläsen, Umwälzpumpen oder zur Aufbereitung des Brennstoffs. Sie gehört zum „Eigenbedarf" des Kraftwerks. Wir werden sie bei unseren grundsätzlichen Betrachtungen nicht ausdrücklich berücksichtigen und sehen nur den Wärmestrom $\dot{Q}$ als kennzeichnend für die energetische Kopplung zwischen den beiden Teilsystemen des thermischen Kraftwerks an.

In der Wärmekraftmaschine durchläuft ein Arbeitsfluid einen Kreisprozeß, den wir in 8.1.4 behandeln. Als Arbeitsfluid wird fast immer Wasser bzw. Wasserdampf eingesetzt. In Abb. 8.2 ist eine besonders einfache Wärmekraftmaschine, die sogenannte einfache Dampfkraftanlage, dargestellt, die wir in 8.2.1 ausführlich behandeln. In dem geschlossenen System innerhalb der strichpunktierten Linie wird Wasser im Kreisprozeß durch Speisepumpe, Dampferzeuger (Wärmeaufnahme), Turbine (Arbeitsabgabe) und Kondensator (Abwärmeabgabe) geführt.

In nur wenigen Anlagen wurde als Arbeitsfluid ein Gas benutzt; dies sind die *Gasturbinenanlagen mit geschlossenem Kreislauf*, die bisher keine größere technische Bedeutung erlangt haben, vgl. [8.14, 8.15]. Im Gegensatz zu den in 7.5 behandelten offenen Gasturbinenanlagen, die zu den Verbrennungskraftmaschinen gehören, sind die Gasturbinenanlagen mit geschlossenem Kreislauf Wärmekraftmaschinen. Neben Wasser bzw. Wasserdampf und Gas wurden auch andere Arbeitsfluide für Wärmekraftmaschinen erwogen. Ist das Temperaturniveau, bei dem der Wärmestrom $\dot{Q}$ zur Verfügung steht, relativ niedrig (100 bis 300 °C), so lassen Fluorkohlenwasserstoffe oder Gemische aus Wasser und Trifluorethanol höhere thermische Wirkungsgrade als Wasser erwarten. In der angelsächsischen Literatur bezeichnet man derartige Wärmekraftmaschinen als ORC-Anlagen (Organic Rankine Cycle). Sie werden in solarthermischen Kraftwerken mit einfachen Kollektoren, die nur relativ niedrige Temperaturen erreichen, und in Anlagen zur Abwärmenutzung eingesetzt, vgl. z. B. [8.16]. Hier wird der Wärmestrom $\dot{Q}$ nicht durch Verbrennung oder Kernspaltung erzeugt, sondern einem heißen Fluidstrom entzogen, der aus einem Produktionsprozeß kommt und dessen Energie auf diese Weise zur Stromerzeugung genutzt werden kann. Da der Exergiegehalt dieser Abwärme aufgrund des niedrigen Temperaturniveaus recht gering ist, fällt die Ausbeute an elektrischer Energie sehr bescheiden aus. Man kann auch das meist relativ heiße Abgas von Verbrennungskraftmaschinen (Gasturbinen oder Verbrennungsmotoren) als Wärmequelle einer Wärmekraftmaschine nutzen. Auf diese Kombination von Verbrennungskraftmaschine und nachgeschalteter Wärmekraftmaschine gehen wir in 8.2.5 ein.

8.1.3 Kraftwerkswirkungsgrade

Wir beschränken uns bei den folgenden Überlegungen auf Wärmekraftwerke, die mit fossilen oder nuklearen Brennstoffen als Primärenergieträgern beschickt werden. Man bewertet die in ihnen stattfindende Energieumwandlung durch den Gesamtwirkungsgrad

$$\eta := \frac{-P}{\dot{m}_\mathrm{B} H_\mathrm{u}},$$

der die Nutzleistung P des Kraftwerks mit der zugeführten Brennstoffleistung $\dot{m}_\mathrm{B} H_\mathrm{u}$ vergleicht. Bei Kernkraftwerken ist $\dot{m}_\mathrm{B}$, der Massenstrom des gespaltenen Materials, nicht direkt meßbar. Daher tritt an die Stelle der Brennstoffleistung die Reaktorwärmeleistung $\dot{Q}_\mathrm{R}$, nämlich der von den Brennelementen an das Fluid des Primärkreislaufs abgegebene Wärmestrom. Versteht man unter $(-P)$ die

8.1 Die Umwandlung von Primärenergie in elektrische Energie

elektrische Leistung des Kraftwerks, abzüglich aller als Eigenverbrauch bezeichneter Leistungen (z. B. für den Antrieb von Pumpen, Gebläsen etc.), so wird η als Netto-Wirkungsgrad bezeichnet. Sein Kehrwert $\dot{m}_\text{B} H_\text{u}/(-P)$ wird Netto-Wärmeverbrauch genannt und häufig in der Einheit kJ/kWh angegeben, obwohl Wärmeverbrauch und Wirkungsgrad dimensionslose Verhältnisgrößen sind. Einem Wirkungsgrad $\eta = 0{,}40$ entspricht der Wärmeverbrauch von 9000 kJ/kWh.

Der Gesamtwirkungsgrad η einer Wärmekraftanlage läßt sich durch Erweitern mit dem Wärmestrom $\dot{Q}$, den das Arbeitsfluid der Wärmekraftmaschine empfängt, in zwei bekannte Faktoren zerlegen:

$$\eta = \frac{\dot{Q}}{\dot{m}_\text{B} H_\text{u}} \frac{-P}{\dot{Q}} = \eta_\text{K} \eta_\text{th} \,.$$

Der Dampferzeuger- oder Kesselwirkungsgrad η_K wurde schon in 7.3.4 behandelt; er liegt bei großen Kohlekraftwerken über 0,92. Bei Kernkraftwerken ist

$$\eta_\text{K} = \dot{Q}/\dot{Q}_\text{R} \approx 1 \,,$$

weil sich $\dot{Q}$ von der Reaktorwärmeleistung $\dot{Q}_\text{R}$ nur um die geringen Wärmeverluste des Primärkreislaufs unterscheidet. Der thermische Wirkungsgrad η_th der Wärmekraftmaschine wird durch den 2. Hauptsatz begrenzt; nach 3.1.6 gilt

$$\eta_\text{th} = \eta_\text{C}(T_0/T_\text{m}) - T_0 \dot{S}_\text{irr}/\dot{Q} \,. \tag{8.1}$$

Selbst die reversibel arbeitende Wärmekraftmaschine, deren Entropieproduktionsstrom $\dot{S}_\text{irr} = 0$ ist, kann höchstens den Carnot-Faktor

$$\eta_\text{C}(T_0/T_\text{m}) = 1 - T_0/T_\text{m} \tag{8.2}$$

als thermischen Wirkungsgrad erreichen. Er hängt von der thermodynamischen Mitteltemperatur T_m der Wärmeaufnahme durch das Arbeitsfluid der Wärmekraftmaschine ab und von der Temperatur T_0, bei der es die Abwärme abgibt.

Im Carnot-Faktor $\eta_\text{C} < 1$ kommt zum Ausdruck, daß der von der Wärmekraftmaschine aufgenommene Wärmestrom nur zum Teil aus Exergie besteht und daher niemals, auch nicht von einer reversibel arbeitenden Wärmekraftmaschine, vollständig in Nutzleistung umwandelbar ist. Dies ist darauf zurückzuführen, daß Verbrennung und Kernspaltung stark irreversible Prozesse sind, bei denen ein großer Teil der in der Primärenergie enthaltenen Exergie in Anergie verwandelt wird, die für die Gewinnung von Nutzleistung nicht mehr zur Verfügung steht, sondern zusammen mit anderen Exergieverlusten der Wärmekraftanlage als Abwärme an die Umgebung abgeführt werden muß.

Da bei der Definition von η_K und η_th der 2. Hauptsatz nicht berücksichtigt wurde, erscheinen die thermodynamischen Verluste der irreversiblen Umwandlung von Primärenergie in thermische Energie irreführenderweise im thermischen Wirkungsgrad der Wärmekraftmaschine, obwohl sie im Wärmeerzeuger entstehen. Eine klarere Verlustbewertung ermöglichen exergetische Wirkungsgrade. Zu ihrer Definition betrachten wir das stark vereinfachte Exergieflußbild eines Wärmekraftwerks, Abb. 8.3. Der mit der Primärenergie eingebrachte Exergiestrom $\dot{m}_\text{B} e_\text{B}$ verringert sich durch den großen Exergieverlust bei der Verbrennung oder der Kernspaltung (einschließlich des Wärmeübergangs an das Fluid des Primärkreislaufs), was in Abb. 8.3 durch A symbolisiert ist. Im Dampferzeuger

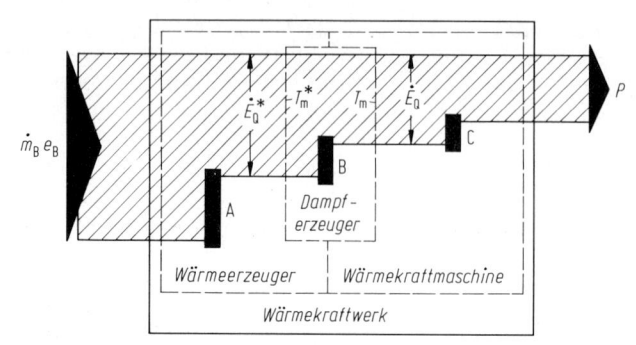

Abb. 8.3. Schema des Exergieflusses in einem Wärmekraftwerk. Exergieverluste: A bei der Verbrennung bzw. Kernspaltung, B beim Wärmeübergang im Dampferzeuger, C in der Wärmekraftmaschine

gibt das Verbrennungsgas (bzw. das Fluid des Primärkreislaufs) den Wärmestrom $\dot{Q}$ mit dem Exergiestrom

$$\dot{E}_Q^* = \eta_C(T_u/T_m^*)\, \dot{Q}$$

ab. Hierbei ist T_m^* die thermodynamische Mitteltemperatur des Verbrennungsgases bzw. des Primärkreisfluids bei der Wärmeabgabe. Da zum Wärmeübergang zwischen Verbrennungsgas und Arbeitsfluid der Wärmekraftmaschine ein Temperaturunterschied vorhanden sein muß, empfängt die Wärmekraftmaschine zwar denselben Wärmestrom $\dot{Q}$, aber bei einer niedrigeren thermodynamischen Mitteltemperatur $T_m < T_m^*$. Somit ist der von der Wärmekraftmaschine aufgenommene Exergiestrom

$$\dot{E}_Q = \eta_C(T_u/T_m)\, \dot{Q}$$

wegen des Exergieverlusts im Dampferzeuger kleiner als $\dot{E}_Q^*$, vgl. B in Abb. 8.3. Die Exergieströme $\dot{E}_Q^*$, $\dot{E}_Q$, der Exergieverlust $\dot{E}_v$ im Dampferzeuger und die beiden Carnot-Faktoren $\eta_C(T_u/T_m^*)$ und $\eta_C(T_u/T_m)$ sind in Abb. 8.4 veranschaulicht. Das hier wiedergegebene $\eta_C, \dot{Q}$-Diagramm haben wir in 3.4.4 eingeführt und in 6.3.4 weiter erläutert. Wie Abb. 8.4 zeigt, wird der Exergieverlust $\dot{E}_v$ im Dampferzeuger auch durch den Temperaturverlauf des Arbeitsfluids der Wärmekraftmaschine bestimmt. Er kann also nicht einem der beiden Teilsysteme (Wärmeerzeuger oder Wärmekraftmaschine) allein zugeordnet werden, sondern wird durch die Prozeßführung in beiden Systemen „verschuldet". Dagegen sind die innerhalb der Wärmekraftmaschine auftretenden Exergieverluste, C in Abb. 8.3, allein diesem Teilsystem zuzurechnen.

Wir definieren nun drei exergetische Wirkungsgrade, um die drei in Abb. 8.3 durch A, B und C symbolisierten Exergieverluste zu erfassen. Es sind dies der exergetische Wirkungsgrad des Wärmeerzeugers

$$\zeta_{WE} := \frac{\dot{E}_Q^*}{\dot{m}_B e_B} = \frac{\dot{E}_Q^*}{\dot{Q}} \frac{\dot{Q}}{\dot{m}_B H_u} \frac{H_u}{e_B} = \eta_C(T_u/T_m^*)\, \eta_K\, \frac{H_u}{e_B}, \tag{8.3}$$

der Wirkungsgrad des Dampferzeugers

$$\zeta_{DE} := \frac{\dot{E}_Q}{\dot{E}_Q^*} = \frac{\eta_C(T_u/T_m)}{\eta_C(T_u/T_m^*)} \tag{8.4}$$

8.1 Die Umwandlung von Primärenergie in elektrische Energie

und der exergetische Wirkungsgrad der Wärmekraftmaschine

$$\zeta_{\text{WKM}} := \frac{-P}{\dot{E}_Q} = \frac{-P}{\dot{Q}}\frac{\dot{Q}}{\dot{E}_Q} = \frac{\eta_{\text{th}}}{\eta_C(T_u/T_m)}, \qquad (8.5)$$

den wir schon in 3.4.7 eingeführt hatten. Das Produkt der drei Wirkungsgrade ergibt den exergetischen Gesamtwirkungsgrad

$$\zeta := \frac{-P}{\dot{m}_B e_B} = \zeta_{\text{WE}}\zeta_{\text{DE}}\zeta_{\text{WKM}}$$

des thermischen Kraftwerks. Jeder dieser Wirkungsgrade würde den Idealwert eins erreichen, wenn die Prozesse in dem betreffenden Teilsystem reversibel abliefen.

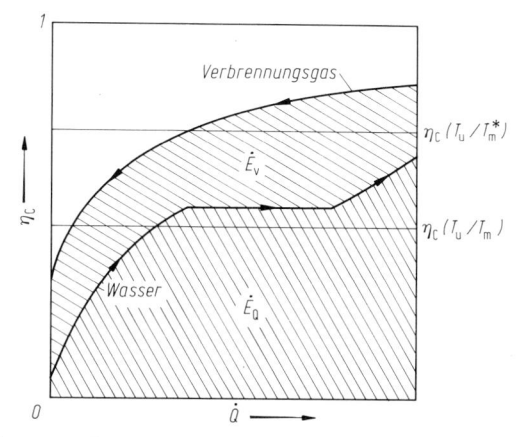

Abb. 8.4. $\eta_C, \dot{Q}$-Diagramm für den Wärmeübergang im Dampferzeuger. $\dot{E}_v$ Exergieverluststrom der Wärmeübertragung, $\dot{E}_Q$ vom Wasserdampf aufgenommener Exergiestrom; ferner gilt $\dot{E}_Q^* = \dot{E}_Q + \dot{E}_v$ = Summe der schraffierten Flächen

Der exergetische Wirkungsgrad ζ_{WE} kann jedoch seinen Grenzwert eins systembedingt nicht annehmen, weil Verbrennung und Kernspaltung Prozesse sind, deren Irreversibilität durch keine technische Maßnahme beseitigt werden kann. Die zu erwartenden Werte von ζ_{WE} lassen sich leicht berechnen. Das Verbrennungsgas einer Steinkohlenfeuerung kühlt sich typischerweise von 1600 auf 120 °C ab. Nach 3.4.4 erhält man für die thermodynamische Mitteltemperatur der Wärmeabgabe

$$T_m^* = \frac{h_V(1600\ °C) - h_V(120\ °C)}{s_V(1600\ °C) - s_V(120\ °C)} = 980\ \text{K},$$

also mit $T_u = 288$ K den Carnot-Faktor $\eta_C(T_u/T_m^*) = 0{,}706$. Mit einem Kesselwirkungsgrad $\eta_K = 0{,}92$ und mit $e_B/H_u = 1{,}06$ nach 7.4.4 ergibt sich für ein Steinkohlekraftwerk aus (8.3) $\zeta_{\text{WE}} = 0{,}61$, ein erheblich unter eins liegender Wert.

Für ein Kernkraftwerk wird ζ_{WE} noch kleiner, weil die Temperatur des Primärkreisfluids erheblich niedriger ist als die eines heißen Verbrennungsgases. In einem Kernkraftwerk mit Druckwasserreaktor, vgl. 8.2.6, gibt das Primärkreisfluid (Wasser bei ca. 155 bar) Wärme zwischen etwa 290 und 325 °C ab. Dies entspricht der Mitteltemperatur $T_m^* = 580$ K und dem Carnot-Faktor $\eta_C(T_u/T_m^*) = 0{,}50$. Da $\eta_K = 1$ und $e_B/H_u = 1$ gesetzt werden können, tritt keine weitere Verringerung ein, und es gilt $\zeta_{\text{WE}} = 0{,}50$.

Die thermodynamische Mitteltemperatur T_m der Wärmeaufnahme hängt vom Aufbau der Wärmekraftmaschine und von der Wahl des Kreisprozesses ab, den ihr Arbeitsfluid durchläuft. Wie Abb. 8.4 zeigt, sollte sich der Temperaturverlauf des Arbeitsfluids bei der Wärmeaufnahme dem Temperaturverlauf des Verbrennungsgases bzw. des Primärkreisfluids bei der Abgabe von $\dot{Q}$ möglichst gut anpassen. Sonst entstehen große Temperaturdifferenzen, T_m wird erheblich kleiner als T_m^*, und der exergetische Wirkungsgrad ζ_{DE} des Dampferzeugers sinkt merklich unter eins. Auf die Wahl des Kreisprozesses kommen wir im nächsten Abschnitt zurück.

Setzt man den thermischen Wirkungsgrad η_{th} nach (8.1) in (8.5) ein, so erhält man für den exergetischen Wirkungsgrad der Wärmekraftmaschine

$$\zeta_{WKM} = \frac{T_m - T_0}{T_m - T_u} - \frac{T_m}{T_m - T_u} \frac{T_0 \dot{S}_{irr}}{\dot{Q}}. \tag{8.6}$$

ζ_{WKM} wird nur dann gleich eins, wenn die Wärmekraftmaschine reversibel arbeitet ($\dot{S}_{irr} = 0$) und die Abwärme bei der Umgebungstemperatur abgibt ($T_0 = T_u$). Der mit $\dot{Q}$ aufgenommene Exergiestrom $\dot{E}_Q$ würde dann vollständig in die Nutzleistung P umgewandelt werden. Diesem Ziel kommt man in der Praxis recht nahe; in ausgeführten Anlagen erreicht man $\zeta_{WKM} \approx 0{,}75$ und auch höhere Werte.

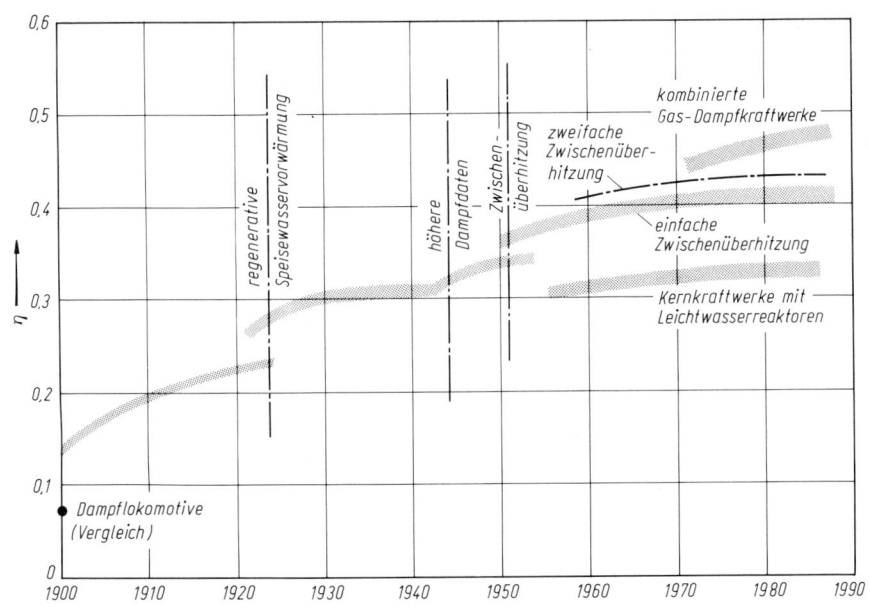

Abb. 8.5. Anstieg des Wirkungsgrades η von Dampfkraftwerken im 20. Jahrhundert; nach A. Hohn [8.17]

Ein Ziel der technischen Entwicklung thermischer Kraftwerke war und ist die Steigerung des Gesamtwirkungsgrades

$$\eta = \zeta e_B / H_u$$

durch das Verringern von Exergieverlusten. Abbildung 8.5 zeigt, welche Wirkungsgraderhöhungen bei Dampfkraftwerken seit 1900 durch verschiedene Prozeßverbesserungen erreicht werden konnten, auf die wir in 8.2.2 und 8.2.3 eingehen werden.

8.1.4 Kreisprozesse für Wärmekraftmaschinen

Um den stationären Betrieb der Wärmekraftmaschine zu ermöglichen, muß ihr Arbeitsfluid einen Kreisprozeß ausführen. Dabei durchläuft das Fluid eine stetige Folge von Zuständen und gelangt wieder in den Anfangszustand zurück. *Ein Prozeß, der ein System wieder in seinen Anfangszustand zurückbringt, heißt Kreisprozeß.* Nach Durchlaufen des Kreisprozesses nehmen alle Zustandsgrößen des Systems wie Druck, Temperatur, spez. Volumen, spez. Enthalpie oder spez. Entropie die Werte an, die sie im Anfangszustand hatten.

Bei den Kreisprozessen der Wärmekraftmaschinen läuft in der Regel ein stationär strömendes Fluid um, so daß sich seine Zustandsgrößen an jedem Ort mit der Zeit nicht ändern. Das stationär umlaufende Fluid strömt durch hintereinander geschaltete offene Systeme; bei der einfachen Dampfkraftanlage nach Abb. 8.6 sind dies der Dampferzeuger, die Turbine, der Kondensator und die Speisepumpe. Die offenen Systeme bilden insgesamt ein geschlossenes System, über dessen Grenzen keine Materie, sondern nur Energie als Arbeit oder Wärme transportiert wird. Nach 2.3.1 gilt für den gesamten Kreisprozeß die Leistungsbilanz

$$\Sigma \dot{Q}_{ik} + \Sigma P_{ik} = 0 \, .$$

Dabei bedeuten $\dot{Q}_{ik}$ den Wärmestrom und P_{ik} die Leistung des Teilprozesses, der das Fluid vom Zustand i in den Zustand k führt.

Abb. 8.6. Einfache Dampfkraftanlage, aufgeteilt in vier hintereinander geschaltete Kontrollräume: Speisepumpe 0 → 1, Dampferzeuger 1 → 2, Dampfturbine 2 → 3, Kondensator 3 → 0

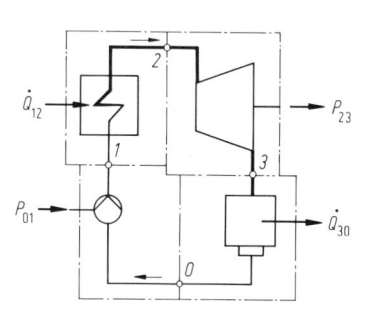

Wärmekraftmaschinen, deren Arbeitsfluid keine stationären Fließprozesse, sondern instationäre Teilprozesse durchläuft, sind die Kolben-Wärmekraftmaschinen, die im 19. Jahrhundert als Heißluftmaschinen häufig eingesetzt wurden. Das gasförmige Arbeitsmedium erfährt periodische Volumenänderungen in einem oder mehreren Zylindern. Der Kreisprozeß dieser Kolbenmaschinen besteht aus einer Folge zeitlich hintereinander ablaufender Teilprozesse. Anders als bei den Verbrennungsmotoren, vgl. 7.5.5, wird dem Arbeitsgas, welches stets ein geschlossenes System bildet, Wärme von außen über die Zylinderwandung zugeführt, und es gibt Abwärme an Kühlwasser oder Kühlluft ab. Zu den Kolben-Wärmekraftmaschinen gehört insbesondere der Stirling-Motor[1]. Trotz intensiver

---

[1] Robert Stirling (1790–1878), schottischer Geistlicher, erfand den nach ihm benannten Motor 1816. Mit seinem Bruder James arbeitete er viele Jahre an der Entwicklung und dem Bau von Stirling-Motoren, die sich durch einen Regenerator, einen thermischen Feststoffspeicher, auszeichnen, durch den eine zeitlich versetzte Wärmeübertragung zwischen heißem und kaltem Arbeitsgas innerhalb der Maschine möglich wurde.

Entwicklungsarbeiten seit 1935 gelang es nicht, dem Stirling-Motor neben den Verbrennungsmotoren ein Einsatzfeld zu schaffen. Wir verzichten auf eine Darstellung des Stirling-Prozesses und anderer Kreisprozesse für Kolbenmaschinen; es sei auf das ausführliche Werk von G. Walker [8.18] hingewiesen, das über die Theorie und den neuesten Entwicklungsstand ausführlich informiert.

Wir definieren die Nutzleistung eines Kreisprozesses (bzw. einer Wärmekraftmaschine) durch

$$P := \Sigma P_{ik}$$

und erhalten aus dem 1. Hauptsatz

$$-P = \Sigma \dot{Q}_{ik} = \dot{Q}_{zu} - |\dot{Q}_{ab}| \;.$$

Die abgegebene Nutzleistung $(-P)$ eines Kreisprozesses ist gleich dem Überschuß der zugeführten Wärmeströme über den Betrag der abgeführten Wärmeströme. Diese Interpretation geht davon aus, daß $\Sigma \dot{Q}_{ik} > 0$ ist, was auf eine Wärmekraftmaschine zutrifft. Sie wandelt einen Teil des zugeführten Wärmestroms in Nutzleistung um, während der Rest als Abwärme abgeführt werden muß. Ist dagegen $\Sigma \dot{Q}_{ik} < 0$, so wird mehr Wärme abgegeben als aufgenommen, und es muß mechanische Leistung zugeführt werden. Derartige Kreisprozesse kommen bei Wärmepumpen und Kältemaschinen vor; hierauf gehen wir in 9.2.3 und 9.3.1 ein.

Bezieht man die Nutzleistung auf den Massenstrom $\dot{m}$ des Fluids, das den Kreisprozeß ausführt, so erhält man die spez. (technische) Nutzarbeit

$$-w_t := (-P)/\dot{m} = -\Sigma w_{tik} = \Sigma q_{ik}$$

des Kreisprozesses. Nach 6.1.1 gilt

$$w_{tik} = y_{ik} + \frac{1}{2}(c_k^2 - c_i^2) + g(z_k - z_i) + j_{ik} \;.$$

Hierin sind

$$y_{ik} = \int_i^k v \, dp$$

die spez. Strömungsarbeit und j_{ik} die beim Teilprozeß $i \to k$ dissipierte Energie. Für die Nutzarbeit erhält man

$$w_t = \Sigma w_{tik} = \Sigma y_{ik} + \Sigma j_{ik} \;,$$

weil sich die Differenzen von kinetischer und potentieller Energie aufheben. Die Summe aller spez. Strömungsarbeiten,

$$\Sigma y_{ik} = \int_0^1 v \, dp + \int_1^2 v \, dp + \ldots + \int_n^0 v \, dp = \oint v \, dp \;,$$

wird im p, v-Diagramm durch die Fläche dargestellt, welche die Zustandslinien des Kreisprozesses einschließen. Diese Fläche bedeutet die Differenz aus der spez. Nutzarbeit w_t und der beim Kreisprozeß im Fluid insgesamt dissipierten Energie

$$j = \Sigma j_{ik} \;.$$

Wie man aus Abb. 8.7 erkennt, muß der Kreisprozeß rechtsherum durchlaufen werden, damit das Rundintegral und w_t negativ sind. Der Betrag des Flächeninhalts,

$$-\oint v \, dp = (-w_t) + j \;,$$

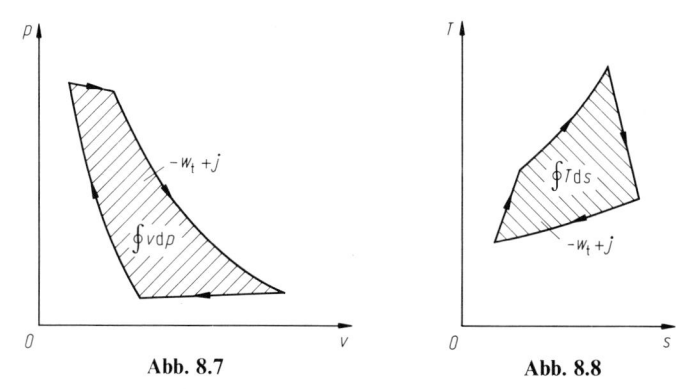

8.1 Die Umwandlung von Primärenergie in elektrische Energie

Abb. 8.7   **Abb. 8.8**

Abb. 8.7 und 8.8. Rechtsläufiger Kreisprozeß im p,v-Diagramm (Abb. 8.7) und im T,s-Diagramm (Abb. 8.8)

ist stets größer als die gewonnene Nutzarbeit, weil er auch die dissipierte Energie enthält. Nur für den reversiblen Kreisprozeß ($j = 0$) bedeutet die umschlossene Fläche die Nutzarbeit allein.

Eine ähnliche Darstellung von Nutzarbeit und dissipierter Energie eines Kreisprozesses erhält man im T, s-Diagramm des Arbeitsfluids. Nach 6.1.1 gilt für jeden Teilprozeß des stationär umlaufenden Fluids

$$\int_i^k T\,ds = q_{ik} + j_{ik}\,.$$

Daraus folgt

$$\oint T\,ds = \Sigma q_{ik} + \Sigma j_{ik} = (-w_t) + j\,.$$

Bei einem rechtsläufigen Kreisprozeß, vgl. Abb. 8.8, sind das Rundintegral und die von den Zustandslinien umschlossene Fläche positiv. Sie bedeutet wie im p, v-Diagramm die Summe aus der gewonnenen Nutzarbeit und der dissipierten Energie, ist also mit Ausnahme des reversiblen Kreisprozesses stets größer als $(-w_t)$.

N. L. S. Carnot hat 1824 einen Kreisprozeß für eine Wärmekraftmaschine vorgeschlagen, der seitdem als Carnot-Prozeß bezeichnet wird. Dieser reversible Kreisprozeß besteht aus zwei isothermen und zwei isentropen Zustandsänderungen des Arbeitsfluids und läßt sich im T,s-Diagramm einfach als Rechteck darstellen, Abb. 8.9. Bei der oberen Temperatur T nimmt das Arbeitsfluid Wärme

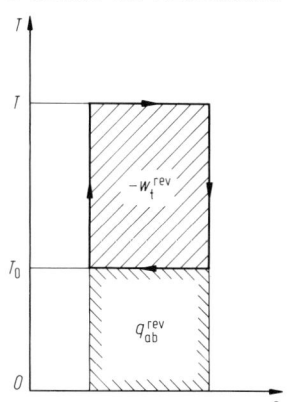

Abb. 8.9. Reversibler Carnot-Prozeß im T,s-Diagramm

auf, bei der unteren Temperatur T_0 gibt es die Abwärme ab. In der historischen Entwicklung und in älteren Darstellungen der Thermodynamik hat der Carnot-Prozeß eine bedeutende Rolle gespielt, weil sein thermischer Wirkungsgrad

$$\eta_{th}^{rev} = \frac{-w_t^{rev}}{q_{zu}} = \frac{q_{zu} - |q_{ab}^{rev}|}{q_{zu}} = \frac{T - T_0}{T} = \eta_C(T_0/T)$$

bei reversibler Prozeßführung unabhängig von der Art des Arbeitsfluids mit dem in 3.1.6 hergeleiteten Carnot-Faktor $\eta_C(T_0/T)$ übereinstimmt. Dies gilt nicht für jeden reversiblen Kreisprozeß einer Wärmekraftmaschine, doch gibt es eine Reihe anderer Kreisprozesse — unter ihnen der schon erwähnte Stirling-Prozeß —, deren Wirkungsgrad mit dem Carnot-Faktor übereinstimmt.

Der Carnot-Prozeß wäre, abgesehen von den Schwierigkeiten seiner technischen Realisierung und seiner Empfindlichkeit gegenüber schon geringen Irreversibilitäten, nur dann ein günstiger Kreisprozeß, wenn der Wärmekraftmaschine Wärme bei *konstanter* Temperatur angeboten würde. Die bei der Abkühlung eines Verbrennungsgases frei werdende Wärme fällt jedoch bei gleitender Temperatur an, nämlich in dem großen Intervall zwischen etwa 1600 und 120 °C. Abbildung 8.10a zeigt den Temperaturverlauf des Verbrennungsgases im $\eta_C, \dot{Q}$-Diagramm; die Fläche unter dieser Kurve stellt den Exergiestrom $\dot{E}_Q$ dar, welcher der Wärmekraftmaschine angeboten wird. Würde diese nach dem Carnot-Prozeß betrieben, so entstünden große Exergieverluste, weil beim Wärmeübergang große Temperaturdifferenzen auftreten und ein erheblicher Teil des angebotenen Wärme- und Exergiestroms wegen zu niedriger Temperaturen von der Wärmekraftmaschine nicht aufgenommen werden kann. Will man den Exergieverlust bei der Wärmeübertragung durch Erhöhen der oberen Temperatur des Carnot-Prozesses verkleinern, so wächst der Anteil der nicht genutzten Exergie. Vergrößert man dagegen die aufgenommene Exergie durch Senken der oberen Temperatur, so vermehrt man den Exergieverlust bei der Wärmeübertragung.

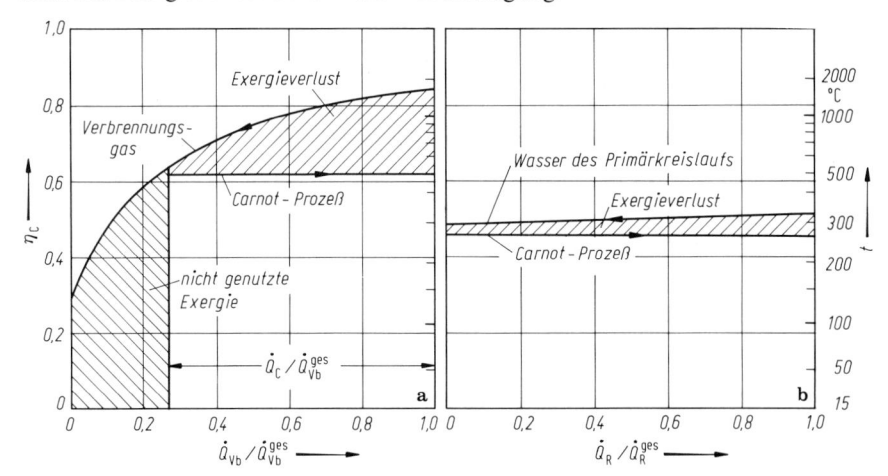

Abb. 8.10. Exergieaufnahme und Exergieverluste bei einem Carnot-Prozeß für die Wärmekraftmaschine, dargestellt im $\eta_C, \dot{Q}$-Diagramm. **a** Kohlekraftwerk, Exergieangebot durch das Verbrennungsgas; **b** Kernkraftwerk, Exergieangebot durch das Wasser des Primärkreislaufs

8.1 Die Umwandlung von Primärenergie in elektrische Energie

Günstiger sind die Verhältnisse bei einem Kernkraftwerk mit Druckwasserreaktor. Das Wasser des Primärkreislaufs kühlt sich bei der Wärmeabgabe im Dampferzeuger nur um ca. 35 K ab, vgl. Abb. 8.10b. Ein Carnot-Prozeß kann den ganzen angebotenen Wärmestrom bei konstanter Temperatur aufnehmen, ohne übermäßig große Exergieverluste hervorzurufen.

Für eine Wärmekraftmaschine geeigneter als der Carnot-Prozeß ist ein Kreisprozeß, der sich bei der Wärmeaufnahme dem Temperaturverlauf des Verbrennungsgases (und auch dem des Primärkreisfluids) besser anpaßt, jedoch die beim Carnot-Prozeß gegebene Wärmeabfuhr bei konstanter Temperatur T_0, möglichst nahe T_u, beibehält. Die Wärmeaufnahme bei gleitender Temperatur, z. B. die leicht zu verwirklichende isobare Erwärmung des Arbeitsfluids, und die isotherme Abwärmeabgabe sollten bei einem günstigen Kreisprozeß kombiniert werden. Diese beiden Zustandsänderungen können wie beim Carnot-Prozeß durch zwei Isentropen verbunden werden. Eine isotherme Wärmeabfuhr läßt sich nur im Naßdampfgebiet einfach verwirklichen, wo die Isotherme mit der Isobare zusammenfällt. Die Wärmeaufnahme sollte auf einer überkritischen Isobare bei stets ansteigender Temperatur erfolgen. Für Wasser als Arbeitsfluid erhält man damit den in Abb. 8.11 dargestellten reversiblen Kreisprozeß, bestehend aus vier Zustandsänderungen: isentrope Verdichtung 0 → 1 von siedendem Wasser auf einen überkritischen Druck, isobare Wärmeaufnahme 1 → 2 bis zu einer möglichst hohen Temperatur T_2 (Werkstoffgrenze), isentrope Expansion 2 → 3, die in das Naßdampfgebiet führt, und isotherm-isobare Wärmeabgabe (Kondensation) 3 → 0 bei einer möglichst niedrigen Temperatur T_0 nahe T_u.

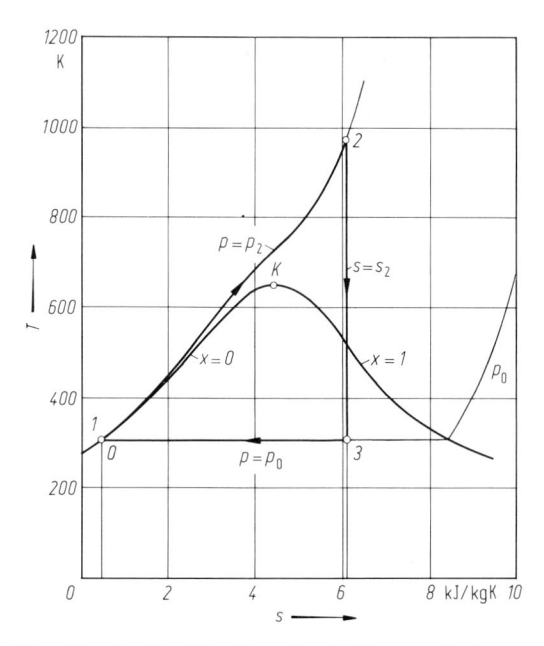

Abb. 8.11. Reversibler Clausius-Rankine-Prozeß mit Wärmeaufnahme 1 → 2 beim überkritischen Druck $p_1 = p_2 = 600$ bar von Wasser. Die Endpunkte der Isentrope 01 sind im T,s-Diagramm nicht zu unterscheiden ($T_1 - T_0 = 1{,}6$ K)

Dieser reversible Prozeß ist der *Clausius-Rankine-Prozeß*, der in der einfachen Dampfkraftanlage realisiert wird, vgl. 8.2.1. Auch er zeigt Mängel und setzt seiner Verwirklichung bei den hier angestrebten sehr hohen Drücken und Temperaturen erhebliche Hindernisse entgegen, weswegen in der Kraftwerkstechnik verschiedene Änderungen und Verbesserungen des Clausius-Rankine-Prozesses vorgenommen werden, auf die wir in 8.2.2 bis 8.2.4 eingehen. Auf die bei Kernkraftwerken erforderlichen Modifikationen des Clausius-Rankine-Prozesses, dessen Wärmeaufnahme auf einer weitgehend im Naßdampfgebiet verlaufenden Isobare (also isotherm) erfolgt, kommen wir in 8.2.6 zurück.

Beispiel 8.1. Ein Steinkohlekraftwerk ($e_B/H_u = 1{,}061$) hat den Kesselwirkungsgrad $\eta_K = 0{,}920$. Die thermodynamische Mitteltemperatur des Verbrennungsgases bei der Wärmeabgabe an den Wasserdampf ist $T_m^* = 995{,}0$ K. Der Wasserdampf durchläuft in der Wärmekraftmaschine einen reversiblen Clausius-Rankine-Prozeß mit folgenden Daten: Kondensationstemperatur $t_0 = 30{,}0$ °C, Frischdampfdruck $p_1 = p_2 = 500$ bar, Frischdampftemperatur $t_2 = 700$ °C. — Man berechne den thermischen Wirkungsgrad η_{th} des Kreisprozesses und den Kraftwerkswirkungsgrad η sowie die exergetischen Wirkungsgrade ζ_{WE}, ζ_{DE}, ζ_{WKM} und ζ für die Umgebungstemperatur $t_u = 15{,}0$ °C.

Da der Clausius-Rankine-Prozeß reversibel sein soll, erhält man seinen thermischen Wirkungsgrad als Carnot-Faktor:

$$\eta_{th} = \eta_C(T_0/T_m) = 1 - T_0/T_m$$

mit

$$T_m = (h_2 - h_1)/(s_2 - s_1)$$

als der thermodynamischen Mitteltemperatur der Wärmeaufnahme. Der Dampftafel [4.25] entnehmen wir $h_2 = 3610{,}2$ kJ/kg, $s_2 = 6{,}2438$ kJ/kg K und $s_1 = s_0 = s_0' = 0{,}4365$ kJ je kg K. Durch Interpolation auf der Isobare $p_1 = 500$ bar findet man $h_1 = h(p_1, s_1) = 175{,}4$ kJ/kg. Damit erhält man $T_m = 594{,}5$ K und $\eta_{th} = 0{,}490$ sowie $\eta = \eta_K \eta_{th} = 0{,}451$.

Die exergetischen Wirkungsgrade der drei Teilsysteme des Kraftwerks werden

$$\zeta_{WE} = \eta_C(T_u/T_m^*) \, \eta_K \, \frac{H_u}{e_B} = 0{,}710 \cdot 0{,}920/1{,}061 = 0{,}616$$

für den Wärmeerzeuger (Feuerung),

$$\zeta_{DE} = \frac{\eta_C(T_u/T_m)}{\eta_C(T_u/T_m^*)} = \frac{0{,}515}{0{,}710} = 0{,}725$$

für den Dampferzeuger (Wärmeübertragung) und nach (8.6) mit $\dot{S}_{irr} = 0$

$$\zeta_{WKM} = \frac{T_m - T_0}{T_m - T_u} = 0{,}951$$

für die Wärmekraftmaschine. Obwohl der Clausius-Rankine-Prozeß als reversibel angenommen wurde, ist $\zeta_{WKM} < 1$, weil bei der Abgabe der Abwärme ein Exergieverlust auftritt: die Kondensationstemperatur T_0 des Dampfes liegt über der Umgebungstemperatur T_u. Der exergetische Gesamtwirkungsgrad wird

$$\zeta = 0{,}616 \cdot 0{,}725 \cdot 0{,}951 = 0{,}425 \, .$$

Obwohl der obere Druck des Clausius-Rankine-Prozesses mit 500 bar und die höchste Temperatur von 700 °C weit über ökonomisch sinnvollen Grenzwerten liegen, bleiben T_m und der zugehörige Carnot-Faktor $\eta_C(T_u/T_m)$ überraschend niedrig. Es treten bei der Wärmeübertragung im Dampferzeuger große Exergieverluste auf (27,5% der vom Verbrennungsgas abgegebenen Exergie bzw. 16,9% der Brennstoffexergie); denn auch der Temperaturverlauf bei der Wärmeaufnahme des Clausius-Rankine-Prozesses paßt sich dem

Temperaturverlauf des Wärme abgebenden Verbrennungsgases nur schlecht an. Man wird daher versuchen, den Clausius-Rankine-Prozeß zu verbessern. Dies kann nicht durch Wahl noch höherer Werte von p_2 und T_2 geschehen, weil sich dabei T_m und η_C nur noch wenig vergrößern, sondern nur durch Prozeßmodifikationen, wobei man von realistischen, d. h. wesentlich niedrigeren Werten von p_2 und T_2 als in diesem Beispiel ausgehen wird.

8.2 Dampfkraftwerke

Wie schon in 8.1.2 erwähnt, ist in der Regel Wasserdampf das Arbeitsfluid der Wärmekraftmaschine eines Wärmekraftwerks, das dann als Dampfkraftwerk bezeichnet wird, vgl. hierzu [8.19, 8.20]. Um die thermodynamische Untersuchung übersichtlich zu gestalten, betrachten wir noch nicht ein modernes, aus vielen Anlagenteilen zusammengesetztes Dampfkraftwerk, sondern beginnen mit der „einfachen" Dampfkraftanlage. Wir behandeln dann die wesentlichen Verbesserungen (Zwischenüberhitzung, regenerative Speisewasservorwärmung), die zum modernen Dampfkraftwerk führen. Besondere Bedingungen gelten für Kernkraftwerke, deren Wirkungsgrad durch das niedrige Temperaturniveau wassergekühlter Kernreaktoren begrenzt ist. Dagegen lassen sich mit einer Kombination aus Gasturbinenanlage und Dampfkraftwerk die bisher höchsten Wirkungsgrade von Wärmekraftanlagen erreichen.

8.2.1 Die einfache Dampfkraftanlage

Die einfache Dampfkraftanlage nach Abb. 8.12 besteht aus dem Dampferzeuger, der Dampfturbine, dem Kondensator und der Speisepumpe. In den Dampferzeuger ist die Feuerung integriert, vgl. hierzu auch [7.9], und es findet hier der Wärmeübergang vom Verbrennungsgas an den Wasserdampf statt. Der Dampferzeuger wird energetisch durch den Kesselwirkungsgrad

$$\eta_K = \frac{\dot{Q}}{\dot{m}_B H_u} = \frac{\dot{m}(h_2 - h_1)}{\dot{m}_B H_u}$$

gekennzeichnet, vgl. 7.3.4. Er erfaßt im wesentlichen den Abgasverlust und erreicht Werte zwischen 0,88 und 0,93.

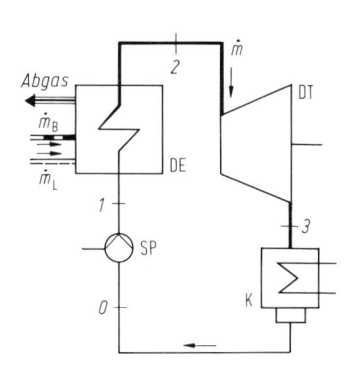

Abb. 8.12. Einfache Dampfkraftanlage (schematisch).
DE Dampferzeuger mit Feuerung,
DT Dampfturbine, K Kondensator, SP Speisepumpe

Der hohe Kesselwirkungsgrad darf nicht darüber hinwegtäuschen, daß im Dampferzeuger die großen Exergieverluste der Verbrennung und des Wärmeübergangs vom Verbrennungsgas zum Wasserdampf auftreten. Diese Verluste erscheinen nach 8.1.3 im Produkt

$$\zeta_{WE}\zeta_{DE} = \eta_C(T_u/T_m)\,\eta_K\,\frac{H_u}{e_B}$$

aus dem exergetischen Wirkungsgrad ζ_{WE} des Wärmeerzeugers (Feuerung) und ζ_{DE} des Dampferzeugers (Wärmeübergang). Um den hier auftretenden Carnot-Faktor der Wärmeaufnahme durch das Wasser zu berechnen, vernachlässigen wir seinen Druckabfall beim Durchströmen des Dampferzeugers; wir setzen also $p_1 = p_2 = p$ und bezeichnen p als Kesseldruck. Die Zustandsänderung des Wassers ist dann die in Abb. 8.13 eingezeichnete Isobare. Das mit $T = T_1$ eintretende Wasser wird zunächst bis zur Siedetemperatur $T = T(p)$ erwärmt, dann verdampft und auf die Frischdampftemperatur T_2 überhitzt. Die Fläche unterhalb der Isobare des Kesseldrucks stellt die Enthalpiezunahme

$$h_2 - h_1 = q_{12}$$

des Wassers dar; sie ist die Wärme q_{12}, die das Wasser im Dampferzeuger aufnimmt. Die Fläche zwischen der Isobare des Kesseldrucks und der Isotherme $T = T_u$ der Umgebungstemperatur bedeutet die Exergiezunahme des Wassers. Nach 3.4.4 erhalten wir für die thermodynamische Mitteltemperatur

$$T_m = \frac{q_{12}}{s_2 - s_1} = \frac{h_2 - h_1}{s_2 - s_1}.$$

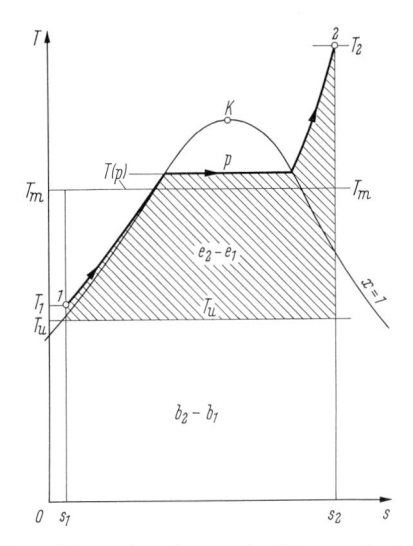

Abb. 8.13. Isobare Zustandsänderung des Wassers im Dampferzeuger. Exergiezunahme $e_2 - e_1$ und Anergiezunahme $b_2 - b_1$

8.2 Dampfkraftwerke

Somit wird

$$\zeta_{WE}\zeta_{DE} = \left(1 - \frac{T_u}{T_m}\right)\eta_K \frac{H_u}{e_B} = \frac{e_2 - e_1}{h_2 - h_1}\eta_K \frac{H_u}{e_B}.$$

Um hohe exergetische Wirkungsgrade zu erzielen, muß T_m möglichst groß werden. Da die Speisewassertemperatur T_1 festliegt — sie ist nur wenig größer als die Kondensationstemperatur $T_0 \approx T_u$ —, gibt es zwei Maßnahmen, um T_m zu vergrößern: Steigerung der Frischdampftemperatur T_2 und Anheben des ganzen Temperaturniveaus durch Erhöhen des Kesseldrucks p.

Die Frischdampftemperatur T_2 wird durch die Werkstoffe des Dampferzeugers begrenzt. Bei Verwendung von ferritischem Stahl liegt die obere Grenze bei $t_2 = 565\ °C$. Setzt man den wesentlich teureren austenitischen Stahl ein, so läßt sich t_2 auf 600 °C und auch darüber steigern. Dieser Weg wurde in verschiedenen Anlagen beschritten, doch haben sich dabei keine wirtschaftlichen Vorteile ergeben, so daß man heute meistens höchste Frischdampftemperaturen von 525 bis 550 °C antrifft. Bei festen Werten von T_1 und T_2 läßt sich T_m durch Erhöhen des Kesseldrucks p steigern, Abb. 8.14. Für jede Frischdampftemperatur T_2 findet man einen Maximalwert von T_m bei einem optimalen Kesseldruck p_{opt}, der mit größer werdendem T_2 rasch ansteigt. In Tabelle 8.1 sind diese Optimalwerte und die sich dabei ergebenden Carnot-Faktoren $\eta_C = 1 - (T_u/T_m)$ zusammengestellt.

Selbst bei diesen hohen Kesseldrücken nehmen der Carnot-Faktor und damit $\zeta_{WE} \cdot \zeta_{DE}$ überraschend niedrige Werte an. Mit $\eta_K = 0,92$ und $H_u/e_B = 0,95$ ergibt sich z. B. bei $t_2 = 550\ °C$

$$\zeta_{WE} \cdot \zeta_{DE} = \eta_K \frac{H_u}{e_B}\eta_C = 0,92 \cdot 0,95 \cdot 0,484 = 0,42.$$

In diesem niedrigen exergetischen Wirkungsgrad kommen die hohen *Exergieverluste des Dampferzeugers und der Feuerung* zum Ausdruck:
1. der Exergieverlust der Verbrennung (etwa 30%),
2. der Exergieverlust der Wärmeübertragung (etwa 25%),
3. der Exergieverlust durch das Abgas und die Abstrahlung (etwa 5%).

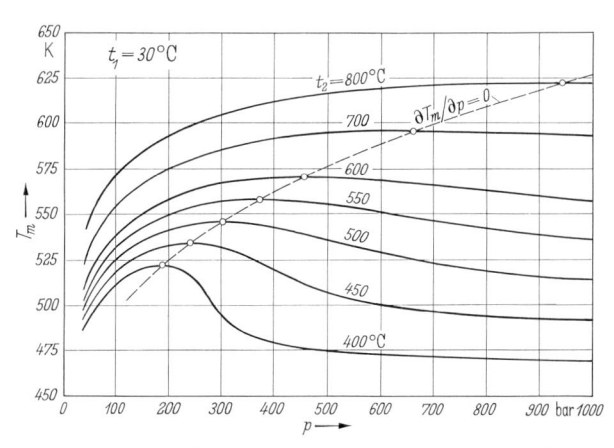

Abb. 8.14. Thermodynamische Mitteltemperatur T_m der Wärmeaufnahme für $t_1 = 30\ °C$ und verschiedene Frischdampftemperaturen t_2 als Funktion des Kesseldrucks p

Tabelle 8.1. Optimale Frischdampfdrücke p_{opt}, bei denen die thermodynamische Mitteltemperatur T_m und der Carnot-Faktor $\eta_C = 1 - (T_u/T_m)$ maximale Werte annehmen, in Abhängigkeit von der Frischdampftemperatur t_2 ($t_1 = 30\ °C$, $t_u = 15\ °C$)

t_2 °C	p_{opt} bar	T_m K	η_C
400	187,4	522,2	0,448
450	241,9	534,1	0,461
500	303,4	546,0	0,472
550	373,5	558,1	0,484
600	454,7	570,4	0,495
650	549,4	582,9	0,506
700	660,4	595,8	0,516
750	790,8	608,9	0,527
800	942,4	622,1	0,537

Der Dampferzeuger erweist sich somit als Quelle großer Exergieverluste, was im energetischen Kesselwirkungsgrad η_K überhaupt nicht zum Ausdruck kommt. Nicht die in η_K erfaßten „fehlgeleiteten" Energien machen den wesentlichen Verlust aus, sondern die irreversiblen Prozesse der Verbrennung und der Wärmeübertragung verwandeln etwa die Hälfte der eingebrachten Brennstoffexergie in Anergie, die für die weiteren Energieumwandlungen nicht nur verloren geht, sondern sogar einen Ballast darstellt, der schließlich an die Umgebung abgeführt werden muß.

In der Wärmekraftmaschine, dem anderen Teilsystem der Dampfkraftanlage, vgl. 8.1.2, durchläuft das Wasser bzw. der Wasserdampf einen Kreisprozeß, dessen Zustandsänderungen im h,s-Diagramm von Abb. 8.15 dargestellt sind. Der Frischdampf tritt im Zustand 2 in die adiabate Dampfturbine ein, expandiert auf den Kondensatordruck p_0 (Zustand 3) und wird dann isobar verflüssigt bis zum Erreichen der Siedelinie (Zustand 0). Die adiabate Speisepumpe bringt das Kondensat auf den Kesseldruck p (Zustand 1). Wir vernachlässigen zwar den Druckabfall im Dampferzeuger ($p_2 = p_1 = p$) und im Kondensator ($p_3 = p_0$), berücksichtigen jedoch die Irreversibilitäten der Turbine und der Speisepumpe. Die Expansion 2 → 3 ist also nicht isentrop ($s_3 > s_2$); das gleiche gilt für die Verdichtung 0 → 1 ($s_1 > s_0$). Der reversible Kreisprozeß 01'23'0, dessen Zustandslinien zwei Isobaren und zwei Isentropen sind, ist der schon in 8.1.4 behandelte Clausius-Rankine-Prozeß.

Auf den Kreisprozeß des stationär umlaufenden Wassers wenden wir den 1. Hauptsatz an. Für die abgegebene Nutzarbeit gilt nach 8.1.4

$$-w_t = |w_{t23}| - w_{t01} = q_{12} - |q_{30}|;$$

sie ergibt sich als Differenz aus der Turbinenarbeit und der (zuzuführenden) Arbeit der Speisepumpe bzw. als Überschuß der im Kessel zugeführten Wärme q_{12} über die im Kondensator abgeführte Wärme q_{30}. Um diese Größen zu berechnen, wenden wir den 1. Hauptsatz auf die vier Teilprozesse an, wobei wir die

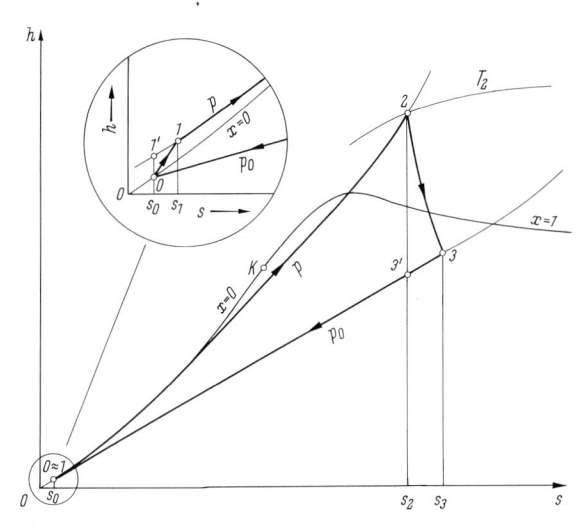

Abb. 8.15. Zustandsänderungen des Wasserdampfes beim Kreisprozeß der einfachen Dampfkraftanlage

Änderungen von kinetischer und potentieller Energie vernachlässigen. Der adiabaten *Speisepumpe* muß die spez. technische Arbeit

$$w_{t01} = h_1 - h_0 = \frac{h_{1'} - h_0}{\eta_{sV}} \approx \frac{v_0'}{\eta_{sV}}(p - p_0)$$

zugeführt werden, wobei $\eta_{sV} \approx 0{,}75$ bis $0{,}80$ der isentrope Wirkungsgrad der Pumpe ist. Diese Arbeit ist klein, denn das flüssige Wasser hat ein geringes spez. Volumen. Für die Wärmeaufnahme im *Dampferzeuger* gilt

$$q_{12} = h_2 - h_1,$$

da dies ein reiner Strömungsprozeß ist. Die technische Arbeit der adiabaten *Turbine* wird

$$-w_{t23} = h_2 - h_3 = \eta_{sT}(h_2 - h_{3'})$$

mit η_{sT}, dem isentropen Turbinenwirkungsgrad. Schließlich erhalten wir für die im *Kondensator* abgeführte Wärme

$$|q_{30}| = h_3 - h_0.$$

Die gewonnene *Nutzarbeit* des Kreisprozesses,

$$-w_t = \eta_{sT}(h_2 - h_{3'}) - \frac{h_{1'} - h_0}{\eta_{sV}},$$

unterscheidet sich nur geringfügig von der technischen Arbeit der Turbine, weil der Arbeitsbedarf der Speisepumpe sehr klein ist. Der *thermische Wirkungsgrad* des Kreisprozesses ist

$$\eta_{th} = \frac{-w_t}{q_{12}} = \frac{(h_2 - h_3) - (h_1 - h_0)}{h_2 - h_1}.$$

366   8 Wärmekraftanlagen

Für den exergetischen Wirkungsgrad der Wärmekraftmaschine gilt nach 8.1.3

$$\zeta_{\text{WKM}} = \frac{-P}{\dot{E}_Q} = \frac{-P}{\dot{m}(e_2 - e_1)} = \frac{-w_t}{e_2 - e_1}.$$

Um die Exergieverluste aufzuschlüsseln, schreiben wir für die Nutzarbeit

$$-w_t = h_2 - h_3 - (h_1 - h_0) = e_2 - e_3 - (e_1 - e_0) + T_u[(s_2 - s_3) - (s_1 - s_0)] = e_2 - e_1 - (e_3 - e_0) - T_u[(s_3 - s_2) + (s_1 - s_0)]$$

oder

$$-w_t = (e_2 - e_1) - (e_3 - e_0) - e_{v23} - e_{v01}. \qquad (8.7)$$

Diese Gleichung ist die *Exergiebilanz der Wärmekraftmaschine*: Die gewonnene Nutzarbeit ist die im Dampferzeuger aufgenommene Exergie $(e_2 - e_1)$, vermindert um die im Kondensator abgegebene Exergie $(e_3 - e_0)$ und vermindert um die Exergieverluste der Turbine und der Speisepumpe, vgl. Abb. 8.16. Für den exergetischen Wirkungsgrad der Wärmekraftmaschine erhalten wir mit (8.7)

$$\zeta_{\text{WKM}} = 1 - \frac{e_3 - e_0}{e_2 - e_1} - \frac{e_{v01} + e_{v23}}{e_2 - e_1}.$$

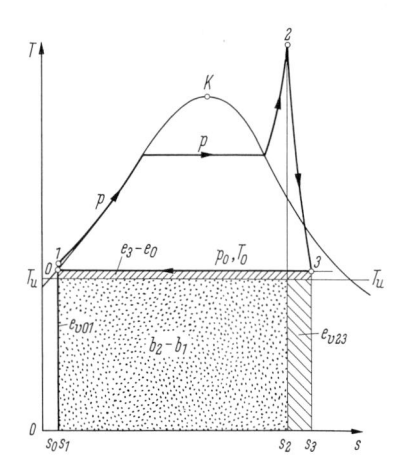

Abb. 8.16. Exergieverluste der einfachen Dampfkraftanlage

Wie Abb. 8.16 zeigt, ist der Exergieverlust e_{v01} der Speisepumpe bedeutungslos gegenüber dem Exergieverlust e_{v23} der Dampfturbine. Dieser wird mit kleiner werdendem Wirkungsgrad η_{sT} rasch größer. Die im Kondensator vom kondensierenden Naßdampf abgegebene Exergie

$$e_3 - e_0 = (T_0 - T_u)(s_3 - s_0) = \frac{T_0 - T_u}{T_0} |q_{30}| \qquad (8.8)$$

wird zum Teil an das Kühlwasser übertragen, zum Teil verwandelt sie sich bei dieser irreversiblen Wärmeübertragung in Anergie. Da nun das wenig erwärmte Kühlwasser in die Umgebung fließt, ohne daß seine (sehr kleine) Exergie ausgenutzt wird, müssen wir die ganze im Kondensator abgegebene Exergie $(e_3 - e_0)$ als

Exergieverlust ansehen. Nach (8.8) läßt sich dieser Exergieverlust dadurch verringern, daß man die Kondensationstemperatur T_0 der Umgebungstemperatur T_u so weit wie möglich annähert. Dies läßt sich durch eine große Wärmeübertragungsfläche im Kondensator und einen großen Kühlwasserstrom erreichen. Außerdem sind niedrige Kühlwassertemperaturen wichtig, weswegen man bestrebt ist, das Kühlwasser als Flußwasser direkt der Umgebung zu entnehmen. Häufig ist dies nicht mehr zulässig, und die Abwärme muß über einen Kühlturm, vgl. Beispiel 6.9, an die Luft abgegeben werden. Dies hat eine höhere Kondensationstemperatur T_0 zur Folge und einen größeren Exergieverlust $(e_3 - e_0)$ mit einer entsprechenden Verminderung von ζ_{WKM}.

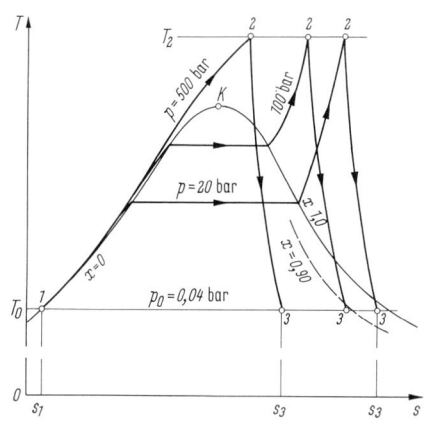

Abb. 8.17. Verschiebung des Abdampfzustands 3 durch Erhöhen des Frischdampfdrucks p

Um den großen Exergieverlust bei der Wärmeübertragung im Dampferzeuger zu vermindern, muß man die thermodynamische Mitteltemperatur T_m des Wasserdampfes steigern. Eine Erhöhung der Frischdampftemperatur über $t_2 = 550\,°C$ hat sich wegen des Einsatzes von austenitischem Stahl als nicht wirtschaftlich erwiesen. Bei gegebenem T_2 läßt sich T_m nur durch Erhöhen des Frischdampfdrucks p steigern, vgl. Abb. 8.14. Wie das T,s-Diagramm, Abb. 8.17, zeigt, rückt dabei der Frischdampfzustand 2 zu kleineren Entropien, und dementsprechend wandert auch der Abdampfzustand 3 nach links zu kleineren Dampfgehalten x_3. Hier gibt es nun eine Grenze, die aus technischen Gründen nicht unterschritten werden darf: Die Dampfnässe am Ende der Expansion, die sogenannte *Endnässe* $(1 - x_3)$, darf Werte von $(1 - x_3) = 0{,}10$ bis $0{,}12$ nicht überschreiten. Bei zu hoher Endnässe tritt nämlich in den Endstufen der Turbine Tropfenschlag auf, der zu einem strömungstechnisch ungünstigen Verhalten des Dampfes (dadurch kleineres η_{sT}) und vor allem zu Erosionen der Turbinenbeschaufelung führt.

Der Frischdampfdruck p ist also keine frei wählbare Variable, er wird vielmehr durch die Endnässe derart begrenzt, daß er weit unterhalb der in Abb. 8.14 und Tabelle 8.1 verzeichneten Optimalwerte für maximales T_m liegt. Mit der einfachen Dampfkraftanlage lassen sich daher nur Gesamtwirkungsgrade erreichen, die kaum über 30% liegen. Nur eine Modifikation des Clausius-Rankine-Prozesses kann zu besseren Resultaten führen.

8.2.2 Zwischenüberhitzung

Wie wir im letzten Abschnitt gesehen haben, begrenzt der am Ende der Expansion einzuhaltende Mindest-Dampfgehalt x_3 den Frischdampfdruck p so, daß er erheblich unter dem optimalen Frischdampfdruck liegt, der zu einem Maximum von T_m führt. Von dieser Begrenzung kann man sich durch Anwenden der Zwischenüberhitzung befreien. Hierbei expandiert der aus dem Dampferzeuger kommende Dampf in einer Hochdruckturbine bis auf einen Zwischendruck $p_3 = p_Z$; er wird dann erneut in den Dampferzeuger geleitet und auf die Temperatur T_4 überhitzt, die meistens mit der Temperatur T_2 übereinstimmt. Nun erst expandiert der Dampf in einer zweiten (Niederdruck-)Turbine auf den Kondensatordruck p_0, vgl. Abb. 8.18 und 8.19. Im Zustand 5 am Ende der Expansion hat jetzt der Dampf eine größere Entropie s_5 und dementsprechend einen hohen Dampfgehalt x_5, so daß keine Gefahr eines Tropfenschlags und einer Schaufelerosion in den Endstufen der Niederdruckturbine besteht.

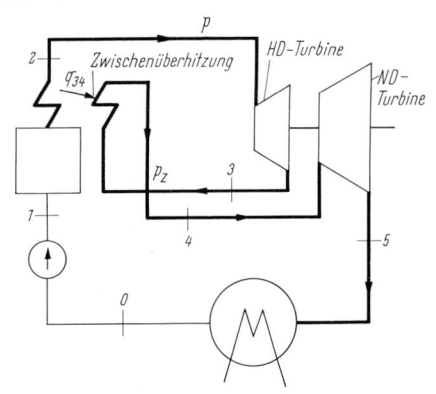

Abb. 8.18. Schaltbild einer Dampfkraftanlage mit Zwischenüberhitzung

Bei Anwendung der Zwischenüberhitzung kann der Kesseldruck p ohne Rücksicht auf die Endnässe erhöht werden. Dadurch wird das Temperaturniveau des Dampfes im Kessel angehoben, und es verringert sich der Exergieverlust bei der Wärmeübertragung vom Verbrennungsgas auf den Dampf. Diese Verbesserung äußert sich in einem höheren Wert der thermodynamischen Mitteltemperatur T_m im Vergleich zu einem Prozeß ohne Zwischenüberhitzung, der bei einem wesentlich niedrigeren Kesseldruck ablaufen muß, um eine zu große Endnässe zu vermeiden. Die Steigerung von T_m durch Zwischenüberhitzung hat eigentlich zwei Ursachen: die Erhöhung des Kesseldrucks p und die zusätzliche Wärmeaufnahme im Zwischenüberhitzer bei der besonders hohen Mitteltemperatur

$$T_{mZ} = \frac{h_4 - h_3}{s_4 - s_3},$$

vgl. Abb. 8.19.

Bei Dampfkraftanlagen mit Zwischenüberhitzung läßt man häufig nur noch Endnässen $(1 - x_5)$ von etwa 5 % zu, um jede Gefahr von Schaufelerosionen in den Endstufen der Niederdruckturbine auszuschließen. Bei sehr hohen Kesseldrücken, z. B. bei überkritischen Drücken, wendet man deshalb eine zweimalige

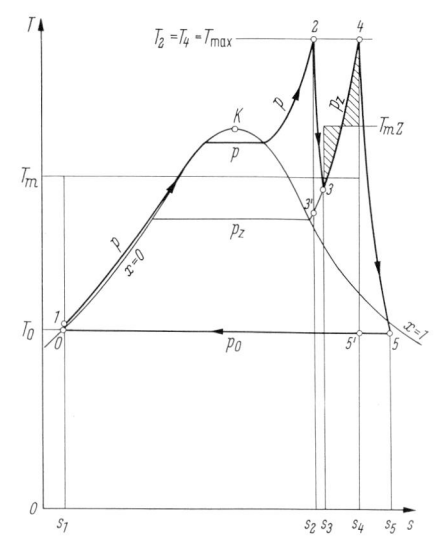

Abb. 8.19. Zustandsänderungen des Wasserdampfes beim Prozeß mit Zwischenüberhitzung. T_m thermodynamische Mitteltemperatur der gesamten Wärmeaufnahme, T_{mZ} thermodynamische Mitteltemperatur der Wärmeaufnahme im Zwischenüberhitzer

Zwischenüberhitzung an. Bei einer genaueren Rechnung muß man den Druckabfall des Dampfes im Kessel und im Zwischenüberhitzer berücksichtigen; zur Vereinfachung unserer grundsätzlichen Überlegungen haben wir dies vernachlässigt und die Zustandsänderungen 1 → 2 und 3 → 4 als isobar angenommen. Die erreichte thermodynamische Mitteltemperatur

$$T_m = \frac{h_2 - h_1 + h_4 - h_3}{s_2 - s_1 + s_4 - s_3}$$

hängt von der Wahl des Zwischendrucks p_Z ab. Nach W. Traupel [8.20] erhält man das größte T_m, wenn man p_Z so wählt, daß $T_m = T_3$ wird. Durch die Zwischenüberhitzung vergrößert sich der Gesamtwirkungsgrad um etwa 10 % des Wirkungsgrades der einfachen Dampfkraftanlage; statt z. B. $\eta = 0{,}30$ erreicht man $\eta \approx 0{,}33$.

8.2.3 Regenerative Speisewasservorwärmung

Eine weitere Erhöhung der thermodynamischen Mitteltemperatur T_m über den durch Zwischenüberhitzung erreichten Wert hinaus läßt sich nur noch durch Anheben der Speisewassertemperatur T_1 erreichen. Das Speisewasser muß vor dem Eintritt in den Dampferzeuger vorgewärmt werden. Die hierzu erforderliche Wärme gibt ein Dampfstrom ab, der der Turbine entnommen wird. Um diese *regenerative Speisewasservorwärmung* durch Entnahmedampf zu erläutern, betrachten wir das Modell einer Dampfkraftanlage nach Abb. 8.20. In die Turbine tritt der Frischdampf mit dem Massenstrom $\dot{m}$ ein, der vom Frischdampfdruck p auf einen Zwischendruck, den sogenannten Entnahmedruck p_E, expandiert. Nun wird ein Teil des Dampfstroms, nämlich der Massenstrom $\mu\dot{m}$, der Turbine entnommen und dem Speisewasservorwärmer zugeführt, während der verbleibende

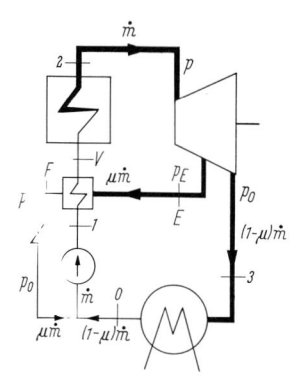

Abb. 8.20. Modell einer Dampfkraftanlage mit einem Speisewasservorwärmer

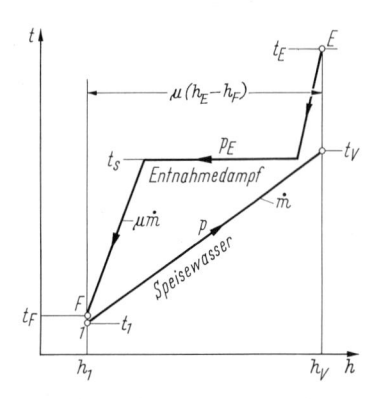

Abb. 8.21. Temperaturverlauf des Entnahmedampfes und des Speisewassers im Vorwärmer, aufgetragen über der spez. Enthalpie des Speisewassers

Dampfstrom $(1 - \mu)\,\dot m$ auf den Kondensatordruck p_0 expandiert. Der Entnahmedampf tritt mit dem Zustand E in den Speisewasservorwärmer ein und gibt dort einen Teil seines Energieinhalts als Wärme an das Speisewasser ab, das dadurch von der Temperatur t_1 auf die Vorwärmtemperatur t_V erwärmt wird. Der Entnahmedampf kondensiert im Vorwärmer und kühlt sich bis auf die Temperatur t_F ab, die nur wenig über t_1 liegt. Das Kondensat wird gedrosselt und dem Speisewasserstrom zugemischt, der aus dem Kondensator kommt. Abbildung 8.21 zeigt den Temperaturverlauf des Entnahmedampfes und des Speisewassers im Vorwärmer, aufgetragen über der spez. Enthalpie des Speisewassers, vgl. auch Beispiel 6.6 und 6.7. Aus der Energiebilanz des adiabaten Vorwärmers,

$$\dot m(h_V - h_1) = \mu \dot m(h_E - h_F)\,,$$

kann der Anteil μ des Entnahmedampfes am gesamten Massenstrom bestimmt werden.

Durch die Speisewasservorwärmung erhöht sich das Temperaturniveau des Dampfes im Dampferzeuger. Der Exergieverlust bei der Wärmeübertragung wird kleiner. Die vom Wasserdampf als Wärme aufgenommene Energie $(h_2 - h_V)$ hat einen hohen Exergiegehalt, während die Energie $(h_V - h_1)$ mit dem geringen Exergiegehalt $(e_V - e_1)$ und dem großen Anergiegehalt $(b_V - b_1)$ vom Entnahmedampf geliefert wird, vgl. Abb. 8.22. Mit steigender Vorwärmtemperatur t_V (und entsprechend wachsender Enthalpie h_V) erhöht sich der exergetische Wirkungsgrad des Dampferzeugers, und es wird

$$\zeta_{WE}\zeta_{DE} = \eta_K \frac{H_u}{e_B} \frac{e_2 - e_V}{h_2 - h_V} = \eta_K \frac{H_u}{e_B}\left(1 - \frac{T_u}{T_{mv}}\right)$$

mit

$$T_{mv} = \frac{h_2 - h_V}{s_2 - s_V} > \frac{h_2 - h_1}{s_2 - s_1} = T_m\,.$$

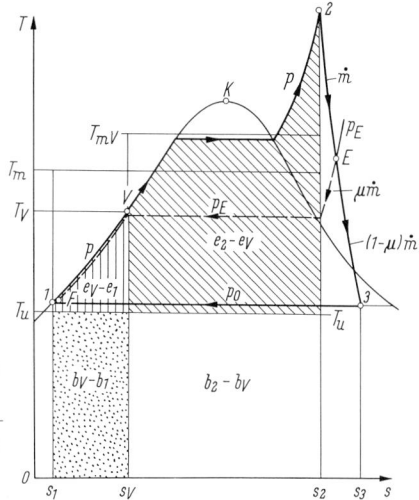

Abb. 8.22. Zustandsänderungen des Wassers und des Entnahmedampfes (gestrichelt) sowie Exergieerhöhung ($e_V - e_1$) des Speisewassers im Vorwärmer und Exergieaufnahme ($e_2 - e_V$) im Dampferzeuger

Das Produkt $\zeta_{WE}\zeta_{DE}$ wächst jedoch nur dann, wenn sich der Kesselwirkungsgrad η_K durch die regenerative Speisewasservorwärmung nicht verschlechtert. Dies geschieht aber, denn das Abgas kann nicht mehr bis in die Nähe von t_1 abgekühlt werden; seine Austrittstemperatur t_A muß ja über der Vorwärmtemperatur t_V liegen, die bei einem modernen Dampfkraftwerk etwa 250 °C beträgt. Um diesen erhöhten Abgasverlust zu vermeiden, kombiniert man die regenerative Speisewasservorwärmung mit der Vorwärmung der Verbrennungsluft durch das Abgas, vgl. Abb. 8.23. Im Luftvorwärmer kühlt sich das Abgas auch bei Anwenden der Speisewasservorwärmung auf eine niedrige Temperatur t_A ab, die durch den Säuretaupunkt und nicht durch die Vorwärmtemperatur t_V des Speisewassers bestimmt wird. Durch die kombinierte Luft- und Speisewasservorwärmung wird also η_K konstant gehalten und $\zeta_{WE}\zeta_{DE}$ (durch Erhöhen von T_m) merklich gesteigert.

Da im Speisewasservorwärmer Wärme bei endlichen Temperaturdifferenzen übertragen wird, vgl. Abb. 8.21, tritt hier ein neuer Exergieverlust auf, der mit steigender Vorwärmtemperatur t_V größer wird. Dadurch nimmt der exergetische Wirkungsgrad

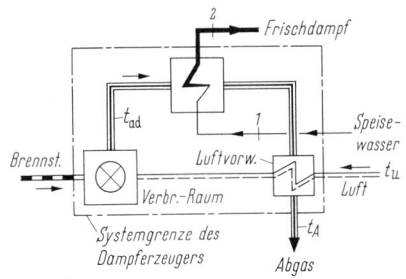

$$\zeta_{WKM} = \frac{-w_t}{e_2 - e_V}$$

Abb. 8.23. Schema der regenerativen Luftvorwärmung durch das Abgas

des Kreisprozesses mit steigendem t_V ab. Es verringert sich nämlich die Nutzarbeit

$$-w_t = (-w_{t23}) - w_{t01} = h_2 - h_E + (1 - \mu)(h_E - h_3) - (h_1 - h_0)$$

stärker als die Exergiedifferenz $(e_2 - e_V)$. Somit erreicht der Gesamtwirkungsgrad

$$\zeta = \zeta_{WE}\zeta_{DE}\zeta_{WKM}$$

bei einer bestimmten Vorwärmtemperatur ein Maximum, vgl. Abb. 8.24. Ein Überschreiten dieser *optimalen Vorwärmtemperatur* ist sinnlos, denn die Verringerung des Exergieverlustes im Dampferzeuger wird dann durch die Zunahme des Exergieverlustes bei der Wärmeübertragung im Vorwärmer aufgezehrt.

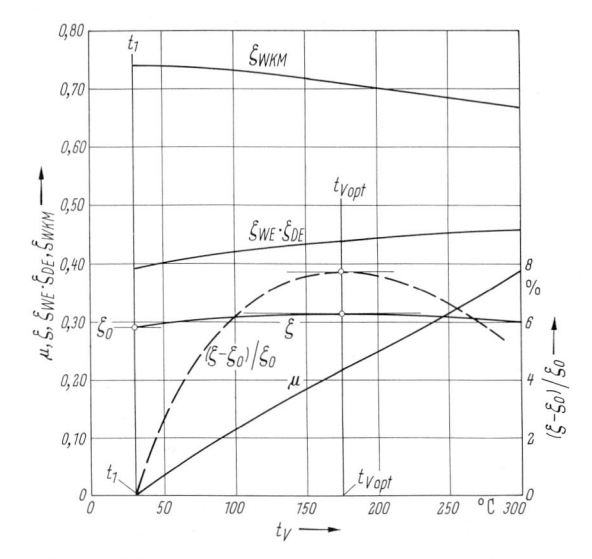

Abb. 8.24. Exergetische Wirkungsgrade ζ, $\zeta_{WE} \cdot \zeta_{DE}$ und ζ_{WKM} sowie Anteil μ des Entnahmedampfes in Abhängigkeit von der Vorwärmtemperatur bei einem Speisewasservorwärmer. Gestrichelt: relative Vergrößerung $(\zeta - \zeta_0)/\zeta_0$ des exergetischen Gesamtwirkungsgrades durch die Speisewasservorwärmung

Der Exergieverlust bei der Wärmeübertragung im Vorwärmer läßt sich dadurch verringern, daß man nicht einen Vorwärmer, sondern mehrere Vorwärmer mit entsprechend vielen Entnahmen in der Turbine vorsieht. Dadurch läßt sich der Temperaturverlauf der verschiedenen Entnahme-Dampfströme dem Temperaturverlauf des vorzuwärmenden Speisewassers besser anpassen. Mit wachsender Zahl der Vorwärmstufen steigt die optimale Vorwärmtemperatur und auch der exergetische Gesamtwirkungsgrad; dieses geschieht jedoch immer langsamer, je größer die Zahl der bereits vorhandenen Vorwärmer ist. Es gibt eine Höchstzahl von Vorwärmern und Entnahmen, deren Überschreitung aus wirtschaftlichen Gründen nicht gerechtfertigt ist. Die Wahl der einzelnen Entnahmedrücke und die optimale Abstufung der Vorwärmer ist ein Problem, auf das wir hier nicht eingehen können, vgl. [8.19, 8.20].

8.2.4 Das moderne Dampfkraftwerk

Die in den beiden letzten Abschnitten erörterten Maßnahmen zur Verbesserung der einfachen Dampfkraftanlage werden in einem modernen Dampfkraftwerk gleichzeitig angewendet. Große, mit Kohle befeuerte Kraftwerke haben einmalige Zwischenüberhitzung bei Frischdampfdrücken um 185 bar und Turbineneintrittstemperaturen zwischen 525 und 550 °C. Das Speisewasser wird in sieben oder acht Vorwärmern auf etwa 250 °C vorgewärmt. Die Nutzleistung des Kraftwerks liegt meist zwischen 600 und 750 MW.

Abbildung 8.25 zeigt das Wärmeschaltbild eines modernen Steinkohlekraftwerks. Die Dampfturbine besteht aus dem Hochdruckteil, nach dessen Durchströmen der Dampf zwischenüberhitzt wird, dem Mitteldruckteil und einem doppelt ausgeführten Niederdruckteil. Dieser erlaubt ein vierflutiges Abströmen des Abdampfes in den Kondensator. Bei niedrigen Kondensatordrücken und großen Turbinenleistungen ist nämlich der Volumenstrom des Abdampfes sehr groß. Andererseits steht dem Abdampf nur ein begrenzter Turbinenaustrittsquerschnitt zur Verfügung, weil die noch ausführbare Länge der Endschaufeln (Fliehkräfte!) den Querschnitt begrenzt. Um hohe Dampfgeschwindigkeiten zu vermeiden — die kinetische Energie des ausströmenden Dampfes vermindert die Turbinenleistung, vgl. 6.5.1 —, muß der Abdampfstrom auf mehrere „Fluten" verteilt werden.

Das aus dem Kondensator kommende Speisewasser erwärmt sich zunächst in vier Niederdruckvorwärmern. Dabei wird der kondensierte Entnahmedampf entweder durch Kondensatpumpen (Vorwärmer 2 und 4) auf den Druck des Speisewassers gebracht und dem Hauptspeisewasserstrom zugemischt oder nach den Vorwärmern 1 und 3 einfach gedrosselt und dem Entnahmedampf des nächst tiefer liegenden Vorwärmers bzw. dem Kondensator zugeführt. Der Speisewasserbehälter oder Entgaser ist ein Mischvorwärmer, in dem das Speisewasser durch direktes Einleiten von Entnahmedampf erhitzt und zugleich von gelösten Gasen befreit wird; denn deren Löslichkeit nimmt mit steigender Temperatur ab. Außerdem dient der Speisewasserbehälter zur Speicherung von Speisewasser für den Fall einer Störung. Die oberhalb des Entgasers vorgesehene (Haupt-)Speisewasserpumpe wird von einer besonderen Turbine direkt angetrieben, was bei der großen Leistung der Speisepumpe vorteilhafter als ein Antrieb durch Elektromotoren ist. Die beiden Hochdruckvorwärmer werden mit Entnahmedampf aus der Mitteldruckturbine bzw. mit einem Teilstrom des Dampfes beheizt, der aus der Hochdruckturbine zur Zwischenüberhitzung strömt. Insgesamt fließt nur 61% des vom Dampferzeuger kommenden Massenstroms durch alle Turbinenstufen. Der Rest wird an verschiedenen Stellen des Expansionsverlaufs entnommen und den Vorwärmern sowie der Turbine zugeführt, welche die Hauptspeisepumpe antreibt.

Trotz Zwischenüberhitzung und mehrstufiger Speisewasservorwärmung erreicht die thermodynamische Mitteltemperatur T_m der Wärmeaufnahme im Dampferzeuger und Zwischenüberhitzer nur Werte um 650 K, während das Verbrennungsgas die Wärme bei $T_m^* \approx 1000$ K anbietet. Der zu T_m gehörige Carnot-Faktor liegt bei $\eta_C = 0{,}55$ und der exergetische Wirkungsgrad des Dampferzeugers bei $\zeta_{DE} = 0{,}79$, so daß $\zeta_{WE}\zeta_{DE} = 0{,}48$ wird. Nur knapp die Hälfte der mit dem Brennstoff eingebrachten Exergie erreicht den Wasserdampfkreislauf eines Dampfkraftwerks. Rechnet man mit $\zeta_{WKM} = 0{,}78$ bis $0{,}80$ für den exergetischen Wirkungsgrad dieses Kraftwerkteils, so erhält man

$$\zeta = \zeta_{WE}\zeta_{DE}\zeta_{WKM} = 0{,}61 \cdot 0{,}79 \cdot 0{,}79 = 0{,}38$$

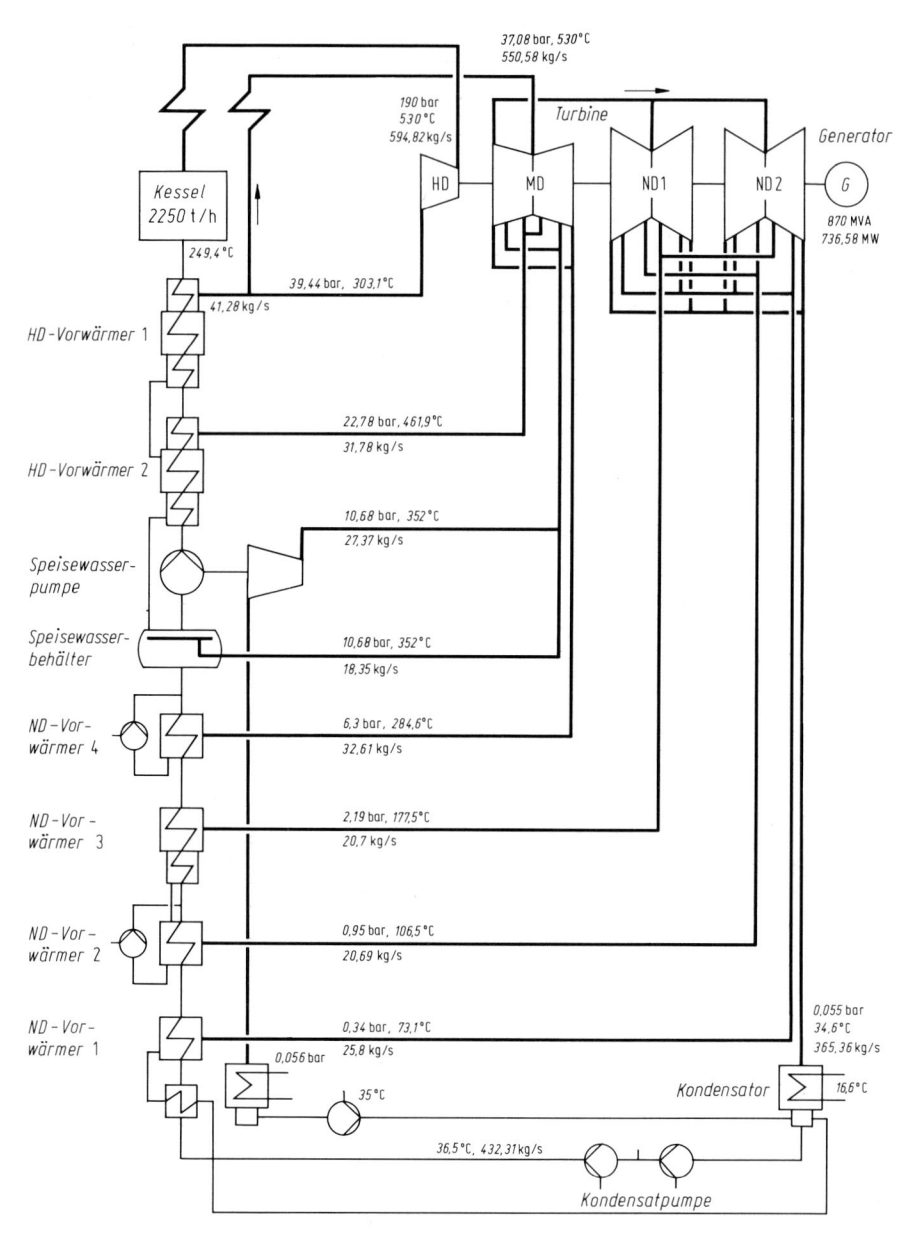

Abb. 8.25. Wärmeschaltbild des 750 MW-Steinkohlekraftwerks Bexbach (vereinfacht) nach [8.21]

als exergetischen Gesamtwirkungsgrad eines modernen Dampfkraftwerks, entsprechend einem energetischen Gesamtwirkungsgrad

$$\eta = \zeta e_B/H_u = 0{,}38 \cdot 1{,}06 = 0{,}41 \, .$$

Eine merkliche Steigerung dieser Werte ist nur noch durch eine bessere Nutzung der Exergie des heißen Verbrennungsgases möglich, worauf wir im nächsten Abschnitt eingehen.

8.2.5 Kombinierte Gas-Dampf-Kraftwerke

Das Verbrennungsgas eines Dampfkraftwerks stellt einen Wärmestrom bei hohen Temperaturen zur Verfügung, dessen Exergiegehalt nur unvollkommen genutzt wird, weil der Wasserdampf trotz Zwischenüberhitzung und regenerativer Speisewasservorwärmung ein sehr viel niedrigeres Temperaturniveau hat. Um Wasserdampf von höchstens 550 °C zu erzeugen, braucht man nicht Verbrennungsgas von 1500 °C und mehr. Will man den großen Exergieverlust bei der Wärmeübertragung im Dampferzeuger verringern, muß man die vom Verbrennungsgas bei hohen Temperaturen angebotene Exergie anders nutzen, denn eine Erhöhung der Dampfparameter ist aus Gründen der Werkstoffwahl wirtschaftlich nicht möglich.

Es liegt nun nahe, die Verbrennung in einer Gasturbinenanlage auszuführen, das Verbrennungsgas in der Gasturbine unter Arbeitsgewinn zu entspannen und Dampf durch Abkühlen des Turbinenabgases zu erzeugen. Die hohe Abgasexergie der Gasturbinenanlage wird dem Dampfkraftwerk zugeführt und dort in Nutzarbeit verwandelt. Diese Kombination einer Verbrennungskraftanlage (Gasturbinenanlage) mit einer Wärmekraftmaschine (Dampfkreislauf) kann in zwei Varianten realisiert werden. Man geht einmal von der Gasturbinenanlage aus und betrachtet die Wärmekraftmaschine als nachgeschalteten Prozeß zur Abgas- oder Abwärmeverwertung (bottoming-cycle). Man kann aber auch ein Dampfkraftwerk als Kernstück der kombinierten Anlage betrachten und die Gasturbine als Lieferanten des zur Verbrennung benötigten Sauerstoffs ansehen, der dem Dampferzeuger in einem bereits „vorgewärmten" und damit exergiereichen Gasgemisch, dem Gasturbinenabgas, zugeführt wird. Man spricht dann von einem Gas-Dampf-Kraftwerk mit Zusatzfeuerung. Im Dampferzeuger wird in der Regel Kohle verbrannt, in der Brennkammer der Gasturbinenanlage Öl oder Erdgas unter hohem Luftüberschuß, so daß das Turbinenabgas genügend Sauerstoff für die Zusatzfeuerung im Dampferzeuger enthält.

Abbildung 8.26 zeigt das Schema eines Gas-Dampf-Kraftwerks mit Zusatzfeuerung. Charakteristisch ist das Verhältnis

$$\beta := \dot{m}_B H_u / \dot{m}_B^G H_u^G$$

der Brennstoffleistungen im Dampferzeuger (Zusatzfeuerung) und in der Gasturbinenanlage. Für $\beta = 0$ erhält man die Gasturbinenanlage mit Abwärmeverwertung durch den nachgeschalteten Dampfkraftprozeß. Der Dampferzeuger wird in diesem Fall als *Abhitzekessel* bezeichnet. Häufig sieht man eine geringe Zusatzfeuerung ($\beta \approx 0{,}3$) vor, um die Temperaturen des Gasturbinenabgases von etwa 500 auf 700 bis 800 °C zu erhöhen. Dies führt zur Leistungs- und Wirkungsgradsteigerung. Bei maximaler Zusatzfeuerung ($\beta \approx 2$ bis 3) will man im

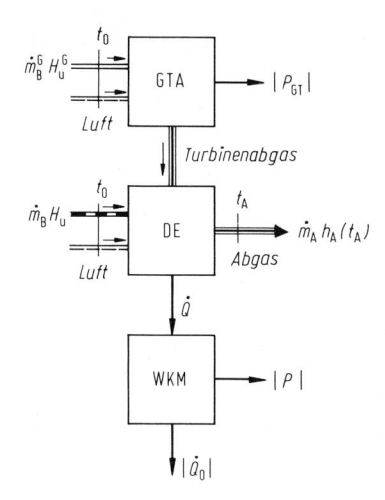

Abb. 8.26. Schema des Energieflusses in einem Gas-Dampf-Kraftwerk mit Zusatzfeuerung. GTA Gasturbinenanlage, DE Dampferzeuger, WKM Wärmekraftmaschine (Dampfkraftprozeß)

Dampferzeuger möglichst viel Brennstoff verbrennen, weswegen hier auch zusätzlich Luft zugeführt wird. Der Grenzfall $\beta \to \infty$ entspricht der reinen Dampfkraftanlage.

Wir bestimmen nun den Gesamtwirkungsgrad des Gas-Dampf-Kraftwerks, den wir durch

$$\eta := \frac{|P_{GT}| + |P|}{\dot{m}_B^G H_u^G + \dot{m}_B H_u}$$

definieren. Er hängt vom Wirkungsgrad

$$\eta_{GT} := |P_{GT}|/\dot{m}_B^G H_u^G$$

der Gasturbinenanlage, vom thermischen Wirkungsgrad

$$\eta_{th} := |P|/\dot{Q}$$

der Wärmekraftmaschine (Dampfprozeß) sowie vom Verhältnis

$$\eta_A := \frac{\dot{Q}}{\dot{Q} + \dot{m}[h_A(t_A) - h_A(t_0)]}$$

ab, das als *Ausnutzungsgrad* des Abhitzekessels bzw. Dampferzeugers bezeichnet wird. Zur Vermeidung von Korrosionen liegt die Abgastemperatur t_A über der Bezugstemperatur t_0, bei der Brennstoff und Luft zugeführt werden. Es tritt ein merklicher Abgasverlust auf; η_A erreicht meist nur Werte um 0,7. Eine Leistungsbilanz für das aus Gasturbinenanlage und Dampferzeuger bestehende System liefert die Beziehung

$$\dot{m}_B^G H_u^G + \dot{m}_B H_u = |P_{GT}| + \dot{Q} + \dot{m}_A[h_A(t_A) - h_A(t_0)],$$

woraus für den Wirkungsgrad des Gas-Dampf-Kraftwerks

$$\eta = \eta_A \eta_{th} + \frac{\eta_{GT}}{1 + \beta}(1 - \eta_A \eta_{th}) \tag{8.9}$$

folgt. Im Grenzfall $\beta \to \infty$ erhält man $\eta = \eta_A \eta_{th}$, also den Wirkungsgrad eines Dampfkraftwerks, wenn man beachtet, daß dann η_A mit dem Kesselwirkungsgrad η_K übereinstimmt.

Wir betrachten zunächst das Gas-Dampf-Kraftwerk ohne Zusatzfeuerung ($\beta = 0$). Abbildung 8.27 zeigt als Beispiel eine Anlage mit einstufiger Speisewasservorwärmung. Diese einfache Schaltung läßt sich in vielfacher Weise verbessern, z. B. durch Verdampfen auf zwei Druckstufen, vgl. [8.22]. Wie man aus (8.9) erkennt, verbessert sich der Wirkungsgrad η gegenüber η_{GT} in jedem Fall, also auch bei einem einfachen nachgeschalteten Dampfkreislauf mit niedrigem thermischen Wirkungsgrad. So erhält man mit $\eta_{GT} = 0{,}30$, $\eta_{th} = 0{,}25$ und $\eta_A = 0{,}70$ bereits $\eta = 0{,}42$. Das aus der Gasturbine kommende Abgas hat Temperaturen um 500 °C; man kann daher keinen hochgezüchteten Dampfprozeß vorsehen, sondern wird sich mit relativ einfachen Schaltungen begnügen. Es kommt nicht darauf an, besonders hohe Einzelwirkungsgrade η_{GT}, η_{th} und η_A zu erreichen: Da der nachgeschaltete Dampfprozeß von den Abgasparametern der Gasturbine abhängt, muß die Anlage insgesamt optimiert werden. Die Nutzleistung P der nachgeschalteten Wärmekraftmaschine ist etwa halb so groß wie die Nutzleistung P_{GT} der Gasturbinenanlage.

Gas-Dampf-Kraftwerke mit maximaler Zusatzfeuerung, also Dampfkraftwerke mit einer „aufgesetzten" Gasturbinenanlage (topping-cycle), wurden bisher relativ selten gebaut, ein bekanntes Beispiel ist der Block K des Gersteinwerks [8.23]. Die Steigerung des Wirkungsgrades gegenüber dem reinen Dampfkraftwerk ist nicht so ausgeprägt wie die Erhöhung von η gegenüber η_{GT} bei einem Gas-Dampf-Kraftwerk ohne Zusatzfeuerung. Nimmt man z. B. $\eta_A \eta_{th} = 0{,}38$ und $\eta_{GT} = 0{,}30$ an, so ergibt sich mit $\beta = 3$ aus (8.9) der Wirkungsgrad $\eta = 0{,}43$. Der größte Teil der Gesamtleistung wird von der Wärmekraftmaschine erbracht; das Leistungsverhältnis P_{GT}/P liegt zwischen 0,1 und 0,25. Ein Vorteil dieser Gas-Dampf-Kraftwerke besteht in ihrem günstigen Teillastverhalten, wo der Wirkungsgrad bis herab zu 60 % der Vollast nicht abnimmt, während man bei einem Dampfkraftwerk eine Verschlechterung um einige Prozentpunkte in Kauf nehmen muß.

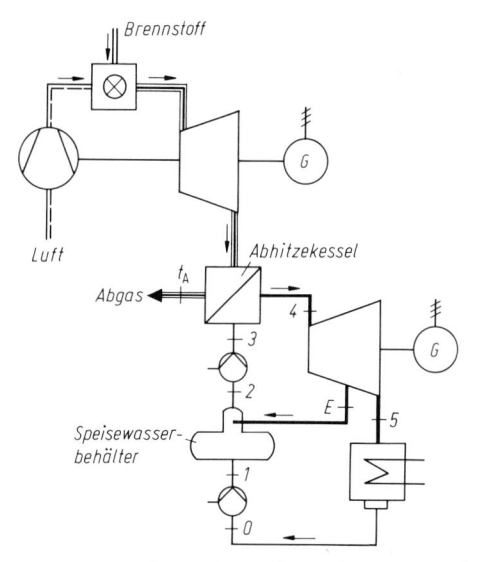

Abb. 8.27. Gasturbinenanlage mit Abhitzekessel und nachgeschalteter Dampfkraftanlage

Zum Betrieb eines Gas-Dampf-Kraftwerks mit Zusatzfeuerung ist neben der Kohle auch der „Edelbrennstoff" Erdgas oder Heizöl für die Gasturbine erforderlich. Man versucht nun in jüngster Zeit, ein solches Kraftwerk allein für Kohle als Brennstoff zu entwickeln, vgl. hierzu [8.24, 8.35]. Dies gelingt durch die Kombination des Kraftwerks mit einer Kohlevergasungsanlage, die das Gas zum Betrieb des Gasturbinenteils liefert. Durch den Einsatz der Kohlevergasung, vgl. hierzu z. B. [8.25], hofft man außerdem, den Ausstoß der Schadstoffe SO_2, NO_x und Staub wirkungsvoller begrenzen zu können als durch die Abgasentschwefelungs- und Entstickungsanlagen in den zur Zeit betriebenen Kohlekraftwerken.

8.2.6 Kernkraftwerke

Von den zahlreichen Kernreaktortypen haben vor allem die mit (leichtem) Wasser (H_2O) moderierten und gekühlten Reaktoren wirtschaftliche Bedeutung erlangt, vgl. [8.1, S. 66—90, 8.26—8.28]. Wahrscheinlich hat auch der mit Helium gekühlte, graphitmoderierte Hochtemperaturreaktor Aussicht auf einen größeren Einsatz zur wirtschaftlichen Stromerzeugung, vgl. [8.29]. Leichtwasserreaktoren werden als Siedewasser- und als Druckwasserreaktoren gebaut.

Bei den *Siedewasserreaktoren* dient das Wasser gleichzeitig als Moderator, als Kühlmittel des Reaktorkerns und als Arbeitsfluid der Wärmekraftmaschine. Die in Abb. 8.2b vorgenommene Unterscheidung zwischen dem Primärkreislauf, der den Reaktor mit dem separaten Dampferzeuger verbindet, und dem Sekundärkreislauf der Wärmekraftmaschine trifft hier nicht zu. Der Siedewasserreaktor selbst ist der Dampferzeuger; der Wärmeübergang vom Wärmeerzeuger zur Wärmekraftmaschine, vgl. 8.1.2, findet direkt an den Spaltstoffelementen im Reaktor statt.

Ein Kernkraftwerk mit *Druckwasserreaktor* entspricht dagegen der in Abb. 8.2b dargestellten Situation. Das durch den Reaktor strömende, dort wegen des hohen Drucks von etwa 155 bar an keiner Stelle verdampfende Wasser dient neutronenphysikalisch als Moderator und transportiert die durch Kernspaltung freigesetzte Energie zum Dampferzeuger (Primärkreislauf). Im Dampferzeuger kühlt sich das Wasser des Primärkreislaufs um etwa 30 bis 35 K ab und überträgt den Wärmestrom $\dot{Q}$ an den Sekundärkreislauf, nämlich an das Arbeitsfluid Wasser der Wärmekraftmaschine. Beide Kreisläufe sind jedoch stets getrennt.

Wir beschränken die folgende Darstellung auf Kernkraftwerke mit Druckwasserreaktoren. Wie schon in 8.1.3 und 8.1.4 ausgeführt wurde, erreicht man im Primärkreislauf nur relativ niedrige Temperaturen. Der Druck im Reaktor kann nämlich mit Rücksicht auf die zulässige Wandstärke des Druckgefäßes nicht beliebig hoch gewählt werden; andererseits muß er so groß sein, daß ein aus neutronenphysikalischen Gründen unzulässiges Sieden des Wassers im Reaktor mit Sicherheit verhindert wird. Die Temperatur im Primärkreislauf liegt somit weit unterhalb der zum Reaktordruck gehörenden Siedetemperatur. Zu dem beherrschbaren Reaktordruck von 155 bar gehört die Siedetemperatur t_s = 345 °C. Das Wasser wird jedoch im Reaktor nur von 290 °C auf etwa 325 °C erwärmt. Deswegen beträgt der exergetische Wirkungsgrad ζ_{WE} des Wärmeerzeugers nur etwa 50%; die thermodynamische Mitteltemperatur T_m^* bei der Abgabe des Wärmestroms $\dot{Q}$ im Dampferzeuger liegt bei nur 580 K, vgl. 8.1.3.

Der Kreisprozeß der Wärmekraftmaschine muß diesem niedrigen Temperaturniveau der Wärmedarbietung angepaßt werden. Hohe Frischdampfdrücke und hohe Dampftemperaturen sind nicht möglich. Während es bei einem Kohlekraft-

8.2 Dampfkraftwerke 379

werk mit seinen hohen Verbrennungsgastemperaturen vor allem darauf ankommt, die Exergieverluste bei der Wärmeübertragung im Dampferzeuger durch Steigern von T_m zu verringern, müssen beim Kernkraftwerk die Nachteile der niedrigen Frischdampfdaten durch geeignete Prozeßführung begrenzt werden. Da eine Überhitzung des Dampfes nicht oder nur in unbedeutendem Maße möglich ist, verläuft die Turbinenexpansion fast vollständig im Naßdampfgebiet. Durch besondere Maßnahmen muß eine zu große Endnässe vermieden werden.

Abbildung 8.28 zeigt das vereinfachte Wärmeschaltbild eines Kernkraftwerks mit Druckwasserreaktor, des Kraftwerks Biblis B, mit einer elektrischen Nettoleistung von 1240 MW, vgl. [8.30]. In den vier parallel geschalteten Dampferzeugern — in Abb. 8.28 ist nur einer

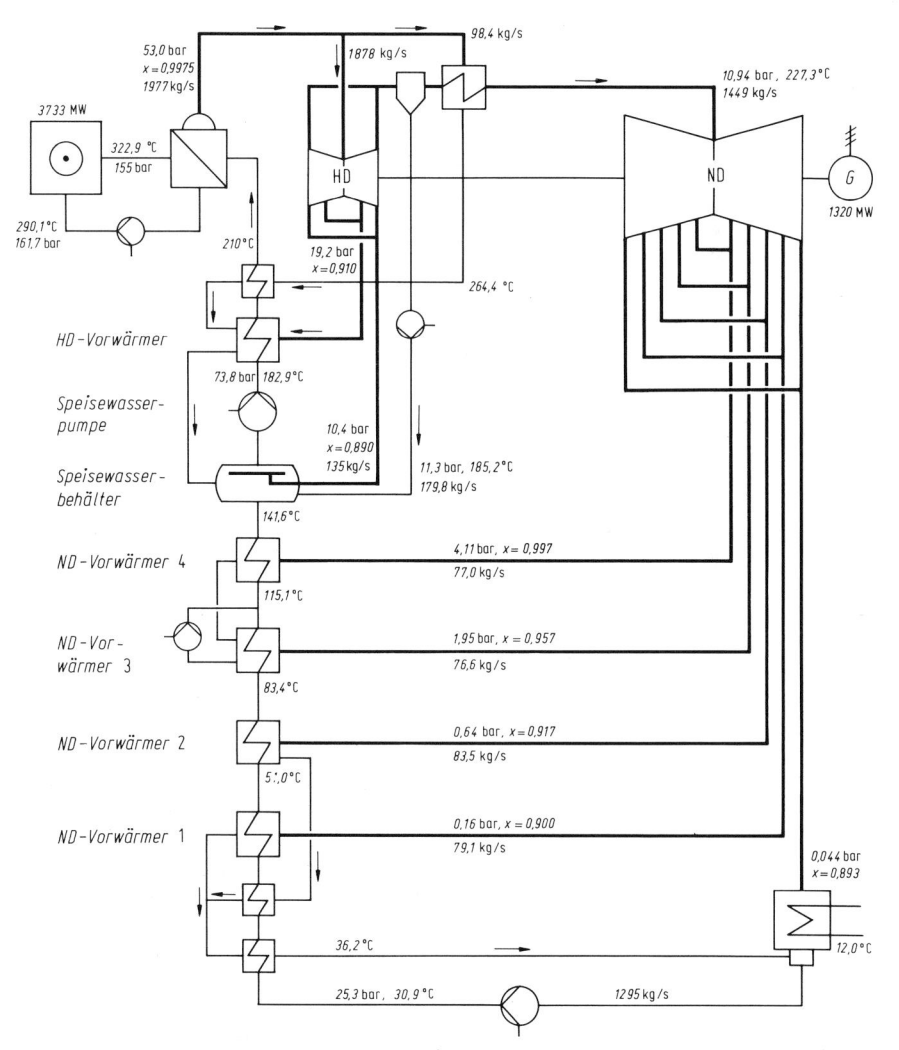

Abb. 8.28. Wärmeschaltbild eines Kernkraftwerks mit Druckwasserreaktor (vereinfacht)

dargestellt — wird beinahe gesättigter Dampf ($x = 0{,}9975$) bei 53,0 bar erzeugt, der zum größten Teil in der zweiflutigen Hochdruckturbine auf 11,3 bar expandiert. Danach strömt der nasse Dampf durch einen mechanischen Flüssigkeitsabscheider und gelangt fast gesättigt in einen Zwischenüberhitzer. Hier nimmt er Wärme von dem Teilstrom des Frischdampfes auf, der nicht durch die Hochdruckturbine geströmt ist, und wird dadurch um 43 K über die Sättigungstemperatur überhitzt. Die Zwischenüberhitzung dient hier nicht der Steigerung von T_m, sondern soll eine zu große Dampfnässe bei der sich anschließenden Expansion in der Niederdruckturbine verhindern, vgl. den Expansionsverlauf im h, s-Diagramm von Abb. 8.29. Dem gleichen Zweck dienen mehrere mechanische Entwässerungen in der Turbine. Die Niederdruckturbine besteht aus drei parallel geschalteten, jeweils zweiflutigen Teilen mit zugehörigen Kondensatoren, um den großen Dampfvolumenstrom zu bewältigen. In Abb. 8.28 ist nur eine Turbine mit ihrem Kondensator wiedergegeben. Das Speisewasser erwärmt sich in vier Niederdruckvorwärmern, die durch Entnahmedampf aus der Niederdruckturbine beheizt werden. Der Speisewasserbehälter (Entgaser) wird durch Entnahmedampf aus der Hochdruckturbine beheizt, ebenso der Hochdruckvorwärmer. Das Speisewasser strömt dann, auf 210 °C vorgewärmt, in den Dampferzeuger.

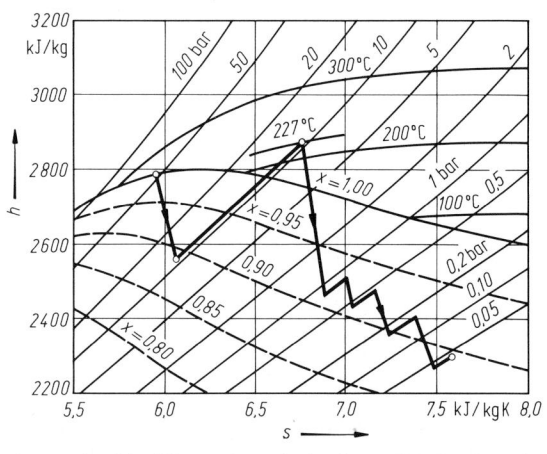

Abb. 8.29. Expansionsverlauf des Wasserdampfes in einem Kernkraftwerk mit Druckwasserreaktor. Die kurzen, annähernd isobaren Stücke im Naßdampfgebiet entsprechen den (mechanischen) Entwässerungen in der Niederdruckturbine

Wegen des niedrigen Temperaturniveaus im Primärkreislauf erreicht der exergetische Wirkungsgrad des Wärmeerzeugers (Reaktors) nur den Wert $\zeta_{WE} = 0{,}50$. Bei der Wärmeübertragung im Dampferzeuger tritt dagegen nur ein kleiner Exergieverlust auf, weil sich der Temperaturverlauf bei der Erwärmung und Verdampfung dem Temperaturverlauf bei der Abkühlung des Wassers im Primärkreislauf gut anpaßt. Mit $T_m = 536$ K als thermodynamischer Mitteltemperatur der Wärmeaufnahme erhält man für den exergetischen Wirkungsgrad des Dampferzeugers den recht hohen Wert $\zeta_{DE} = 0{,}92$. Damit ergibt sich $\zeta_{WE}\zeta_{DE} = 0{,}46$, während ein Kohlekraftwerk nach 8.2.4 den nur wenig höheren Wert 0,48 erreicht. Im Dampfkreislauf des Kernkraftwerks treten erhebliche Exergieverluste auf, weil die Turbinenexpansion im Naßdampfgebiet verläuft und besondere Maßnahmen erforderlich sind, um wenigstens am Eintritt der Niederdruckturbine (schwach) überhitzten Dampf zu erhalten. Dies führt zu einem exergetischen

Wirkungsgrad $\zeta_{WKM} = 0{,}71$ im Vergleich zu $\zeta_{WKM} = 0{,}79$ bei einem Kohlekraftwerk. Somit liegt der Gesamtwirkungsgrad $\zeta = \eta = 0{,}33$ des Kernkraftwerks mit Druckwasserreaktor erheblich niedriger als die entsprechenden Werte $\zeta = 0{,}38$ und $\eta = 0{,}41$ eines modernen Kohlekraftwerks.

Wegen der niedrigen Kosten des Kernbrennstoffs, bezogen auf die freigesetzte Energie, fällt der Nachteil des kleineren Wirkungsgrades wirtschaftlich nicht stark ins Gewicht. Bei einem Kernkraftwerk muß aber ein wesentlich größerer Abwärmestrom als bei einem Kohlekraftwerk abgeführt werden, was die Anlagenkosten und die Umweltbelastung erhöht. Wegen ihrer hohen Investitionskosten, die auch durch die aufwendigen kerntechnischen Sicherheitseinrichtungen erforderlich sind, vgl. [8.31], eignen sich Kernkraftwerke nur zur Deckung der Grundlast. Sie sind hier aber den Steinkohlekraftwerken mit ihren hohen Brennstoffkosten wirtschaftlich eindeutig überlegen.

9 Thermodynamik des Heizens und Kühlens

9.1 Heizen und Kühlen als thermodynamische Grundaufgaben

Heizen und Kühlen sind Prozesse, bei denen einem System Energie als Wärme zugeführt oder entzogen wird, um seine Temperatur zu erhöhen, zu erniedrigen oder auf einem konstanten Wert zu halten. Diese Prozesse liegen der Heiztechnik, der Kältetechnik und der Klimatechnik zugrunde. Zu ihrer Untersuchung wenden wir insbesondere den 2. Hauptsatz an, um die thermodynamischen Grundlagen der Heiz-, Klima- und Kältetechnik zu verstehen. Die Aussagen des 2. Hauptsatzes lassen sich dabei besonders klar formulieren, wenn wir die in 3.4.3 eingeführten Größen Exergie und Anergie verwenden, vgl. hierzu [9.1—9.4].

9.1.1 Die Grundaufgabe der Heiztechnik und der Kältetechnik

Um das Wesentliche zu zeigen, beschränken wir uns auf einen Sonderfall: Ein System soll auf einer *konstanten* Temperatur gehalten werden, die sich von der Umgebungstemperatur T_u unterscheidet. Das betrachtete System, nämlich der geheizte oder gekühlte Raum, hat diatherme Wände, so daß Energie als Wärme zwischen dem System und der Umgebung „von selbst" übergeht. Durch das Heizen bzw. Kühlen sollen die Folgen dieses irreversiblen Wärmeübergangs für das System verhindert werden: seine Temperatur soll durch Wärmezufuhr (Heizen) oder Wärmeentzug (Kühlen) konstant gehalten werden.

Beim *Heizen* ist die Systemtemperatur $T > T_u$. Ein Wärmestrom verläßt das System als „Wärmeverlust" durch die Wand und muß als Heizleistung $\dot{Q}$ kontinuierlich ersetzt werden, Abb. 9.1. Beim irreversiblen Wärmeübergang

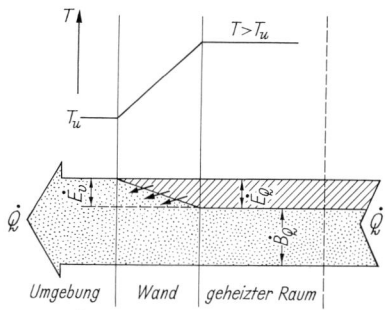

Abb. 9.1. Der Heizwärmestrom $\dot{Q}$, bestehend aus dem Exergiestrom $\dot{E}_Q$ und dem Anergiestrom $\dot{B}_Q$, muß dem geheizten Raum zugeführt werden, um den Wärmeverlust an die Umgebung verbunden mit dem Exergieverluststrom $\dot{E}_v$ zu kompensieren

9.1 Heizen und Kühlen als thermodynamische Grundaufgaben 383

in der Wand verwandelt sich Exergie in Anergie. Der dabei auftretende Exergieverluststrom

$$\dot{E}_v = T_u \frac{T - T_u}{T \cdot T_u} \dot{Q} = \left(1 - \frac{T_u}{T}\right) \dot{Q}$$

muß durch den mit der Heizleistung $\dot{Q}$ zuzuführenden Exergiestrom

$$\dot{E}_Q = \eta_C(T_u/T)\,\dot{Q} = \left(1 - \frac{T_u}{T}\right) \dot{Q}$$

ersetzt werden. Beim Heizen wird also Exergie benötigt, weil sich als Folge des irreversiblen Wärmeübergangs Exergie in Anergie verwandelt. Da außerdem Anergie an die Umgebung abfließt, wird zur Heizung neben dem Exergiestrom auch der Anergiestrom

$$\dot{B}_Q = \frac{T_u}{T} \dot{Q}$$

verlangt. Die dem geheizten Raum zuzuführende Heizleistung $\dot{Q}$ muß sich also in bestimmter Weise aus Exergie und Anergie zusammensetzen. Dieses „Mischungsverhältnis" ist durch das Verhältnis von Umgebungstemperatur und Raumtemperatur eindeutig festgelegt.

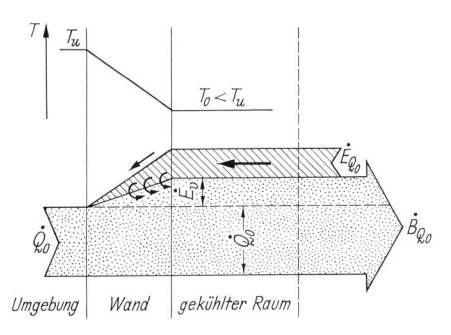

Abb. 9.2. Die Kälteleistung $\dot{Q}_0$, bestehend aus dem abzuführenden Anergiestrom $\dot{B}_{Q_0}$ und dem *zuzuführenden* Exergiestrom $\dot{E}_{Q_0}$, muß dem gekühlten Raum entzogen werden. Beim Wärmeübergang in der Wand tritt der Exergieverluststrom $\dot{E}_v$ auf

Beim *Kühlen* ist die Temperatur T_0 des gekühlten Raumes kleiner als die Umgebungstemperatur T_u. Durch die nicht adiabate Wand dringt auf Grund des Temperaturgefälles $T_u - T_0$ ein Wärmestrom $\dot{Q}_0$ in den Kühlraum ein; er muß kontinuierlich entfernt werden, damit die Temperatur T_0 konstant bleibt, Abb. 9.2. Man bezeichnet diesen abzuführenden Wärmestrom $\dot{Q}_0$ als *Kälteleistung* in Analogie zur zuzuführenden Heizleistung $\dot{Q}$. Für den gekühlten Raum als System ist $\dot{Q}_0$ als abgeführter Wärmestrom negativ zu rechnen. Der aus der Umgebung in die Wand des Kühlraums eindringende Wärmestrom besteht bei $T = T_u$ nur aus Anergie. Dieser Anergiestrom wird durch den Exergieverluststrom

$$\dot{E}_v = T_u \frac{T_u - T_0}{T_u \cdot T_0} |\dot{Q}_0| = \left(\frac{T_u}{T_0} - 1\right) |\dot{Q}_0|$$

vergrößert, der in der Wand als Folge des irreversiblen Wärmeübergangs entsteht. In den Kühlraum dringt also der Anergiestrom

$$|\dot{Q}_0| + \dot{E}_v = \frac{T_u}{T_0} |\dot{Q}_0|$$

ein, der kontinuierlich entfernt werden muß. Obwohl der Kühlraum aus der Umgebung den Wärmestrom $\dot{Q}_0$ empfängt, *verliert* er den Exergiestrom

$$\dot{E}_v = -\left(\frac{T_u}{T_0} - 1\right) \dot{Q}_0 = \eta_C(T_u/T_0) \dot{Q}_0 = \dot{E}_{Q_0}.$$

Bei Temperaturen unter der Umgebungstemperatur wird der Carnot-Faktor negativ: Wärmestrom und Exergiestrom fließen in entgegengesetzter Richtung. *Wärmezufuhr bei Temperaturen unter T_u bedeutet Exergieentzug.* Der aus dem Kühlraum in die Wand abfließende Exergiestrom verwandelt sich dort in Anergie; er ist gleich dem Exergieverluststrom $\dot{E}_v$, der durch den irreversiblen Wärmeübergang von T_u auf T_0 entsteht. Dieser Exergiestrom muß dem Kühlraum mit einer Kälteanlage zugeführt werden, um seine Temperatur T_0 aufrechtzuerhalten.

Die bei der Kühlung *ab*zuführende Kälteleistung $\dot{Q}_0 < 0$ besteht also aus einem *zu*zuführenden Exergiestrom

$$\dot{E}_{Q_0} = \left(\frac{T_u}{T_0} - 1\right) |\dot{Q}_0| = \left(1 - \frac{T_u}{T_0}\right) \dot{Q}_0$$

und aus einem *ab*zuführenden Anergiestrom

$$\dot{B}_{Q_0} = \frac{T_u}{T_0} \dot{Q}_0.$$

Obwohl dem Kühlraum Energie entzogen wird, muß ihm Exergie zugeführt werden. Dieses auf den ersten Blick paradox erscheinende und allein aus dem 1. Hauptsatz nicht zu verstehende Ergebnis wird erst durch die Analyse auf Grund des 2. Hauptsatzes verständlich: Der bei der Kälteerzeugung zuzuführende Exergiestrom dient genauso wie der Exergiestrom beim Heizen dazu, den Exergieverlust der Wärmeübertragung durch die Wand zu decken.

Sowohl zum Heizen als auch zum Kühlen wird also Exergie benötigt. Dieser Exergiebedarf hängt von der Temperatur des geheizten bzw. gekühlten Systems ab und ist um so größer, je mehr sich diese Temperatur von der Umgebungstemperatur unterscheidet. Der zuzuführende Exergiestrom ist in Abb. 9.3 dargestellt. Der zum Heizen benötigte Exergiestrom $\dot{E}_Q$ ist stets kleiner als der Heizwärmestrom. Der Exergiebedarf der Kälteerzeugung wächst sehr rasch mit sinkender Temperatur t_0 des Kühlraums; er wird bei tiefen Temperaturen größer als der Betrag der Kälteleistung $\dot{Q}_0$.

Zur Heizung wird aber auch ein ganz bestimmter Anergiestrom verlangt. Diese Anergie ist für die Ausführung von Heizprozessen genauso notwendig und bedeutungsvoll wie die zuzuführende Heizexergie. Auch beim Kühlen ist die Anergie von entscheidender Bedeutung: ein durch die Temperatur des Kühlraums genau vorgeschriebener Anergiestrom muß aus dem Kühlraum entfernt und an die Umgebung abgeführt werden. Hierzu werden Apparate und Maschinen benötigt.

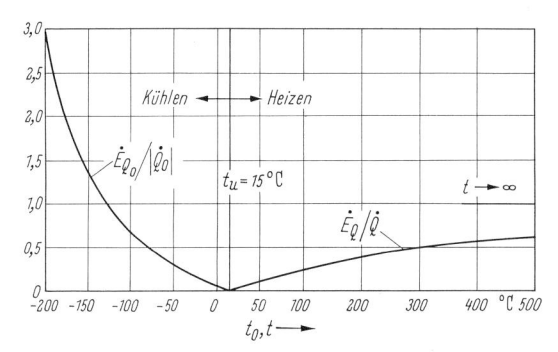

9.1 Heizen und Kühlen als thermodynamische Grundaufgaben

Abb. 9.3. Der beim Heizen und Kühlen zuzuführende Exergiestrom in Abhängigkeit von der Temperatur t des geheizten Raumes bzw. von der Temperatur t_0 des Kühlraums; gültig für
$$t_u = 15\ °C$$

9.1.2 Gebäudeheizung. Wärmepumpe

Die weitere Untersuchung der Heizprozesse beschränken wir auf die Gebäudeheizung, behandeln also nicht die Bereitstellung von Wärme für industrielle Zwecke (Prozeßwärme). Die Gebäudeheizung ist durch eine konstante Raumtemperatur T_R von etwa 293 K ($t_R = 20\ °C$) gekennzeichnet. Der Wärmeverlust eines geheizten Gebäudes wird damit umso größer, je niedriger die Umgebungstemperatur (Außenlufttemperatur) ist. Für den von der Heizung zu liefernden Wärmestrom $\dot{Q}$ macht man den Ansatz

$$\dot{Q} = \dot{Q}_{max} \frac{T_R - T_u}{T_R - T_{min}} \tag{9.1}$$

mit $\dot{Q}_{max}$ als dem größten benötigten Wärmestrom am kältesten Tag mit der Temperatur $T_u = T_{min}$. Zur Berechnung von $\dot{Q}_{max}$ gibt es ausführliche Normvorschriften [9.5]. Gleichung (9.1) gilt für zeitlich stationäre Zustände; sie berücksichtigt nicht den Tagesgang der Umgebungstemperatur und die damit verbundenen instationären Wärmetransportvorgänge in den Wänden des Gebäudes. Für die praktische Anwendung interpretiert man daher T_u als Tagesmittelwert der Umgebungstemperatur (= Außenlufttemperatur) und $\dot{Q}$ als den über einen Tag gemittelten Wärmestrom.

Für den zum Heizen benötigten Exergiestrom $\dot{E}_Q$ erhalten wir nach 9.1.1

$$\dot{E}_Q = \left(1 - \frac{T_u}{T_R}\right) \dot{Q} = \frac{(T_R - T_u)^2}{T_R(T_R - T_{min})} \dot{Q}_{max}\ ; \tag{9.2}$$

er wächst mit dem Quadrat der Temperaturdifferenz $(T_R - T_u)$, weil der Wärmestrom $\dot{Q}$ mit sinkendem T_u größer wird und gleichzeitig seine Qualität, nämlich sein Exergiegehalt zunimmt. Trotzdem ist der Exergiebedarf gering, Abb. 9.4. Der größte Teil der zur Gebäudeheizung benötigten Wärme besteht aus Anergie. Diese Feststellung hat große praktische Bedeutung: Da grundsätzlich nur der Exergieanteil von $\dot{Q}$ aus einer Exergiequelle, also aus Primärenergie gewonnen werden muß, ist der Primärenergiebedarf der Gebäudeheizung gering. Dies gilt

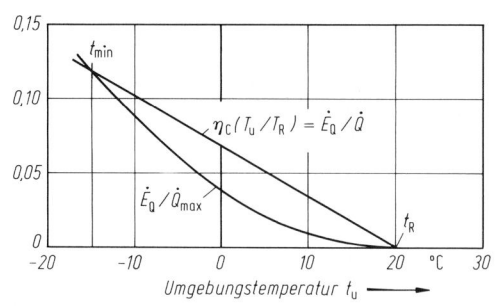

Abb. 9.4. Exergiebedarf $\dot{E}_Q/\dot{Q}_{max}$ der Gebäudeheizung nach (9.2) und Carnot-Faktor $\eta_C = 1 - T_u/T_R$ als Funktionen der Celsiustemperatur t_u für $t_R = 20\,°C$ und $t_{min} = -15\,°C$

allerdings nur, wenn der große Anergiebedarf auf andere Weise, z. B. durch Wärmeaufnahme aus der Umgebung, gedeckt werden kann.

Ein Gebäude wird in der Regel über eine *Wärmeverteilung* beheizt, welche die Heizwärme auf die einzelnen Räume verteilt. In diesen befinden sich die als Heizkörper bezeichneten Wärmeübertrager, die von warmem Wasser (Heizungswasser) durchströmt werden. Dieses kühlt sich bei der Abgabe der Wärme an die Raumluft ab; im Wärmeerzeuger wird es wieder aufgeheizt. Als Wärmeerzeuger können Heizungskessel, Wärmepumpen oder auch Heizkraftwerke (Fernwärme) eingesetzt werden, worauf wir in 9.2 eingehen. Zur Wärmeübertragung muß ein Temperaturunterschied zwischen Heizungswasser und Raumluft vorhanden sein. Da die wärmeabgebende Fläche der Heizkörper vorgegeben ist, muß die (mittlere) Temperatur T_H des Heizungswassers erhöht werden, wenn der benötigte Wärmestrom $\dot{Q}$ zunimmt. T_H wächst also mit sinkender Umgebungstemperatur T_u. Es gilt dabei, vgl. [9.2],

$$T_H = T_R + (T_H^{max} - T_R)\left(\frac{T_R - T_u}{T_R - T_{min}}\right)^{0.75} \tag{9.3}$$

mit T_H^{max} als maximaler Heizungswassertemperatur für den kältesten Tag ($T_u = T_{min}$).
Als Folge des irreversiblen Wärmeübergangs vom Heizungswasser an die Raumluft geht Exergie verloren. Dadurch vergrößert sich der Exergiebedarf des Heizens. Dem Heizungswasser muß mehr Exergie zugeführt werden als dem beheizten Raum, nämlich der Exergiestrom

$$\dot{E}_H = \eta_C(T_u/T_H)\,\dot{Q} = \left(1 - \frac{T_u}{T_H}\right)\dot{Q}.$$

Da T_H und $\dot{Q}$ mit sinkendem T_u zunehmen, wächst $\dot{E}_H$ mit fallender Umgebungstemperatur, Abb. 9.5. Aber auch unter Berücksichtigung des Exergieverlusts beim Wärmeübergang an den Heizkörpern ist der Exergiebedarf relativ gering. Er kann durch Wahl großer Heizkörper, die zu kleinen Werten von T_H^{max} führen, verringert werden.

Um das zum Heizen benötigte „Gemisch" aus Exergie und Anergie herzustellen, gibt es zwei grundsätzlich verschiedene Möglichkeiten: Man kann den Heizwärmestrom durch Mischen der vorgeschriebenen Anteile reversibel herstellen, indem man zu der aus der Umgebung „kostenlos" zu entnehmenden Anergie die zugehörige Exergie als mechanische oder elektrische Energie hinzufügt. Die andere Möglichkeit besteht darin, von einem Energiestrom auszugehen, der mehr Exergie enthält als zur Heizung erforderlich ist; die überschüssige Exergie wird durch irreversible Prozesse in Anergie verwandelt, so daß die benötigte Heizanergie aus Exergie „hergestellt" wird.

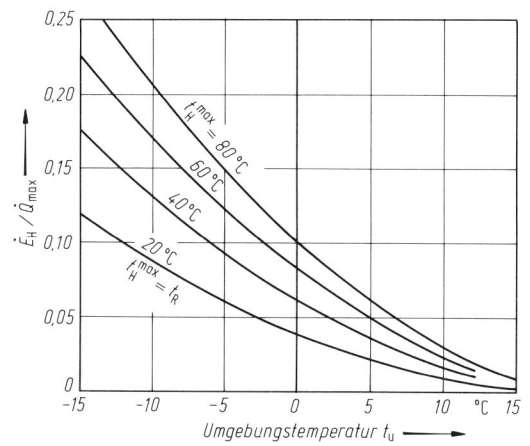

9.1 Heizen und Kühlen als thermodynamische Grundaufgaben

Abb. 9.5. Exergiestrom $\dot{E}_H/\dot{Q}_{max}$, der von den Heizkörpern abgegeben wird. Die Differenz zur Kurve für $t_H^{max} = t_R = 20\,°C$ ($\dot{E}_H = \dot{E}_Q$) entspricht dem Energieverluststrom bei der Wärmeübertragung an die Raumluft

Die zuerst genannte Möglichkeit der reversiblen Heizung läßt sich durch die *Wärmepumpe* verwirklichen, deren Konzept schon auf W. Thomson (Lord Kelvin) [9.6] zurückgeht. Der Wärmepumpe wird Exergie mit der Antriebsleistung P_{WP} zugeführt, Abb. 9.6. Sie nimmt aus der Umgebung den Wärmestrom $\dot{Q}_u$ (Anergie) auf und vereinigt die beiden Energieströme zur Heizleistung $\dot{Q}_H$, die an die Wärmeverteilung des beheizten Gebäudes abgegeben wird. Die Wärmepumpe nimmt also einen Wärmestrom bei Umgebungstemperatur auf und „pumpt" ihn auf das höhere Temperaturniveau der Wärmeverteilung, vgl. 9.2.3.

Aus dem 1. Hauptsatz folgt die Leistungsbilanzgleichung

$$|\dot{Q}_H| = P_{WP} + \dot{Q}_u\,.$$

Der 2. Hauptsatz liefert die Exergiebilanzgleichung

$$P_{WP} = |\dot{E}_H| + \dot{E}_v = \eta_C(T_u/T_H)\,|\dot{Q}_H| + \dot{E}_v\,,$$

denn die mit der Antriebsleistung zugeführte Exergie muß auch den in der Wärmepumpe auftretenden Exergieverluststrom $\dot{E}_v \geqq 0$ decken. Der aus der Umgebung aufgenommene Wärmestrom

$$\dot{Q}_u = [1 - \eta_C(T_u/T_H)]\,|\dot{Q}_H| - \dot{E}_v = \frac{T_u}{T_H}|\dot{Q}_H| - \dot{E}_v$$

Abb. 9.6. Schema einer Wärmepumpe

ist am größten für die reversibel arbeitende Wärmepumpe ($\dot{E}_v = 0$). In diesem Idealfall, Abb. 9.7a, kommt die ganze zum Heizen benötigte Anergie aus der Umgebung, und die Antriebsleistung liefert gerade die zum Heizen benötigte Exergie $\dot{E}_H$. Durch den Exergieverlust vergrößert sich P_{WP}, und in gleichem Maße wird $\dot{Q}_u$ kleiner, Abb. 9.7b.

Man bewertet die Wärmepumpe durch zwei Kenngrößen, die Leistungszahl ε und den exergetischen Wirkungsgrad ζ_{WP}. Die *Leistungszahl* ist durch

$$\varepsilon := |\dot{Q}_H|/P_{WP} = 1 + \dot{Q}_u/P_{WP}$$

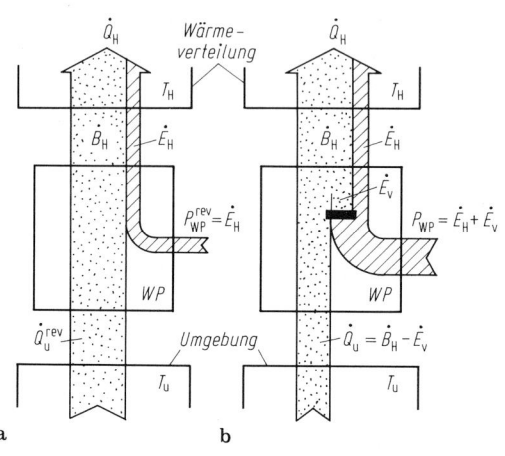

Abb. 9.7a, b. Schematische Darstellung des Exergie- und Anergie-Flusses in einer Wärmepumpe. **a** reversibel arbeitende, **b** irreversibel arbeitende Wärmepumpe

definiert; sie ist stets größer als eins. Ihr Höchstwert wird durch den 2. Hauptsatz bestimmt. Mit dem exergetischen Wirkungsgrad

$$\zeta_{WP} := |\dot{E}_H|/P_{WP} = 1 - \dot{E}_v/P_{WP}$$

erhält man

$$\varepsilon = \frac{|\dot{Q}_H|}{|\dot{E}_H|} \zeta_{WP} = \frac{T_H}{T_H - T_u} \zeta_{WP} \qquad (9.4)$$

und für die reversible Wärmepumpe ($\zeta_{WP} = 1$) die nur von den Temperaturen der Heizaufgabe abhängige Leistungszahl

$$\varepsilon_{rev} = \frac{T_H}{T_H - T_u}.$$

Praktisch ausgeführte Wärmepumpen erreichen etwa $\zeta_{WP} \approx 0{,}45$, so daß die Leistungszahl ε erheblich kleiner als ε_{rev} ausfällt.

Beispiel 9.1. Ein Einfamilienhaus mit dem maximalen Wärmebedarf $\dot{Q}_{max} = 12{,}0$ kW bei $t_{min} = -14$ °C hat Heizkörper, die für $t_H^{max} = 55$ °C dimensioniert sind. Für $t_u = 0$ °C berechne man die mittlere Temperatur t_H des Heizungswassers, den Wärmestrom $\dot{Q}$, die Exergieströme $\dot{E}_Q$ und $\dot{E}_H$ sowie den Exergieverluststrom bei der Wärmeübertragung von den Heizkörpern an die Raumluft mit $t_R = 20\,°C$. Wie groß sind Leistungszahl und Antriebsleistung einer Wärmepumpe mit dem exergetischen Wirkungsgrad $\zeta_{WP} = 0{,}425$, welche die hier gestellte Heizaufgabe löst?

Aus (9.1) erhält man den Wärmestrom $\dot{Q} = 7{,}06$ kW und aus (9.3) $t_H = 45{,}5\,°C$ als mittlere Temperatur des Heizungswassers. Es gibt den Exergiestrom

$$\dot{E}_H = \eta_C(T_u/T_H)\,\dot{Q} = (1 - 273{,}15/316{,}65) \cdot 7{,}06 \text{ kW} = 0{,}97 \text{ kW}$$

ab. Die geheizten Räume erhalten jedoch nur

$$\dot{E}_Q = (1 - 273{,}15/293{,}15)\,7{,}06 \text{ kW} = 0{,}48 \text{ kW},$$

so daß der Exergieverlust der Wärmeübertragung

$$\dot{E}_v = \dot{E}_H - \dot{E}_Q = 0{,}49 \text{ kW}$$

beträgt. Er ist sogar größer als der Exergiebedarf $\dot{E}_Q$ des beheizten Gebäudes!

Eine Wärmepumpe mit dem exergetischen Wirkungsgrad $\zeta_{WP} = 0{,}425$ erreicht die Leistungszahl

$$\varepsilon = |\dot{Q}_H|/P_{WP} = \zeta_{WP}\frac{T_H}{T_H - T_u} = 2{,}976.$$

Ihre Antriebsleistung ist also

$$P_{WP} = |\dot{Q}_H|/\varepsilon = 2{,}37 \text{ kW},$$

so daß

$$\dot{Q}_u = |\dot{Q}_H| - P_{WP} = 4{,}69 \text{ kW} = 0{,}66\,|\dot{Q}_H|$$

als Wärmestrom aus der Umgebung zum Heizen nutzbar gemacht werden kann.

9.1.3 Die Kältemaschine

Auch die Grundaufgabe der Kältetechnik wird durch die Wärmepumpe gelöst. Sie arbeitet nun zwischen der Temperatur T_0 des Kühlraums und der Temperatur T_u der Umgebung. Eine derart eingesetzte Wärmepumpe wird Kältemaschine oder Kälteanlage genannt. Ihre Aufgabe besteht darin, den im Kühlraum benötigten Exergiestrom zu liefern und den Anergiestrom aus dem Kühlraum zur Umgebung zu transportieren. Abb. 9.8. Die Kältemaschine nimmt aus dem Kühlraum die Kälteleistung $\dot{Q}_0$ auf, ihr wird die Antriebsleistung P zugeführt; an die Umgebung gibt sie den Wärmestrom $\dot{Q} < 0$ ab, für den nach dem 1. Hauptsatz

$$|\dot{Q}| = \dot{Q}_0 + P$$

gilt.

In Abb. 9.9 ist der Exergie- und Anergiefluß in einer reversiblen und einer irreversiblen Kälteanlage schematisch dargestellt. Der in den Kühlraum zu liefernde Exergiestrom $\dot{E}_{Q_0}$ und der aus dem Kühlraum abzuführende Anergiestrom $\dot{B}_{Q_0}$ sind in beiden Fällen gleich groß. Ihre Summe ist die Kälteleistung

$$\dot{Q}_0 = \dot{E}_{Q_0} + \dot{B}_{Q_0} = \dot{B}_{Q_0} - |\dot{E}_{Q_0}|.$$

Der reversibel arbeitenden Kältemaschine wird die Antriebsleistung

$$P_{rev} = \dot{E}_{Q_0} = \left(\frac{T_u}{T_0} - 1\right)\dot{Q}_0$$

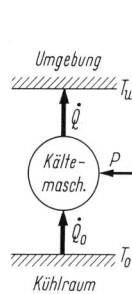

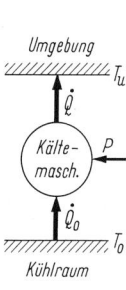

Abb. 9.8. Schema einer Kälteanlage

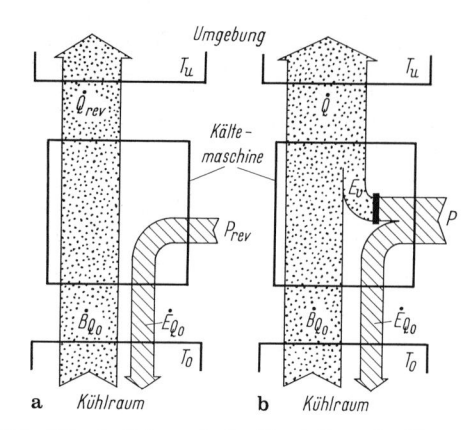

Abb. 9.9 a, b. Schematische Darstellung des Exergie- und Anergie-Flusses in einer Kälteanlage. **a** reversibel arbeitende, **b** irreversibel arbeitende Kältemaschine

zugeführt, die genau den Exergiebedarf des Kühlraums deckt. Der irreversibel arbeitenden Kältemaschine muß jedoch eine größere Antriebsleistung

$$P = \dot{E}_{Q_0} + \dot{E}_v = P_{rev} + \dot{E}_v$$

zugeführt werden, um auch den Leistungsverlust $\dot{E}_v$ infolge der Irreversibilitäten zu bestreiten. Diese zusätzlich zugeführte Leistung $P - P_{rev}$ verwandelt sich in Anergie. Sie vergrößert den an die Umgebung als Wärme abzuführenden Anergiestrom

$$|\dot{Q}| = \dot{B}_{Q_0} + \dot{E}_v = |\dot{Q}_{rev}| + \dot{E}_v \ .$$

Die Irreversibilitäten der Kältemaschine wirken sich in zweifacher Hinsicht ungünstig aus: Der Leistungsbedarf gegenüber dem reversiblen Idealfall wird erhöht, und außerdem vergrößert sich der abzuführende Anergiestrom, was höhere Anlagekosten verursacht, weil z. B. die Wärmeübertragungsapparate größer bemessen werden müssen.

Zur Bewertung der Kältemaschine benutzt man die Leistungszahl

$$\varepsilon_K := \dot{Q}_0/P \ .$$

Sie kann Werte annehmen, die größer und kleiner als eins sind. Der exergetische Wirkungsgrad

$$\zeta_{KM} := |\dot{E}_{Q_0}|/P = 1 - \dot{E}_v/P$$

erreicht im reversiblen Grenzfall seinen Höchstwert eins. Zwischen ε_K und ζ_{KM} besteht der Zusammenhang

$$\varepsilon_K = \frac{\dot{Q}_0}{|\dot{E}_0|} \zeta_{KM} = \frac{T_0}{T_u - T_0} \zeta_{KM} \ .$$

9.1.4 Wärmetransformation

Bei der Einführung von Wärmepumpe und Kältemaschine hatten wir angenommen, sie erhielten die zu ihrem Antrieb erforderliche Exergie in „reiner" Form, nämlich als mechanische oder elektrische Leistung. Es ist aber auch möglich, Wärmepumpen und Kältemaschinen durch einen Wärmestrom $\dot{Q}_A$ anzutreiben, der bei einer Temperatur $T_A > T_u$ zur Verfügung steht und somit den Exergiestrom

$$\dot{E}_A = \eta_C(T_u/T_A)\,\dot{Q}_A = (1 - T_u/T_A)\,\dot{Q}_A$$

enthält. Ein solcher Antriebswärmestrom, der auch als Abwärme eines industriellen Prozesses anfallen kann, läßt sich durch Wärmetransformation in den zum Heizen benötigten Wärmestrom $\dot{Q}_H$ umwandeln oder zum Antrieb einer Kältemaschine heranziehen. Dabei sind drei Fälle möglich, die wir als thermisch angetriebene Wärmepumpe, als Wärmetransformator im engeren Sinne und als thermisch angetriebene Kältemaschine bezeichnen. Um das Wesentliche klar herauszustellen, nehmen wir für das folgende *reversible* Prozesse an, ohne darauf stets durch entsprechende Indizes hinzuweisen.

Abb. 9.10. System zur Wärmetransformation (schematisch)

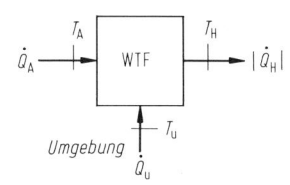

Der Wärmestrom $\dot{Q}_A$ stehe bei der Temperatur $T_A > T_u$ zur Verfügung und werde einem System zur Wärmetransformation nach Abb. 9.10 zugeführt. Dieses gibt den Heizwärmestrom $\dot{Q}_H$ bei T_H ab; außerdem kann ein Wärmestrom $\dot{Q}_u$ mit der Umgebung ausgetauscht werden. Die Leistungsbilanzgleichung ergibt für den abgegebenen Heizwärmestrom

$$-\dot{Q}_H = \dot{Q}_A + \dot{Q}_u\,.$$

Da der Prozeß reversibel sein soll, bleibt die Exergie nach dem 2. Hauptsatz erhalten, und es gilt

$$-\dot{E}_H = \eta_C(T_u/T_H)\,(-\dot{Q}_H) = \eta_C(T_u/T_A)\,\dot{Q}_A = \dot{E}_A\,. \tag{9.5}$$

Diese beiden Bilanzen sind in Abb. 9.11 veranschaulicht, wobei wir drei Fälle unterscheiden:

1. $T_H < T_A$. Es wird Wärme aus der Umgebung aufgenommen ($\dot{Q}_u > 0$); der abgegebene Wärmestrom ($-\dot{Q}_H$) ist größer als $\dot{Q}_A$: Die Anlage arbeitet als *thermisch angetriebene Wärmepumpe*. Die Exergie des Antriebswärmestroms erlaubt es, Wärme (Anergie) aus der Umgebung auf die zum Heizen benötigte Temperatur T_H anzuheben.
2. $T_H = T_A$. In diesem trivialen Fall findet keine Wärmetransformation statt, und es ist $\dot{Q}_u = 0$.
3. $T_H > T_A$. Obwohl Wärme bei einer höheren Temperatur verlangt wird als sie zur Verfügung steht, läßt sich *ein Teil* des Antriebswärmestroms $\dot{Q}_A$ in einen

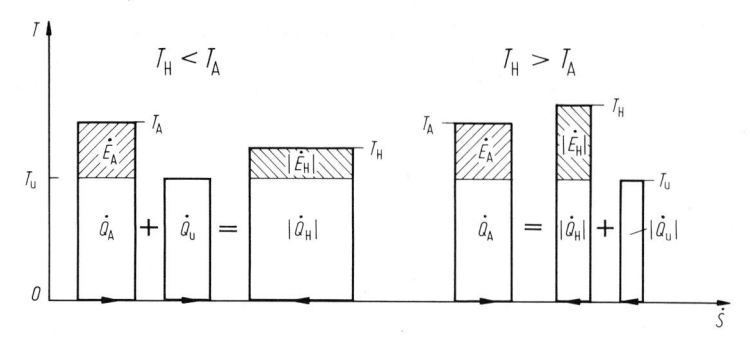

Abb. 9.11. Veranschaulichung der Wärme- und Exergiebilanzen bei der Wärmetransformation im $T,\dot{S}$-Diagramm. Die stark umrandeten Rechteckflächen entsprechen den angegebenen Wärmeströmen

Wärmestrom $\dot{Q}_H$ höherer Temperatur transformieren. Dabei muß die überschüssige Anergie als Abwärmestrom an die Umgebung abgeführt werden, $\dot{Q}_u < 0$. Diese Anlage bezeichnet man als *Wärmetransformator* im engeren Sinne.

Zur Bewertung der Wärmetransformation benutzt man das *Wärmeverhältnis*

$$\beta := -\dot{Q}_H/\dot{Q}_A \, .$$

Für thermisch angetriebene Wärmepumpen wird $\beta \geq 1$, für Wärmetransformatoren gilt $\beta \leq 1$. Das Wärmeverhältnis erreicht seinen Höchstwert bei den hier behandelten reversiblen Prozessen. Aus (9.5) folgt

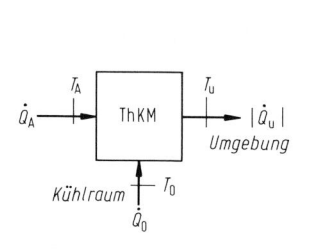

$$\beta_{\text{rev}} = \frac{\eta_C(T_u/T_A)}{\eta_C(T_u/T_H)} = \frac{1/T_u - 1/T_A}{1/T_u - 1/T_H} \, .$$

Abb. 9.12. Schema einer thermisch angetriebenen Kältemaschine

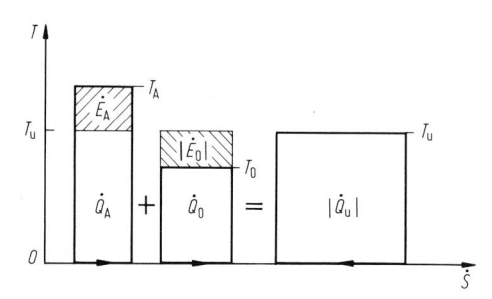

Abb. 9.13. Wärme- und Exergiebilanzen für eine thermisch angetriebene Kältemaschine im $T,\dot{S}$-Diagramm

Die *thermisch angetriebene Kältemaschine* nach Abb. 9.12 nimmt die Kälteleistung $\dot{Q}_0$ aus dem Kühlraum mit der Temperatur $T_0 < T_u$ auf und gibt einen Wärmestrom $\dot{Q}_u$ an die Umgebung ab:

$$\dot{Q}_0 + \dot{Q}_A = |\dot{Q}_u| \, .$$

Der zur Kühlung benötigte Exergiestrom $\dot{E}_0$ fließt (entgegen der Richtung von $\dot{Q}_0$) in den Kühlraum; er ist ebenso groß wie der mit $\dot{Q}_A$ aufgenommene Exergiestrom $\dot{E}_A$, Abb. 9.13. Aus der Exergiebilanz

$$-\dot{E}_0 = -\eta_C(T_u/T_0)\,\dot{Q}_0 = \eta_C(T_u/T_A)\,\dot{Q}_A = \dot{E}_A$$

erhält man für das Wärmeverhältnis der reversibel arbeitenden, thermisch angetriebenen Kältemaschine

$$\beta_K^{rev} := \frac{\dot{Q}_0}{\dot{Q}_A} = \frac{\eta_C(T_u/T_A)}{|\eta_C(T_u/T_0)|} = \frac{1/T_u - 1/T_A}{1/T_0 - 1/T_u}.$$

Diese Bewertungsgröße ist in der Regel kleiner als eins. Nur bei hohen Temperaturen T_A wird $\beta_K^{rev} > 1$.

Die hier dargestellten Prozesse der Wärmetransformation lassen sich technisch in Absorptionsanlagen verwirklichen. Sie werden mit einem Zweistoffgemisch (vorzugsweise Ammoniak-Wasser) betrieben. Dabei spielt die Absorption der leichter siedenden gasförmigen Komponente (Ammoniak) durch das flüssige Gemisch eine wichtige Rolle, woraus sich die Bezeichnung dieser Anlagen herleitet. *Absorptionskältemaschinen* werden seit langem zur Kälteerzeugung besonders dann eingesetzt, wenn ein Abwärmestrom geeigneter Temperatur ($t_A \approx 100$ bis $120\,°C$) zur Verfügung steht, vgl. [9.7]. Die *Absorptionswärmepumpe* wurde zur Gebäudeheizung noch nicht in größerem Umfang eingesetzt, vgl. [9.8]. Sie wäre ein auch wirtschaftlich günstiger Heizwärmeerzeuger, wenn $\dot{Q}_A$ als Abwärmestrom bei etwa 100 bis $150\,°C$ zur Verfügung stünde. Da dies bei der Gebäudeheizung in der Regel nicht der Fall ist, muß $\dot{Q}_A$ durch Verbrennen von Gas oder Heizöl erzeugt werden. Der gesamte Anergieanteil von $\dot{Q}_A$ entsteht somit durch irreversible Prozesse aus Brennstoffexergie. Dieser schwerwiegende thermodynamische Nachteil vermindert die mögliche Primärenergieeinsparung und steht einem wirtschaftlichen Betrieb von Absorptionswärmepumpen im Wege. *Wärmetransformatoren* wurden in geringen Stückzahlen zur industriellen Abwärmeverwertung gebaut. Sie können z. B. einen bei $t_A = 60$ bis $70\,°C$ zur Verfügung stehenden Abwärmestrom in Nutzwärme (Heizwärme) bei $t_H = 110$ bis $125\,°C$ transformieren, die meist der Erzeugung von Niederdruckdampf dient [9.9]. Wärmetransformation läßt sich auch mit Dampfstrahlapparaten verwirklichen, vgl. Beispiel 6.8. Praktische Bedeutung haben sie nur zur Kälteerzeugung erlangt [6.22]. In allen ausgeführten Anlagen zur Wärmetransformation treten Exergieverluste auf, die die oben angegebenen Wärmeverhältnisse der reversiblen Anlagen merklich vermindern.

9.2 Heizsysteme

Es gibt verschiedene Möglichkeiten, die in 9.1.1 und 9.1.2 behandelte Heizaufgabe zu lösen, wobei wir uns wie in 9.1.2 auf die Beheizung von Gebäuden beschränken. Eine umfassende Darstellung der Heiztechnik und ihrer praktischen Aspekte findet man in [9.10]. Wir behandeln in 9.2.2 die konventionellen Heizsysteme, nämlich die öl- oder gasgefeuerte Zentralheizung und die elektrische Widerstandsheizung. In 9.2.3 gehen wir auf die Wärmepumpenheizung ein und in 9.2.4 auf die Fernheizung durch Heizkraftwerke, die sogenannte Kraft-Wärme-Kopplung.

9.2.1 Heizzahl und exergetischer Wirkungsgrad

Die zum Heizen benötigte Exergie wird durch Zufuhr von Primärenergie bereitgestellt. Als *Heizsystem* bezeichnen wir die Gesamtheit aller Einrichtungen, die zur Umwandlung der Primärenergie in die Nutzwärme dienen, die in die geheizten Räume gelangt. Ein Heizsystem arbeitet energetisch umso günstiger, je weniger Primärenergie es zur Lösung der Heizaufgabe verbraucht. Um dies zu beurteilen, stellen wir eine Leistungsbilanz auf, Abb. 9.14a. Das Heizsystem soll den Wärmestrom $\dot{Q}$ in die geheizten Räume liefern; ihm werden der Primärenergiestrom, gekennzeichnet durch die Brennstoffleistung $\dot{m}_B H_u$, und ein zusätzlicher Wärmestrom $\dot{Q}_Z$ (z. B. aus der Umgebung) zugeführt. Mit $\dot{Q}_v < 0$ als dem Verlustwärmestrom gilt die Bilanzgleichung

$$|\dot{Q}| = \dot{m}_B H_u + \dot{Q}_Z - |\dot{Q}_v| . \tag{9.6}$$

Die Nutzung der eingesetzten Primärenergie bewertet die *Heizzahl*

$$\xi := \frac{|\dot{Q}|}{\dot{m}_B H_u} = 1 + \frac{\dot{Q}_Z}{\dot{m}_B H_u} - \frac{|\dot{Q}_v|}{\dot{m}_B H_u} , \tag{9.7}$$

vgl. [9.2]. Ein energetisch günstiges Heizsystem hat eine hohe Heizzahl. Sofern $\dot{Q}_Z > |\dot{Q}_v|$ ist, lassen sich Heizzahlen $\xi > 1$ erreichen. Die Heizzahl hat also nicht den Charakter eines Wirkungsgrades, dessen Höchstwert in der Regel eins ist. Der Höchstwert von ξ wird durch den 2. Hauptsatz bestimmt.

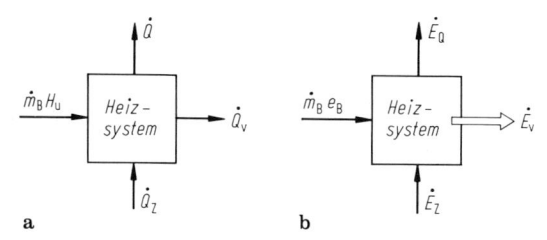

Abb. 9.14. **a** Leistungsbilanz und **b** Exergiebilanz eines Heizsystems

Für jedes Heizsystem gilt die Exergiebilanzgleichung, Abb. 9.14b,

$$\dot{m}_B e_B = |\dot{E}_Q| - \dot{E}_Z + \dot{E}_v$$

mit $\dot{E}_v \geq 0$ als dem Exergieverluststrom des Heizsystems. Wir nehmen an, der Wärmestrom $\dot{Q}_Z$ werde aus der Umgebung aufgenommen, er bestehe nur aus Anergie. Mit $\dot{E}_Z = 0$ erhalten wir dann für den *exergetischen Wirkungsgrad des Heizsystems*

$$\zeta := \frac{|\dot{E}_Q|}{\dot{m}_B e_B} = 1 - \frac{\dot{E}_v}{\dot{m}_B e_B} .$$

Da für den in die geheizten Räume (Temperatur T_R) gelieferten Exergiestrom

$$|\dot{E}_Q| = \eta_C(T_u/T_R) |\dot{Q}| = (1 - T_u/T_R) |\dot{Q}|$$

gilt, ergibt sich der folgende Zusammenhang zwischen Heizzahl ξ und exergetischem Wirkungsgrad ζ:

$$\xi = \frac{T_R}{T_R - T_u} \zeta \frac{e_B}{H_u} . \tag{9.8}$$

Das Verhältnis $e_B/H_u \approx 1{,}06$ wurde bereits in 7.4.4 bestimmt.

Für den Idealfall des reversiblen Heizsystems erhalten wir mit $\zeta = 1$ den nach dem 2. Hauptsatz höchstzulässigen Wert

$$\xi_{\mathrm{rev}} = \frac{T_{\mathrm{R}}}{T_{\mathrm{R}} - T_{\mathrm{u}}} \frac{e_{\mathrm{B}}}{H_{\mathrm{u}}}$$

der Heizzahl. Er hängt für eine gegebene Raumtemperatur, z. B. $T_{\mathrm{R}} = 293$ K, von der Umgebungstemperatur ab. Nach Tabelle 9.1 ergeben sich sehr hohe Werte für ξ_{rev}. Zum Heizen wird ja prinzipiell nur wenig Exergie und damit auch wenig Primärenergie benötigt. Das *reversible Heizsystem* verbraucht nur soviel Primärenergie, daß mit ihr gerade der zum Heizen erforderliche Exergiestrom $\dot{E}_{\mathrm{Q}}$ bereitgestellt wird. Den weitaus größeren Anergiebedarf des Heizens deckt es durch Aufnahme eines entsprechend großen Wärmestroms aus der Umgebung, vgl. 9.1.2.

Tabelle 9.1. Heizzahl ξ_{rev} eines reversiblen Heizsystems für $t_{\mathrm{R}} = 20$ °C und $e_{\mathrm{B}}/H_{\mathrm{u}} = 1{,}065$ als Funktion der Umgebungstemperatur t_{u}

t_{u} in °C	−20	−15	−10	−5	0	5	10	15
ξ_{rev}	7,77	8,88	10,36	12,43	15,54	20,72	31,07	62,15

Jedes wirkliche, irreversibel arbeitende Heizsystem hat einen wesentlich höheren Exergie- und Primärenergiebedarf als das ideale Heizsystem, weil die großen Exergieverluste bei der Umwandlung der Primärenergie in Heizwärme gedeckt werden müssen. Seine Heizzahl ist erheblich kleiner als ξ_{rev}, und sein exergetischer Wirkungsgrad kann den Höchstwert eins nicht erreichen. Diese Größen bestimmen wir in den nächsten Abschnitten für einige wichtige Heizsysteme.

9.2.2 Konventionelle Heizsysteme

Bei den konventionellen Heizsystemen, nämlich der „Feuerheizung" mit Öl- oder Gasheizkesseln und der elektrischen Widerstandsheizung, kommt die Heizwärme allein aus der zugeführten Primärenergie. Die gesamte zum Heizen benötigte Anergie wird durch irreversible Prozesse aus der Primärenergie erzeugt. In der Energiebilanzgleichung (9.6) ist $\dot{Q}_{\mathrm{Z}} = 0$ zu setzen, und die Heizzahl kann systembedingt niemals größer als eins werden:

$$\xi = \dot{Q}/\dot{m}_{\mathrm{B}} H_{\mathrm{u}} = 1 - |\dot{Q}_{\mathrm{v}}|/\dot{m}_{\mathrm{B}} H_{\mathrm{u}} \leq 1 \ .$$

Daher haben konventionelle Heizsysteme sehr niedrige exergetische Wirkungsgrade. Mit $\xi = 1$ erhält man aus (9.8) die obere Grenze

$$\zeta \leq \frac{H_{\mathrm{u}}}{e_{\mathrm{B}}} \eta_{\mathrm{C}}(T_{\mathrm{u}}/T_{\mathrm{R}}) = \frac{H_{\mathrm{u}}}{e_{\mathrm{B}}} \left(1 - \frac{T_{\mathrm{u}}}{T_{\mathrm{R}}} \right),$$

vgl. Abb. 9.15. Besonders bei hohen Umgebungstemperaturen T_{u} nahe T_{R}, wo der Exergiebedarf des beheizten Raums sehr klein ist, sind konventionelle Heizsysteme thermodynamisch ungünstig.

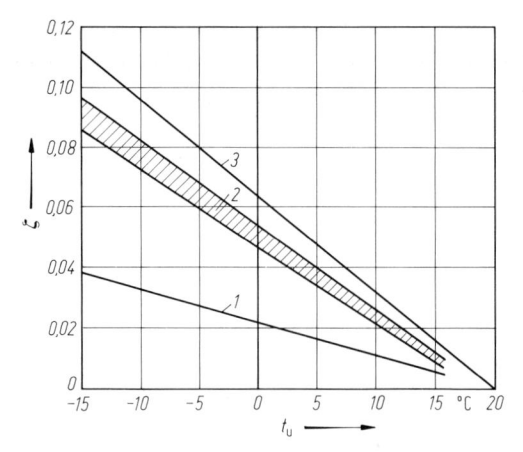

Abb. 9.15. Exergetischer Wirkungsgrad ζ konventioneller Heizsysteme als Funktion der Umgebungstemperatur t_u (Raumtemperatur $t_R = 20$ °C, $e_B/H_u = 1{,}05$). *1* elektrische Widerstandsheizung; *2* Bereich der Feuerheizung; *3* obere Grenze für $\zeta = 1$

Bei der *elektrischen Widerstandsheizung* wird elektrische Energie über Widerstände, die in den einzelnen Räumen installiert sind, vollständig dissipiert und als Wärme abgegeben. Für die Heizzahl gilt

$$\zeta = \frac{\dot{Q}}{\dot{m}_B H_u} = \frac{\dot{Q}}{P_{el}} \frac{P_{el}}{\dot{m}_B H_u} = \frac{P_{el}}{\dot{m}_B H_u} = \eta_{el} \approx 0{,}35\,,$$

weil $\dot{Q} = P_{el}$ gesetzt werden kann. Die dissipierte elektrische Leistung P_{el} muß in einem Kraftwerk aus dem dort zugeführten Primärenergiestrom erzeugt werden. Nimmt man als mittleren Wirkungsgrad der Kraftwerke $\eta = 0{,}38$ an und berücksichtigt man die Verluste bei der Fortleitung und Verteilung der elektrischen Energie, so kommt man auf den angegebenen Wert des Wirkungsgrades η_{el} für die Stromerzeugung und Verteilung.

Die Heizzahl eines Heizsystems mit direkter Feuerheizung (öl- oder gasgefeuerter Heizungskessel als Wärmeerzeuger) ergibt sich zu

$$\zeta = \frac{\dot{Q}}{\dot{Q}_H} \frac{\dot{Q}_H}{\dot{m}_B H_u} = \eta_{WV} \eta_K \qquad (9.9)$$

mit η_K als dem Kesselwirkungsgrad nach 7.3.4. Der Wirkungsgrad $\eta_{WV} \approx 0{,}97$ der Wärmeverteilung berücksichtigt die Wärmeverluste bei der Fortleitung und Verteilung des vom Heizungskessel erzeugten Wärmestroms $\dot{Q}_H > \dot{Q}$ auf die einzelnen Räume eines beheizten Gebäudes.

Die einfache Beziehung (9.9) gilt jedoch nur dann, wenn der Heizungskessel in seiner Feuerungsleistung $\dot{m}_B H_u$ stufenlos der geforderten Heizleistung $\dot{Q}_H$ angepaßt werden kann. Dies trifft nur in Ausnahmefällen zu; die meisten Heizungskessel haben einen Brenner mit konstanter Feuerungsleistung. Sie passen die Heizwärmeabgabe durch Abschalten des Brenners über gewisse Zeiten dem Bedarf bei Teillast an. Diese Stillstandszeiten werden immer länger, je kleiner der benötigte Heizwärmestrom $\dot{Q}_H$ ist. Während der Stillstandszeiten entstehen durch

Abkühlung des Heizungskessels weitere Verluste, die nicht im Kesselwirkungsgrad erfaßt sind. Man führt einen zusätzlichen Stillstandswirkungsgrad η_{St} ein und setzt

$$\zeta = \eta_{WV}\eta_K\eta_{St}.$$

Wegen der Berechnung von η_{St} vgl. [9.2].

Durch Vermindern der Abgasverluste (hohes η_K) und der Stillstandsverluste durch gute Isolierung des Heizkessels sowie durch Absenken der Kesseltemperaturen auf die Vorlauftemperatur des Heizungswassers ist es gelungen, Heizzahlen zwischen 0,80 und 0,85 zu erreichen. Der niedrige exergetische Wirkungsgrad, vgl. Abb. 9.15, weist darauf hin, daß auch dieses Heizsystem die Primärenergie schlecht ausnutzt. Trotzdem ist es wegen seiner Zuverlässigkeit und seinen im Vergleich zu Wärmepumpen- oder Fernwärme-Heizsystemen niedrigen Investitionskosten weit verbreitet und in den meisten Fällen auch wirtschaftlich am günstigsten.

9.2.3 Wärmepumpen-Heizsysteme

Das Prinzip der Wärmepumpenheizung wurde bereits in 9.1.2 erläutert. Eine ausführliche Darstellung der Wärmepumpentechnik findet man z. B. bei F. Bukau [9.11]. Angesichts der Möglichkeit, den großen Anergiebedarf des Heizens durch Umgebungswärme zu decken, erscheint diese Art zu heizen sehr attraktiv im Vergleich zu den konventionellen Heizsystemen mit $\zeta < 1$ und den niedrigen exergetischen Wirkungsgraden nach Abb. 9.15.

Das Schaltbild einer Wärmepumpe zeigt Abb. 9.16. Sie enthält einen Kompressor, weswegen sie auch als *Kompressionswärmepumpe* im Gegensatz zu den in 9.1.4 erwähnten Absorptionswärmepumpen bezeichnet wird. Im Verdampfer

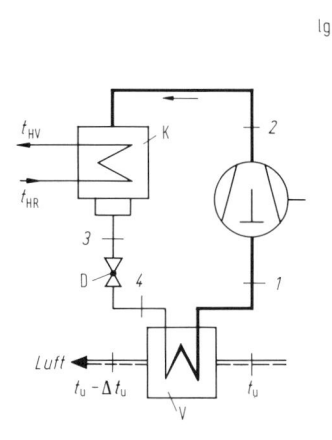

Abb. 9.16. Schaltbild einer Kompressionswärmepumpe. K Kondensator, V Verdampfer, D Drosselventil

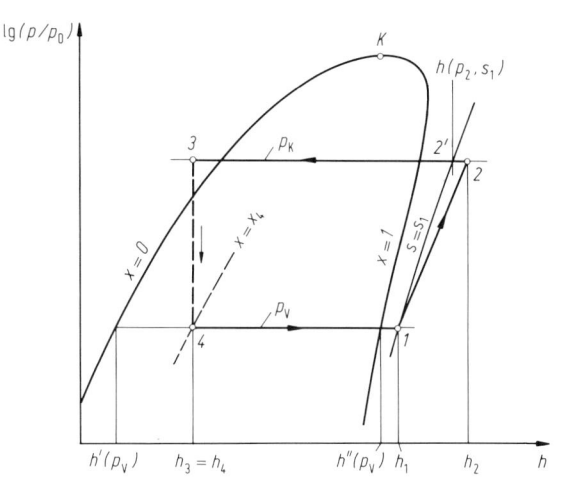

Abb. 9.17. Kreisprozeß der Kompressionswärmepumpe im lg p,h-Diagramm

nimmt die Wärmepumpe einen Wärmestrom aus der Umgebung auf, indem hier Luft von der Umgebungstemperatur t_u auf $t_u - \Delta t_u$ abgekühlt wird. Die Verdampfungstemperatur t_V und der zugehörige Verdampferdruck p_V müssen so niedrig liegen, daß der Wärmeübergang von der Luft an das verdampfende Arbeitsfluid der Wärmepumpe möglich ist. Als Arbeitsfluide werden die auch in Kältemaschinen eingesetzten Kältemittel verwendet, vorzugsweise die Stoffe R134a (CF_3CH_2F) und R22 (CHF_2Cl), nachdem das R12 (CF_2Cl_2) wegen der von ihm verursachten Zerstörung der stratosphärischen Ozonschicht nicht mehr eingesetzt werden darf, [9.18, 9.19].

Der Kompressor fördert das um 3 bis 8 K überhitzte Arbeitsfluid vom Zustand 1 auf einen so hohen Druck p_K, daß die zugehörige Kondensationstemperatur t_K über der Temperatur des Heizungswassers liegt, das sich im Kondensator von der Rücklauftemperatur t_{HR} auf die Vorlauftemperatur t_{HV} erwärmt. Das kondensierende Arbeitsfluid gibt den Heizwärmestrom $\dot{Q}_H$ an das Heizungswasser ab. Durch Drosseln des Kondensats auf den Verdampferdruck p_V wird der Kreisprozeß geschlossen. Der dabei entstehende nasse Dampf (Zustand 4) verdampft unter Wärmeaufnahme aus der Umgebung vollständig und verläßt den Verdampfer mit einer geringen Überhitzung von etwa 5 K.

Der Kreisprozeß der Wärmepumpe ist im lg p,h-Diagramm, Abb. 9.17, dargestellt. Zur Vereinfachung haben wir die Druckabfälle im Verdampfer und im Kondensator vernachlässigt. Wir nehmen einen adiabaten Verdichter an, dessen isentroper Wirkungsgrad η_{sV} gegeben sei. Für die spez. technische Arbeit erhält man

$$w_{t12} = h_2 - h_1 = \frac{1}{\eta_{sV}}(h_{2'} - h_1) = \frac{1}{\eta_{sV}}[h(p_K, s_1) - h(p_V, t_1)].$$

Die Anwendung des 1. Hauptsatzes auf die drei anderen Teilprozesse liefert die Beziehungen

$$q_{23} = h_3 - h_2 = -[h_2 - h(p_K, t_3)],$$

$$h_4 = h_3 \quad \text{(Drosselung)}$$

und

$$q_{41} = h_1 - h_4 = h(p_V, t_1) - h(p_K, t_3).$$

Zur Berechnung des Prozesses müssen die Drücke p_V und p_K sowie die Temperaturen t_1 und t_3 gegeben sein.

Die der Wärmepumpe zugeführte Antriebsleistung P_{WP} wird mit η_m als mechanischem Wirkungsgrad

$$P_{WP} = \frac{\dot{m}}{\eta_m} w_{t12}.$$

Die abgegebene Heizleistung ist

$$-\dot{Q}_H = \dot{m}(-q_{23}) = \dot{m}(h_2 - h_3).$$

Daraus erhalten wir die Leistungszahl

$$\varepsilon := \frac{-\dot{Q}_H}{P_{WP}} = \eta_m \eta_{sV} \frac{h_2 - h_3}{h_{2'} - h_1}.$$

Sie hängt vom Verdichterwirkungsgrad und von den Drücken p_V und p_K im Verdampfer und Kondensator ab.

Der Kompressor einer Kompressionswärmepumpe kann durch einen Elektromotor oder einen Verbrennungsmotor angetrieben werden. Ein Heizsystem mit elektrisch angetriebener Wärmepumpe ist in Abb. 9.18 schematisch dargestellt. Die Heizzahl läßt sich in der Form

$$\zeta = \frac{|\dot{Q}|}{\dot{m}_B H_u} = \frac{\dot{Q}}{\dot{Q}_H} \frac{\dot{Q}_H}{P_{WP}} \frac{P_{WP}}{P_{el}} \frac{P_{el}}{\dot{m}_B H_u} = \eta_{WV}\, \varepsilon\, \eta_{EM} \eta_{el}$$

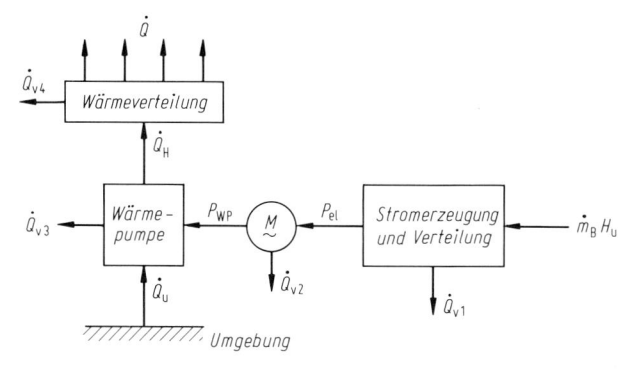

Abb. 9.18. Heizsystem mit elektrisch angetriebener Wärmepumpe. $\dot{Q}_{v1}$ bis $\dot{Q}_{v4}$ Verlustwärmeströme der Systemkomponenten

schreiben und auf bereits bekannte Kenngrößen der Komponenten zurückführen: den Verteilungswirkungsgrad η_{WV} nach 9.2.2, die Leistungszahl ε der Wärmepumpe, den Wirkungsgrad η_{EM} des Elektromotors, vgl. Beispiel 3.3, und den Wirkungsgrad η_{el} der Stromerzeugung und Verteilung. Mit mittleren Werten für die Wirkungsgrade — $\eta_{WV} = 0{,}97$, $\eta_{EM} = 0{,}90$ und $\eta_{el} = 0{,}35$ — erhalten wir für die Heizzahl

$$\zeta = 0{,}31 \cdot \varepsilon \, .$$

Nur eine hohe Leistungszahl ε kann eine noch akzeptable Heizzahl ergeben. Soll sie die Heizzahl $\zeta = 0{,}85$ einer konventionellen Feuerheizung übertreffen, muß $\varepsilon > \varepsilon_{min} = 2{,}74$ sein. Sonst verbraucht eine elektrisch angetriebene Wärmepumpe mehr Primärenergie als die Feuerheizung.

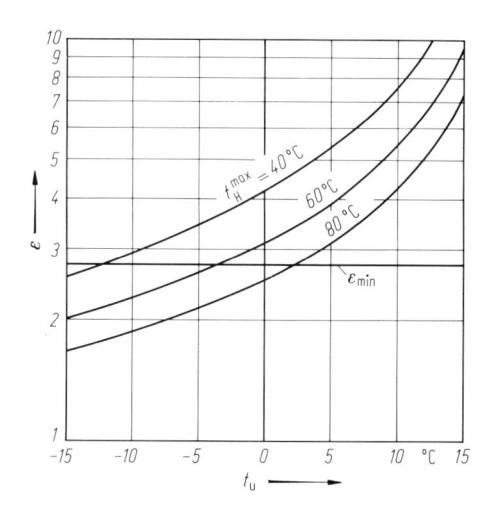

Abb. 9.19. Leistungszahl ε einer Wärmepumpe mit konstantem exergetischen Wirkungsgrad $\zeta_{WP} = 0{,}45$ nach (9.4) und mit T_H nach (9.3) als Funktion der Umgebungstemperatur t_u für verschiedene maximale Heizungswassertemperaturen t_H^{max} bei $t_{min} = -15\,°C$

Dieses unerwünschte Ergebnis kann jedoch bei niedrigen Umgebungstemperaturen leicht eintreten, Abb. 9.19. Nach (9.4) nimmt nämlich ε mit sinkendem T_u ab, besonders auch deswegen, weil nach (9.3) T_H steigt und die Wärmepumpe eine immer größer werdende Temperaturdifferenz $T_H - T_u$ überbrücken muß. Bei niedrigen Umgebungstemperaturen, also gerade dann, wenn man eine Heizung braucht, führt der Einsatz einer elektrisch angetriebenen Wärmepumpe nicht zu einer Primärenergieersparnis gegenüber einer Feuerheizung. Man legt daher eine Wärmepumpe nicht für die niedrigste Umgebungstemperatur aus, sondern für eine Temperatur zwischen -3 und $+3$ °C. Unterhalb der Auslegungstemperatur muß die fehlende Heizleistung durch einen konventionellen Heizkessel erbracht werden. Diese Kombination zweier Wärmeerzeuger (Heizkessel und Wärmepumpe) bezeichnet man als *bivalentes Heizsystem*. Es erreicht im Jahresmittel Heizzahlen um $\xi = 1{,}0$, erbringt also nicht mehr als 30% Primärenergieersparnis gegenüber einer konventionellen Feuerheizung.

Günstigere Leistungs- und Heizzahlen ergeben sich für Grundwasser als Wärmequelle, dessen Temperatur auch im Winter kaum absinkt und dann über der Umgebungstemperatur liegt (Exergiequelle!). Beim Antrieb der Wärmepumpe durch einen Verbrennungsmotor kann man auch dem Abgas und dem Kühlwasser Energie als Wärme entziehen und direkt zum Heizen nutzen. Dadurch erreicht dieses Heizsystem höhere Heizzahlen als die elektrisch angetriebene Wärmepumpe; es stellt einen Sonderfall der Kraft-Wärme-Kopplung dar, auf die wir im nächsten Abschnitt eingehen. Sämtliche Wärmepumpen-Heizsysteme sind eine thermodynamisch interessante Alternative zu den konventionellen Heizsystemen. Wegen der großen Exergieverluste, die vor allem bei der Stromerzeugung einer elektrisch angetriebenen Wärmepumpe auftreten, ist die mit ihnen erreichbare Primärenergieeinsparung relativ gering. Da sie wegen ihres komplizierten Aufbaus hohe Anlagekosten haben, sind sie nur in Sonderfällen wirtschaftlich günstige Heizsysteme.

9.2.4 Heizkraftwerke

Bei der Erzeugung elektrischer Energie in thermischen Kraftwerken fällt ein großer Abwärmestrom an, der weitgehend aus Anergie besteht. Es liegt nahe, diese Anergie zum Heizen zu nutzen. Dabei ist es jedoch nicht möglich, einfach die im Kondensator des Kraftwerks anfallende Abwärme als Heizwärme zu verwenden; denn ihre Temperatur (ca. 30 °C) ist zu niedrig, sie enthält zu wenig Exergie. Man muß vielmehr die Heizwärme bei höherer Temperatur aus dem Kraftwerk „auskoppeln". Dies geschieht in einem Heizkondensator; hier kondensiert Dampf, welcher der Turbine entnommen wird, wodurch sich das Heizungswasser erwärmt, Abb. 9.20. Der Heizkondensator ähnelt einem Speisewasservorwärmer, der ja ebenfalls durch Entnahmedampf beheizt wird. Die im Speisewasservorwärmer übertragene Wärme kommt dem Dampfkraftprozeß zugute, während die im Heizkondensator abgegebene Wärme mit der in ihr enthaltenen Exergie dem Dampfkraftprozeß entzogen wird. Die Heizwärmeabgabe mindert somit die elektrische Leistung und den thermischen Wirkungsgrad des Kraftwerks.

Ein Kraftwerk, das gleichzeitig elektrische Energie und Heizwärme erzeugt, nennt man *Heizkraftwerk*. Die gleichzeitige Erzeugung von elektrischer Energie und Heizwärme wird *Kraft-Wärme-Kopplung* genannt, vgl. hierzu [9.12]. Heizkraftwerke geben stets einen großen Wärmestrom ab, der für die Beheizung zahlreicher Gebäude ausreicht. Man benötigt daher ein weit verzweigtes Leitungs-

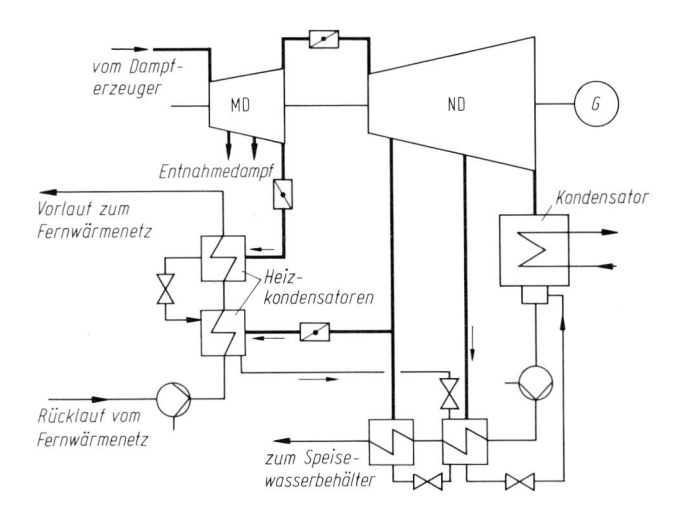

9.2 Heizsysteme

Abb. 9.20. Schema der Heizwärmeauskopplung aus einem Dampfkraftwerk mittels zweier Heizkondensatoren

netz (Fernwärmenetz), um die Heizwärme auf die einzelnen Gebäude zu verteilen. Im Fernwärmenetz treten beträchtliche Wärmeverluste auf. Der vom Heizkraftwerk gelieferte Wärmestrom $\dot{Q}_H$ ist größer als die Summe $\dot{Q}$ aller Wärmeströme, die in die geheizten Gebäude gelangen: Der Verteilungswirkungsgrad

$$\eta_{WV} := \dot{Q}/\dot{Q}_H$$

liegt nur zwischen 0,8 und 0,9.

Neben dem Entnahmedampf eines Dampfkraftwerks bietet sich das Abgas von Verbrennungskraftanlagen als Wärmequelle an. Es gibt daher auch Gasturbinen-Heizkraftwerke und Verbrennungsmotoren-Heizkraftwerke. Letztere bezeichnet man als *Blockheizkraftwerke*, vgl. [9.13]. Sie enthalten eine Motorenanlage mit einem oder mehreren Erdgas- oder Dieselmotoren, deren Abgas und Kühlwasser die Heizwärme liefert.

Heizkraftwerke liefern zwei nützliche Koppelprodukte: die elektrische Leistung P_{el} und den Heizwärmestrom $\dot{Q}_H$, der an das Fernwärmenetz übergeht, Abb. 9.21. Zu ihrer energetischen Bewertung braucht man *zwei* Kenngrößen, den Wirkungsgrad

$$\eta := -P_{el}/\dot{m}_B^P H_u$$

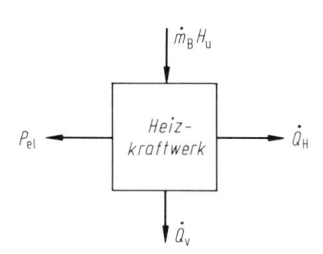

Abb. 9.21. Schema des Energieflusses in einem Heizkraftwerk

der Stromerzeugung und die Heizzahl

$$\xi := \frac{|\dot{Q}|}{\dot{m}_B^Q H_u} = \frac{\dot{Q}}{\dot{Q}_H} \frac{|\dot{Q}_H|}{\dot{m}_B^Q H_u} = \eta_{WV} \xi_H$$

der Wärmeerzeugung, vgl. [9.14]. Zu ihrer sinnvollen Definition haben wir den mit dem Brennstoff zugeführten Primärenergiestrom $\dot{m}_B H_u$ gedanklich auf die beiden Koppelprodukte aufgeteilt:

$$\dot{m}_B H_u = \dot{m}_B^P H_u + \dot{m}_B^Q H_u \ .$$

Leider liefern die Naturgesetze kein Kriterium dafür, welcher Teil von $\dot{m}_B$ der Stromerzeugung ($\dot{m}_B^P$) und welcher Teil der Heizwärmeerzeugung ($\dot{m}_B^Q$) zuzuordnen ist. So bleibt eine gewisse Willkür bei der Aufteilung von $\dot{m}_B$ bestehen.

Eine mögliche sinnvolle Aufteilung beruht auf folgender Überlegung. Der im Heizkraftwerk erzeugte Strom könnte auch in einem Kraftwerk erzeugt werden, welches nur der Stromerzeugung dient. Der in einem solchen Referenzkraftwerk für die Gewinnung von P_{el} verbrauchte Primärenergiestrom $\dot{m}_B^{Ref} H_u$ wird auch der Stromerzeugung des Heizkraftwerks zugrunde gelegt. Es soll also

$$\dot{m}_B^P H_u = \dot{m}_B^{Ref} H_u = -P_{el}/\eta_{Ref}$$

gelten, wobei η_{Ref} der Nettowirkungsgrad des Referenzkraftwerks ist. Wir nehmen also an, das Heizkraftwerk verbrauche zur Erzeugung der elektrischen Energie nicht mehr und nicht weniger Primärenergie als ein typisches, nur der Stromerzeugung dienendes Kraftwerk, das Referenzkraftwerk.

Für den Wirkungsgrad der Stromerzeugung des Heizkraftwerks folgt dann das einfache Resultat $\eta = \eta_{Ref}$. Die Heizzahl ergibt sich unter dieser Annahme mit

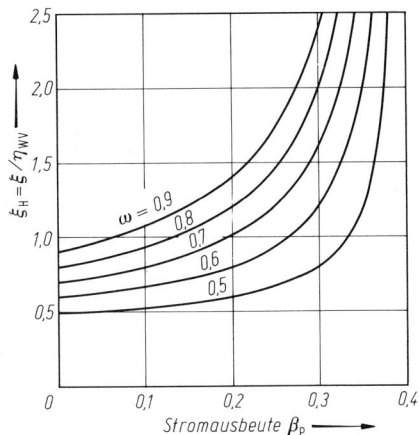

$$\dot{m}_B^Q H_u = \dot{m}_B H_u - \dot{m}_B^P H_u = \dot{m}_B H_u - (-P_{el})/\eta_{Ref}$$

zu
$$\xi = \eta_{WV} \frac{|\dot{Q}_H|}{\dot{m}_B H_u + (P_{el}/\eta_{Ref})} \ .$$

Abb. 9.22. Heizzahl $\xi_H = \xi/\eta_{WV}$ eines Heizkraftwerks nach (9.10) als Funktion der Stromausbeute β_P für verschiedene Nutzungsfaktoren ω. Wirkungsgrad des Referenzkraftwerks $\eta_{Ref} = 0{,}40$

Man bezeichnet nun

$$\beta_P := (-P_{el})/\dot{m}_B H_u$$

als *Stromausbeute* und

$$\omega := \frac{|P_{el}| + |\dot{Q}_H|}{\dot{m}_B H_u}$$

als *Nutzungsfaktor* des Heizkraftwerks. Damit ergibt sich für die Heizzahl

$$\xi = \eta_{WV}(\omega - \beta_P) \frac{\eta_{Ref}}{\eta_{Ref} - \beta_P}. \tag{9.10}$$

Da Nutzungsfaktoren $\omega \approx 0{,}8$ und Stromausbeuten $\beta_P = 0{,}2$ bis $0{,}3$ erreichbar sind, nimmt ξ_H nach Abb. 9.22 beachtliche Werte an, die größer als eins sind. Ein beträchtlicher Teil der bei der Stromerzeugung anfallenden Anergie kann also zum Heizen genutzt werden.

Man kann die Primärenergie auch im Verhältnis der Exergien der Koppelprodukte Strom und Heizwärme aufteilen. Auch hierbei ergeben sich sinnvolle Werte für η und ξ, vgl. [9.3, 9.14].

9.3 Einige Verfahren zur Kälteerzeugung

In Kältemaschinen werden ebenso wie in Wärmekraftmaschinen Gase oder Dämpfe als Arbeitsmittel verwendet. Man bezeichnet sie als *Kältemittel*. Tafeln ihrer thermodynamischen Eigenschaften findet man in [9.15]. Die bisher verwendeten, vollhalogenierten Fluor-Chlor-Kohlenwasserstoffe (FCKW) zerstören die stratosphärische Ozonschicht und müssen durch andere, unbedenkliche Kältemittel ersetzt werden, vgl. [8.33, 9.18, 9.19]. Um Kälte bei mäßig tiefen Temperaturen, etwa bis $-100\,°C$ zu erzeugen, benutzt man überwiegend *Kaltdampf-Kompressionskältemaschinen*. In diesen verlaufen die Zustandsänderungen des Kältemittels im Naßdampfgebiet und in dessen Nähe. *Gaskältemaschinen* werden für Sonderaufgaben eingesetzt, z. B. für die Klimatisierung schnell fliegender Flugzeuge. Sie dienen auch zur Erzeugung sehr tiefer Temperaturen, vgl. [9.16, 6.24].

9.3.1 Die Kaltdampf-Kompressionskältemaschine

Das Schaltbild einer Kaltdampf-Kompressionskältemaschine zeigt Abb. 9.23. Die Zustandsänderungen des Kältemittels sind im T,s-Diagramm, Abb. 9.24, dargestellt. Der Verdichter saugt gesättigten Dampf beim Verdampferdruck p_V an und verdichtet ihn adiabat bis zum Kondensatordruck p_K. Der überhitzte Dampf vom Zustand 2 kühlt sich im Kondensator isobar ab und kondensiert dann vollständig. Die siedende Flüssigkeit (Zustand 3) wird auf den Verdampferdruck p_V gedrosselt. Der bei der Drosselung entstehende nasse Dampf verdampft im Verdampfer unter Aufnahme der Kälteleistung aus dem Kühlraum. Die meisten Kältemaschinen haben ein thermostatisch geregeltes Drosselventil, das nur so viel Kältemittel in den Verdampfer gelangen läßt, daß der Dampf am Verdampferaustritt um etwa 3 bis 8 K überhitzt ist. Der Zustand 1 in Abb. 9.24 liegt dann nicht auf der Taulinie $x = 1$, sondern im Gasgebiet auf der Isobare $p = p_V$. Zur Vereinfachung der folgenden Betrachtungen vernachlässigen wir die Überhitzung des vom Kompressor angesaugten Dampfes.

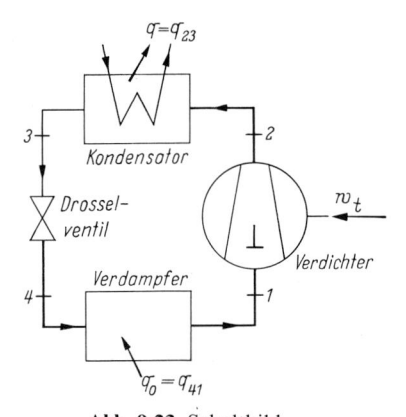

Abb. 9.23. Schaltbild
einer Kaltdampf-Kältemaschine

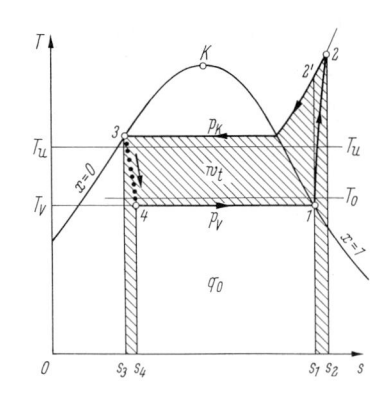

Abb. 9.24. Kreisprozeß des Kältemittels
einer Kaltdampf-Kältemaschine
im T,s-Diagramm

Da zur Wärmeübertragung stets ein endliches Temperaturgefälle erforderlich ist, muß die Kondensationstemperatur T_K größer als die Umgebungstemperatur T_u sein. Die Verdampfungstemperatur T_V muß niedriger liegen als die Temperatur T_0 des Kühlraums. Mit $\dot{m}$ als Massenstrom des umlaufenden Kältemittels gilt für die Kälteleistung

$$\dot{Q}_0 = \dot{m}q_0 = \dot{m}(h_1 - h_4) = \dot{m}(h_V'' - h_K'),$$

weil $h_4 = h_3 = h_K'$ ist (Drosselung!). Für die Antriebsleistung des Verdichters folgt

$$P = \dot{m}w_t = \dot{m}(h_2 - h_1) = \frac{\dot{m}}{\eta_{sV}}(h_{2'} - h_V''),$$

wobei η_{sV} sein isentroper Wirkungsgrad ist. Die in diesen Gleichungen auftretenden Enthalpien sind der Dampftafel [9.15] oder dem p,h-Diagramm des Kältemittels zu entnehmen. Im p,h-Diagramm, Abb. 9,25, läßt sich der Kreisprozeß besonders übersichtlich verfolgen.

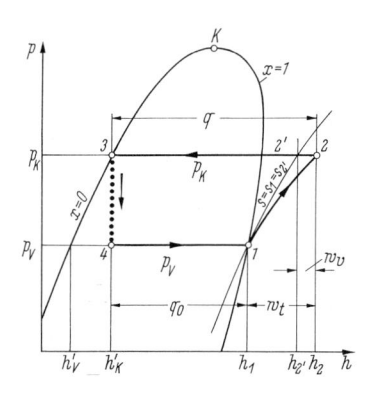

Abb. 9.25. Kreisprozeß des Kältemittels einer Kaltdampf-Kältemaschine im p,h-Diagramm

9.3 Einige Verfahren zur Kälteerzeugung

Für den an das Kühlwasser (Umgebung) abzuführenden Wärmestrom erhalten wir

$$|\dot{Q}| = \dot{m}\,|q| = \dot{m}(h_2 - h_3) = \dot{m}(h_2 - h'_K)\,.$$

Es gilt ferner die Bilanz

$$w_t = |q| - q_0\,.$$

Da die abzuführende Wärme q im T,s-Diagramm, Abb. 9.24, als Fläche unter der Isobare des Kondensatordrucks erscheint, wird die technische Arbeit w_t durch die in Abb. 9.24 schräg schraffierte Fläche dargestellt.

Da der Kreisprozeß innerlich (Drosselung und nicht-isentrope Verdichtung) und äußerlich (Wärmeübertragung) irreversibel ist, treten Exergieverluste auf, und der exergetische Wirkungsgrad der Kaltdampfkältemaschine ist erheblich kleiner als eins. Hierfür gilt nach 9.1.3

$$\zeta_{KM} = \frac{\dot{E}_{Q_0}}{P} = \frac{e_{q_0}}{w_t} = 1 - \frac{e_v}{w_t} = \frac{T_u - T_0}{T_0}\,\varepsilon_K$$

mit der Leistungszahl

$$\varepsilon_K = \frac{q_0}{w_t} = \eta_{sv}\,\frac{h_1 - h'_K}{h_{2'} - h_1}\,.$$

Der Exergieverlust e_v setzt sich aus den Verlusten in den vier Anlagenteilen zusammen. Wir berechnen sie einzeln und stellen sie im T,s-Diagramm als Flächen dar, wo wir ihre Größe vergleichen können und Hinweise zu ihrer Verkleinerung erhalten.

Bei der irreversiblen adiabaten *Verdichtung* nimmt die Entropie des Kältemittels von s_1 auf s_2 zu. Der Exergieverlust des Verdichters ist daher

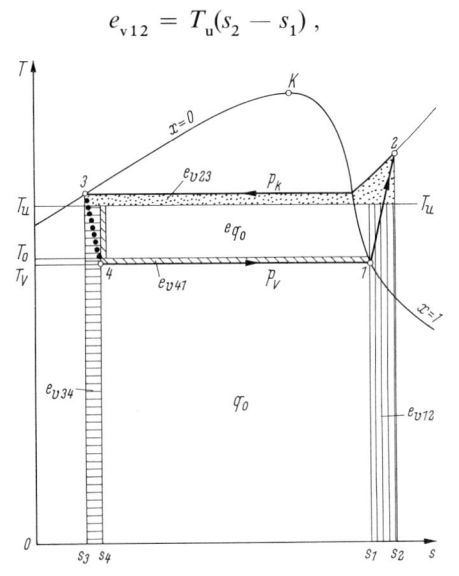

$$e_{v12} = T_u(s_2 - s_1)\,,$$

Abb. 9.26. Kreisprozeß des Kältemittels und Exergieverluste der vier Teilprozesse

vgl. Abb. 9.26. Im *Kondensator* entsteht ein weiterer Exergieverlust durch die Wärmeübertragung an das Kühlwasser. Dieses erwärmt sich nur so wenig, daß seine Exergie nicht ausnutzbar ist. Wir wollen daher die Exergieabnahme $e_2 - e_3$ des Kältemittels ganz als Exergieverlust ansehen:

$$e_{v23} = e_2 - e_3 = h_2 - h_3 - T_u(s_2 - s_3) = |q| - T_u(s_2 - s_3).$$

Dieser Exergieverlust wird im T,s-Diagramm durch die Fläche zwischen der Isobare des Kondensatordrucks p_K und der Isotherme $T = T_u$, begrenzt durch die Abszissen s_2 und s_3, dargestellt.

Bei der adiabaten *Drosselung* vergrößert sich die Entropie von s_3 auf s_4. Dementsprechend gilt für den Exergieverlust bei der Drosselung

$$e_{v34} = T_u(s_4 - s_3).$$

Auch im *Verdampfer* verwandelt sich Exergie in Anergie als Folge des irreversiblen Übergangs der Wärme q_0 von der Kühlraumtemperatur T_0 auf die Verdampfungstemperatur T_V. Hierfür gilt

$$e_{v41} = e_4 - e_1 - e_{q_0},$$

denn die Exergieabnahme des verdampfenden Kältemittels ist größer als die Exergie e_{q_0}, die der Kühlraum aufnimmt. Da

$$e_4 - e_1 = h_4 - h_1 - T_u(s_4 - s_1) = T_u(s_1 - s_4) - q_0$$

ist, wird e_{v41} durch die in Abb. 9.26 schräg schraffierte Fläche dargestellt.

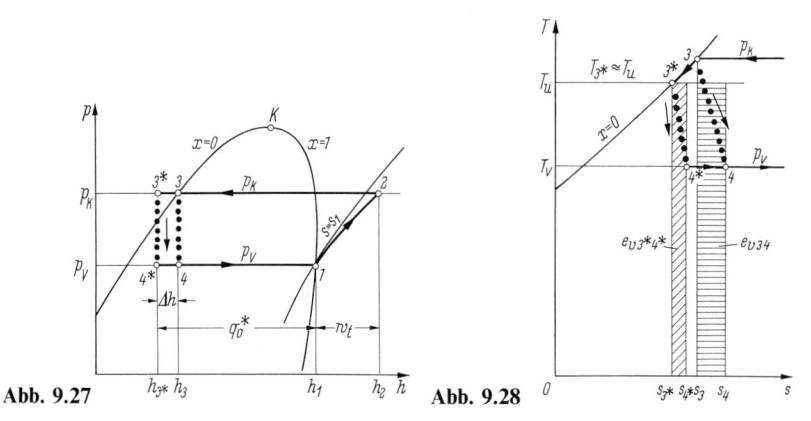

Abb. 9.27

Abb. 9.28

Abb. 9.27. Kreisprozeß mit Unterkühlung des kondensierten Kältemittels
Abb. 9.28. Verminderung des Exergieverlusts bei der Drosselung durch Unterkühlung des kondensierten Kältemittels

Die Exergieverluste können durch einen Verdichter mit höherem isentropen Wirkungsgrad η_{sV} und durch Wärmeübertrager mit größer bemessenen Flächen vermindert werden. Der Exergieverlust bei der Drosselung läßt sich durch Abkühlen des im Kondensator verflüssigten Kältemittels auf eine Temperatur t_{3*} verringern, die unter der Kondensationstemperatur t_K liegt. Wie das p,h-Diagramm, Abb. 9.27, zeigt, wird durch die Unterkühlung die erzeugte Kälte q_0 um $\Delta h = h_3 - h_{3*}$ vermehrt, ohne daß eine größere Verdichterarbeit erforderlich wäre.

9.3 Einige Verfahren zur Kälteerzeugung

Diese Prozeßverbesserung kommt durch die Verringerung des Exergieverlustes $e_{v\,34}$ zustande. Beginnt nämlich die Drosselung auf der Isobare des Kondensatordrucks p_K, die im T, s-Diagramm, Abb. 9.28, praktisch mit der Siedelinie zusammenfällt, bei einer tieferen Temperatur $t_{3*} < t_3$, so ist die Entropieerzeugung bei der Drosselung um so kleiner, je niedriger t_{3*} liegt. Damit verringert sich der Exergieverlust, was zu einer entsprechenden Vergrößerung der in den Kühlraum abgegebenen Exergie e_{q_0} führt. Man muß jedoch prüfen, ob es bei den gegebenen Kühlwasserverhältnissen günstiger ist, den Kondensatordruck p_K zu senken und auf die Unterkühlung zu verzichten. Eine Senkung des Kondensatordrucks verkleinert die Verdichterarbeit, den Exergieverlust der Verdichtung und auch den Exergieverlust bei der Kondensation.

Beispiel 9.2. Bei einer Kühlraumtemperatur $t_0 = -20\,°C$ soll die Kälteleistung $\dot{Q}_0 = 100$ kW erzeugt werden. Es steht Kühlwasser in reichlicher Menge bei $t_u = +15\,°C$ zur Verfügung. Für eine mit dem Kältemittel R22 arbeitende Kälteanlage bestimme man die Leistung des Verdichters ($\eta_{sV} = 0{,}78$) und den im Kondensator abzuführenden Wärmestrom. Das Kältemittel verdampft bei $t_V = -32\,°C$ ($p_V = 1{,}506$ bar). Der Verdichter saugt den auf $t_1 = -25\,°C$ überhitzten Dampf an und verdichtet ihn auf $p_K = 9{,}081$ bar ($t_K = 20\,°C$). Das Kondensat soll auf $t_{3*} = 18\,°C$ abgekühlt werden.

Zur Berechnung der Verdichterleistung entnehmen wir der Dampftafel von R22 [9.15] die Werte $h_1 = 395{,}79$ kJ/kg und $s_1 = 1{,}8223$ kJ/kg K. Aus der Bedingung $s_{2'} = s_1$ findet man durch Interpolation auf der Isobare $p = p_K$ die Enthalpie $h_{2'} = 442{,}56$ kJ/kg. Damit ergibt sich

$$w_t = \frac{1}{\eta_{sV}} (h_{2'} - h_1) = 59{,}96 \text{ kJ/kg}$$

als spez. technische Arbeit des Verdichters. Um den Massenstrom $\dot{m}$ des umlaufenden R22 aus

$$\dot{m} = \frac{\dot{Q}_0}{h_1 - h_{3*}}$$

zu erhalten, berechnen wir die spez. Enthalpie h_{3*} der bei $p = p_K$ auf t_{3*} abgekühlten Flüssigkeit. Da die Dampftafel keine Werte für das Flüssigkeitsgebiet enthält, setzen wir als Näherung

$$h(t_{3*}, p_K) = h'(t_{3*}) + v'(t_{3*}) [p_K - p_s(t_{3*})] \ ;$$

wir nehmen also die Flüssigkeit als inkompressibel an. Dies ergibt:

$$h_{3*} = 221{,}89 \text{ kJ/kg} + 0{,}8187 \text{ (dm}^3\text{/kg)} (9{,}081 - 8{,}586) \text{ bar}$$
$$= (221{,}89 + 0{,}04) \text{ kJ/kg} = 221{,}93 \text{ kJ/kg} \ .$$

Damit erhalten wir $\dot{m} = 0{,}575$ kg/s und

$$P = \dot{m} w_t = 34{,}5 \text{ kW}$$

als Verdichterleistung. Der im Kondensator abzuführende Wärmestrom ergibt sich am einfachsten aus der Leistungsbilanz der Kältemaschine zu

$$\dot{Q} = -P - \dot{Q}_0 = -134{,}5 \text{ kW} \ .$$

Für die Leistungszahl der Kälteanlage folgt nun

$$\varepsilon_K = \dot{Q}_0 / P = 2{,}90 \ .$$

Ihr exergetischer Wirkungsgrad ist

$$\zeta_{KM} = \frac{T_u - T_0}{T_0} \varepsilon_K = \frac{35 \text{ K}}{253{,}15 \text{ K}} 2{,}90 = 0{,}401 \ .$$

In einer reversibel arbeitenden Anlage würde die verlangte Kälteleistung mit dem wesentlich geringeren Leistungsaufwand

$$P_{\text{rev}} = \dot{E}_{Q_0} = \zeta_{\text{KM}} P = 13{,}8 \text{ kW}$$

erbracht werden können. Der Leistungsmehrbedarf

$$\dot{E}_v = P - P_{\text{rev}} = 20{,}7 \text{ kW}$$

wird durch Irreversibilitäten in Anergie verwandelt, vgl. Abb. 9.26.

9.3.2 Mehrstufige Kompressionskältemaschinen

Soll eine Kaltdampf-Kältemaschine Kälte bei tiefen Temperaturen T_0 erzeugen, so bedingt dies ein großes Druckverhältnis p_K/p_V. Damit vergrößern sich auch die Exergieverluste im Kompressor, bei der Wärmeabfuhr und bei der Drosselung. Hier empfiehlt es sich, die Kältemaschine zwei- oder mehrstufig zu betreiben, wodurch sich die zuzuführende Verdichterleistung gegenüber der einstufigen Verdichtung verringert. Das Schaltbild einer *zweistufigen Kaltdampf-Kältemaschine* zeigt Abb. 9.29, die Zustandsänderungen des Kältemittels Abb. 9.30. Der Niederdruckverdichter fördert den Dampf in einen Zwischenbehälter, in dem er sich mit Kältemitteldampf mischt, der aus dem Hochdruckkreislauf kommt. Der Hochdruckverdichter saugt gesättigten Kältemitteldampf beim Zwischendruck p_z an und verdichtet ihn auf den Kondensatordruck p_K. Im Kondensator wird der Dampf (nahezu) isobar abgekühlt, kondensiert und möglicherweise unterkühlt. Das flüs-

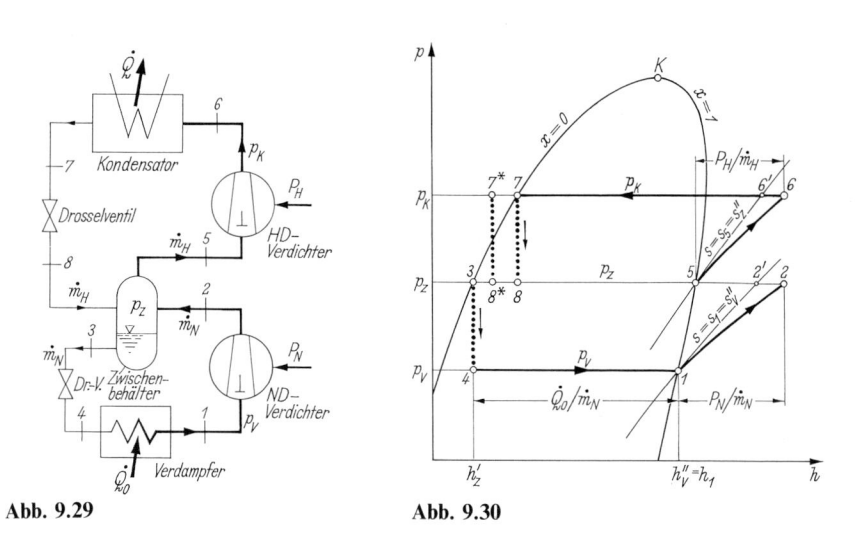

Abb. 9.29 **Abb. 9.30**

Abb. 9.29. Schaltbild einer zweistufigen Kaltdampf-Kältemaschine mit Zwischenbehälter

Abb. 9.30. Zustandsänderungen des Kältemittels einer zweistufigen Kaltdampf-Kältemaschine, dargestellt im *p,h*-Diagramm. Bei Unterkühlung des Kältemittels beginnt die Drosselung im Hochdruckkreislauf mit dem Zustand 7* (statt mit Zustand 7) und endet im Zustand 8* (statt 8)

9.3 Einige Verfahren zur Kälteerzeugung

sige Kältemittel wird im ersten Drosselventil auf den Zwischendruck p_z gedrosselt, so daß nasser Kältemitteldampf in den Zwischenbehälter gelangt. Durch das zweite Drosselventil strömt flüssiges Kältemittel (Zustand 3) vom Zwischenbehälter in den Verdampfer, wo es die Kälteleistung aus dem Kühlraum aufnimmt. Die zweistufige Kältemaschine läßt sich als die Kombination zweier einstufiger Kältemaschinen ansehen, die über einen Mischkondensator, den Zwischenbehälter, gekoppelt sind.

Die Kälteleistung der zweistufigen Maschine ist nach Vorgabe der drei Drücke p_V, p_z und p_K durch

$$\dot{Q}_0 = \dot{m}_N(h_1 - h_4) = \dot{m}_N(h_1 - h'_z)$$

gegeben. Hierbei ist $\dot{m}_N$ der Massenstrom des Kältemittels im Niederdruckteil; der Index „z" weist auf den Zwischendruck hin. Die aufzuwendende Verdichterleistung wird, vgl. Abb. 9.30,

$$P = \dot{m}_N(h_2 - h_1) + \dot{m}_H(h_6 - h_5)$$

$$= \frac{\dot{m}_N}{\eta^N_{sV}}(h_{2'} - h_1) + \frac{\dot{m}_H}{\eta^H_{sV}}(h_{6'} - h''_z)$$

mit η^N_{sV} und η^H_{sV} als den isentropen Wirkungsgraden des Niederdruck- und des Hochdruckverdichters. Der Massenstrom $\dot{m}_H$ im Hochdruckteil ist nicht frei wählbar. Aus der Leistungsbilanz des als adiabat angenommenen Zwischenbehälters,

$$\dot{m}_H(h_5 - h_8) = \dot{m}_N(h_2 - h_3)$$

folgt

$$\frac{\dot{m}_H}{\dot{m}_N} = \frac{h_2 - h_3}{h_5 - h_8} = \frac{h_2 - h'_z}{h''_z - h_7} > 1 \ .$$

Der Hochdruckverdichter hat also stets einen größeren Massenstrom zu fördern als der Niederdruckverdichter.

Mit den angegebenen Beziehungen sind $\dot{Q}_0$ und P und damit auch ε_K und ζ_{KM} leicht zu berechnen. Es muß dazu jedoch der Zwischendruck p_z bekannt sein. Diesen wird man so bestimmen, daß die Leistungszahl ε_K bzw. der exergetische Wirkungsgrad ζ_{KM} bei sonst gleichen Bedingungen möglichst groß wird. Wie verschiedene Untersuchungen zeigen, vgl. z. B. [9.17], wird das Maximum von ε_K in guter Näherung erreicht, wenn man

$$p_z = \sqrt{p_K p_V}$$

wählt.

Bei besonders großen Spannen zwischen Kühlraumtemperatur T_0 und Umgebungstemperatur T_u und dementsprechend großen Druckverhältnissen wird man zu dreistufigen Kältemaschinen übergehen. Das Druckverhältnis p_K/p_V kann jedoch nicht beliebig gesteigert werden, weil die Eigenschaften des Kältemittels (Nähe des Tripelpunkts oder des kritischen Punkts) eine Grenze setzen. Man geht dann zur *Kaskadenschaltung* über, bei der zwei Kreisläufe mit verschiedenen Kältemitteln miteinander gekoppelt sind.

9.3.3 Das Linde-Verfahren zur Luftverflüssigung

Alle *realen* Gase kühlen sich in der Nähe ihres Zweiphasengebietes bei der Drosselung ab, und zwar um so stärker, je tiefer die Temperatur bei Beginn der Drosselung liegt (Joule-Thomson-Effekt). Geht man zu höheren Drücken über, so erhält man eine merkliche Abkühlung bei der Drosselung auf den Atmosphärendruck. Diese Eigenschaft realer Gase hat zuerst C. v. Linde[1] bei seinem Verfahren zur Luftverflüssigung ausgenutzt. Das Schaltbild einer solchen Luftverflüssigungsanlage zeigt Abb. 9.31. Es handelt sich dabei um ein offenes System: Aus der Umgebung wird Luft angesaugt, ein Teil wird als flüssige Luft entnommen, der nicht verflüssigte Anteil wird wieder in die Umgebung entlassen. Die Zustandsänderungen der Luft zeigt das h,T-Diagramm, Abb. 9.32.

Der Verdichter saugt aus der Umgebung Luft an und verdichtet sie auf einen hohen Druck p_2. Diese Verdichtung geschieht in mehreren Stufen mit Zwischen-

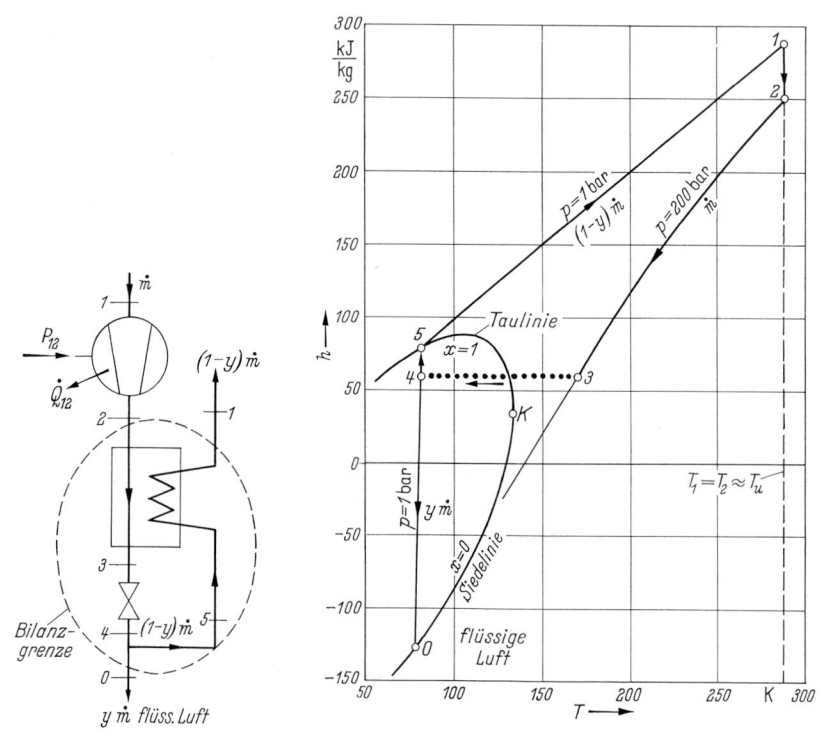

Abb. 9.31. Schaltbild der Linde-Anlage zur Erzeugung flüssiger Luft

Abb. 9.32. Linde-Prozeß zur Luftverflüssigung

---

[1] Carl Ritter von Linde (1842—1934) war einer der bedeutendsten Kältetechniker. Er lehrte von 1868 bis 1910 an der Techn. Hochschule München. Durch theoretische und praktische Untersuchungen förderte er den Bau von Kältemaschinen. Weltberühmt wurde er durch sein Verfahren zur Luftverflüssigung, mit dem um 1895 erstmals größere Mengen flüssiger Luft gewonnen werden konnten.

9.3 Einige Verfahren zur Kälteerzeugung

kühlung, vgl. 6.5.4, so daß wir eine *isotherme* Verdichtung als Idealfall annehmen. Die verdichtete Luft kühlt sich im Gegenströmer ab und wird dann gedrosselt. Bei der Abkühlung im Gegenströmer muß die Hochdruckluft eine Endtemperatur T_3 erreichen, die so tief liegt, daß die Drosselung 3 → 4 im Naßdampfgebiet endet. Nach der Drosselung wird der verflüssigte Anteil der Anlage entnommen, während sich die nicht verflüssigte Luft im Gegenströmer erwärmt. Eine Energiebilanz für den Gegenströmer und den Verflüssiger ergibt, vgl. den in Abb. 9.31 gezeichneten Bilanzkreis,

$$\dot{m} h_2 = (1 - y)\, \dot{m} h_1 + y \dot{m} h_0\,.$$

Hierbei ist $\dot{m}$ der Massenstrom der vom Verdichter geförderten Luft und y der Anteil, der verflüssigt wird. Aus der Bilanzgleichung erhält man den Anteil der verflüssigten Luft zu

$$y = \frac{h_1 - h_2}{h_1 - h_0}\,.$$

Zur isothermen Verdichtung der Luft ist im reversiblen Idealfall die spez. technische Arbeit

$$(w_{t12})_{\text{rev}} = h_2 - h_1 - (q_{12})_{\text{rev}} = h_2 - h_1 - T_1(s_2 - s_1)$$

aufzuwenden. Da der Zustand 1 mit dem Umgebungszustand übereinstimmt, wird

$$(w_{t12})_{\text{rev}} = h_2 - h_\text{u} - T_\text{u}(s_2 - s_\text{u}) = e_2\,,$$

also gleich der Exergie der verdichteten Luft. Für die wirkliche Verdichtung setzen wir

$$w_{t12} = \frac{1}{\eta_{tV}}(w_{t12})_{\text{rev}} = e_2/\eta_{tV}$$

mit η_{tV} als dem isothermen Verdichterwirkungsgrad, vgl. 6.5.4. Beziehen wir die Verdichterarbeit auf die Masse der verflüssigten Luft, so wird

$$w'_t = \frac{w_{t12}}{y} = \frac{e_2}{\eta_{tV}} \frac{h_1 - h_0}{h_1 - h_2}\,.$$

Diesen Wert des Arbeitsaufwands zur Erzeugung flüssiger Luft vergleichen wir nun mit dem nach dem 2. Hauptsatz mindestens erforderlichen Arbeitsaufwand. Dieser ist durch die Exergie e_0 der verflüssigten Luft gegeben:

$$(w'_t)_{\min} = e_0 = h_0 - h_\text{u} - T_\text{u}(s_0 - s_\text{u})\,.$$

Damit erhalten wir für den exergetischen Wirkungsgrad des Linde-Prozesses

$$\zeta = \frac{(w'_t)_{\min}}{w'_t} = \eta_{tV}\, \frac{e_0}{e_2}\, \frac{h_1 - h_2}{h_1 - h_0}\,.$$

Er hängt von η_{tV}, von $T_\text{u} = T_1$ und den beiden Drücken $p_1 = p_0 = p_\text{u}$ und $p_2 = p$ ab. Da große Exergieverluste im Verdichter, Gegenströmer und vor allem bei der Drosselung auftreten, erreicht der exergetische Wirkungsgrad nur bescheidene Werte, die meistens kleiner als 10% sind. Linde hat zwei wirksame Mittel gefunden, um den Arbeitsaufwand des Verfahrens zu verringern: den zusätzlichen

Hochdruckkreislauf und die Vorkühlung der Luft. Hierauf und auf andere Verfahren zur Luft- und Gasverflüssigung gehen wir nicht ein; es sei auf die ausführlichen Darstellungen [9.16, 6.24] verwiesen.

Beispiel 9.3. Für einen Linde-Prozeß zur Luftverflüssigung sind die folgenden Daten gegeben. Umgebungszustand der Luft: $t_u = t_1 = 15\ °C$, $p_u = p_1 = 1$ bar, Verdichterenddruck $p_2 = 200$ bar, isothermer Verdichterwirkungsgrad $\eta_{tV} = 0{,}625$. Man bestimme den Arbeitsaufwand w'_t und den exergetischen Wirkungsgrad ζ des Prozesses.

Die für die folgenden Rechnungen benötigten Zustandsgrößen der Luft entnehmen wir den Tafeln von Baehr und Schwier [4.7]; hier findet man auch Werte der spez. Exergie e für den in unserem Beispiel gewählten Umgebungszustand. — Der Anteil der verflüssigten Luft ergibt sich zu

$$y = \frac{h_1 - h_2}{h_1 - h_0} = \frac{288{,}5 - 250{,}6}{288{,}5 + 127{,}0} = 0{,}0912 \ .$$

Damit erhalten wir für die Verdichterarbeit, bezogen auf die Masse der *verflüssigten* Luft,

$$w'_t = \frac{e_2}{\eta_{tV} y} = \frac{435{,}9\ \text{kJ/kg}}{0{,}625 \cdot 0{,}0912} = 7647\ \text{kJ/kg} \ .$$

Die Exergie der flüssigen Luft hat den Wert $e_0 = 693{,}3$ kJ/kg, so daß sich für den exergetischen Wirkungsgrad der niedrige Wert

$$\zeta = e_0 / w'_t = 693{,}3 / 7647 = 0{,}0907$$

ergibt.

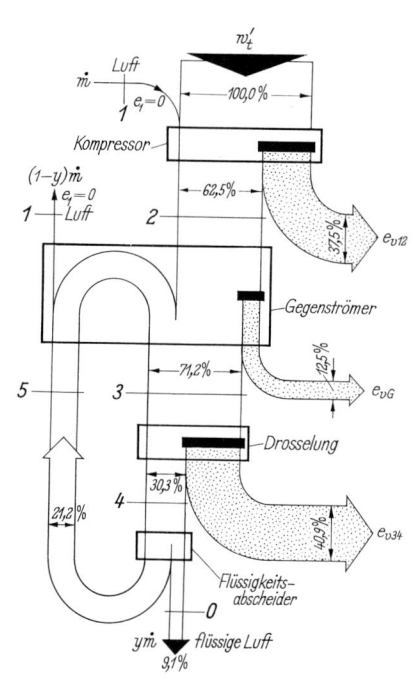

Abb. 9.33. Exergieflußbild eines einfachen Linde-Prozesses zur Luftverflüssigung mit den Daten von Beispiel 9.3. Die im Zustand 1 aus der Umgebung angesaugte Luft ist exergielos

9.3 Einige Verfahren zur Kälteerzeugung

Abb. 9.33 zeigt ein Exergieflußbild des Prozesses. Hier sind alle Exergien auf die technische Arbeit w'_t bezogen. Neben dem großen Exergieverlust des Verdichters ist besonders der Exergieverlust bei der Drosselung bemerkenswert. Dieser Exergieverlust ist deswegen so groß, weil ein Gas mit relativ großem spez. Volumen bei tiefen Temperaturen gedrosselt wird, vgl. 6.2.1. Der Exergieverlust im Gegenströmer ist in Wirklichkeit noch größer als in Abb. 9.33, denn auch am „warmen Ende" bei $t = t_u$ muß eine Temperaturdifferenz zur Wärmeübertragung vorhanden sein, die hier zu null angenommen wurde. Außerdem haben wir alle „Kälteverluste" vernachlässigt, da wir den Gegenströmer, das Drosselventil und den Flüssigkeitsabscheider als adiabate Systeme angenommen haben.

10 Mengenmaße, Einheiten, Tabellen

10.1 Mengenmaße

Eine bestimmte Materiemenge, z. B. eine bestimmte Brennstoffmenge, ist ein System oder Objekt, dessen Eigenschaften durch physikalische Größen bestimmt werden. Im folgenden behandeln wir die Eigenschaften, welche die Größe der Materiemenge quantitativ erfassen; wir nennen sie Mengenmaße. Hierzu gehören die Masse m (das Gewicht), die Teilchenzahl N, die Stoffmenge n und das Volumen V_n im Normzustand.

10.1.1 Masse und Gewicht

Im täglichen Leben, in Handel und Wirtschaft werden Materiemengen durch ihr Gewicht quantitativ gekennzeichnet. Man bezeichnet mit diesem Wort das Ergebnis einer Wägung. Durch sie wird mit der Waage, einem der am häufigsten benutzten Meßinstrumente, eine Eigenschaft der gewogenen Materiemenge bestimmt, nämlich ihre Masse m. *Gewicht als Ergebnis der Wägung ist die Masse der gewogenen Materiemenge.* Die Waage, genauer die Hebelwaage[1], mißt die Masse durch Vergleich mit den bekannten (geeichten) Massen der Gewichtsstücke, vgl. z. B. [10.1].

Die Masse m ist eine als Mengenmaß besonders geeignete Größe. Sie ist von Zeit und Ort der Messung sowie vom intensiven Zustand der Materiemenge unabhängig. Außerdem läßt sich die Masse mit der (Hebel-)Waage einfach und sehr genau messen. Daher ist sie in Handel und Wirtschaft das bevorzugte Mengenmaß, nur wird die Masse im täglichen Leben als Gewicht bezeichnet, vgl. auch [10.2]. Die Masse dient auch in der Thermodynamik als bevorzugtes Mengenmaß. Wir verwenden sie besonders häufig als Bezugsgröße zur Bildung der spezifischen Größen, vgl. 1.2.3.

10.1.2 Teilchenzahl und Stoffmenge

Das begrifflich einfachste Mengenmaß ist die Zahl der Teilchen (Moleküle, Atome, Ionen usw.), aus denen die Materiemenge besteht. Die Teilchenzahl N tritt immer dann auf, wenn man den Aufbau der Materie aus diskreten Teilchen

---

[1] Federwaagen sind zum Abmessen von Materiemengen gesetzlich nicht zugelassen. Sie werden gelegentlich von hausierenden Lumpenhändlern benutzt, dienen als Badezimmer-„Waagen" und existieren sonst nur in Physikbüchern.

10.1 Mengenmaße

berücksichtigt; sie ist daher z. B. in der statistischen Thermodynamik eine bevorzugte Variable. Materiemengen makroskopischer Abmessungen haben stets sehr große Teilchenzahlen ($N \approx 10^{23}$), so daß sich N direkt, nämlich durch Abzählen nicht messen läßt.

Man hat daher eine neue Größenart eingeführt, die der Zahl der Teilchen proportional ist, sich aber aus makroskopischen Messungen bestimmen läßt, die *Stoffmenge n*. Mit dieser Basisgröße wird die Menge (Quantität) einer bestimmten Materiemenge auf der Grundlage der Anzahl der in ihr enthaltenen Teilchen bestimmter Art angegeben, vgl. hierzu [10.1] und die ausführliche Darstellung von U. Stille [10.3]. Bei der Angabe von Stoffmengen soll stets die Art der Teilchen genannt werden, z. B. Moleküle, Atome, Ionen oder Atomgruppen, die der Stoffmengenangabe zugrunde liegt. Die Norm DIN 32625 [10.4] empfiehlt sogar, die chemischen Symbole der Teilchen in Klammern hinter das Formelzeichen n zu setzen. Somit bedeutet z. B. $n\,(O_2)$ die Stoffmenge von Sauerstoffmolekülen.

Die englische Bezeichnung der Größe n lautet „amount of substance". Bedauerlicherweise hat ihre genaue deutsche Übersetzung „Substanzmenge", die in früheren Auflagen dieses Buches verwendet wurde, keinen Eingang in die Normung [10.4] und die Einheitengesetze [10.5] gefunden. Da das Wort „Substanzmenge" im Gegensatz zum Wort „Stoffmenge" in der Alltagssprache ungebräuchlich ist, hätte es sich sehr gut zur Bezeichnung der physikalischen Größe n geeignet. Das Wort „Stoffmenge" hätte dann in Anlehnung an den allgemeinen Sprachgebrauch zur Bezeichnung einer Materiemenge im Sinne eines Objekts oder Systems dienen können. In der Normung mußte das unglückliche Wort „Stoffportion" erfunden werden, um das Objekt Stoffmenge zu bezeichnen. Wir sprechen lieber von Materiemenge als von Stoffportion zur allgemeinen Bezeichnung eines Systems oder Objekts im Sinne eines abgegrenzten Materiebereichs, zu dessen Eigenschaften die Größe Stoffmenge n gehört.

Die Stoffmenge n wird der Teilchenzahl N streng proportional gesetzt; gleich große Stoffmengen enthalten gleich viele Teilchen. Es gilt daher

$$n = N/N_A$$

mit N_A als einer *universellen* Konstante, der Avogadro-Konstante[2]. Einheit und Zahlenwert der Avogadro-Konstante werden durch die Einheit der Stoffmenge bestimmt. Diese kann man als Basiseinheit (=Einheit einer Basisgröße) willkürlich festlegen. Die Einheit der Stoffmenge ist das Mol mit dem Einheitenzeichen mol; sie wurde von der 14. Generalkonferenz für Maß und Gewicht 1971 definiert, vgl. Tabelle 10.1. Bezeichnet man mit N^* die Zahl der Teilchen, die sich in einem System mit der Stoffmenge $n = [n] = 1$ mol befinden, so gilt

$$N_A = N/n = N^*/[n] = N^*/\text{mol} \ .$$

Bei der experimentellen Bestimmung der Avogadro-Konstante will man also feststellen, aus wieviel Teilchen ein System von der Größe der Stoffmengeneinheit Mol besteht, vgl. hierzu [10.7, S. 177—181]. Der neueste Bestwert von N_A ist $N_A = 6{,}0221367 \cdot 10^{23}$ mol^{-1}, vgl. Tabelle 10.5.

---

[2] Nach Amedeo Avogadro, Conte di Quaregna (1776—1856), italienischer Physiker und Chemiker, von 1820 bis 1850 Professor für mathematische Physik in Turin. Er lieferte wichtige Beiträge zur Molekulartheorie, insbesondere 1811 das nach ihm benannte Gesetz: Gleiche Volumina verschiedener (idealer) Gase enthalten bei gleichem Druck und gleicher Temperatur gleich viele Moleküle.

Zwischen den Mengenmaßen Stoffmenge n und Masse m eines reinen Stoffes besteht Proportionalität. Ist nämlich m_T die Masse eines Teilchens dieses Stoffes, so gilt

$$m = m_T N = m_T N_A n \, .$$

Man bezeichnet nun

$$M := m/n = m_T N_A$$

als *molare Masse* oder *Molmasse* des Stoffes. Sie ist eine stoffspezifische Eigenschaft, denn die Teilchen verschiedener Stoffe haben auch unterschiedlich große Massen. Werte der Molmassen wichtiger Stoffe findet man in Tabelle 10.6. Die Molmasse dient dazu, die Stoffmenge n in die Masse m oder umgekehrt m in n umzurechnen. DIN 32625 [10.4] empfiehlt, auch bei der Angabe von molaren Massen die Teilchenart zu nennen, also beispielsweise $M(O_2) = 31{,}9988$ kg/kmol für die Molmasse von Sauerstoffmolekülen zu schreiben.

Beispiel 10.1. Wie groß sind Stoffmenge n und Teilchenzahl N einer Stickstoffmenge (N_2) mit der Masse $m = 1{,}000$ g? Wie groß ist die Masse eines Stickstoffmoleküls?
Mit der Molmasse $M(N_2)$ nach Tabelle 10.6 ergibt sich für die Stoffmenge

$$n = m/M(N_2) = 1{,}000 \text{ g}/28{,}0134 \text{ (g/mol)} = 0{,}035\,697 \text{ mol} \, .$$

Die Zahl der Teilchen wird

$$N = n \cdot N_A = 0{,}035\,697 \text{ mol} \cdot 6{,}022\,137 \cdot 10^{23} \text{ mol}^{-1} = 2{,}1497 \cdot 10^{22} \, .$$

Damit erhält man für die Masse eines Stickstoffmoleküls

$$m_T = m/N = 4{,}6517 \cdot 10^{-23} \text{ g} \, .$$

10.1.3 Das Normvolumen

Neben den schon behandelten Mengenmaßen Masse (Gewicht), Teilchenzahl und Stoffmenge gibt es eine weitere Größe, die besonders bei Gasen als Mengenmaß verwendet wird: das Normvolumen. Das Volumen einer fluiden Phase hängt von Druck und Temperatur ab und ist als extensive Größe der Masse und der Stoffmenge des Systems proportional. Es gilt

$$V = m \cdot v(T, p) = n \cdot V_m(T, p)$$

mit v als dem spezifischen Volumen und V_m als dem molaren Volumen der Phase. In einem Standardzustand mit vereinbarten Werten von T und p haben v und V_m feste Werte, die nur von Stoff zu Stoff verschieden sind. Das Volumen der Phase im Standardzustand ist damit für jeden Stoff durch einen *festen*, stoffspezifischen Faktor mit seiner Masse und seiner Stoffmenge verknüpft und kann als Mengenmaß dienen.

Ein solches als Mengenmaß brauchbares Standardvolumen ist das *Normvolumen* V_n nach DIN 1343, [10.8]. Es ist das Volumen

$$V_n = m \cdot v(T_n, p_n) = n \cdot V_m(T_n, p_n)$$

im Normzustand mit der Normtemperatur $T_n = 273{,}15$ K ($t_n = 0$ °C) und dem Normdruck $p_n = 101{,}325$ kPa = 1 atm. Das Normvolumen dient als anschauliches Mengenmaß für die Angabe von Gasmengen, denn man kann sich unter 1 kg oder unter 1 mol Gas nur schwer etwas vorstellen. Die Einheit des Normvolumens ist der Kubikmeter (m³); denn V_n gehört zur Größenart Volumen. In der technischen Praxis wird die Einheit des Normvolumens häufig als Normkubikmeter mit dem Kurzzeichen m_n^3 bezeichnet, um schon durch die Einheit die besondere Größe V_n zu kennzeichnen. Statt von einem Normvolumen von 3,5 m³ spricht man nicht korrekt, aber kürzer von 3,5 m_n^3.

Besonders einfache Beziehungen zwischen den Mengenmaßen V_n, m und n bestehen für *ideale Gase*. Nach 5.1.1 hat das molare Normvolumen

$$V_{mn} = V_n/n = V_m(T_n, p_n)$$

aller idealen Gase und idealen Gasgemische denselben Wert

$$V_{mn} = V_0 = R_m T_n/p_n = 22{,}4141 \text{ m}^3/\text{kmol}.$$

Unabhängig von der Gasart enthält ein bestimmtes Normvolumen V_n dieselbe Stoffmenge $n = V_n/V_0$. Das spez. Volumen idealer Gase im Normzustand ist

$$v_n = v(T_n, p_n) = RT_n/p_n = 2{,}69578 \text{ (m}^3\text{K/kJ)}\, R\, ;$$

es hängt von der Gaskonstante R bzw. von der Molmasse M des idealen Gases ab. Ein bestimmtes Normvolumen V_n enthält die Masse $m = V_n/v_n$, die über R oder M von der Art des idealen Gases abhängt.

Um das *Normvolumen realer Gase* (und Flüssigkeiten) mit ihrer Masse und ihrer Stoffmenge zu verknüpfen, muß man das Molvolumen V_{mn} oder das spez. Volumen v_n dieser Stoffe im Normzustand kennen. Beschränkt man sich auf Fluide, die im Normzustand gasförmig sind, so kann man in erster Näherung den für ideale Gase gültigen Wert von V_{mn} benutzen. Da der Normdruck $p_n = 1$ atm relativ niedrig ist, verhalten sich nämlich reale Gase im Normzustand noch annähernd wie ideale Gase.

Beispiel 10.2. Wie groß ist das Normvolumen einer Sauerstoffmenge, deren Masse $m = 1{,}0000$ kg ist?

Wir nehmen zunächst an, Sauerstoff verhielte sich im Normzustand wie ein ideales Gas. Dann gilt für das Normvolumen

$$V_n = m \cdot V_0/M = 1{,}0000 \text{ kg} \frac{22{,}414 \text{ m}^3/\text{kmol}}{31{,}9988 \text{ kg/kmol}} = 0{,}7005 \text{ m}^3$$

mit M als der Molmasse von O_2 nach Tabelle 10.6. Das reale Gas Sauerstoff hat nach Präzisionsmessungen im Normzustand die Dichte $\varrho_n = 1{,}4290 \text{ kg/m}^3$. Damit ergibt sich der richtige Wert des Normvolumens zu

$$V_n = m \cdot v_n = \frac{m}{\varrho_n} = \frac{1{,}0000 \text{ kg}}{1{,}4290 \text{ kg/m}^3} = 0{,}6998 \text{ m}^3\, .$$

10.2 Einheiten

Zur numerischen Auswertung von Größengleichungen und zur Angabe von Größenwerten haben wir in diesem Buch die Einheiten des Internationalen Einheitensystems (SI-Einheiten, SI-units) und ihre dezimalen Vielfache benutzt. Diese Einheiten sind in der Bundesrepublik Deutschland außerdem die gesetzlich vorgeschriebenen Einheiten „im geschäftlichen und amtlichen Verkehr", vgl. [10.5—10.7]. In den folgenden Abschnitten stellen wir die Definitionen dieser Einheiten zusammen und geben eine Übersicht über die Umrechnungsfaktoren zwischen älteren, aber noch häufig benutzten Einheiten und den Einheiten des Internationalen Einheitensystems.

10.2.1 Die Einheiten des Internationalen Einheitensystems

Das Internationale Einheitensystem umfaßt sieben *Basiseinheiten* für sieben Basisgrößenarten, auf deren Grundlage sich alle Gebiete der Naturwissenschaften und der Technik durch Größen und Größengleichungen beschreiben lassen.

Tabelle 10.1. Die Basiseinheiten des Internationalen Einheitensystems

Größenart	Einheit	Definition nach [10.5], vgl. auch [10.6, 10.7]
Länge	Meter m	1 m ist die Länge der Strecke, die Licht im Vakuum während der Dauer von (1/299 792 458) Sekunden durchläuft. (17. Generalkonferenz für Maß und Gewicht 1983.)
Masse	Kilogramm kg	1 kg ist die Masse des Internationalen Kilogrammprototyps. (1. und 3. Generalkonferenz für Maß und Gewicht, 1889 und 1901.)
Zeit	Sekunde s	1 s ist das 9 192 631 770fache der Periodendauer der dem Übergang zwischen den beiden Hyperfeinstrukturniveaus des Grundzustands von Atomen des Nuklids ^{133}Cs entsprechenden Strahlung. (13. Generalkonferenz für Maß und Gewicht, 1967.)
Stoffmenge	Mol mol	1 mol ist die Stoffmenge eines Systems bestimmter Zusammensetzung, das aus ebenso vielen Teilchen besteht, wie Atome in $(^{12}/_{1000})$ kg des Nuklids ^{12}C enthalten sind. (14. Generalkonferenz für Maß und Gewicht, 1971.)
Temperatur	Kelvin K	1 K ist der 273,16te Teil der thermodynamischen Temperatur des Tripelpunktes des Wassers. (13. Generalkonferenz für Maß und Gewicht, 1967.)
elektrische Stromstärke	Ampere A	1 A ist die Stärke eines zeitlich unveränderlichen elektrischen Stromes, der, durch zwei im Vakuum parallel im Abstand 1 m voneinander angeordnete, geradlinige, unendlich lange Leiter von vernachlässigbar kleinem, kreisförmigem Querschnitt fließend, zwischen diesen Leitern je 1 m Leiterlänge elektrodynamisch die Kraft $2 \cdot 10^{-7}$ kg m s^{-2} hervorrufen würde. (9. Generalkonferenz für Maß und Gewicht, 1948.)
Lichtstärke	Candela cd	1 cd ist die Lichtstärke in einer bestimmten Richtung einer Strahlungsquelle, welche monochromatische Strahlung der Frequenz $540 \cdot 10^{12}$ Hertz aussendet und deren Strahlstärke in dieser Richtung (1/683) Watt durch Steradiant beträgt. (16. Generalkonferenz für Maß und Gewicht, 1979.)

10.2 Einheiten

Eine Einführung in die Größenlehre und das Rechnen mit Größengleichungen findet man in [10.1, 10.3, 10.7] und DIN 1313 [10.9]. Tabelle 10.1 enthält die Basisgrößenarten, die Basiseinheiten mit ihren Kurzzeichen (Einheitenzeichen) und ihren Definitionen, die auf Beschlüsse des hierfür zuständigen höchsten internationalen Gremiums, der Generalkonferenz für Maß und Gewicht zurückgehen. In der Thermodynamik ist die Basisgrößenart elektrische Stromstärke nur von untergeordneter Bedeutung; die Basisgrößenart der Lichttechnik, die Lichtstärke, kommt in der Thermodynamik praktisch nicht vor.

Aus den Basiseinheiten lassen sich durch Produkt- oder Quotientenbildung weitere Einheiten, die *abgeleiteten Einheiten* bilden. Kommt bei der Bildung abgeleiteter Einheiten nur der Zahlenfaktor eins vor, z. B.

$$1 \text{ Newton} = 1 \text{ N} = \frac{1 \text{ kg} \cdot 1 \text{ m}}{1 \text{ s}^2} = 1 \frac{\text{kg m}}{\text{s}^2},$$

so hat man ein *kohärentes* Einheitensystem. Die abgeleiteten Einheiten des Internationalen Einheitensystems bilden mit den sieben Basiseinheiten ein durchgehend kohärentes Einheitensystem, in dem es also keine (von eins verschiedenen) Umrechnungsfaktoren gibt. Zahlreiche abgeleitete Einheiten haben einen eigenen Namen und ein eigenes Einheitenzeichen. Tabelle 10.2 gibt eine Übersicht über derartige Einheiten, soweit sie für die Thermodynamik von Bedeutung sind.

Tabelle 10.2. Einige abgeleitete Einheiten des Internationalen Einheitensystems mit besonderer Benennung

Größenart	Einheit		Definitionsgleichung
Kraft	Newton	N	$1 \text{ N} = 1 \text{ kg m s}^{-2}$
Druck	Pascal	Pa	$1 \text{ Pa} = 1 \text{ N m}^{-2} = 1 \text{ kg m}^{-1} \text{ s}^{-2}$
Energie	Joule	J	$1 \text{ J} = 1 \text{ N m} = 1 \text{ kg m}^2 \text{ s}^{-2}$
Leistung	Watt	W	$1 \text{ W} = 1 \text{ J s}^{-1} = 1 \text{ kg m}^2 \text{ s}^{-3}$
el. Spannung	Volt	V	$1 \text{ V} = 1 \text{ W A}^{-1} = 1 \text{ J A}^{-1} \text{ s}^{-1}$
el. Widerstand	Ohm	Ω	$1 \Omega = 1 \text{ V A}^{-1}$
el. Ladung	Coulomb	C	$1 \text{ C} = 1 \text{ A s}$

Ein kohärentes Einheitensystem hat meistens den Nachteil, daß abgeleitete Einheiten sich bei ihrer Anwendung als unpraktisch groß oder klein erweisen. Als typisches Beispiel sei die Druckeinheit Pascal (Pa) genannt; 1 Pa ist etwa das 10^{-5}fache des atmosphärischen Luftdrucks, also eine für die Vakuumtechnik sehr geeignete Einheit, die jedoch für die meisten Anwendungen unpraktisch klein ist. Es ist dann zweckmäßig, *dezimale* Vielfache der ursprünglichen kohärenten Einheiten zu benutzen. Man bezeichnet dezimale Teile und Vielfache von Einheiten durch Vorsetzen von Vorsilben vor den Namen der Einheit und entsprechend durch Vorsetzen von Kurzzeichen vor die Einheitenzeichen. So bezeichnet man 10^{-3} Meter als Millimeter, und entsprechend gilt

$$10^{-3} \text{ m} = 1 \text{ mm}.$$

Die international vereinbarten und gesetzlich vorgeschriebenen Vorsilben mit ihren Kurzzeichen enthält Tabelle 10.3. Bei der Anwendung der Vorsilben und Kurz-

Tabelle 10.3. Vorsilben und Kurzzeichen für dezimale Vielfache und Teile von Einheiten

Vorsilbe	Kurzzeichen	Zehnerpotenz	Vorsilbe	Kurzzeichen	Zehnerpotenz
Exa-	E	10^{18}	Dezi-	d	10^{-1}
Peta-	P	10^{15}	Zenti-	c	10^{-2}
Tera-	T	10^{12}	Milli-	m	10^{-3}
Giga-	G	10^{9}	Mikro-	μ	10^{-6}
Mega-	M	10^{6}	Nano-	n	10^{-9}
Kilo-	k	10^{3}	Piko-	p	10^{-12}
Hekto-	h	10^{2}	Femto-	f	10^{-15}
Deka-	da	10^{1}	Atto-	a	10^{-18}

zeichen ist zu beachten, daß Einheit und Vorsilbe ein Ganzes bilden. Es ist also

$$1\ cm^2 = (1\ cm)(1\ cm) = 10^{-4}\ m^2$$

und *nicht* $10^{-2}\ m^2$.

Einige häufig verwendete dezimale Vielfache von SI-Einheiten führen besondere Namen mit besonderen Einheitenzeichen. Es sind dies die Volumeneinheit Liter mit dem Einheitenzeichen l, für die

$$1\ l = 10^{-3}\ m^3 = 1\ dm^3$$

gilt, die Masseneinheit Tonne (t), für die

$$1\ t = 10^3\ kg = 1\ Mg$$

gilt, sowie schließlich die Druckeinheit Bar (bar), für die

$$1\ bar = 10^5\ Pa = 10^5\ N/m^2$$

gilt. Da 1 bar etwa die Größe des atmosphärischen Luftdrucks hat, ist diese Einheit sehr anschaulich. Sie wird deswegen in Deutschland als Druckeinheit gegenüber dem Pascal bevorzugt, was im Ausland jedoch nicht der Fall ist. Wahrscheinlich wird das Bar keine internationale Anerkennung finden. Zur Veranschaulichung des Pascal merke man sich, daß der atmosphärische Luftdruck etwa 100 kPa beträgt.

Beispiel 10.3. Das in der Thermodynamik häufig vorkommende Produkt aus einem Volumen und einem Druck ergibt eine Energie. Als Energieeinheit tritt daher bei zahlreichen Rechnungen das Produkt aus einer Volumen- und einer Druckeinheit auf. Für die gern benutzten Einheiten Liter und Bar ergeben sich daher die folgenden Zusammenhänge:

$$1\ m^3 \cdot bar = 10^5\ m^3\ Pa = 10^5\ J = 100\ kJ,$$
$$1\ dm^3 \cdot bar = 1\ l \cdot bar = 10^{-3}\ m^3 \cdot 10^5\ Pa = 100\ J = 0{,}1\ kJ.$$

10.2.2 Einheiten anderer Einheitensysteme. Umrechnungsfaktoren

Das kohärente System der SI-Einheiten hat sich erst im Verlauf der letzten Jahrzehnte in größerem Umfang durchgesetzt, obwohl einige seiner Einheiten in Deutschland schon seit 100 Jahren gesetzlich vorgeschrieben sind. Es werden daher noch zahlreiche Einheiten benutzt, die zu den Einheiten des Internationalen Einheitensystems nicht kohärent sind. Um die Benutzung älteren Schrifttums zu erleichtern, geben wir im folgenden eine Übersicht solcher Einheiten mit ihren Umrechnungsfaktoren an, soweit die Einheiten für die Thermodynamik von Bedeutung sind.

Zeiteinheiten:
  1 Minute = 1 min = 60 s
  1 Stunde = 1 h = 60 min = 3600 s

Krafteinheiten:
  1 Dyn = 1 dyn = 10^{-5} N = 1 g cm/s^2
  1 Kilopond = 1 kp = 10^3 p = 9,80665 N

Druckeinheiten:
  1 techn. Atmosphäre = 1 at = 1 kp/cm^2 = 98066,5 Pa = 0,980665 bar
  1 phys. Atmosphäre = 1 atm = 101325 Pa = 1,01325 bar
  1 Torr = $\dfrac{1}{760}$ atm $\approx$ 133,3224 Pa = 1,333224 mbar
  1 (konventionelle) Meter-Wassersäule = 1 mWS = 0,1 at = 9806,65 Pa
  1 (konventionelle) Millimeter-Quecksilbersäule = 1 mm Hg = 133,322 Pa

Energieeinheiten:
  1 Erg = 1 erg = 10^{-7} J
  1 m kp = 9,80665 J
  1 kWh = 3,6 · 10^6 J = 3,6 MJ
  1 Kalorie[3] = 1 cal = 4,1855 J

Tabelle 10.4. Umrechnung wichtiger angelsächsischer Einheiten

Größenart	Angelsächsische Einheit	Umrechnung		
Länge	inch	1 inch	=	25,400 mm
	foot	1 ft	=	0,30480 m
	yard	1 yd	=	0,91440 m
Fläche	square inch	1 sq. in.	=	6,4516 cm^2
	square foot	1 sq. ft.	=	0,09290 m^2
Volumen	cubic foot	1 cu. ft.	=	28,317 dm^3
Masse	ounce	1 ounce	=	28,35 g
	pound (mass)	1 lb	=	0,45359 kg
	short ton	1 sh ton	=	907,18 kg
	long ton	1 lg ton	=	1016,05 kg
Kraft	pound (force)	1 Lb	=	4,4482 N
spez. Volumen	cubic foot/pound	1 cft./lb	=	0,062429 m^3/kg
Druck	pound/square inch	1 Lb/sq. in.	=	0,068948 bar
Energie	British thermal unit	1 B. th. u.	=	1,05506 kJ
Leistung	horse-power	1 h. p.	=	0,74567 kW

---

[3] Für die Energieeinheit Kalorie (cal) wurden im Laufe der Zeit mehrere unterschiedliche Definitionen gegeben, die sich numerisch nur wenig unterscheiden, vgl. hierzu U. Stille [10.3, S. 107—115 u. 357—358]. Bei der Benutzung älterer, sehr genauer Zahlenwerte vergewissere man sich, um welche Definition der Kalorie es sich jeweils handelt.

Leistungseinheiten:

1 Pferdestärke = 1 PS = 75 m kp/s = 735,498 75 W
1 kcal/h = 1,163 W.

Angelsächsische Einheiten. Tabelle 10.4 enthält die Beziehungen, die zwischen den wichtigsten in England und in den USA gebrauchten Einheiten und den Einheiten des Internationalen Einheitensystems bestehen. Genauere und ausführliche Angaben über diese Zusammenhänge findet man in [10.3]. Die Temperatureinheiten Rankine und Fahrenheit wurden in 1.4.4 behandelt.

10.3 Tabellen

Tabelle 10.5. Werte fundamentaler Naturkonstanten

Avogadro-Konstante	$N_A = (6{,}0221367 \pm 0{,}0000036) \cdot 10^{23}$ mol^{-1}
Universelle (molare) Gaskonstante	$R_m = (8{,}314510 \pm 0{,}000070)$ J/(mol K)
Boltzmann-Konstante R_m/N_A	$k = (1{,}380658 \pm 0{,}000012) \cdot 10^{-23}$ J/K
elektrische Elementarladung	$e = (1{,}60217733 \pm 0{,}00000049) \cdot 10^{-19}$ C
Faraday-Konstante eN_A	$F = (96485{,}309 \pm 0{,}029)$ C/mol
Planck-Konstante	$h = (6{,}6260755 \pm 0{,}0000040) \cdot 10^{-34}$ J s
Lichtgeschwindigkeit	$c = 299\,792\,458$ m/s (exakt)

Die hier mitgeteilten, 1986 von CODATA [10.10] empfohlenen Werte sind das Ergebnis einer umfangreichen Ausgleichsrechnung. Die angegebenen Unsicherheitsgrenzen entsprechen der einfachen Standardabweichung dieser Ausgleichsrechnung.

Tabelle 10.6. Molmasse M, Gaskonstante R, spez. isobare Wärmekapazität c_p^0 bzw. c_p, molare Bildungsenthalpie H^f und molare absolute Entropie S^0 im Standardzustand ($T_0 = 298{,}15$ K, $p_0 = 100$ kPa). Molmassen nach [10.11], andere Werte nach [10.12, 10.13]

Stoff	M g/mol	R kJ/kg K	c_p^0 bzw. c_p kJ/kg K	H^f kJ/mol	S^0 J/mol K	Formart
O$_2$	31,9988	0,25984	0,91738	0	205,138	g
H$_2$	2,0159	4,1245	14,298	0	130,684	g
H$_2$O	18,0153	0,46152	1,8638	−241,818	188,825	g
			4,179	−285,830	69,91	fl
He	4,0026	2,0773	5.1931	0	126,150	g
Ne	20,179	0,41204	1,0299	0	146,328	g
Ar	39,948	0,20813	0,5203	0	154,843	g
Kr	83,80	0,09922	0,2480	0	164,082	g
Xe	131,29	0,06333	0,1583	0	169,683	g
F$_2$	37,9968	0,21882	0,8238	0	202,78	g
HF	20,0063	0,41559	1,4562	−271,1	173,779	g
Cl$_2$	70,906	0,11726	0,4782	0	223,066	g
HCl	36,461	0,22804	0,7987	−92,307	186,908	g

Tabelle 10.6. (Fortsetzung)

Stoff	M g/mol	R kJ/kg K	c_p^0 bzw. c_p kJ/kg K	H^f kJ/mol	S^0 J/mol K	Form-art
S	32,066	0,25929	0,7061	0	31,80	rhomb.
SO_2	64,065	0,12978	0,5755	−296,83	248,22	g
SO_3	80,064	0,10385	0,6329	−395,72	256,76	g
H_2S	34,082	0,24396	1,0044	−20,63	205,79	g
N_2	28,0134	0,29680	1,0397	0	191,61	g
NO	30,0061	0,27709	0,9946	90,25	210,76	g
NO_2	46,0055	0,18073	0,8086	33,18	240,06	g
N_2O	44,0128	0,18891	0,8736	82,05	219,85	g
NH_3	17,0305	0,48821	2,0586	−46,11	192,45	g
N_2H_4	32,0452	0,25946	3,085	50,63	121,21	fl
C	12,011	0,69224	0,7099	0	5,740	Graphit
			0,5089	1,895	2,377	Diamant
CO	28,010	0,29684	1,0404	−110,525	197,674	g
CO_2	44,010	0,18892	0,8432	−393,509	213,74	g
CH_4	16,043	0,51826	2,009	−74,81	186,264	g
CH_3OH	32,042	0,25949	2,55	−238,66	126,8	fl
			1,370	−200,66	239,81	g
CF_4	88,005	0,094478	0,6942	−925	261,61	g
CCl_4	153,823	0,054052	0,8565	−135,44	216,40	fl
CF_3Cl	104,459	0,079596	0,6401	−695	285,29	g
CF_2Cl_2	120,914	0,066764	0,5976	−477	300,77	g
$CFCl_3$	137,369	0,060527	0,8848	−301,33	225,35	fl
COS	60,075	0,13840	0,6910	−142,09	231,57	g
HCN	27,026	0,30765	1,327	135,1	201,78	g
C_2H_2	26,038	0,31932	1,687	226,73	200,94	g
C_2H_4	28,054	0,29638	1,553	52,26	219,56	g
C_2H_6	30,070	0,27651	1,750	−84,68	229,60	g
C_2H_5OH	46,069	0,18048	2,419	−277,69	160,7	fl
			1,420	−235,10	282,7	g
C_3H_8	44,097	0,18955	1,667	−103,9	270,0	g
$n-C_4H_{10}$	58,124	0,14305	1,699	−124,7	310,1	g
$n-C_5H_{12}$	72,150	0,11524	2,377	−173,1	262,7	fl
$n-C_6H_{14}$	86,177	0,09648	2,263	−198,8	296,0	fl
C_6H_6	78,114	0,10644	1,742	−49,0	173,2	fl
$n-C_7H_{16}$	100,204	0,08298	2,242	−224,4	328,0	fl
$n-C_8H_{18}$	114,231	0,07279	2,224	−250,0	361,2	fl

Tabelle 10.7. Mittlere spez. Wärmekapazität $\bar{c}_p^0$ idealer Gase in kJ/kg K als Funktion der Celsius-Temperatur, berechnet nach [10.16]. Zusammensetzung der (trockenen) Luft nach Tabelle 5.2, Zusammensetzung von Luftstickstoff (N_2^*) nach Tabelle 7.1

t in °C	Luft	N_2^*	N_2	O_2	CO_2	H_2O	SO_2
−60	1,0030	1,0303	1,0392	0,9123	0,7831	1,8549	0,5915
−40	1,0032	1,0304	1,0392	0,9130	0,7943	1,8561	0,5971
−20	1,0034	1,0304	1,0393	0,9138	0,8055	1,8574	0,6026
0	1,0037	1,0305	1,0394	0,9148	0,8165	1,8591	0,6083
20	1,0041	1,0306	1,0395	0,9160	0,8273	1,8611	0,6139
40	1,0046	1,0308	1,0396	0,9175	0,8378	1,8634	0,6196
60	1,0051	1,0310	1,0398	0,9191	0,8481	1,8660	0,6252
80	1,0057	1,0313	1,0401	0,9210	0,8580	1,8690	0,6309
100	1,0065	1,0316	1,0404	0,9230	0,8677	1,8724	0,6365
120	1,0073	1,0320	1,0408	0,9252	0,8771	1,8760	0,6420
140	1,0082	1,0325	1,0413	0,9276	0,8863	1,8799	0,6475
160	1,0093	1,0331	1,0419	0,9301	0,8952	1,8841	0,6529
180	1,0104	1,0338	1,0426	0,9327	0,9038	1,8885	0,6582
200	1,0117	1,0346	1,0434	0,9355	0,9122	1,8931	0,6634
250	1,0152	1,0370	1,0459	0,9426	0,9322	1,9054	0,6759
300	1,0192	1,0401	1,0490	0,9500	0,9509	1,9185	0,6877
350	1,0237	1,0437	1,0526	0,9575	0,9685	1,9323	0,6987
400	1,0286	1,0477	1,0568	0,9649	0,9850	1,9467	0,7090
450	1,0337	1,0522	1,0613	0,9722	1,0005	1,9615	0,7185
500	1,0389	1,0569	1,0661	0,9792	1,0152	1,9767	0,7274
550	1,0443	1,0619	1,0712	0,9860	1,0291	1,9923	0,7356
600	1,0498	1,0670	1,0764	0,9925	1,0422	2,0082	0,7433
650	1,0552	1,0722	1,0816	0,9988	1,0546	2,0244	0,7505
700	1,0606	1,0775	1,0870	1,0047	1,0664	2,0408	0,7571
750	1,0660	1,0827	1,0923	1,0104	1,0775	2,0574	0,7633
800	1,0712	1,0879	1,0976	1,0158	1,0881	2,0741	0,7692
850	1,0764	1,0930	1,1028	1,0209	1,0981	2,0909	0,7746
900	1,0814	1,0981	1,1079	1,0258	1,1076	2,1077	0,7797
950	1,0863	1,1030	1,1130	1,0305	1,1167	2,1246	0,7846
1000	1,0910	1,1079	1,1179	1,0350	1,1253	2,1414	0,7891
1050	1,0956	1,1126	1,1227	1,0393	1,1335	2,1582	0,7934
1100	1,1001	1,1172	1,1274	1,0434	1,1414	2,1749	0,7974
1150	1,1045	1,1217	1,1319	1,0474	1,1489	2,1914	0,8013
1200	1,1087	1,1260	1,1363	1,0512	1,1560	2,2078	0,8049
1250	1,1128	1,1302	1,1406	1,0548	1,1628	2,2240	0,8084
1300	1,1168	1,1343	1,1448	1,0584	1,1693	2,2400	0,8117
1400	1,1243	1,1422	1,1528	1,0651	1,1816	2,2714	0,8178
1500	1,1315	1,1495	1,1602	1,0715	1,1928	2,3017	0,8234
1600	1,1382	1,1564	1,1673	1,0775	1,2032	2,3311	0,8286
1700	1,1445	1,1629	1,1739	1,0833	1,2128	2,3594	0,8333
1800	1,1505	1,1690	1,1801	1,0888	1,2217	2,3866	0,8377
1900	1,1561	1,1748	1,1859	1,0941	1,2300	2,4127	0,8419
2000	1,1615	1,1802	1,1914	1,0993	1,2377	2,4379	0,8457
2100	1,1666	1,1853	1,1966	1,1043	1,2449	2,4620	0,8493
2200	1,1714	1,1901	1,2015	1,1092	1,2517	2,4851	0,8527

Tabelle 10.8. Spez. absolute Entropie $s^0(t)$ idealer Gase beim Standarddruck $p_0 = 100$ kPa in kJ/kg K als Funktion der Celsius-Temperatur, berechnet nach [10.16]. Zusammensetzung der (trockenen) Luft nach Tabelle 5.2, Zusammensetzung von Luftstickstoff (N_2^*) nach Tabelle 7.1; die Mischungsentropie dieser Gasgemische wurde berücksichtigt

t in °C	Luft	N_2^*	N_2	O_2	CO_2	H_2O	SO_2
−50	6,5735	6,5105	6,5388	6,1461	4,6247	9,9433	3,7006
−40	6,6175	6,5557	6,5843	6,1860	4,6583	10,0245	3,7261
−30	6,6596	6,5990	6,6280	6,2243	4,6909	10,1024	3,7509
−20	6,7000	6,6405	6,6698	6,2611	4,7227	10,1771	3,7748
−10	6,7389	6,6804	6,7101	6,2965	4,7537	10,2491	3,7980
0	6,7763	6,7188	6,7489	6,3305	4,7839	10,3184	3,8206
10	6,8124	6,7559	6,7862	6,3635	4,8135	10,3853	3,8426
20	6,8473	6,7917	6,8223	6,3953	4,8424	10,4499	3,8640
30	6,8810	6,8262	6,8572	6,4261	4,8707	10,5124	3,8849
40	6,9136	6,8597	6,8909	6,4559	4,8984	10,5730	3,9053
50	6,9452	6,8921	6,9236	6,4849	4,9255	10,6318	3,9252
60	6,9759	6,9236	6,9553	6,5130	4,9521	10,6889	3,9447
70	7,0057	6,9541	6,9861	6,5404	4,9783	10,7444	3,9637
80	7,0347	6,9837	7,0160	6,5670	5,0039	10,7984	3,9824
90	7,0628	7,0126	7,0451	6,5930	5,0291	10,8509	4,0007
100	7,0903	7,0406	7,0734	6,6183	5,0538	10,9022	4,0187
110	7,1170	7,0680	7,1010	6,6431	5,0782	10,9523	4,0364
120	7,1431	7,0946	7,1279	6,6672	5,1021	11,0011	4,0537
130	7,1685	7,1206	7,1541	6,6908	5,1256	11,0489	4,0707
140	7,1934	7,1460	7,1797	6,7140	5,1488	11,0956	4,0874
150	7,2177	7,1708	7,2047	6,7366	5,1716	11,1413	4,1039
160	7,2414	7,1950	7,2291	6,7588	5,1940	11,1860	4,1201
170	7,2647	7,2187	7,2531	6,7805	5,2161	11,2299	4,1360
180	7,2874	7,2420	7,2765	6,8018	5,2379	11,2728	4,1517
190	7,3098	7,2647	7,2994	6,8227	5,2594	11,3150	4,1672
200	7,3316	7,2869	7,3218	6,8433	5,2806	11,3564	4,1824
210	7,3531	7,3088	7,3439	6,8634	5,3015	11,3970	4,1974
220	7,3741	7,3302	7,3654	6,8833	5,3221	11,4370	4,2122
230	7,3948	7,3512	7,3866	6,9028	5,3424	11,4762	4,2268
240	7,4151	7,3718	7,4074	6,9219	5,3624	11,5148	4,2411
250	7,4350	7,3921	7,4279	6,9408	5,3822	11,5527	4,2553
260	7,4546	7,4120	7,4480	6,9594	5,4018	11,5900	4,2693
270	7,4739	7,4316	7,4677	6,9777	5,4211	11,6268	4,2831
280	7,4928	7,4508	7,4871	6,9957	5,4401	11.6630	4,2967
290	7,5115	7,4698	7,5062	7,0134	5,4590	11,6987	4,3102
300	7,5299	7,4884	7,5250	7,0309	5,4776	11,7338	4,3234
320	7,5658	7,5248	7,5618	7,0651	5,5141	11,8026	4,3495
340	7,6007	7,5602	7,5974	7,0984	5,5498	11,8695	4,3749
360	7,6346	7,5946	7,6321	7,1308	5,5847	11,9347	4,3997
380	7,6676	7,6280	7,6658	7,1624	5,6189	11,9983	4,4240
400	7,6997	7,6605	7,6987	7,1932	5,6523	12,0603	4,4477
420	7,7311	7,6923	7,7307	7,2232	5,6850	12,1209	4,4708
440	7,7617	7,7233	7,7620	7,2526	5,7171	12,1802	4,4935
460	7,7916	7,7535	7,7925	7,2812	5,7485	12,2382	4,5156
480	7,8208	7,7831	7,8223	7,3093	5,7794	12,2950	4,5373

Tabelle 10.8. (Fortsetzung)

t in °C	Luft	N_2^*	N_2	O_2	CO_2	H_2O	SO_2
500	7,8494	7,8120	7,8515	7,3367	5,8096	12,3506	4,5586
520	7,8773	7,8403	7,8800	7,3635	5,8393	12,4052	4,5794
540	7,9047	7,8680	7,9080	7,3898	5,8684	12,4588	4,5998
560	7,9315	7,8952	7,9354	7,4155	5,8970	12,5114	4,6198
580	7,9578	7,9218	7,9623	7,4408	5,9251	12,5631	4,6394
600	7,9836	7,9479	7,9886	7,4655	5,9527	12,6140	4,6586
620	8,0089	7,9735	8,0145	7,4897	5,9799	12,6640	4,6775
640	8,0338	7,9987	8,0399	7,5135	6,0065	12,7132	4,6961
660	8,0581	8,0234	8,0648	7,5369	6,0328	12,7616	4,7143
680	8,0821	8,0476	8,0893	7,5598	6,0586	12,8094	4,7321
700	8,1057	8,0715	8,1134	7,5823	6,0840	12,8564	4,7497
720	8,1288	8,0949	8,1370	7,6045	6,1090	12,9027	4,7670
740	8,1516	8,1180	8,1603	7,6262	6,1337	12,9484	4,7839
760	8,1740	8,1407	8,1832	7,6476	6,1579	12,9935	4,8006
780	8,1960	8,1630	8,2058	7,6686	6,1818	13,0381	4,8170
800	8,2177	8,1850	8,2280	7,6893	6,2053	13,0820	4,8332
850	8,2704	8,2386	8,2820	7,7395	6,2626	13,1894	4,8724
900	8,3212	8,2901	8,3340	7,7878	6,3179	13,2937	4,9102
950	8,3703	8,3399	8,3843	7,8344	6,3713	13,3951	4,9465
1000	8,4176	8,3879	8,4328	7,8792	6,4230	13,4937	4,9816
1050	8,4634	8,4344	8,4798	7,9226	6,4730	13,5897	5,0155
1100	8,5077	8,4795	8,5252	7,9645	6,5214	13,6834	5,0482
1150	8,5506	8,5231	8,5693	8,0051	6,5684	13,7748	5,0799
1200	8,5922	8,5654	8,6120	8,0444	6,6140	13,8640	5,1106
1250	8,6326	8,6065	8,6535	8,0825	6,6583	13,9512	5,1403
1300	8,6719	8,6465	8,6939	8,1196	6,7013	14,0365	5,1692
1350	8,7101	8,6853	8,7331	8,1556	6,7432	14,1199	5,1973
1400	8,7473	8,7231	8,7713	8,1906	6,7839	14,2016	5,2245
1450	8,7835	8,7600	8,8085	8,2247	6,8236	14,2815	5,2511
1500	8,8187	8,7959	8,8447	8,2580	6,8623	14,3599	5,2769
1550	8,8531	8,8308	8,8801	8,2904	6,9000	14,4366	5,3021
1600	8,8867	8,8650	8,9145	8,3220	6,9368	14,5119	5,3266
1650	8,9195	8,8983	8,9482	8,3530	6,9728	14,5857	5,3505
1700	8,9515	8,9309	8,9811	8,3832	7,0079	14,6581	5,3739
1750	8,9828	8,9627	9,0132	8,4127	7,0422	14,7292	5,3967
1800	9,0134	8,9938	9,0446	8,4417	7,0758	14,7990	5,4190
1850	9,0433	9,0242	9,0754	8,4700	7,1086	14,8675	5,4408
1900	9,0726	9,0540	9,1055	8,4977	7,1407	14,9348	5,4621
1950	9,1013	9,0832	9,1349	8,5249	7,1722	15,0009	5,4830
2000	9,1295	9,1117	9,1638	8,5516	7,2030	15,0660	5,5035
2050	9,1570	9,1397	9,1920	8,5778	7,2332	15,1299	5,5235
2100	9,1841	9,1671	9,2197	8,6035	7,2628	15,1927	5,5431
2150	9,2106	9,1940	9,2469	8,6287	7,2919	15,2545	5,5624
2200	9,2366	9,2204	9,2736	8,6535	7,3203	15,3153	5,5813
2250	9,2621	9,2463	9,2997	8,6778	7,3483	15,3752	5,5998

10.3 Tabellen

Tabelle 10.9. Mittlere spez. Wärmekapazität $\bar{c}_p^0$ stöchiometrischer Verbrennungsgase in kJ/kg K als Funktion der Celsius-Temperatur. Weitere Angaben zu den Brennstoffen in Tabelle 7.3

t in °C	Stöchiometrisches Verbrennungsgas aus						
	Fett-kohle	Flamm-kohle	Braun-kohle	Benzin	Gasöl	Erdgas L	Erdgas H
−60	0,9977	1,0026	1,1087	1,0495	1,0441	1,0918	1,0915
−40	1,0007	1,0055	1,1116	1,0518	1,0465	1,0936	1,0934
−20	1,0036	1,0084	1,1144	1,0542	1,0489	1,0955	1,0953
0	1,0065	1,0113	1,1173	1,0566	1,0513	1,0974	1,0973
20	1,0094	1,0142	1,1202	1,0589	1,0537	1,0994	1,0993
40	1,0123	1,0171	1,1231	1,0613	1,0561	1,1014	1,1013
60	1,0152	1,0200	1,1260	1,0637	1,0586	1,1034	1,1033
80	1,0180	1,0228	1,1290	1,0662	1,0610	1,1055	1,1054
100	1,0208	1,0256	1,1320	1,0686	1,0635	1,1076	1,1076
120	1,0237	1,0285	1,1350	1,0711	1,0660	1,1097	1,1098
140	1,0265	1,0313	1,1381	1,0736	1,0685	1,1120	1,1120
160	1,0293	1,0341	1,1412	1,0761	1,0711	1,1142	1,1143
180	1,0322	1,0370	1,1443	1,0787	1,0737	1,1166	1,1167
200	1,0351	1,0399	1,1475	1,0813	1,0763	1,1190	1,1191
250	1,0423	1,0472	1,1556	1,0880	1,0831	1,1252	1,1254
300	1,0498	1,0546	1,1639	1,0950	1,0901	1,1318	1,1321
350	1,0573	1,0622	1,1725	1,1022	1,0973	1,1388	1,1391
400	1,0649	1,0699	1,1811	1,1096	1,1047	1,1460	1,1463
450	1,0726	1,0776	1,1898	1,1171	1,1122	1,1533	1,1537
500	1,0803	1,0853	1,1986	1,1247	1,1198	1,1608	1,1613
550	1,0879	1,0930	1,2074	1,1323	1,1274	1,1684	1,1689
600	1,0954	1,1006	1,2161	1,1399	1,1349	1,1760	1,1765
650	1,1029	1,1080	1,2248	1,1475	1,1425	1,1836	1,1842
700	1,1102	1,1154	1,2334	1,1549	1,1499	1,1912	1,1918
750	1,1174	1,1226	1,2419	1,1623	1,1572	1,1987	1,1993
800	1,1244	1,1297	1,2502	1,1695	1,1644	1,2061	1,2067
850	1,1312	1,1366	1,2584	1,1766	1,1714	1,2134	1,2140
900	1,1378	1,1432	1,2664	1,1835	1,1783	1,2205	1,2212
950	1,1443	1,1497	1,2743	1,1902	1,1850	1,2275	1,2282
1000	1,1505	1,1561	1,2820	1,1968	1,1916	1,2344	1,2351
1050	1,1566	1,1622	1,2895	1,2032	1,1979	1,2411	1,2418
1100	1,1624	1,1681	1,2968	1,2095	1,2041	1,2476	1,2483
1150	1,1681	1,1739	1,3040	1,2155	1,2101	1,2540	1,2547
1200	1,1736	1,1794	1,3110	1,2214	1,2160	1,2602	1,2609
1250	1,1790	1,1848	1,3178	1,2272	1,2217	1,2662	1,2670
1300	1,1841	1,1900	1,3244	1,2327	1,2272	1,2721	1,2729
1400	1,1940	1,2000	1,3371	1,2434	1,2377	1,2834	1,2842
1500	1,2032	1,2093	1,3492	1,2534	1,2477	1,2941	1,2950
1600	1,2118	1,2181	1,3606	1,2628	1,2570	1,3042	1,3051
1700	1,2199	1,2263	1,3714	1,2718	1,2658	1,3138	1,3147
1800	1,2275	1,2340	1,3816	1,2802	1,2741	1,3229	1,3238
1900	1,2346	1,2412	1,3913	1,2881	1,2820	1,3314	1,3324
2000	1,2413	1,2481	1,4005	1,2956	1,2894	1,3396	1,3405
2100	1,2477	1,2545	1,4092	1,3027	1,2964	1,3473	1,3482
2200	1,2537	1,2606	1,4175	1,3094	1,3030	1,3546	1,3556

Tabelle 10.10. Spez. absolute Entropie $s^0(t)$ stöchiometrischer Verbrennungsgase in kJ/kg K beim Standarddruck $p_0 = 100$ kPa als Funktion der Celsius-Temperatur. Weitere Angaben zu den Brennstoffen in Tabelle 7.3

t in °C	Stöchiometrisches Verbrennungsgas aus						
	Fett-kohle	Flamm-kohle	Braun-kohle	Benzin	Gasöl	Erdgas L	Erdgas H
−50	6,3479	6,3768	6,9202	6,6384	6,6093	6,8894	6,8678
−40	6,3915	6,4206	6,9686	6,6842	6,6549	6,9372	6,9155
−30	6,4333	6,4626	7,0151	6,7283	6,6987	6,9830	6,9613
−20	6,4736	6,5031	7,0599	6,7706	6,7409	7,0270	7,0053
−10	6,5124	6,5421	7,1030	6,8114	6,7815	7,0694	7,0477
0	6,5499	6,5798	7,1446	6,8508	6,8206	7,1103	7,0886
10	6,5862	6,6162	7,1848	6,8888	6,8585	7,1498	7,1281
20	6,6212	6,6514	7,2238	6,9256	6,8951	7,1880	7,1663
30	6,6552	6,6856	7,2615	6,9612	6,9305	7,2250	7,2033
40	6,6882	6,7188	7,2981	6,9958	6,9649	7,2608	7,2391
50	6,7203	6,7510	7,3336	7,0293	6,9983	7,2956	7,2739
60	6,7514	6,7823	7,3681	7,0620	7,0308	7,3294	7,3077
70	6,7818	6,8127	7,4018	7,0937	7,0623	7,3622	7,3405
80	6,8113	6,8424	7,4345	7,1245	7,0931	7,3942	7,3725
90	6,8401	6,8713	7,4664	7,1546	7,1230	7,4253	7,4036
100	6,8681	6,8995	7,4975	7,1839	7,1522	7,4556	7,4340
110	6,8955	6,9270	7,5279	7,2126	7,1807	7,4853	7,4636
120	6,9223	6,9539	7,5575	7,2405	7,2085	7,5142	7,4925
130	6,9485	6,9802	7,5866	7,2678	7,2357	7,5424	7,5207
140	6,9741	7,0060	7,6149	7,2945	7,2623	7,5700	7,5483
150	6,9992	7,0311	7,6427	7,3206	7,2883	7,5970	7,5753
160	7,0237	7,0558	7,6699	7,3462	7,3137	7,6234	7,6018
170	7,0477	7,0799	7,6966	7,3713	7,3387	7,6493	7,6276
180	7,0713	7,1036	7,7227	7,3958	7,3631	7,6747	7,6530
190	7,0944	7,1269	7,7483	7,4199	7,3871	7,6995	7,6779
200	7,1171	7,1497	7,7735	7,4436	7,4106	7,7239	7,7023
210	7,1394	7,1720	7,7982	7,4668	7,4337	7,7479	7,7262
220	7,1613	7,1940	7,8225	7,4895	7,4564	7,7714	7,7498
230	7,1828	7,2156	7,8463	7,5119	7,4787	7,7945	7,7729
240	7,2040	7,2369	7,8698	7,5339	7,5006	7,8171	7,7956
250	7,2248	7,2578	7,8928	7,5555	7,5221	7,8395	7,8179
260	7,2452	7,2783	7,9155	7,5768	7,5433	7,8614	7,8398
270	7,2654	7,2986	7,9378	7,5978	7,5642	7,8830	7,8614
280	7,2852	7,3185	7,9598	7,6184	7,5847	7,9042	7,8827
290	7,3047	7,3381	7,9815	7,6387	7,6049	7,9252	7,9036
300	7,3240	7,3574	8,0029	7,6587	7,6248	7,9458	7,9243
320	7,3616	7,3952	8,0446	7,6978	7,6638	7,9861	7,9646
340	7,3982	7,4320	8,0853	7,7358	7,7017	8,0253	8,0038
360	7,4339	7,4678	8,1248	7,7729	7,7385	8,0634	8,0420
380	7,4686	7,5027	8,1634	7,8089	7,7744	8,1006	8,0791
400	7,5025	7,5368	8,2010	7,8441	7,8095	8,1368	8,1154
420	7,5355	7,5700	8,2377	7,8784	7,8437	8,1722	8,1508

10.3 Tabellen

Tabelle 10.10. (Fortsetzung)

t in °C	Stöchiometrisches Verbrennungsgas aus						
	Fett-kohle	Flamm-kohle	Braun-kohle	Benzin	Gasöl	Erdgas L	Erdgas H
440	7,5678	7,6024	8,2736	7,9120	7,8770	8,2067	8,1853
460	7,5994	7,6341	8,3087	7,9447	7,9097	8,2404	8,2191
480	7,6303	7,6652	8,3430	7,9768	7,9416	8,2735	8,2521
500	7,6605	7,6956	8,3767	8,0082	7,9729	8,3058	8,2845
520	7,6902	7,7253	8,4096	8,0389	8,0035	8,3374	8,3161
540	7,7192	7,7545	8,4419	8,0691	8,0335	8,3685	8,3472
560	7,7476	7,7831	8,4736	8,0986	8,0629	8,3989	8,3776
580	7,7756	7,8111	8,5047	8,1276	8,0918	8,4287	8,4075
600	7,8030	7,8387	8,5352	8,1561	8,1201	8,4580	8,4368
620	7,8299	7,8657	8,5652	8,1840	8,1479	8,4868	8,4656
640	7,8563	7,8923	8,5946	8,2114	8,1753	8,5151	8,4939
660	7,8823	7,9184	8,6236	8,2384	8,2021	8,5429	8,5217
680	7,9078	7,9440	8,6521	8,2649	8,2285	8,5702	8,5490
700	7,9329	7,9693	8,6801	8,2910	8,2545	8,5970	8,5759
720	7,9576	7,9941	8,7077	8,3167	8,2800	8,6235	8,6024
740	7,9819	8,0185	8,7349	8,3419	8,3052	8,6495	8,6284
760	8,0059	8,0425	8,7616	8,3668	8,3299	8,6751	8,6540
780	8,0294	8,0662	8,7879	8,3913	8,3543	8,7003	8,6793
800	8,0526	8,0895	8,8139	8,4154	8,3783	8,7252	8,7042
850	8,1091	8,1463	8,8772	8,4741	8,4368	8,7857	8,7648
900	8,1635	8,2010	8,9383	8,5308	8,4932	8,8442	8,8232
950	8,2161	8,2539	8,9974	8,5855	8,5477	8,9007	8,8798
1000	8,2670	8,3050	9,0546	8,6385	8,6004	8,9553	8,9345
1050	8,3162	8,3545	9,1100	8,6898	8,6514	9,0083	8,9875
1100	8,3639	8,4025	9,1639	8,7395	8,7009	9,0597	9,0389
1150	8,4102	8,4490	9,2161	8,7877	8,7490	9,1095	9,0888
1200	8,4551	8,4941	9,2669	8,8346	8,7956	9,1580	9,1373
1250	8,4987	8,5380	9,3164	8,8801	8,8409	9,2051	9,1844
1300	8,5411	8,5806	9,3645	8,9244	8,8850	9,2509	9,2303
1350	8,5824	8,6221	9,4114	8,9676	8,9279	9,2956	9,2750
1400	8,6225	8,6625	9,4571	9,0096	8,9697	9,3391	9,3185
1450	8,6617	8,7019	9,5017	9,0506	9,0105	9,3815	9,3610
1500	8,6999	8,7403	9,5452	9,0905	9,0502	9,4229	9,4024
1550	8,7371	8,7778	9,5877	9,1295	9,0890	9,4633	9,4429
1600	8,7734	8,8143	9,6292	9,1676	9,1269	9,5028	9,4824
1650	8,8089	8,8501	9,6698	9,2048	9,1639	9,5414	9,5210
1700	8,8436	8,8849	9,7095	9,2411	9,2000	9,5791	9,5587
1750	8,8775	8,9191	9,7484	9,2767	9,2354	9,6160	9,5957
1800	8,9107	8,9524	9,7864	9,3115	9,2700	9,6521	9,6318
1850	8,9431	8,9851	9,8237	9,3455	9,3039	9,6874	9,6672
1900	8,9749	9,0171	9,8602	9,3789	9,3371	9,7221	9,7019
1950	9,0060	9,0484	9,8960	9,4115	9,3695	9,7560	9,7358
2000	9,0365	9,0791	9,9310	9,4436	9,4014	9,7893	9,7691
2050	9,0664	9,1091	9,9655	9,4750	9,4326	9,8219	9,8018
2100	9,0957	9,1386	9,9992	9,5058	9,4632	9,8539	9,8338
2150	9,1244	9,1676	10,032	9,5360	9,4933	9,8853	9,8653
2200	9,1526	9,1959	10,065	9,5656	9,5228	9,9162	9,8961
2250	9,1803	9,2238	10,097	9,5948	9,5517	9,9464	9,9264

Tabelle 10.11. Dampftafel für das Naßdampfgebiet von H_2O (Auszug aus [4.25])

t °C	p bar	v' dm³/kg	v'' m³/kg	h' kJ/kg	h'' kJ/kg	r kJ/kg	s' kJ/kg K	s'' kJ/kg K
0,01	0,006112	1,0002	206,2	0,00	2501,6	2501,6	0,0000	9,1575
5	0,008718	1,0000	147,2	21,01	2510,7	2489,7	0,0762	9,0269
10	0,01227	1,0003	106,4	41,99	2519,9	2477,9	0,1510	8,9020
15	0,01704	1,0008	77,98	62,94	2529,1	2466,1	0,2243	8,7826
20	0,02337	1,0017	57,84	83,86	2538,2	2454,3	0,2963	8,6684
25	0,03166	1,0029	43,40	104,77	2547,3	2442,5	0,3670	8,5592
30	0,04241	1,0043	32,93	125,66	2556,4	2430,7	0,4365	8,4546
35	0,05622	1,0060	25,24	146,56	2565,4	2418,8	0,5049	8,3543
40	0,07375	1,0078	19,55	167,45	2574,4	2406,9	0,5721	8,2583
45	0,09582	1,0099	15,28	188,35	2583,3	2394,9	0,6383	8,1661
50	0,12335	1,0121	12,05	209,26	2592,2	2382,9	0,7035	8,0776
55	0,1574	1,0145	9,579	230,17	2601,0	2370,8	0,7677	7,9926
60	0,1992	1,0171	7,679	251,09	2609,7	2358,6	0,8310	7,9108
65	0,2501	1,0199	6,202	272,02	2618,4	2346,3	0,8933	7,8322
70	0,3116	1,0228	5,046	292,97	2626,9	2334,0	0,9548	7,7565
75	0,3855	1,0259	4,134	313,94	2635,4	2321,5	1,0154	7,6835
80	0,4736	1,0292	3,409	334,92	2643,8	2308,8	1,0753	7,6132
85	0,5780	1,0326	2,829	355,92	2652,0	2296,5	1,1343	7,5454
90	0,7011	1,0361	2,361	376,94	2660,1	2283,2	1,1925	7,4799
95	0,8453	1,0399	1,982	397,99	2668,1	2270,2	1,2501	7,4166
100	1,0133	1,0437	1,673	419,1	2676,0	2256,9	1,3069	7,3554
110	1,4327	1,0519	1,210	461,3	2691,3	2230,0	1,4185	7,2388
120	1,9854	1,0606	0,8915	503,7	2706,0	2202,3	1,5276	7,1293
130	2,701	1,0700	0,6681	546,3	2719,9	2173,6	1,6344	7,0261
140	3,614	1,0801	0,5085	589,1	2733,1	2144,0	1,7390	6,9284
150	4,760	1,0908	0,3924	632,2	2745,4	2113,2	1,8416	6,8358
160	6,181	1,1022	0,3068	675,5	2756,7	2081,2	1,9425	6,7475
170	7,920	1,1145	0,2426	719,1	2767,1	2048,0	2,0416	6,6630
180	10,027	1,1275	0,1938	763,1	2776,3	2013,2	2,1393	6,5819
190	12,551	1,1415	0,1563	807,5	2784,3	1976,8	2,2356	6,5036
200	15,549	1,1565	0,1272	852,4	2790,9	1938,5	2,3307	6,4278
210	19,077	1,173	0,1042	897,5	2796,2	1898,7	2,4247	6,3539
220	23,198	1,190	0,08604	943,7	2799,9	1856,2	2,5178	6,2817
230	27,976	1,209	0,07145	990,3	2802,0	1811,7	2,6102	6,2107
240	33,478	1,229	0,05965	1037,6	2802,2	1764,6	2,7020	6,1406
250	39,776	1,251	0,05004	1085,8	2800,4	1714,6	2,7935	6,0708
260	46,943	1,276	0,04213	1134,9	2796,4	1661,5	2,8848	6,0010
270	55,058	1,303	0,03559	1185,2	2789,9	1604,6	2,9763	5,9304
280	64,202	1,332	0,03013	1236,8	2780,4	1543,6	3,0683	5,8586
290	74,461	1,366	0,02554	1290,0	2767,6	1477,6	3,1611	5,7848
300	85,927	1,404	0,02165	1345,0	2751,0	1406,0	3,2552	5,7081
310	98,700	1,448	0,01833	1402,4	2730,0	1327,6	3,3512	5,6278
320	112,89	1,500	0,01548	1462,6	2703,7	1241,1	3,4500	5,5423
330	128,63	1,562	0,01299	1526,5	2670,2	1143,6	3,5528	5,4490
340	146,05	1,639	0,01078	1595,5	2626,2	1030,7	3,6616	5,3427
350	165,35	1,741	0,00880	1671,9	2567,7	895,7	3,7800	5,2177
360	186,75	1,896	0,00694	1764,2	2485,4	721,3	3,9210	5,0600
370	210,54	2,214	0,00497	1890,2	2342,8	452,6	4,1108	4,8144
374,15	221,20	3,17	0,00317	2107,4	2107,4	0,0	4,4429	4,4429

10.3 Tabellen

Tabelle 10.12. Molarer Heizwert H_{um}, molarer Brennwert H_{om}, reversible Reaktionsarbeit W_{tm}^{rev} und molare Exergie E_B chemisch einheitlicher Brennstoffe für $t_u = 25$ °C, $p_u = 100$ kPa nach dem Umgebungsmodell von 7.4.5

Feste und gasförmige Brennstoffe

Brennstoff	H_{um} kJ/mol	H_{om} kJ/mol	$-W_{tm}^{rev}$ kJ/mol	E_B kJ/mol
C (Graphit)	393,51	393,51	394,36	410,43
S	296,83	296,83	300,19	602,69
H_2	241,82	285,83	237,13	235,15
H_2S	518,02	562,03	503,78	804,30
CO	282,98	282,98	257,19	275,24
CH_4	802,34	890,36	817,91	830,03
C_2H_2	1255,6	1299,6	1235,1	1265,2
C_2H_4	1322,9	1410,9	1331,1	1359,3
C_2H_6	1427,8	1559,8	1467,3	1495,5
C_3H_8	2043,9	2219,9	2108,1	2148,5
n—C_4H_{10}	2658,4	2878,5	2747,6	2802,0

Flüssige Brennstoffe

Brennstoff	H_{um} kJ/mol	H_{om} kJ/mol	$-W_{tm}^{rev}$ kJ/mol	E_B kJ/mol
CH_3OH	638,5	726,5	702,4	716,5
C_2H_5OH	1234,8	1366,8	1325,4	1353,6
n—C_5H_{12}	3245,4	3509,4	3385,5	3454,0
C_6H_6	3037,5	3169,5	3104,1	3194,6
C_7H_8	3729,9	3906,0	3819,7	3924,3
C_6H_{12}	3656	3920	3816	3901
n—C_6H_{14}	3855	4163	4022	4105
n—C_7H_{16}	4465	4817	4659	4756
n—C_8H_{18}	5074	5471	5296	5406
n—C_9H_{20}	5684	6124	5933	6058
n—$C_{10}H_{22}$	6294	6778	6570	6709

Tabelle 10.13. Zusammensetzung und Heizwert fester Brennstoffe[a]

Brennstoff	Zusammensetzung der wasser- und aschefreien Substanz[b] in Massenanteilen						Heizwert der wasser- und aschefreien Substanz[c]		Wasser- und Aschegehalt im Verwendungszustand		Mittlerer Heizwert im Verwendungszustand	
	C	H_2	O_2	N_2	S		H_o^* MJ/kg	H_u^* MJ/kg	γ_W	γ_A	H_o MJ/kg	H_u MJ/kg
Holz (lufttrocken)	0,50	0,06	0,44	<0,01	0		20,2	18,8	0,12—0,25	0,002—0,008	16,9	15,3
Torf (lufttrocken)	0,56	0,06	0,34	0,04	<0,01		23,2	22,0	0,25—0,50	0,01—0,04	13	10
Braunkohle (Rheinland)	0,688	0,050	0,247	0,010	0,005		26,8	25,6	0,52—0,62	0,02—0,22	9,9	8,1
Braunkohlenbrikett									0,12—0,18	0,04—0,10	20,6	19,3
Steinkohle (Ruhr)												
Gasflammkohle	0,831	0,054	0,090	0,017	0,009		34,4	33,2				
Fettkohle	0,887	0,049	0,041	0,016	0,007		36,1	35,1				
Eßkohle	0,909	0,044	0,025	0,016	0,006		36,4	35,4	0,00—0,05	0,02—0,10	30—34	28—32
Magerkohle	0,912	0,041	0,024	0,016	0,008		36,2	35,3				
Anthrazit	0,918	0,036	0,026	0,014	0,007		35,9	35,1				
Steinkohle (Saar)												
Flammkohle	0,824	0,053	0,098	0,011	0,014		33,5	32,4				
Fettkohle A	0,863	0,055	0,058	0,014	0,010		35,6	34,4				
Steinkohlenkoks	0,975	0,003	0,003	0,010	0,009		33,4	33,2	0,02—0,16	0,08—0,10	30	29

[a] Weitere Angaben in [10.14, 10.15, 7.2].
[b] Umrechnung auf die Zusammensetzung im Verwendungszustand durch Multiplikation der Bestandteile mit $(1 - \gamma_W - \gamma_A)$.
[c] Umrechnung auf den Heizwert im Verwendungszustand: $H_o = H_o^*(1 - \gamma_W - \gamma_A)$ und $H_u = H_u^*(1 - \gamma_W - \gamma_A) - 2{,}5 \,(\text{MJ/kg})\,\gamma_W$.

Tabelle 10.14. Zusammensetzung und Heizwert flüssiger Brennstoffe[a]

Brennstoff	Dichte bei 15 °C kg/dm³	Zusammensetzung in Massenanteilen				Heizwert	
		γ_C	γ_{H_2}	$\gamma_{O_2}+\gamma_{N_2}$	γ_S	H_o MJ/kg	H_u MJ/kg
Benzin	0,726	0,855	0,1445	—	0,0005	46,5	43,5
Dieselkraftstoff	0,840	0,860	0,132	0,002	0,006	45,4	42,7
Motorenbenzol	0,875	0,918	0,082	—	<0,0003	42,3	40,4
Heizöl EL	0,850	0,857	0,131	0,002	0,010	45,4	42,7
Heizöl M	0,920	0,853	0,116	0,006	0,025	43,3	40,8
Heizöl S	0,980	0,849	0,106	0,010	0,035	42,3	40,0
Steinkohlenteer-Heizöl	1,10	0,898	0,065	0,029	0,008	38,9	37,7

[a] Nach W. Gumz, [10.14], — Umfassende Übersichten über die Eigenschaften von festen, flüssigen und gasförmigen Brennstoffen findet man in Landolt-Börnstein [10.15] sowie bei F. Brandt [7.2].

Literatur

Ausgewählte Lehrbücher der Thermodynamik

0.1 Becker, E.: Technische Thermodynamik. Eine Einführung in die Thermo- und Gasdynamik. Stuttgart: Teubner 1985
0.2 Borel, L.: Thermodynamique et énergétique. Lausanne: Presses polytechniques romandes 1984
0.3 Bošnjaković, Fr.: Technische Thermodynamik. 1. Teil, 6. Aufl., 2. Teil, 3. Aufl. Dresden: Th. Steinkopff 1972 und 1960
0.4 Bošnjaković, Fr.; Knoche, K. F.: Technische Thermodynamik, Teil I. 7. Aufl. Darmstadt: D. Steinkopff 1988
0.5 Elsner, N.: Grundlagen der Technischen Thermodynamik. 7. Aufl. Wiesbaden: Vieweg 1988
0.6 Falk, G.; Ruppel, W.: Energie und Entropie. Eine Einführung in die Thermodynamik. Berlin: Springer 1976
0.7 Kestin, J.: A course in thermodynamics. Vol. 1 and 2. Waltham, Toronto, London: Blaisdell Publ. Comp. 1966 und 1968
0.8 Knoche, K. F.: Technische Thermodynamik. 3. Aufl. Wiesbaden: Vieweg 1981
0.9 Löffler, H. J.: Thermodynamik. Bd. 1: Grundlagen und Anwendung auf reine Stoffe. Bd. 2: Gemische und chemische Reaktionen. Nachdruck der 1. Aufl. Berlin: Springer 1985
0.10 Sonntag, R. E.; van Wylen, G. J.: Introduction to thermodynamics. Classical and statistical. 3. Ed. New York: Wiley 1991
0.11 Stephan, K.; Mayinger, F.: Thermodynamik. Bd. 1: Einstoffsysteme. Bd. 2: Mehrstoffsysteme und chemische Reaktionen. 12. Aufl. Berlin: Springer 1986 und 1988
0.12 Sussman, M. V.: Elementary general thermodynamics. Reading: Addison-Wesley 1972, Reprint 1989
0.13 Traupel, W.: Die Grundlagen der Thermodynamik. Karlsruhe: Braun 1971
0.14 van Wylen, G. J.; Sonntag, R. E.: Fundamentals of classical thermodynamics. 3. Ed. New York: Wiley 1985
0.15 Zemansky, M. W.; Dittman, R. H.: Heat and thermodynamics. 6. Ed. New York: McGraw-Hill 1981
0.16 Zemansky, M. W.; Abbott, M. M.; van Ness, H. C.: Basic engineering thermodynamics. 2. Ed. New York: McGraw-Hill 1975

Literatur zu Kapitel 1

1.1 Truesdell, C.: The tragicomical history of thermodynamics 1822—1854. New York: Springer 1980
1.2 Cardwell, D. S. L.: From Watt to Clausius. The rise of thermodynamics in the early industrial age. Ithaca, New York: Cornell University Press 1971
1.3 Plank, R.: Geschichte der Kälteerzeugung und Kälteanwendung. In: Plank, R. (Hrsg.): Handbuch der Kältetechnik Bd. 1. Berlin: Springer 1954, S. 5—42

1.4 Carnot, S.: Réflexions sur la puissance motrice de feu et sur les machines propres à développer cette puissance. Paris: Bachelier 1824 — Deutsche Übersetzung von W. Ostwald: Betrachtungen über die bewegende Kraft des Feuers und die zur Entwicklung dieser Kraft geeigneten Maschinen. Ostwalds Klassiker d. exakten Wissensch. Nr. 37, Leipzig: Engelmann 1892
1.5 Baehr, H. D.: Der Begriff der Wärme im historischen Wandel und im axiomatischen Aufbau der Thermodynamik. Brennst.-Wärme-Kraft 15 (1963) 1—7
1.6 Planck, M.: Vorlesungen über Thermodynamik. 1. Aufl. Leipzig 1897; 11. Aufl. Berlin: de Gruyter 1964
1.7 Bryan, H. G.: Thermodynamics, an introductory treatise dealing mainly with first principles and their direct applications. Leipzig: Teubner 1907
1.8 Carathéodory, C.: Untersuchungen über die Grundlagen der Thermodynamik. Math. Ann. 67 (1909) 355—386
1.9 Buchdahl, H. A.: Twenty lectures on thermodynamics. Oxford: Pergamon Press 1975
1.10 Landsberg, P. T.: Thermodynamics. New York: Interscience Publ. 1961
1.11 Hatsopoulos, G. N.; Keenan, J. H.: Principles of general thermodynamics. New York: Wiley 1965
1.12 Tisza, L.: Generalized thermodynamics. Cambridge, Mass: The M. I. T. Press 1966
1.13 Falk, G.: Theoretische Physik. Bd. II. Allg. Dynamik, Thermodynamik. Berlin: Springer 1968
1.14 Giles, R.: Mathematical foundations of thermodynamics. Oxford: Pergamon Press 1964
1.15 Owen, D. R.: A first course in the mathematical foundations of thermodynamics. New York: Springer 1984
1.16 Truesdell, C.: Rational thermodynamics. 2. Ed. Berlin: Springer 1984
1.17 Serrin, J. (ed.): New perspectives in thermodynamics. Berlin: Springer 1986
1.18 Clausius, R.: Über die Anwendung der mechanischen Wärmetheorie auf die Dampfmaschine. Ann. Phys. Chem. 173 (1854) 441—476, 513—558
1.19 Zeuner, G. A.: Grundzüge der mechanischen Wärmetheorie. Freiberg: Engelhardt 1859; 5. Aufl. unter dem Titel: Technische Thermodynamik. 2 Bde. Leipzig: Felix 1905
1.20 Keenan, J. H.: Thermodynamics. 1. Ed. New York: Wiley 1941 (13. Neudruck 1957)
1.21 DIN 1304. Allgemeine Formelzeichen. Ausg. Feb. 1978. Berlin: Beuth
1.22 Planck, M.: Über die Begründung des zweiten Hauptsatzes der Thermodynamik. Sitzungsber. Berl. Akad. 1926, Phys.-Math. Klasse, S. 453—463
1.23 Clausius, R.: Über eine veränderte Form des zweiten Hauptsatzes der mechanischen Wärmetheorie. Pogg. Ann. 93 (1854) 481—506
1.24 Henning, F.: Temperaturmessung. 3. Aufl. Hrsg. H. Moser. Berlin: Springer 1977
1.25 Eder, F. X.: Arbeitsmethoden der Thermodynamik. Bd. 1: Temperaturmessung. Berlin: Springer 1981
1.26 Kohlrausch, F.: Praktische Physik. Bd. 1. 23. Aufl. Hrsg. D. Hahn und S. Wagner. Stuttgart: Teubner 1985, S. 325—362
1.27 Guildner, L. A.; Edsinger, R. E.: Deviation of international practical temperatures from thermodynamic temperatures in the temperature range from 273.16 K to 730 K. J. Res. Nat. Bur. Stand. 80 A (1976) 703—758
1.28 Quinn, T. J.; Martin, J. E.: A radiometric determination of the Stephan-Boltzmann constant and thermodynamic temperatures between $-40\,°C$ and $+100\,°C$. Philos. Trans. R. Soc. London Ser. A 316 (1985) 85—189
1.29 Moldover, M. R.; Trusler, J. P. M.; Edwards, T. J.; Mehl, J. B.; Davies, R. S.: Measurement of the universal gas constant R using a spherical acoustic resonator. J. Res. Natl. Bur. Stand. 93 (1988) 85—144
1.30 Blanke, W.: Eine neue Temperaturskala — Die Internationale Temperaturskala von 1990 (ITS-90). PTB-Mitt. 99 (1989) 409—418

Literatur zu Kapitel 2

2.1 Reines, F., Cowan, C. L.: Neutrino physics. Phys. Today 10 (1957) 12—18
2.2 Klenke, W.: Die Arbeitsbegriffe in der Thermodynamik. VDI-Forschungsh. 609 (1982) 6—14
2.3 Eckert, E. R. G.: Einführung in den Wärme- und Stoffaustausch. 3. Aufl. Berlin: Springer 1966
2.4 Baehr, H. D.; Schomäcker, H.; Schulz, S.: Die experimentelle Bestimmung der inneren Energie von Wasser in der Umgebung seines kritischen Zustands. Forsch. Ingenieurwes. 40 (1974) 15—24
2.5 Kohlrausch, F.: Praktische Physik. Bd. 1. 23. Aufl. Stuttgart: Teubner 1985, S. 406—420
2.6 Baehr, H. D.; Hicken, E.: Die thermodynamischen Eigenschaften von CF_2Cl_2 (R 12) im kältetechnisch wichtigen Zustandsbereich. Kältetechnik 17 (1965) 143—150
2.7 Baehr, H. D.; Schwier, K.: Die thermodynamischen Eigenschaften der Luft im Temperaturbereich zwischen $-210\ °C$ und $+1250\ °C$ bis zu Drücken von 4500 bar. Berlin: Springer 1961, S. 98

Literatur zu Kapitel 3

3.1 Planck, M.: Vorlesungen über Thermodynamik. 1. Aufl. Leipzig 1897, S. 80
3.2 Thomson, W.: On the dynamical theory of heat, with numerical results deduced from Mr. Joule's equivalent of a thermal unit, and M. Regnault's observations on steam. Part I. Trans. R. Soc. Edinburgh 20 (1850/53) 261—268, sowie Philos. Mag. 4 (1852) 8—21
3.3 Drescher, B.: Wirtschaftliche Umwandlung von Niedertemperaturwärme in mechanische bzw. elektrische Energie durch die Kombination Wärmekraftmaschine-Wärmequelle-Wärmepumpe. Brennst.-Wärme-Kraft 35 (1983) 520—522
3.4 Clausius, R.: Über verschiedene für die Anwendungen bequeme Formen der Hauptgleichungen der mechanischen Wärmetheorie. Pogg. Ann. 125 (1865) 353—400
3.5 Baehr, H. D.: Thermodynamik. 5. Aufl. 1981, Korr. Nachdruck 1984. Berlin: Springer, S. 91—103
3.6 Planck, M.: Vorlesungen über Thermodynamik. 11. Aufl. Berlin: de Gruyter 1964, S. 87—102
3.7 Planck, M.: Über die Begründung des zweiten Hauptsatzes der Thermodynamik. Sitzungsber. Berl. Akad. 1926, Phys.-Math. Klasse, S. 453—463
3.8 Eckert, E. R. G.: Einführung in den Wärme- und Stoffaustausch. 3. Aufl. Berlin: Springer 1966, S. 7
3.9 Gyarmati, I.: Non-equilibrium thermodynamics. Berlin: Springer 1970
3.10 De Groot, S. R.: Thermodynamik irreversibler Prozesse. B. I. Hochschultaschenbücher 18/18a. Mannheim: Bibliogr. Inst. 1960
3.11 Haase, R.: Thermodynamik der irreversiblen Prozesse. Darmstadt: Steinkopff 1963
3.12 Prigogine, I.: Introduction to thermodynamics of irreversible processes. 3. Ed. New York: Interscience Publ. 1968
3.13 Kammer, H.-W.; Schwabe, K.: Thermodynamik irreversibler Prozesse. Weinheim: VCH Verlagsges. 1985
3.14 Callen, H. B.: Thermodynamics. 2. Ed. New York: Wiley 1985, p. 137—145
3.15 Henning, F.: Temperaturmessung. 3. Aufl. Hrsg. H. Moser. Berlin: Springer 1977, S. 123—266
3.16 Stephan, K.; Mayinger, F.: Thermodynamik. 2. Bd.: Mehrstoffsysteme und chemische Reaktionen. 12. Aufl. Berlin: Springer 1988
3.17 van Ness, H. C.; Abbott, M. M.: Classical thermodynamics of nonelectrolyte solutions. New York: McGraw-Hill 1982
3.18 Klotz, I. M.; Rosenberg, R. M.: Chemical thermodynamics. 4. Ed. Menlo Park, Calif.: Benjamin 1986

3.19 Prausnitz, J. M.; Lichtenthaler, R. N.; Gomes de Azevedo, E.: Molecular thermodynamics of fluid-phase equilibria. 2. Ed. Englewood Cliffs: Prentice-Hall 1986
3.20 Gmehling, J.; Kolbe, B.: Thermodynamik. Stuttgart: Thieme 1988
3.21 Rautenbach, R.; Albrecht, R.: Membrantrennverfahren: Ultrafiltration und Umkehrosmose. Frankfurt/M.: Salle 1981 — Rautenbach, R.; Jahnisch, I.: Membranverfahren in der Umwelttechnik. Chemie-Ing.-Techn. 59 (1987) 187—196
3.22 Lonsdale, H. K.: The growth of membrane technology. J. Membr. Sci. 10 (1982) 81—181
3.23 Spiegler, K. S.: Salt-water purification. 2. Ed. New York: Plenum Press 1977
3.24 Dresner, L.; Johnson, J. S.: Hyperfiltration (reverse osmosis). In: Spiegler, K. S., Laird, A. D. K. (eds): Principles of desalination. 2. Ed. New York: Academic Press 1980
3.25 Baehr, H. D.: Nutzungsgrenzen der Energie. Einführung, Bedeutung und Grenzen des Exergiebegriffs. Heiz. Lüft. Haustech. 32 (1981) 295—299
3.26 Fratzscher, W.; Brodjanskij, V. M.; Michalek, K.: Exergie. Theorie und Anwendung. Leipzig: VEB Deutscher Verl. f. Grundstoffind. 1986
3.27 Szargut, J.; Morris, D. R.; Steward, F. R.: Exergy analysis of thermal, chemical and metallurgical processes. New York: Hemisphere Publ. Corp. 1988
3.28 Rant, Z.: Exergie, ein neues Wort für technische Arbeitsfähigkeit. Forsch. Ingenieurwes. 22 (1956) 36—37
3.29 Rant, Z.: Die Thermodynamik von Heizprozessen (slowenisch). Strojniski vestnik 8 (1962) 1—2. Die Heiztechnik und der zweite Hauptsatz der Thermodynamik. Gas Wärme 12 (1963) 297—304
3.30 Baehr, H. D.: Definition und Berechnung von Exergie und Anergie. Brennst.-Wärme-Kraft 17 (1965) 1—6
3.31 Rant, Z.: Thermodynamische Bewertung der Verluste bei technischen Energieumwandlungen. Brennst.-Wärme-Kraft 16 (1964) 453—457
3.32 Baehr, H. D.: Zur Definition exergetischer Wirkungsgrade. Brennst.-Wärme-Kraft 20 (1968) 197—200

Literatur zu Kapitel 4

4.1 Lucas, K.: Angewandte Statistische Thermodynamik. Berlin: Springer 1986
4.2 Landolt-Börnstein: Zahlenwerte und Funktionen aus Physik, Chemie ... 6. Aufl. Bd. 2/1, Tab. 21116, S. 328—368. Berlin: Springer 1971 sowie VDI-Wärmeatlas. 6. Aufl. Tab. Da 7 bis Da 13. Düsseldorf: VDI-Verlag 1991
4.3 Mason, E. A.; Spurling, T. H.: The virial equation of state. Oxford: Pergamon Press 1969
4.4 Dymond, J. H.; Smith, E. B.: The virial coefficients of pure gases and mixtures — a critical compilation. Oxford: Clarendon Press 1980
4.5 Plank, R.: Thermodynamische Grundlagen. In: Plank, R. (Hrsg.): Handbuch der Kältetechnik. Bd. 2. Berlin: Springer 1953, S. 155—185
4.6 Kestin, J.; Sengers, J. V.: New international formulations for the thermodynamic properties of light and heavy water. J. Phys. Chem. Ref. Data 15 (1986) 305—320
4.7 Baehr, H. D.; Schwier, K.: Die thermodynamischen Eigenschaften der Luft im Temperaturbereich zwischen -210 °C und $+1250$ °C bis zu Drücken von 4500 bar. Berlin: Springer 1961
4.8 Ahrendts, J.; Baehr, H. D.: Die thermodynamischen Eigenschaften von Ammoniak. VDI-Forschungsh. 596 (1979)
4.9 Schmidt, R.; Wagner, W.: A new form of the equation of state for pure substances and its application to oxygen. Fluid Phase Equilibria 19 (1985) 175—200
4.10 Jacobsen, R. T.; Stewart, R. B.; Jahangiri, M.: A thermodynamic property formulation for nitrogen from the freezing line to 2000 K at pressures to 1000 MPa. Intern. J. of Thermophysics 7 (1986) 503—511
4.11 Eine Serie von Tafeln wurde im Auftrag der International Union of Pure and Applied Chemistry (IUPAC) veröffentlicht. Angus, S. u. a.: Int. Thermodynamic

Tables of the Fluid State. Argon (1971), Ethylen (1972), Kohlendioxid (1976), Helium (1977), Methan (1978), Stickstoff (1979), Propylen (1980). Oxford: Pergamon Press

4.12 Landolt-Börnstein: Zahlenwerte und Funktionen. 6. Aufl. Bd. IV, 1, Tab. 2112. Berlin: Springer 1971

4.13 Reid, R. C.; Prausnitz, J. M.; Poling, B. E.: The properties of gases and liquids. 4. Ed. New York: McGraw-Hill 1987

4.14 Redlich, O.; Kwong, J. S. N.: On the thermodynamics of solutions V. Chem. Rev. 44 (1949) 233—244

4.15 Prausnitz, J. M.: Equations of state from van der Waals theory: the legacy of Otto Redlich. Fluid Phase Equilibria 24 (1985) 63—76

4.16 Soave, G.: Equilibrium constants from a modified Redlich-Kwong equation of state. Chem. Eng. Sci. 27 (1972) 1197—1203

4.17 Tsonopoulos, C.; Heidmann, J. L.: From Redlich-Kwong to the present. Fluid Phase Equilibria 24 (1985) 1—23

4.18 Pitzer, K. S.: The volumetric and thermodynamic properties of fluids. Part I. J. Am. Chem. Soc. 77 (1955) 2427—2433 and Pitzer, K. S.; Lippmann, D. Z.; Curl, R. F.; Huggins, C. M.; Peterson, D. E.: The volumetric and thermodynamic properties of fluids. Part II. J. Am. Chem. Soc. 77 (1955) 2433—2440

4.19 Strubecker, K.: Einführung in die höhere Mathematik. Bd. 1. 2. Aufl. München: Oldenbourg 1966, S. 245—254

4.20 Bronstein, I. N.; Semendjajew, K. A.: Taschenbuch der Mathematik. 23. Aufl. Frankfurt/M.: H. Deutsch 1987, S. 131—133

4.21 Angus, S.; Armstrong, B.; de Reuck, K. M.: International tables of the fluid state. Vol. 5: Methane. Oxford: Pergamon Press 1978

4.22 Wagner, W.: New vapour pressure measurements of Argon and Nitrogen and a new method for establishing rational vapour pressure equations. Cryogenics 13 (1973) 470—482

4.23 Mc Garry, J.: Correlation and prediction of the vapor pressure of pure liquids over large pressure ranges. Ind. Eng. Chem. Process Des. Dev. 22 (1983) 313—322

4.24 Ambrose, D.: The correlation and estimation of vapour pressures V. Observations on Wagners method of fitting equations to vapour pressure. J. Chem. Thermodyn. 18 (1986) 45—51

4.25 Properties of water and steam in SI Units. Prepared by E. Schmidt, 3rd enlarged printing, ed. by U. Grigull. Berlin: Springer und München: Oldenbourg 1982

4.26 Haar, L.; Gallagher, J. S.; Kell, G. S.: NBS/NRC Steam Tables. Washington: Hemisphere Publ. Comp. 1984. Deutsche Übersetzung v. U. Grigull. Berlin: Springer 1987.
— Eine abgekürzte Version dieser Tafeln für Studenten: Grigull, U.; Straub, J.; Schiebner, P. (Eds.): Steam Tables in SI-Units/Wasserdampftafeln. 3. Aufl. Berlin: Springer 1990

4.27 Baehr, H. D.: Zur Interpolation in Dampftafeln. Brennst.-Wärme-Kraft 26 (1974) 211—212

4.28 Mollier, R.: Neue Diagramme zur technischen Wärmelehre. VDI Z. 48 (1904) 271 bis 274

4.29 Baehr, H. D.: Der Isentropenexponent der Gase H_2, N_2, O_2, CH_4, CO_2, NH_3 und Luft für Drücke bis 300 bar. Brennst.-Wärme-Kraft 19 (1967) 65—68

4.30 Ahrendts, J.; Baehr, H. D.: Der Isentropenexponent von Ammoniak. Brennst.-Wärme-Kraft 33 (1981) 237—239

4.31 Pollak, R.: Eine neue Fundamentalgleichung zur konsistenten Darstellung der thermodynamischen Eigenschaften von Wasser. Brennst.-Wärme-Kraft 27 (1975) 210—215

Literatur zu Kapitel 5

5.1 DIN 1343: Referenzzustand, Normzustand, Normvolumen. Ausg. Jan. 1990. Berlin: Beuth

5.2 Chase, M. W.; Davies, C. A.; Downey, J. R.; Frurip, D. J.; McDonald, R. A.; Syverud, A. N.: JANAF thermochemical tables. 3rd Ed. J. Phys. Chem. Ref. Data 14 (1985) Suppl. 1
5.3 Barin, I.; Knacke, O.: Thermochemical properties of inorganic substances. Berlin: Springer und Düsseldorf: Verlag Stahleisen 1973 — Supplement in den gleichen Verlagen 1977
5.4 DIN 1310: Zusammensetzung von Mischphasen (Gasgemische, Lösungen, Mischkristalle). Ausg. Feb. 1984. Berlin: Beuth
5.5 Wexler, A.: Vapor pressure formulation for water in the range 0 to 100 °C. A revision. J. Res. Nat. Bur. Stand. 80 A (1976) 775—785
5.6 Kohlrausch, F.: Praktische Physik. Bd. 1. 23. Aufl. Stuttgart: Teubner 1985, S. 398
5.7 DIN 1358: Meteorologie und Geophysik, Formelzeichen. Ausg. Juli 1971. Berlin: Beuth
5.8 Grassmann, P.: Physikalische Grundlagen der Verfahrenstechnik. 3. Aufl. Frankfurt: Salle 1983, S. 95
5.9 Mollier, R.: Ein neues Diagramm für Dampf-Luft-Gemische. VDI Z. 67 (1923) 869—872; —: Das i, x-Diagramm für Dampfluftgemische. VDI Z. 73 (1929) 1009—1013
5.10 Häussler, W.: Das Mollier-i, x-Diagramm für feuchte Luft und seine technische Anwendungen. Dresden: Steinkopff 1960
5.11 Bošnjaković, Fr.: Technische Thermodynamik. II. Teil. 3. Aufl. Dresden: Steinkopff 1960, S. 1—74
5.12 Wexler, A.: Vapor pressure formulation for ice. J. Res. Nat. Bur. Stand. 81 A (1977) 5—20

Literatur zu Kapitel 6

6.1 Dzung, L. S.: Konsistente Mittelwerte in der Theorie der Turbomaschinen für kompressible Medien. Brown Boveri Mitt. 58 (1971) 485—492
6.2 Traupel, W.: Thermische Turbomaschinen. Bd. 1. 3. Aufl. Berlin: Springer 1977, S. 178—185
6.3 Fister, W.: Fluidenergiemaschinen. Bd. 1. Berlin: Springer 1984, S. 346—356
6.4 Dibelius, G.: Strömungsmaschinen. Gemeinsame Grundlagen. In: Beitz, W.; Küttner, K.-H. (Hrsg.): Dubbel-Taschenbuch für den Maschinenbau. 16. Aufl. Berlin: Springer 1987, S. R1—R31
6.5 Fister, W.: Fluidenergiemaschinen. Bd. 1. Berlin: Springer 1984, S. 61
6.6 Pfleiderer, C.; Petermann, H.: Strömungsmaschinen. 4. Aufl. Berlin: Springer 1972
6.7 Stodola, A.: Dampf- u. Gasturbinen. 5. Aufl. Berlin: Springer 1922 und Reprint Düsseldorf: VDI-Verlag 1986, S. 41
6.8 Zeuner, G.: Grundzüge der mechanischen Wärmetheorie. 2. Aufl. Freiberg: Engelhardt 1866
6.9 Endres, W.; Somm, E.: Thermodynamische Differentialquotienten für Wasserdampf. Brennst.-Wärme-Kraft 13 (1963) 441—445
6.10 Kruschik, J.: Die Gasturbine. 2. Aufl. Wien: Springer 1960, S. 569—574
6.11 Oswatitsch, K.: Grundlagen der Gasdynamik. Wien: Springer 1976
6.12 Zierep, J.: Theoretische Gasdynamik. 3. Aufl. Karlsruhe: Braun 1976
6.13 Culclough, A. R.; Quinn, T. J.; Chandler, T. R. D.: An acoustic redetermination of the gas constant. Proc. R. Soc. London A 368 (1979) 125—139
6.14 Traupel, W.: Thermische Turbomaschinen. Bd. 1. 3. Aufl. Berlin: Springer 1977, S. 185—188
6.15 Schmidt, E.: „Laval-Druckverhältnis" statt „kritisches Druckverhältnis". Forsch. Ingenieurwes. 16 (1949/50) 154
6.16 Schmidt, E.; Stephan, K.; Mayinger, F.: Technische Thermodynamik. Bd. 1. 11. Aufl. Berlin: Springer 1975, S. 358—365
6.17 Hausen, H.: Wärmeübertragung im Gegenstrom, Gleichstrom und Kreuzstrom. 2. Aufl. Berlin: Springer 1976

6.18 Gregorig, R.: Wärmeaustausch und Wärmeaustauscher. 2. Aufl. Aarau: Sauerländer 1973
6.19 VDI-Wärmeatlas. 6. Aufl. Düsseldorf: VDI-Verlag 1991
6.20 DIN 2481: Wärmekraftanlagen. Graphische Symbole. Ausg. Juni 1978. Berlin: Beuth
6.21 Plank, R.: Thermodynamische Grundlagen. In: Plank, R. (Hrsg.): Handbuch der Kältetechnik. Bd. 2. Berlin: Springer 1953, S. 363—375
6.22 Vahl, L.: Dampfstrahl-Kältemaschinen. In: Plank, R. (Hrsg.): Handbuch der Kältetechnik. Bd. 5. Berlin: Springer 1966, S. 393—432
6.23 Bauer, B.: Theoretische und experimentelle Untersuchungen an Strahlapparaten für kompressible Strömungsmittel (Strahlverdichter). VDI-Forschungsh. 514 (1966)
6.24 Hausen, H.; Linde, H.: Tieftemperaturtechnik. Erzeugung sehr tiefer Temperaturen, Gasverflüssigung und Zerlegung von Gasgemischen. 2. Aufl. Berlin: Springer 1985
6.25 Berliner, P.: Kühltürme. Berlin: Springer 1975
6.26 Bouché, C.; Wintterlin, K.: Kolbenverdichter. 4. Aufl. Berlin: Springer 1968
6.27 Küttner, K.-H.: Kolbenmaschinen. 5. Aufl. Stuttgart: Teubner 1984

Literatur zu Kapitel 7

7.1 Smith, W. R.; Missen, R. W.: Chemical reaction equilibrium analysis. New York: Wiley 1982
7.2 Brandt, F.: Brennstoffe und Verbrennungsrechnung. Essen: Vulkan-Verlag 1981
7.3 DIN 51700: Prüfung fester Brennstoffe. Allgemeines und Übersicht über Untersuchungsverfahren. Ausg. Okt. 1967. Berlin: Beuth. Auf weitere DIN-Normen. DIN 51718 bis DIN 51721 und DIN 51724 bis DIN 51727 sei hingewiesen.
7.4 DIN 51900: Bestimmung des Brennwertes mit dem Bombenkalorimeter und Berechnung des Heizwertes. Ausg. Aug. 1977. Berlin: Beuth
7.5 DIN 5499: Brennwert und Heizwert. Begriffe. Ausg. Jan. 1972. Berlin: Beuth
7.6 Gordon, S.: Thermodynamic and transport combustion properties of hydrocarbon with air. Vol. 1. NASA Techn. Paper 1906, 1982
7.7 DIN 4702: Heizkessel. Ausg. März 1990. Berlin: Beuth
7.8 DIN 1942: Abnahmeversuche an Dampferzeugern. Ausg. Juni 1979. Berlin: Beuth
7.9 Doležal, R.: Dampferzeugung, Verbrennung, Feuerung, Dampferzeuger. Berlin: Springer 1985, S. 169—172
7.10 Ney, A.: Gas-Spezialheizkessel mit Brennwertnutzung — Tradition und Fortschritt. Gas Wärme Int. 30 (1981) 552—555. — Kremer, R.: Energieeinsparung und Umweltentlastung durch Brennwertkessel. Gas Wärme Int. 33 (1984) 556—559
7.11 Liebhafsky, H. A.; Cairns, E. J.: Fuel cells and fuel batteries. New York: Wiley 1968. — Kordesch, K.: Brennstoffbatterien. Wien: Springer 1984
7.12 Ahrendts, J.: Die Exergie chemisch reaktionsfähiger Systeme. VDI-Forschungsh. 579 (1977) —: Reference states. Energy 5 (1980) 667—677
7.13 Baehr, H. D.: Die Exergie der Brennstoffe. Brennst.-Wärme-Kraft 31 (1979) 292—297
7.14 Baehr, H. D.: Die Exergie von Kohle und Heizöl. Brennst.-Wärme-Kraft 39 (1987) 42—45
7.15 Szargut, J.; Dziedziniewicz, K.: Energie utilisable des substances chimiques inorganiques. Entropie 40 (1971) 14—23
7.16 Baehr, H. D.; Schmidt, E. F.: Die Berechnung der Exergie von Verbrennungsgasen unter Berücksichtigung der Dissoziation. Brennst.-Wärme-Kraft 16 (1964) 62—66
7.17 Auer, W. P.: Die Entwicklung der Kraftwerksgasturbine. Brennst.-Wärme-Kraft 37 (1985) 213—217
7.18 Traupel, W.: Thermische Turbomaschinen. Bd. 1. 3. Aufl. Berlin: Springer 1977, S. 66—78
7.19 Kunze, N.: Gasturbinenkraftwerke. In: Bohn, Th. (Hrsg.): Gasturbinenkraftwerke, Kombikraftwerke, Heizkraftwerke und Industriekraftwerke. Bd. 7 Handbuchreihe Energie. Gräfelfing: Resch; Köln: Verlag TÜV Rheinland 1984, S. 1—78

7.20 Hünecke, K.: Flugtriebwerke. Ihre Technik und Funktion. Stuttgart: Motorbuch Verlag 1978
7.21 Münzberg, H. G.: Flugantriebe. Grundlagen, Systematik und Technik der Luft- und Raumfahrtantriebe. Berlin: Springer 1972
7.22 Hagen, H.: Fluggasturbinen und ihre Leistungen. Karlsruhe: Braun 1982
7.23 Gašparović, N.: Das Zweistromtriebwerk bei optimaler und nichtoptimaler Auslegung. Forsch. Ingenieurwes. 42 (1976) 157–168
7.24 Sass, F.: Geschichte des deutschen Verbrennungsmotorenbaus von 1860 bis 1918. Berlin: Springer 1962
7.25 DIN 1940: Hubkolbenmotoren. Begriffe, Formelzeichen, Einheiten. Ausg. Dez. 1976. Berlin: Beuth
7.26 Küttner, K.-H.: Kolbenmaschinen. 5. Aufl. Stuttgart: Teubner 1984
7.27 Woschni, G.: Elektronische Berechnung von Verbrennungsmotor-Kreisprozessen. MTZ 26 (1965) 439–446
7.28 Grohn, M.: Zur Bestimmung der möglichen Drehzahldrückung aufgeladener mittelschnellaufender Hochleistungsdieselmotoren. Diss. Univ. Hannover 1977

Literatur zu Kapitel 8

8.1 Thielheim, K. O. (Hrsg.): Primary energy. Berlin: Springer 1982
8.2 Bohn, Th.; Bitterlich, W.: Grundlagen der Energie- und Kraftwerkstechnik. Gräfelfing: Resch; Köln: Verlag TÜV Rheinland 1982, S. 133–170
8.3 Pruschek, R.: Die Exergie der Kernbrennstoffe. Brennst.-Wärme-Kraft 22 (1970) 429–434
8.4 Landsberg, P. T.; Tonge, G.: Thermodynamics of the conversion of diluted radiation. J. Phys. A. Math. Gen. 12 (1979) 551–562
8.5 Hassmann, K.; Keller, W.; Stahl, D.: Perspektiven der Photovoltaik. Brennst.-Wärme-Kraft 43 (1991) 103–112
8.6 Fahrenbuch, A. L.; Bube, R. H.: Fundamentals of solar cells. New York: Academic Press 1983
8.7 Kleemann, M.; Meliß, M.: Regenerative Energiequellen. Berlin: Springer 1988
8.8 Kreider, J. F.; Kreith, F. (Hrsg.): Solar energy handbook. New York: McGraw-Hill 1981. — Becker, M. (Hrsg.): Solar thermal central receiver systems. Vol. 1. Berlin: Springer 1986
8.9 Callen, H. B.: Thermodynamics. 2. Ed. New York: Wiley 1985, p. 316–325
8.10 Heikes, R.; Ure, R. W.: Thermoelectricity. Science and engineering. New York: Interscience Publ. 1961
8.11 Rummich, E.: Nichtkonventionelle Energienutzung. Wien: Springer 1978
8.12 Kiefer, H.; Koelzer, W.: Strahlen und Strahlenschutz. Berlin: Springer 1986
8.13 Thomas, H.-J.: Thermische Kraftanlagen. Grundlagen, Technik, Probleme. 2. Aufl. Berlin: Springer 1985
8.14 Keller, C.: Ursprung und Entwicklung der Gasturbine mit geschlossenem Kreislauf. Escher Wyss Mitt. 38 (1966) 5–10
8.15 Bammert, K.: A general review of closed-cycle gas turbines using fossil, nuclear and solar energy. München: Thiemig 1975
8.16 Patil, M. D.; Bitterlich, W.; Bohn, Th. J.; Kestner, D.: Technische und wirtschaftliche Bewertung von ORC-Abwärme-Kraftwerken. Forschung in der Kraftwerkstechnik 1983, S. 37–46, VGB-Mitt. Essen
8.17 Hohn, A.: Brown-Boveri Kraftwerkservice. BBC Technik 72 (1985) 449–454
8.18 Walker, G.: Stirling engines. Oxford: Clarendon Press 1980
8.19 Schüller, K.-H.: Auslegungsdaten fossil beheizter Kraftwerke. In: Bohn, Th. (Hrsg.): Konzeption und Aufbau von Dampfkraftwerken. Bd. 5 Handbuchreihe Energie Gräfelfing: Resch; Köln: Verlag TÜV Rheinland 1985, S. 375–450
8.20 Traupel, W.: Thermische Turbomaschinen. Bd. 1, 3. Aufl. Berlin: Springer 1977, S. 51–66

8.21 Spliethoff, H.; Abröll, G.: Das 750-MW-Steinkohlekraftwerk Bexbach. VGB Kraftwerkstechnik 65 (1985) 346—362
8.22 Kehlhofer, R.: Kombinierte Gas-Dampfkraftwerke. In: Bohn, Th. (Hrsg.): Gasturbinenkraftwerke, Kombikraftwerke, Heizkraftwerke und Industriekraftwerke. Bd. 7 Handbuchreihe Energie. Gräfelfing: Resch; Köln: Verlag TÜV Rheinland 1984, S. 79 bis 247
8.23 Knizia, K.: Die Kopplung von Kohle und Kernenergie in der langfristigen Energie- und Rohstoffversorgung. Brennst.-Wärme-Kraft 38 (1986) 418—424
8.24 Lezuo, A.; Riedle, K.; Wittchow, E.: Entwicklungstendenzen steinkohlebefeuerter Kraftwerke. Brennst.-Wärme-Kraft 41 (1989) 13—22
8.25 Franck, H.-G.; Knop, A.: Kohleveredlung. Chemie und Technologie. Berlin: Springer 1979
8.26 Oldekop, W. (Hrsg.): Druckwasserreaktoren für Kernkraftwerke. München: Thiemig 1979
8.27 Smidt, D.: Reaktortechnik. Bd. 1: Grundlagen, Bd. 2: Anwendungen. 2. Aufl. Karlsruhe: Braun 1976
8.28 Ziegler, A.: Lehrbuch der Reaktortechnik. Bd. 1: Reaktortheorie 1983. Bd. 2: Reaktortechnik 1984, Bd. 3: Kernkraftwerkstechnik 1985. Berlin: Springer
8.29 Kugeler, K.; Schulten, R.: Hochtemperaturreaktortechnik. Berlin: Springer 1989
8.30 Huttach, A.; Putschögl, F.; Ritter, M.: Die Nuklearanlage des Kernkraftwerks Biblis. atomwirtschaft 19 (1974) 420—430. — Bald, A.; Brix, O.: Die Dampfkraftanlage des Kernkraftwerks Biblis. atomwirtschaft 19 (1974) 431—438
8.31 Smidt, D.: Reaktor-Sicherheitstechnik. Berlin: Springer 1979
8.32 Schönwiese, Ch.-D.; Diekmann, B.: Der Treibhauseffekt, 2. Aufl. Stuttgart: Deutsche Verlagsanstalt 1988
8.33 Deutscher Bundestag (Hrsg.): Schutz der Erde — Eine Bestandsaufnahme mit Vorschlägen zu einer neuen Energiepolitik. Bonn: Economica-Verlag 1990
8.34 Voß, A.: Energie und Klima: Ist eine klimaverträgliche Energieversorgung erreichbar? Brennst.-Wärme-Kraft 43 (1991) 19—31
8.35 Ewers, J.; Mertikat, H.; Günster, W.; Keller, J.: Gas-Dampfturbinenkraftwerk mit integrierter Braunkohlevergasung nach dem HTW-Verfahren. Brennst.-Wärme-Kraft 41 (1989) 23—31

Literatur zu Kapitel 9

9.1 Rant, Z.: Die Heiztechnik und der zweite Hauptsatz der Thermodynamik. Gas Wärme 12 (1963) 297—304
9.2 Baehr, H. D.: Zur Thermodynamik des Heizens. Teil I. Der zweite Hauptsatz und die konventionellen Heizsysteme. Brennst.-Wärme-Kraft 32 (1980) 9—15
9.3 Baehr, H. D.: Zur Thermodynamik des Heizens. Teil II. Primärenergieeinsparung durch Anergienutzung. Brennst.-Wärme-Kraft 32 (1980) 47—57
9.4 Baehr, H. D.: Exergie und Anergie und ihre Anwendung in der Kältetechnik. Kältetechnik 17 (1965) 14—22
9.5 DIN 4701: Regeln für die Berechnung des Wärmebedarfs von Gebäuden. Ausg. März 1983. Berlin: Beuth
9.6 Thomson, W.: On the economy of the heating and cooling of buildings by means of currents of air. Proc. Phil. Soc. (Glasgow) 3 (1852) 268—272
9.7 Niebergall, W.: Sorptionskältemaschinen. In: Plank, R. (Hrsg.): Handbuch der Kältetechnik. Bd. 7 Berlin: Springer 1959, Reprint 1981
9.8 Loewer, H. (Hrsg.): Absorptionswärmepumpen. Karlsruhe: Müller 1987
9.9 Stephan, K.; Seher, D.: Wärmetransformatoren. In [9.8] S. 133—149
9.10 Recknagel; Sprenger; Hönmann: Taschenbuch für Heizung und Klimatechnik. 63. Ausg. München: Oldenbourg 1985
9.11 Bukau, F.: Wärmepumpen-Technik. München: Oldenbourg 1983

9.12 Schüller, K.-H.: Heizkraftwerke. In: Bohn, Th. (Hrsg.): Bd. 7 Handbuchreihe Energie. Gräfelfing: Resch; Köln: Verlag TÜV Rheinland 1984
9.13 Hein, K.: Blockheizkraftwerke. Dezentrale Wärmekraftkopplung. 2. Aufl. Karlsruhe: Müller 1980
9.14 Baehr, H. D.: Wirkungsgrad und Heizzahl zur energetischen Bewertung der Kraft-Wärme-Kopplung. VGB-Kongreß „Kraftwerke 1985", S. 332—337. Essen: VGB-Kraftwerkstechnik 1986
9.15 Kältemaschinenregeln. 7. Aufl. Karlsruhe: Müller 1981
9.16 Haselden, G. G. (Hrsg.): Cryogenics fundamentals. London: New York: Academic Press 1971
9.17 Baumann, K.; Blass, E.: Beitrag zur Ermittlung des optimalen Mitteldrucks bei zweistufigen Kaltdampf-Verdichter-Kältemaschinen. Kältetechnik 13 (1961) 210—216
9.18 Umweltbundesamt; Lohrer, W. (Hrsg.): Verzicht aus Verantwortung. Maßnahmen zur Rettung der Ozonschicht. Berlin: E. Schmidt 1989
9.19 Kruse, H.: Derzeitiger Stand der FCKW-Problematik — Mögliche Ersatzstoffe und ihre Bewertung. Ki Klima-Kälte-Heizung 1989, 343—346. —: Substitution der Fluorchlorkohlenwasserstoffe im Hinblick auf Ozonabbau und Treibhauseffekt. VDI-Ber. Nr. 809 (1990) 247—267

Literatur zu Kapitel 10

10.1 Baehr, H. D.: Physikalische Größen und ihre Einheiten. Düsseldorf: Bertelsmann Universitätsverlag 1974
10.2 DIN 1305: Masse, Wägewert, Kraft, Gewichtskraft, Gewicht, Last. Ausg. Jan. 1988. Berlin: Beuth
10.3 Stille, U.: Messen und Rechnen in der Physik. 2. Aufl. Wiesbaden: Vieweg 1961, S. 364—374
10.4 DIN 32625: Stoffmenge und davon abgeleitete Größen. Ausg. Dez. 1989. Berlin: Beuth
10.5 Gesetz über Einheiten im Meßwesen vom 2. Juli 1969 (BGBl. I S. 709) und Gesetz zur Änderung des Gesetzes über Einheiten im Meßwesen vom 6. Juli 1973 (BGBl. I S. 720); vgl. auch [10.7].
10.6 DIN 1301: Einheiten. Ausg. Dez. 1985 (Teil 1), Feb. 1978 (Teil 2), Okt. 1979 (Teil 3). Berlin: Beuth
10.7 German, S.: Draht, P.: Handbuch SI-Einheiten. Wiesbaden: Vieweg 1979
10.8 DIN 1343: Referenzzustand, Normzustand, Normvolumen. Ausg. Jan. 1990. Berlin: Beuth
10.9 DIN 1313: Physikalische Größen und Größengleichungen. Ausg. April 1978. Berlin: Beuth
10.10 CODATA: 1986 Recommended values of the fundamental physical constants. CODATA News Letter 38, 1986 sowie: Cohen, E. R.; Taylor, B. N.: The 1986 adjustment of the fundamental physical constants. CODATA Bulletin No. 63, Nov. 1986
10.11 Int. Union of Pure and Applied Chemistry: Atomic weights of the elements 1983. Pure and Appl. Chem. 56 (1984) 653—674
10.12 Wagmann, D. D.; Evans, W. H.; Parker, V. B.; Schumm, R. H.; Halow, I.; Bailey, S. M.; Churney, K. L.; Nuttall, R. L.: The NBS Tables of chemical thermodynamic properties. Selected values for inorganic and C_1 and C_2 organic substances in SI-Units. J. Phys. Chem. Ref. Data 11 (1982) Suppl. No. 2
10.13 Landolt-Börnstein: Zahlenwerte und Funktionen. 6. Aufl. Bd. II/4, Tab. 2413. Berlin: Springer 1961
10.14 Gumz, W.: Brennstoffe und Verbrennung. In: Sass, F.; Bouché, Ch.; Leitner, A. (Hrsg.): Dubbel Taschenbuch für den Maschinenbau. 12. Aufl. Berlin: Springer 1961, S. 458—490

10.15 Landolt-Börnstein: Zahlenwerte und Funktionen. IV. Band Technik, Teil 4b, Tab. 4911, S. 225—332. Berlin: Springer 1972
10.16 Baehr, H. D.; Diederichsen, Ch.: Berechnungsgleichungen für Enthalpie und Entropie der Komponenten von Luft und Verbrennungsgasen. Brennst.-Wärme-Kraft 40 (1988) 30—33

Sachverzeichnis

Abgas 284, 303, 323, 329
– als Wärmequelle 401
Abgasanalyse 285
Abgasexergie 329, 333
Abgastemperatur 304
– von Motoren 340
Abgasverlust 303, 323, 333, 397
– im h,t-Diagramm 304
– eines Motors 340
– -strom 333
Abhitzekessel 375
Absorptionskältemaschine 393
Absorptionswärmepumpe 393
Abwärme 270, 354, 360, 367
– als Heizwärme 400
– -nutzung 350, 375
Abwärmestrom 95, 96, 97, 349
– eines Kohlekraftwerks 271
– eines Motors 340
Äquivalenz von Wärme und Arbeit 2
Ampere 418
Anergie 7, 134, 382
– -bedarf eines Heizsystems 395, 397
– -bilanz 146
–, Definition der – 134
– der elektrischen Energie 134
– der Enthalpie 142
– eines Fluids 141, 142
– beim Heizen und Kühlen 384
– -strom 137
– der Wärme 137
Anodenreaktion 313
Antriebsleistung 387
– des Verdichters 404
– einer Wärmepumpe 389, 398
Antriebswärmestrom 391
Arbeit 36, 44, 45, 59, 85, 130
–, elektrische 54
–, mechanische 46, 47
– nichtfluider Systeme 56
–, statische 228, 229, 234, 242, 278
–, –, einer Turbine 272
–, technische 74, 272
–, –, und Dissipationsenergie 225

–, –, eines gekühlten Verdichters 282
– bei irreversibler Verdichtung 50
Arbeitsaufwand zur Erzeugung flüssiger
  Luft 411
– der Verdichtung 281
–, Verringerung des -s 283
Arbeitsersparnis bei mehrstufiger
  Verdichtung 283
Arbeitsfähigkeit, technische 142
Arbeitsfluid 350, 355
– für Wärmepumpen 398
Arbeitskoeffizient 56, 101
Arbeitskoordinate 56, 101
Arbeitsmedium 272
Arbeitsmehraufwand 278
– der adiabaten Verdichtung 279, 280
Arbeitsprozeß 228, 272
Arbeitsspiel des Viertaktmotors 340
Arbeitsstrom 45
Arbeitsverlust 278, 280
– eines adiabaten Prozesses 279
Asche 285, 303, 321
Atmosphäre 421
Ausbrandgrad 303
Ausgleichsprozeß 17, 18, 24, 79
Auslegungstemperatur der Wärmepumpe
  400
Ausnutzungsgrad 376
Außenlufttemperatur 385
Austrittsdruck bei einem Diffusor 245
Austrittsgeschwindigkeit 239
Avogadro-Konstante 314, 415, 422
Axiomatik der Thermodynamik 6

Bar 420
Basiseinheit 418, 419
Basiseinheiten des Internationalen
  Einheitensystems 418
Benzin 299
Berechnung von Entropiedifferenzen
  102
– von Gasturbinenprozessen 325, 329
Bernoullische Gleichung 226
Bewegung eines Massenpunkts 35

Bewertung von energiewandelnden
  Prozessen 81
Bildungsenthalpie 307, 308, 422
Bildungsreaktion 307
Bindungsenergie, chemische 284
Blockheizkraftwerk 401
Boltzmann-Konstante 422
bottoming-cycle 375
Boyle-Kurve 160
Boyle-Temperatur 161
Braunkohle 299, 432
Brennkammer 302, 305, 330, 336
Brennstoff 285
–, chemisch definierter 291, 431
–, Eigenschaften ausgewählter -e 299
–, fester 285, 432
–, flüssiger 285, 433
–, fossiler 348
– mit bekannter Elementaranalyse 292
–, Zusammensetzung von -en 286, 432, 433
Brennstoffenthalpie 298
Brennstoffexergie 316
–, molare 317, 431
Brennstoffleistung 302, 324, 327, 340
Brennstoff-Luft-Verhältnis 338
Brennstoffzelle 313, 314, 345
Brennwert 297, 299, 310
–, molarer 297, 307, 308, 431
–, auf das Normvolumen bezogener 297
Brennwertkessel 304

Candela 418
Carnot-Faktor 98, 138, 148, 351, 358
–, negativer 384
Carnot-Faktor, Enthalpie-Diagramm 138, 261, 352, 358
Carnot-Prozeß 339, 357, 358
Celsius-Temperatur 31
–, Nullpunkt der – 31
–, Einheit der – 31
Chemie, physikalische 4
Clausius-Clapeyron, Gleichung von – 159, 170
Clausius-Rankine-Prozeß 359, 360, 364
Coulomb 419
CO_2-Emission 347

Dampf, gesättigter 155, 168, 169
–, nasser 155, 168
–, überhitzter 155
Dampfdruck 159, 166, 169
–, Berechnung aus der Zustandsgleichung 167

– von Wasser 212, 430
Dampfdruckgleichung 170
– für Wasser 212
Dampfdruckkurve 156, 159, 170
Dampferzeuger 257, 302, 348, 355, 361
– -wirkungsgrad 351
Dampfgehalt 171, 172, 175, 176
– am Ende der Expansion 275
Dampfkraftanlage, einfache 364
– mit Speisewasservorwärmer 370
– mit Zwischenüberhitzung 368, 369
Dampfkraftwerk 361, 375
–, modernes 373
Dampfstrahlapparat 247, 263
– zur Wärmetransformation 393
Dampfstrahl-Kälteanlage 263
Dampftafel 183, 404
– für Wasser 184, 430
Dampfturbine 275, 355, 361
–, adiabate 364
Daten, kritische 155
Desublimationslinie 155
Dichte 11, 12
– feuchter Luft 214
– bei isentroper Strömung 248
Dieselmotor 339
Diesel-Prozeß 343
Differentialbeziehungen zwischen
  Zustandsgrößen 106
Diffusor 228, 243, 247, 263, 337
–, adiabater 244, 245, 248
Diffusorströmung 244
–, isentrope 246
Diffusorwirkungsgrad, isentroper 244, 245
Direktumwandlung chemischer Energie 345
– solarer Strahlungsenergie 345
Dissipation 260
– elektrischer Arbeit 54, 80, 122
– von Wellenarbeit 53, 80, 122
Dissipationsenergie 120, 122, 278
– als Fläche im T,s-Diagramm 121, 279
– bei adiabater Expansion und
  Kompression 278, 280
– bei polytroper Zustandsänderung 230, 234
– stationärer Fließprozesse 224, 225, 229
– und Exergieverlust 236
Dissoziation des Verbrennungsgases 284, 300, 305, 322
Doppelrohr-Wärmeübertrager 253
Drehmoment 52, 342

Drehzahl 52
Drosselung 76, 242, 280
Drosselventil 397
–, thermostatisch geregeltes 403
Druck 11
–, kritischer 155, 249
–, osmotischer 115
–, –, von Meerwasser 115, 116
Druckabfall 236, 240, 260
– in der Brennkammer 331
– im Dampferzeuger 364, 368
– im Zwischenüberhitzer 368
Druckabhängigkeit der Enthalpie 179
– des Sättigungsdruckes 208, 210
Druckänderungsarbeit 225
Druckanstieg bei verzögerter
  Strömung 240
Druckeinheiten 421
Druckverhältnis, optimales 326, 327
Druckverlauf in einer Laval-Düse 251
Druckwasserreaktor 378, 379
Druckwelle 237
Düse 228, 242, 336
–, erweiterte 247, 336
–, konvergente 247, 336
Düsenerweiterung 339
Düsenströmung 243
–, isentrope 246
Düsenwirkungsgrad 243
Durchlauferhitzer 144
Durchsatz 23, 64

Effekt, dissipativer 19
–, photovoltaischer 345
–, thermoelektrischer 347
Eigenarbeit 228
Eigenverbrauch eines Kraftwerks 351
Einheit, abgeleitete 419
– der Celsiustemperatur 31
– der Stoffmenge 415
– der thermodynamischen Temperatur 30
Einheiten, angelsächsische 421
– des Internationalen Einheitensystems
  418
Einheitensystem, Internationales 418
–, kohärentes 419
Einlaufdiffusor 336
Eispunkt 30
–, Temperatur des -s 31
Elektrode 313
Elektrolyt 313
Elektromotor 95
Elementaranalyse 286, 292

Elementarladung 314, 422
Endnässe 367, 368
Endtemperatur der polytropen
  Verdichtung 327
Energie 37
– als Zustandsgröße 39
–, beschränkt umwandelbare 130, 133
–, chemische 344
–, –, innere 41
–, dissipierte 120, 224, 236, 356
– eines abgeschlossenen Systems 44
–, elektrische 136
–, freie 106
–, innere 3, 5, 40, 49
–, –, der Umgebung 131
–, –, eines idealen Gasgemisches 206
–, kinetische 36, 40, 236
–, –, eines Fluids 236
–, mechanische 228
–, nukleare 345, 347
–, –, innere 41
–, potentielle 36, 37, 40
–, spezifische 39
–, –, innere 40, 41, 180, 197
–, –, –, idealer Gase 43
–, –, –, eines inkompressiblen Fluids 182
–, thermische 228
–, –, innere 41
–, –, des Verbrennungsgases 322
–, unbeschränkt umwandelbare 130, 133
Energiebilanzgleichung 44, 74
– eines adiabaten Kühlturms 270
– einer Feuerung 295, 301
– einer Oxidationsreaktion 307
– für geschlossene Systeme 45, 58
– für einen Kontrollraum 65, 223
– für stationäre Fließprozesse 223
Energieeinheiten 421
Energieerhaltungssatz 2, 36, 39, 44, 59,
  134
– beim β-Zerfall 38
– der Mechanik 37
Energieflußbild 147
Energietechnik 8, 136, 344
Energietransport über die Systemgrenze
  39, 44
Energieumwandlung 129
– bei stationärem Fließprozeß 227
Entgaser 373, 380
Enthalpie 178
– der Mischluft 268
– des stöchiometrischen Verbrennungsgases 298

Sachverzeichnis

–, Druckabhängigkeit der – 77
– eines idealen Gasgemisches 203
–, freie 106, 159
–, molare 197
–, spezifische 68, 174
–, –, eines inkompressiblen Fluids 181
–, –, feuchter Luft 217, 218, 219, 220
–, –, idealer Gase 76, 196
–, –, realer Gase 178
–, –, trockener Luft 217
–, –, von Wasser 75
–, –, von Wasserdampf 218
– von Brennstoff und Luft 298
– von dissoziiertem Verbrennungsgas 300
– von nassem Dampf 173, 174, 176
– von Verbrennungsgas 298, 301
Enthalpiedifferenz, isentrope 189, 191, 243, 244, 273, 277
–, –, für Wasserdampf 192
–, –, idealer Gase 198
Enthalpie-Entropie-Diagramm 6, 188
Enthalpiegefälle 273
Entmischung 267
– eines idealen Gasgemisches 204
– –sarbeit 267
Entnahmedampf 255, 259, 369, 370, 373, 400
Entnahmedruck 369
Entropie 3, 79, 81, 82
–, absolute 311, 422
–, –, der Luft 320, 425
–, –, idealer Gase 425
–, –, stöchiometrischer Verbrennungsgase 428
–, –, von Brennstoffen 321
–, –, von Verbrennungsgas 320, 322
– des stöchiometrischen Verbrennungsgases 321, 428
–, Differential der – 101, 198
– eines adiabaten Systems 86
– eines idealen Gasgemisches 203, 206
– eines Mischphase 111
– einer Phase 102
–, Einheit der – 83
–, erzeugte 82, 85
–, Konstruktion der – 82
–, Maximum der – 88
– realer Gase 179, 180
–, spezifische 83, 102
–, –, eines inkompressiblen Fluids 182
–, –, idealer Gase 104, 179
–, transportierte 82

– von nassem Dampf 173
Entropieänderung auf einer Polytrope 232
– beim adiabaten Mischen 266
– bei chemischen Reaktionen 311
Entropiebilanzgleichung 82, 83, 85
– für adiabaten Mischprozeß 263
– für einen Kontrollraum 123, 124
– für einen Wärmeübertrager 260
– für stationären Fließprozeß 125, 127, 224
Entropieproduktion, spezifische 127
Entropieproduktionsstrom 83, 85, 94, 125, 146
– eines Mischungsprozesses 263
– eines Wärmeübertragers 127, 260
Entropietransportstrom 83, 84, 99, 124, 126
Entropie-Zustandsgleichung 102, 181
– – idealer Gase 103, 119, 179, 194, 197
– – idealer Gasgemische 206
Entschwefelungsanlage 294
Entwertung der Energie 3
Erdgas 285, 290, 308
–, Eigenschaften von – 299
Erhaltung der Elemente bei chem. Reaktionen 284, 286
Erhitzungsfaktor 274, 275, 278, 280
Erhitzungsverlust 280
Erstarrungslinie 154
Erstarrungswärme von Eis 219
Erweiterungsverhältnis 250
$\eta_C, \dot{Q}$-Diagramm 138, 139, 262, 352, 358
– – eines Dampferzeugers 353
Exergie 7, 130, 133, 136, 382
– bei reversiblen und irreversiblen Prozessen 135
– der Brennstoffe 316, 319
– chemisch definierter Brennstoffe 319, 431
–, Definition der – 134
– der Enthalpie 142
– – im T,s-Diagramm 143
– von Erdgas 319
– flüssiger Luft 412
– von Heizöl 319, 320
– der inneren Energie 133, 145
– von Kohle 319, 320
– von Kohlenstoff 319
– von O_2, N_2, CO_2, H_2O, SO_2 318
– siedenden Wassers 144
– eines stationär strömenden Fluids 141, 142
–, technische Bedeutung der – 136

– der Umgebungsenergie 134
– der Volumenänderungsarbeit 145
– der Wärme 137, 145
– eines Wärmestroms 138, 139
– von Wasserstoff 319
Exergie-Anergie-Flußbild 147
– – – einer Kälteanlage 390
– – – einer Wärmekraftmaschine 148
– – – einer Wärmepumpe 388
Exergiebedarf 136, 144
– der Gebäudeheizung 386
– beim Heizen und Kühlen 384
– des Kühlraums 390
Exergiebilanz 145, 146
– eines Heizsystems 394
– der Wärmekraftmaschine 366
– einer Wärmepumpe 387
Exergieflußbild 148, 150, 151
– des Linde-Prozesses 412
– eines Wärmekraftwerks 351
Exergienullpunkt 317
Exergiequellen 136, 344
Exergiestrom 137
– zum Heizen 385
Exergieverbrauch 136
Exergieverlust 135, 136, 144, 278
– durch Abgas 363
– einer adiabaten Expansion oder Verdichtung 280
– der adiabaten Verbrennung 320, 321
– im Dampferzeuger 352
– der Dampfturbine 366
– und Dissipationsenergie 236
– der Drosselung 406, 413
– -e der einfachen Dampfkraftanlage 366
– der einfachen Gasturbinenanlage 328, 329
– und erzeugte Entropie 146
– eines geschlossenen Systems 145
– der Kältemaschine 405
– eines Mischungsprozesses 266
– der Speisepumpe 366
–, spezifischer 146
– eines Strömungsprozesses 236
– der Verbrennung 363
– eines Wärmeübertragers 260
Exergieveruststrom 145, 146, 149
– im adiabaten Kontrollraum 146
– des Dampfstrahlapparats 265
– der irreversiblen Vermischung 263
– bei der Wärmeübertragung 147, 261, 262
Expansion, adiabate 272
–, isentrope 273

Expansionsströmung 248

Fahrenheit-Temperatur 32
Faktor, azentrischer 164, 167
Fallbeschleunigung 13, 37
Fanno-Kurve 241, 242
Faraday-Konstante 314, 422
FCKW 403
Fernwärmenetz 401
Festkörper 153, 156
Feuchte, absolute 213, 216
–, relative 213, 214, 215, 216
Feuerheizung 395
Feuerung 285, 294, 302, 361
–, adiabate 304
Feuerungsleistung 396
Feuerungskontrolle 285
Fixpunkt 27, 32
Fließprozeß, stationärer 22, 23, 72, 125, 223
–, –, eindimensionale Theorie 223
Flüssigkeit 154, 156
–, siedende 155, 168, 169
Flüssigkeitsabscheider 380
Flüssigkeitsthermometer 26
Flugzeugantrieb 333
Fluid 11, 15, 47, 156
–, inkompressibles 181, 226
Fluor-Chlor-Kohlenwasserstoffe 403
Flußbild der Energie 147
Formulierung des 2. Hauptsatzes
– von C. Caratheodory 87
– durch Entropie und thermodynamische Temperatur 82
– durch Exergie und Anergie 134
–, Planck–Kelvin– 80
Frischdampfdruck 367, 373
–, optimaler 364, 368
Frischdampftemperatur 362, 363, 367
Füllen einer Gasflasche 71
Fundamentalgleichung 105
–, Energieform der – 105
–, Entropieform der – 105
– einer Mischphase 111, 115
Fusionsreaktor 348

Gas, ideales 33, 34, 40, 103, 193
Gas-Dampf-Gemisch 208, 210
Gas-Dampf-Kraftwerk 329, 333, 375
– – mit Zusatzfeuerung 375, 376, 378
Gasdynamik 235
Gaserzeuger 336
Gasgebiet 156

Gasgemisch 200
–, ideales 202, 204, 266
–, –, mit einer kondensierenden
  Komponente 208
Gasheizkessel 395
Gaskältemaschine 403
Gaskonstante 422
– eines idealen Gasgemisches 205
–, individuelle 34
– von Luft 207
– von Luftstickstoff 288
–, molare 30, 422
–, spezielle 34
–, spezifische 34, 194, 422
– von Stickstoff 34, 422
–, universelle 30, 194, 238, 422
Gasöl 299, 305
Gastheorie, kinetische 40
Gasthermometer 27, 28, 108
Gasturbine 375
– als Flugzeugantrieb 333
Gasturbinenanlage 323, 330, 375
– mit Abhitzekessel 377
– mit Abwärmeverwertung 375
–, einfache 324, 330, 331
– mit geschlossenem Kreislauf 350
–, Modellprozeß der – 325
– mit Rekuperator 332
Gasturbinen-Heizkraftwerk 401
Gasturbinenprozeß 325, 329
Gasverflüssigung 412
Gebäudeheizung 385, 393
Gebläse 150
Gegenströmer 253
Gegenstrom-Wärmeübertrager 253, 256
Gemisch aus realen Gasen 200
Gesamtdruck 201, 216
Gesamtsystem, adiabates 87
Gesamtwirkungsgrad 350, 354
– eines Dampfkraftwerks 375
–, exergetischer 353, 360
– eines Gas-Dampf-Kraftwerks 376
– eines Kernkraftwerks 381
– eines Kraftwerks 350, 354
Geschwindigkeit 35
– bei isentroper Strömung 248
Geschwindigkeitsbeiwert 243
Geschwindigkeitsprofil 65
Gesetz von Avogadro 415
– von Dalton 205, 206
Gestaltänderungsarbeit 49, 121, 224
– bei strömendem Fluid 224
Gewicht 414

– -skraft 37
Gibbs-Funktion 106, 107, 159, 181
– eines idealen Gases 203
– eines idealen Gasgemisches 202
– einer Mischphase 114, 115, 202
– der Reaktion 310
Gibbssche Hauptgleichung 112
Gleichgewicht, chemisches 5, 284
–, osmotisches 113
– zwischen Phasen 157
–, thermisches 24, 89, 92
– mit der Umgebung 132
Gleichgewichtskriterium 88, 157
Gleichgewichtskurve 159
–, Steigung der – 159
Gleichgewichtszustand 17, 18, 79, 88, 115
Gleichstrom 253
– -Wärmeübertrager 253
– -führung 254
Gleichung von Clausius-Clapeyron 159, 170
Grad Celsius 31, 32
Grad Fahrenheit 33
Grad Kelvin 30
Grädigkeit 260
Größengleichung 419
Größenlehre 419
Grundgesetz der Mechanik 36

Hauptsatz, dritter 5, 84, 311
–, erster 2, 38, 59, 134
–, –, für geschlossene Systeme 59
–, –, für stationäre Fließprozesse 72
–, nullter 24
–, zweiter 2, 3, 82, 228
–, –, als Prinzip der Irreversibilität 20, 79
Hebelgesetz der Phasenmengen 172, 173
Heizanergie 386
Heizen 382
Heizkörper 386
Heizkondensator 400
Heizkraftwerk 386, 400, 401, 402
Heizleistung 382, 383, 387
– einer Wärmepumpe 398
Heizöl 286, 299
Heiztechnik 382, 393
Heizung, reversible 387
Heizungskessel 386
Heizungswasser 386
Heizungstemperatur 386, 388
Heizsystem 393, 394
–, bivalentes 400

Sachverzeichnis

– mit elektrisch angetriebener Wärmepumpe 399, 400
–, konventionelles 395
–, reversibles 395
Heizwärme 329, 400
– -auskopplung 401
Heizwärmestrom 382, 401
Heizwert 295, 296, 299, 310
–, Definition des -s 296
– fester Brennstoffe 432
– flüssiger Brennstoffe 433
–, Messung des -s 296
–, molarer 297, 307, 308, 431
–, auf das Normvolumen bezogener 297
–, oberer 297
–, Temperaturabhängigkeit des -s 297
–, unterer 297
– und Zusammensetzung des Brennstoffs 286, 432, 433
Heizzahl 394, 395, 400
– der elektrisch angetriebenen Wärmepumpe 398, 399
– der Feuerheizung 397
– eines Heizkraftwerks 402, 403
– eines reversiblen Heizsystems 395
– der Widerstandsheizung 396
Helmholtz-Funktion 106, 107, 166, 181
Hochdruckturbine 368
Hochdruckverdichter 409
Hochtemperaturreaktor 378
Hohlraumstrahlung 109, 110
–, Energiestromdichte der 110
h,s-Diagramm 186, 187
– eines realen Gases 188
h,t-Diagramm der Verbrennung 301, 302, 304
Hubvolumen 341, 342
h,x-Diagramm 220, 222
Hyperfiltration 113

Impuls 35, 237
Impulssatz 237, 264, 335
Indikatordiagramm 340
Intern. Praktische Temperaturskala 32, 111
IPTS-68 32
Irreversibilität 18, 85
–, chemische 265
–, Prinzip der 20, 79
– des Wärmeübergangs 88
Isenthalpe 230, 240
Isentrope 86, 230, 245
– idealer Gase 198

–, Näherungsgleichung für die – 190, 191, 199
Isentropenexponent 190, 198, 238, 245
– idealer Gase 192, 198, 199
– trockener Luft 207
– von Wasserdampf 191, 245
Isentropengleichung 190, 198, 199, 249
Isobare, kritische 155, 230
– -n im h,s-Diagramm 188
Isochore 42
– -n im p,T-Diagramm 157
Isotherme 25, 28
– im h,x-Diagramm 220
– im h,s-Diagramm 188
–, kritische 155, 163
– im pv,p-Diagramm 156
ITS-90 32

Joule 419
Joule-Prozeß 325
Joule-Thomson-Effekt 77, 410

Kälteanlage 384, 389
–, reversibel arbeitende 390
Kälteerzeugung 384, 403
Kälteleistung 383, 384, 389, 392, 403
– der Kaltdampf-Kältemaschine 404
– der zweistufigen Kältemaschine 409
Kältemaschine 389
–, thermisch angetriebene 391, 392
Kältemittel 398, 403
Kältetechnik 382, 389
Kalorie 421
Kaltdampf-Kältemaschine 403, 404
–, zweistufige 408
Kapazität eines Kondensators 55
Kaskadenschaltung 409
Kathode 313
– -nreaktion 313
Kelvin 30, 32, 418
Kelvin-Skala 3
Kelvin-Temperatur 27
Kernfusion 348
Kernkraftwerk 348, 353, 378
– mit Druckwasserreaktor 359, 378
Kernreaktor 348
Kernspaltung 345, 348
Kessel 302
Kesseldruck 362
–, optimaler 363
Kesseltemperatur 397
Kesselwirkungsgrad 302, 303, 304, 351, 360

– eines Dampferzeugers 361, 371
– von Heizungskesseln 304
Kilogramm 418
Klemmenspannung 55, 314
–, reversible 314
– einer Wasserstoff-Sauerstoff-Zelle 315
Klopfen 343
Kohle 286, 299
Kohlenstoffoxidation, reversible 312
Kohlevergasung 378
Kolbendruck, mittlerer 341
Kolbenmaschine 339, 355
Kolbenverdichter 282
–, mehrstufiger 282
Kolben-Wärmekraftmaschine 355
Komponente eines Gemisches 200
Komponenten des stöchiometr.
   Verbrennungsgases 292
Kompressibilitätskoeffizient 162
Kompressionskältemaschine 403
–, mehrstufige 408
Kompressionsströmung 248
Kompressionswärmepumpe 397
–, Kreisprozeß der 397
Kondensation 155
Kondensator 355, 364
–, elektrischer 55
Kondensatpumpe 373
Kontinuitätsgleichung 73, 241, 246, 339
Kontinuumsthermodynamik 103
Kontrollraum 10, 22, 63, 122
–, adiabater 125
Konzentration von SO_2 294
Korrespondenzprinzip 162, 164
–, erweitertes 163, 164
Kovolumen 163
Kraft 35, 46
Krafteinheiten 421
Kraftfeld, konservatives 37
Kraftstoffverbrauch 342
Kraft-Wärme-Kopplung 329, 400
Kraftwerk 348
–, solar-thermisches 349
–, thermisches 348, 349
Kraftwerkswirkungsgrad 350, 360
Kreisprozeß 96, 350, 355, 359
– der einfachen Dampfkraftanlage 364
– der Kaltdampf-Kältemaschine 404
– der Kompressionswärmepumpe 397, 398
–, rechtsläufiger 356
Kreuzstrom 254
Kühlen 382, 383

Kühlraum 383, 384, 389
Kühlung eines Verdichters 281
Kühlturm 270, 367

Ladungswechsel 342
Laval-Druck 249, 338
Laval-Druckverhältnis 249, 250, 338
Laval-Düse 247, 250, 336
–, Druckverlauf in einer 251
Legendre-Transformation 106
Leichtwasserreaktor 378
Leistung 45, 46, 60, 68
–, dissipierte 227
–, effektive 340
–, elektrische 54
–, –, einer Brennstoffzelle 314
–, indizierte 341
–, innere kinetische 333
Leistungsbilanzgleichung 45, 60
– für einen Fluidstrom 73
– eines Heizsystems 394
– für einen Kontrollraum 68, 69
– für einen Kreisprozeß 355
– für stationäre Fließprozesse 72, 73
– für stationäre Prozesse 61
– einer Verbrennungskraftanlage 323
– einer Wärmepumpe 387
– eines Wärmeübertragers 254
Leistungseinheiten 422
Leistungsverlust 146
Leistungszahl 388
– der Kältemaschine 390, 405, 407
– der Wärmepumpe 389, 398, 399
lg p,h-Diagramm 189
Lichtgeschwindigkeit 422
Linde-Prozeß 410, 412
Liter 420
Luft, feuchte 211
–, flüssige 410
–, gesättigte feuchte 211, 215, 219
–, ungesättigte feuchte 211, 212
–, trockene 206
–, –, Zusammensetzung 207
Luft-Brennstoff-Verhältnis 288, 291, 330
Lufterhitzer 197
Luftmangel 290, 339
Luftmenge, molare 288
–, spez. 290
–, stöchiometrische 288
Luftprozeß 325, 331
Luftstickstoff 288, 292
–, Zusammensetzung von 288
Luftüberschuß 290

Sachverzeichnis

Luftverflüssigung 410, 412
Luftverhältnis 289, 290, 301, 321, 330, 338
– und adiabate Verbrennungstemperatur 305
– und Exergieverlust 321
– von Verbrennungsmotoren 339
Luftvorwärmer 371
Luftvorwärmung 298, 321, 332, 371

Mach-Zahl 239, 336
Masse 11, 414, 416
–, molare 416
– des stöchiometr. Verbrennungsgases 293
Massenanteil 200, 201
Massenbilanzgleichung 63, 64, 262
– für eine Feuerung 293
Massengehalt siehe Massenanteil
Massenstrom 23, 64, 65, 246
– einer Düse 250
– bei isentroper Düsenströmung 252
Massenstromdichte 240, 241, 246
– bei isentroper Strömung 248, 252
Materialgesetz 16, 40, 106
Maximum der Entropie 88, 89, 157
Maxwell-Kriterium 166, 167
Mechanik, Grundgesetz der – 36
Meerwasser 115
–, Entsalzung von 113, 115
Membran, semipermeable 112
Membrangleichgewicht 112, 115, 202
Mengenmaße 414, 416
Messung der inneren Energie 60
– des Heizwerts 296
– der relativen Feuchte 214
– von Temperaturen 26, 27
– thermodynamischer Temperaturen 107, 110
Meter 418
MHD-Wandler 347
Mindestarbeit der Umkehrosmose 116, 117
Mindestluftmenge 288
–, molare 289
–, spez. 290
Mindestsauerstoffbedarf 289
– eines Brennstoffgemisches 289
Mischkondensator 409
Mischphase 111, 114
–, intensiver Zustand einer 200
Mischung idealer Gase 265
–, reversible 267
– zweier Luftströme 268
Mischungsenthalpie 204

Mischungsentropie 204, 206, 266
– trockener Luft 207
– von stöchiometrischem Verbrennungsgas 321
Mischungsprozeß 262, 266
– mit feuchter Luft 267
Mischungsvolumen 204
Mischvorwärmer 373
Mischzustand im h,x-Diagramm 268
Mittelwertbildung über den Querschnitt 224
Mitteltemperatur, thermodynamische 99, 100, 139, 141, 351
–, –, bei reibungsfreier Strömung 141
– –, bei stationärem Fließprozeß 140
–, –, bei der Wärmeaufnahme im Dampferzeuger 354, 362
–, –, bei der Wärmeaufnahme durch ein ideales Gas 141
–, –, bei der Zwischenüberhitzung 369
Modellprozeß 342
Modell-Verbrennungsgas 298
Moderator 378
Mol 418
Molanteil 200, 201
Molenbruch 200
Mollier-Diagramm 187
Molmasse 11, 14, 416, 422
– eines Gemisches 201
– von Luftstickstoff 288
– trockener Luft 207
Molvolumen 14
– idealer Gase 195
– im Normzustand 195
Molwärme 197

Naßdampfgebiet 153, 155, 157, 165, 168, 171, 175, 275
– im T,s-Diagramm 185
Naturkonstanten, fundamentale 422
Nebelgebiet 221, 269
Nebelisotherme im h,x-Diagramm 221, 269
Nernstsches Wärmetheorem 311
Netto-Wirkungsgrad 351
Newton 419
Nichtumkehrbarkeit 18
Niederdruckturbine 368, 380
Niederdruckverdichter 409
Normdruck 416
Normkubikmeter 417
Normtemperatur 416
Normvolumen 288, 416, 417

–, Einheit des 417
– idealer Gase 417
– realer Gase 417
Normzustand 195, 197, 416
Nullpunkt der Exergie 317
– der thermodynamischen Temperatur 84
Nutzarbeit 50, 132
– eines Kreisprozesses 356, 364, 365
–, maximale 132, 133, 143
–, spez. 326
–, –, des Gasturbinenprozesses 326, 329
Nutzleistung der einfachen Gasturbinenanlage 325, 330
– eines Kraftwerks 350
– eines Kreisprozesses 356
– einer Verbrennungskraftanlage 323
Nutzungsfaktor eines Heizkraftwerks 403

Oberflächenspannung 56
Ölheizungskessel 303, 395
Ohm 419
ORC-Anlage 350
Osmose 115
Ottomotor 339
Otto-Prozeß 343
Oxidation 286
Oxidationsreaktion 306
–, reversible 309
Ozonschicht, Zerstörung der – 398, 403

Partialdichte des Wasserdampfes 213
Partialdruck 201, 202
– des gesättigten Dampfes 209
– der Komponente eines idealen Gasgemisches 205
– des Wasserdampfes 213, 215
Pascal 419
perpetuum mobile 1. Art 94
– – 2. Art 80, 82, 94, 131
Phase 12, 14, 15, 19, 21
–, fluide 15, 16
– bei strömenden Fluiden 224
Phasengleichgewicht siehe Zweiphasengleichgewicht
Phasenregel 4, 200
p,h-Diagramm 189, 404, 406, 408
Photonengas 109
Planck-Kelvin-Formulierung des 2. Hauptsatzes 80, 131
Planck-Konstante 422
Plasma 347
Polytrope 230, 233, 274, 280, 326
– idealer Gase 231, 232

– realer Fluide 234
– nach A. Stodola 230, 233
– nach G. Zeuner 233
Polytropenexponent 233
Polytropengleichung idealer Gase 232
– von Verbrennungsgas 331
Polytropenverhältnis 230, 232, 234, 274, 326
– adiabater Prozesse 231, 274
– idealer Gase 232, 233, 234
Potential, chemisches 4, 112, 114
–, –, eines idealen Gases 202, 203
Primärenergie 136, 260, 344, 385
– zum Heizen 393, 394
Primärenergiebedarf 144
– der Gebäudeheizung 385
– eines Heizsystems 395
Primärenergieersparnis 400
Primärenergieträger 136, 347
Primärkreislauf 348, 378
Prinzip der Irreversibilität 20, 79, 135
Prozeß 17
–, adiabater 57
–, dissipativer 21, 120
–, irreversibler 18, 20, 21
–, instationärer 69
–, reversibler 18, 20, 81, 135
–, stationärer 22, 61, 94
Prozeßgröße 36, 45, 48, 225
Prozeßwärme 329, 385
p,T-Diagramm 156, 157, 170
– von Wasser 212
Punkt, kritischer 155, 163, 170
–, –, im h,s-Diagramm 187
p,v-Diagramm 16, 155, 156, 172, 357
pv,p-Diagramm 160
p,v,T-Fläche 153, 154

Querschnitt, engster 247, 248, 249
Querschnittserweiterung 248
Querschnittsfläche bei isentroper Strömung 246, 248
Querschnittsmittelwert 126, 224
– der Entropie 126, 224
– der Fluidtemperatur 126

Radioaktivität 348
Rankine 32
Rauchgasentschwefelung 347
Raumanteil 205
Raumtemperatur 385
Reaktion, chemische 284
–, –, reversible 309

Sachverzeichnis

Reaktionsarbeit, reversible 309, 310, 312, 431
–, –, chemisch einheitlicher Brennstoffe 431
–, –, von Kohlenstoff und Wasserstoff 312
Reaktionsenthalpie 307, 308, 310
–, freie 310
Reaktionsentropie 310, 312, 317
Reaktionsgleichgewicht 115
Reaktionsgleichung 286, 306
Reaktionsprodukt 284, 286, 309
–, Massenverhältnisse der -e 287
Reaktionsteilnehmer 284, 309
Reaktordruck 378
Reaktorwärmeleistung 350
Realgasfaktor 161
Receiver 349
Referenzkraftwerk 402
Regenerator 355
Reibung 19, 20, 120, 126, 260, 278, 341
Reibungsarbeit 122
Reibungsleistung 341
Reibungswärme 122
Rektifikation 267
Rekuperator 332
Rohrströmung, adiabate 240
Rückgewinn der adiabaten Expansion 279
Ruhedruck 245
Ruheenthalpie 245
Ruhetemperatur 245
Ruhezustand 245, 250
Ruß 290

Sättigungsdruck 169, 208
– des Dampfes 209
– des Wasserdampfes 209, 213
Sättigungslinie im h,x-Diagramm 220
Sättigungstemperatur 170
Säuretaupunkt 303, 371
Salinität 115
Salzlösung, wässerige 115
Sankey-Diagramm 147
Sauerstoffbedarf 289
– von Erdgas 291
Schalldruck 242
Schallgeschwindigkeit 237, 238, 241, 247, 248, 338
– idealer Gase 238, 249
Schallwelle 237
Schaufelerosion 367, 368
Schaufelkühlung 328, 331, 333
Schaufelradprozeß 122

Schmelzdruckkurve 156, 159
Schmelzen 154
Schmelzgebiet 153, 157
Schmelzlinie 154
Schub 334, 335, 336, 339
–, spez. 338, 339
Schubdüse 336, 338
Schwerefeld der Erde 12
Seiliger-Prozeß 342
Sekundärkreislauf 378
Sekunde 418
Siedelinie 155, 172, 174
Siedepunkt von Wasser 30
Siedetemperatur 169
–, normale 167
Siedewasserreaktor 378
SI-Einheiten 417
Solarenergie 344, 348
Solarkraftwerk, thermisches 345, 348
Solarstrahlung 348
Solarzelle 345
SO_2 im Verbrennungsgas 294
Spannung, elektr. 54
Speisepumpe 182, 355, 361, 364, 365, 373
Speisewasser 259, 370
Speisewasserbehälter 373, 380
Speisewasserentsalzung 113
Speisewasservorwärmer 255, 259, 369, 370, 373, 400
–, optimale Abstufung der 372
Speisewasservorwärmung 370
–, mehrstufige 373
–, regenerative 369, 371
Stagnationsdruck 245, 248, 249
Stagnationsenthalpie 245
Stagnationstemperatur 245
Stagnationszustand 244, 245, 249
Standardentropie 311, 422
Standard-Seewasser 115
Standardtemperatur 297, 308
Standardzustand, thermochemischer 308, 311
Stefan-Boltzmann-Konstante 110
Steinkohle 299
– -kraftwerk 353, 360
Stickoxide 288, 347
Stillstandswirkungsgrad 397
Stirling-Motor 355
Stirling-Prozeß 356
Stoffmenge 11, 415, 416, 418
–, Einheit der 415
– eines idealen Gases 195
– eines Gemisches 200

Stoffmengengehalt siehe Molanteil
Strahlantrieb 333
Strahltriebwerk 334
– im Fluge 334
Strahlung, radioaktive 348
–, schwarze 109
–, thermische 109
Strahlungsdruck 109, 110
Strahlungsenergie, solare 136, 344, 345, 348
Strahlungsgesetz von Stefan und Boltzmann 110
Strahlverlustleistung 334, 335, 336
Strömung, beschleunigte 240, 247
–, reibungsbehaftete 240
–, reibungsfreie 226, 248
–, verzögerte 240, 248
Strömungsarbeit 225, 226, 229, 356
– bei polytroper Zustandsänderung 232, 233, 234, 274
– im p,v-Diagramm 225
Strömungsgeschwindigkeit 65, 73
Strömungsprozeß 228, 235
–, adiabater 239
– mit Wärmezufuhr 235
Strömungsquerschnitt 73
Strömungswirkungsgrad, isentroper 243
Strömungszustand in einer Laval-Düse 250
Stromausbeute 403
Stromerzeugung 344
– im Heizkraftwerk 402
–, thermoelektrische 346
Strom-Spannungs-Kennlinie 315
Stromstärke, elektr. 54
Stufenwirkungsgrad 274, 278
Stutzenarbeit 225
Sublimationsdruckkurve 156, 159, 212
–, Gleichung für die 212
Sublimationsgebiet 153, 157
Sublimationslinie 155
Substanzmenge 415
System 9
–, abgeschlossenes 10, 17, 44, 87
–, adiabates 57, 86
–, geschlossenes 9
–, heterogenes 12
–, homogenes 12
–, isoliertes 10
–, nichtfluides 56, 101
–, offenes 9, 22
Systemgrenze 9

Tafeln der Zustandsgrößen 177, 183
– – für die homogenen Zustandsgebiete 183
– – für Kältemittel 403
– – für das Naßdampfgebiet 183, 430
Taulinie 155, 172, 174
Taupunkt 210, 214
– von Verbrennungsgas 297, 300
Taupunktspiegel 214
Taupunkttemperatur 210, 211, 214, 216
– von Verbrennungsgas 300, 304
Teilchenzahl 11, 414, 415
Teillastverhalten 377
Temperatur 25
–, absolute 27
–, Einheit der 30
–, empirische 27
–, exergetische 138
– der Fluidströme im Wärmeübertrager 256, 257
– des idealen Gasthermometers 28, 29, 108, 109
–, optische 111
– im Primärkreislauf 378
– des Taupunkts 211
–, thermodynamische 27, 30, 82, 83, 109
Temperaturabhängigkeit der spez. Wärmekapazität 196, 199
Temperaturausgleich 20
Temperaturdifferenz, kleinste 258, 259, 260
Temperatur-Enthalpie-Diagramm 257, 258, 259
Temperaturmessung 26, 27, 107, 110
Temperaturskala 27
t,h-Diagramm 259
Theorem der korrespondierenden Zustände 162
–, erweitertes 163
Theorie, eindimensionale 223
Thermodynamik 7
–, chemische 307
– der Gemische 4, 111
– irreversibler Prozesse 103
–, klassische 8
–, kontinuierlicher Systeme 103
–, phänomenologische 8
–, statistische 8, 195, 311
–, technische 6, 7
Thermoelektrizität 3, 347
Thermoelement 27, 346, 347
Thermometer 26

–, akustisches 238
–, Flüssigkeits- 26
–, Gas- 27
–, Widerstands- 27
Thermospannung 27
TL-Triebwerk 333, 335, 336
Tonne 420
topping-cycle 377
Totaldruck 245
Totalenthalpie 235, 239, 240, 243, 245, 272
Totaltemperatur 245
Totalzustand 245
Treibdampf 263
Treibhauseffekt 347
Triebwerk 333, 334
Tripelpunkt 29, 156, 170
– von Wasser 29, 30, 32, 156, 418
Tropfenschlag 367, 368
T,s-Diagramm 118, 121, 173, 357
– eines idealen Gases 119
– eines realen Gases 185, 186
– für Wasser 186, 187
Turbine 228
–, adiabate 272
Turbineneintrittstemperatur 328, 331, 333
Turbinenleistung 272
Turbinen-Luftstrahl-Triebwerk 333, 335
Turbinentreibstoff JP-4 338
Turbinenwirkungsgrad 273
–, innerer 273
–, isentroper 273, 275
–, polytroper 273

Überschallgeschwindigkeit 242
Überschallströmung 239, 242
Überströmversuch 43
Umgebung 9, 98, 131, 316, 317
–, chemische Zusammensetzung der 317
–, Einfluß der – auf Energieumwandlungen 131
Umgebungsdruck 131
Umgebungsenergie 131, 133
Umgebungsluft 317
Umgebungsmodell 317
Umgebungstemperatur 98, 131, 132, 143, 146, 383
Umgebungswärme 397
Umgebungszustand 132
Umkehrosmose 113
–, Mindestarbeit der 116

Umsatzwirkungsgrad 315
Umwandelbarkeit von Energieformen 81, 129, 136
Umwandlung elektrischer Arbeit in Wärme 58
– von Exergie in Anergie 135
– mechanischer in thermische Energie 228, 276
– von Primärenergie in elektrische Energie 344, 346, 347
– – – in thermische Energie 351
– thermischer in elektrische Energie 346
– – in mechanische Energie 228
– von Umgebungsenergie 80, 131
– von Wärme in Arbeit 80, 81, 95, 96, 129
Umweltbelastung 347
Unmöglichkeit des perpetuum mobile 80
Unterkühlung des Kältemittels 406, 408
Unterschallströmung 239, 241, 247
u,T-Diagramm 42

Ventilator 226, 227
Venturi-Rohr 250
Verbrennung 345, 347
– chemisch einheitlicher Stoffe 306
– mit feuchter Luft 290, 293
–, unvollständige 285, 303
–, vollständige 285, 286, 290
Verbrennungsgas 284, 291, 323
–, dissoziiertes 300
–, Eigenschaften von stöchiometrischem 299, 427, 428
–, stöchiometrisches 291
–, trockenes 294
Verbrennungsgaskomponenten 292
Verbrennungsgasmenge 292
Verbrennungsgleichungen 286
Verbrennungskraftanlage 322, 323
Verbrennungskraftmaschine 323, 346
Verbrennungsluft 287, 290
–, überschüssige 291
Verbrennungsmotor 323, 339
– als Antrieb einer Wärmepumpe 400
–, Geschichte des 339
– -en-Heizkraftwerk 401
Verbrennungsprozeß 284, 294
Verbrennungstemperatur, adiabate 304, 305, 322
–, –, im h,t-Diagramm 305
–, –, von Kohle, Heizöl und Erdgas 306
Verdampfung 155, 169, 174

– von Wasser 168
Verdampfungsenthalpie 173, 174, 175
– von Wasser 175
Verdampfungsentropie 174
Verdampfungswärme siehe Verdampfungsenthalpie
Verdichter 228
–, adiabater 276
– einer Gasturbinenanlage 234
Verdichterarbeit 277, 282
Verdichterleistung 277
Verdichterwirkungsgrad 277
–, innerer 277
–, isentroper 278
–, isothermer 282
–, polytroper 278
Verdichtung, adiabate 276
–, –, mit Zwischenkühlung 283
– eines Fluids 276
–, isentrope 276
–, isotherme 281, 411
–, mehrstufige 283, 332, 410
Verdichtungsstoß 242, 251
Verdichtungsverhältnis 343
Verdrängungsarbeit 50, 131
Verdunstung 270
Verdunstungsverlust 270
Verlust durch unvollständige Verbrennung 303
Verlustwärmestrom eines Elektromotors 96
Verschiebearbeit 50
Verteilungswirkungsgrad 399, 401
Viertaktmotor 339, 340
Virialkoeffizient 161
–, zweiter 29, 161
Virialzustandsgleichung 161
Volt 419
Volumen 11
– eines idealen Gasgemisches 203
–, kritisches 155
–, molares 14
–, spezifisches 12, 13
–, –, feuchter Luft 216
–, –, von nassem Dampf 172
–, –, im Normzustand 417
Volumenänderungsarbeit 47
– je Arbeitsspiel 341, 342
– bei einem irreversiblen Prozeß 49
– bei isothermer Expansion 50
– bei einem reversiblen Prozeß 48, 120
– beim Verdampfen 175
Volumenanteil 205

Volumen-Ausdehnungskoeffizient 162
Volumenstrom 65
Vorlauftemperatur 397
Vorsilbe für dezimale Vielfache von Einheiten 420
Vortrieb des Flugzeugs 334
Vortriebsleistung 334, 335
Vortriebswirkungsgrad 335, 336, 338
Vorwärmtemperatur 371
–, optimale 372
Vorwärmung der Verbrennungsluft 371
Vorzeichen von Wärme und Arbeit 45

Waage 414
Wägung 414
Wärme 44, 45, 56, 57, 59, 85, 118
–, Definitionsgleichung der 56
– bei einem Strömungsprozeß 235
– im T,s-Diagramm 118, 186
– bei Umgebungstemperatur 131
Wärmeäquivalent 2
Wärmeaustauscher 252
Wärmebedarf, maximaler 385, 388
Wärmedurchgangskoeffizient 57, 91
Wärmeerzeuger 348, 349, 386
Wärmekapazität, mittlere spezifische 196
–, – –, idealer Gase 424
–, – –, eines idealen Gasgemisches 206
–, – –, von Luft 424
–, – –, von stöchiometrischem Verbrennungsgas 298, 427
–, molare 197
–, spezifische der Edelgase 196
–, –, von Eis 219
–, –, eines idealen Gasgemisches 206
–, –, eines inkompressiblen Fluids 181, 182
–, –, isobare 76, 178, 422
–, – –, idealer Gase 76, 181, 195, 422
–, –, isochore 42
–, – –, idealer Gase 43, 181, 195
–, –, trockener Luft 207
–, –, von Wasser 219
Wärmekraftanlage 344, 348
Wärmekraftmaschine 96, 99, 137, 148, 346, 348, 350, 364
–, reversibel arbeitende 98
Wärmekraftwek 348
Wärmeleistung siehe Wärmestrom
Wärmepumpe 356, 386, 387, 397
–, elektrisch angetriebene 397, 400
–, reversible 388
–, thermisch angetriebene 391

– mit Verbrennungsmotor 400
Wärmequelle 400
Wärmeschaltbild eines Kernkraftwerks 379
– eines Steinkohlekraftwerks 373, 374
Wärmestrom 45, 57, 60, 68, 84, 137
– -dichte 68
–, übertragener 255
Wärmetauscher 252
Wärmetheorem von Nernst 5, 311
Wärmetheorie, mechanische 5
Wärmetransformation 391, 393
Wärmetransformator 391, 392, 393
Wärmeübergang 20, 24, 44, 88, 146, 253
– bei endlichen Temperaturdifferenzen 260
–, Irreversibilität des -s 88, 260
–, reversibler 90
Wärmeübertrager 127, 147, 150, 252
–, Leistungsbilanzgleichung für 255
–, Symbole für 254
Wärmeverbrauch 351
Wärmeverhältnis 392
– der thermisch angetriebenen Kältemaschine 393
Wärmeverlust 382
Wärmeverteilung 386
Wand, adiabate 57
–, diatherme 24, 44, 382
–, semipermeable 112, 113, 202, 267
Wandler, magneto-hydrodynamischer 347
Wasserbeladung 215
– der Mischluft 268
–, Sättigungswert der 216
Wasserbilanz 267
– eines Kühlturms 270
Wasserdampfbeladung 213, 215
– gesättigter feuchter Luft 216
Wasserdampfkonzentration 213
Wasserdampftafeln 184
Wassergehalt 215
Wasserstoffoxidation, reversible 312, 313
Wasserstoff-Sauerstoff-Zelle 313, 314
Watt 419
Wellenarbeit 51, 52
–, Dissipation von 53
Wellenfront 237
Wellenleistung 52
Widerstand, elektr. 54, 121
Widerstandsheizung 395, 396
Widerstandsthermometer 27
Winkelgeschwindigkeit 52

Wirkungsgrad 148
– einer Brennstoffzelle 315
– von Dampfkraftwerken 354
– von Dieselmotoren 324
–, effektiver 350, 341
– der einfachen Gasturbinenanlage 327, 329, 331, 332
– eines Elektromotors 96, 399
–, exergetischer 149, 152
–, –, des Dampferzeugers 352, 360, 362, 370, 380
–, –, eines Heizsystems 394, 396
–, –, der Kältemaschine 390, 405, 407
–, –, des Linde-Prozesses 411
–, –, der Verbrennung 321, 322
–, –, einer Verbrennungskraftanlage 324
–, –, des Wärmeerzeugers 352, 360, 362, 378
–, –, der Wärmekraftmaschine 149, 353, 354, 360, 366
–, –, der Wärmepumpe 388, 389
– eines Gas-Dampf-Kraftwerks 376
– von Gas- und Dampfturbinen 273
– von Gasturbinenanlagen 324, 327, 329
– eines Heizkraftwerks 401
–, hydraulischer 229
–, indizierter 341
–, mechanischer 325, 341
– von Ottomotoren 324
–, polytroper 231, 234, 326
–, statischer 229, 231
– des Strahltriebwerks 333, 335, 338
– der Stromerzeugung und Verteilung 390, 399
–, thermischer 97, 148, 351, 365
–, –, des Carnot-Prozesses 358
–, –, des Clausius-Rankine-Prozesses 360
– einer Verbrennungskraftanlage 324
– bei verzögerter Strömung 244
– der Wärmeverteilung 396, 399

Zahl, stöchiometrische 286, 307, 317
Zeiteinheiten 421
ZTL-Triebwerk 336
Zunahme der kinet. Energie 239, 243
Zusammensetzung von Brennstoffen 286, 432, 433
– von Gemischen 200
– von Luft 207
– von Luftstickstoff 288
– von stöchiometrischem Verbrennungsgas 291

– der Umgebung 317
Zusatzfeuerung 375
Zusatz von Wasser zu einem Luftstrom 269
Zusatzwasser 270
Zustände, korrespondierende 102
Zustand 11
– einer fluiden Phase 16
–, intensiver 16
–, –, einer Mischphase 200
–, zeitlich stationärer 22
Zustandsänderung 17
– bei irreversiblen Prozessen 21
–, isentrope 86, 250
–, isobare 17
–, isotherme 25
– -en beim Kreisprozeß der Dampfkraftanlage 365
–, polytrope 230
–, quasistatische 19, 21
– strömender Fluide 224, 230
Zustandsdiagramm 177, 185
Zustandsgleichung 16, 177
– für Flüssigkeiten 161
–, generalisierte 164
–, kalorische 40, 41, 75, 105, 177, 181
–, –, der Fluide 41
–, –, idealer Gase 194
–, –, idealer Gasgemische 206
–, kanonische 105, 106, 177, 181

–, –, einer Mischphase 111, 115
–, kubische 163, 165
– für reale Gase 161
– von Redlich-Kwong-Soave 164, 165, 167
–, reduzierte 164
–, thermische 25, 28, 41, 105, 153, 160, 177, 181
–, –, idealer Gase 33, 34, 160, 194
–, –, idealer Gasgemische 205
Zustandsgrößen 11
–, äußere 11
–, extensive 13, 16
–, innere 11
–, intensive 13, 16, 201
–, molare 14, 16
–, reduzierte 164
–, spezifische 13, 16
–, stoffmengenbezogene 14
–, thermische 25
–, thermodynamische 11
Zweiphasengebiet 153, 157
Zweiphasengleichgewicht 158, 166
Zweiphasensystem 12, 14, 157
Zweistrom-Triebwerk 336
Zweitaktmotor 339, 340
Zwischenbehälter 409
Zwischendruck 283, 368, 409
Zwischenkühler 282
Zwischenüberhitzung 368, 380
–, zweimalige 368